省级一流本科专业建设成果教材

工业催化基础

Industrial Catalysis Foundation

王远洋 ◎编著

化学工业出版社

·北京·

内 容 简 介

《工业催化基础》主要介绍工业催化的基础知识，共分为八章，阐述了工业催化面临的形势，多相、均相和生物三类催化剂，以及工业催化剂的设计、制备、评价和表征等。

本书可作为高等学校化学、化工及相关专业的高年级本科生和研究生的教材，亦可作为从事工业催化研究开发和设计的科技人员以及生产管理人员的重要参考书。

图书在版编目（CIP）数据

工业催化基础/王远洋编著. —北京：化学工业
出版社，2025.6
ISBN 978-7-122-43594-1

Ⅰ. ①工… Ⅱ. ①王… Ⅲ. ①化工过程-催化-高等
学校-教材 Ⅳ. ①TQ032.4

中国国家版本馆 CIP 数据核字（2023）第 099154 号

责任编辑：提 岩 张双进 　　　　　文字编辑：张瑞霞
责任校对：王 静 　　　　　　　　　装帧设计：王晓宇

出版发行：化学工业出版社（北京市东城区青年湖南街 13 号 邮政编码 100011）
印 　装：三河市君旺印务有限公司
787mm×1092mm 1/16 印张 24¼ 字数 651 千字 2025 年 7 月北京第 1 版第 1 次印刷

购书咨询：010-64518888 　　　　　　　售后服务：010-64518899
网 　址：http://www.cip.com.cn
凡购买本书，如有缺损质量问题，本社销售中心负责调换。

定 　价：68.00 元

前言

　　"催化"是一个基础面宽、实用性强、应用范围广、理论与实践并重的学科。现代化学工业以及相关过程 80%~90%均涉及催化，工业催化也因此成为化学工程类专业的核心课程，对提高本科生的培养质量以及学生毕业后尽快适应工作均具有重要作用。然而长期以来，由于催化学科的许多知识处于零散状态，尚未形成较为系统完整的理论体系，致使工业催化的授课内容颇为繁杂，学生在学习中普遍反映难以掌握，多数处于"知其然而不知其所以然"的懵懂之中，显然达不到应有的培养目标。

　　工程教育专业认证是国际通行的工程教育质量保障制度，也是实现工程教育国际互认的重要基础。国际工程联盟（IEA）发布了三个工程教育项目互认协议，其中华盛顿协议对应于我国本科层次的工程教育（4~5 年期），我国于 2016 年正式签约加入，该协议遵循"实质等效"原则，确认由签约成员认证的工程学历基本等同，并建议任一签约成员认证的工程教育项目毕业生，均应被其他签约成员视为已获得从事初级工程工作的学术资格。工程教育专业认证秉承"学生中心、产出导向、持续改进"理念，着力培养本科生解决复杂工程问题的能力，本书正是基于此国际形势，瞄准实现毕业能力的达成，为适应我国高等学校工程教育专业认证的实际需求编著而成。

　　事实上，催化学科经过这些年来的长足发展，现代催化理论已经渐成雏形，尤其是许多现代测试方法的应用，得以在分子水平上阐释反应机理，从而为催化剂的分子设计奠定了重要基础；与此同时，大量的化工生产实践也使包括催化反应在内的工程设计日臻成熟，并成为工厂设计的重要工具；而这两者在现行的工业催化教材中均尚未得以充分呈现。鉴于此，本书以"催化设计"的先进理念统领组织教材安排，从而实现内容的系统性、条理性和易学性。首先，按照催化发展的历史脉络，阐明多相、均相和生物三类催化剂及其催化作用，使学生对催化的概念和方法有基本的认识；其次，根据经验总结或机理研究进行催化剂的分子设计——确定适宜的催化剂组成；再次，介绍关乎其应用的关键——催化剂的制备；最后，通过催化反应评价催化剂的各项性能指标，而真正应用于工业生产还需工程设计——确定催化反应器参数，自始至终的表征测试则是最终获得良好催化性能的重要保障。作者基于几十年的生产实践和授课经验，对这些的认识更加全面和深刻，从而形成了本书的主要内容。

　　本书分为八章内容。

　　第一章绪论，首先介绍本课程面临的国内国际形势，包括 2018 年教育部颁布的《普通高等学校本科专业类教学质量国家标准》和当前国际工程教育专业认证的情况，在对比分析的基础上，总结了工业催化的复杂工程问题，提出本课程目标和能力培养要求。然后阐述了基本催化概念：催化定义和特征、催化体系分类、催化剂性能指标和最重要的多相催化剂的组成，从而为学生学习工业催化知识体系奠定基础。

　　第二章至第五章是本书的重要内容。第二章在分析多相催化过程的基础上，介绍表面吸附、本征动力学和扩散影响的基础知识。第三章多相催化中，重点阐述酸碱催化、金属催化、金属化合物（氧化物、硫化物、碳化物和氮化物）催化、电催化和光催化的催化原理，并简要介绍了膜催化、相转移催化和超临界催化等其他多相催化的相关知识。第四章均相催化，首先在介绍主要的过渡金属配合物催化的基础上，阐明均相催化的基本概念；然后对不对称（手性）、无金属、超临界流体和离子液体各类均相催化进行阐述，同时介绍了均相催化剂的固载化和前沿的点击化学，最后扼要叙述了均相催化剂表征的特殊性。第五章生物催化，在介绍酶催化的基础上，重点阐述了其作用机制和反应动力学，以及多数教材缺少的酶的制备及其新技术的内容，同时介绍了抗体酶、核糖核酸和模拟酶等新型生物催化剂，最后分析了生物催化工业应用的两类途径。

第六章至第八章是本书的核心内容。第六章侧重于多相催化剂，通过一些实例，从主要组分、助催化剂和载体三方面阐述工业催化剂的分子设计，并介绍了其物理结构设计、计算机辅助设计和催化剂设计的新思路。第七章首先阐述了沉淀法、浸渍法、机械混合法、离子交换法、熔融法、滚涂/喷涂法、沥滤法、气相合成法八种工业催化剂的常规制备方法和催化剂成型的内容，然后介绍了微乳液法、溶胶-凝胶法、超临界流体技术、膜技术四种催化剂制备技术的新进展，最后论述了干燥、焙烧、还原活化、失活与再生等催化剂制备后续热处理过程。第八章第一节主要论述了催化活性、选择性和寿命等催化剂性能评价，第二节首先概述了催化剂宏观和微观结构与性能的表征技术，然后分别论述了宏观结构与性能表征、低温物理吸附表征、X 射线衍射、X 射线光电子能谱、X 射线吸收光谱、电子显微镜、红外和拉曼光谱、程序升温法、热分析技术、电化学技术（含最新的）、紫外-可见和光致发光光谱、固态核磁共振和电子顺磁共振光谱 13 类测试原理和方法，最后介绍了原位表征技术的应用。

在本书撰写和修改过程中，王艳副教授、卢海强副教授、刘振民副教授、毛树红讲师和潘瑞丽副教授等同事帮助整理了许多资料，在此对他们的辛苦付出致以诚挚的谢意！

由于作者水平所限，本书的框架安排和内容取舍难免有不足之处，敬请学者、专家和读者朋友不吝赐教，给予批评指正，作者将深表感激！

本书得以付梓出版，还要感谢化学工业出版社诸位编辑的支持和帮助，谨致由衷的谢忱！

王远洋

2025 年 2 月于太原

目录

第一章

绪论

第一节　本课程面临的形势 ……………………………………………………… 1
　一、本科专业类教学质量国家标准和国际工程教育专业认证 ……………… 1
　二、工业催化的复杂工程问题 ………………………………………………… 3
　三、毕业要求和课程目标 ……………………………………………………… 4
第二节　基本催化概念 …………………………………………………………… 5
　一、催化的定义和特征 ………………………………………………………… 5
　二、催化体系分类 ……………………………………………………………… 8
　三、催化剂性能指标 …………………………………………………………… 12
　四、多相催化催化剂组成 ……………………………………………………… 15
习题 ………………………………………………………………………………… 18
参考文献 …………………………………………………………………………… 19

第二章

表面吸附和反应动力学

第一节　吸附作用 ………………………………………………………………… 20
　一、物理吸附与化学吸附 ……………………………………………………… 21
　二、吸附位能曲线 ……………………………………………………………… 22
　三、化学吸附类型和化学吸附态 ……………………………………………… 23
　四、吸附平衡 …………………………………………………………………… 28
第二节　多相催化本征动力学 …………………………………………………… 35
　一、理想吸附的机理模型法建立速率方程 …………………………………… 36
　二、实际吸附的机理模型法建立速率方程 …………………………………… 45
　三、经验模型法建立速率方程 ………………………………………………… 47
　四、动力学方法研究反应机理 ………………………………………………… 48
第三节　扩散对多相催化的影响 ………………………………………………… 52
　一、扩散类型 …………………………………………………………………… 52
　二、温度与反应控制区 ………………………………………………………… 54
　三、扩散对反应动力学的影响 ………………………………………………… 55
　四、扩散对选择性的影响 ……………………………………………………… 58
习题 ………………………………………………………………………………… 59
参考文献 …………………………………………………………………………… 63

第一节　酸碱催化 ……………………………………………………………………64
　一、定义和分类 ……………………………………………………………………64
　二、性质及测定 ……………………………………………………………………66
　三、结构和催化作用 ………………………………………………………………69
　四、分子筛催化剂 …………………………………………………………………75
　五、超强酸和超强碱 ………………………………………………………………85
　六、杂多酸 …………………………………………………………………………88
第二节　金属催化 …………………………………………………………………91
　一、金属成键理论 …………………………………………………………………92
　二、金属催化剂催化活性的经验规则 ……………………………………………95
　三、巴兰金（Баланкин）多位理论 ……………………………………………97
　四、金属负载型催化剂 ……………………………………………………………99
　五、金属簇状物催化剂 …………………………………………………………101
　六、合金催化剂及其催化作用 …………………………………………………102
　七、非晶态合金催化剂及其催化作用 …………………………………………103
　八、金属膜催化剂及其催化作用 ………………………………………………104
第三节　金属化合物催化 ………………………………………………………107
　一、半导体能带结构及其催化活性 ……………………………………………108
　二、氧化物表面的M-O性质与催化剂活性、选择性的关联 …………………111
　三、复合金属氧化物的结构 ……………………………………………………113
　四、半导体化学吸附的本质 ……………………………………………………118
　五、金属硫化物催化剂及其催化作用 …………………………………………122
　六、金属碳化物和金属氮化物催化剂及其催化作用 …………………………124
第四节　电催化和光催化 ………………………………………………………129
　一、电催化 ………………………………………………………………………129
　二、光催化 ………………………………………………………………………137
第五节　其他多相催化 …………………………………………………………146
　一、膜催化 ………………………………………………………………………146
　二、相转移催化 …………………………………………………………………151
　三、超临界催化 …………………………………………………………………155
习题 …………………………………………………………………………………159
参考文献 ……………………………………………………………………………162

　一、过渡金属配合物的液相催化 ………………………………………………164
　二、均相催化中的基本概念 ……………………………………………………172
　三、不对称均相催化 ……………………………………………………………179

四、无金属的均相催化 …………………………………………………… 180
五、超临界流体均相催化 ………………………………………………… 182
六、离子液体均相催化 …………………………………………………… 183
七、均相催化剂的固载化 ………………………………………………… 187
八、点击化学 ……………………………………………………………… 191
九、均相催化剂表征 ……………………………………………………… 193
习题 ………………………………………………………………………… 197
参考文献 …………………………………………………………………… 201

第五章
生物催化

一、概述 …………………………………………………………………… 202
二、酶催化基础 …………………………………………………………… 203
三、酶催化作用机制 ……………………………………………………… 209
四、酶催化反应动力学 …………………………………………………… 213
五、酶的制备和开发 ……………………………………………………… 218
六、新型生物催化剂 ……………………………………………………… 223
七、生物催化的工业应用 ………………………………………………… 227
习题 ………………………………………………………………………… 230
参考文献 …………………………………………………………………… 231

第六章
工业催化剂设计

第一节　工业催化剂设计概述 …………………………………………… 233
第二节　框图程序设计方法 ……………………………………………… 234
第三节　催化剂和催化反应类型设计方法 ……………………………… 241
一、主要组分设计 ………………………………………………………… 241
二、助催化剂的选择与设计 ……………………………………………… 250
三、载体的选择 …………………………………………………………… 254
四、催化剂物理结构的设计 ……………………………………………… 258
第四节　计算机辅助设计方法 …………………………………………… 260
一、数据库 ………………………………………………………………… 261
二、专家系统 ……………………………………………………………… 261
三、人工神经元网络技术 ………………………………………………… 263
第五节　催化剂设计的新思路 …………………………………………… 266
习题 ………………………………………………………………………… 271
参考文献 …………………………………………………………………… 271

第七章
工业催化剂制备

第一节　常规制备方法 …………………………………………………… 273
一、沉淀法 ………………………………………………………………… 273

二、浸渍法 ………………………………………………… 280
三、机械混合法 …………………………………………… 287
四、离子交换法 …………………………………………… 288
五、熔融法 ………………………………………………… 288
六、滚涂法和喷涂法 ……………………………………… 289
七、沥滤法（骨架催化剂制备） ………………………… 289
八、气相合成法 …………………………………………… 290
九、催化剂成型 …………………………………………… 290
第二节　制备的后续热处理 ……………………………… 293
一、干燥 …………………………………………………… 293
二、焙烧 …………………………………………………… 294
三、还原活化 ……………………………………………… 297
四、失活与再生 …………………………………………… 299
第三节　制备技术新进展 ………………………………… 303
一、微乳液法 ……………………………………………… 304
二、溶胶-凝胶法 …………………………………………… 308
三、超临界流体技术 ……………………………………… 313
四、膜技术 ………………………………………………… 314
习题 …………………………………………………………… 317
参考文献 ……………………………………………………… 317

第八章

催化剂评价和表征

第一节　催化剂评价 ……………………………………… 319
一、活性评价 ……………………………………………… 320
二、寿命评价 ……………………………………………… 327
第二节　催化剂表征 ……………………………………… 330
一、概述 …………………………………………………… 330
二、宏观结构与性能的表征 ……………………………… 332
三、催化剂宏观物性的低温物理吸附表征 ……………… 334
四、X 射线衍射 …………………………………………… 341
五、X 射线光电子能谱 …………………………………… 344
六、X 射线吸收光谱 ……………………………………… 347
七、电子显微镜 …………………………………………… 349
八、红外和拉曼光谱 ……………………………………… 353
九、程序升温法 …………………………………………… 357
十、热分析技术 …………………………………………… 360
十一、电化学技术 ………………………………………… 362
十二、紫外-可见和光致发光光谱 ………………………… 366
十三、共振谱 ……………………………………………… 370
十四、原位表征技术 ……………………………………… 375
习题 …………………………………………………………… 377
参考文献 ……………………………………………………… 378

第一章

绪论

第一节
本课程面临的形势

一、本科专业类教学质量国家标准和国际工程教育专业认证

2018 年，教育部颁布实施《普通高等学校本科专业类教学质量国家标准》，规定了化工类专业思想政治和德育方面、业务知识与能力和体育方面的人才培养基本要求，其中业务知识与能力包括 9 项内容（表 1-1），并要求课程体系的设计应有企业或行业专家参与，包括 3 项内容（表 1-2）。

工程教育专业认证是国际通行的工程教育质量保障制度，也是实现工程教育国际互认的重要基础。工程教育国际互认的组织为国际工程联盟（International Engineering Alliance，IEA），IEA 发布了三个工程教育项目互认协议和三个工程人才互认协定，前者包括《华盛顿协议》、《悉尼协议》和《都柏林协议》，规定了相应的知识体系与毕业生特征标准；后者为《国际职业工程师协定》、《国际工程技术专家协定》和《国际工程技术员协定》，规定了相应具备的职业能力标准。

《华盛顿协议》对应于我国本科层次的工程教育（4~5 年期），我国于 2016 年正式签约加入，截至 2020 年正式成员共 21 个。该协议遵循"实质等效"原则，确认由签约成员认证的工程学历基本相同，并建议任一签约成员认证的工程教育项目毕业生，均应被其他签约成员视为已获得从事初级工程工作的学术资格。工程教育专业认证理念为：以学生为中心（student-centered）的教育理念、成果导向（outcome-based education）的教育取向和持续改进（continuous quality improvement）的质量文化。

我国的工程教育专业认证由中国工程教育专业认证协会受理和组织，其制订的《工程教育认证标准》[2]在学生、培养目标、毕业要求、持续改进、课程体系、师资队伍和支撑条件七方面与《华盛顿协议》紧密对接，其中"毕业要求"规定：专业应有明确、公开、可衡量的毕业

要求，毕业要求应支撑培养目标的达成，并完全覆盖12项内容。

《工程教育认证标准》的毕业要求和《普通高等学校本科专业类教学质量国家标准》的人才培养基本要求中业务知识与能力高度一致（表 1-1），后者（1）对应于前者（1）和（11），而（6）对应于（6）、（7）和（8）。

表1-1 《工程教育认证标准》毕业要求和《普通高等学校本科专业类教学质量国家标准》人才培养基本要求对比

《工程教育认证标准》毕业要求	《普通高等学校本科专业类教学质量国家标准》人才培养要求
（1）工程知识：能够将数学、自然科学、工程基础和专业知识用于解决复杂工程问题	（1）具有本专业所需的数学、化学和物理学等自然科学知识以及一定的经济学和管理学知识，掌握化学、化学工程与技术学科及相关学科的基础知识、基本原理和相关的工程基础知识
（2）问题分析：能够应用数学、自然科学和工程科学的基本原理，识别、表达、并通过文献研究分析复杂工程问题，以获得有效结论	（2）具有运用本专业基本理论知识和工程基础知识解决复杂工程问题的能力，具有系统的工程实践学习经历，了解本专业的发展现状和化工新产品、新工艺、新技术、新设备的发展动态
（3）设计/开发解决方案：能够设计针对复杂工程问题的解决方案，设计满足特定需求的系统、单元（部件）或工艺流程，并能够在设计环节中体现创新意识，考虑社会、健康、安全、法律以及环境等因素	（3）掌握典型化工过程与单元设备的操作、设计、模拟及优化的基本方法
（4）研究：能够基于科学原理并采用科学方法对复杂工程问题进行研究，包括设计实验、分析与解释数据，并通过信息综合得到合理有效的结论	（4）具有创新意识和对化工新产品、新工艺、新技术、新设备进行研究、开发与设计的基本能力
（5）使用现代工具：能够针对复杂工程问题，开发、选择与使用恰当的技术、资源、现代工程工具和信息技术工具，包括对复杂工程问题的预测与模拟，并能够理解其局限性	（5）掌握文献检索、资料查询及运用现代信息技术获取相关信息的基本方法
（6）工程与社会：能够基于工程相关背景知识进行合理分析，评价专业工程实践和复杂工程问题解决方案对社会、健康、安全、法律以及文化的影响，并理解应承担的责任； （7）环境和可持续发展：能够理解和评价针对复杂工程问题的工程实践对环境、社会可持续发展的影响； （8）职业规范：具有人文社会科学素养、社会责任感，能够在工程实践中理解并遵守工程职业道德和规范，履行责任	（6）了解国家对化工生产、设计、研究与开发、环境保护等方面的方针、政策和法规，遵循责任关怀的主要原则；了解化工生产事故的预测、预防和紧急处理预案等，具有应对危机与突发事件的初步能力
（9）个人和团队：能够在多学科背景下的团队中承担个体、团队成员以及负责人的角色	（7）具有一定的组织管理能力、表达能力和人际交往能力以及团队合作能力
（10）沟通：能够就复杂工程问题与业界同行及社会公众进行有效沟通和交流，包括撰写报告和设计文稿、陈述发言、清晰表达或回应指令，并具备一定的国际视野，能够在跨文化背景下进行沟通和交流	（9）具有一定的国际视野和跨文化交流、竞争与合作能力
（11）项目管理：理解并掌握工程管理原理与经济决策方法，并能在多学科环境中应用	（1）具有本专业所需的数学、化学和物理学等自然科学知识以及一定的经济学和管理学知识，掌握化学、化学工程与技术学科及相关学科的基础知识、基本原理和相关的工程基础知识
（12）终身学习：具有自主学习和终身学习的意识，有不断学习和适应发展的能力	（8）对终身学习有正确认识，具有不断学习和适应发展的能力

《工程教育认证标准》中"课程体系"规定课程设置应支持毕业要求的达成，课程体系设计应有企业或行业专家参与，包括4项内容，这也与《普通高等学校本科专业类教学质量国家标准》的课程体系高度一致，后者（1）对应于前者（1）和（4），而（2）和（3）完全对应，仅在各自占总学分的比例上有 5%~10% 的差别，原因在于两者对通识类课程和学科基础类课程的范畴不尽一致，如前者将"计算机技术"等归属于通识类课程，而后者将之归属于学科基础类课程，详见表1-2。

表1-2 《工程教育认证标准》和《普通高等学校本科专业类教学质量国家标准》的课程体系对比

《工程教育认证标准》	《普通高等学校本科专业类教学质量国家标准》
（1）与本专业毕业要求相适应的数学与自然科学类课程（至少占总学分的15%）； （4）人文社会科学类通识教育课程（至少占总学分的15%），使学生在从事工程设计时能够考虑经济、环境、法律、伦理等各种制约因素	（1）与本专业类培养目标相适应的通识类课程至少占总学分的20%，使学生在从事工程技术工作时能够考虑经济、环境、法律、伦理等各种制约因素
（2）符合本专业毕业要求的工程基础类课程、专业基础类课程与专业类课程（至少占总学分的30%），工程基础类课程和专业基础类课程能体现数学和自然科学在本专业应用能力的培养，专业类课程能体现系统设计和实现能力的培养	（2）符合本专业类培养目标的学科基础类课程与专业类课程至少占总学分的35%，学科基础类课程应能体现本专业应用数学和自然科学知识的能力的培养，专业类课程应能体现系统设计和实践能力的培养
（3）工程实践与毕业设计（论文）（至少占总学分的20%）。设置完善的实践教学体系，并与企业合作，开展实习、实训，培养学生的实践能力和创新能力；毕业设计（论文）选题应结合本专业的工程实际问题，培养学生的工程意识、协作精神以及综合应用所学知识解决实际问题的能力；对毕业设计（论文）的指导和考核有企业或行业专家参与	（3）主要实践性教学环节至少占总学分的25%。应设置完善的实践教学体系，培养学生的动手能力和创新创业能力

二、工业催化的复杂工程问题

现代化学工业的巨大成就离不开催化剂的使用，目前 90% 以上化工生产都需要用到催化剂：无机化学工业中的合成氨、硝酸和硫酸等的生产，石油化工工业中的催化裂化、催化重整等二次加工过程，有机化工原料中的甲醇、乙酸和丙酮等的生产，煤化工中的催化液化与气化，高分子化工中的三大合成材料的生产等等。可以说没有催化剂，就不可能建立现代的化学工业。工业催化无疑是化学工程及其相关专业的核心课程之一。

《工程教育认证标准》的12项"毕业要求"中8项涉及复杂工程问题，《普通高等学校本科专业类教学质量国家标准》的人才培养基本要求也要求具有"解决复杂工程问题的能力"（见表 1-1 中加下划线文字）。《工程教育认证标准》和《华盛顿协议》均阐释了复杂工程问题（complex engineering problems），即必须深入运用工程原理，经过分析才能解决问题，同时具备下述特征的部分或全部：

① 涉及多方面的技术、工程和其他因素，并可能相互有一定冲突；
② 需要通过建立合适的抽象模型才能解决问题，在建模过程中需要体现出创造性；
③ 不是仅靠常用方法就可以完全解决的；
④ 问题中涉及的因素可能没有完全包含在专业工程实践的标准和规范中；

⑤ 问题相关各方利益不完全一致；

⑥ 具有较高的综合性，包含多个相互关联的子问题。

根据上述特征，工业催化的复杂工程问题可归纳为工业催化剂的设计和开发，又可细分为催化反应机理研究、催化剂组成设计、催化剂制备和催化反应器设计四个子问题，具有较高的综合性，这些均须深入运用本课程将要学习的催化工程原理并通过分析才能解决。其中催化反应机理研究一方面需要借助现代测试手段尤其是原位表征技术，另一方面需要建立合适的模型进行模拟；催化剂组成设计没有包含在专业标准和规范中，并存在活性、选择性和寿命等诸多利益冲突，仅靠常用方法难以解决；催化剂制备和催化反应器设计与诸多技术、工程和其他因素相关联，需要创造性地解决各因素间的矛盾。

三、毕业要求和课程目标

《工程教育认证标准》同时在化工与制药类专业的课程体系补充标准中规定课程设置应满足：

（1）学生在毕业时能运用数学（含高等数学、线性代数等）、自然科学（含化学、物理、生物等）、工程科学原理（含信息、机械、控制）和实验手段，表达和分析化学、物理和生物过程中的复杂工程问题；

（2）学生能研究、模拟和设计化学、物理和生物过程，具有系统优化的知识和能力；

（3）学生能理解和分析在化学、物理和生物过程中存在的健康安全环境（health safety and environment，HSE）风险和危害，了解现代企业健康安全环境（HSE）管理体系。

工业催化在国民经济发展中具有重要地位，有助于实现"碳达峰、碳中和"的国家战略目标，工业催化基础作为化工类本科专业的必修课程，知识体系主要包括多相、均相和生物三类催化作用的基本理论及其在工业生产中的应用，以及工业催化剂的设计、制备、评价和表征方法。

工业催化基础秉承"学生中心、产出导向、持续改进"的工程教育认证理念，根据化工类本科专业的培养方案（不同高校略有差异），以培养解决"工业催化剂的设计和开发"复杂工程问题为目标，要求学生掌握各类催化作用的基本原理，熟悉设计和开发的具体方法，从而实现毕业要求的达成，适应工程教育专业认证的实际需求，详见表1-3。

表 1-3 工业催化基础的毕业要求及其对应的课程目标

毕业要求	化工类本科专业培养方案中的指标点	课程目标
1. 工程知识	1-4：能将数学、自然科学、工程基础和专业知识运用到复杂化工问题的恰当表述中	1. 能够运用数学、物理、化学、生物和反应工程等知识，对催化作用现象和本质进行描述和解释
2. 问题分析	2-2：能够综合工程原理、工程方法和文献研究，对化工系统复杂工程问题解决方案进行分析和验证，并形成可靠的结论	2. 能够结合各类催化剂及其催化作用特征，针对目标化学反应，比较不同催化剂的优缺点，并确定合适的催化剂组成
3. 设计/开发解决方案	3-3：能够通过建模进行工艺计算和设备设计计算	3. 能够基于工业催化原理，进行工业催化剂设计和催化反应器设计
4. 研究	4-4：能正确采集、整理实验数据，对实验结果进行关联、建模、分析和解释，获取合理有效的结论	4. 根据催化剂组成方案，能够进行催化剂制备、表征和性能评价，遴选出高活性、高选择性和长寿命的催化剂

毕业要求	化工类本科专业培养方案中的指标点	课程目标
7. 环境和可持续发展	7-3：能针对实际化工项目，评价其资源利用效率、污染物处置方案和安全防范措施，判断产品周期中可能对人类和环境造成损害的隐患	5. 根据绿色化学的原子经济等原则，能够改进现有催化剂，提高原料利用率，避免环境污染，同时采用温和反应条件，节能降耗
10. 沟通	10-1：能针对复杂化学工程系统实施方案面向社会公众撰写可行性分析和技术报告、发布陈述该报告，以及倾听并回应公众意见	6. 能够就工业催化问题进行陈述发言，清晰表达研究或设计的思想、过程、分析和结果等，并能与业界同行及社会公众进行有效沟通和交流

第二节

基本催化概念

一、催化的定义和特征

1976 年，国际纯粹与应用化学联合会（International Union of Pure and Applied Chemistry，IUPAC）将催化作用定义为：催化作用是一种化学作用，是靠用量极少而本身不被消耗的一种叫作催化剂的外加物质来加速化学反应的现象。1981 年，IUPAC 又将催化剂定义为：一种能够加快反应速率而不改变该反应的标准 Gibbs 自由焓变化的物质。涉及催化剂的反应称为催化反应。

根据上述催化剂定义，催化剂具有以下特征：

① 催化剂只能加速热力学上可以进行的反应，而不能加速热力学上无法进行的反应。为此在研发一个化学反应的催化剂时，首先应对该反应进行化学热力学分析，$\Delta G < 0$ 的可进行反应是研发催化剂的基础。

② 催化剂只能加速反应趋于平衡，而不能改变平衡的位置（平衡常数 K_p）。对于给定的化学反应，其催化和非催化过程的 $-\Delta G$ 值是相同的，即 K_p 值是相同的。以乙苯氧化脱氢生成苯乙烯为例，在 600℃、常压、乙苯和水蒸气分子物质的量比为 1∶9 时，该反应达平衡后苯乙烯的最大产率为 72.8%，这是热力学所给出的反应限度，称为理论产率或平衡产率，欲用催化剂使苯乙烯产率超过 72.8%无疑是徒劳的。

根据 $K_p = k_i/k_r$，催化剂必然以相同的比例加速正、逆反应的速率。由此可推知：对于可逆反应，能催化正反应的催化剂，应该也能催化逆反应，如脱氢反应的催化剂同时也是加氢反应的催化剂，水合反应的催化剂同时也是脱水反应的催化剂。该推论对选择催化剂非常实用，如由合成气合成甲醇，由氢气和氮气合成氨，由于需要高压设备直接研究正方向反应不方便，故可研究逆向常压下的甲醇分解反应和氨分解反应，以初步筛选正向高压下的合成甲醇和合成氨催化剂。

③ 催化剂通过改变反应途径、降低反应活化能，实现加快反应速率的目的。按照过渡态理论，催化作用必定是降低反应活化能，催化反应的活化能都应当比非催化的同一反应要低（见图 1-1），这被许多实验事实所证明，表 1-4 列出了一些催化反应和非催化反应的活化能值。

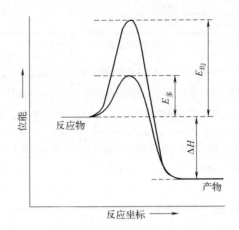

图 1-1　催化剂通过降低活化能加快反应速率

表 1-4　非催化反应和催化反应的活化能　　　　　　　　　　　单位：kJ/mol

反　应	E（非催化）	E（催化）	催化剂
$2HI \longrightarrow H_2 + I_2$	184	105	Au
		59	Pt
$2N_2O \longrightarrow 2N_2 + O_2$	245	121	Au
		134	Pt
$(C_2H_5)_2O$ 热解	224	144	I_2 蒸气

从图 1-2 也可看出，催化作用或是增加达到某一温度（极高温除外）的速度，或是降低反应达到某一速度的所需温度。在此需要着重强调的是：降低活化能是催化作用的基本原理，适用于任何形式的催化作用，无论是均相催化、多相催化还是生物催化。

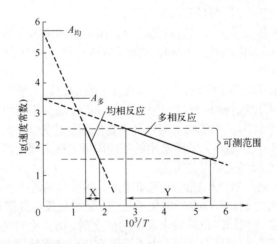

图 1-2　非催化反应（X）和催化反应（Y）的 Arrhenius 图

④ 催化剂通过改变反应途径，降低反应活化能。如在四价铈离子氧化一价铊离子的反应中，二价锰离子具有催化作用。没有 Mn^{2+} 时，

$$2Ce^{4+} + Tl^+ \longrightarrow 2Ce^{3+} + Tl^{3+}$$

该反应平衡虽然向右进行，然而反应速率很慢，主要原因是必须三个带同号电荷的离子相

撞才能反应，而这样的概率很小。若加入锰离子，因其可以二价、三价、四价等不同价态存在，从而使反应分步进行：

$$Ce^{4+} + Mn^{2+} \longrightarrow Ce^{3+} + Mn^{3+}$$
$$Mn^{3+} + Ce^{4+} \longrightarrow Mn^{4+} + Ce^{3+}$$
$$Mn^{4+} + Tl^{+} \longrightarrow Mn^{2+} + Tl^{3+}$$

上述任一步骤均为双分子碰撞，比三分子碰撞的概率要大得多（一般前者为后者的 $10^{18} \sim 10^{22}$ 倍），从而使反应速率加快，而 Mn^{2+} 本身在反应完成后不发生变化。

又如，N_2 和 H_2 合成氨反应：

$$N_2 + 3H_2 \rightleftharpoons 2NH_3$$

没有催化剂时，反应速率极慢，因为要断开氮分子和氢分子的键形成活泼的物种需要 238.6kJ/mol 的活化能，这些裂解生成的物种聚在一起的概率很小，因而自发生成氨的概率是极其微小的。催化剂通过化学吸附帮助氮分子和氢分子解离，并通过一系列表面反应使其结合：

$$N_2 + 2* === 2N*$$
$$H_2 + 2* === 2H*$$
$$N* + H* === NH* + *$$
$$NH* + H* === NH_2* + *$$
$$NH_2* + H* === NH_3* + *$$
$$NH_3* === NH_3 + *$$

式中，*表示化学吸附部位，带*的物种表示处于吸附态，该反应的速率决定步骤是 N_2 的吸附，仅需要 50.2kJ/mol 的活化能，因而比没有催化剂时的速率增大 3×10^{13} 倍（500℃时）。

催化剂对反应之所以能起加速作用，是由于加入催化剂后，反应沿一条需要活化能低的途径进行（见图1-3），气体体系均相非催化过程与多相催化过程的能量变化不同，$E_{非}$ 和 $E_{催}$ 分别代表两种情况的反应活化能，Q_a 和 Q_d 分别代表吸附热和脱附热，ΔH 代表总反应的热效应。根据 Arrhenius 方程，低的活化能意味着高的反应速率。由于 $E_{催} < E_{非}$，因而该反应催化过程的速率高于非催化过程的速率。

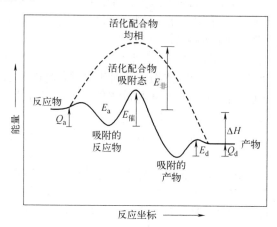

图1-3 反应途径与活化能

⑤ 催化剂本身不被消耗是由于催化循环。催化剂参与反应，在经历几个反应组成的一个循环过程后，催化剂又恢复到始态，而反应物则变成产物，此循环过程称为催化循环。由于循环使用，仅用少量的催化剂就可以促进大量反应物发生反应，生成大量产物，如合成氨反应用 1t 熔铁催化剂可生产约 3 万吨氨。

再以水煤气变换反应为例，催化剂参与的反应历程如下：

$$H_2O + * \longrightarrow H_2 + O*$$
$$O* + CO \longrightarrow CO_2 + *$$

两步相加得：

$$H_2O + CO \longrightarrow H_2 + CO_2$$

式中，*表示催化剂的活性位（active site），在参与反应后又恢复到始态，这也可以图 1-4 的钟状循环表示。

⑥ 催化剂对反应具有选择性。当反应有一个以上不同方向，可能生成热力学可行的不同产物时，给定催化剂仅加速其中一种产物的生成。如以合成气为原料，在热力学上可能得到甲醇、甲烷、合成汽油、固体石蜡等不同产物，利用不同的催化剂，可以使反应有选择性地向某一个所需的方向进行，生成所需的产物（见表 1-5）。

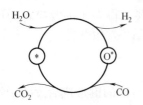

图 1-4　水煤气变换反应的催化循环

表 1-5　催化剂对 CO+H₂ 可能进行的反应的选择性

催化剂	反应温度/K	反应压力/Pa	产物
Ni	473~573	1.0133×10^5	甲烷
Rh/Pt/SiO₂	573	7×10^6	乙醇
Cu-Zn-O、Zn-Cr-O	573	$1.0133 \times 10^7 \sim 2.0266 \times 10^7$	甲醇
Rh 配合物	473~563	$5.0665 \times 10^7 \sim 3.0399 \times 10^8$	乙二醇
Cu、Zn	493	3×10^6	二甲醚
Co、Ni	473	1.0133×10^5	合成汽油
Ru	423	1.5×10^7	固态石蜡

⑦ 实际催化剂具有一定寿命。按照催化定义，催化剂在参与催化循环后本身不被消耗，然而作为一种化学物质，催化剂在实际反应中，由于长期受热和化学作用，不可避免地产生一些不可逆的物理和化学变化，如晶相变化、晶粒分散度变化、易挥发组分流失和易熔物熔融等，从而导致催化活性下降甚至最终失活。

在辨别催化剂或催化作用时还需注意以下几点：

① 按照催化定义，催化剂是一种实体物质，因此通过各种能量如光、热、电、磁等物理因素而加速反应不属于催化作用，然而这并不排除光能或电能对催化的叠加效应，分别称为光催化或电催化，将在以后的章节中予以叙述。

② 用于自由基聚合反应的引发剂虽然也引发快速的传递反应，然而在聚合反应中其本身是被消耗的，所以也不是催化剂。

③ 所有催化作用均加速正向反应，1970 年前被称为降低反应速率的负催化剂（或负催化作用），通常对应于自由基形成和消失的反应，事实上称为阻聚剂或抗氧剂更为确切。

④ 均相反应所处的体系环境有时也对反应具有促进作用，即所谓的"溶剂效应"，然而这通常是纯粹的物理作用或物理和化学的共同作用，而并不是化学意义上的催化作用。

二、催化体系分类

催化反应和催化剂多种多样、过程复杂，需要对其分类以便于研究，目前主要有以下几种分类。

1. 按催化反应体系物相的均一性分类

（1）均相催化

均相催化（homogeneous catalysis）是指所有反应物和催化剂分子分散在一个物相中，如反应物与催化剂均为气相：

$$SO_2 + 1/2O_2 \xrightarrow{NO_x} SO_3$$

又如反应物与催化剂均为液相：

$$CH_3COOH + C_2H_5OH \xrightarrow{H_2SO_4} CH_3COOC_2H_5$$

狭义的均相催化指配位催化，其所用催化剂为可溶性的有机金属化合物，活性中心为有机金属原子，通过金属原子周围的配位体与反应物分子的交换，反应物分子的重排和与自由配位体分子的反交换，使得至少有一种反应分子进入配位状态而被活化，从而促进反应的进行，如由甲醇经羰基化反应制乙酸：

$$CH_3OH + CO \xrightarrow[175℃,\ 2.5MPa(CO分压1.6MPa)]{RhCl(CO)[P(C_6H_5)_3]_2 + CH_3I} CH_3COOH$$

该催化剂以 Rh 为中心原子形成配位化合物，催化的是一个插入反应（insertion reaction）。

（2）多相催化

多相催化（heterogeneous catalysis）又称非均相催化，催化剂与反应物处于不同的物相，有相界面将两者隔开，其几种组合如表 1-6 所示。

某些体系在固体表面上形成中间化合物，然后脱附到气相中进行反应，中间化合物在气相引发链反应，即链的引发和终止发生在固体表面，而链的传递发生在气相，该过程被称为多相均相催化（hetero-homogeneous catalysis），低压下氢气和氧气的反应就属于这种情况。

表 1-6　多相催化的几种组合

催化剂	反应物	实例
液体	气体	磷酸催化的烯烃聚合
固体	液体	金催化的过氧化氢分解
固体	气体	铁催化的氨合成
固体	液体和气体	钯催化的硝基苯加氢制苯胺

（3）生物催化

生物催化（biocatalysis）主要是酶催化（enzyme catalysis），酶作为胶体状的蛋白质分子，小到可以与所有反应物一起分散在一个相中，又可能大到涉及其表面上的许多活泼部位，如使淀粉水解成糊精的淀粉酶。生物催化介于均相催化和多相催化之间，兼有均相催化和多相催化的某些特性。

按照催化反应体系物相的均一性分类，有利于研究反应体系中宏观动力学和组织工艺流程：对于均相催化，反应物与催化剂是分子-分子（或分子-离子）间接触，通常质量传递不是动力学的主要因素；而对于多相催化，涉及反应物从气相（或液相）向固体催化剂表面的传质过程，通常需要考虑传质阻力对动力学的影响，因此两者的催化剂结构和反应器设计各具特点。近年来有研究将均相催化剂附着在固态载体上，实现均相催化剂"多相化"，也有将酶吸附在多孔载体上即固定化酶用于葡萄糖转化为果糖，从而突破了三种催化的界限。表 1-7 列出了按物相分类三种催化的特点。

表 1-7 按物相分类三类催化的特点

物相	优点	缺点
多相催化	过程易于控制，设备操作简单，催化剂易与产品分离，产品质量高，催化剂耐热性好，应用最广	催化机理涉及界面传质、表面结构和反应中间物种，难以在实验室研究清楚
均相催化	易于在实验室研究机理，易于表征物种，活性高于多相催化	催化剂含贵金属，价高，分离、回收和再生困难，且热稳定性较差，工艺复杂
生物催化	具有高活性和高选择性，反应条件温和，专一性强，可自动调节活性	生物酶易变性失活，合成困难，工业应用较少

2. 按催化作用机理分类

（1）氧化还原

催化剂与反应物分子间通过单个电子转移，形成活性中间物种进行催化反应。如金属镍催化剂上的加氢反应，氢分子均裂与镍原子发生化学吸附，在化学吸附过程中氢原子从镍原子中得到电子，以负氢金属键键合形成活性中间物种，并进一步进行加氢反应（式中 M 表示金属）：

$$H-H \ + \ -M-M- \ \Longleftrightarrow \ \overset{\overset{\displaystyle H^{\delta-}}{|}}{-M}\ \ \overset{\overset{\displaystyle H^{\delta-}}{|}}{M}$$

（2）酸碱催化

催化剂与反应物分子间通过电子对授受进行配位或发生强烈极化，形成离子型活性中间物种进行催化反应。如烯烃与 Brönsted 酸作用，烯烃双键发生非均裂，与质子配位形成 σ-碳氢键，生成碳正离子：

$$CH_2 = CH_2 + HA \ \Longleftrightarrow \ H_3C-CH_2^+ \ + A^-$$

烯烃也可与 Lewis 酸作用通过形成 π 键合物非均裂为碳正离子：

$$CH_2 = CH_2 \ + \ BF_3 \ \Longleftrightarrow \ \overset{}{\underset{\underset{\displaystyle BF_3}{|}}{CH_2-CH_2}} \ \Longleftrightarrow \ \overset{}{\underset{\underset{\displaystyle BF_3}{|}}{CH_2^+-CH_2}}$$

$$\pi-键合 \qquad\qquad \sigma-键合$$

氧化还原机理和酸碱催化机理的比较见表 1-8。

表 1-8　氧化还原机理和酸碱催化机理的比较

机理特点	氧化还原	酸碱催化
催化剂与反应物作用	单个电子转移	电子对的授受或电荷密度分布发生变化
反应物化学键变化	均裂	非均裂或极化
生成活性中间物种	自旋不饱和物种（自由基型）	自旋饱和物种（离子型）
催化剂类型	过渡金属及其氧（硫）化物或其盐	酸、碱、盐、氧化物、分子筛
涉及反应类型	加氢、脱氢、氧化、氨氧化、脱硫等	裂解、水合、脱水、烷基化、歧化、异构化等

（3）配位催化

催化剂与反应物分子发生配位作用而使其活化。催化剂主要是有机过渡金属化合物，涉及烯烃氧化、烯烃氢甲酰化、烯烃聚合、烯烃加氢、烯烃加成、甲醇羰基化、烷烃氧化、芳烃氧化和酯交换等催化反应。

按机理分类反映了催化剂与反应物分子作用的实质，有助于新催化剂设计开发和催化机理研究。然而由于催化作用的复杂性，有些反应难以将之截然区分；有些反应又兼具两种机理，其催化剂也有不同类型的活性位，称为双功能（或多功能）催化剂，如用于催化重整的 Pt/Al_2O_3 催化剂，Pt 遵循氧化还原机理，而 Al_2O_3 遵循酸碱催化机理。

3. 按催化反应类型分类

由于同一类型的化学反应具有一定共性，催化剂也具有相似之处，有可能采用一种反应的催化剂催化同类型的另一种反应（见表 1-9），如 Cu 基催化剂可用于 CO 加氢生成甲醇反应，也可用于 CO 加氢生成低碳醇反应。该分类也常用来开发新催化剂，然而由于未涉及催化作用的本质，无法准确预测催化性能。

表 1-9　某些重要反应及其所用催化剂

反应类型	常用催化剂
加氢	Ni, Pt, Pd, Cu, NiO, MoS_2, WS_2, Co（CN）$_6^{3-}$
脱氢	Cr_2O_3, Fe_2O_3, ZnO, Ni, Pd, Pt
氧化	V_2O_5, MoO_3, CuO, Co_2O_4, Ag, Pd, Pt, $PdCl_2$
羰基化	Co_2（CO）$_3$, Ni（CO）$_4$, Fe（CO）$_6$, $PdCl$（PPh_3）$_3$
聚合	CrO_3, MoO_2, $TiCl_4$-Al（C_2H_5）$_3$
卤化	$AlCl_3$, $FeCl_3$, $CuCl_2$, $HgCl_2$
裂解	SiO_2-Al_2O_3, SiO_2-MgO, 沸石分子筛, 活性白土
水合	H_2SO_4, H_3PO_4, $HgSO_4$, 分子筛, 离子交换树脂
烷基化、异构化	H_3PO_4/硅藻土, $AlCl_3$, BF_3, SiO_2-Al_2O_3, 沸石分子筛

4. 按化学键分类

从微观角度看，任何化学反应都是反应物分子通过电子云重新排布发生旧化学键断裂和新化学键形成从而转化为产物的过程，而催化作用就是促进化学反应中这些化学键断裂和形成（见表 1-10）。

表 1-10　根据化学键类型分类

化学键	催化剂实例	反应类型
金属键	过渡金属、活性炭 BPO、AIBN 等引发剂	自由基反应
等极键	燃烧过程中形成的自由基	氧化还原反应 酸碱反应（配合物形成反应）
离子键	MnO_2 乙酸锰、尖晶石	
配位键	BF_3、$AlCl_3$、H_2SO_4、H_3PO_4	
	Ziegler-Natta、Wäcker 法	
金属键	Ni, Pt 活性炭	金属键反应

5. 按催化剂的物态分类

（1）固体酸催化剂（绝缘体）

遵循酸碱催化机理，主要催化碳正离子反应。

（2）金属催化剂（导电体）

遵循氧化还原机理，主要催化加氢、脱氢等反应。

（3）金属氧化物催化剂（半导体）

遵循氧化还原机理，主要催化氧化、脱硫等反应。

（4）配合物催化剂（过渡金属配合物）

遵循配位作用机理，主要催化聚合、加成等反应。

三、催化剂性能指标

根据上述催化定义和特征分析，催化剂性能主要有活性、选择性和寿命三项指标。此外，催化反应还应服务于循环经济，满足催化剂的环境友好性和反应剩余物的生态相容性需求。

1. 活性

活性（activity）反映催化剂转化反应物的能力，能力大活性就高，反之活性就低。

（1）转化率

表示活性最常使用的指标是转化率，其定义为：

$$x = \frac{\text{已转化的指定反应物的量}}{\text{指定反应物进料的量}} \times 100\% \qquad (1\text{-}1)$$

在用转化率比较活性时，要求反应温度、压力、反应物浓度和接触时间（停留时间）相同，若为一级反应，由于转化率与反应物浓度无关，则无须要求该条件。

（2）比活性

对固体催化剂，有表面比活性（单位表面催化剂上的速率常数）、体积比活性（单位体积催化剂上的速率常数）和质量比活性（单位质量催化剂上的速率常数）。在排除温度梯度、浓度梯度的条件下，在催化剂衰变之前测得的起始比活性称为本征（真实）比活性，其余均为表观比活性。以表面比活性为例，其本征比活性可表示为：

$$a = k / A \qquad (1\text{-}2)$$

式中，k 为本征速率常数；A 为表面积。而表观比活性则为：

$$a' = k' / A = \eta k / A = \eta a \qquad (1\text{-}3)$$

式中，k' 为表观速率常数；η 为效率因子。

比活性要求反应温度、压力和反应物浓度相同。比活性的数值与所用速率方程有关，由于同一化学反应可能存在多个不同形式的速率表达式，其可靠程度也不尽相同，也应注意。

（3）转换频率

转换频率（turnover frequency）是单位时间内每个催化活性中心上发生反应的次数，其物理意义相较比活性更明确，同时不涉及反应基元步骤和速率方程，因而也无须了解。一般金属催化剂采用选择性化学吸附测定，酸碱催化剂采用吸附碱性或酸性物质测定，然而对许多催化剂目前测量其活性中心数目尚有困难。

（4）时空收率

工业上还常用时空收率比较活性，时空收率有平均反应速率的含义，表示在指定条件下单位时间、单位体积或单位质量催化剂上所得产物的量，要求温度、压力、反应物浓度和接触时间（空速）都相同，其应用简便，然而受反应条件影响较大，也不准确。

（5）活化能

一个反应在某催化剂作用下进行时如活化能高，则该催化剂活性低；反之则活性高，通常用总包反应的表观活化能进行比较。

（6）反应温度

反应达到平衡状态的温度为 $T_平$，而任意转化率的温度为 T，在转化反应物 A 的数量相同（某一转化率）时，两种温度差 $\Delta T = T - T_平$ 即可代表该催化剂的活性。如若 $\Delta T = 0$ 是最为理想的催化剂，通常 $\Delta T > 0$，其差值越大，催化剂活性也越差，反之则活性越好。或者简言之，达到所需某一转化率的最低反应温度高，催化剂活性低，反之则活性高。

2. 选择性

有些化学反应在热力学上可以沿多条不同途径进行从而得到不同产物，然而特定催化剂并非以相同程度加快所有热力学可行的化学反应，而是特别有效地加速平行反应或连串反应中的一个反应，即为催化剂的选择性：

$$S = \frac{转化成目标产物的指定反应物的量}{已转化的指定反应物的量} \times 100\% \qquad (1\text{-}4)$$

而目标产物的产率指反应物消耗于生成目标产物的百分数，可表示为：

$$Y = \frac{转化成目标产物的指定反应物的量}{指定反应物进料的量} \times 100\% \qquad (1\text{-}5)$$

选择性是转化率和反应条件的函数，通常产率、选择性和转化率三者关系为：

$$产率 = 选择性 \times 转化率$$

由于反应过程中不可避免会伴随副反应，因而选择性总是小于 100%，然而质量产率可能超过 100%。

一般在催化研究中常用选择因子表示选择性，即反应中主副反应的真实速率常数或表观速率常数之比，前者称为本征选择性，后者为表观选择性，对并行反应：

$$A \underset{k_2}{\overset{k_1}{\Longleftarrow}} \begin{array}{l} B_1（目标产物） \\ B_2（副产物） \end{array}$$

有
$$S = k_1/k_2 \qquad (1\text{-}6)$$

3. 寿命

寿命也称稳定性，是指催化剂从开始使用至其活性下降到在生产中不能再用的程度（取决于生产具体技术和经济条件）所经历的时间；有时也通过提高温度来维持催化剂活性，此时寿命指达到催化剂（或反应器）所能承受的最高温度所经历的时间。

催化剂在长期使用过程中，由于外在物质影响或活性成分流失使其组成改变，或因其结构和纹理组织变化，从而其活性随时间逐渐变化，可用寿命曲线（见图 1-5）进行描述。由图可知，催化剂的活性随时间变化的规律大体上可分为三个阶段：在开始时往往有一段诱导期或称成熟期，在这段时间内活性随时间的延长而增加或降低；稳定期，活性一般保持稳定不变，这是催化剂充分发挥作用的时期；衰老期，催化剂经过一段时间使用后，活性出

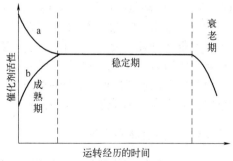

图 1-5　催化剂的寿命曲线

a：起始活性很高，很快下降至老化稳定；b：起始活性很低，经一段诱导达到老化稳定

现明显的下降，直至最后活性消失。

各种催化剂的寿命极不相同（见表1-11），有的长达数年（如催化重整），有的短到几秒钟就会失活（如催化裂化），必须在几秒钟内再生、补充和更新。

表1-11　工业催化剂的寿命

反应	生产商	组成	寿命/年
甲醇空气氧化制甲醛	IFP	Fe-Mo 氧化物	1
乙烯氧化制环氧乙烷	Shell	Ag/载体	12
丙烯氨氧化制丙烯腈	Sohio	Bi-Mo 氧化物/SiO_2	1~1.5
萘空气氧化制苯酐	BASF	V-P-Ti 氧化物	1.5
乙烯、氧、乙酸制乙酸乙烯酯	U. S. Ind. Chem. Co	Pd/载体	3
二氧化硫氧化制硫酸	—	V_2O_5/K_2SO_4	10
重整	Standard Oil	Pt-Re/Al_2O_3	12
正丁烷异构化为异丁烷（C_4异构）	BP	Pt/载体	2
乙苯脱氢制苯乙烯	Monsanto	Fe 氧化物 + K^+	2
NO_x用NH_3还原	Monsanto	Fe 氧化物	1

对于活性下降的催化剂可以通过多次再生恢复其活性，然而再生次数也是有限的，如果催化剂的活性在多次再生后显著下降至无法继续使用，就需要更换新的催化剂，这时寿命应包括所有运转经历的时间，当然再生的时间应予扣除（见图1-6）。

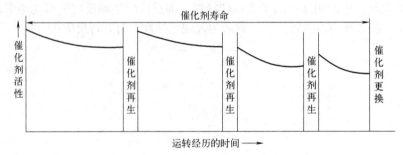

图1-6　催化剂再生、运转时间与寿命的关系

对工业生产而言，一个催化剂如果活性很高但选择性差会生成多种副产物，致使产品分离困难，从而大幅降低生产效率和经济效益；相反一个催化剂尽管活性不是很高但选择性非常高，却仍然可以选用，与此同时，如果寿命短需要经常停产拆装设备费时又费钱，用一个贵的但能用得久的催化剂往往要比一个便宜的但需经常更换的催化剂更为划算，因此催化剂性能指标的重要性顺序为：选择性>寿命>活性。

而对新催化剂研发而言，选择性往往比活性更重要，也更难解决，因而新催化剂性能指标的重要性顺序为：选择性>活性>寿命。

4. 环境友好和自然相容性

适应于循环经济的催化反应过程，应满足可持续发展的要求，即"绿色化学"的要求。化学反应尽量遵循"原子经济性"原则，所用的催化剂不仅要具有高活性和高选择性，而且应无毒无害、对环境友好，且反应剩余物应与自然相容。比如研发生物催化剂酶，酶能够在温和条件下高选择性地催化化学反应，而且反应剩余物与自然界相容，其在自然界已经存续了亿万年。

四、多相催化催化剂组成

多相催化催化剂一般为固体，可由单一组分组成，如某些金属 Ni、Pt、Pd 等，某些盐 $ZnCl_2$、$CuCl_2$ 等，某些氧化物 ZnO、Al_2O_3 等，某些金属有机化合物 $RhCl(PPhCl_3)_3$ 等，也可由多组分组成，如 CuO-Cr_2O_3、Pt-Rh、P_2O_5-MoO_3-Bi_2O_3 等。通常固体催化剂不是单一组分，而是由多种组分组成，各种组分起着不同作用，大体可分为活性组分（active components）、助催化剂（promoter）和载体（support）三类，其功能及其相互关系如图 1-7 所示。

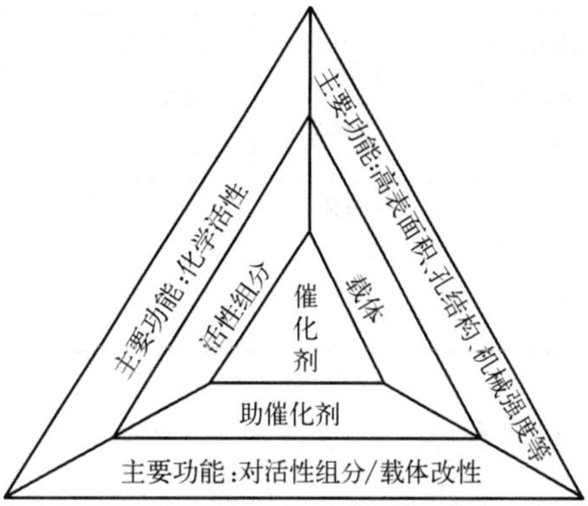

图 1-7　催化剂组成与功能的关系

1. 活性组分

活性组分对催化剂活性起主要作用，若没有活性组分，就不可能有催化作用，如在合成氨 Fe-K_2O-Al_2O_3 催化剂中，只要 Fe 存在，无论有无 K_2O 或 Al_2O_3，总有合成氨催化活性，只是活性较低、寿命较短而已，相反如果缺少 Fe 就完全没有催化活性，因此 Fe 为合成氨催化剂的活性组分。

有些催化剂的活性组分不止一个，称为共催化剂。共催化剂是和活性组分同时起催化作用的组分，如丙烯腈合成的钼-铋催化剂，当钼或铋单独存在时也有一定活性，但当两者结合共同存在时，活性得以显著提高，因而钼、铋互为共催化剂。

有些催化剂具有两组分（两类活性位），各司一职，一类催化反应的某些步骤，而另一类则催化另一些步骤，称为双功能催化剂。如载于酸性载体的铂催化正构烷烃的异构化反应，正构烷烃首先脱氢成正构烯烃，正构烯烃再异构化为异构烯烃，然后异构烯烃再加氢成异构烷烃；脱氢和加氢步骤在铂上进行，而异构化步骤则在酸性位上进行。也有些催化剂虽是单一组分却表现为多功能，如 Cr_2O_3、MoO_3、WS_2 等既有酸催化活性又有加氢脱氢活性。

选择活性组分是催化剂设计和研发的第一步，就目前催化科学的发展水平而言，虽然有一些理论知识可用作选择活性组分的参考，但基本上仍然是经验性的；随着催化反应机理的深入研究，未来的选择方法将更加科学。历史上曾将活性组分按导电性分为金属、半导体、绝缘体三类（见表 1-12），这并不意味着导电性和催化性能之间存在必然关联，只是二者均与材料原子的电子结构有关。而分析这三类组分的催化活性模型，均涉及相关理论和实验背景，将在后面相关章节予以叙述。

表 1-12　活性组分按导电性分类

类别	导电性（反应类型）	反应实例	活性组分
金属	导电体（氧化还原）	选择性加氢 C_6H_6（苯）+$3H_2 \longrightarrow C_6H_{12}$（环己烷） 选择性氢解 $CH_3CH_2(CH_2)_nCH_3+H_2 \longrightarrow CH_4+CH_3(CH_2)_nCH_3$ 选择性氧化 $C_2H_4+[O] \longrightarrow H_2C — CH_2$（O）	Fe、Ni、Pt Pd、Cu、Ni、Pt Ag、Pd、Cu

类别	导电性 （反应类型）	反应实例		活性组分
过渡金属 氧化物、 硫化物	半导体 （氧化还原）	选择性加氢、脱氢	$C_6H_6-CH=CH_2+H_2 \longrightarrow C_6H_6-C_2H_5$	ZnO、CuO、NiO、Cr_2O_3
		氢解	C_4H_4S（噻吩）$+4H_2 \longrightarrow C_4H_{10}+H_2S$	MoS_2、Cr_2O_3
		氧化	甲醇 + [O] $\longrightarrow$ 甲醛	Fe_2O_3-MoO_3
非过渡元素 氧化物	绝缘体 （碳离子反应， 酸碱反应）	聚合、异构	正构烃 $\longrightarrow$ 异构烃	Al_2O_3、SiO_2-Al_2O_3
		裂化	$C_nH_{2n+2} \longrightarrow C_mH_{2m}+C_pH_{2p+2}$（$n=m+p$）	SiO_2-Al_2O_3、分子筛
		脱水	异丙醇 $\longrightarrow$ 丙烯	分子筛

2. 助催化剂

助催化剂作为催化剂的辅助成分，是加入催化剂中的少量物质，其本身没有活性或者活性很小，但可以改变催化剂的化学组成、化学结构、离子价态、酸碱性、晶格结构、表面构成、孔结构、分散状态和机械强度等，从而提高催化剂的活性、选择性和寿命（稳定性）。

助催化剂可为单质也可为化合物，可加一种也可多种，多种助催化剂间常发生相互作用。助催化剂的选择和研究是催化领域中十分重要的课题。助催化剂按作用机理不同，一般分为结构和电子型两类。结构型助催化剂的作用主要是提高活性组分的分散性和热稳定性，通过使活性组分的细小晶粒间隔开而不易烧结，也可与活性组分生成高熔点化合物或固熔体而达到热稳定以提高活性，如合成氨铁催化剂，通过加入少量的 Al_2O_3 使其活性提高，寿命大大延长，大概是由于 Al_2O_3 与活性铁形成固熔体有效地阻止了铁的烧结，光电子能谱研究表明，Al_2O_3 主要稳定了铁原子晶格中最具活性的晶面。电子型助催化剂的作用是通过改变活性组分的电子结构以提高催化活性及选择性，金属的催化活性与其表面电子授受能力有关，具有空余成键轨道的金属对电子有强的吸引力，而吸附能力的强弱与催化活性紧密相连；在合成氨铁催化剂中，过渡金属 Fe 有空的 d 轨道可以接受电子，而 K_2O 可以授予电子，使 Fe 原子的电子密度增加，提高其活性。

助催化剂除提高活性组分的功能外，也可以提高载体功能，如提高载体的热稳定性，如 Al_2O_3 有γ和α等不同物相，前者比表面积大而后者小，当加热到700℃以上高温时，γ相便逐步转变为α相，若在γ-Al_2O_3 中加入 1%~2% SiO_2 或 ZrO_2 即可阻止在高温下发生这种相变。表 1-13 列出了常见的助催化剂及其作用模式。

表 1-13　常见的助催化剂

活性组分或载体	助催化剂	作用功能	活性组分或载体	助催化剂	作用功能
Al_2O_3	SiO_2、ZrO_2、P	促进载体的热稳定性	Pt/Al_2O_3	Re	降低氢解和活性组分烧结，减少积炭
	K_2O	减缓活性组分结焦，降低酸度	MoO_3/Al_2O_3	Ni、Co	促进 C-S 和 C-N 氢解
	HCl	提高活性组分的酸度		P、B	促进 MoO_3 的分散
	MgO	间隔活性组分，减少烧结	Ni/陶瓷载体	K	促进脱焦
SiO_2-Al_2O_3	Pt	促进活性组分对 CO 的氧化	Cu-ZnO-Al_2O_3	ZnO	阻止 Cu 的烧结，提高活性
分子筛（Y 型）	稀土离子	促进载体的酸度和热稳定性			

3. 载体

载体是活性组分的分散剂、黏合物或支撑体，是负载活性组分的骨架，将活性组分、助催化剂负载于载体上所制得的催化剂称为负载型催化剂。载体的种类很多，可以是天然的，也可以是人工合成的。常将载体划分为低比表面积和高比表面积两类。常用载体的类型及其宏观结构参数见表 1-14。

表 1-14　常用载体的类型

低比表面积载体	比表面积/（m²/g）	比孔容/（mL/g）	高比表面积载体	比表面积/（m²/g）	比孔容/（mL/g）
刚玉	0~1	0.33~0.45	氧化铝	100~200	0.2~0.3
碳化硅	<1	0.4	SiO₂-Al₂O₃	350~600	0.5~0.9
浮石	0.04~1	—	铁矾土	150	0.25
硅藻土	2~30	0.5~6.1	白土	150~280	0.3~0.5
石棉	1~16	—	氧化镁	30~140	0.3
耐火砖	<1	—	硅胶	400~800	0.4~4.0
			活性炭	900~1200	0.3~2.0

低比表面积载体，有的由单个小颗粒组成，也有的是平均孔径大于 2μm 的物质，还有一些比表面积特别低的如刚玉、碳化硅等是无孔的，该类载体对负载的活性组分的活性影响不大，热稳定性高，常用于高温反应和强放热反应。高比表面积载体，其比表面积在 100m²/g 以上而孔径小于 1μm，由于多相催化反应发生在界面，往往活性随比表面积增大而增加，为获得较高活性，常将活性组分负载于高比表面积载体上。

载体不仅关系到催化剂的活性、选择性，而且关系到其热稳定性和机械强度，还关系到催化过程的传递特性，因而在筛选和生产工业催化剂时，需要弄清载体的物理化学性质及其功能。载体一般具有下述功能：

① 载体最基本的功能是增大活性表面和提供适宜的孔结构，同时良好的分散状态还可减少活性组分用量；

② 改善催化剂的机械强度，保证其具有一定形状，不同反应器选用载体主要考虑其耐压强度、耐磨强度和抗冲强度；

③ 改善催化剂的导热性和热稳定性，避免局部过热引起的催化剂熔结失活和副反应，延长寿命；

④ 提供活性中心，如正构烷烃异构化通过加/脱氢活性中心 Pt 和促进异构化的酸性载体方可进行；

⑤ 载体可能和活性组分发生化学作用，从而改善催化剂性能，选用适合的载体会起到类似助催化剂的效果，如前述合成氨催化剂中的 Al₂O₃ 既是载体又充当结构助剂。

20 世纪 50 年代初在研究 Pt/Al₂O₃ 上 H₂ 解离吸附时发现活性组分与载体间存在溢流（spillover）现象（图 1-8），即催化剂表面的原有活性中心经吸附产生的离子或自由基的活性物种迁移到其他活性中心上（次级活性中心）的现象，迄今为止发现 O₂、CO、NO 和某些烃分子均可能发生溢流。原有活性中心一般是 Pt、Pd、Ru、Rh 和 Cu 等金属原子，次级活性中心则为氧化物载体、分子筛和活性炭等。研究溢流现象作为催化领域中最有意义的课题之一，可以增强对负载型多相催化剂和催化反应过程的了解，如催化加氢的活性物种不只是 H，而应该是 H·、H⁺、H₂、H⁻ 等的平衡组成，催化氧化的活性物种也不只是 O，而应该是 O·、O⁻、O²⁻ 和 O₂ 等的平衡组成。通常还原氢原

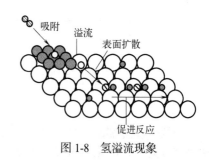

图 1-8　氢溢流现象

子的温度比氢分子要低得多，如少量 Pt 可使 WO_3、MoO_3、V_2O_5 等的还原温度显著降低；同时氢溢流可提高加氢反应速率，如某温度氢不能在 Au 上发生化学吸附，也不能催化烯烃加氢反应，但将 Au 负载在 Pd-Ag 合金上就可发生催化作用。

金属与载体间的强相互作用称为 SMSI（strong metal support interaction）效应，当金属负载在可还原的金属氧化物（如 TiO_2）载体上时，高温时由于载体将部分电子传递给金属而削弱了对 H_2 的化学吸附，从而降低了催化性能，但目前多偏重基础研究，对工业催化的应用尚有待开发。

习题

1. 简述本课程目标与毕业要求的关系。

2. 要在 500 K 下进行芳构化反应 $3C_2H_4(g) \longrightarrow C_6H_6(g) + 3H_2(g)$，能否找到一种催化剂？为什么？

物质	$\Delta H_{298}/$（kJ/mol）	$\Delta G_{298}/$（kJ/mol）	$Cp=A+BT+CT^2+DT^3/$（cal/mol）			
			A	B	C	D
H_2	0	0	6.480	2.220×10^{-3}	-3.300×10^{-6}	1.830×10^{-9}
C_6H_6	82.93	129.66	0.909	3.740×10^{-2}	-1.990×10^{-5}	4.192×10^{-9}
C_2H_4	52.30	68.12	-8.101	1.133×10^{-1}	-7.706×10^{-5}	1.703×10^{-9}

3. 为使于 100 K 进行的某非催化反应提高反应速率到原来的 10^3 倍，向该体系加入催化剂，若非催化反应的指数前因子为催化反应的 10^{12} 倍．那么催化反应的活化能比非催化反应的降低多少？

4. 为什么说加氢催化剂对脱氢反应也有活性？

5. 可否用反应速率比较催化剂活性？需要什么限制条件？

6. 已知合成氨反应 $E_{非}$ 为 230~930kJ/mol，$E_{催}$ 为 179.2kJ/mol，计算使用α-Fe 催化剂后反应速率常数 k 提高的数值。

7. 用 V_2O_5-Pd 催化剂催化 $2C_2H_4 + O_2 \longrightarrow 2CH_3CHO$ 反应，用三种 V_2O_5 和 Pd 配比不同的催化剂进行反应，当反应温度、原料气组成、反应接触时间相同时，试比较三种催化剂的活性高低（催化剂密度为 0.98g/mL）。

编号	催化剂用量/mL	搜集产品时间/min	产品中乙醛含量/g
1	10	20	45
2	10	20	42
3	10	10	32

8. 有下述平行反应

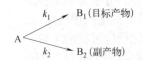

设两个反应都是一级反应。生成 B_1 的反应速率常数为 k_1，活化能为 E_1，生成 B_2 的反应速率常数为 k_2，活化能为 E_2。若欲提高生成 B_1 的相对选择性，所用催化剂对两个反应的活化

能值 E_1 和 E_2 应有怎样的关系？在这种情况下，低温还是高温对提高 B_1 的相对选择性有利？

　　9. 按催化作用机理，催化体系可分为哪几类？试述它们的特点和相关的反应。

　　10. 在多组分催化剂中，载体起哪些作用?试扼要叙述之。

参考文献

［1］ 教育部高等学校教学指导委员会. 普通高等学校本科专业类教学质量国家标准［M］. 北京：高等教育出版社，2018.

［2］ T/CEEAA 001—2022，工程教育认证标准［S］.

［3］ 王远洋. 基于工程教育专业认证的工业催化课堂教学改革研究［J］. 化工高等教育，2018, 4:36-42.

［4］ 黄仲涛, 耿建铭. 工业催化［M］. 4 版. 北京：化学工业出版社，2020.

［5］ 甄开吉，王国甲，毕颖丽，等. 催化作用基础［M］. 3 版. 北京：科学出版社，2005.

［6］ 吴越. 应用催化基础［M］. 北京：化学工业出版社，2008.

［7］ Giovanni Palmisano，Samar Al Jitan，Corrado Garlisi. Heterogeneous catalysis［M］. Amsterdam：Elsevier，2022.

［8］ Jens Hagen. Industrial catalysis: a practical approach［M］. 3rd Edition. Weinheim：Wiley-VCH，2015.

［9］ Gadi Rothenberg. catalysis: concepts and green applications［M］. Weinheim：Wiley-VCH，2008.

［10］ Thomas J M，Thomas W J. Principles and practice of heterogeneous catalysis［M］. 2nd Edition. Weinheim：Wiley-VCH，2015.

［11］ Jens K NørsKov，Felix Studt, Frank Abild-Pedersen，et al. Fundamental concepts in heterogeneous catalysis［M］. New Jersey: John Wiley & Sons，2014.

［12］ Wijngaarden R J，Kronberg A，Westerterp K R. Industrial catalysis: optimizing catalysts and processes ［M］. Weinheim：Wiley-VCH，1998.

［13］ 高正中，戴洪兴. 实用催化［M］. 2 版. 北京：化学工业出版社，2012.

第二章

表面吸附和反应动力学

多相催化过程如图 2-1 所示，包括：

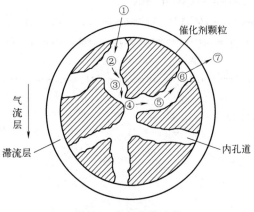

图 2-1　多相催化过程

① 反应物从气流主体向催化剂外表面扩散；
② 反应物向内表面扩散；
③ 反应物在内表面吸附；
④ 吸附分子在催化剂表面进行化学反应；
⑤ 产物从内表面脱附；
⑥ 产物向外表面扩散；
⑦ 产物向气流主体扩散。

其中①、②反应物的内外扩散和⑥、⑦产物的内外扩散属于物理过程，物理过程包括传质、传热和流体力学，均对反应动力学产生影响，其中最重要的是内扩散；③反应物化学吸附、④吸附分子表面反应和⑤产物脱附属于化学过程，反应条件下很难区分开③、④和⑤三个步骤。

多相催化反应总速率取决于阻力最大的步骤：步骤①或⑦速率最慢时为外扩散控制，步骤②或⑥速率最慢时为内扩散控制，吸附、反应或脱附中任一步骤的速率最慢时为动力学控制。无扩散影响时催化剂表面上进行的化学反应动力学为本征动力学；有扩散影响时的反应动力学为宏观动力学。

气固多相催化反应的动力学具有以下两个特点：反应是在催化剂表面上进行，所以反应速率与反应物的表面浓度或覆盖度有关；由于反应包括多个步骤，因而反应动力学就比较复杂，常常受吸附与脱附的影响，使得总反应动力学带有吸附或脱附动力学的特征，有时还会受到内扩散的影响。本章首先介绍吸附作用，然后介绍多相催化本征动力学，最后介绍扩散对催化反应的影响（宏观动力学）。

第一节

吸附作用

吸附是多相催化反应的必经步骤，首先了解几个概念：吸附现象是指气体（或液体）分子附着在固体表面，其表面浓度高于体相浓度；吸附态是指气体或液体在固体表面吸附后的状态；吸附中心是指固体表面发生吸附的位置；吸附物种是指吸附在吸附中心上的物种。

气固多相催化反应都包含吸附步骤，在反应过程中至少有一种反应物参与吸附过程，多相催化反应机理与吸附机理不可分割。

固体表面原子所处的环境与体相不同，表现为配位不饱和，受到了一个不平衡力的作用（图2-2），表面原子承受一种向内的净作用力，为了降低表面能，满足配位数，表面原子具有吸附外来物质的能力。

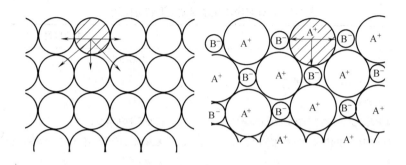

图 2-2　共价型固体（左）和离子型（右）固体表面能的示意图

在台阶或弯折处原子的配位不饱和度更大，能量更高，其吸附及断键能力更强（图2-3）。固体表面原子的吸附能力存在差异，导致其催化活性也有差异，如 H_2 在 Ni 表面台阶处解离不需要活化能，而在平台处解离活化能为 8.4kJ/mol。

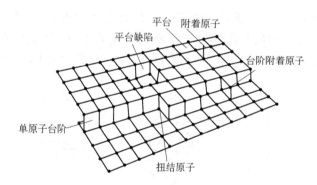

图 2-3　表面原子的能量不均匀性

气体与固体表面接触时与固体表面发生相互作用而产生累积，致使浓度高于气相，称为吸附（adsorption）现象。吸附气体的固体物质称为吸附剂，被吸附的气体称为吸附质；吸附质在固体表面吸附以后的状态称为吸附态。吸附发生在吸附剂表面的局部位置，称为吸附中心或吸附位，吸附质与吸附中心共同形成表面吸附络合物。当固体表面上的气体浓度由于吸附而增加时为吸附过程；反之，当气体在固体表面上的浓度减小时为脱附过程。当吸附速率和脱附速率相等时，吸附剂表面上的气体浓度不随时间改变，这种状态称为吸附平衡。

一、物理吸附与化学吸附

吸附可以分为物理吸附与化学吸附，两者作用力不同。物理吸附是由分子间作用力，即

Van der Walls 力所产生，由于这种力较弱，所以对分子结构影响不大，可把物理吸附类比为凝聚现象。化学吸附的作用力属于化学键力（静电与共价键力），由于这种力作用强，涉及吸附质分子和固体间的电子重排、化学键的断裂或形成，所以对吸附质分子的结构影响较大。吸附质分子与吸附中心间借化学键力形成吸附化学键，化学吸附类似化学反应。由于产生吸附的作用力不同，两种吸附有不同的特征（见表 2-1）。

吸附也常被分为可逆吸附和不可逆吸附，可逆吸附是指吸附后在给定吸附温度抽真空或吹扫后能除去吸附物种，而不可逆吸附是指在该吸附温度下抽真空或吹扫后不能除去吸附物种。

表 2-1　物理吸附与化学吸附主要特征比较

主要特征	化学吸附	物理吸附
吸附热	≥80kJ/mol	≈0~40kJ/mol
吸附速率	常常需要活化，所以速率慢	因不需活化，速率快
脱附活化能	≥化学吸附热	≈凝聚热
发生温度	常常在高温下（高于气体的液化点）	接近气体的液化点
选择性	有选择性，与吸附质、吸附剂的本性有关	无选择性，任何气体可在任何吸附剂上吸附
吸附层	单层	多层
可逆性	可逆或不可逆	可逆

二、吸附位能曲线

吸附过程中，吸附体系（吸附质-吸附剂）的位能变化可用图 2-4 表示，可清晰地看到一个分子靠近固体表面时的能量变化情况。A_2 分子或 A 原子与金属表面原子间存在两种作用力：范德华引力和原子核间的斥力。当核间距较大时，以吸引力为主，当核间距较小时，以排斥力为主。

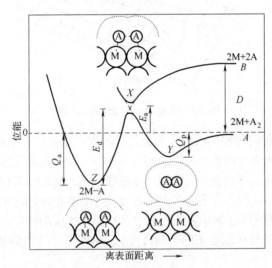

图 2-4　A_2 分子在金属表面原子 M 上吸附的位能曲线

图中 *AYX* 线表示分子 A_2 的物理吸附过程，*BXZ* 线表示活性原子 A 的化学吸附过程，两线交叉于 *X* 点，图中 *B* 表示分子吸收能量 *D* 后而解离为原子时的能量状态，*D* 为解离能。当分子向表面靠近时，位能下降，在 Y 点发生物理吸附，放出热量 Q_p，为物理吸附热。物理吸附使分子更靠近表面，常常也称其为前驱态；进一步吸收能量，越过交叉点 X，进入解离的原子化学吸附态 Z 点，吸收的这部分能量通常称为吸附活化能 E_a（$\ll D$），交叉点 X 是化学吸附的过渡态。从始态分子到解离为原子的化学吸附态放出的总能量称为化学吸附热 Q_a。从化学吸附态要克服一个能垒才可能发生脱附变到分子态，这部分能量 E_d 称为脱附活化能。各吸附态的示意图均在位能曲线相应位置标出。

从图 2-4 还可看出：①由于表面的吸附作用，分子在表面上解离需要克服 E_a 能垒，在气相中直接解离则需要 D，分子在表面上活化比在气相中容易，这是由于催化剂吸附分子改变了反应途径。②化学吸附转为物理吸附时，需要提供更高的能量 E_d（脱附活化能），等于吸附活化能与化学吸附热之和：$E_d=E_a+Q_a$，可见吸附愈强（吸附热愈大）的物种就愈难脱附。由于能量的守恒性，这一关系具有普遍性。③物理吸附对化学吸附过程的重要影响。物理吸附可使吸附质分子以很低的位能接近吸附剂固体表面，沿 AYX 线上升，吸收能量 E_a 后形成过渡态。由于过渡态不稳定，吸附质分子的位能又迅速沿曲线 BXZ 下降至最低点，达到化学吸附态。可见由于物理吸附的存在，不需要先把氢分子解离为氢原子，然后再发生化学吸附，而只需提供形成过渡态所需的最低能量 E_a（吸附活化能）。

三、化学吸附类型和化学吸附态

1. 化学吸附类型

（1）活化吸附和非活化吸附

化学吸附按其所需活化能的大小可分为活化吸附和非活化吸附。需要活化能而发生的化学吸附称为活化吸附，不需活化能的化学吸附称为非活化吸附。在图 2-4 中物理吸附与化学吸附位能线的交点 X 在零能量以上时，为活化吸附，也称为慢化学吸附；X 点在零能量以下时，为非活化吸附，相对吸附速率很快，又称为快化学吸附。表 2-2 给出了各种气体在不同金属膜上的活化和非活化吸附情况。

表 2-2　气体在金属膜上的化学吸附情况

气体	非活化吸附	活化吸附
H_2	W, Ta, Mo, Ti, Zr, Fe, Ni, Pd, Rh, Pt, Ba	—
CO	W, Ta, Mo, Ti, Zr, Fe, Ni, Pd, Rh, Pt, Ba	Al
O_2	除 Cu 外所有金属	—
N_2	W, Ta, Mo, Ti, Zr	Fe
CH_4	—	Fe, Co, Ni, Pd
C_2H_4	W, Ta, Mo, Ti, Zr, Fe, Ni, Pd, Rh, Pt, Ba, Cu, Au	Al

（2）均匀吸附与非均匀吸附

按吸附剂表面活性中心能量分布的均一性，化学吸附又可分为均匀吸附和非均匀吸附。如果吸附剂表面活性中心的能量分布均匀，那么化学吸附时所有吸附质分子与吸附剂表面上的活性中心形成具有相同吸附键能的吸附键，称为均匀吸附；当吸附剂表面上活化中心能量分布不同时，就会形成具有不同吸附键能的吸附键，这类吸附称为非均匀吸附。

（3）解离吸附与缔合吸附

化学吸附按吸附分子化学键的断裂情况可分为解离吸附和缔合吸附（非解离吸附）。许多分子在催化剂表面上化学吸附时都会产生化学键的断裂，因为这些分子的化学键不断裂就不能与催化剂表面的活性中心进行电子的转移或共享。分子以这种方式进行的化学吸附称为解离吸附，如氢和饱和烃在金属上的吸附。解离吸附时化学键的断裂既可发生均裂，也可发生异裂，均裂时吸附中间物种为自由基，异裂时吸附中间物种为离子基（正离子或负离子）。具有π-电子或孤对电子的分子则可以不离解就发生化学吸附，称为缔合吸附，如乙烯在金属表面发生化学吸附时，分子轨道重新杂化，碳原子从 sp^2 变成 sp^3，这样形成的两个自由价可与金属表面的吸附位发生作用。

2. 化学吸附态

化学吸附态，一般是指分子或原子在吸附剂表面进行化学吸附时的化学状态、电子结构及几何构型。化学吸附态及化学吸附物种的确定对多相催化理论的研究具有重要意义。用于这方面研究的实验方法有：红外光谱（IR）、俄歇电子能谱（AES）、低能电子衍射（LEED）、高分辨电子能量损失谱（HREELS）、X 射线光电子能谱（XPS）、紫外光电子能谱（UPS）、外观电位能谱（APS）、场离子发射以及质谱和闪脱附技术等。下面将讨论几种常见物质的吸附态。

（1）H_2 的化学吸附态

金属表面上氢的吸附态：对氢具有化学吸附能力的金属都能够进行氢-氘交换反应，表明氢在金属表面吸附的过程中发生了均裂：

$$H_2 + M-M \rightleftharpoons \underset{M-M}{\overset{H\quad H}{|\quad |}} \text{或} \underset{M-M}{\overset{H\quad H}{\diagdown\diagup}}$$

表 2-3 列出了氢在第Ⅷ族过渡金属上发生化学吸附时金属与氢成键的生成能，各种过渡金属的金属-氢键的生成能很相近，与金属的类型和结构无关。

表 2-3 第Ⅷ族金属表面上金属-氢键的生成能

金属	Ir、Rh、Ru	Pt、Pd	Co	Fe	Ni
生成能/（kJ/mol）	≈270	≈275	266	287	280

金属氧化物表面上氢的吸附态：氢在金属氧化物表面上发生化学吸附时会发生异裂，如室温时氢在 ZnO 表面上的化学吸附-脱附的红外谱图显示，在 $3489cm^{-1}$ 和 $1709cm^{-1}$ 处有强吸收带，分别对应于 ZnOH 和 ZnH 两种吸附态。

$$H_2 + Zn^{2+}\ O^{2-} \rightleftharpoons \underset{Zn^{2+}\ -\ O^{2-}}{\overset{H\qquad H}{|\qquad |}}$$

（2）O_2 的化学吸附态

金属表面上氧的吸附态：氧在金属表面发生化学吸附时，可以生成多种吸附态。如果氧分子与一个金属原子的吸附中心发生作用，则生成 O_2^- 阴离子吸附态，属于分子型；如果氧分子吸附在两个相邻的金属表面上，则生成 O^- 阴离子吸附态，属于原子型；如果 O^- 继续与相邻金属的吸附中心发生作用，则会生成 O_2^-，不同的吸附态可以相互转化：

$$O_2 \xrightarrow{e} [O_2^-] \xrightarrow{e} [O^-] \xrightarrow{2e} 2O^{2-}$$

金属氧化物表面上氧的吸附态：氧在金属氧化物的表面发生化学吸附时，同样也可以呈现多种吸附态：电中性的氧分子 O_2 和带负电荷的氧离子（O_2^-，O^-，O_2^-）。

（3）CO 的化学吸态

金属表面上 CO 的吸附态：CO 在不同金属表面上发生化学吸附时，可以是分子态吸附，也可以发生解离吸附，如 123K 时 CO 在 Fe（100）的晶面上呈分子态吸附，300K 时则发生解离吸附。CO 在金属表面上的吸附态结构有直线型、桥型和孪生型等吸附形式（图 2-5），吸附的强弱次序为：桥型>孪生型>直线型。

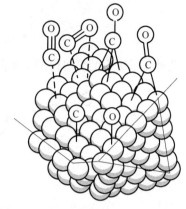

直线型　　桥型　　孪生型

图 2-5　红外光谱测得 CO 的多种吸附态

金属氧化物表面上 CO 的吸附态：CO 在金属氧化物表面上发生化学吸附时，CO 和金属氧化物是以 σ 键结合，属于不可逆吸附。

（4）烯烃的化学吸附态

金属表面上烯烃的吸附态：烯烃在过渡金属表面上既可以发生缔合吸附，也可以发生解离吸附，主要取决于吸附温度、压力和金属表面是否预吸附氢等条件。如乙烯在预吸附氢的金属 Ni[111]表面上发生 σ 型缔合吸附，在预吸附氢的金属 Pt[100]表面上则发生 π 型缔合吸附：

σ 型二位吸附　　π 型一位吸附

乙烯在没有预吸附氢的过渡金属表面上发生化学吸附时，乙烯会失去部分或全部的氢，发生解离吸附，吸附状态不稳定。

金属氧化物表面上烯烃的吸附态：烯烃在金属氧化物的表面上发生化学吸附时，烯烃是作为电子给予体吸附在金属氧化物的金属正离子上。由于金属氧化物中金属离子的 π 电子反馈能力比金属弱，所以金属氧化物上的化学吸附要比金属上的化学吸附弱一些，属于非解离吸附。

（5）炔烃的化学吸附态

金属表面上炔烃的吸附态：炔烃在金属表面上发生的化学吸附要比烯烃强，主要有以下模型：

π 型一位吸附　　σ 型二位吸附　　解离吸附

金属氧化物表面上炔烃的吸附态：炔烃在金属氧化物表面上的化学吸附态研究得较少，尚没有成熟的理论模型。

（6）芳烃的化学吸附态

① 金属表面上芳烃的吸附态。苯在金属表面上发生化学吸附时，主要有六位 σ 型和二位 σ 型吸附：

六位吸附　　　　　　二位吸附

② 金属氧化物表面上芳烃的吸附态。烷基芳烃在酸性氧化物表面发生化学吸附时，其化学吸附态为烷基芳烃正碳离子：

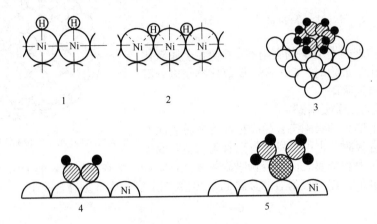

几种化学吸附的简单模型示于图2-6。

图 2-6 化学吸附的简单模型

1，2—氢在镍上吸附；3—环己烷在 Pt 上的多位吸附；4—乙炔在 Ni 上吸附；5— CH_3—S—CH_3 在 Ni 上吸附

3. 吸附热

（1）几种吸附热的定义

吸附过程中发生热效应，吸附热的大小反映吸附质与吸附剂作用的强弱。一般来说，物理吸附热很低，化学吸附热很高，这与吸附作用力有关。

吸附热是指一定温度下，单位固体表面上吸附一定量吸附质所放出的热量。对于化学吸附，吸附热的大小反映吸附物种在催化剂表面形成化学吸附键的强弱：吸附热越大，化学吸附键越强，吸附热越小，化学吸附键越弱。

吸附热一般可分为积分吸附热和微分吸附热。积分吸附热是指吸附量发生较大变化时，在恒温吸附的整个过程中吸附 1mol 所产生的热效应，反映了许多不同吸附中心性能累积的平均结果。吸附过程中热量变化的平均值表征所有吸附中心的平均性能：

$$q=\Delta Q/\Delta n \tag{2-1}$$

微分吸附热，是指吸附量发生极微小变化时产生的吸附热效应，是瞬间的结果，反映局部吸附中心的特征。吸附过程中某一瞬间的热量变化，表征微小局部吸附中心的性能：

$$q=dQ/dn \tag{2-2}$$

起始吸附热是从吸附过程进度考虑的，当吸附量趋于零时的吸附热即为起始吸附热。显然起始吸附热表征的是新鲜的催化剂表面与吸附质的相互作用，这时吸附粒子间的相互作用最小。

化学吸附热与化学反应热相当，处于非常相近的数值。

O_2（g）+2/3W（g）$\longrightarrow$2/3WO_3（g）　　　　ΔH=−809kJ/mol，O_2 在 W 上 $Q_{吸}$=812kJ/mol

2NiH$\longrightarrow$2Ni+H_2　　　　　　　　　　　　ΔH=251kJ/mol，H_2 在 Ni 上 $Q_{吸}$=281kJ/mol

CO（g）+1/4Ni（g）$\longrightarrow$1/4Ni（CO）$_4$（g）　　ΔH=−148kJ/mol，CO 在 Ni 上 $Q_{吸}$=176kJ/mol

（2）影响吸附热的因素

① 吸附热与覆盖度的关系。对多数催化剂，吸附热总是随覆盖度变化的。所谓覆盖度，指催化剂上发生吸附的面积与催化剂总面积之比。在单分子吸附层时，可用某时刻的吸附量与饱和吸附量之比表示。吸附量通常以标准状况下的气体体积表示，不是体积的吸附量可以换算成体积。若以 θ 表示覆盖度，则

$$\theta = \frac{V}{V_m} \tag{2-3}$$

式中，V 为某一时刻的吸附量；V_m 为饱和吸附量。化学吸附的单层不同于物理吸附的单层，即吸附质只是占领了吸附剂所有的吸附位，而不是占有吸附剂的全部表面，若吸附仅发生在催化剂的活性中心上，则 θ 表示的是活性中心被覆盖的分率，而不是全部表面被覆盖的分率。

理想吸附的吸附热不随覆盖度变化，实际吸附的吸附热与覆盖度变化的关系是复杂多样的，通常随覆盖度增加而下降（图 2-7）。这是由于表面不均匀性造成的，由于表面吸附中心的能量不同，因而在不同中心上吸附放出的热量不同。吸附先在活泼的吸附中心上发生，因而放出的热量多；随着吸附进行，逐渐在不活泼的中心上吸附，放出的能量逐渐减少，从而随覆盖度增加，吸附热逐渐下降。后面在吸附等温方程中还将继续讨论。

吸附粒子的相互作用也影响吸附热的大小，但该因素与覆盖度相比是次要的，特别是在低覆盖度时吸附热本就很小，此时吸附粒子又少，相互间的作用更不显著。

② 吸附热与温度有关。低温时弱吸附，常为定位吸附；高温时强吸附，常为非定位吸附。

（3）吸附热与催化活性的关系

吸附热的大小反映吸附质与催化剂之间化学吸附键的强弱，而化学吸附键的强弱将关系到催化活性。从有利于催化反应的角度考虑，要求催化剂对反应物的吸附不应太弱，太弱使反应分子在表面的吸附量太低，同时也不利于它的活化；但吸附也不能太强，太强使表面吸附物种稳定，不利于分解和脱附，催化活性也会很差。许多实验结果表明，分子和催化剂之间具有中等强度的吸附对催化最有利，即吸附强度由弱变强，催化活性经过一个最大值，这就是通常所说的 Sabatier "火山曲线" 规律（图 2-8）。

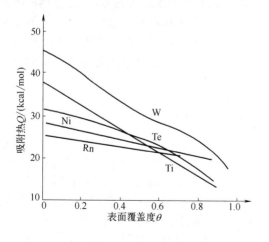

图 2-7 氢在不同金属上吸附热随覆盖度的变化

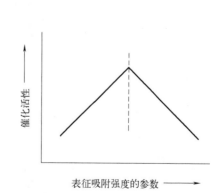

图 2-8 Sabatier "火山曲线" 示意图

其具体情况会因反应物和催化剂的不同而有区别，如在不同金属上乙烯加氢制乙烷反应：$C_2H_4 + H_2 \longrightarrow C_2H_6$，金属催化活性与乙烯吸附强度间的关系（图 2-9）；又如氨分解

反应：$2NH_3 \longrightarrow N_2+3H_2$，采用不同金属催化剂可得到不同催化活性值，将这些活性值与金属最高氧化物生成热作图，也可得到一条火山形曲线（图 2-10），说明吸附热的大小对比较催化剂的催化活性大小和选择活性组分具有重要参考价值。

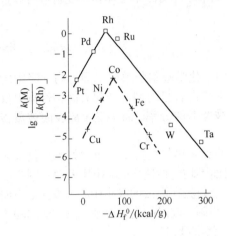

图 2-9　乙烯加氢活性与吸附强度

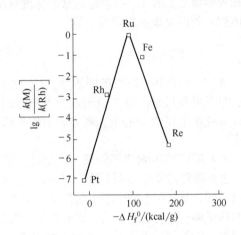

图 2-10　氨分解活性与生成热

四、吸附平衡

化学吸附实际上包含吸附和脱附一对可逆过程。当吸附速率与脱附速率相等时，催化剂表面上吸附的气体量维持不变，这种状态即为吸附平衡。吸附平衡与压力、温度、吸附剂性质和吸附质性质等因素有关。一般而言，物理吸附很快就可以达到平衡，而化学吸附则很慢，这与化学吸附往往需要活化能有关。

吸附平衡有三种表示方式：等温吸附平衡、等压吸附平衡和等量吸附平衡。等压吸附平衡是研究在压力恒定时，吸附量如何随吸附温度变化的，所得的关系曲线称为等压线。等量吸附是研究在容积恒定时吸附压力与温度的关系，相应所得的关系曲线称为等量线。这两种吸附平衡方式相对利用较少，特别是等量吸附更不多见。等温线、等量线和等压线三者可以互换，这里主要介绍常用的等温吸附平衡。

1. 等温吸附线

在恒定温度下，对应一定的吸附质压力，在催化剂表面上的吸附量是一定的。因此通过改变吸附质压力可以求出一系列吸附压力-吸附量对应点，吸附压力常用相对压力 p/p_0 表示，p_0 是在给定吸附温度下吸附质的饱和蒸气压，由这些点连成的线称为吸附等温线。IUPAC建议将物理吸附等温线分为六种类型

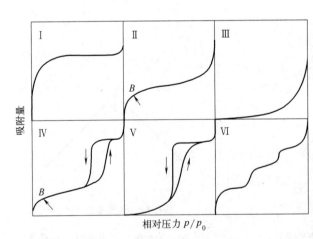

图 2-11　六种类型吸附等温线

（图 2-11），图中纵坐标为吸附量或覆盖度，横坐标为相对压力。

Ⅰ型等温线弯向 p/p_0 轴，其后的曲线呈水平或近水平状，吸附量接近一个极限值，是典型的 Langmuir 等温线，吸附量趋于饱和是由于受到吸附气体能进入的微孔体积的制约，而不是由于内部表面积；在 p/p_0 非常低时吸附量急剧上升，这是因为在狭窄的微孔（分子尺寸的微孔）中，吸附剂-吸附物质的相互作用增强，从而导致在极低相对压力下的微孔填充；但当达到饱和压力（$p/p_0>0.99$）时，可能会出现吸附质凝聚，导致曲线上扬，微孔材料表现为Ⅰ类吸附等温线，化学吸附等温线也属于该类型。

无孔或大孔材料产生的气体吸附等温线呈现可逆的Ⅱ类等温线，其线形反映了不受限制的单层-多层吸附，如果膝形部分的曲线是尖锐的，应该能看到拐点 B，该点通常对应于单层吸附完成并结束；如果这部分曲线是更渐进的弯曲（即缺少鲜明的拐点 B），表明单分子层的覆盖量和多层吸附的起始量叠加；当 $p/p_0=1$ 时，还没有形成平台，吸附还没有达到饱和，多层吸附的厚度似乎可以无限制地增加。

Ⅲ型等温线也属于无孔或大孔固体材料，但不存在 B 点，因此没有可识别的单分子层形成；吸附材料-吸附气体之间的相互作用相对薄弱，吸附分子在表面上最有引力的部位周边聚集；对比Ⅱ型等温线，在饱和压力点（即 $p/p_0=1$ 处）的吸附量有限。

Ⅳ型等温线是来自介孔类吸附剂材料（如许多氧化物胶体、工业吸附剂和介孔分子筛），介孔的吸附特性是由吸附剂-吸附物质的相互作用，以及在凝聚状态下分子之间的相互作用决定的。在介孔中，介孔壁上最初发生的单层-多层吸附与Ⅱ型等温线的相应部分路径相同，但是随后在孔道中发生了凝聚：一种气体在压力 p 小于其液体的饱和压力 p_0 时，在一个孔道中冷凝成类似液相；一个典型的Ⅳ型等温线特征是形成最终吸附饱和的平台，但其平台长度是可长可短（有时短到只有拐点）。

在 p/p_0 较低时，Ⅴ型等温线形状与Ⅲ型非常相似，这是由于吸附材料-吸附气体之间的相互作用相对较弱；在更高的相对压力下，存在一个拐点，这表明成簇的分子填充了孔道，如具有疏水表面的微/介孔材料的水吸附行为呈Ⅴ型等温线。

Ⅵ型等温线以其台阶状的可逆吸附过程而著称，台阶来自高度均匀的无孔表面的依次多层吸附，即材料的一层吸附结束后再吸附下一层，台阶高度表示各吸附层的容量，而台阶的锐度取决于系统和温度，如石墨化炭黑在低温下的氩吸附或氪吸附，在液氮温度下的氮气吸附，无法获得这种等温线的完整形式。

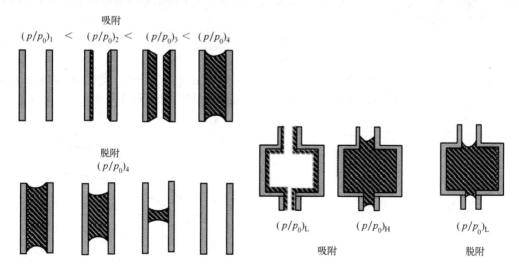

图 2-12　滞后环产生的两种解释模型
左：两端开口的圆柱孔（上面吸附，下面脱附）；右：墨水瓶孔（左面吸附，右面脱附）

Ⅱ、Ⅲ、Ⅳ、Ⅴ和Ⅵ型线都反映物理吸附的规律，Ⅱ和Ⅳ型线有一个拐点 B，被解释为吸附物在吸附剂上达到单分子层饱和。当 $p/p_0 > (p/p_0)_{拐点}$ 时，吸附剂中>1nm（如 2.5nm）的小孔开始出现吸附质的凝聚液，并且孔中的凝聚液随着 p/p_0 的增加而增加。Ⅳ型线中，当 $p/p_0 > (p/p_0)_{拐点}$ 时，可出现毛细冷凝现象，而且脱附线与吸附线不重合，形成一个环，被称为滞后环，产生滞后环的原因可由两端开口的圆柱孔和墨水瓶孔两种模型予以解释（图2-12）。Ⅱ和Ⅳ型线主要用于分析、测定吸附剂的表面积和孔结构。

Ⅲ和Ⅴ型线反映吸附物在非润湿性吸附剂上的吸附。在低 p/p_0 下，吸附质比较难于吸附在吸附剂上；当 p/p_0 增加到一定值时，出现吸附物的凝聚现象，如毛细冷凝现象，这两种类型的吸附等温线比较少见。

表 2-4 给出了按 IUPAC 分类的六种等温吸附线与相互作用强弱和孔径的对应关系。

表 2-4　按 IUPAC 分类的等温吸附线

项目	微孔（<2nm）	中孔（2~50nm）	大孔（>50nm）
强相互作用	Ⅰ型（活性炭、分子筛）	Ⅳ型（氧化物凝胶、分子筛）	Ⅱ型（黏土、颜料、水泥）
弱相互作用	Ⅵ型（炭黑上的氩或氮）	Ⅴ型（木炭上的水）	Ⅲ型（硅胶上的溴）

2. 吸附等温方程

吸附等温方程是定量描述等温吸附过程中吸附量和吸附压力函数关系的方程式。不论物理吸附或化学吸附，如果是可逆的，即在吸附、脱附的循环中吸附质不发生变化，在达到平衡时，就可以根据情况分别应用以下给出的等温方程进行描述。

（1）理想吸附模型

理想吸附模型假定：①表面能量分布是均匀的；②吸附物种之间没有相互作用力；③每个吸附质占据一个吸附位，为单层吸附。理想表面吸附被称为 Langmuir 吸附：$q_微 = q_0 =$ 常数。

将催化剂的表面空位（$1-\theta$）和气相分子 p 视为反应物，固体表面的吸附物种（θ）视为产物：

反应物浓度与反应速率的关系符合表面质量作用定律，吸附速率 $r_a = k_a p(1-\theta)$，脱附速率 $r_d = k_d \theta$，吸附平衡时 $k_a p(1-\theta) = k_d \theta$，令 $K = k_a/k_d$，表示吸附平衡常数或吸附系数，其大小反应吸附的强弱，于是得：

$$\theta = \frac{Kp}{1+Kp}, \quad V = \frac{V_m Kp}{1+Kp} \tag{2-4}$$

式中，V、V_m 分别为吸附平衡或饱和时吸附气体体积；p 为气体分压。式（2-4）即 Langmuir 吸附等温方程，可描述理想表面上等温吸附过程中吸附量和压力的函数关系。

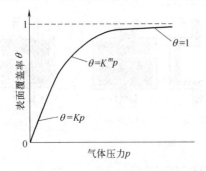

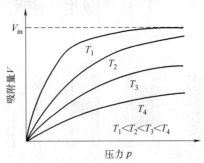

图 2-13　Langmuir 吸附等温图   图 2-14　不同温度的吸附等温线

当吸附很弱或吸附质气体压力很小时，Kp 的值远小于1，此时 θ 与吸附质气体压力成正比：$\theta \approx Kp$，在图 2-13 中 Langmuir 等温线的开始阶段接近一条直线，又称 Henry 方程；当吸附很强或吸附压力很大时，Kp 的值远大于1，此时 θ 值接近1，相当于固体催化剂的活性位全部被覆盖，达到饱和吸附，在吸附等温线末端趋近于一水平线；当吸附中等或吸附压力中等时不能简化，只能用式（2-4）描述。

吸附系数 K 反映了固体表面对气体分子吸附能力的强弱，不同气体在不同固体上的 K 值是不同的。

$$K = \frac{k_a}{k_d} = \frac{k_{a0}}{k_{d0}} e^{(E_d - E_a)/(RT)} = K_0 e^{Q/(RT)} \tag{2-5}$$

通常 $Q>0$，吸附系数随温度升高而减小，即一般固体表面对气体分子的平衡吸附量随温度升高而减弱（图 2-14），这与实验事实相一致。

在不同情况下，Langmuir 等温方程有不同的形式。只要符合 Langmuir 理想吸附模型的假设，应用吸附平衡条件，即 $r_a = r_d$，将相应的速率方程代入即可得到（见表 2-5）。

Langmuir 吸附等温方程描述吸附过程，概念清晰简明，类似于描述气体状态的理想气体状态方程，可近似地描述许多实际化学吸附过程，也适用于单层物理吸附，在吸附理论和多相催化中具有重要作用。

表 2-5　常见的几种 Langmuir 等温吸附方程式

吸附类型	吸附反应式	等温吸附式
一种气体的解离吸附[①]	$A_2 + 2* \longrightarrow 2A*$	$\theta = \dfrac{(Kp)^{1/2}}{1 + (Kp)^{1/2}}$
两种气体的非解离竞争吸附[②]	$A + * \longrightarrow A*$	$\theta_A = \dfrac{K_A p_A}{1 + K_A p_A + K_B p_B}$
	$B + * \longrightarrow B*$	$\theta_B = \dfrac{K_B p_B}{1 + K_A p_A + K_B p_B}$
多种气体的非解离竞争吸附	$i + * \longrightarrow i*$	$\theta_i = \dfrac{K_i p_i}{1 + \sum\limits_i K_i p_i}$, $\theta_0 = \dfrac{1}{1 + \sum\limits_i K_i p_i}$
一种气体解离，另一种气体非解离的竞争吸附	$A + * \longrightarrow A*$	$\theta_A = \dfrac{K_A p_A}{1 + K_A p_A + (K_B p_B)^{1/2}}$
	$B_2 + 2* \longrightarrow 2B*$	$\theta_B = \dfrac{(K_B p_B)^{1/2}}{1 + K_A p_A + (K_B p_B)^{1/2}}$

① 当压力较低时：$1 + (Kp)^{1/2} \approx 1$，$\theta = (Kp)^{1/2}$，解离吸附分子在表面上的覆盖率与分压的平方根成正比，据此可判断是否发生了解离吸附。

② 某物质分压增加，覆盖率也随之增加，而另一物质覆盖率则相应减少，吸附系数（K_A 和 K_B）表征 A、B 竞争吸附能力大小。

（2）真实吸附模型

Langmuir 吸附模型假定吸附热与表面覆盖度无关，而真实固体表面不均匀，各吸附位不等效，随着覆盖度增加，吸附活性逐渐降低；Langmuir 吸附模型假设吸附物种间无相互作用，实际情况是随着覆盖度增加，吸附物种间相互作用增强，导致吸附能力下降，为此一些吸附体系的行为不能完全用 Langmuir 方程处理。根据气体在固体表面的吸附数据，前人建立了许多经验的吸附等温方程，其中重要的有 Temkin 吸附等温方程和 Freundlich 吸附等温方程，分别

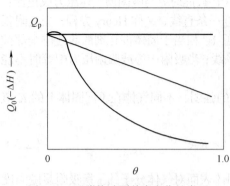

图 2-15　吸附热随覆盖度变化的类型

对应于微分吸附热随覆盖度呈线性下降：$Q_\text{微}=Q_0-a\theta$或对数下降：$Q_\text{微}=Q_0-a'\ln\theta$（图 2-15）。

① Temkin 方程。当一种气体在吸附剂表面上化学吸附时，Temkin 方程为：$\theta=a\ln(fp)$，其中 a 和 f 均为常数，与温度和吸附物的性质有关，这里用诱导不均匀表面模型予以证明。诱导不均匀表面模型假设吸附剂的表面原先是均匀的，所以吸附平衡可以用 Langmuir 等温吸附方程表示为：

$$\frac{\theta}{1-\theta}=b_0 p\exp\left(\frac{Q}{RT}\right) \tag{2-6}$$

式中，$b_0=k_{a,0}/k_{d,0}$，由于吸附物种之间存在着相互作用，所以吸附热不再是常数，而是表面覆盖度 θ 的函数，假设吸附活化能 E_a 和脱附活化能 E_d 与 θ 成线性关系，则：

$$E_a=E_{a,0}+\alpha\theta \tag{2-7}$$
$$E_d=E_{d,0}+\beta\theta \tag{2-8}$$
$$E_d=E_a+Q_C$$
$$Q_C=E_d-E_a=Q_0(1-\gamma\theta)$$

式中，Q_0 是起始吸附热，数值上 $Q_0=E_{d,0}-E_{a,0}$，常数 $\gamma=(\alpha+\beta)/Q_0$，于是式（2-6）可写为：

$$\frac{\theta}{1-\theta}=b_0 p\exp\left[\frac{Q_0(1-\gamma\theta)}{RT}\right] \tag{2-9}$$

两边取对数得：

$$\ln p=-\ln f+\frac{Q_0\gamma\theta}{RT}+\ln\left(\frac{\theta}{1-\theta}\right) \tag{2-10}$$

式中，f 是与 θ 无关的常数，$f=b_0\exp\left(\dfrac{Q}{RT}\right)$。若 Q_0 足够大，使得 γQ_0 远大于 RT，那么方程中的 $\ln\left(\dfrac{\theta}{1-\theta}\right)$ 项就可以忽略，式（2-10）可简化为：

$$\ln p\approx-\ln f+\frac{Q_0\gamma\theta}{RT} \tag{2-11}$$

即：

$$\theta\approx\frac{RT}{\gamma Q_0}\ln(fp) \tag{2-12}$$

这就是 Temkin 等温方程。

② Freundlich 方程。一种气体在吸附剂表面上发生解离或非解离吸附时，Freundlich 等温吸附方程为：

$$\theta=cp^{1/n}\quad n>1 \tag{2-13}$$

式中，c 和 n 均为常数，与温度、吸附剂种类和表面积有关。下面采用原先不均匀表面模型来证明 Freundlich 等温吸附方程。原先不均匀表面模型假设吸附剂的不均匀表面可划分成许许多多个小表面，对每个小表面是均匀的，但是小表面与小表面之间的能量却是互不相同的，即对于整个表面是不均匀的。假设各个小表面之间的不均匀性是连续变化的，而且可以用一个以吸附热为变量的概率密度函数 $g(Q)$ 来描述吸附部位的分布，则：

$$\theta = \int \theta(Q)g(Q)\mathrm{d}Q \qquad (2\text{-}14)$$

式中，$\theta(Q)$ 为平衡压力 p 下，吸附能介于 Q 和 $Q+\mathrm{d}Q$ 之间的表面覆盖度，可用 Langmuir 等温吸附方程式来描述，即：

$$\theta(Q) = \frac{b_0 p \exp\left(\dfrac{Q}{RT}\right)}{1 + b_0 p \exp\left(\dfrac{Q}{RT}\right)} \qquad (2\text{-}15)$$

假设吸附部位的概率密度函数 $g(Q)$ 服从指数关系：

$$g(Q) = \frac{1}{Q_{\mathrm{m}}} \exp(-Q/Q_{\mathrm{m}}) \qquad (2\text{-}16)$$

令 $U = \exp(-Q/Q_{\mathrm{m}})/pb_0$，将式（2-14）和式（2-15）结合式（2-16），则可得：

$$\theta = (b_0 p)^{RT/Q_{\mathrm{m}}} \cos \frac{URT}{Q_{\mathrm{m}}} \qquad (2\text{-}17)$$

当 $Q_{\mathrm{m}} \gg URT$ 时，式（2-17）可简化为：

$$\theta = (b_0 p)^{RT/Q_{\mathrm{m}}} = cp^{1/n} \qquad (2\text{-}18)$$

式中，$c = (b_0)^{RT/Q_{\mathrm{m}}}$；$n = Q_{\mathrm{m}}/RT$，这就是 Freundlich 等温吸附方程。

Temkin 和 Freundlich 等温吸附方程没有饱和吸附量，不适用吸附质的蒸气压较高或覆盖度较大的情况，只能用于中等覆盖度（$\theta = 0.2 \sim 0.8$），往往两种甚至多种吸附等温方程均符合实测结果。

（3）多分子层的吸附等温方程

1938 年，Brunauer、Emmet 和 Teller 三人总结出多分子层物理吸附的等温吸附方程，简称 BET 方程，该方程是在 Langmuir 吸附理论基础上发展建立并适用于物理吸附的模型。

其基本假设为：①固体表面是均匀的，对所有吸附质分子的吸附机会相等；②吸附质分子间无相互作用力，吸附和脱附均不受其他分子的影响；③固体表面分子与吸附质分子间的作用力为范德华力，当 $p = p_0$ 时吸附层厚度趋于无穷大，第一层吸附分子与固体表面作用，吸附热较大，其余各层吸附分子间相互作用，与气体凝聚相似；④吸附平衡时，每一层的蒸发速度等于其凝聚速度。

固体总表面积为：

$$S = S_0 + S_1 + S_2 + \cdots = \sum_{i=0}^{\infty} S_i \qquad (2\text{-}19)$$

吸附质分子总体积为：

$$V = V_0(0 \cdot S_0 + 1 \cdot S_1 + 2 \cdot S_2 + 3 \cdot S_3 + \cdots) = V_0 \sum_{i=0}^{\infty} iS_i \qquad (2\text{-}20)$$

式中，V_0 为单位面积上铺满一层所需的气体量。

$$\frac{V}{S} = V_0 \sum_{i=0}^{\infty} iS_i \Big/ \sum_{i=0}^{\infty} S_i \qquad (2\text{-}21)$$

$$\frac{V}{V_0 S} = \frac{V}{V_m} = \sum_{i=0}^{\infty} iS_i \Big/ \sum_{i=0}^{\infty} S_i \qquad (2\text{-}22)$$

式中，V_m 为气体单层饱和吸附量。为了求解此方程，须设法将 S_i 用可测量的参数表示，为此须考虑各吸附层的吸附-脱附平衡关系式：

第一层　　$a_1 p S_0 = b_1 S_1 e^{\frac{-Q_1}{RT}}$

第二层　　$a_2 p S_0 = b_2 S_2 e^{\frac{-Q_l}{RT}}$

第 i 层　　$a_i p S_{i-1} = b_i S_i e^{\frac{-Q_l}{RT}}$

假设 $\dfrac{a_2}{b_2} = \dfrac{a_3}{b_3} = \cdots \dfrac{a_i}{b_i} = \dfrac{1}{g}$ ， $y = \dfrac{a_1}{b_1} p e^{\frac{Q_1}{RT}}$ ， $x = \dfrac{p}{g} e^{\frac{Q_l}{RT}}$ ， $c = \dfrac{y}{x} = \dfrac{a_1 g}{b_1} e^{\frac{Q_1 - Q_l}{RT}}$ ，于是有：

$S_1 = y S_0$

$S_2 = x S_1 = xy S_0$

$S_3 = x S_2 = x^2 y S_0$

……

$S_i = x S_{i-1} = x^{i-1} y S_0 = c x^i S_0$

根据高等数学公式 $\displaystyle\sum_{i=1}^{\infty} x^i = \frac{x}{1-x}$ ， $\displaystyle\sum_{i=1}^{\infty} ix^i = \frac{x}{(1-x)^2}$ ，可得：

$$\frac{V}{V_m} = \frac{\displaystyle\sum_{i=0}^{\infty} iS_i}{\displaystyle\sum_{i=0}^{\infty} S_i} = \frac{cS_0 \displaystyle\sum_{i=1}^{\infty} ix^i}{S_0 \left(1 + c\displaystyle\sum_{i=1}^{\infty} x^i\right)} = \frac{cx}{(1-x)(1-x+cx)} \qquad (2\text{-}23)$$

吸附在自由表面上进行，当 $x=1$ 时，上式为无穷大，$V=\infty$，当气体压力为饱和蒸气压（$p=p_0$）时，将发生凝聚，$V=\infty$，因此 $x=1$ 与 $p=p_0$ 相对应，故 $x=p/p_0$，于是有：

$$\frac{V}{V_m} = \frac{c(p/p_0)}{(1-p/p_0)[1-(1-x)(p/p_0)]} \qquad (2\text{-}24)$$

式中，V 是在压力为 p 时的平衡吸附量；V_m 是单层覆盖时的吸附量。式（2-24）即为 BET 方程（图 2-16）。$c>20$，气体在固体表面的吸附热与冷凝热的差值较大，说明气体与固体表面相互作用强；$c\approx 1$，气体在固体表面的吸附热与冷凝热的差值较小，说明气体与固体表面相互作用弱（图 2-17）。

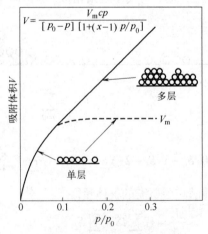

图 2-16　BET 多层吸附曲线

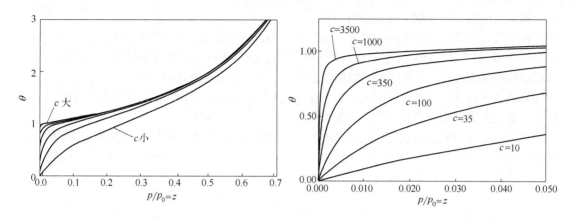

图 2-17　不同 c 值时的 BET 等温吸附曲线

现将常用的几个等温方程列入表 2-6。

表 2-6　各种等温吸附方程的性质及应用范围

等温方程	基本假定	数学表达式	应用范围
Langmuir 方程	Q 和 θ 无关，理想吸附	$\theta = \dfrac{V}{V_m} = \dfrac{bp}{1+bp}$	化学吸附和物理吸附
Temkin 方程	Q 随 θ 的增加而线性下降	$\theta = \dfrac{V}{V_m} = a\ln(fp)$	化学吸附
Freundlich 方程	Q 随 θ 的增加而对数下降	$\theta = cp^{1/n}, n>1$	化学吸附和物理吸附
BET 方程	多层吸附	$\dfrac{V}{V_m} = \dfrac{c(p/p_0)}{(1-p/p_0)[1-(1-x)(p/p_0)]}$	多层物理吸附

第二节

多相催化本征动力学

当图 2-1 中①、②和⑥、⑦的内扩散阻力和外扩散阻力可以忽略，过程处于动力学控制时，化学反应速率与反应物浓度的函数关系为本征动力学方程。

催化反应一般是由许多基元反应构成的连续过程，基元过程一般服从 Arrhenius 规律；而对总包反应而言，虽然总反应速率常数有时在形式上也遵从 Arrhenius 规律，但对应的 E 称为表观活化能，其是否有具体的物理意义视情况而定。动力学参数包括速率常数、反应级数、指前因子和活化能等。

研究气固多相催化反应动力学，从实践而言，在于为工业催化过程确定最佳生产条件，为反应器的设计奠定打基础；从理论而言，是为认识催化反应机理及催化剂的特性提供依据。催化动力学参数不仅是机理证明的必要条件，也是催化剂化学特性的重要量度，这些参数是现有催化剂改进以及新型催化剂设计的依据：如速率常数可比较催化剂活性，活化能可判断活性中心异同，指前因子可求取活性中心数目等。

催化反应的总速率如果由许多基元反应中一步的速率决定，该步称为速率控制步骤（简称速控步骤），其特性在于即使有充分的作用物存在，该步进行的速率也是最小，而其他步骤则可以很高的速率进行，因此速率控制步骤是阻力最大、活化能最高的一步。从速率控制步骤的假定可进一步推论，在定态时，除速率控制步骤之外的其他各步都可以很快进行，近似于平衡状态，如此便可以大大简化速率方程的推导。

多相催化反应的化学过程包括图 2-1 中③反应物的吸附、④表面反应和⑤产物的脱附，比较三个步骤的速率，可能出现三种情形：（1）表面反应为速率控制步骤；（2）吸附或脱附为速率控制步骤；（3）三个步骤的速率相近，无速率控制步骤。对情形（1）和（2）采用平衡态近似法：①过程总速率取决于控制步骤的速率，②除速控步外，其他各步骤都处于平衡状态；对情形（3）采用稳态近似法：①稳态时表面吸附物种的浓度不随时间变化，②稳态时所有步骤的速率相同。

稳态近似法推导多相催化反应速率方程相对容易，平衡态近似法推导过程如下：

① 写出催化反应的各步骤；
② 确定速率控制步骤，并写出该步的速率方程；
③ 写出各非速率控制步骤的平衡式；
④ 将各组分的表面浓度 θ_i 用体相分压 p_i 表示；
⑤ 将④代入②，整理化简，即得速率方程。

两种近似方法比较：多相催化反应过程中，如果某一步骤活化能比其他步骤高出 10 以上，可采用平衡态法近似，将复杂的反应历程简化为控制反应速率的关键步骤；无速率控制步骤，采用稳态近似，可以给出较多的动力学信息，数学处理较为复杂。一般多相催化反应均满足平衡态近似的条件，动力学方程的确定要通过动力学实验，反应机理的确定也需要其他辅助实验。

化学动力学的主要任务就是建立速率方程，常用机理模型法、经验模型法和半机理模型法。机理模型为真实反应步骤的速率，可外推使用；经验模型为实验数据的数学拟合，不宜外推使用；半机理模型为假设反应步骤，用实验数据确定动力学参数，可适当外推使用。

机理模型法是依据已有知识，先假定一个机理，再借助吸附、脱附以及表面反应速率的规律推导出速率方程，即机理速率方程；利用此方程与某未知机理的反应速率数据相比较，从而为该反应是否符合所拟定的机理提供判据，主要用于理论的研究，又分为理想吸附模型和实际吸附模型两种情况。

采用理想吸附的机理模型，是根据 Langmuir 吸附等温方程，变换 θ_i 和 p_i，得到双曲线型动力学方程；采用真实吸附的机理模型，则用 Temkin 或 Freundlich 等温方程变换 θ_i 和 p_i，得到幂函数型动力学方程。两种模型的精度相差不大，双曲线型的动力学方程能反映吸附态，但参数较多，且吸附常数不能仅由吸附实验得到，幂函数型的动力学方程数学处理则相对简单。

一、理想吸附的机理模型法建立速率方程

假定在吸附层中吸附、脱附行为均符合 Langmuir 模型的基本假定，为此采用 Langmuir 吸附、脱附速率方程；描述表面反应速率则应用表面质量作用定律。根据速控步骤的不同，速率方程有不同的形式。

1. 表面反应为速控步骤

（1）单分子反应

反应发生在一个活性中心上，

$$A + * \xrightleftharpoons{\quad} A*$$

$$A* \xrightleftharpoons[k_{S-}]{k_{S+}} C*$$

$$C* \xrightleftharpoons{\quad} C + *$$

第二步表面反应为速控步骤，根据表面质量作用定律可写出表面反应速率：

$$r = k_{S+}\theta_A - k_{S-}\theta$$

为了将动力学方程与实验数据关联起来，需将表面浓度 θ_i 转化为可测量的物理量（体相浓度或分压 p_i），由于吸附和脱附的速率相对较快，可认为已达到吸附平衡状态，利用吸附等温方程将表面浓度 θ_i 转化为体相分压 p_i：

$$\theta_0 = \frac{1}{1 + \Sigma K_i p_i} \qquad \theta_i = \frac{K_i p_i}{1 + \Sigma K_i p_i} \qquad （2\text{-}25）$$

$$r = \frac{k(p_A - p_C / K_p)}{1 + K_A p_A + K_C p_C} \qquad （2\text{-}26）$$

这就是动力学常用的"平衡态近似法"。式中，$k=k_{S+}K_A$，为以分压表示的正反应速率常数，$K_p=k_{S+}K_A/k_{S-}K_C$，为以分压表示的化学平衡常数。

从式（2-26）看出，如果忽略逆反应，$r = \dfrac{k_{S+} K_A p_A}{1 + K_A p_A}$，在低分压或当 A 的吸附很弱（$K_A$ 很小）时，$r \doteq k_{S+}K_A p_A$，即反应遵从一级规律；在高分压或 A 的吸附很强（K_A 很大）时，$r \doteq k_{S+}$，表明反应为零级。如 PH_3 在钨上的分解就属于这种情形，低分压时为一级，高分压时为零级，中等分压时为非整数级（见表 2-7）。由此推论，该催化反应可能是按以上机理模型进行的。

表 2-7　PH_3 在 W 上的分解

压力范围/Pa	速率方程	级数
0.13~1.3	$r = k' p_A$	一级
2.7×10^2	$r = \dfrac{k'' p_A}{1 + b p_A}$	非整数
$1.3 \times 10^3 \sim 6.6 \times 10^3$	$r = k'$	零级

（2）双分子反应

表面反应为双分子过程时，常常涉及两种机理：Langmuir-Hinshelwood 机理和 Eley-Rideal 机理。

① Langmuir-Hinshelwood 机理。该机理假设 A 和 B 均被吸附在催化剂表面而不发生解离，相邻化学吸附分子间进行表面反应，得到吸附在表面上的产物 C，并最后脱附；A 和 B 两个吸附分子间的反应步骤为速控步骤（图 2-18）。

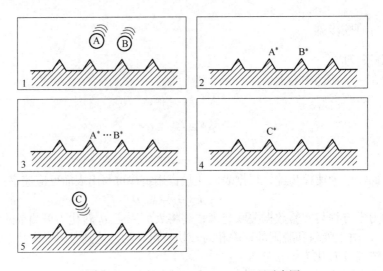

图 2-18　Langmuir-Hinshelwood 机理示意图

$$A^* \Longleftrightarrow A + *$$
$$B^* \Longleftrightarrow B + *$$
$$A^* + B^* \underset{k_{S-}}{\overset{k_{S+}}{\rightleftharpoons}} C^* + *$$
$$C^* \Longleftrightarrow C + *$$

第三步表面反应为速控步骤，根据表面质量作用定律：$r = k_{S+}\theta_A\theta_B - k_{S-}\theta_C\theta_0$，同样根据式（2-25）将表面浓度 θ_i 转化为分压 p_i：

$$
\begin{aligned}
r &= k_{S+}\theta_A\theta_B - k_{S-}\theta_C\theta_0 \\
&= \frac{k_{S+}K_A p_A K_B p_B - k_{S-}K_C p_C}{(1 + K_A p_A + K_B p_B + K_C p_C)^n} \\
&= \frac{k(p_A p_B - p_C / K_p)}{(1 + K_A p_A + K_B p_B + K_C p_C)^n}
\end{aligned}
\tag{2-27}
$$

这就是双曲线型速率方程，r 是分压的复杂函数。式中，$k = k_{S+}K_A K_B$，为以分压表示的正反应速率常数，$K_p = k_{S+}K_A K_B/(k_{S-}K_C)$，为以分压表示的化学平衡常数。分子项表示化学反应的推动力大小，当化学反应达到平衡，$r = 0$ 时，分子项括号内为平衡表达式，分母项表示体系的吸附状态，指数 n 表示与反应有关的相邻活性中心的数目：反应发生在一个活性中心上 $n=1$，反应发生在相邻的两个活性中心之间 $n=2$，以此类推。下面讨论几种特殊情况。

a. 产物为弱吸附或转化率很小，$K_C \approx 0$ 或 $p_C \approx 0$，忽略逆反应：

$$
r = \frac{k p_A p_B}{(1 + K_A p_A + K_B p_B + K_C p_C)^2}
\tag{2-28}
$$

b. 吸附项中含有惰性物质 I：

$$
r = \frac{k(p_A p_B - p_C / K_p)}{(1 + K_A p_A + K_B p_B + K_C p_C + K_I p_I)^2}
\tag{2-29}
$$

c. 反应物 B 为解离吸附，1 个 B 原子参与表面反应时：

$$r = \frac{k(p_A\sqrt{p_B} - p_C/K_p)}{(1 + K_A p_A + \sqrt{K_B p_B} + K_C p_C)^2} \qquad (2\text{-}30)$$

2 个 B 原子参与表面反应时：

$$r = \frac{k(p_A p_B - p_C/K_p)}{(1 + K_A p_A + \sqrt{K_B p_B} + K_C p_C)^3} \qquad (2\text{-}31)$$

d. 反应物 A 和产物 C 弱吸附，而反应物 B 为强吸附：

$$r = \frac{kp_A p_B}{(K_B p_B)^2} = k'\frac{p_A}{p_B} \qquad (2\text{-}32)$$

对 A 为 1 级，对 B 为负 1 级（太强的吸附对反应不利），如 CO 在 Pt 上的氧化。

e. A、B、C 均为弱吸附：

$$r = kp_A p_B \qquad (2\text{-}33)$$

对 A、B 均为 1 级，虽然形式与均相反应速率方程相同，但速率常数 k 的物理意义不同。Langmuir-Hinshelwood 机理已在许多反应中得到证实，包括一些在工业规模上进行的反应，如：

CO 在铂催化剂上氧化：$2CO + O_2 \longrightarrow 2CO_2$；

氧化锌催化剂上甲醇合成：$CO + 2H_2 \longrightarrow CH_3OH$；

乙烯在铜催化剂上加氢：$C_2H_4 + H_2 \longrightarrow C_2H_6$；

在 Pt 或 Au 催化剂上用 H_2 还原 N_2O：$N_2O + H_2 \longrightarrow N_2 + H_2O$；

乙烯在钯催化剂上氧化成乙醛：$CH_2=CH_2 + O_2 \longrightarrow CH_3CHO$。

② Eley-Rideal 机理。该机理假设只有一种反应物（如 A）被化学吸附，吸附的 A 与气相中的反应物 B 反应，得到化学吸附的产物 C，并最后从催化剂表面脱附，且吸附的物种和气相分子间的反应为速控步骤（图 2-19）。

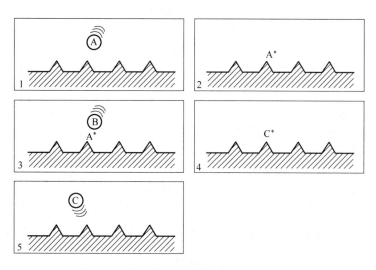

图 2-19　Eley-Rideal 机理示意图

$$A* \rightleftharpoons A + *$$

$$A* + B \underset{k_{S-}}{\overset{k_{S+}}{\rightleftharpoons}} C*$$

$$C* \rightleftharpoons C + *$$

第二步为速控步骤，根据质量作用定律，反应的速率方程为：

$$r = k_{S+}\theta_A p_B - k_{S-}\theta_C\theta_0$$

由于 A 和 B 处于不同相，所以分别以覆盖度和分压表示，A 和 C 都在表面发生吸附，根据式（2-25）有：

$$r = \frac{k_{S+}K_A p_A p_B - k_{S-}K_C p_C}{1 + K_A p_A + K_C p_C} \tag{2-34}$$

忽略逆反应，r 可看作是 p_B 为常数时 p_A 的函数，随 p_A 增加而增加并最终达到一恒定值（图 2-20）。

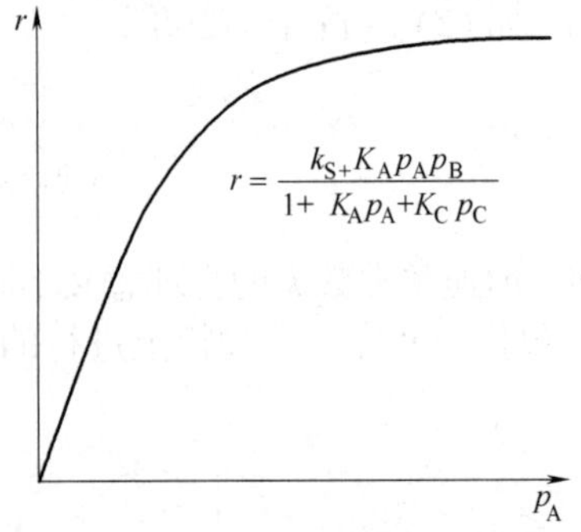

图 2-20　Eley-Rideal 机理的双分子反应

下面给出几个遵循 Eley-Rideal 机理的反应示例。

乙烯氧化制环氧乙烷：$C_2H_4 + O_2* \longrightarrow C_2H_4O*$，在这个工业上重要的氧化反应中，初始阶段分子吸附的氧与来自气相的乙烯反应生成环氧乙烷；与此同时，O_2 以高活性原子氧的形式被解离吸附，在副反应中产生燃烧产物 CO_2 和 H_2O。

用 H_2 减少 CO_2：$CO_2 + H_2* \longrightarrow H_2O + CO*$；

氨在铂催化剂上的氧化：$2NH_3 + 3/2O_2* \longrightarrow N_2 + 3H_2O*$；

环己烯加氢：环己烯 $+ H_2* \longrightarrow$ 苯*；

乙炔在 Ni 或 Fe 催化剂上的选择性加氢：$HC \equiv CH + H_2* \longrightarrow H_2C = CH_2*$。

2. 反应物吸附为控制步骤

$$A + * \underset{k_{dA}}{\overset{k_{aA}}{\rightleftharpoons}} A*$$

$$B + * \rightleftharpoons B*$$

$$A* + B* \rightleftharpoons C* + *$$

$$C* \rightleftharpoons C + *$$

第一步的反应物吸附是速控步骤，其他各步均近似处于平衡状态，总反应速率为：

$$r = k_{aA} p_A \theta_0 - k_{dA} \theta_A \tag{2-35}$$

由于吸附这一步没有处于平衡状态，因而不能像前面那样直接将气相的分压 p_A 代入 Langmuir 等温方程求 θ_A，但可以想象与相对应的某个压力处于平衡，设该平衡压力为 p_A^*，就可以借助等温方程将 A 的覆盖度用相应的分压函数描述为：

$$\theta_A = \frac{K_A p_A^*}{1 + K_A p_A^* + K_B p_B + K_C p_C}, \quad \theta_0 = \frac{1}{1 + K_A p_A^* + K_B p_B + K_C p_C} \tag{2-36}$$

由于表面反应处于平衡态：$k_{S+}\theta_A\theta_B - k_{S-}\theta_C\theta_0 = 0$，用表面浓度表示平衡常数为：

$$K_S = \frac{k_{S+}}{k_{S-}} = \frac{\theta_C\theta_0}{\theta_A\theta_B} = \frac{K_C p_C}{K_A p_A^* K_B p_B}$$

或用体相分压表示平衡常数为：

$$K_p = \frac{k_{S+} K_A K_B}{k_{S-} K_C} = \frac{p_C}{p_A^* p_B} , \quad \text{即} \quad p_A^* = \frac{p_C}{K_p p_B}$$ （2-37）

将式（2-35）和式（2-36）代入速率方程式（2-37），即得：

$$r = \frac{k_{aA} p_A - k_{dA} K_A p_C / K_p p_B}{1 + K_A p_C / K_p p_B + K_B p_B + K_C p_C}$$
$$= \frac{k_{aA}(p_A - p_C / K_p p_B)}{1 + K_A p_C / K_p p_B + K_B p_B + K_C p_C}$$ （2-38）

式中，$K_A = \dfrac{k_{aA}}{k_{dA}}$。

3. 产物脱附为速率控制步骤

$$A + * \rightleftharpoons A*$$
$$B + * \rightleftharpoons B*$$
$$A* + B* \rightleftharpoons C* + *$$
$$C* \underset{k_{aC}}{\overset{k_{dC}}{\rightleftharpoons}} C + *$$

第四步的产物脱附是速控步骤，其他各步均近似处于平衡状态，总反应速率为：

$$r = k_{dC} \theta_C - k_{aC} p_C \theta_0$$ （2-39）

由于脱附这一步没有处于平衡状态，因而也不能像前面那样直接将气相的分压 p_C 代入 Langmuir 等温方程求 θ_C，但可以想象与相对应的某个压力处于平衡，设该平衡压力为 p_C^*，就可以借助于等温方程将 C 的覆盖度用相应的分压函数描述为：

$$\theta_C = \frac{K_C p_C^*}{1 + K_A p_A + K_B p_B + K_C p_C^*}$$ （2-40）

同样由于表面反应处于平衡态：$k_{S+} \theta_A \theta_B - k_{S-} \theta_C \theta_0 = 0$，用表面浓度表示平衡常数为：

$$K_S = \frac{k_{S+}}{k_{S-}} = \frac{\theta_C \theta_0}{\theta_A \theta_B} = \frac{K_C p_C^*}{K_A p_A K_B p_B}$$

或用体相分压表示平衡常数为：

$$K_p = \frac{k_{S+} K_A K_B}{k_{S-} K_C} = \frac{p_C^*}{p_A p} , \quad \text{即} \quad p_C^* = K_p p_A p_B$$ （2-41）

将式（2-40）和式（2-41）代入速率方程式（2-39），即得：

$$r = \frac{k_{dC} K_C K_p p_A p_B - k_{aC} p_C}{1 + K_A p_A + K_B p_B + K_C K_p p_A p_B}$$
$$= \frac{k(p_A p_B - p_C / K_p)}{1 + K_A p_A + K_B p_B + K_C K_p p_A p_B}$$ （2-42）

式中，$k=k_{aC}K_p$，$K_C=\dfrac{k_{aC}}{k_{dC}}$。

4. 没有速控步骤时——稳态近似法

在催化反应的连续序列中，如各步速率相近和远离平衡，则没有速控步骤。这时速率方程用稳态近似法求得：即假定各步的速率相近，中间物浓度在较长时间内恒定，稳态条件可以表示为：

$$\frac{\mathrm{d}\theta_A}{\mathrm{d}t}=\frac{\mathrm{d}\theta_B}{\mathrm{d}t}=\cdots=\frac{\mathrm{d}\theta_i}{\mathrm{d}t}=0$$

其中，θ_A、θ_B、$\cdots$、θ_i为表面中间物浓度，从而可以列出一系列方程，利用表面覆盖度守恒，通过联立方程，求出各θ值。

如反应 A——C 的机理包括两步：

$$A+*\underset{k_{-1}}{\overset{k_1}{\rightleftharpoons}}A*$$

$$A*\underset{k_{-2}}{\overset{k_2}{\rightleftharpoons}}C+*$$

这里只有 A 一种物质吸附，根据稳态近似条件：

$$\frac{\mathrm{d}\theta_A}{\mathrm{d}t}=0$$

A*的形成速率与 A*的消失速率相等，于是：

$$k_1\theta_0p_A+k_{-2}\theta_0p_C=k_{-1}\theta_A+k_2\theta_A$$

又因为 $\theta_0+\theta_A=1$

联立两个方程，求得：

$$\theta_A=\frac{k_1p_A+k_{-2}p_C}{k_1p_A+k_{-2}p_C+k_{-1}+k_2}$$

$$\theta_0=\frac{k_{-1}+k_2}{k_1p_A+k_{-2}p_C+k_{-1}+k_2}$$

因各步净速率相等，$r_1=r_2=r$，因而总反应速率用任一步的净速率表示都可以，则有：

$$r=k_1\theta_0p_A-k_{-1}\theta_A=\frac{k_1k_2p_A-k_{-1}k_{-2}p_C}{k_1p_A+k_{-2}p_C+k_{-1}+k_2} \tag{2-43}$$

由式（2-43）可以看出，用稳态近似法得到的速率方程包含较多常数，因而处理较为复杂，尽管该法可以用于无速控步骤和有速控步骤的两种情况，然而如果在有平衡条件可用时，应尽量用平衡近似法，会使处理容易些。

5. 表观活化能和补偿效应

由假定的机理模型出发，可得到理想吸附模型的速率方程，用通式表达为：

$$\text{速率} = \frac{(\text{动力学项}) \times (\text{推动力项})}{(\text{吸附项})^n} \qquad (2\text{-}44)$$

此为双曲线型速率方程，一些常见的机理模型及其速率方程的因数项列于表 2-8。

表 2-8 常见机理模型速率方程因数项

反应类型	反应机理	速控步骤	动力学项	推动力项	吸附项	n
A $\longrightarrow$ C	I. A+* $\rightleftharpoons$ A*	I	k_1	$p_A - \dfrac{p_A}{K}$	$1 + \dfrac{K_A}{K}p_C + K_C p_C$	1
	II. A* $\rightleftharpoons$ C*	II	$k_{II}K_A$	$p_A - \dfrac{p_A}{K}$	$1 + K_A p_C + K_C p_C$	1
	III. C* $\rightleftharpoons$ C+*	III	$k_{-III}K$	$p_A - \dfrac{p_A}{K}$	$1 + K_A p_C + K_C p_C$	1
A+B $\longrightarrow$ C	I. A+* $\rightleftharpoons$ A*	I	k_1	$p_A - \dfrac{p_C}{Kp_B}$	$1 + \dfrac{K_A p_C}{Kp_B} + K_B p_B + K_C p_C$	1
	I'. B+* $\rightleftharpoons$ B*		$k_{II}K_A$			
	II. A*+B $\rightleftharpoons$ C*	II	$k_{II}K_A K_B$	$p_A p_B - \dfrac{p_C}{K}$	$1 + K_A p_B + K_B p_B + K_C p_C$	2
	III. C* $\rightleftharpoons$ C+*	III	$k_{-III}K$	$p_A p_B - \dfrac{p_C}{K}$	$1 + K_A p_B + K_B p_B + K_C p_C$	1

注：K 代表总反应的平衡常数；$-III$ 代表 III 的逆反应。

式（2-44）中推动力项反映了反应体系距离平衡态的大小，体系离平衡状态越远，差值越大，推动力越大，反应速率越快，当体系达到平衡态时的推动力为零；吸附项又称阻力项，其数值越大，吸附越强，对反应的阻力越大，反应速率越慢。动力学项又称表观速率常数项，当反应温度变化范围不太大时，多相催化反应的表观速率常数与温度的关系也遵循 Arrhenius 方程：

$$k = k_0 \exp\left(-\frac{E_a}{RT}\right), \quad k \propto e^{-E_a} \qquad (2\text{-}45)$$

由表观速率常数 k 可得到表观活化能 E_a，其物理意义取决于真实的反应机理。

$$k = k_{S+}K_A K_B = \frac{k_{S+}k_{aA}k_{aB}}{k_{dA}k_{dB}} \qquad (2\text{-}46)$$

$$E_a = E_{S+} + (E_{aA} - E_{dA}) + (E_{aB} - E_{dB}) = E_{S+} - q_A - q_B \qquad (2\text{-}47)$$

反应物吸附为控制步骤：$k = k_{a.\,A}$，$E_a = E_A$。

产物脱附为控制步骤：$k = k_{a.\,C}K_p$，$E_a = E_C + E_{S+} - E_{S-}$，其中 $K_p = \dfrac{k_{S+}K_A K_B}{k_{S-}K_C}$。

在多相催化中，当反应速率常数可以用 Arrhenius 方程关联时：

$$k = k_0 e^{-\frac{E}{RT}}$$

对一组相关反应或一组催化剂，该方程中的常数之间则存在如下的线性关系：

$$\ln k_0 = aE + b \qquad (2\text{-}48)$$

则随着 E 上升，k_0 也上升，这是由于催化剂表面的不均匀性。

该线性关系最早由 Constable 于 1925 年观察到，Cremer 于 1949 年也发现同样关系，称之为补偿效应，式（2-48）又称为 Constable-Cremer 关系式，k_0–E 图称 Constable 图（图 2-21）。

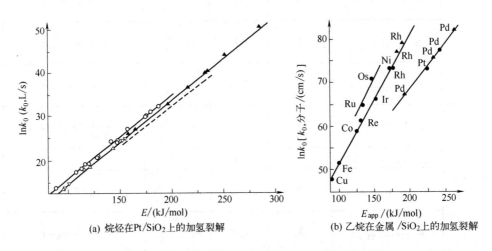

(a) 烷烃在Pt/SiO₂上的加氢裂解　　(b) 乙烷在金属/SiO₂上的加氢裂解

图 2-21　不同催化剂上加氢裂解反应的 Constable 图

有时，若干 Arrhenius 作图线相交于一点（图 2-22）。交点的温度常称为等动力学温度 T_i（isokinetic temperature），在此温度下的所有速率常数有同样的值。在温度大于 T_i 时，催化反应的活化能越高反应速率越快，而当温度低于 T_i 时，则是活化能越高反应速率越慢。

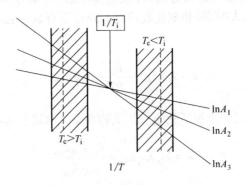

图 2-22　有补偿时的 Arrhenius 图

利用等动力学温度，Arrhenius 方程可写为：

$$\ln k = \ln k_0 - E(1/T - 1/T_i) \qquad (2\text{-}49)$$

此时，式（2-48）可改写为：

$$\ln k_0 = \frac{E}{RT_i} + b \qquad (2\text{-}50)$$

Cremer 于 1955 年指出，由于测量误差、反应级数的改变、有传质阻力以及伴有均相反应等因素而导致的补偿效应称为表观补偿效应。

由上述讨论不难看出，所谓补偿效应是指催化反应速率常数中的活化能的降低或增加能够被减小或增加的指前因子所补偿的现象。其实，随着动力学温度的不断增高，补偿有不同的形式，如图 2-23 所示。

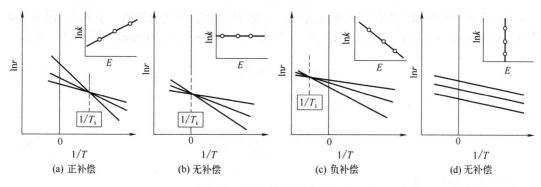

图 2-23 补偿效应的不同类型

二、实际吸附的机理模型法建立速率方程

由于催化剂表面的不均匀性，且吸附粒子间存在相互作用，催化反应的活化能或吸附热实际是与表面覆盖度有关的，为此吸附、脱附速率不能用 Langmuir 吸附、脱附速率方程予以描述，如果知道活化能和吸附热与覆盖度的具体关系，如线性关系或对数关系，就可以按前面介绍的实际吸附模型和应用表面质量作用定律建立相关的反应速率方程。

当表面反应为速控步骤时，假定一反应遵循 Eley-Rideal 机理：

$$A+* \rightleftharpoons A*$$
$$A*+B \xrightarrow{k} C+*$$

因为第二步为速控步骤，同时反应物 B 和产物 C 在催化剂表面不吸附或可忽略，于是：

$$r=kp_B\theta_A \qquad (2-51)$$

根据吸附热随覆盖度变化方式的不同，根据前面已得到的两种吸附等温方程可求得 θ_A。如果假定吸附热随覆盖度的变化是对数关系，即 $q=q_0-\gamma\ln\theta$，利用 Freundlich 等温方程 $\theta_A=K p_A^{1/n}$，求得 θ_A，代入速率方程式（2-51），得：

$$r=k'Kp_B p_A^{1/n}$$

其中，$k'=kK$，k 为表面反应速率常数，K 为吸附平衡常数。

当吸附或脱附为速控步骤时，则可利用 Elovich 或管孝男的吸附、脱附速率方程代表反应的速率方程。下面以合成氨反应为例说明动力学分析方法，一般认为合成氨反应经过如下机理：

$$N_2+2* \rightleftharpoons 2N*$$
$$H_2+2* \rightleftharpoons 2H*$$
$$H*+N* \rightleftharpoons (NH)*+*$$
$$(NH)*+H* \rightleftharpoons (NH_2)*+*$$
$$(NH_2)*+H* \rightleftharpoons NH_3+2*$$

在铁催化剂上合成氨时，认为 N_2 的吸附是合成氨的速控步骤，N_2 的脱附是氨分解的速控步骤，即：

$$N_2 + * \underset{k_d}{\overset{k_a}{\rightleftharpoons}} (N_2) *$$

假定吸附能量与覆盖度按线性关系变化，则可利用 Elovich 吸附速率方程，反应的速率方程为：

$$r_a = k_a p_{N_2} \exp(-\alpha \theta_{N_2} / RT)$$

如同在理想吸附模型条件下讨论吸附速控步骤时的情况，因为吸附这一步未达到平衡，而其他各步都近似达到平衡。假设这时与 θ_{N_2}，平衡的压力为 $p_{N_2}^*$，按 Temkin 等温方程，则有：

$$\theta_{N_2} = \frac{1}{f} \ln\left(a_0 p_{N_2}^*\right) \tag{2-52}$$

利用合成氨总反应的平衡关系，有：

$$p_{N_2}^* = \frac{p_{NH_3}^2}{K p_{H_2}^3} \tag{2-53}$$

代入式（2-52），得：

$$\theta_{N_2} = \frac{1}{f} \ln\left(a_0 \frac{p_{NH_3}^2}{K p_{H_2}^3}\right)$$

所以合成氨的速率方程为：

$$r_a = k_a p_{N_2} \exp\left[-\frac{\alpha}{RT} \frac{1}{f} \ln\left(a_0 \frac{p_{NH_3}^2}{K p_{H_2}^3}\right)\right]$$

令 $f = \dfrac{\alpha + \beta}{RT}$，于是：

$$r_a = k_a p_{N_2} \left(\frac{K p_{H_2}^3}{a_0 p_{NH_3}^2}\right)^{-\frac{\alpha}{RT}} = k_+ p_{N_2} \left(\frac{K p_{H_2}^3}{p_{NH_3}^2}\right)^{\alpha'}$$

其中，$k_+ = k_a \left(\dfrac{K}{\alpha_0}\right)'$，$\alpha' = \dfrac{\alpha}{\alpha + \beta}$。

同理可得氨分解的速率方程：

$$r_d = k_d \left(\frac{a_0 p_{NH_3}^2}{K p_{H_2}^3}\right)^{\frac{\alpha}{RT}} = k_- \left(\frac{p_{NH_3}^2}{K p_{H_2}^3}\right)^{1-\alpha'}$$

其中，$k_- = k_d \left(\dfrac{\alpha_0}{K}\right)^{1-\alpha'}$。

这样合成氨的净反应速率方程则为：

$$r = k_+ p_{N_2} \left(\frac{K p_{H_2}^3}{p_{NH_3}^2}\right)^{\alpha'} - k_- \left(\frac{p_{NH_3}^2}{K p_{H_2}^3}\right)^{1-\alpha'}$$

当 $\alpha'{=}0.5$ 时，由该方程得到的结果与实验吻合。

三、经验模型法建立速率方程

该法直接选用某种函数去表达动力学数据，建立速率方程，最常选用的函数是幂函数，对不可逆反应：

$$r = \prod {}_i k p_i^{m_i} \qquad\qquad （2\text{-}54）$$

式中，p_i 代表第 i 种反应物的分压；m_i 为反应级数，其值可正可负，可为整数也可为分数。对可逆反应采用以下幂函数：

$$r = k \prod {}_i p_i^{m_i} - k' \prod {}_i p_i^{m_i'}$$

其中 m_i' 的取值范围与 m_i 一样，幂式速率方程在形式上与均相速率方程相似。

经验速率方程是工程设计的重要依据，实验中测得的仅仅是速率和作用物分压的数值，只有再确定一些参数，如 k、m_i 和 m_i' 后才能写出速率方程的具体形式。最简单的求取速率方程中参数的方法是尝试法，即预先设定若干套参数，代入速率方程，哪一套最适合数据就选择哪一套参数；另一种是孤立法，实验中将某组分孤立出来，其余组分均保持在大过量（高分压或高浓度），以致速率的变化可看成仅仅是该组分变化的结果，其余组分暂归入常数，这样可求出该组分的级数；类似地，再求出其他组分的级数；最后求出速率常数。

第三个较为优越和广泛应用的是线性回归法，首先是把微分或积分形式的速率方程化为对动力学参数为线性的方程，如对式（2-54）取对数，得：

$$\ln r = \ln k + \sum {}_i m_i \ln P_i$$

上式可改写为：

$$y = b_0 + \sum {}_{i=1}^{m} b_i x_i$$

式中，y、x_i 为实验中可测得的物理量；i 代表某种反应物（$i=1,2,\cdots,m$）；b_0、b_i 为欲求的未知数，即要获得的动力学参数。若令测量值 y 与理论计算值 $\hat{y}$ 之差为：

$$D = \hat{y} - \left(b_0 + \sum {}_{i=1}^{m} b_i x_i\right)$$

其方差和为：

$$S = \sum {}_{j=1}^{n} D_j^2$$

按最小二乘法原理，求得最佳 b_0、b_i 值，即使 n 次实验中得到的结果满足方差和最小条件，亦即使方差和 S 对各未知数的偏微分等于零：

$$\frac{\partial S}{\partial b_0} = \frac{\partial S}{\partial b_1} = \cdots = \frac{\partial S}{\partial b_m} = 0$$

这样可得 $m+1$ 个方程组：

$$nb_0 + b_1 \sum {}_{j=1}^{n} x_{1j} + b_2 \sum {}_{j=1}^{n} x_{2j} + \cdots + b_m \sum {}_{j=1}^{n} x_{mj} - \sum {}_{j=1}^{n} y_j = 0$$

$$b_0 \sum_{j=1}^{n} x_{1j} + b_1 \sum_{j=1}^{n} x_{1j}^2 + b_2 \sum_{j=1}^{n} x_{2j} x_{1j} + \cdots + b_m \sum_{j=1}^{n} x_{mj} x_{1j} - \sum_{j=1}^{n} y_{jx_{1j}} = 0$$

$$b_0 \sum_{j=1}^{n} x_{2j} + b_1 \sum_{j=1}^{n} x_{1j} x_{2j} + b_2 \sum_{j=1}^{n} x_{2j}^2 + \cdots + b_m \sum_{j=1}^{n} x_{mj} x_{2j} - \sum_{j=1}^{n} y_{jx_{2j}} = 0$$

……

$$b_0 \sum_{j=1}^{n} x_{mj} + b_1 \sum_{j=1}^{n} x_{1j} x_{mj} + b_2 \sum_{j=1}^{n} x_{2j} x_{mj} + \cdots + b_m \sum_{j=1}^{n} x_{mj}^2 - \sum_{j=1}^{n} y_{jx_{mj}} = 0$$

从而可求出 $m+1$ 个 b 值，也就得到了相应的动力学参数 k 和 m_i。

需要指出的是，速率方程不能化为线性方程形式时需采用非线性回归法，目前这些回归分析都可以在计算机上完成，并同时进行结果最佳化程度的相关系数分析。

四、动力学方法研究反应机理

研究反应机理对认识催化作用本质、研制催化剂和控制反应非常重要，而动力学方法是研究反应机理的常用方法。通常先测定动力学数据，再用这些数据检验代表不同机理的速率方程，从而提出反应可能遵循的机理。动力学证明是必要的，但是不充分的，机理的确立不能单单依靠动力学研究结果，还要依靠其他方面的实验结果与证据。

1. 反应机理参数选择的准则

微分形式的速率方程有幂式和双曲线式两类，这两类速率方程均可从机理模型推导得到。当用代表不同机理模型的速率方程和实验数据拟合时，有可能存在着几个良好的拟合，因此有许多机理模型可供选择，每一个拟合均能得到一套参数。在用动力学方法判断机理模型时，对参数的选择常用以下准则：

① 速率常数和吸附平衡常数应为正值，负值没有意义；

② 不同温度下的速率常数和吸附平衡常数的温度系数合理，速率常数的温度系数应为正值，吸附平衡常数的温度系数一般为负值，因为绝大多数的吸附过程都是放热过程；

③ 速率常数和吸附平衡常数分别服从 Arrhenius 和 Van't Hoff 定律，即在 $\ln k$、$\ln \lambda$ 和 $1/T$ 间有线性关系，活化能和指前因子的数值应为正值，从吸附平衡常数求得的吸附熵为负，吸附熵为负；

④ 同系物进行同一反应，其相应的平衡常数在相近的温度下有接近的数值。

符合上述准则，所选的模型才具有意义，但并非绝无问题。首先，一个催化反应在不同温度下可以按不同机理进行，如果速率常数按 Arrhenius 关系得不到直线，也可能是速控步骤随温变发生变化；其次，在解离吸附情况下，吸附热可能为负，吸附平衡常数的温度系数具有正值；最后，对双曲线式模型的参数的估算有相当大的不确定性。

2. 动力学数据的测定

测定动力学数据应当在内、外扩散不成为速控步骤的情况下进行，关于内、外扩散是否成为速控步骤的判断，在本章第三节介绍。

动力学数据测定的主要内容是测定速率，而这种测定总是在各式各样的反应器中进行，因而有必要先了解不同反应器中的速率表达式，这里介绍两种理想反应器（图2-24）。

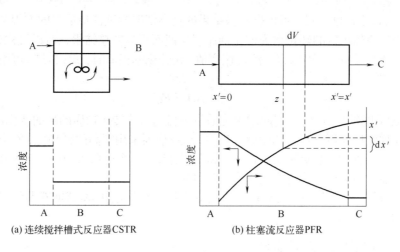

(a) 连续搅拌槽式反应器CSTR (b) 柱塞流反应器PFR

图 2-24　两种理想反应器示意图

① 连续搅拌槽式反应器（continuously stirred-tank reactor，CSTR）：该反应器是全返混的，内部各点物料的组成、温度和性质均相同，与流出物料亦相同，总体反应速率与各点反应速率一致：

$$r = \frac{n_0' - n_f'}{V/F_m} = \frac{n_0' - n_f'}{\tau} \qquad (2\text{-}55)$$

式中，F_m 为物料的质量流率；V 为反应体积；τ 为停留时间；n_0'、n_f' 分别为单位质量进料和出料中目的组分的物质的量。该反应器适用于液体物料。式（2-55）右侧各物理量的测定并不困难，因而容易获得速率。

② 柱塞流反应器（piston-flow reactor，PFR）：在理想情况下，该反应器内轴向无返混，径向各点流速均一，沿床层反应物料逐渐转化，存在物料浓度和反应速率的梯度。当反应达稳态时，沿床层轴向各点的反应速率不随时间变化。

对反应体积为 V（有时 V 以催化剂重量 W 代替）的均匀截面反应管，当反应物料质量流率为 F_m 时，体积元 dV 内的物料恒算式为：

$$r\mathrm{d}V = F_m \mathrm{d}x' \qquad (2\text{-}56)$$

式中，反应速率 r 是单位时间、单位反应体积内反应物转化的物质的量；x' 是单位质量进料中目的组分转化的物质的量。从式（2-56）有：

$$r = \frac{\mathrm{d}x'}{\mathrm{d}(V/F_m)} \qquad (2\text{-}57)$$

其积分式为：

$$\frac{V}{F_m} = \int_{x_{\text{入口}}}^{x_{\text{出口}}} \frac{\mathrm{d}x'}{r} \qquad (2\text{-}58)$$

该反应器是实验室常用的反应器，可进一步分为积分型与微分型两类，积分型反应器的转化率要求高，而微分型的要求低，一般应在 1% 以下。

对积分反应器，在实验上变动 V/F_m，测量 x'，从而获得一系列的 x'-V/F_m，以 x' 对 V/F_m 作图，从得到的曲线求取斜率即为速率。此即从积分反应器测反应速率的图解微分法。也可以应用积分式直接建立速率方程，但这时必须要知道 r 和 x 的函数关系，即 $r = f(x)$，反应机理不同，$f(x)$ 的表达式也不同，可根据实验结果的具体情况尝试选择恰当的方程，代入积分式求速率。因为反应器出口的转化率为催化剂床层各截面积分的总结果，所以又称积分法。

如果利用微分反应器，可以直接测定速率值。在转化率很低时，式（2-57）可用下式代替：

$$r \approx \frac{\Delta x'}{\Delta (V / F_m)}$$

式中，$\Delta x'$ 是增量 $\Delta (V/F_m)$ 引起的单位质量中目的组分转化物质的量的变化值。

循环式无梯度反应器是理想的微分反应器，该反应器采用很高的循环比，使出料大部分返回而进料很少，几乎消除了床层前后的浓度和温度梯度，整个床层近似以一个速率值反应，从而与积分反应器内沿床层速率逐渐变化有明显区别。

有了速率数据，再加上分压的数据，可以试探性地寻找合适的幂式或双曲线式速率方程去描述反应的动力学规律。

3. 建立速率方程和拟定机理的实例

现举例说明如何从动力学数据建立速率方程和拟定可能的反应机理。

［例 1］ 采用固定床微分型反应器研究二氧化硫在 Pt/Al₂O₃ 上的氧化反应，直接测得速率数据（见表 2-9）。

表 2-9   二氧化硫在 Pt/Al_2O_3 上氧化的动力学结果

速率/[mol/(h·g)]	p_{SO_3}/kPa	p_{SO_2}/kPa	p_{O_2}/kPa
0.02	4.33	2.58	18.8
0.04	3.35	3.57	19.2
0.06	2.76	4.14	19.6
0.08	2.39	4.49	19.8
0.10	2.17	4.70	19.9
0.12	2.04	4.82	20.0

假设该反应遵循 Eley-Rideal 机理，包括三个步骤：

Ⅰ．氧的解离吸附

O₂+2* $\rightleftharpoons$ 2O*   吸附系数 λ_{O_2}

Ⅱ．表面反应

O* + SO₂ $\rightleftharpoons$ （SO₃）*   表面反应平衡常数 $K_{Ⅱ}$

Ⅲ．产物脱附

（SO₃）* $\rightleftharpoons$ SO₃+*   （SO₃）*脱附系数 $1/\lambda_{SO_3}$

K 为总反应 1/2O₂+SO₂═══SO₃ 的平衡常数，从热力学考虑有以下关系：

$$K = \lambda_{O_2}^{\frac{1}{2}} K_{Ⅱ} (1/\lambda_{SO_3})$$

因为 Ⅱ 是控速步骤，所以总反应速率为：

$$r = r_{Ⅱ} = k_+ p_{SO_2} \theta_{O_2} - k_- \theta_{SO_3} \tag{2-59}$$

由于氧为解离吸附，应用解离吸附的 Langmuir 等温方程，氧和三氧化硫覆盖度与分压的关系分别为：

$$\theta_{O_2} = \frac{\lambda_{O_2}^{\frac{1}{2}} p_{O_2}^{\frac{1}{2}}}{1 + \lambda_{O_2}^{\frac{1}{2}} p_{O_2}^{\frac{1}{2}} + \lambda_{SO_3} p_{SO_3}}$$

$$\theta_{SO_3} = \frac{\lambda_{SO_3} p_{SO_3}}{1 + \lambda_{O_2}^{\frac{1}{2}} p_{O_2}^{\frac{1}{2}} + \lambda_{SO_3} p_{SO_3}}$$

将以上二式代入式（2-59），则有：

$$r = \frac{k + p_{SO_3} k + p_{SO_3} - k_- \lambda_{SO_3} p_{SO_3}}{1 + \lambda_{O_2}^{\frac{1}{2}} p_{O_2}^{\frac{1}{2}} + \lambda_{SO_3} p_{SO_3}}$$

利用 $K_{II} = \frac{k_+}{k_-}$，$K = \lambda_{O_2}^{\frac{1}{2}} K_{II} / \lambda_{SO_3}$，$r$ 简化为：

$$r = \frac{k + \lambda_{O_2}^{\frac{1}{2}} \left(p_{O_2}^{\frac{1}{2}} p_{SO_3} - \frac{1}{K} p_{SO_3} \right)}{1 + \lambda_{O_2}^{\frac{1}{2}} p_{O_2}^{\frac{1}{2}} + \lambda_{SO_3} p_{SO_3}}$$

因 $p_{O_2}^{\frac{1}{2}}$ 的数值近似于常数，上式可进一步简化为：

$$r = \frac{p_{O_2}^{\frac{1}{2}} p_{SO_3} - \frac{1}{K} p_{SO_3}}{A + B p_{SO_3}}$$

或者

$$R' = A + B p_{SO_3} = \frac{p_{O_2}^{\frac{1}{2}} p_{SO_3} - \frac{1}{K} p_{SO_3}}{r}$$

式中，A、B 为常数，从此式看出 R' 与 p_{SO_3} 间有线性关系，这是从机理得到的结果。为判断其与实验数据是否符合，先利用实验上的 r，p_{SO_3}，p_{O_2} 和 p_{SO_2} 数据求出 R'，然后以 R' 对 p_{SO_3} 作图（图2-25），可以看出，上述的假定机理模型与实验数据符合得很好，因而这个机理是可能的机理。进一步从图2-25的截距和斜率，或用最小二乘法，求出：
$A = -120.6$（kPa）$^{1.5}$h · g/mol，$B = 150.3$（kPa）$^{0.5}$h · g/mol

因此，二氧化硫氧化速率方程的最终形式为：

$$r = \frac{p_{O_2}^{\frac{1}{2}} p_{SO_3} - \frac{1}{7.26} p_{SO_3}}{150.3 p_{SO_3} - 120.6}$$

[例2] 利用动力学数据为反应建立经验速率方程，

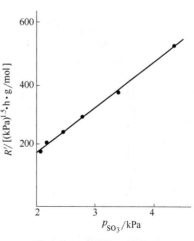

图2-25 R' 与 p_{SO_3} 的关系

钼系催化剂上 2-丁烯氧化脱氢制丁二烯的反应，首先排除存在内、外扩散控制的可能性，然后测定 2-丁烯在不同停留时间下转化率和各组分的浓度。利用式（2-59）及其他换算关系获得了速率与分压的数据，将这些数据列于表 2-10，表中 p_B 代表 2-丁烯的分压。

表 2-10 2-丁烯氯化动力学数据

速率/[mmol/(g·s)]	5.39	4.59	3.31	5.94	4.07	3.40	6.42	5.33	4.66	8.27	5.98	4.39
p_B/kPa	6.46	5.22	3.81	5.30	4.11	2.79	7.78	6.43	4.83	8.72	6.69	4.46
p_{O_2}/kPa	2.91	2.25	1.52	8.54	7.24	5.83	5.11	3.85	2.38	9.01	7.55	5.93

假定 2-丁烯氧化脱氢的速率方程形式为：

$$r=kp_B^a p_{O_2}^b$$

将上式取对数得：

$$\lg r = \lg k + a \lg p_B + b \lg p_{O_2}$$

利用线性回归分析方法求出：

$$a = 0.7$$
$$b = 0.1$$

$$k = 1.3 \times 10^{-3} \frac{mmol}{s \cdot g \cdot (kPa)^{0.8}}$$

因而一个可能的表述 2-丁烯氧化脱氢的经验速率方程为：
$$r = 1.3 \times 10^{-3} p_B^{0.7} p_{O_2}^{0.1}$$

第三节
扩散对多相催化的影响

对于气固多相催化反应来说，当扩散的阻力不可忽略时，实验观察到的宏观动力学规律不仅与化学反应有关，而且也包括扩散的影响。本节介绍扩散过程的规律、扩散对反应动力学的影响，以及判断和消除扩散阻力的方法。

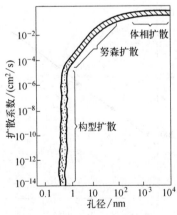

图 2-26 三种扩散类型

一、扩散类型

扩散类型包括：分子间扩散（体相扩散）D_B、努森（Knudson）扩散 D_K 和构型扩散 D_C（图 2-26）。一般 D_B 约 10^{-1}，D_K 约 10^{-3}，D_C 处于 $10^{-5} \sim 10^{-14}$ 之间，$D_B > D_K > D_C$，而 100~1000nm 为扩散过渡区。

1. 分子间扩散

扩散是多相催化过程的必经步骤，一维扩散过程可用根据 Fick 第一定律描述：

$$r_{\text{dif}} = \frac{\mathrm{d}n}{\mathrm{d}t} = -DS_{\text{e}}\frac{\mathrm{d}c}{\mathrm{d}x} \tag{2-60}$$

式中，D 为扩散系数，负号表示扩散指向浓度减小的方向，S_{e} 为发生扩散的面积；$\mathrm{d}c/\mathrm{d}x$ 为 x 方向上扩散物的浓度梯度。

催化剂的外表面或催化剂的粗孔（>1000nm）中，分子间扩散的阻力来自分子之间的碰撞：

$$D_{\text{B}} = 1/3\overline{\nu}\overline{\lambda} \qquad D_{\text{B}} \propto \frac{\sqrt{T^3}}{p} \tag{2-61}$$

式中，分子的平均速率：$\overline{\nu} = \sqrt{8RT/\pi M}$，气体分子平均自由程：$\overline{\lambda} = 3.605 \times 10^{-23} T/pd^2$，显然 D_{B} 与温度的 1.5 次方成正比，与压力成反比。

2. Knudson 扩散

催化剂的过渡孔中（<100nm，分子运动自由程），Knudson 扩散阻力来自分子与催化剂孔壁的碰撞：

$$D_{\text{K}} = 2/3\overline{\nu}\ \overline{r}_{\text{孔}}$$
$$D_{\text{K}} \propto \sqrt{T}r_{\text{孔}} \tag{2-62}$$

D_{K} 与温度的平方根和催化剂的孔半径成正比，与压力无关。

3. 构型扩散

反应分子的大小与催化剂的微孔孔径（<1nm）相当时，反应分子的构型对扩散系数 D_{C} 影响很大，如烃类在分子筛孔道中的扩散阻力与烃类分子的空间构型有关（见表 2-11）。

表 2-11　烃类在分子筛孔道中的扩散系数

烃分子	温度/K	扩散系数 $D/(\text{cm}^2/\text{s})$
1,3,5-三甲基苯	623	10^{-12}
3,3-二甲基-1-丁烯	811	7×10^{-8}
乙烷，丙烷，水	293	$\geqslant 10^{-5}$
正己烯		5×10^{-4}

此外还有表面扩散，是指吸附物种在催化剂表面的迁移。

4. 综合扩散系数

外扩散发生在催化剂颗粒外部，属于分子间扩散，内扩散发生在催化剂孔道内部，在孔径为 100~1000nm 的孔道中，往往同时存在分子间扩散和努森扩散（过渡区扩散），扩散阻力为两者之和：

$$\frac{1}{D} = \frac{1}{D_{\text{B}}} + \frac{1}{D_{\text{K}}} \tag{2-63}$$

5. 有效扩散系数

$$\frac{\mathrm{d}n}{\mathrm{d}t} = -DS_\mathrm{e}\frac{\mathrm{d}c}{\mathrm{d}x}$$ （2-64）

若扩散方程的模型是一维圆柱孔，反应物的扩散通量可根据催化剂颗粒的截面积计算。

对于多孔催化剂，颗粒的截面积乘以孔隙率 θ 才是真正的扩散面积，θ 一般在 0.3~0.7 之间；催化剂的孔道弯弯曲曲，除以孔道曲折因子 τ 才是实际的扩散距离，τ 一般在 2~7 之间，因而定义有效扩散系数为：

$$D_\mathrm{e} = \frac{\theta}{\tau}D$$ （2-65）

二、温度与反应控制区

速率常数与温度的关系：$k = k_0\exp(-\frac{E_\mathrm{a}}{RT})$

扩散系数与温度的关系：$D_\mathrm{B} \propto \frac{\sqrt{T^3}}{P}$，$D_\mathrm{K} \propto \sqrt{T}r$

用 Arrhenius 公式表示扩散系数与温度的关系：$D = D_0\mathrm{e}^{-\frac{E_\mathrm{D}}{RT}}$

显然，温度对反应速率的影响比对扩散速率的影响大得多。反应速率与温度的关系如图 2-27 所示，可分为四个控制区。

A 动力学区：很低的温度下，反应速率低于扩散速率，整个过程受化学反应速率的控制，此时表面反应阻力大，表观反应速率由真实反应速率决定，表观活化能等于真实反应活化能，曲线斜率=$-E_{多相}/R$。

B 内扩散区：随着温度升高，扩散系数缓慢增加，而表面反应速率常数按指数增加，内扩散阻力变大，此时表观活化能也逐渐降低，最后达到真实反应活化能的一半，曲线斜率= $-E_{多相}/2R$。该区域内由于通过孔的扩散与反应不是连续过程，而是平行的过程，即反应物一边扩散一边反应，因而总过程不是被单一的过程所控制。

C 外扩散区：温度再升高，气流主体内的反应物穿过颗粒外气膜的阻力变大，反应在催化剂外表面进行，反应的阻力相对变小，反应速率更大，表观动力学与体相扩散动力学相近，表观活化能落在扩散活化能的数值范围（4~12kJ/mol）内，曲线斜率=（1~2）/R；反应表现为一级，而与真实反应动力学级数无关。

D 非催化均相反应区：温度更高，以至于在气相中就能发生反应，曲线斜率=$-E_{均相}/R$。

判明反应发生的区间，估计和消除内外扩散的影响是十分必要的。用动力学方法研究反应机理时要确保反应在动力学控制区进行，筛选催化剂时，要在动力

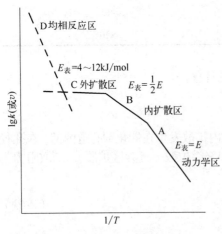

图 2-27 反应速率与温度的关系

学区测定其反应活性和选择性。在工业生产中，为了取得最大的经济效益，必须使扩散和表面反应都能顺利地进行，最佳的操作条件往往是在动力学与内扩散控制的过渡区。

三、扩散对反应动力学的影响

1. 外扩散

根据 Fick 第一定律，在催化剂的外表面处：

$$r_{dif} = DS_e \frac{c_h - c_S}{\delta} = k_g S_e (c_b - c_S) \qquad （2-66）$$

式中，D 为扩散系数；δ 为滞流层厚度；k_g 为气相传质系数；S_e 为单位体积催化剂的外表面积；c_b、c_S 分别为反应物在气流主体和催化剂外表面处的浓度。

当过程处于外扩散控制区，整个反应过程的速率等于外扩散速率：

$$r = kc_S^n = k_g S_e (c_b - c_S) \qquad （2-67）$$

反应在催化剂外表面进行，反应速率常数较大，反应物在颗粒表面的浓度很低，$c_S \approx 0$：

$$r = k_g S_e c_b \qquad （2-68）$$

表观反应动力学为扩散动力学。

外扩散控制的催化反应特点：

① 表观活化能等于扩散活化能（4~12kJ/mol）；

② 表观反应级数为 1，与本征反应级数无关；

③ 催化剂的活性、孔结构对反应速率无影响，颗粒大小（外表面）略有影响；

④ 气体线流速明显影响反应速率。

$$k_g = \frac{D}{\delta}$$

随气流线速的增加表观反应速率增加，或者在保持空速或停留时间不变时，随气流线速的增加反应物的转化率增加。实验中通过改变催化剂的装量，并调整加入的反应物量，以保持物料的空速一致；由于反应物流量加大，气流的线速增加，同时测定各对应的转化率，以转化率对线速作图，如果提高气流线速引起转化率明显增加，说明外扩散的阻滞作用很大，反应可能发生在外扩散区；进一步提高线速，若转化率不变，则说明外扩散阻滞作用不大，已排除外扩散影响。线速实验是排除外扩散的重要判据（图 2-28）。

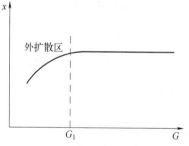

图 2-28　转化率与气流线速的关系

2. 内扩散

一般催化剂的比表面积为 100~1000m²/g，其内表面积远大于外表面积，催化反应主要在孔内表面上进行。由于扩散阻力，实际反应场所的反应物浓度低于其体相浓度，而产物浓度则高于体相浓度。

（1）催化剂的效率因子

由于实际反应场所的反应物浓度低于其体相浓度，表观反应速率低于本征反应速率，定义效率因子 η 来表征扩散对反应速率的影响：

$$\eta = \frac{r}{r_0}, \qquad \eta_i = \frac{r_i}{r_0} \qquad\qquad (2\text{-}69)$$

η_i 又称内表面利用率，表观反应与本征反应速率之比：

$$r = \eta r_0, \qquad r_0 = kc_b^n \qquad\qquad (2\text{-}70)$$

（2）Thiele 模数（Φ）

外扩散传递与表面反应是一个串联过程，内扩散传递与表面反应是一个复杂的串并联过程，反应物一方面向孔内更深处扩散，一方面在附近的孔壁上反应。反应物在催化剂孔道内存在浓度梯度：沿孔道向内反应物的浓度逐渐减小，产物浓度逐渐增大（图2-29）；反应物浓度沿孔道分布呈双曲函数形式，反应物浓度分布与反应速率、内扩散阻力等有关。

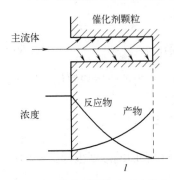

图 2-29　催化剂颗粒内反应物和产物的浓度变化

Thiele 在推导反应物浓度沿孔道分布函数时，引入了一个无量纲的模数 Φ：

$$\Phi = \frac{V}{S}\sqrt{\frac{kc_S^n}{D_e c_S}} \approx \frac{V}{S}\sqrt{\frac{kc_b^n}{D_e c_b}} \qquad\qquad (2\text{-}71)$$

式中，V、S 为催化剂的体积和表面积；k 为本征速率常数；D_e 为有效扩散系数。

Φ 表示本征反应速率与极限扩散速率的相对大小。Φ 大表明反应速率比内扩散速率快，扩散阻力大，反应处于内扩散控制区，反之则为动力学控制。

效率因子仅为 Thiele 模数 Φ 的函数，对一级反应的圆柱孔：

$$\eta_i = \frac{\tanh \Phi}{\Phi} \qquad\qquad (2\text{-}72)$$

tanh 为双曲正切函数，其特点是：

$\Phi < 1$，$\tanh \Phi \approx \Phi$，$\eta_i = 1$，为动力学控制；

$\Phi > 3$，$\tanh \Phi = 1$，$\eta_i = \frac{1}{\Phi} < 1$，为内扩散控制（图 2-30）。

（3）内扩散控制反应的特点

内扩散严重时 $\Phi > 3$，$\eta_i \approx \frac{1}{\Phi} = \frac{S}{V}\sqrt{\frac{D_e c_b}{kc_b^n}}$

$$r_i = \eta_i r_0 = \left(\frac{S}{V}\sqrt{\frac{D_e c_b}{kc_b^{n-1}}} \right) kc_b^n = A\sqrt{kD_e c_b^{n+1}} = k_a c_b^{(n+1)/2} \qquad (2\text{-}73)$$

$$k_a = A' \exp\left[\frac{-(E + E_D)}{2RT} \right]$$

$$E_a = \frac{1}{2}(E + E_D)$$

$$n_a = \frac{n+1}{2}$$

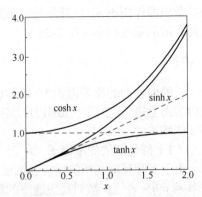

图 2-30　效率因子 η_i 与 Thiele 模数 Φ 的关系

① 表观反应速率与催化剂颗粒大小成反比。

② 对速率常数的影响：从式（2-73）可以看出：扩散阻力大时，表观速率常数与真实速率常数的 1/2 次方成正比，$k_a \propto \sqrt{k}$，而当扩散阻力小时，$k_a \propto k$。

③ 扩散阻力大时，表观活化能接近于本征活化能的一半。

④ 表观反应级数与本征反应级数的关系：对 Knudson 扩散而言，因为 D 与浓度（压力）无关，表观反应级数为本征反应级数的$(n+1)/2$，所以零级本征反应的表观反应级数为 0.5 级，一级本征反应为表观一级，二级本征反应为表观 1.5 级；对分子间扩散按照式（2-63），因为 $D \propto 1/p$，所以表观反应级数为本征反应级数的 $n/2$，零级本征反应的表观反应级数为零级，一级本征反应表现为表观 0.5 级，二级本征反应的表观反应级数为一级。

内扩散对反应速率各参数的影响列在表 2-12 中。

表 2-12　内扩散对反应速率参数的影响

速控步骤	反应级数	活化能
化学反应	n	E
分子间扩散	$n/2$	$E/2$
Knudson 扩散	$(n+1)/2$	$E/2$

（4）影响内部效率因子的因素

$$\eta_i = \frac{r_i}{r_0}$$

η_i 定量反映了内部扩散阻力对反应过程的影响程度，决定 η_i 的唯一参数是 Thiele 模数 Φ，由其定义式（2-71）可知，影响 Φ 的因素主要为：温度、反应物浓度，以及催化剂颗粒尺寸和孔结构。

a. 反应温度的影响。化学反应活化能 $E=80\sim250$kJ/mol，扩散活化能 $E_D=4\sim12$kJ/mol。化学反应速率对温度的敏感度远大于扩散速率，提高温度使反应速率和扩散速率同时增加，但反应速率增加的程度远大于扩散速率；提高反应温度将使 Φ 增大，从而降低 η_i。

b. 反应浓度的影响。本征反应级数 $n=1$ 时，反应物浓度对反应速率和扩散速率的影响相同，Φ 和 η_i 与反应浓度无关；$n>1$ 时，反应物浓度越高，Φ 越大，η_i 越小；$n<1$ 时，反应物浓度越高，Φ 越小，η_i 越大。当 $n \neq 1$ 时，用管式固定床进行气固相催化反应，反应器内各处的内部效率因子并不相同：$n>1$ 时，进口端的 η_i 低于出口端，$n<1$ 时，进口端的 η_i 高于出口端。

c. 催化剂的粒度与孔结构的影响。催化剂颗粒（$L_P=V/S$）越大，Φ 越大；当内扩散阻力很大时，$\eta_i=1/\Phi$，内效率因子反比于 L_P，表观反应速率与催化剂颗粒大小成反比，因此，可以通过粒度试验判断内扩散阻力对反应的影响程度；当反应速率随颗粒减小而增大时，说明存在内扩散影响；当颗粒减小到一定大小，反应速率不再随催化剂颗粒大小而变，则内扩散的影响可以忽略；在能承受的压降条件下，尽量采用小颗粒催化剂。

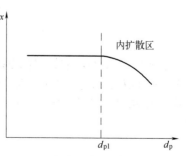

$$D_K \propto \sqrt{T} r_{孔}, \quad D_e = \frac{\varepsilon}{\tau}D$$

催化剂孔道半径 $r_{孔}$ 越小、结构越曲折，扩散系数 D_e 越小，Φ 值越大，η_i 值越小；大颗粒、小孔催化剂上的快反应，Φ 大，η_i 小，催化剂内表面利用率低，一般为内扩散控制；小颗粒、大孔催化剂上的慢反应，Φ 小，

图 2-31　转化率与催化剂粒度的关系

η_i 大，内表面利用率高，一般为动力学控制。

实验上，在催化剂量不变的情况下，改变催化剂的粒度，随粒度变小，表观反应速率或者转化率明显增加，向动力学区过渡（图2-31），粒度实验是排除内扩散的重要判据。

四、扩散对选择性的影响

催化剂的选择性主要由反应的自身性质和催化剂的物理化学性质决定，但也受到反应条件和催化剂宏观结构的影响，这里主要讨论内扩散对选择性的影响，反应类型不同，所受的影响也不同，分为三种情况。

1. 两个独立反应

设在同一催化剂上，两种反应物进行两个独立反应：

$$A \xrightarrow{k_1} B + C$$
$$X \xrightarrow{k_2} Y + Z$$

其中，k_1 和 k_2 分别为两个反应的速率常数，定义选择性为 $S_k = r_1/r_2$，有时也称选择因子。通常希望其中一个反应占优势，如烯烃和芳烃混合物的加氢，希望烯烃加氢，而芳烃不反应。如果两个反应级次相同，都为一级，由式（2-70）和式（2-72）可得：

$$S_k = \frac{r_1}{r_2} = \frac{\dfrac{\tanh \Phi_a}{\Phi_a} k_1 c_a}{\dfrac{\tanh \Phi_x}{\Phi_x} k_2 c_x} \tag{2-74}$$

当 Φ 较小（$\Phi < 1$）时，$\tanh(\Phi) \approx \Phi$，假设 $c_a = c_x$，则 $S_k = \dfrac{k_1}{k_2}$，选择性不受内扩散影响，仍为两个真实反应速率常数之比。

当 Φ 较大（$\Phi > 3$）时，$\tanh(\Phi) \approx 1$，结合式（2-73），假设 $c_a = c_x$，$D_a = D_x$，则 $S_k = \dfrac{\sqrt{k_1}}{\sqrt{k_2}}$，选择性的值为无扩散时值的平方根。

2. 平行反应

设有以下两个平行反应，如乙醇在氧化铝上既可以脱氢得醛又可以脱水得烯。

$$A \overset{k_1}{\underset{k_2}{\diagup\diagdown}} \begin{matrix} B \\ C \end{matrix}$$

若两反应的反应级数一样，则选择性不因内扩散的影响而变化，因为在孔内表面任何一处两个反应的浓度都是一样的，反应速率之比总是 k_1/k_2。在单位时间内，A 将以固定的比率分别转化为 B 和 C。若第二个反应为二级，第一个反应为一级，两个反应速率之比为：

$$\frac{r_2}{r_1} = \frac{k_2}{k_1} c_a$$

因为内扩散的阻力使 c_a 下降，级数越高的反应，对反应的影响也越大。

3. 连续反应

$$A \xrightarrow{k_1} B \xrightarrow{k_2} C$$

该类反应在烃类氧化等过程中经常遇到，其最终产物为 CO_2 和 H_2O，希望得到中间产物醇和醛等。通过对扩散的控制，可以改善反应的选择性，提高目的产物的收率。

① 当反应处在动力学区，第一步的反应速率为：

$$-\frac{\mathrm{d}c_a}{\mathrm{d}t} = k_1 S c_a$$

第二步的反应速率为：

$$\frac{\mathrm{d}c_b}{\mathrm{d}t} = k_1 S c_a - k_2 S c_b$$

其中 S 为发生反应的面积，二式相除有：

$$\frac{-\mathrm{d}c_b}{\mathrm{d}c_a} = 1 - \frac{k_2 c_b}{k_1 c_a} = 1 - \frac{1}{S_k}\frac{c_b}{c_a} \qquad (2\text{-}75)$$

对式（2-75）积分得：

$$y_b = \frac{S_k}{S_k - 1}(1 - x_a)\left[(1-x_a)^{-\left(1-\frac{1}{S_k}\right)} - 1\right]$$

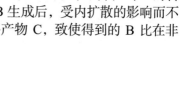

式中，x_a 为 A 的转化率［等于 $(c_{a0}-c_a)/c_{a0}$］，c_{a0} 为 A 的初始浓度；y_b 为 B 的单程收率（等于 c_b/c_{a0}）。当 S_k 固定，y_b 和 x_a 有确定的关系，如对于一级反应，当反应体积不变时，若 $S_k=4$，则 y_b 随 x_a 的变化有如图 2-32 中曲线 a 所示的形状，表明 A 的转化率在 80% 时，B 有最好的收率 62%。

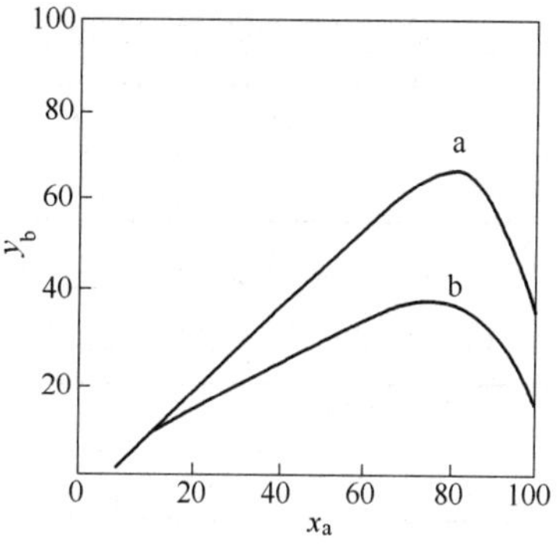

图 2-32　y_b 与 x_a 的关系

② 当反应处于内扩散区，可得：

$$-\frac{\mathrm{d}c_b}{\mathrm{d}c_a} = \frac{\sqrt{S_k}}{1+\sqrt{S_k}} - \frac{1}{\sqrt{S_k}}\frac{c_b}{c_a} \qquad (2\text{-}76)$$

对式（2-76）积分得：

$$y_b = \frac{S_k}{S_k - 1}(1 - x_a)\left[(1-x_a)^{-\left(1-\frac{1}{\sqrt{S_k}}\right)} - 1\right]$$

若设 $S_k=4$，可得图 2-32 中的曲线 b，当内扩散阻力很大时，使 B 的收率下降，当 A 的转化率为 75% 时，B 的最大收率只有 33%。主要是由于中间物 B 生成后，受内扩散的影响而不易移出，延长了在孔内的停留时间，从而进一步转化成为最终产物 C，致使得到的 B 比在非孔催化剂上要少。

习题

1. 何为物理吸附、化学吸附？写出氧的物理吸附态和化学吸附态，哪种吸附态对乙烯加氢制环氧乙烷有利？

2. 试证明在遵守 Langmuir 规律情况下，A、B 混合吸附达平衡时：

$$\theta_A = \frac{\lambda_A p_A}{1+\lambda_A p_A + \lambda_B p_B}, \quad \theta_B = \frac{\lambda_B p_B}{1+\lambda_A p_A + \lambda_B p_B}, \quad \theta_0 = \frac{1}{1+\lambda_A p_A + \lambda_B p_B}$$

3. 从 Langmuir 等温方程推求 $\dfrac{p}{V}=\dfrac{1}{\lambda V_m}+\dfrac{p}{V_m}$，并利用以下数据验证正己烷在硅胶上的吸附遵从 Langmuir 等温方程，若硅胶比表面积为 832m²/g，正己烷分子的截面积为 58.5×10^{-16} cm²，计算 V_m 和 λ 值。

正己烷在气相中的分压/10^{-3} atm	2.0	4.0	8.0	11.3	15.6	20.6
吸附量/（10^{-5} mol/g）	8.7	16.0	27.2	34.6	43.0	47.3

4. N_2 在 Al_2O_3 上的物理吸附数据如下，计算 Al_2O_3 的比表面积，吸附温度-195℃，吸附样品 1g。

p/p_0	0	0.01	0.08	0.15	0.30	0.45
V（标准状况）/（cm³/g）	0	75	100	120	140	160

5. 130℃下苯蒸气在硅胶上的吸附平衡数据如下：

苯的分压$\times10^3$/atm	0.5	1	2	5	10	20
吸附量$\times10^5$/（mol/s）	1.13	2.0	3.9	8.6	16.0	26.0

试计算吸附平衡常数及最大吸附量。

6. 396℃时 N_2 在合成氨用的铁催化剂上的吸附平衡数据如下：

氮的压力/mmHg	25	53	150	397	768
吸附量/cm³	2.83	3.22	3.69	4.14	4.55

根据该数据，用哪一种吸附等温式表示较好？

7. 组分 A、B 及 C 同时在氧化铝表面上的同类吸附中心上吸附，除组分 A 外，其余均为解离吸附，假定可按理想吸附处理，试推导各吸附组分的表面覆盖率与气相分压的关系式。若表面上存在两类不同的吸附中心，一类吸附 A，而另一类则吸附 B 及 C，试重新推导。

8. 在氧化钽催化剂上进行乙醇氧化反应 $C_2H_5OH+1/2O_2\longrightarrow CH_3CHO+H_2O$，乙醇和氧分别吸附在两类吸附中心 X 及 Y 上，且均为解离吸附：

$$C_2H_5OH + 2X \Longleftrightarrow C_2H_5OX + HX$$
$$O_2 + 2Y \Longleftrightarrow 2OY$$

速率控制步骤是：$C_2H_5OX + OY \longrightarrow C_2H_4O + OHY + X$

吸附的羟基解吸为水：$OHY + HX \Longleftrightarrow H_2O + Y + X$

试推导该反应的速率方程。

9. 以铜、锡和钾的氯化物负载于硅胶上作为氯化氢氧化反应 $HCl（A）+1/4O_2（B）\Longleftrightarrow 1/2Cl_2（R）+1/2H_2O（U）$ 的催化剂，已知该反应的动力学方程为：

$$r_A = \frac{k\left[C_A C_B^{1/4} - C_R^{1/2}C_U^{1/2}/K\right]}{(1+K_A C_A + K_R C_R)^2}$$

式中，C 为浓度，K 为该反应的化学平衡常数，K_A 及 K_R 分别为氯化氢及氯的吸附平衡常数，试假设一反应机理及速率控制步骤，推导出该动力学方程。

10. 在镍催化剂上进行甲烷化反应 $CO + 3H_2 \Longleftrightarrow CH_4+H_2O$，由实验测定得到 200℃甲烷的生成速率 r_{CH_4} 与一氧化碳分压 p_{CO} 及氢的分压 p_{H_2} 的关系如下：

p_{CO}/atm	1.00	1.80	4.08
p_{H_2}/atm	1.00	1.00	1.00
$r_{CH_4} \times 10^3$/[mol/(g·min)]	7.33	13.2	30.0

若该反应的速率方程可用幂函数表示，试求一氧化碳的反应级数。

11. 对一新研制的固体催化剂进行活性评价，400℃等温下原料气空速为40000h^{-1}时转化率为85%，升温至480℃空速为9000h^{-1}即可达相同转化率，假定为不可逆反应，试计算反应的活化能。

12. 120℃等温下研究在 Ni/Al$_2$O$_3$ 上气相苯加氢反应动力学，测得反应组分分压与苯的转化速率如下：

反应组分分压 $\times 10^2$/atm			反应速率$\times 10$	反应组分分压 $\times 10^2$/atm			反应速率$\times 10$
C$_6$H$_6$	H$_2$	C$_6$H$_{12}$	/[mol/(g·h)]	C$_6$H$_6$	H$_2$	C$_6$H$_{12}$	/[mol/(g·h)]
11.9	83.7	3.82	13.3	3.56	93.2	2.65	10.5
11.2	83.2	4.97	12.5	2.79	93.0	3.58	9.78
8.05	88.1	3.34	12.3	1.90	92.5	4.58	8.27
7.21	87.5	4.50	11.7	11.6	87.3	5.85	12.6
6.17	86.7	6.02	10.4				

由于氢的吸附相对较弱，即 $\sqrt{K_H p_H} \ll 1$，故可将速率方程简化为 $r_B = \dfrac{k p_B p_H^{1/2}}{1 + K_B p_B}$，试求反应速率常数 k 及苯的吸附平衡常数 K_B 的值。

13. 在铜催化剂上进行丙烯氧化反应以获得丙烯醛：

$$C_3H_6 + O_2 \longrightarrow CH_2 = CH-CHO + H_2O$$
$$2C_3H_6 + 9O_2 \longrightarrow 6CO_2 + 6H_2O$$

373℃等温下用不同组成的原料气进行实验，每次实验均保证接触时间为 0.507s，得到数据如下：

原料气组成 /%（摩尔分数）			反应产物 /%（摩尔分数）		原料气组成 /%（摩尔分数）			反应产物 /%（摩尔分数）	
C$_3$H$_6$	O$_2$	N$_2$	CO$_2$	丙烯醛	C$_3$H$_6$	O$_2$	N$_2$	CO$_2$	丙烯醛
15	10	75	1.2	0.26	30	3.0	67	0.55	0.077
20	10	70	1.25	0.3	30	5.0	65	0.85	0.133
30	10	60	1.1	0.31	30	10.0	60	1.8	0.27
40	10	50	1.2	0.36	30	15.0	55	2.7	0.39
60	10	30	1.2	0.25					

根据上列数据，试用幂函数模型表示丙烯醛及二氧化碳的生成速率方程，并计算反应级数及反应速率常数，由于转化率甚低，且惰性气体含量相对较大，计算时可忽略反应过程中反应混合物总物质的量的变化。

14. 在半径为 R 的球形催化剂上进行可逆反应 A $\rightleftharpoons$ B，反应物 A 在气流主体、催化剂外表面上和催化剂中心的浓度分别为 c_{Ag}、c_{As}、c_{Ac}，平衡浓度为 c_{Ae}，试对下列情况分别作出组分 A 的径向浓度分布图：

（1）过程为动力学控制；　　　　　　（3）外扩散的阻力可忽略；

（2）过程为外扩散控制；　　　　　　（4）化学反应的阻力可忽略。

若为不可逆反应，且产物在气流主体、催化剂外表面上和催化剂中心的浓度分别为 c_{Bg}、c_{Bs}、c_{Bc}，平衡浓度为 c_{Be}，试在同一图上作出反应物 A 和产物 B 的径向浓度分布图。

15. 在 ZnO-Fe$_2$O$_3$ 催化剂上乙炔水合反应 $2C_2H_2$（A）$+3H_2O \longrightarrow CH_3COCH_3+CO_2+2H_2$ 为一级反应，速率方程为 $r_A=kc_A$，速率常数 k 与温度的关系为 $k=7.06 \times 10^7\exp(-14730/R_gT)$，在催化剂颗粒直径为 5mm 的固定床反应器中进行该反应，已知床层内某处的压力为 1atm，气相温度为 390℃，乙炔浓度为 2.8%。试计算催化剂外表面温度及其上的乙炔浓度，该情况下外扩散阻力可否忽略？反应气的质量速度为 880kg/（m^2·h），反应热为-42500kcal/kmol C$_2$H$_2$，μ=0.0235cP，λ_f=0.051kcal/（h·m·℃），c_p=0.48kcal/（kg·℃），D=0.73cm^2/s。

16. 已知混合气组成为 30%C$_2$H$_5$、50%HCl、18%C$_2$H$_4$Cl，试计算 300℃及 1.2atm 下乙炔的扩散系数。

17. 在 150℃时，以粒度为 100μm 的镍催化剂进行苯加氢反应，由于氢大量过剩，将该反应按一级反应处理，在已消除外内扩散的影响下，测得反应速率常数为 5min^{-1}，苯的有效扩散系数为 0.2cm^2/s。

（1）欲使 1atm 和 20atm 下有效因子达 0.80，假定苯的有效扩散系数与压力成正比，催化剂颗粒的最大粒度分别应是多少？

（2）采用液相加氢时，苯的有效扩散系数降低为 10^{-5}cm^3/s，而反应速率常数保持不变，欲使有效因子达 0.80，则催化剂的粒度应是多少？

18. 以相同的原料做成三种形状不同而宏观结构相同和体积相等的催化剂颗粒：球形，高与直径相等的圆柱，高与直径相等而壁厚为直径的 1/3 的圆环。

（1）如果在相同条件下进行反应，哪种形状的颗粒反应速率最大？哪种最小？

（2）若催化剂颗粒的体积为 0.1cm^3，密度为 1.2g/cm^3，进行一级不可逆反应，反应速率常数为 50mol/（g·s），有效扩散系数为 0.01cm^3/s，气相中反应物浓度为 0.1mol/L，上述各种催化剂颗粒的反应速率分别是多少？假设外扩散阻力可忽略。

19. 在直径和高均为 4.12mm 的圆柱形镍催化剂上于 1atm 和 150℃进行气相苯加氢反应以生产环己烷，其速率方程为：

$$r_B = \frac{kp_B p_{H_2}^{1/2}}{1+K_B p_B}$$

式中，p_B 和 p_H 分别为苯和氢的分压，原料气组成为 12%C$_6$H$_6$、88%H$_2$，反应速率常数 k 为 0.0605mol/（h·g·atm$^{0.5}$），苯的吸附平衡常数 K_B 为 23.9atm^{-1}，催化剂的颗粒密度为 1.78g/cm^3，苯在催化剂内的有效扩散系数为 0.017cm^2/s，试分别计算苯转化率为 50%时催化剂的有效因子。①忽略外扩散阻力；②考虑外扩散影响，气体流过床层的线速度为 0.07m/s，雷诺数为 100，施米特数为 1，且气体与催化剂颗粒的温度相等。

20. 在 1atm 及 430℃等温下对直径为 8.9mm、高为 7.7mm 的圆柱形催化剂进行水煤气变换反应活性评价，原料气组成为 22%CO、78%H$_2$O，其动力学方程为：

$$r_{CO} = k_1 \frac{p_{CO}}{\sqrt{p_{CO_2}}}$$

测得 30%转化率的反应速率为 3.2×10mol/（g·min），若假定忽略逆反应速率的影响，CO 在该催化剂内为努森扩散，有效扩散系数为 0.0109cm^3/s，试问该反应速率是否为本征反应速率?

21. 实验测得气固相催化反应的反应速率和温度的关系如下：

$T/℃$	100	200
反应速率/[mol/(kg·min)]	50	68

内扩散对过程是否有影响?为什么?

22. 400℃等温下进行气固相催化反应：

$$A \xrightarrow{k_1} B \xrightarrow{k_2} R$$

两个反应均为一级反应，使用的是直径为 6mm 的球形催化剂，400℃时 $k_1=4.5\,s^{-1}$，$k_2=1\,s^{-1}$（该两个反应速率常数值均以催化剂的颗粒体积为基准），$D_{eA}=0.02cm^2/s$，$D_{eB}=0.012cm^2/s$，试计算目的产物 B 的最大收率及与其相应的组分 A 的转化率。

参考文献

[1] 黄仲涛，耿建铭. 工业催化 [M]. 4 版. 北京：化学工业出版社，2020.

[2] 甄开吉，王国甲，毕颖丽，等. 催化作用基础 [M]. 3 版. 北京：科学出版社，2005.

[3] 陈诵英. 吸附与催化 [M]. 郑州：河南科学技术出版社，2001.

[4] 吴越. 应用催化基础 [M]. 北京：化学工业出版社，2008.

[5] 李绍芬. 化学与催化反应工程 [M]. 北京：化学工业出版社，1986.

[6] Giovanni Palmisano，Samar Al Jitan，Corrado Garlisi. Heterogeneous catalysis [M]. Amsterdam：Elsevier，2022.

[7] Jens Hagen. Industrial catalysis： a practical approach [M]. 3rd Edition. Weinheim：Wiley-VCH，2015.

[8] Gadi Rothenberg. Catalysis：concepts and green applications [M]. Weinheim：Wiley-VCH，2008.

[9] Thomas J M，Thomas W J. Principles and practice of heterogeneous catalysis [M]. 2nd Edition. Weinheim：Wiley-VCH，2015.

[10] Jens K Nørskov，Felix Studt，Frank Abild-Pedersen，et al. Fundamental concepts in heterogeneous catalysis [M]. New Jersey：John Wiley & Sons，2014.

[11] Wijngaarden R J，Kronberg A，Westerterp K R. Industrial catalysis：optimizing catalysts and processes [M]. Weinheim：Wiley-VCH，1998.

[12] 黄开辉，万惠霖. 催化原理 [M]. 北京：科学出版社，1983.

[13] 何杰. 高等催化原理 [M]. 北京：化学工业出版社，2022.

[14] 吴越，杨向光. 现代催化原理 [M]. 北京：科学出版社，2005.

第三章

多相催化

第一节

酸碱催化

一、定义和分类

酸碱催化作用是广泛存在于生物转化中和在化工生产中被大量应用的一类重要催化过程。所谓固体酸碱就是具有酸中心及碱中心的固体物质，它们与均相酸催化中心和碱催化中心在本质上是一致的，不过在固体酸催化中，还可能有碱中心参与协同催化作用。许多经典的工业均相酸碱催化剂将逐渐被固体酸催化剂所取代，这是因为固体催化剂具有易分离回收、易活化再生、高温稳定性好、便于化工连续操作、腐蚀性小、污染性小等特点。例如，在石油炼制的早期，由于热裂化法产生的汽油其辛烷值很低，曾用液相 $AlCl_3$ 作催化剂，在 523K 可以得到收率 30%的辛烷值较高的汽油，并曾小规模生产，但是液相裂解的汽油蒸出后，尚有 15%的焦状物，且芳烃又易与 $AlCl_3$ 生成配合物，催化剂很难分离，始终未工业化，一直到找到酸性白土这样的耐高温的固体催化剂，才带来了现代石油炼制中催化裂化过程的不断进步，高效的固体酸碱催化剂的研制，将会促进现代化工生产中产品精细化率的提高和洁净生产技术与生态化工过程的开发。

1. 酸碱的定义

（1）Brönsted 酸碱定义

凡是能给出质子的物质称为 B 酸（质子给予体），凡是能接受质子的物质称为 B 碱（质子接受体）。

$$NH_3+H_3O^+ \Longrightarrow NH_4^+ +H_2O$$
$$\text{B 碱 B 酸 B 酸 B 碱}$$

B 酸给出质子后剩下部分称为 B 碱，B 碱接受质子变成 B 酸。B 酸和 B 碱之间的变化实质上是质子的转移。

（2）Lewis 酸碱定义

凡是能接受电子对的物质称为 L 酸，凡是能给出电子对的物质称为 L 碱。

$$BF_3+:NH_3 \longrightarrow F_3B:NH_3$$

L 酸 L 碱　　配位化合物

L 酸可以是分子、原子团、碳正离子或具有电子层结构未被饱和的原子。L 酸与 L 碱的作用实质上是形成配位化合物。

2. 酸碱的分类

固体酸的分类和固体碱的分类见表 3-1 和表 3-2。

表 3-1　固体酸的分类

序号	类型	举例
1	天然黏土类	高岭土、膨润土、活性白土、蒙脱土、天然沸石等
2	浸润类	H_2SO_4、H_3PO_4 等液体酸浸润于载体上，载体为 SiO_2、Al_2O_3、硅藻土等
3	阳离子交换树脂	
4	活性炭经 573K 热处理	
5	金属氧化物和硫化物	Al_2O_3、TiO_2、CeO_2、V_2O_5、MoO_3、WO_3、CdS、ZnS 等
6	金属盐	$MgSO_4$、$SrSO_4$、$ZnSO_4$、$NiSO_4$、$Bi(NO_3)_3$、$AlPO_4$、$TiCl_3$、BaF_2 等
7	复合氧化物	$SiO_2\text{-}Al_2O_3$、$SiO_2\text{-}ZrO_2$、$Al_2O_3\text{-}MoO_3$、$Al_2O_3\text{-}Cr_2O_3$、$TiO_2\text{-}ZnO$、$TiO_3\text{-}V_2O_5$、$MoO_3\text{-}CoO\text{-}Al_2O_3$、杂多酸、合成分子筛等

表 3-2　固体碱的分类

序号	类型	举例
1	浸润类	NaOH、KOH 浸润于 SiO_2、Al_2O_3 上；碱金属、碱土金属分散于 SiO_2、Al_2O_3、炭、K_2CO_3 上；R_3N、H_3N 浸于 Al_2O_3 上；Li_2CO_3/SiO_2 等
2	阴离子交换树脂	
3	活性炭经 1173K 热处理或用 Na_2O、NH_3 活化	
4	金属氧化物	MgO、BaO、ZnO、Na_2O、K_2O、TiO_2、SnO_2 等
5	金属盐	Na_2CO_3、K_2CO_3、$CaCO_3$、$(NH_4)_2CO_3$、$Na_2WO_4 \cdot 2H_2O$、KCN 等
6	复合氧化物	$SiO_2\text{-}MgO$、$Al_2O_3\text{-}MgO$、$SiO_2\text{-}ZnO$、$ZrO_2\text{-}ZnO$、$TiO_2\text{-}MgO$ 等
7	用碱金属离子或碱土金属离子处理、交换的合成分子筛	

二、性质及测定

固体表面酸碱性质包括：酸、碱中心的类型，酸、碱强度和酸、碱量。

1. 酸位的类型及其鉴定

固体酸催化反应的活性中心是酸中心。因此，固体酸催化剂表面酸中心的类型、强度、表面酸密度这些酸中心性质决定了催化剂活性、选择性等催化性能，是催化剂应用技术和催化剂设计的理论研究中需要不断解决的问题。

为了阐明固体酸的催化作用，需要区分 B 酸中心和 L 酸中心。研究 NH_3 和吡啶在固体酸表面上吸附的红外光谱可以做出这种区分。研究表明，NH_3 在 SiO_2-Al_2O_3 上吸附的模式，可以是物理吸附的 NH_3，也可以是配位键合的 NH_3，还可以是 NH_4^+ 型。每种吸附模式可用它们的吸收谱带鉴别。分析相应谱带的相对强度表明，L 酸位对 B 酸位之比为 4 : 1。吡啶配位键合于表面的谱带与吡啶正离子的谱带大不相同。表 3-3 列出了这种差别。

表 3-3　固体酸表面上吡啶的 IR 谱带　　　　　　　　　　单位：cm^{-1}

氢键合的吡啶	配位键合的吡啶	吡啶正离子
1400~1447（VS）	1447~1450（VS）	1485~1500（VS）
1485~1490（W）	1488~1503（V）	1540（S）
1485~1490（W）	至 1580（V）	至 1620（S）
1580~1600（S）	1600~1633（S）	至 1640（S）

注：VS—极强；W—弱；S—强；V—可变。

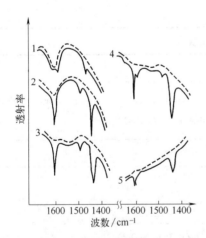

图 3-1　吡啶吸附在不同组成吸附剂上的红外光谱图

1—SiO_2；2—SiO_2-ZnO(9/1)；3—SiO_2-ZnO(7/3)；

4—SiO_2-ZnO(1/9)；5—ZnO

图 3-1 所示为在不同组成的 SiO_2-ZnO_2 上吡啶吸附的红外谱带（IR），试样在 773K 的空气中焙烧了 3h。从图中可以看出，所有的混合氧化物上都有 $1450cm^{-1}$、$1490cm^{-1}$ 和 $1610cm^{-1}$ 带，它们是吡啶配位键合于 L 酸位的特征峰。但在所有的试样中都未观测到 $1540cm^{-1}$ 峰，该峰是吡啶正离子的特征峰，是吸附于 B 酸位形成的。所以，在该混合氧化物上酸位的类型都是 L 酸位。以吡啶作吸附质的红外光谱法是广泛应用的方法，也是最适合的方法。现在，也有报道用 ^{13}C NMR 和 ^{15}N NMR 研究吡啶的吸附谱以区分酸类型的。当然还有其他方法，这里不再一一列举。

2. 固体酸的强度和酸量

所谓酸强度，对 B 酸是指其给出质子的能力，对 L 酸是指其获得电子对或结合负离子的能力，决定了固体酸催化剂与反应物作用生成吸附的正电性物种的能力，是影响催化性能的重要因素。

固体酸的酸强度可用 Hammett 函数 H_0 表示，其意义是固体酸中心能将吸附于其上的中性

有机碱转变成相应的共轭酸，且转变是借助于质子自固体酸表面移向吸附碱，即

$$[HA]_s + [B]_a \xrightarrow{\quad H^+ \quad} [A^-]_s + [BH^+]_a$$

则酸强度函数 H_0 可表示为：

$$H_0 = pK_a + \lg \frac{[B]_a}{[BH^+]_a} \tag{3-1}$$

式中，$[B]_a$ 和 $[BH^+]_a$ 分别为未解离的碱（碱指示剂）和共轭酸的浓度；pK_a 为共轭酸 BH^+ 解离平衡常数的负对数，类似于 pH。若转变是借助于吸附碱的电子对移向固体酸表面，即：

$$[A]_s + [:B]_a \longrightarrow [A:B]$$

则 H_0 可表示为：

$$H_0 = pK_a + \lg \frac{[:B]_a}{[A:B]} \tag{3-2}$$

此处，$[A:B]$ 是吸附碱 B 与电子对受体 A 形成络合物 AB 的浓度。H_0 越小酸强度越强；H_0 越大酸强度越弱。

关于固体酸强度的测定，主要有两种方法，即用指示剂指示的胺滴定法和气态碱吸附、脱附法，现分别简述如下：

（1）胺滴定法

选用一种适合的 pK_a 指示剂（碱），吸附于固体酸表面上，它的颜色将示出该酸的强度。由于指示剂（碱）与其共轭酸颜色不同，如果固体酸吸附指示剂刚好使之变色，即在等当点，此时的 $[B]_a = [BH^+]_a$。$H_0 = pK_a$，即由指示剂的 pK_a 值可得到固体酸强度函数 H_0。滴定时先称取一定量的固体酸悬浮于苯中，隔绝水蒸气条件下加入几滴所选定的指示剂，用正丁胺进行滴定。利用各种不同 pK_a 值的指示剂，就可求得不同强度酸的 H_0。表 3-4 列出了用于测定酸强度的指示剂（碱）。胺滴定法在测定酸强度的同时也可测出总酸量，将在下面叙述。由于该法不能区分 B 酸和 L 酸各自的强度和酸量，故需要采用红外光谱法、核磁共振法等以区分酸中心的性质；又因为指示剂的酸型色必须比碱型色深，且试样的颜色必须要浅，这些均给该法的应用带来一定的局限性。

表 3-4　用于测定酸强度的碱指示剂

指示剂	碱型色	酸型色	pK_a	H_2SO_4 的质量分数/%[①]
中性红	黄	红	+6.8	8×10^{-8}
甲基红	黄	红	+4.8	—
苯偶氮萘胺	黄	红	+4.0	5×10^{-5}
二甲基黄	黄	红	+3.3	3×10^{-4}
2-氨基-5-偶氮	黄	红	+2.0	5×10^{-3}
苯偶氮二苯胺	黄	紫	+1.5	2×10^{-2}
结晶紫	蓝	黄	+0.8	0.1
对硝基二苯胺	橙	紫	+0.43	—
二肉桂丙酮	黄	红	-3.0	48
蒽醌	无色	黄	-8.2	90

① 与某 pK_a 相当的硫酸的质量分数。

（2）气态碱吸附法

当气态碱分子吸附在固体酸位中心时，强酸位吸附的碱比弱酸位吸附得更牢固，使其脱附也更困难。当升温排气脱附时，弱吸附的碱将首先排出，故依据不同温度下排出（脱附）的碱量，可以给出酸强度和酸量。实验采用石英弹簧秤重量吸附法测定。用于吸附的气态碱有 NH_3、吡啶、正丁胺等，现在推荐更好的是三乙胺。测试方法已发展为程序升温脱附法（TPD 法）。

所谓 TPD 法，是预先吸附了某种碱（吸附质）的固体酸（吸附剂或催化剂），在等速升温且通入稳定流速的载气条件下，表面吸附的碱到了一定的温度范围便脱附出来，在吸附柱后用色谱检测器记录碱脱附速率随温度的变化，即得 TPD 曲线。这种曲线的形状、大小及出现最高峰时的温度 T_m 值，均与固体酸的表面性质有关。例如以吡啶和正丁胺为吸附质，用 TPD 法研究阳离子（NH_4^+、Ca^{2+}等）交换分子筛的吸附性能，发现这种分子筛存在两种酸性中心，其低温脱附中心与弱酸位相对应，高温脱附中心与强酸位相对应。图 3-2 所示为 NH_3 吸附在阳离子交换的 ZSM-5 型分子筛上的 TPD 谱图。从图中明显地看出 H-ZSM-5 的两种不同峰位：一处在 723K，强酸位；另一处在 463K，弱酸位。

（3）酸量

固体酸表面上的酸量通常表示为单位质量或单位表面积上酸位的物质的量（mmol/g 或 $mmol/m^2$）。酸量也称作酸度，指酸的浓度。测量酸强度的同时就测出了酸量，因为对于不同酸强度，酸量分布不同。例如，不同组成含量的 $ZnO-Al_2O_3$ 二元化合物，当经过在 773K 下空气中焙烧时，各自的酸强度与酸量如图 3-3 所示。在任意酸强度下，ZnO 的摩尔分数为 10%时观测到的酸量最大。

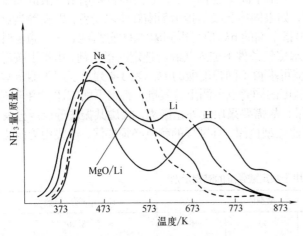

图 3-2　NH_3 吸附在阳离子交换的 ZSM-5
型分子筛上的 TPD 谱图

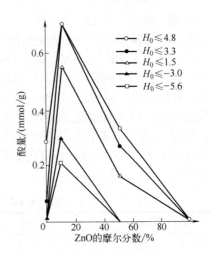

图 3-3　$ZnO-Al_2O_3$ 对 ZnO 的摩尔分数变化
的不同酸强度下的酸量

3. 固体碱强度与碱量

固体碱的强度，定义为表面吸附的酸转变成为共轭碱的能力，也定义为表面给出电子对吸附酸的能力。碱量，用单位质量或单位表面积碱的物质的量（mmol/g 或 $mmol/m^2$）表示。碱量也称碱度，即碱中心的浓度。碱强度和碱量的测定，主要采用吸附法和滴定法。常用的气态酸吸附质是 CO_2、氧化氮和苯酚蒸气。近年来，也有人建议用吡咯作为酸性分子。滴定法采用酸性指示剂存在下的苯甲酸。此外，用 NH_4^+ 在红外光谱中伸缩振动的波数位移，也能评价与 H 作用的碱位强度。

4. 酸-碱对协同位

某些反应，已知虽由催化剂表面上的酸位所催化，但碱位也或多或少地起一定的协同作用。有这种酸-碱对协同位的催化剂，有时显示更好的活性，甚至其酸-碱强度较单个酸位或碱位的强度更低。例如，ZrO_2 是一种弱酸和弱碱，但它分裂 C—H 键的活性较更强酸性的 SiO_2-Al_2O_3 高，也较更强碱性的 MgO 高。这种酸位和碱位协同作用，对于某些特定的反应是很有利的，因而也具有更高的选择性。这种反应在酶催化中常见。所以，有时不仅需要知道酸位和碱位的强度，而且还需要知道酸位-碱位对的协同匹配（酸位与碱位间距、它们自身的强度大小等）。目前，可以用吸附的苯酚 TPD 谱图表征催化剂酸位-碱位对的性质，从而了解酸碱双功能的催化活性。

三、结构和催化作用

1. 酸、碱中心的形成与结构

（1）金属氧化物

单组分碱金属氧化物作为碱催化剂，已知由 Rb_2O 催化丁烯异构化。碱土金属氧化物中的 MgO、CaO 和 SrO 是典型的固体碱催化剂，经高温热处理后可使活性很高。这些氧化物都是由相应的碳酸盐或氢氧化物经热分解而来。除碱性外，碱土金属氧化物还显示出给予电子的性能，可用在其表面上吸附电中性样针分子而形成阴性自由基得以证实。例如，在 MgO 表面上吸附硝基苯就形成相应的阴性自由基。在 CaO 表面上也观测到这种硝基苯阴性自由基的生成。用滴定法测量指出，这种给予电子的部位与碱位是不同的。可以将碱位称为 B 碱，而给予电子部位称为 L 碱。当这些氧化物由碳酸盐或氢氧化物形成时，在空气中焙烧比在排气中焙烧形成的 L 碱位要少得多。滴定法证明，不论在空气中或在排气中形成的 L 碱位远较 B 碱位少。吸附和催化行为的研究表明，碱土金属氧化物表面上存在四种强度不同的碱活性位，即羟基和活性位Ⅰ、Ⅱ、Ⅲ。结构分析和量化计算证明，这种碱强度的差异主要由碱位中心氧原子配位金属原子数不同所致。随着预处理和焙烧温度的逐步升高，碱强度不同的活性位按羟基、位Ⅰ、位Ⅱ、位Ⅲ的顺序逐步显示，如图 3-4 所示。位Ⅰ、位Ⅱ、位Ⅲ三种活性的催化功能也不相同。S_I 主要是催化异构化反应；S_{II} 除能催化异构化外，还能催化 H-D 同位素交换反应；S_{III} 主要起催化加氢的功能。

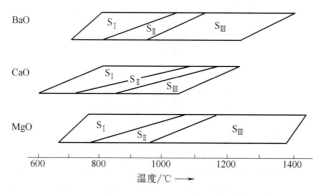

图 3-4　位Ⅰ、位Ⅱ、位Ⅲ显示的温度顺序

氧化铝是广为应用的吸附剂和催化剂，更多场合用作金属（如 Pt、Pd 等）和金属氧化物

（Cr、Mo 等的氧化物）催化剂的载体。它有多种不同的晶型变体，如 γ、η、χ、θ、δ、κ 等，依制取所用的原料和热处理条件的不同，可以出现前述的各种变体，如图 3-5 所示。最稳定的形式为无水的 α-Al$_2$O$_3$，它是 O^{2-} 的六方最紧密堆砌体，Al^{3+} 占据正八面体位的 2/3。对于催化剂来说，各种变体中最重要的是 γ-Al$_2$O$_3$ 和 η-Al$_2$O$_3$。二者都系有缺陷的尖晶石结构，彼此的差别在于：四方晶格结构的扭曲程度（γ>η）；六边形层的堆砌规整性（η>γ）；Al-O 键距（η>γ，相差为 0.05~0.1nm）。也有人提出二者的 Al^{3+} 在四面体中的浓度不同。二者的比表面积为 150~250m^2/g，孔容为 0.4~0.7cm^3/g。二者的表面既有酸位，也有碱位。酸位属 L 酸，碱位属 OH 基，都可用 IR 表征证明。

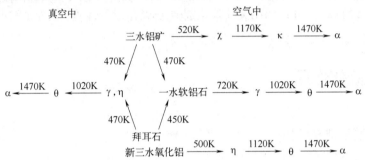

图 3-5　氧化铝及其水合物的相互转化

为了说明 γ-Al$_2$O$_3$ 和 η-Al$_2$O$_3$ 表面酸位和碱位的形成及其强度分布，Peri 和 Knozinger 分别提出了两种氧化铝表面模型。

Peri 的 γ-Al$_2$O$_3$ 模型认为：全羟基化 γ-Al$_2$O$_3$ 的（100）面下面有定位于正八面体构型上的 Al^{3+}，当表面受热脱水时，成对的羟基按统计规律随机脱除。于 770K 下脱羟基达 67% 时，不会产生 O^{2-} 缺位；当温度为 940K、脱羟基达 90.4% 时，会形成包括邻近的裸露 Al 原子和 O^{2-} 缺位。一般 Al^{3+} 为 L 酸中心，O^{2-} 为碱中心。羟基邻近于 O^{2-} 或 Al^{3+} 的环境不同，可区分成五种不同的羟基位（A、B、C、D、E 位），如图 3-6 所示。A 位有四个 O^{2-} 邻近，因为 O^{2-} 诱导效应使该位碱性最强，有最高的 IR 谱波数；C 位无 O^{2-} 邻近，酸性最强。这种模型能圆满地解释表面羟基的五种 IR 谱带。

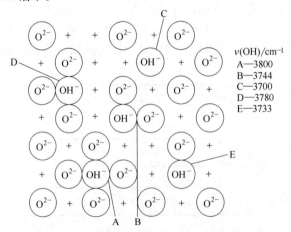

图 3-6　J. Peri 建议的 γ-Al$_2$O$_3$ 上酸、碱位的示意图

A，B，C，D，E—孤立的羟基的不同类型；"+" 表示表平面下、亚层上的 Al^{3+}

此图复制于 Peri J B. J Phy Chem, 1965, (211): 220

Knözinger 的模型除考虑邻近 O^{2-} 对羟基的诱导效应外，还考虑了（100）面以外的晶面影

响。表面羟基的 IR 谱波数差别是由其净电荷所决定的。这种净电荷取决于表面羟基的不同配位（或称构型差别），可用 Pauling 的静电价规则求出。脱除羟基以降低表面净电荷。图 3-7 示出了相应的净电荷和 IR 谱波数。

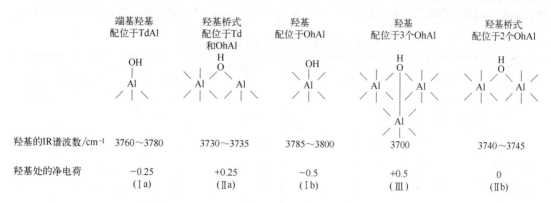

	端基羟基 配位于TdAl	羟基桥式 配位于Td 和OhAl	羟基 配位于OhAl	羟基 配位于3个OhAl	羟基桥式 配位于2个OhAl
羟基的IR谱波数/cm⁻¹	3760～3780	3730～3735	3785～3800	3700	3740～3745
羟基处的净电荷	−0.25 （Ⅰa）	+0.25 （Ⅱa）	−0.5 （Ⅰb）	+0.5 （Ⅲ）	0 （Ⅱb）

图 3-7　Knözinger 建议的氧化铝模型

Td—正四面体构型；Oh—正八面体构型

（2）复合氧化物

关于二元复合氧化物的酸性起源，田部浩三根据氧化物的电价模型及其显示酸碱性的长期观测，提出了下述假定：在二元氧化物的模型结构中，负电荷或正电荷的过剩是产生酸性的原因。模型结构的描绘遵循两个原则：当两种氧化物形成复合物时，两种正电荷元素的配位数维持不变；主组分氧化物的负电荷元素（氧）的配位数（指氧的键合数）与二元氧化物中所有的氧维持相同，如 TiO_2 占主要组分的 $TiO_2\text{-}SiO_2$ 二元复合氧化物的结构模型和 SiO_2 占主要组分的 $SiO_2\text{-}TiO_2$ 二元复合氧化物的结构模型，如图 3-8 所示。在图 3-8（a）中，正电荷过剩，应显 L 酸性；在图 3-8（b）中，负电荷过剩，应显 B 酸性。因为这时需要两个质子维持六个二配位氧造成负二电荷的电中性。故无论在哪种情况下，TiO_2 与 SiO_2 组成的二元复合物都显酸性，因为不是正电荷过剩（L 酸）就是负电荷过剩（B 酸）。

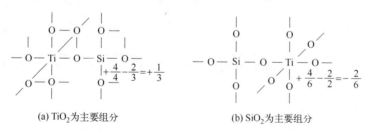

(a) TiO_2为主要组分　　　　(b) SiO_2为主要组分

图 3-8　$TiO_2\text{-}SiO_2$ 二元复合氧化物的模型结构

图 3-8（a）中，两种氧化物复合时，Si 的配位数为 4，Ti 的配位数为 6；Si 的 4 个正电荷分布在 4 个键上，即每个键一个正电荷；而 O^{2-} 的配位数按上述原则的要求应为 3，故 2 个负电荷分布在 3 个键上，即每个键为–2/3。故总的电荷差为 $\left(+\dfrac{4}{4}-\dfrac{2}{3}\right)\times 4=+\dfrac{4}{3}$。

图 3-8（b）中，两种氧化物复合时，Ti 的配位数为 6，Si 的配位数为 4；Ti 的 4 个正电荷分布在 6 个键上，即每个键+4/6 电荷；而 O^{2-} 的配位数按上述原则的要求应为 2，故 2 个负电荷分布在 2 个键上，即每个键为–2/2。故总电荷差为 $\left(+\dfrac{4}{6}-\dfrac{2}{2}\right)\times 6=-2$。

又如 $ZnO\text{-}TiO_2$ 二元氧化物系，无论主要组分为何种物质，按上述两原则描绘的模型结构都无过剩的电荷，所以该二元氧化物无酸性。实验证实了这种推测。田部浩三对 32 种二元氧化物进行了预测，经实验证明其中 29 种与预测的相一致，假定的有效性达 91%。表 3-5 列出了二元氧化物酸量的预测。但需要指出，二元氧化物指的是复合物，机械混合的不遵从这种预测；其次，预测的是酸量，不是酸强度。二元氧化物复合也有增加碱量的，但未发现有规律性。

表 3-5　二元氧化物的酸量预测与实验对比

| 二元复合氧化物 | $\alpha=V/C$ | | 田部浩三预测的酸量增加 | 实验结果 | 预测的有效性 | 二元复合氧化物 | $\alpha=V/C$ | | 田部浩三预测的酸量增加 | 实验结果 | 预测的有效性 |
1　2	α_1	α_2				1　2	α_1	α_2			
TiO_2-CuO	4/6	2/4	○	○	○	Al_2O_3-MgO	3/6	2/6	○	○	○
TiO_2-MgO		2/6	○	○	○	Al_2O_3-B_2O_3		3/3	○	○	○
TiO_2-ZnO		2/4	○	○	○	Al_2O_3-ZrO_2		4/8	×	○	×
TiO_2-CdO		2/6	○	○	○	Al_2O_3-Sb_2O_3		3/6	×	×	○
TiO_2-Al_2O_3		3/6	○	○	○	Al_2O_3-Bi_2O_3		3/6	○	○	○
TiO_2-SiO_2		4/4	○	○	○	SiO_2-BeO	4/4	2/4	○	○	○
TiO_2-ZrO_2		4/8	○	○	○	SiO_2-MgO		2/6	○	○	○
TiO_2-PdO		2/8	○	○	○	SiO_2-CaO		2/6	○	○	○
TiO_2-Bi_2O_3		3/6	○	○	○	SiO_2-SrO		2/6	○	?	?
TiO_2-Fe_2O_3		3/6	○	○	○	SiO_2-BaO		2/6	○	?	?
ZnO-MgO	2/4	2/6	○	○	○	SiO_2-Ga_2O_3		3/6	○	○	○
ZnO-Al_2O_3		3/6	×	○	×	SiO_2-Al_2O_3	3/4	3/6	○	○	○
ZnO-SiO_2		4/4	○	○	○	SiO_2-La_2O_3		3/6	○	○	○
ZnO-ZrO_2		4/8	×	○	×	SiO_2-ZrO_2		4/8	○	○	○
ZnO-PdO		2/8	○	×	×	SiO_2-Y_2O_3		3/6	○	○	○
ZnO-Sb_2O_3		3/6	×	×	○	SiO_2-Fe_2O_3		3/6	○	○	○
ZnO-Bi_2O_3		3/6	×	×	○	SiO_2-CdO		2/6	○	○	○

注：1. V—正电元素的价态；C—正电元素的配位数；○—预测结果与实测结果一致；×—预测结果与实测结果不一致；? —未确定。

2. 田部浩三假定的正确性：29/32=91%。

影响酸位和碱位产生的因素有：二元氧化物的组成；制备方法；预处理温度。这些对脱 H_2O、脱 NH_3、改变配位数和晶型结构都有影响。典型的二元氧化物有含 SiO_2 的系列，其中以 SiO_2-Al_2O_3 研究得最为广泛，固体酸和固体酸催化剂的概念就是据此建立的。SiO_2-TiO_2 也是强酸性的固体催化剂。Al_2O_3 系列二元氧化物中，用得较广泛的是 Al_2O_3-MoO_3。加氢脱硫和加氢脱氮催化剂，就是用 Co 或 Ni 改性的 Al_2O_3-MoO_3 二元硫化物体系。它们的主要催化功能与其酸性的关系也有研究。近年来，对 TiO_2 和 ZrO_2 的二元氧化物也有了一些研究。

2. 催化作用

均相酸、碱催化反应在石油化工中也有一些应用，如环氧乙烷经硫酸催化水解为乙二醇，环己酮肟在硫酸催化下重排为己内酰胺，环氧氯丙烷在碱催化下水解为甘油等。多相酸碱催化反应所用的催化剂为前述的固体酸和固体碱，也可是液体酸碱的负载物，在炼油工业、石油化工和化肥工业等中占有重要地位。

（1）酸位性质与催化作用的关系

酸催化的反应与酸位的性质和强度密切相关。不同类型的反应，要求酸催化剂的酸位性质和强度也不相同。

① 大多数的酸催化反应是在 B 酸位上进行的，如烃的骨架异构化反应，本质上取决于催化剂的 B 酸位；二甲苯的异构化、甲苯和乙苯的歧化、异丙苯的脱烷基化以及正己烷的裂化等反应，单独 L 酸位是不显活性的，有 B 酸位的存在才起催化作用，且催化反应的速率与 B 酸位的浓度间存在良好的关联。

② 各种有机物的乙酰化反应要用 L 酸位催化，通常的 SiO_2-Al_2O_3 固体酸对乙酰化反应几乎毫无催化活性，常采用的催化剂为 $AlCl_3$、$FeCl_3$ 等典型的 L 酸。又如乙醇的脱水制乙烯也是在 L 酸催化下进行的，常用 γ-Al_2O_3 作催化剂。

③ 有些反应，如烷基芳烃的歧化，不仅要求在 B 酸位上发生，而且要求非常强的 B 酸（$H_0 \leqslant -8.2$）。有些反应，随所使用的催化剂酸强度的不同，发生不同的转化。如 4-甲基-2-戊醇脱水，当活性中心酸强度达 $H_R \leqslant 4.75$ 时可发生（H_R 是以芳基甲醇为指示剂建立的酸强度函数）；当酸强度达 $H_R \leqslant 0.82$ 时，脱水产物可进行顺-反异构和 1,2-双键位移；如果酸强度进一步增至 $H_R \leqslant -4.04$，双键可继续位移；当 H_R 达 -6.68 时，烯分子发生骨架异构。

④ 催化反应对固体酸催化剂酸位依赖的关系是复杂的，有些反应要求 L 酸位和 B 酸位在催化剂表面邻近处共存时才进行，如重油的加氢裂化，该反应的主催化剂为 Co-MoO_3/Al_2O_3 或 Ni-MoO_3/Al_2O_3，在 Al_2O_3 中原来只有 L 酸位，引入 MoO_3 形成了 B 酸位，引入 Co 或 Ni 是为了阻止 L 强酸位的形成，中等强度的 L 酸位在 B 酸位共存下有利于加氢脱硫的活性。L 酸位和 B 酸位的共存，有的是协同效应，如重油加氢裂化；有时 L 酸位在 B 酸位邻近处存在，主要是增强 B 酸位的强度，因此也就增加了其催化活性。有些反应虽不为酸所催化，但酸的存在会影响反应的选择性和速率，如烃在过渡金属氧化物催化剂上的氧化，由于这些氧化物的酸碱性能影响反应物和产物的吸附和脱附速率，或成为副反应的活性中心，故酸、碱不催化氧化反应，但能影响其速率和选择性。尽管很多反应同属于酸催化类型，但不同类型的酸活性中心会有不同的催化效果。

（2）酸强度与催化活性和选择性的关系

固体酸催化剂表面不同强度的酸位有一定分布。不同酸位可能有不同的催化活性。例如，γ-Al_2O_3 表面就有强酸位和弱酸位。强酸位是催化异构化反应的活性部位，弱酸位是催化脱水反应的活性部位。固体酸催化剂表面上存在着一种以上的活性部位，是它们的选择性特性所在。表 3-6 列出了一些二元氧化物的酸强度、酸类型（酸位）和催化反应的示例。

表 3-6　二元氧化物的最大酸强度、酸类型和催化反应示例

二元氧化物	最大酸强度	酸类型	催化反应示例
SiO_2-Al_2O_3	$H_0 \leqslant -8.2$	B 型	丙烯聚合、邻二甲苯异构化
		L 型	异丁烷裂解
SiO_2-TiO_2	$H_0 \leqslant -8.2$	B 型	1-丁烯异构化
SiO_2-MoO_3（10%）	$H_0 \leqslant -3.0$	B 型	三聚甲醛解聚，顺式-2-丁烯异构化
SiO_2-ZnO（70%）	$H_0 \leqslant -3.0$	L 型	丁烯异构化
SiO_2-ZrO_2	$H_0 = -8.2$	B 型	三聚甲醛解聚
SiO_2-ZrO_2	$H_0 \leqslant -14.5$	B 型	正丁烷骨架异构化
Al_2O_3-Cr_2O_3（17.5%）	$H_0 \leqslant -5.2$	L 型	加氢异构化

一般涉及 C—C 键断裂的反应，如催化裂化、骨架异构、烷基转移和歧化反应等，要求强

酸中心；而涉及 C-H 键断裂的反应，如氢转移、水合、环化、烷基化等，则需要弱酸中心。下面用丁烯的双键异构化予以说明。丁烯双键的异构涉及位于双键或邻近双键处 C-H 键的断裂和形成。实验表明，异构化反应的速率随催化剂酸强度的增加而增加。1-丁烯异构成顺/反式-2-丁烯的选择性或者顺式-2-丁烯异构成反式-1-丁烯的选择性明显地与酸强度相关。图 3-9 所示为顺式-2-丁烯异构化成反式-1-丁烯之比与 $MeSO_4/SiO_2$ 催化剂酸强度的关系。金属离子（Me）的电负性代表酸强度。催化反应速率和选择性随酸强度增加的变化，可以用线性自由能关系和动力学数据的过渡态叔丁基阳离子的稳定度得到解释。

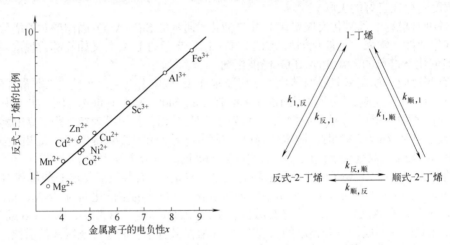

图 3-9　顺式-2-丁烯在各种金属硫酸盐催化剂上异构化与金属离子电负性 x 的关系

（3）酸量（酸浓度）与催化活性的关系

许多实验研究表明，固体酸催化剂表面上的酸量与其催化活性有明显的关系。在酸强度一定的情况下，催化活性与酸量之间或呈线性关系或呈非线性关系。例如，三聚甲醛在各种不同的二元氧化物酸催化剂上的解聚，在催化剂酸强度 $H_0 \leq -3$ 的条件下，催化活性与酸量呈线性关系，如图 3-10 所示。又例如，苯胺在 ZSM-5 分子筛催化剂上与甲醇的烷基化反应，苯胺的转化率和 ZSM-5 的酸量（以 SiO_2/Al_2O_3 表示）呈非线性关系，如图 3-11 所示。图中清楚地表明，不仅转化率与酸量有关，而且弱酸位的存在是必要的。

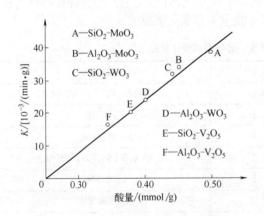

图 3-10　在 $H_0 \leq -3$ 的各种催化剂上酸量与三聚甲醛解聚的一级速率常数的线性关系

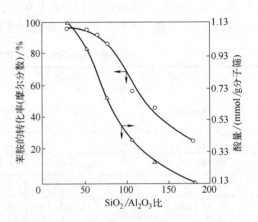

图 3-11　不同 SiO_2/Al_2O_3 比的 ZSM-5 催化剂的酸量对苯胺转化率的影响

四、分子筛催化剂

自然界存在的一种天然硅铝酸盐常称为沸石，分子筛是人工合成的沸石。人工合成和天然的沸石均为晶形的硅铝酸盐，现在也有一些合成沸石采用除硅和铝外的其他元素，俗称杂原子分子筛，人工合成沸石始于 20 世纪 50 年代，除作分离剂外，在催化剂上的应用第一大成功是用于催化裂化，带来了石油炼制中裂化催化剂跨越式的技术进步。现在分子筛催化剂已应用到许多类型的不同催化反应，其化学组成可表示为：

$$M_{x/n}[(AlO_2)_x(SiO_2)_y] \cdot zH_2O$$

式中，M 为金属阳离子；n 为金属阳离子的价数；x 为 AlO_2 的分子数；y 为 SiO_2 的分子数；z 为水的分子数。因为 Al_2O_3 带负电荷，金属阳离子的存在可使分子筛保持电中性。当 $n=1$ 时，M 的原子数等于 Al 原子数；若 $n=2$，M 的原子数为 Al 原子数的 1/2。

已发现的天然沸石有四十余种，人工合成的多达一二百种。常用的主要有：方钠型沸石，如 A 型分子筛；八面型沸石，如 X 型、Y 型分子筛；丝光型沸石（M 型）；高硅型沸石，如 ZSM-5 等。分子筛在各种不同的酸性催化反应中能够提供很高的活性和特殊的选择性，且绝大多数反应是由分子筛的酸性引起的，也属于固体酸类。近二十年来分子筛在工业上得到了广泛的应用，尤其是在炼油工业和石油化工中作为催化剂占有重要的地位。

1. 分子筛的结构构型

分子筛的结构构型可分成四个方面、三种不同的结构层次来表述。第一个结构层次也就是最基本的结构单元是硅氧四面体（SiO_4）和铝氧四面体（AlO_4），其构成了分子筛的骨架。图 3-12（a）所示为硅（铝）氧四面体的示意图。在分子筛结构中，相邻的四面体由氧桥联结成环。

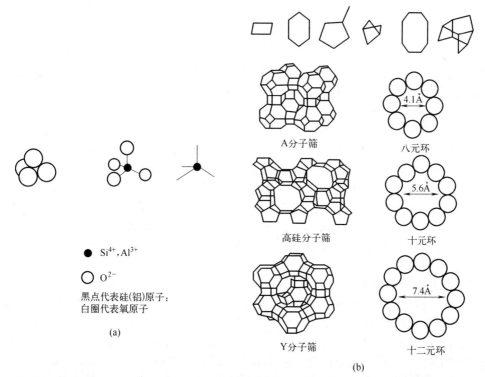

图 3-12 （a）硅（铝）氧四面体示意图和（b）大小不同的氧环以及窗孔氧环与不同分子筛结构的对应关系

环是分子筛结构的第二个结构层次。环有大有小，按成环的氧原子数划分，有四元氧环、五元氧环、六元氧环、八元氧环、十元氧环和十二元氧环等，如图 3-12（b）所示。图 3-12（b）中还绘出了窗孔氧环与分子筛结构的对应关系。环是分子筛的通道孔口，对通过的介子起筛分作用。多元环上的原子并不都是位于同一平面上，有扭曲和褶皱，同种氧环的孔口其大小在动态与静态时也不相同。

氧环通过氧桥相互联结，形成具有三维空间的多面体，各种各样的多面体是分子筛结构的第三个结构层次，如图 3-13 所示。多面体有中空的笼，笼是分子筛结构的重要特征。笼多种多样，如α笼，是 A 型分子筛骨架结构的主要孔穴，是由 12 个四元环、8 个六元环以及 6 个八元环组成的二十六面体，笼的平均孔径为 1.14nm，空腔体积为 760Å^3。α笼的最大窗孔为八元环，孔径为 0.41nm。八面沸石笼是构成 X 型和 Y 型分子筛骨架结构的主要孔穴，是由 18 个四元环、4 个六元环和 4 个十二元环组成的二十六面体，笼的平均孔径为 1.25nm，空腔体积约为 850Å^3。最大窗孔为十二元环，孔径为 0.74nm。八面沸石笼文献上也称超笼。β 笼，主要用于构成 A 型、X 型和 Y 型分子筛的骨架结构，是最重要的一种孔穴。其形状宛如削顶的正八面体，空腔体积为 160Å^3，窗口孔径约 0.66nm，只允许 NH_3、H_2O 等尺寸较小的分子进入。此外，六方柱笼和γ笼的体积均较小，一般分子进不到笼里。

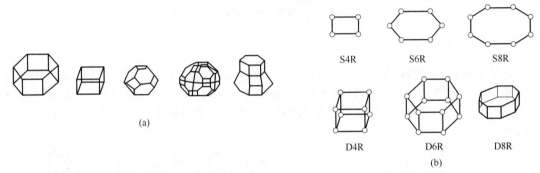

图 3-13 （a）各种多面体结构和（b）单氧环和双氧环与多面体的关联

各种笼的结构和三种不同结构层次的关联如图 3-14 所示。不同结构的笼再通过氧桥相互联结形成各种不同结构的分子筛，如 A 型、X 型和 Y 型分子筛。

（1）A 型分子筛结构

A 型分子筛的结构可以看作削角八面体β笼的 6 个四元环通过氧桥互相连接而成，6 个四元环在三维空间不断连接，即成为 A 型分子筛，类似于 NaCl 的立方晶系结构。若将 NaCl 晶格中的 Na^+ 和 Cl^- 全部换成β笼，并将相邻的β笼用γ笼联结起来，就得到 A 型分子筛的晶体结构，如图 3-14（a）所示。由图可知，8 个β笼联结后形成一个方钠石型结构，如用γ笼作桥联结即得到 A 型分子筛结构。中心有一个大的α笼。α笼之间的通道有一个八元环的窗口，其直径约为 4Å，故称为 4A 分子筛。如果这种 4A 分子筛上 70% 的 Na^+ 被 Ca^{2+} 交换，八元环孔径可增至 5Å。对应的沸石称为 5A 分子筛；反之，若 70% 的 Na^+ 被 K^+ 交换，八元环孔径缩小到 3Å，对应的沸石称为 3A 分子筛。

（2）X 型和 Y 型分子筛结构

X 型分子筛和 Y 型分子筛结构相同，都属于八面沸石，区别在于硅铝比不同，八面沸石晶体可看作是削角八面体中相隔的 4 个六元环通过氧桥接四面体方式相互连接而成的，在八面沸石的骨架中除了β笼以外，还有两种笼，一种是π笼和β笼之间形成的六方柱笼；另一种是β笼所围成的大笼，称为八面沸石笼，笼内自由直径约为 1.25nm，容积可达 85nm^3，入口孔穴为十二元环，孔径为 0.74nm，是晶体内笼间连接的必经孔道。类似于金刚石的密堆立方晶系结构。若以β笼这种结构单元取代金刚石的碳原子结点，且用六方柱笼将相邻的两个 8 笼联结，即用 4 个六方柱笼将 5 个β笼联结在一起，其中一个β笼居中心，其余 4 个β笼位于正四面体的顶点，就形成了八面沸石型的晶体结构，如图 3-14 所示。用这种结构继续联结下去，就得到 X 型和 Y 型分子筛结构。在这种结构中，由β笼和六方柱笼形成的大笼为八面沸石笼，它们相通的窗孔为十二元环，其平均有效孔径为 0.74nm，这就是 X 型和 Y 型分子筛的孔径。这两种型号彼此间的差异主要是 Si/Al 比不同，X 型为 1~1.5，Y 型为 1.5~3.0。在八面沸石型分子筛的晶胞结构中，阳离子的分布有三种优先占驻的位置，即位于六方柱笼中心的 S_I、位于β笼的六元环中心的 S_{II} 以及位于八面沸石笼中靠近β笼的四元环上的 S_{III}。

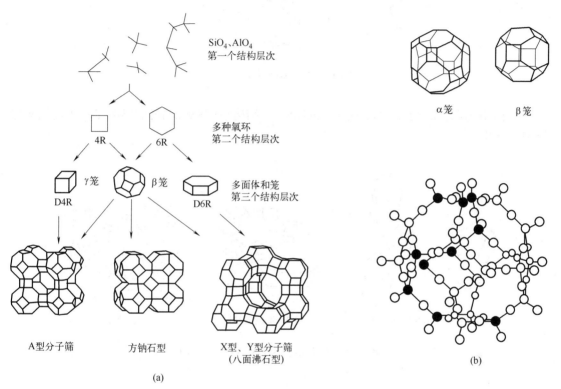

图 3-14 （a）各种分子筛结构与三种不同结构层次的关联，即前述分子筛结构的三种结构层次；（b）α笼结构和β笼结构以及由 24 个 TO_4（T=Si 或 Al）以氧桥联结的β笼的 TO_4 四面体表示法

（3）丝光沸石型分子筛结构

这种沸石的结构与 A 型和八面沸石型的结构不同，没有笼，而是层状结构。结构中含有大量的五元环，且成对地联结在一起，每对五元环通过氧桥再与另一对联结。联结处形成四元环，如图 3-15 所示。这种结构单元的进一步联结就形成了层状结构。层中有八元环和十二元环，后者呈椭圆形，平均直径为 0.74 nm，是丝光沸石的主孔道。这种孔道是一维的，即直通道，由于吸附分子不能在三维孔中输运，故主孔道容易堵塞。

（4）高硅沸石 ZSM 型分子筛结构

这种沸石有一个系列，广为应用的为 ZSM-5，与之结构相同的有 ZSM-8 和 ZSM-11；另一组有 ZSM-21、ZSM-35 和 ZSM-48 等。ZSM-5 的 Si/Al 比达 50 以上，ZSM-8 更高，达 100，这组分子筛还显示出憎水的特性。它们的结构单元与丝光沸石相似，由成对的五元环组成，无笼状空腔，只有通道。ZSM-5 有两组交叉的通道，一种为直通的，另一种为"之"字形相互垂直，都由十元环组成。通道呈椭圆形，其窗口孔径为 0.55~0.6 nm。ZSM-

5 的结构和通道如图 3-16 所示。

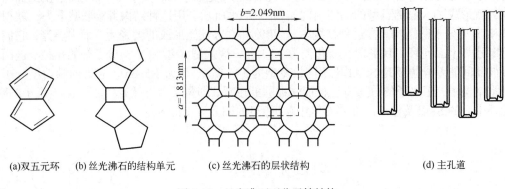

(a)双五元环　(b) 丝光沸石的结构单元　(c) 丝光沸石的层状结构　(d) 主孔道

图 3-15　丝光沸石型分子筛结构

属于高硅族的沸石还有全硅型的 Silicalite-1，结构与 ZSM-5 相同；Silicalite-2 的结构与 ZSM-11 相同。

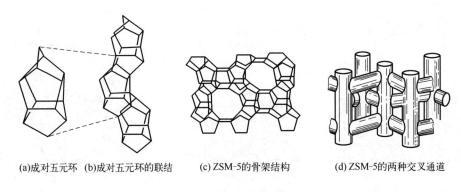

(a)成对五元环　(b)成对五元环的联结　(c) ZSM-5的骨架结构　(d) ZSM-5的两种交叉通道

图 3-16　高硅沸石 ZSM-5 型分子筛结构

（5）磷酸铝系分子筛的结构

该系沸石是继 20 世纪 60 年代 Y 型分子筛、70 年代 ZSM-5 型高硅分子筛之后，于 80 年代出现的第三代新型分子筛，包括大孔的 AlPO-5（0.7~0.8nm）、中孔的 AlPO-11（0.6nm）、小孔的 AlPO-34（0.4nm）等结构，以及 MAPO-n 系列和 AlPO 经 Si 化学改性而成的 SAPO 系列等。目前的研究表明，磷酸铝系分子筛如图 3-17 所示。

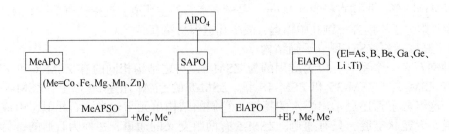

图 3-17　磷酸铝系分子筛

已鉴别有 24 种以上的不同结构，超过 200 种的组成骨架。明确了一些结构性的概念，如元素间的键合概况，哪些允许哪些不允许，详见表 3-7。骨架元素与氧的半径比和 T-O(T＝Al、P) 间距小于正常四面体配位的相应参数。$AlPO_4$-n 系的典型结构，包括孔径大小、氧环大小和对 O_2、H_2O 等的吸附孔容等参数，见表 3-8。其中，$AlPO_4$-5 的骨架结构如图 3-18 (a) 所示。$AlPO_4$-n 的骨架是电中性的。所以，都没有离子交换能力。另外，现在合成的 VPI-5 分子筛，它是磷铝基分子筛族新奇的一员，具有十八元氧环，孔径为 1.2~1.3nm，其骨架结构如图 3-18 (b) 所示。

表 3-7　$AlPO_4$-n 系分子筛的结构

观测到的键合			不可能的键合		
Al-O-P	Me-O-P	Si-O-Si	P-O-P	P-O-Si	Me-O-Al
Si-O-Al	Me-O-P-O-Me	电中性、负电荷的网络结构	Me-O-Me	Al-O-Al	正电荷的网络结构

表 3-8　$AlPO_4$-n 系分子筛中的键合概况

结构	孔径/nm	氧环大小	孔容/（cm^3/g）		结构	孔径/nm	氧环大小	孔容/（cm^3/g）	
			O_2	H_2O				O_2	H_2O
$AlPO_4$-5	0.8	12	0.18	0.3	$AlPO_4$-17	0.46	8	0.27	0.35
$AlPO_4$-11	0.61	10	0.11	0.16	$AlPO_4$-20	0.3	6	0	0.24
$AlPO_4$-14	0.41	8	0.19	0.28	$AlPO_4$-31	0.8	12	0.09	0.17
$AlPO_4$-16	0.3	6	0	0.3	$AlPO_4$-33	0.41	8	0.23	0.23

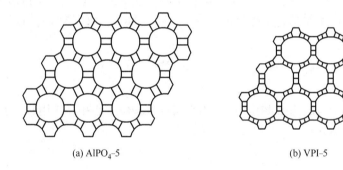

(a) $AlPO_4$-5　　　　　　　　(b) VPI-5

图 3-18　$AlPO_4$-5 和 VPI-5 的骨架结构

2. 分子筛催化剂的催化性能与调变

由于分子筛具有明确的孔腔分布，具有极高的内表面积(典型的达 $600m^2$/g)，有良好的热稳定性(依赖于其骨架组成，在空气中热处理可达 1000℃)，故广泛用作工业催化剂或催化剂载体。在沸石分子筛结构内部进行催化反应始于 20 世纪 50 年代后期 Mobil 公司的实验室，该发现标志着分子筛催化研究的开端。多相催化过程通常需要考虑三个性能指标，即催化剂活性、选择性和稳定性。现在就分子筛催化剂而言，已可能做到一个个单独而系统地进行调变。

（1）分子筛酸位的形成与其本征催化性能

① 分子筛 HY 上的羟基显酸位中心。经铵离子交换的 NH_4-Y 分子筛，热处理后在 650K 左右释放 NH_3，在 770~820K 释放 H_2O。

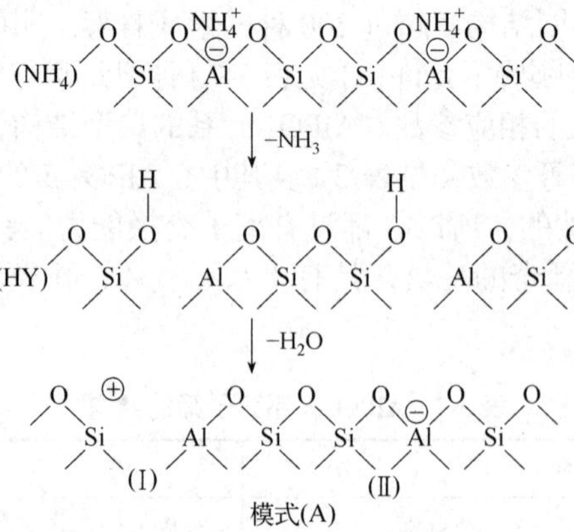

模式（A）

这种变换由红外谱图羟基伸缩振动带强度的变化得到充分的证明。羟基伸缩振动带在 $3540cm^{-1}$ 和 $3643cm^{-1}$ 处的强度随处理温度的变化和在其上吸附吡啶导致带的消失，均证明 HY 分子筛的羟基为酸位中心，并可用下述平衡表示：

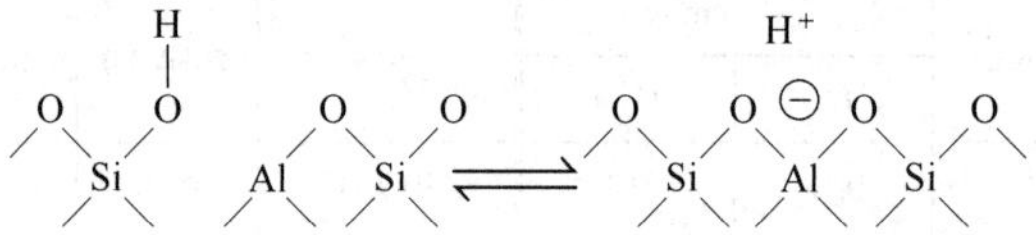

当温度升高时，上述平衡向右移动，导致羟基数目减少，故其红外谱带强度下降。当温度升高到 770K 以上时，开始显示 L 酸位中心，它是与三配位铝原子相联系的，是由 HY 进一步脱水形成的［见模式（A）］。

② 骨架外的铝离子会强化酸位，形成 L 酸位中心。在模式（A）中，局部结构（Ⅰ）是不稳定的，三配位的铝离子易从分子筛骨架上脱出，以（AlO）$^+$ 或（AlO）$_p^+$ 的形式存在于孔隙中。

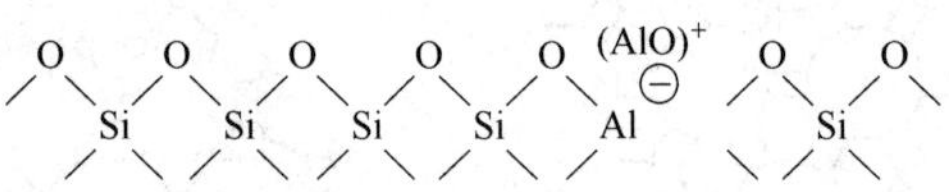

这种骨架外的铝离子可成为 L 酸位中心；当它与羟基酸位中心相互作用时，可使之强化。这种经强化的酸位可表示为：

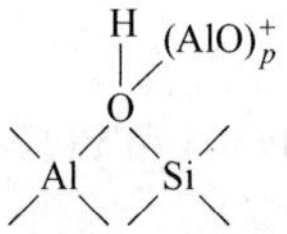

目前，这种脱骨架铝离子对分子筛酸度的影响已为许多的实验研究所证实。

③ 多价阳离子也可能产生羟基酸位中心。Ca^{2+}、Mg^{2+}、La^{3+} 等多价阳离子经交换后可以显示酸位中心。

$$[Ca(OH)_2]^{2+} \longrightarrow [Ca(OH)]^+ + H^+$$

配位于多价阳离子的 H_2O 分子经热处理发生解离，形成下述局部结构：

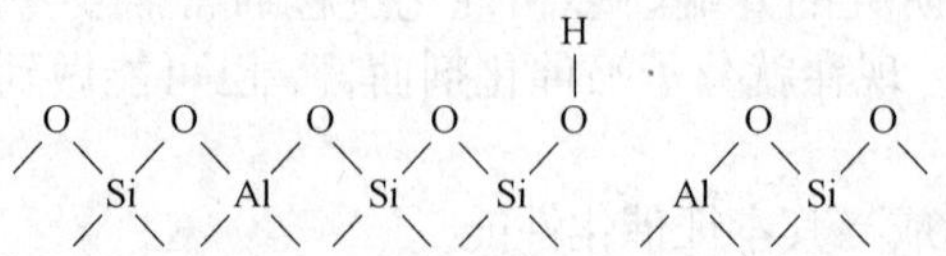

④ 过渡金属离子还原也能形成酸位中心。

$$Cu^{2+} + H_2 \longrightarrow Cu^0 + 2H^+$$

$$Ag^+ + 1/2H_2 \longrightarrow Ag^0 + H^+$$

AgY 分子筛的催化活性由于气相 H_2 的存在而得到很大的强化，高于 HY 分子筛，后者的活性不受 H_2 的影响。研究认为，过渡金属簇状物存在时，可促使分子 H_2 与质子 $2H^+$ 之间的相互转化。如银簇状物（Ag_n）促使 H_2 与 $2H^+$ 之间相互转化。

$$2(Ag_n)^+ + H_2 \rightleftharpoons 2(Ag_n) + 2H^+$$

⑤ 分子筛酸性的调变。前述 Y 型分子筛中酸位中心形成的机理，原则上也适用于其他类型分子筛。对于耐酸性更强的分子筛，如 ZSM-5、丝光沸石等，可以通过稀盐酸直接交换将质子引入，但这种方法常导致分子筛骨架脱铝。这就是 NaY 要先变成 NH_4Y，然后再变成 HY 的原因所在。

羟基酸位的比催化活性是因分子筛而异的。丝光沸石的比催化活性为 Y 型分子筛比催化活性的 17 倍以上；菱沸石中羟基的比催化活性为 HY 分子筛的 3 倍以上。一般来说，羟基的比催化活性是分子筛中 Al/Si 比的函数，Al/Si 比越高，羟基的比催化活性越高。

（2）分子筛催化剂的择形催化性质

因为分子筛结构中有均匀的小孔，当反应物和产物的分子线度与晶内孔径相接近时，催化反应的选择性常取决于分子与孔径的相应大小。这种选择性称为择形催化选择性。导致择形催化选择性的机理有两种：一种是由孔腔中参与反应的分子的扩散系数差别引起的，称为质量传递选择性；另一种是由催化反应过渡态空间限制引起的，称为过渡态选择性。择形催化共有以下四种不同的形式：

① 反应物的择形催化。反应混合物中的某些能反应的分子因过大而不能扩散进入催化剂孔腔内，只有那些直径小于内孔径的分子才能进入内孔，在催化剂活性部位进行催化反应。例如，丁醇的三种异构体的催化脱水，如用非择形的催化剂 CaX，正构体较之异构体更难以脱水；若用择形催化剂 CaA，则 2-丁醇完全不能反应，带支链的异丁醇的脱水速率也极低，正丁醇则很快转化，因为正构体的分子线度恰好与 CaA 催化剂的孔径相对应。反应物的择形催化在炼油工业中已获得多方面的应用，如油品的分子筛脱蜡、重油的加氢裂化等，如图 3-19（a）所示。

② 产物的择形催化。当产物混合物中的某些分子过大，难以从分子筛催化剂的内孔窗口扩散出来，成为观测到的产物，就形成了产物的择形选择性，如图 3-19（b）所示。这些未扩散出来的大分子，或者异构成线度较小的异构体扩散出来，或者裂解成较小的分子，乃至不断裂解、脱氢，最终以炭的形式沉积于孔内和孔口，导致催化剂的失活。例如，Mobil 公司开发的碳八芳烃异构化的 AP 型分子筛择形催化剂，是一种大孔结构的分子筛，其窗口只允许对二甲苯（P-X）从反应区扩散出去，其余的异构体保留在孔腔内并主要异构成 P-X。这就是石化工业生产中由混合二甲苯经择形催化生产 P-X 的技术原理，保证了 PX 产物极高的选择性。

③ 过渡状态限制的择形催化。有些反应，其反应物分子和产物分子均不受催化剂窗口孔径扩散的限制，只是由于需要内孔或笼腔有较大的空间，才能形成相应的过渡状态，不然就受到限制，使该反应无法进行；相反，有些反应只需要较小空间的过渡态，就不受这种限制。这就构成了限制过渡态的择形催化。二烷基苯分子酸催化的烷基转移反应就是这种择形催化的一例。反应中某一烷基从一个分子转移到另一个分子上去，涉及一种二芳基甲烷型的过渡状态，属双分子反应。产物含一种单烷基苯和各种三烷基的异构体混合物，平衡时对称的 1,3,5-三烷基苯是各种异构体混合物的主要组分。在非择形催化剂 HY 和 SiO_2/Al_2O_3 中，这种主要组分的相对含量接近于该反应条件下非催化的热力学平衡产量分布。而在择形催化剂 HM（丝光沸石）中，对称的三烷基苯的产量几乎为零。表 3-9 列出了相应的数据。这表明对称的异构体的形成受到阻碍。因为 HM 的内孔无足够大的空间适应体型较大的过渡状态，而其他的非对称的异

构体的过渡状态由于需要的空间较小，因此可以形成，如图 3-19（c）所示。

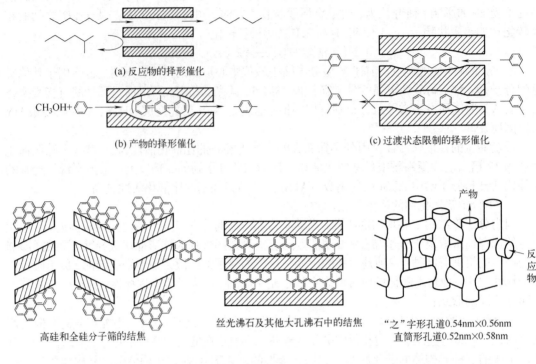

(a) 反应物的择形催化

(b) 产物的择形催化

(c) 过渡状态限制的择形催化

高硅和全硅分子筛的结焦

丝光沸石及其他大孔沸石中的结焦

"之"字形孔道0.54nm×0.56nm
直筒形孔道0.52nm×0.58nm

(d) 过渡状态限制的择形催化中不同分子筛的结焦部位

(e) 分子交通控制的择形催化

图 3-19　分子筛的各种择形催化

表 3-9　甲、乙苯烷基转移反应过渡状态限制的择形催化

有催化剂或热反应	HM	HY	SiO$_2$/Al$_2$O$_3$	非催化（热反应）
反应温度/℃	204	204	315	315
1,3-二甲基-5-乙基苯占 C$_{10}$ 总量的百分数/%	0.4	31.3	30.6	46.8
1-甲基-3,5-二乙基苯占 C$_{11}$ 总量的百分数/%	0.2	16.1	19.6	33.7

ZSM-5 催化剂常用于这种过渡状态选择性的催化反应，如用它催化的低分子烃类的异构化反应、裂化反应、二甲苯的烷基转移反应等。ZSM-5 催化剂的最大优点是阻止结焦，具有比其他分子筛或无定形催化剂更长的寿命，这对工业生产十分有利。因为 ZSM-5 较其他分子筛具有较小的内孔，不利于焦生成的前体聚合反应所需的大过渡状态。在 ZSM-5 催化剂中，焦多沉积于外表面，而 HM 等大孔的分子筛，焦在内孔中生成，如图 3-19（d）所示。

为了发生择形催化，要求催化剂的活性部位尽可能在孔道内。分子筛的外表面积只占总表面积的 1%~2%，外表面上的活性部位要设法毒化，使之不发挥作用。

④ 分子交通控制的择形催化。在具有两种不同形状和大小的孔道分子筛中，反应物分子可以很容易地通过一种孔道进入催化剂的活性部位，进行催化反应，而产物分子则从另一孔道扩散出去，尽可能地减少逆扩散，从而增大反应速率。如图 3-19（e）所示。例如，ZSM-5 催化剂和全硅沸石都具有两种类型的孔结构：一种接近于圆形，横截面为 0.54nm×0.56nm，呈"之"字形；另一种为椭圆形，横截面为 0.52nm×0.58nm，呈直筒形，与前者相垂直。反应物分子从圆形"之"字形孔道进入，而较大的产物分子则从椭圆形直筒形孔道逸出。

（3）择形催化剂的性能要求与调变

有些分子筛的窗口大小适合于择形催化，但在反应条件下可能遭到毁坏。例如，金属负载型的分子筛催化剂，在适当的温度下，金属离子向孔外迁移，活性中心也随之向外迁移，导致择形选择性的丧失。

调变择形选择性，可以采用毒化外表面活性中心，修饰窗孔入口的大小等方式，常用的修饰剂为四乙基原硅酸酯，也可改变晶粒大小等。

择形催化的最大实用价值，在于利用其表征孔结构的不同。区分酸性分子筛的方法之一，是比较化学相似、最小分子尺寸明显不同的两种化合物混合在一起的反应速率。1981 年 Frilette 等提出了鉴别不同酸性分子筛的限制指数 C.I.（constraint index）的概念和方法。其基于正己烷和 3-甲基戊烷裂解速率之比，二者以 50∶50 的比例混合，在相同的温度下，都用转化 10%和 60%的停留时间比较。例如，在 315℃下，各种不同中间孔的分子筛，C.I. 值在 1~12 之间。大孔丝光沸石、β-分子筛、R.E.-Y 和 ZSH-4 为 0.4~0.6；毛沸石为 3.8；ZSM-5 为 8.3 等。

择形催化在炼油工艺和石油化工生产中取得了广泛的应用。除前述的分子筛脱蜡和择形异构化以外，还有择形重整、甲醇合成汽油、甲醇制乙烯、芳烃择形烷基化等。

3. 中孔分子筛催化剂及其催化作用

按照国际材料学会的规定，材料孔径小于 2nm 的为微孔材料，孔径在 2~50nm 之间的属于介孔（中孔）材料，孔径大于 50nm 的为大孔材料。以往的沸石分子筛以及 20 世纪 80 年代发展起来的磷酸铝系分子筛，孔径大多局限在微孔（<2nm）范围。直至 1992 年，Mobil 公司的研究人员首次在碱性介质中以烷基季铵盐型阳离子表面活性剂为模板剂，水热晶化硅酸盐或硅铝酸盐凝胶一步合成了具有规整孔道结构的 MCM-41 型中孔分子筛，并提出了液晶模板机理来解释 MCM-41 系列介孔分子筛的合成机制。中孔分子筛的结构和性能介于无定形无机多孔材料（如无定形硅铝酸盐）和具有晶体结构的无机多孔材料（如沸石分子筛）之间。其主要特征为：

① 具有规则的孔道结构；
② 孔径分布窄，且在 1.3~30nm 范围内可以调节；
③ 经优化合成条件或后处理，可具有良好的热稳定性和一定的水热稳定性；
④ 颗粒具有规则的外形，在微米尺度内保持高度的孔道有序性。

以常见的 MCM-41 为例，其主要结构参数为：孔径 3.5nm，晶格参数约 4.5nm，壁厚约 1nm，比表面积约 1000m²/g，比孔容约 1mL/g。此类中孔分子筛大大超出了常规分子筛（孔径小于 1.5nm）的孔径，且具有一定的稳定性。因此在涉及一些大分子的催化反应中有着特殊的应用，如石油化工中涉及的重质油大分子的转化等。

中孔分子筛的合成主要有水热合成法、室温合成、微波合成、相转变法等。制备过程中，以表面活性剂为模板，利用溶胶-凝胶法（sol-gel）、乳化（emulsion）或微乳化（microemulsion）等方法，再通过有机物和无机物之间的界面作用组装成中孔分子筛。对所应用的表面活性剂而言，涉及胶束、液晶、乳液、微孔等不同相态的形成过程；对无机物种而言，涉及溶胶-凝胶过程、配位化学、无机物种不同化学状态的热力学分布和无机物种的缩聚动力学等；而对界面组装过程，则涉及两相在界面的组装作用力（如静电、氢键或范德华力等），且最终的组装结构是对热力学和几何因素都有利的结果。过程中涉及的影响因素众多，从而影响了人们对其合成规律的了解，增加了对其合成机理研究的难度。不同研究人员的看法不一，比较有代表性的有两种观点，如图 3-20 所示。

第一种观点是液晶模板机理（liquid-crystal templating mechanism，LCTM）。该机理是基于

合成产物和表面活性剂溶致液晶相之间具有相似的空间对称性而提出的。该机理认为中孔分子筛的合成以表面活性剂的不同溶致液晶相为模板，如图 3-20 中 A 所示。随着人们对中孔分子筛研究的深入，发现了液晶模板机理的局限性，继而又提出了第二种观点，即协同作用机理（cooperative formation mechanism，CFM），如图 3-20 中 B 所示。该机理认为表面活性剂中间相（mesophase）是胶束和无机物种相互作用的结果。这种相互作用表现为胶束加速无机物种的缩聚过程和无机物种的缩聚反应对胶束形成类液晶相结构有序体的促进作用。胶束加速无机物种的缩聚过程主要是由于两相界面之间的相互作用导致无机物种在界面的浓缩而产生的。此机理能够解释中孔分子筛合成中的诸多实验现象。

目前，人们根据不同的组装路线，采用不同的表面活性剂，合成了 MCM、HMS、MSU、KIT、SBA 等。表 3-10 列出了中孔分子筛的类型和性能。

中孔分子筛的优越性在于它具有均一且可调的中孔孔径、稳定的骨架结构，比表面积大且可进行内表面的修饰，以及可对无定形骨架组成进行掺杂改性，从而形成多变的性质。

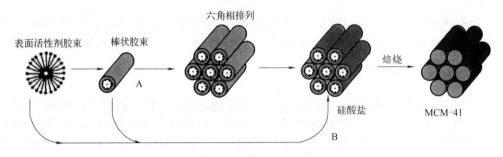

图 3-20　MCM-41 的两种形成机理

A—液晶模板机理；B—协同作用机理

表 3-10　中孔分子筛的类型和性能

类型	孔径/nm	孔道结构	结构导向剂	合成路线
MCM-41	均一，1.5~10	一维孔道，六边形	$C_nH_{2n+1}MeN^+$（n=8~16）	静电组装
MCM-48	均一，2.0~3.0	三维孔道，立方相	$C_nH_{2n+1}MeN^+$（n=8~16）	静电组装
KIT-1	均一，约3.7	无序排列，呈三维孔道	$C_nH_{2n+1}MeN^+$（n=8~16）+有机酸	静电组装
HMS	均一，2.1~4.5	六边形，worm-like 状	$C_nH_{2n+1}NH_2$（n=8~16）	氢键组装
MSU-x	均一，2.0~5.8	立体交叉成 worm-like 状	聚环氧乙烷（PEO）	氢键组装
MSU-V	均一，2.7~2.7	层状	$NH_2（CH_2）_nNH_2$（n=12~22）	氢键组装
MSU-G	均一，2.7~4.0	三维孔道，层状	$C_nH_{2n+1}NH（CH_2）_2NH_2$（$n$=10，12，14）	氢键组装
MSU-S	均一，3.0~3.3	六边形	十六烷基三甲基溴化铵	静电组装
SBA-15	均一，5.0~30	六边形	PEO-PPO-PEO 共聚物	静电组装
MSU-H	均一，8.2~11	六边形	Pluronic P123（$EO_{20}PO_{20}EO_{20}$）	氢键组装

但由于此类材料通常为无定形孔壁，且易与水等极性介质作用而导致热稳定性和水热稳定性的不足，且合成时所用的模板剂往往与骨架结构有较强的静电匹配或氢键作用，使得模板剂较难脱除，影响了中孔分子筛的稳定性。对稳定性的改善研究主要通过以下几方面进行：表面疏水；增加壁厚或使孔壁晶体化，加强骨架强度；中孔材料附晶生长于微孔表面等。

目前，对中孔分子筛的作用研究主要以 MCM-41 及其改性产物为主。MCM-41 本身可以作催化剂、吸附剂或催化剂载体。但由于纯硅的 MCM-41 离子交换能力小，酸含量及酸强度低，催化氧化能力不强，通常要对其改性，直接引入 Al、Ti 等杂原子，离子交换引入 Cu^{2+}、Ni^+ 等，负载金属氧化物 NiO、MoO、杂多酸、纳米粒子等，或者使用对孔内表面积进行修饰或功能化的方法以提高其催化性能，从而在催化反应，特别是在重质油加工和大分子参与的反应中得到较好的应用。如 Kloetstra 等通过交换 TPA^+ 后，在 MCM-41 的内表面部分晶化形成一层 ZSM-5 的结构，大大提高了其酸性和催化裂化减压渣油的能力。Al-MCM-41 在烯烃低聚、芳烃和 α-烯烃的烷基化反应中都表现出较好的催化活性。

五、超强酸和超强碱

1. 超强酸及其催化作用

（1）定义

固体酸的强度若超过 100%硫酸的酸强度，则称为超强酸。因为 100%硫酸的酸强度用 Hammett 酸强度函数表示时为 $H_0=-11.9$，故固体酸强度 $H_0 < -11.9$ 者称为固体超强酸。表 3-11 列出了这类超强酸，包括固体本身的和负载的两类。

表 3-11 固体超强酸

序号	酸	载体	序号	酸	载体
1	SbF_3	SiO_2-Al_2O_3, SiO_2-TiO_2, SiO_2- ZrO_2, Al_2O_3-B_2O_3, SiO_2, HF-Al_2O_3	5	SbF_5-HF	Pt, Pt-Au, Ni-Mo, PE, 活性炭 t- Al_2O_3, $AlPO_4$, 骨炭
2	SbF_5, TaF_5	Al_2O_3, MoO_3, ThO_2, Cr_2O_3	6	SbF_5-CF_3SO_3H	
3	SbF_5, BF_3	石墨，Pt-石墨	7	Nafion（全氟磺酸树脂）	
4	BF_3, $AlCl_3$	离子交换树脂，硫酸盐，氯化物	8	TiO_2-SO_4^{2-} 等	
			9	H-ZSM-5	

固体超强酸又可分为含卤素和不含卤素两大类。由于含卤素的固体超强酸制备的料价格较高，催化剂虽然活性高，但稳定性较差，且卤素对设备也有一定的腐蚀性，目前，研究热点主要集中在不含卤素的固体酸催化剂的制备及其应用上。主要有以 SO_4^{2-} 促进的锆系（SO_4^{2-}/ZrO_2）、钛系（SO_4^{2-}/TiO_2）和铁系（SO_4^{2-}/Fe_3O_4），以及以金属氧化物如 WO_3、MoO_3 和 B_2O_3 等作为促进剂（负载物）制备的 WO_3/Fe_3O_4、WO_3/SnO_2、WO_3/TiO_2、MoO_3/ZrO_2 和 B_2O_3/ZrO_2 等固体超强酸。作为酸催化剂而应用于异构、裂解、酯化、醚化、酰化、氯化等各种催化反应，如替代传统的 H_2SO_4 和氟磺酸，可克服工艺过程中的环保、设备腐蚀和分离困难等问题，因而被认为是"绿色"催化剂，具有广阔的应用前景。

（2）制备方法

制备此类固体酸催化剂主要有浸渍法、机械混合法和凝胶法等几种方法。如分别在 TiO_2、Zr(OH)$_4$ 和 Fe(OH)$_3$ 上负载（NH_4）$_2SO_4$ 或 H_2SO_4，然后在一定温度下（一般为 500~600℃）进行焙烧，即可得到固体超强酸。所用的载体一般可以用 Ti、Zr 和 Fe 的可溶性盐经氨水或铵盐沉淀为无定形的氢氧化物而得到。

（3）酸强度测定

采用 Hammett 指示剂法和正丁烷骨架异构化成异丁烷法。由于用 100%H_2SO_4 无法催化正丁烷的异构化反应，故能使之异构化的固体酸即为超强酸。

（4）酸中心形成机理

以 SO_4^{2-} 促进的 SO_4^{2-}/M_xO_y 型固体超强酸的酸中心主要是由于 SO_4^{2-} 在表面上的配位吸附，使 M-O 上的电子云强度偏移，产生 L 酸中心。而在干燥和焙烧过程中，由于所含的结构水发生解离吸附而产生 B 酸中心。一般认为，焙烧的低温阶段是催化剂表面游离 H_2SO_4 的脱水过程；高温有利于促进剂与固体氧化物发生固相反应而形成超强酸；而在更高温度时，则容易造成促进剂 SO_4^{2-} 的流失。固体超强酸表面上酸中心形成的机理模型如图 3-21 所示。

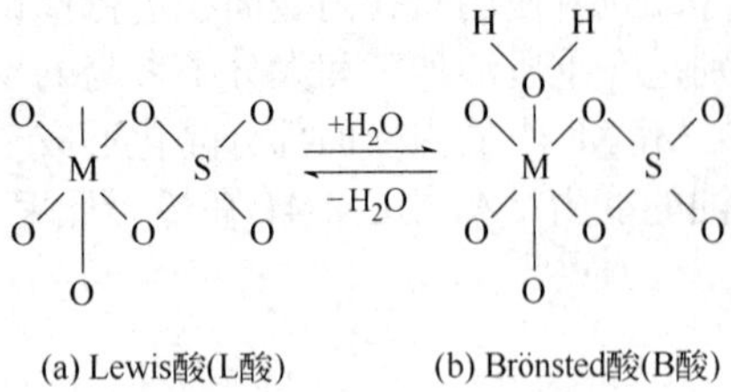

(a) Lewis酸(L酸)　　(b) Brönsted酸(B酸)

图 3-21　B 酸和 L 酸的形成机理

（5）失活

一般认为，固体超强酸的失活有以下几方面的原因：表面上的促进剂 SO_4^{2-} 的流失，如酯化、脱水、醚化等反应过程中，水或水蒸气的存在会造成超强酸表面上的 SO_4^{2-} 流失；反应体系中反应物、中间物和产物在催化剂表面进行的吸附、脱附及表面反应或积炭现象的发生，造成超强酸催化剂的活性下降或失活；反应体系中由于毒物的存在，使固体超强酸中毒，或者由于促进剂 SO_4^{2-} 被还原，S 从 +6 价降至 +4 价，使 S 与金属结合的电负性显著下降，配位方式发生变化，导致酸强度减小而失活。以上几种失活都是可逆的，可以通过重新处理恢复催化剂的酸性，从而恢复活性。

（6）载体改性

对于单组分的 SO_4^{2-} 促进型的固体超强酸，由于在反应过程中 SO_4^{2-} 较易流失而导致催化剂易失活，寿命短。通过对催化剂载体的改性，提供适合的比表面积，增加酸量、酸的种类，增强抗毒物的能力等，都可以改善固体超强酸的性能。目前主要从以下几方面进行研究：

① 其他金属或金属氧化物改性。金属氧化物的电负性和配位数对促进剂 SO_4^{2-} 形成的配位结构有着很深刻的影响，所以并不是所有的金属氧化物都具备合成固体超强酸的条件，且金属氧化物与 SO_4^{2-} 以单配位、螯合双配位和桥式配位（图 3-22）结合时，能在固体表面产生较强的 L 酸和 B 酸中心。目前研究较多的是引入 Al、Al_2O_3、MoO_3 等。详细内容可参考相关文献。

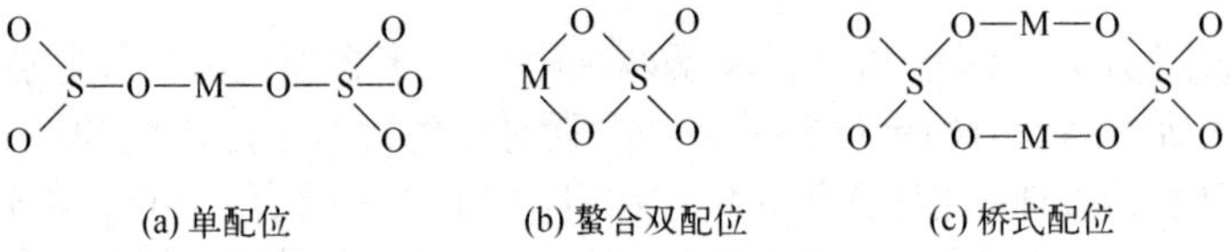

(a) 单配位　　　　(b) 螯合双配位　　　　(c) 桥式配位

图 3-22　金属氧化物和促进剂的配位图

② 稀土元素改性。稀土元素引入固体超强酸，可以提高催化剂的性能，如用 Dy_2O_3 改性 SO_4^{2-}/Fe_3O_4，Dy_2O_3 可稳定催化剂中的 SO_4^{2-}，令其在反应过程中不易流失，提高了合成反应中催化剂的稳定性。而含稀土的固体超强酸催化剂在合成羟基苯甲醚及酯化反应中，显示出较高的催化活性和较好的稳定性。另外，催化剂还可以重复使用。

③ 纳米技术改性。以纳米氧化物作为载体，往往具有高的表面原子密度和高的比表面积，显示出独特的性质。

④ 分子筛改性。通过适当的方法，将超强酸负载在分子筛上，可以制得负载型的分子筛超强酸。它同时具有分子筛的高比表面积、均匀规整的孔结构、热稳定性和超强酸的强酸性。这使得固体超强酸工业化应用的前景变得更加光明。目前报道的用于载体改性的分子筛主要有：ZSM-5、HZSM-5、MCM-41 和 SBA-15。将 SO_4^{2-}/ZrO_2 负载在上述分子筛上，可制成不同的固体超强酸。此外，含锆分子筛也可作为载体制取固体超强酸 SO_4^{2-}/Zr-ZSM-5、SO_4^{2-}/Zr-

ZSM-11、中孔 SO_4^{2-} /Zr-HMS。

2. 超强碱及其催化作用

由于超强酸被定义为酸强度超过 $H_0=-11.9$（100%H_2SO_4 的 Hammett 酸强度函数），强度较中性物质 $H_0=7$ 低约 19 个单位，因而提出强度较中性物质高出 19 个单位的碱性物质（碱强度函数 $H_-\geq 26$）为超强碱。相较于固体酸，对固体碱的研究起步较晚，发展也没有那么系统和完整。从目前的研究来看，按照载体和碱位性质的不同，固体碱大致可以分为有机固体碱、有机-无机复合固体碱以及无机固体碱等几类。其中无机固体碱又可分为金属氧化物型和负载型两类。

通常有机固体碱主要指端基为叔胺或叔膦基团的碱性树脂，如端基为三苯基膦的苯乙烯和对苯乙烯共聚物。此类固体碱的优点是碱强度均一，但热稳定性差。有机无机复合固体碱主要是负载有机胺和季铵碱的分子筛。前者的碱位是能提供孤对电子的氮原子，而后者的碱位是氢氧根离子。由于活性位以化学键和分子筛相连接，所以活性组分不会流失，碱强度也均匀，但同样不能应用于高温反应。

无机固体碱制备简单，碱强度分布范围宽且可调，热稳定性好而备受关注。此类固体碱主要包括金属氧化物、水合滑石类阴离子黏土和负载型固体碱。表 3-12 列出了一些无机固体超强碱。

表 3-12　无机固体超强碱

种类	原材料,制法	预处理温度/K	强碱度函数 H_-	种类	原材料,制法	预处理温度/K	强碱度函数 H_-
CaO	CaCO$_3$	1173	26.5	MgO-Na	Na, 蒸发处理	923	35
SrO	Sr（OH）$_2$	1123	26.5	Al$_2$O$_3$-Na	Na, 蒸发处理	823	35
MgO-NaOH	NaOH, 浸渍	823	26.5	Al$_2$O$_3$-NaOH-Na	NaOH、Na, 浸渍	773	37

已知的固体超强碱包括经特殊处理的碱金属和碱土金属氧化物、Na-MgO、K-KOH-Al$_2$O$_3$ 等以及负载型分子筛固体超强碱，以下分别进行介绍。

① 氧化物固体超强碱。将碱金属或其盐加入某些氧化物中，可导致形成超强的碱中心。如用金属钾的液氨溶液浸渍 Al$_2$O$_3$，可以得到碱强度 $H_->37$ 的固体超强碱 K（NH$_3$）/Al$_2$O$_3$，其催化能力很强，在-62℃下只需 6min 即可使 180mmol 的正戊烯异构化为 2-戊烯，或在 10min 内使 40%的二甲基-1-丁烯转化为二甲基-2-丁烯，活性远高于 Na/Al$_2$O$_3$ 和 Na/MgO。KF/Al$_2$O$_3$ 同时具有超强碱性和亲核性，在丁烯异构化和 Michael 加成等有机合成反应中的活性超过了 KOH/Al$_2$O$_3$。经程序升温分解、红外光谱表征，证实其主要强碱位为［A—OH...F］。将 KF 负载在 ZrO$_2$ 上，也可制得 KF/ZrO$_2$ 超强碱，在 0℃时对丁烯异构化反应的活性也很高。

② 分子筛型固体超强碱。将 10%~20%的 KNO$_3$ 负载在 KL 沸石上并经 873K 活化后，可以得到 $H_-=27.0$ 的固体超强碱。该材料是一种可以在 273K 下催化顺式-2-丁烯异构化的超强碱，在 1h 内转化约 3.5mmol/g 的顺式-2-丁烯，活性超过 KF/AlPO$_4$-5 约 30 倍。并且其反应产物中反式-2-丁烯和 1-丁烯的初始比例为 3.0，这不同于普通固体强碱的催化特性，而与 CaCO$_3$ 在 1173K 抽真空分解产生的 CaO 超强碱催化剂的特性相类似。目前在对固体超强碱的研究中，氧化物超强碱多侧重于增大表面积的方面，而分子筛超强碱多侧重于提高其碱强度方面，以满足石油化工、精细化工中的催化需求。

六、杂多酸

杂多化合物催化剂一般是指杂多酸及其盐类。杂多酸是由杂原子（如 P、Si、Fe、Co 等）和配位原子（即多原子如 Mo、W、V、Nb、Ta 等）按一定的结构通过氧原子配位桥联组成的一类含氧多酸，或为多氧族金属配合物，常用 HPA 表示。其兼具酸碱性和氧化还原性。杂多化合物催化剂作为固体酸具有以下一些特点：

① 可通过杂多酸组成原子的改变来调节其酸性和氧化还原性；

② 一些杂多酸化合物表现出准液相行为，因而具有一些独特的性质；

③ 结构确定，兼具一般配合物和金属氧化物的主要结构特征，热稳定性较好，且在低温下不存在较高活性；

④ 是一种环境友好的催化剂。

1. 结构特征

固体杂多酸由杂多阴离子、阳离子（质子、金属阳离子、有机阳离子）、水和有机分子组成，有确定的结构。通常把杂多阴离子的结构称为一级结构，把杂多阴离子、阳离子和水或有机分子等的三维排列称为二级结构。目前已确定的有 Keggin、Dawson、Anderson、Silverton、Strandberg 和 Lindgvist 结构，具体如下：

Keggin 结构 $XM_{12}O_{40}^{n-}$ Silverton 结构 $XM_{12}O_{42}^{n-}$

Dawson 结构 $XM_{18}O_{62}^{n-}$ Strandberg 结构 $X_2M_5O_{23}^{n-}$

Anderson 结构 $XM_6O_{24}^{n-}$ Lindgvist 结构 $XM_6O_{24}^{n-}$

其中，X 为杂原子，M 为配位多原子。

目前研究主要集中在 Keggin 结构，如磷酸根离子和钨酸根离子在酸性条件下缩合即可生成典型的磷钨酸杂多酸（十二磷钨酸）。

$$12WO_4^{2-} + HPO_4^{2-} + 23H^+ \longrightarrow (PW_{12}O_{40})^{3-} + 12H_2O$$

Keggin 结构分为三个层次：第一层次是杂多阴离子；第二层次包括杂多阴离子的三维排布、平衡阳离子和结晶水等；第三层次包括离子大小、孔结构等，如图 3-23 所示。就催化而言，这三个层次都有影响。

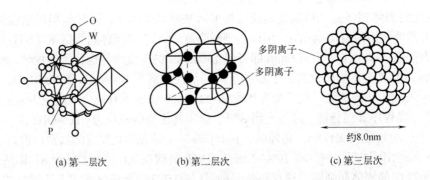

(a) 第一层次   (b) 第二层次   (c) 第三层次

图 3-23 Keggin 结构

● 平衡阳离子[$H^+(H_2O)_2$、Cs^+、NH_4^+等]

杂多化合物的第一层次结构对反应物分子具有特殊的配位能力，是影响杂多化合物催化活性和选择性的重要因素。第二层次结构的稳定性较差，易受外界条件的影响而发生变化。配位阳离子的电荷、半径、电负性的不同对杂多化合物的酸性和氧化还原性都有影响，因此可以据此来调节杂多化合物的催化活性和选择性。另外，无论是在水溶液还是在固态物中，其均具有确定的分子结构，它们是由中心配位杂原子形成的四面体和多酸配位基团形成的八面体通过氧桥连接而成的笼状大分子，具有类似沸石的笼状结构。非极性分子仅能在其表面反应，而极性分子不但在表面，还可以扩散到晶格体相中进行反应，即所谓的"假液相"行为。这是杂多酸催化剂的独特现象，在催化反应中具有重要作用。

2. 催化性能

杂多化合物催化剂有三种形式：纯杂多酸、杂多酸盐（酸式盐）和负载型杂多酸（盐）。由于具有确定的结构，一些性能可以在杂多酸阴离子的分子水平上来表征，因而可以基于分子剪裁技术，按照需要通过杂原子或多原子的调变，或引入含手性基团的配体及一些功能过渡金属以达到特殊的目的。酸性和氧化还原性是杂多酸化合物和催化作用最密切相关的两种化学性质。

① 酸性杂多酸阴离子的体积大，对称性好，电荷密度低，因而表现出较传统无机含氧酸（H_2SO_4、H_3PO_4 等）更强的 B 酸性。传统杂多酸的酸性顺序为：

$$H_3PW_{12}O_{40}（PW_{12}）>H_4PW_{11}VO_{40}>H_3PMo_{12}O_{40}（PMo_{12}）\sim H_4SiW_{12}O_{40}（SiW_{12}）>$$
$$H_4PMo_{11}VO_{40}\sim H_4SiMo_{12}O_{40}（SiMo_{12}）\gg HCl，HNO_3$$

其酸性的调变可通过选择适当的阴离子的组成元素、部分成盐（酸式盐），形成不同的金属离子盐或分散负载在载体上来实现。

② 氧化还原性。除酸性以外，杂多酸催化剂还具有氧化还原性，其阴离子甚至在获得 6 个或更多的电子时也不会分解。其氧化能力的强弱由杂原子和多原子共同决定，多原子影响较大。

杂多酸是很强的质子酸（B 酸），而它们的盐则既有 B 酸中心，也有 L 酸中心。根据其催化性能，在催化中涉及的主要有水合与脱水、酯化和醚化、烷基化和酰基化、异构化、聚合和缩合、裂解和分解、氧化和硝化等反应过程。

③ 杂多酸催化剂的催化位。固态杂多酸含有 B 酸，且有三种不同的质子酸位。一般的多相催化属于表面型的，如图 3-24（a）所示。第二种属于体相 I 型，即所谓"假液相"，反应速率与体相酸度紧密关联，如图 3-24（b）所示。第三种属于体相 II 型，反应范围遍及三维体相，且在高温时表现为催化氧化行为，如图 3-24（c）所示。当然，实际情况可能会随着杂多酸的类型、反应物分子和反应条件的变化而有所不同。杂多酸催化剂的重要特征是既可显示酸性功能，也可显示氧化功能，在特定的反应体系中还可协同体现。如在甲基丙烯醛的催化反应中，杂多酸催化剂的这两种功能协同作用，酸功能主要是表面型的，而氧化功能是体相型的。

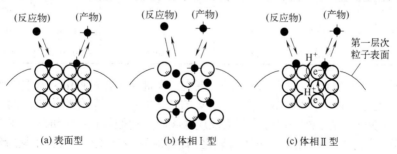

图 3-24　杂多酸的三种相催化位

3. 催化应用

在炼油过程中，目前主要采用离子交换树脂催化剂将甲醇或乙醇和异丁烯醚化，制得配方汽油中需添加的含氧组分甲基叔丁基醚（MTBE）和乙基叔丁基醚（ETBE）。虽然树脂催化活性高，但热稳定性差，在工艺中需增加多段换热装置导出热量以控制树脂床层的温度。而分子筛催化剂的活性不如离子交换树脂。杂多酸类的催化剂则具有良好的活性和热稳定性。Sikata等采用杂多酸催化剂，在50℃、催化剂0.5g、V（甲醇）:V（异丁烯）:$V(N_2)$=1:1:3、总进料速率90mL/min的条件下，将甲醇与异丁烯气相合成MTBE（表3-13）。

表3-13　各种杂多酸催化剂的比表面积、酸强度和催化活性

催化剂	比表面积/（m^2/g）	酸强度（H_0）	甲醇转化率/%	催化剂	比表面积/（m^2/g）	酸强度（H_0）	甲醇转化率/%
$H_6P_2W_{18}O_{62}$	2.1	-3.6	17.5	$H_6CoW_{12}O_{40}$	3.4	-0.6	<0.1
$H_3PW_{12}O_{40}$	9.1	-3.4	0.2	SO_4^{2-}/ZrO_2	9.3	—	<0.1
$H_4SiW_{12}O_{40}$	9.1	-2.9	1.3	SiO_2–Al_2O_3	546	—	<0.1
$H_4GeW_{12}O_{40}$	5.3	-2.9	0.6	HZSM-5	332	—	<0.1
$H_5BW_{12}O_{40}$	1.8	-1.3	<0.1				

注：样品的比表面积是在150℃处理后测定的；H_0是在乙腈溶液中测定的。

从表中可以看出，虽然杂多酸的比表面积较小，但却表现出较 SiO_2-Al_2O_3、HZSM-5 和超强酸 SO_4^{2-}/ZrO_2 高得多的活性。$H_6P_2W_{18}O_{62}$ 的活性最高，这是由于这些杂多酸具有"准液相"行为的缘故。Texaco 公司发明使用 TiO_2、SiO_2 负载磷钨酸和磷钼酸的专利，也得到了良好效果。

在化学工业中，烯烃水合制取各种醇类化学品是一类重要的有机合成反应。工业上一般采用负载型的 H_3PO_4 作催化剂，需要高温高压，且烯烃的单程转化率较低，还存在 H_3PO_4 流失带来的催化剂活性降低以及设备腐蚀问题。而采用杂多酸浓溶液作为催化剂使丙烯、丁烯、异丁烯水合制取异丙醇、丁醇和叔丁醇的过程均已工业化。虽然杂多酸的活性高，但由于是均相反应，仍会带来设备腐蚀和污染的问题。将杂多酸负载化即可很好地解决这些问题。如英国石油化学品有限公司采用 SiO_2 负载磷钨酸和硅钨酸催化剂，在气相条件下实现了烯烃的水合，而且活性较负载 H_3PO_4 的催化剂更高更稳定（表3-14）。

表3-14　负载杂多酸催化剂用于烯烃水合反应的结果

项目	反应条件				产量/[$g/(g \cdot h)$]		
	$t/℃$	p/kPa	n（水）:n（烯烃）	GHSV/[$g/(min \cdot cm^3)$]	H_3PO_4/SiO_2	SiW/SiO_2	PW/SiO_2
乙烯水合制乙醇	240	6895	0.3	0.02	71.5	102.9	86.2
丙烯水合制异丙醇	200	3895.7	0.32	0.054	179.0	190.0	204.1
丁烯水合制仲丁醇	200	3895.7	0.32	0.054	0.016	0.16	0.1

杂多酸是一种多电子体，具有强氧化和还原性。在催化氧化过程中有着重要的应用前景。如以分子氧为氧化剂时，活性最好的是 Mo、V 的杂多酸；以环氧化物为氧化剂时，活性最好的是含 W 的杂多酸。杂多酸在以分子氧为反应底物时，遵循氧化反应机理。在均相反应中，有机物底物分子被杂多酸按化学计量比所氧化，而还原后的杂多酸则被分子氧所氧化，构成一个催化循环。在多相反应中，有机物分子被杂多酸的晶格氧（O^{2-}）所氧化，消耗的晶格氧由分子氧补充，也构成了一个循环。在以过氧化物为反应底物时，杂多酸活化氧种，参与形成环氧化物中间体，但不会直接消耗自身的氧原子。杂多酸在均相氧化反应中大部分是亲电反应，以破坏不饱和键，形成环氧化物或环氧化物中间体为特征。而多相反应一部分是亲核反应，一

般不破坏不饱和键，典型的反应是氧化脱氢和选择性氧化。另一部分是亲电反应，主要是饱和醇、醛和酮的气相氧化。

杂多酸催化剂成功工业化的有甲基丙烯醛氧化为甲基丙烯酸的反应。由于杂多酸类催化剂具有酸性和氧化还原性，使其在一些多步反应过程的复杂反应，如低碳烃的选择性氧化中，有着极广阔的应用前景。

第二节

金属催化

金属催化剂是一类重要的工业催化剂。主要包括：①块状金属催化剂，如电解银催化剂、熔铁催化剂、铂网催化剂等；②分散或负载型的金属催化剂，如 Pt-Re-/η-Al$_2$O$_3$ 重整催化剂、Ni/Al$_2$O$_3$ 加氢催化剂等；③合金催化剂，如 Cu-Ni 合金加氢催化剂等；④金属互化物催化剂，如 LaNi$_5$ 可催化合成气转化成烃，是 20 世纪 70 年代初开发的一类新型催化剂，也是磁性材料，氢贮存材料；⑤金属簇状物催化剂，如烯烃氢醛化制羰基化合物的多核 Fe$_3$(CO)$_{12}$ 催化剂，至少要有 2 个金属原子，以满足催化活化引发所必需。这五类金属催化剂中，前两类是主要的，后三类在 20 世纪 70 年代后有了新的发展。表 3-15 列出了工业上重要的金属催化剂及催化反应。

表 3-15　工业上重要的金属催化剂及催化反应

典型催化剂与类别	主催化反应	反应类型
熔铁催化剂（Fe-K$_2$O-CaO-Al$_2$O$_3$）	$N_2 + 3H_2 \rightleftharpoons 2NH_3$	加氢
雷尼镍（Raney Ni）	⬡OH + 3H$_2$ ⇌ ⬡OH	加氢
雷尼镍（Raney Ni）		加氢
铂网	$R'HC{=}CHR + H_2 \rightleftharpoons H_2CR'{-}RCH_2$	氧化
Ag（电解）	$2NH_3 + 5/2O_2 \rightleftharpoons 2NO + 3H_2O$	氧化
	$CH_3OH + 1/2O_2 \longrightarrow HCHO + H_2O$	
Ni/Al$_2$O$_3$	⬡ + 3H$_2$ ⇌ ⬡	加氢
Pt/Al$_2$O$_3$		
Ni/Al$_2$O$_3$	$CO + 3H_2 \rightleftharpoons CH_4 + H_2O$	甲烷化
Ag/刚玉	$C_2H_4 + 1/2O_2 \longrightarrow$ 环氧乙烷	环氧化
Pt/η-Al$_2$O$_3$	烷基异构化	
Pt-Re/η-Al$_2$O$_3$	环烷脱氢	重整
Pt-Ir-Pb/η-Al$_2$O$_3$	环化脱氢	
	加氢裂化	
Ni-Cu 合金	己二腈+氢 ⇌ 己二胺	加氢
Ni-Cr 合金		
Fe$_3$(CO)$_{12}$ 铁簇状物	烯烃氢醛化制醇	氢醛化
LaNi$_5$ 金属互化物	$CO + H_2 \longrightarrow CH_4 + H_2O + C_2{\sim}C_{16}$（少量）	F-T 合成[①]

① 未工业化。

几乎所有的金属催化剂都是过渡金属，这与金属的结构、表面化学键有关。金属适合于做哪种类型的催化剂，要看其对反应物的相容性。发生催化反应时，催化剂与反应物要相互作用（除表面外），不深入到体内，此即相容性。例如，过渡金属是很好的加氢、脱氢催化剂，因为 H_2 很易在其表面吸附，反应不进行到表层以下。但一般金属不能作氧化反应的催化剂，因为它们在反应条件下很快被氧化，一直进行到体相内部，只有"贵金属"（Pd、Pt、Ag）在相应温度下能抗拒氧化，可作氧化反应的催化剂。故对金属催化剂的深入认识，需了解其吸附性能和化学键特性。金属的吸附性能在前文已做了相应的描述，此处不再重复。

一、金属成键理论

研究金属化学键的理论方法有三种：能带理论、价键理论和配位场理论。各自从不同的角度说明金属化学键的特征。

1. 能带理论

根据量子力学的原理分析，金属晶格中每一个电子运动的规律可用"Bloch 波函数"描述，称其为"金属轨道"。每一个轨道在金属晶体场内有自己的能级。由于有 N 个轨道，且 N 很大，因此这些能级靠得非常紧密，以至于形成连续的带，如图 3-25 所示。

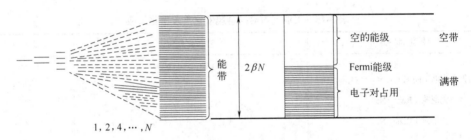

图 3-25　能级示意图

图中 β 为能级分裂因子。能级图形成时是用单电子波函数，由于轨道的相互作用，能级会一分为二。故 N 个金属轨道会形成 2N 个能级，其总宽度为 $2\beta N$。电子占用能级时遵循能量最低原则和 Pauli 原则（即电子配对占用）。故在绝对零度下，电子成对地从最低能级开始一直向上填充，电子占用的最高能级称为 Fermi 能级。

s 轨道组合成 s 带，d 轨道组合成 d 带。因为 s 轨道相互作用强，故 s 带较宽，一般从 6~7eV 至 20eV；d 轨道相互作用较弱，故 d 带较窄，约为 3~4eV。各能带的能量分布是不一样的。s 带随核间距变大时能量分布变化慢，而 d 带则变化快，故在 s 带和 d 带之间有交叠。这种情况对于过渡金属更是如此，也十分重要，如图 3-26（a）所示。

能带内各能级分布的状况可用能级密度 $N(E)$ 表示。$N(E)dE$ 表示单位体积能级位于 E 与（$E+dE$）之间的数目。带顶与带底的 $N(E)$ 为零，两带之间的区间称为禁带，它是电子波能量量子化的反映 [因为波长不能连续，故 $\lambda=h/(2mE)^{1/2}$ 中的 E 值是有禁止的]，如图 3-26（b）所示。

s 能级为单态，只能容纳 2 个电子；d 能级为五重简并态，可以容纳 10 个电子。故 d 带的能级密度为 s 带的 20 倍。d 带图形表现为高而窄，而 s 带的图形则矮而宽，如图 3-27 所示。

Cu 原子的价层电子组态为：$3d^{10}4s^1$，故金属 Cu 中的 d 带是电子充满的，为满带；而 s 带只占用一半。其能级密度分布如图 3-27（a）所示。Ni 原子的价层电子组态为：$3d^84s^2$，故金属 Ni 的 d 带中某些能级未被充满，可看作 d 带中的空穴，称为"d 带空穴"，如图 3-27（b）所示。这种空穴可以通过金属物理实验技术（磁化率测量）测出，它对应于 0.54 个电子，是从 3d 带溢流到 4s 带所致。"d 带空穴"的概念对于理解过渡金属的化学吸附和催化作用是至关重要的，因为一个能带的电子全充满时，就难以成键了。

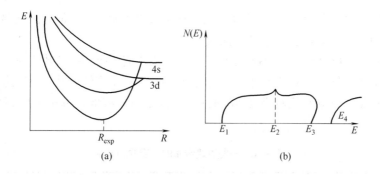

图 3-26 （a）多种能带的能量分布随核间距 R 的变化情况，R_{exp} 为实测值；
（b）能级密度 $N(E)$ 能量 E 变化的情况反映有禁带存在，即在某些 E 值时 $N(E)$ 为零

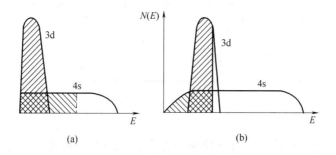

图 3-27 （a）Cu 的 d 带和 s 带的填充情况；（b）Ni 的 d 带和 s 带的填充情况

金属的能带模型，对于 Cu、Ag、Au 这类金属的能级密度分析，与实验测试结果基本相符。对于金属的电导和磁化率等物性，能较好地解释。但是，对于 Fe、Co 等金属的能级密度分析和表面催化的定量分析，常相去甚远。这是因为该模型未考虑到轨道的空间效应、轨道间的杂化组合，以及轨道相互作用的加宽等。20 世纪 70 年代以来，金属价电子区的分布情况可以用光电子能谱分析（UPS、XPS）更确切地测出。有关这些新的发展，可参阅专门著作。

2. 价键理论

价键理论认为，过渡金属原子以杂化轨道相结合，杂化轨道通常为 s、p、d 等原子轨道的线性组合，称为 spd 或 dsp 杂化。杂化轨道中 d 原子轨道所占的百分数称为 d 特性百分数，以符号 d%表示，它是价键理论用以关联金属催化活性及其他物性的一个特性参数。一些过渡金属的 d 空穴和 d%见表 3-16。金属的 d 越大，相应的 d 能带中的电子填充越多，d 空穴就越少。

d%与 d 空穴是从不同角度反映金属电子结构的参量，且是相反的电子结构表征。它们分别与金属催化剂的化学吸附和催化活性有某种关联。就广为应用的金属加氢催化剂来说，d%在 40%~50%之间为宜。金属 Ni 的 d%计算如下：

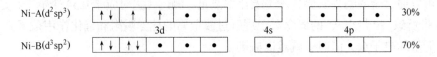

其中↑代表原子电子或称未结合电子，对形成金属键不起作用，但与磁化率和化学吸附有关；●代表成键电子，是参与形成金属键的电子。

在 Ni-A 中，除 4 个电子占据 3 个 d 轨道外，杂化轨道 d^2sp^3 中，d 轨道成分为 2/6；在 Ni-B 中，除 4 个电子占据 2 个 d 轨道外，杂化轨道 d^3sp^2 和一个空轨道共 7 个轨道，其中 d 轨道占 3/7；每个 Ni 原子的 d 轨道对成键贡献的百分数为：30%×2/6 + 70%×3/7 = 40%，该百分数即 d%。

表 3-16　一些过渡金属的 d 空穴和 d%

金属	Cr	Mn	Fe	Co	Ni	Cu	Mo	Tc	Ru
d 空穴	4~5	3~5	2~3	1~3	0~2	0~1	4~5	3~4	2~3
d%	39	40.1	39.7	39.5	40	36	43	46	50
金属	Rh	Pd	Ag	W	Re	Os	Ir	Pt	Au
d 空穴	1~2	0~2	0~1	4~6	3~5	2~4	1~3	0~1	约 1
d%	50	46	36	43	46	49	49	44	—

3. 配位场理论

此处配位场模型，是借用络合物化学中键合处理的配位场概念而建立的定域键模型。在孤立的金属原子中，5 个 d 轨道是能级简并的，引入面心立方的正八面体对称配位场后，简并的能级发生分裂，分成 t_{2g} 轨道和 e_g 轨道。前者包括 d_{xy}、d_{xz} 和 d_{yz}；后者包括 $d_{x^2-y^2}$ 和 d_{z^2}。d 能带以类似的形式在配位场中分裂成 t_{2g} 能带和 e_g 能带，e_g 能带高，t_{2g} 能带低。因为它们是具有空间指向性的，所以表面金属原子的成键具有明显的定域性。如图 3-28 所示，这些轨道以不同的角度与表面相交，这种差别会影响轨道键合的有效性，如空的 e_g 金属轨道与氢原子的 1s 轨道在两个定域相互键合，一个在顶部，另一个与半原子层深的 5 个 e_g 结合，如图 3-28（b）所示。利用该模型，不仅可解释金属表面的化学吸附，图 3-29 所示为 H_2 和 C_2H_4 在 Ni 表面上的化学吸附模式，而且还可解释不同晶面之间化学活性的差别、不同金属间的模式差别和合金效应。众所周知，吸附热随覆盖度增加而下降，最满意的解释是吸附位的非均一性，这与定域键合模型观点一致。Fe 催化剂的不同晶面对 NH_3 合成的活性不同，如［110］面的活性为 1，［100］面的活性为其 21 倍；而［111］面的活性更高，达 440 倍。

上述金属键合的三种模型，均可用特定的参量与金属的化学吸附和催化性能相关联，它们是相辅相成的。

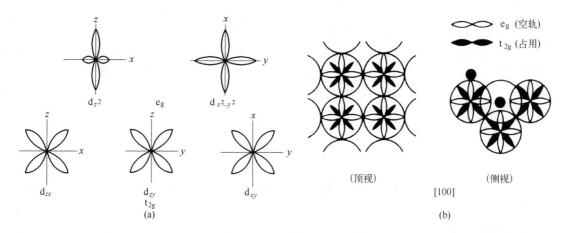

图 3-28 （a）d 轨道的配位场分裂和（b）表面原子的定域轨道

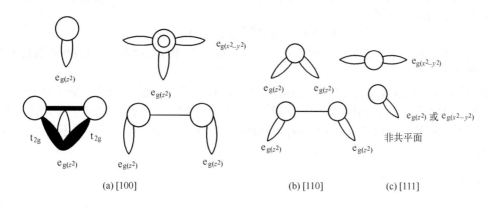

图 3-29　H_2 和 C_2H_4 在金属 Ni 表面吸附的模式

二、金属催化剂催化活性的经验规则

1. d 带空穴与催化活性

　　金属能带模型提供了 d 带空穴概念，并将其与催化活性关联起来。一种金属的 d 带空穴越多，表明其 d 能带中未被 d 电子占用的轨道或空轨越多，磁化率越大。因为磁化率与金属的催化活性有一定关系，随金属和合金的结构以及负载情况不同而不同。从催化反应的角度看，d 带空穴的存在使其有从外界接受电子和吸附物种并与之成键的能力。但也不是 d 带空穴越多其催化活性就越高，因为过多可能造成吸附太强，不利于催化反应。如 Ni 催化苯加氢制环己烷，催化活性很高，Ni 的 d 带空穴为 0.6（与磁矩对应的数值，不是与电子对应的数值）；若用 Ni-Cu 合金作催化剂，则催化活性明显下降，因为 Cu 的 d 带空穴为零，形成合金时 d 电子从 Cu 流向 Ni，使 Ni 的 d 带空穴减少，造成加氢活性下降（图 3-30）。又如用 Ni 催化苯乙烯加氢制乙苯，有较高的催化活性，如用 Ni-Fe 合金代替金属 Ni，加氢活性下降，因 Fe 的 d 带空穴较多，为 2.22。合金形成时 d 电子从 Ni 流向 Fe，增加 Ni 的 d 带空穴。这说明 d 带空穴不是越多越好。

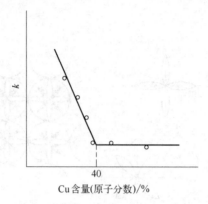

图 3-30　Ni-Cu 合金催化苯加氢制环己烷的反应活性与 Cu 含量的关系

2. d% 与催化活性

金属的价键模型提供了 d% 概念。尽管如此，该 d% 主要是一个经验参量。d% 与金属催化活性的关系，可用下式说明：

$$D_2 + NH_3 \xrightleftharpoons{\text{金属催化}} NH_2D + HD$$

实验研究测出，不同金属催化同位素交换反应的速率常数与对应金属的 d% 有较好的线性关系（图 3-31）。

d% 不仅以电子因素关联金属催化剂的活性，而且还可控制原子间距或格子空间的几何因素去关联。因为金属晶格的单键原子半径与 d% 有直接的关系，电子因素不仅影响原子间距，还会影响其他性质。一般 d% 可用于解释多晶催化剂的活性高低，而不能说明不同晶面上的活性差别。

3. 晶格间距与催化活性

晶格间距对于了解金属催化活性有一定的重要性。实验发现，用不同的金属膜催化乙烯加氢，其催化活性与晶格间距有一定的关系，如图 3-32 所示。活性用固定温度的反应速率作判据，Fe、Ta、W 等体心晶格金属，取 [110] 面的原子间距作为晶格参数；Rh、Pd、Pt 等面心晶格金属，取单位晶胞的 a_0 作为晶格参数。活性最高的金属为 Rh，其晶格间距为 0.375nm。这种结果与以 d% 表达的结果（除金属 W 以外）完全一致。

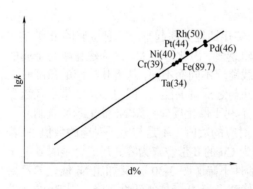

图 3-31　D、H 同位素交换反应的
lg$k$ 与金属催化剂 d% 的关系

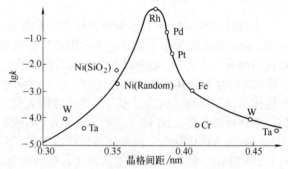

图 3-32　金属膜催化乙烯加氢的活性与
晶格中金属原子对间距的关系

三、巴兰金（Баланкин）多位理论

在催化理论建立的过程中，关于多相催化中活性中心的作用，曾有几种不同的观点，但多数都局限于经验的总结，或只给予定性的描述。而苏联学者巴兰金（Баланкин）提出的多位理论对解释某些类型催化剂上的某些类型的反应，取得较好的结果。在多相催化作用理论的发展史上，多位理论曾受到更大重视。

多位理论的两个重要方面，是在多相催化反应中，反应分子中将断裂的键位同催化剂活性中心应有一定的几何对应原则和能量对应原则。总的来说，在给定的反应中，这两个对应原则均有一定程度的适应。

1. 几何对应原则

多相催化反应中，反应物分子中起反应的部分常常只涉及少数原子，而且作为活性中心的活性体也只是由某几个原子所组成的所谓多位体（multiplet）。实现此催化反应的基本步骤就是反应分子中起反应的部分与这种多位体之间的作用。此种相互作用不仅能使反应物分子的部分价键发生变形，而且会使部分原子活化，若条件合适，也会促使新键的生成。常见的多位体有四种：二位体、三位体、四位体和六位体。

二位体活性中心由催化剂上两个原子组成。其催化反应的过程可用下列模式表达。如醇类脱氢可写成：

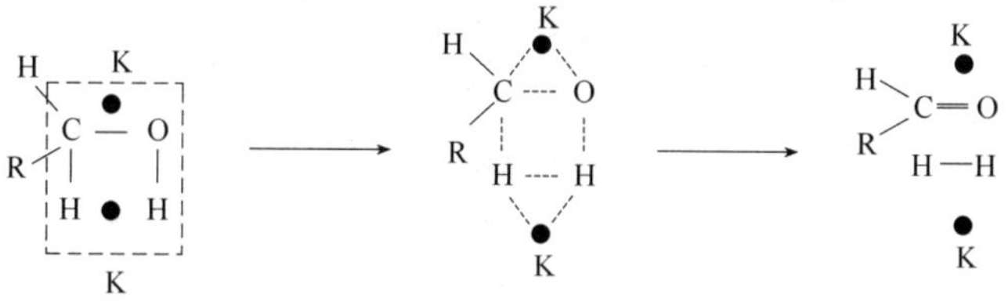

(I) (II)

方框中是分布在催化剂表面上直接参加催化反应的有关原子。K 表示对反应有活性的催化剂原子。中间步骤是醇的 C—H 键和 C—O 键分别同二位体的两个原子 K 结合形成不稳定的中间络合物（ I ），进一步反应生成 C＝O 和 H—H，即 II。

乙醇脱水亦是按二位机理进行：

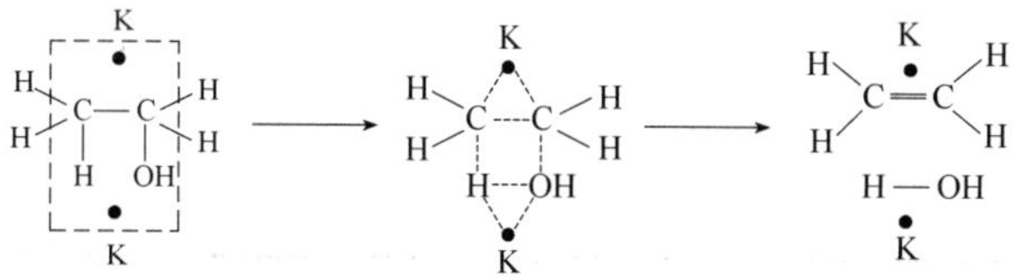

不论是醇的脱氢或脱水，催化剂二位体内的两个原子间距离都应该与反应分子中发生键重排的有关原子的几何构型间有对应关系。许多实验表明，醇类脱氢反应所要求的催化剂的二位原子构型与醇脱水反应所要求的二位原子构型是有差别的。脱氢反应时催化剂二位原子间合适的距离要比脱水反应时短，这可从脱氢反应涉及的 O—H 键长（0.101nm）比脱水涉及的 C—O 键长（0.148nm）短得到解释。

四位体活性中心由催化剂表面上四个原子构成。如乙酸乙酯的分解反应可用四位体机理解释：

$$2CH_3-\overset{\overset{O}{\|}}{C}-OC_2H_5 \longrightarrow CH_3-\overset{\overset{O}{\|}}{C}-CH_3 + CH_2=CH_2 + CO_2 + C_2H_5OH$$

六位体活性中心是由催化剂表面上六个原子构成。如环己烷脱氢可用六位体机理解释。

  从实验发现，对此反应有活性的金属是表 3-17 中方框内的金属。这些金属属于面心立方晶格或六方晶格，其（111）面上原子的排布与六角形相对应，满足六位体机理的要求。另外，按此种排布时原子间距为 0.24~0.28nm，与脱氢分子的有关键长相适应。若原子间距大于或小于此值范围，即使是面心立方或六方晶格的金属也无活性。铜是个例外，虽然满足了两个条件但无活性。

表 3-17 金属的原子间距   单位：nm

面心立方晶格	体心立方晶格	六方晶格
α-Ca 0.3947	K 0.4544	β-Cr 0.432
Ce 0.3650	Eu 0.3989	Er 0.3468
Sc 0.3212	Ta 0.286	Mg 0.3192
Ag 0.28896	W 0.27409	α-Ti 0.28965
Au 0.28841	Mo 0.27251	Re 0.2741
Al 0.28635	V 0.26224	Tc 0.2741
Pt 0.27746	Cr 0.24980	Os 0.2703
Pd 0.25511	γ-Fe 0.24823	Zn 0.26754
Ir 0.2714		Ru 0.26502
Rh 0.26901		α-Be 0.2226
Co 0.25601		
Ni 0.24916		
Cu 0.256		

  几何对应原则只是多位理论分析和判断某一反应能否进行的必要条件，除此条件外，有时还应辅以另一方面的条件，即能量对应原则。

2. 能量对应原则

  该原则要求反应物分子中起作用的有关原子和化学键应与催化剂多位体有某种能量上的对应。现以二位体上进行的反应为例简要说明能量对应原则。

  设在二位体上进行的反应是：

$$\text{A-B} + \text{C-D} \longrightarrow \text{A-C} + \text{B-D}$$

假定反应的中间过程是 A-B 和 C-D 键的断裂，以及 A-C 和 B-D 键的生成。其相应的能量关系如下：

① A-B 键和 C-D 键断裂并生成中间络合物的能量 E'_r 为：

$$E'_r = (-Q_{AB} + Q_{AK} + Q_{BK}) + (-Q_{CD} + Q_{CK} + Q_{DK}) \tag{3-3}$$

其中，Q 代表键能。

② 中间物分解并生成两个新键的能量 E''_r 为：

$$E''_r = (Q_{AC} - Q_{AK} - Q_{CK}) + (Q_{BD} - Q_{BK} - Q_{DK}) \tag{3-4}$$

若令 u 代表总反应 AB+CD—→AC+BD 的能量，则：$u=Q_{AC}+Q_{BD}-Q_{AB}-Q_{CD}$

令 s 为反应物与产物的总键能，则：$s=Q_{AB}+Q_{CD}+Q_{AC}+Q_{BD}$

令 q 为吸附能量，则：$q=Q_{AK}+Q_{BK}+Q_{CK}+Q_{DK}$

所以：$E'_r = q - s/2 + u/2$

$E''_r = -q + s/2 + u/2$

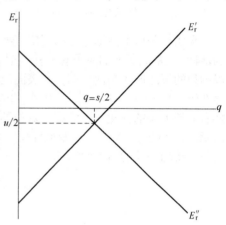

当反应确定后，反应物和产物也即确定，s、u 亦随之确定。E'_r、E''_r 只随 q 变化，而 q 是随催化剂的更迭而变化的，所以 E'_r、E''_r 的变化由催化剂的改变引起。

E'_r 随 q 的变化是斜率为+1 的直线，E''_r 随 q 的变化是斜率为-1 的直线（图 3-33）。

好的催化剂应该是催化剂上的活性原子与反应物及产物的吸附不要太强，也不要太弱。根据这一要求，可以推论：对于上述反应，选择 $q=s/2$ 的催化剂最好，因为 $q=s/2$ 时，$E'_r = E''_r$。这是有利于总反应进行的条件。Polanyi 关系指出，活化能与反应能量有下列相关性：

图 3-33　E_r-q 火山形曲线

$$E = A - rE_r \tag{3-5}$$

放热反应时，$r=0.25$，$A=4\text{kJ/mol}$；吸热反应时，$r=0.75$，$A=0$。所以当 $q=s/2$，第一步和第二步反应的条件同时得到满足，应根据这样的 q 选择合适的催化剂，至少在原则上说如此。但 q 的数据不易获得。另外，在形成吸附键时，不一定要求反应物内有关反应键完全断裂。因而这一理论也有其不足。尽管如此，要求反应物和催化活性中心间存在着能量上的某种对应关系这一观念还是正确的。此例是对能量对应原则一个有力的支持。活性高的 Pt、Ir、Ru 及 Pd 等金属是在能量上与催化活性中心有良好对应关系的金属，能同时满足第一步和第二步反应的要求，使配合物的形成（吸附）和分解均能顺利进行。

四、金属负载型催化剂

金属催化剂尤其是贵金属，由于价格昂贵，常将其分散成微小的颗粒附着于高表面积和大孔隙的载体之上，以节省用量，增加金属原子暴露于表面的机会。这样就给负载型的金属催化剂带来一些新的特征。

1. 金属的分散度

金属在载体上微细的程度用分散度 D 表示，其定义为每克催化剂中表面的金属原子占总的金属原子的比例。

$$D = \frac{n_s}{n_t} = \frac{\text{表面的金属原子}}{\text{总的金属原子}} \tag{3-6}$$

因为催化反应都是在位于表面上的原子处进行,故分散度好的催化剂,一般其催化效果就好。当$D=1$时意味着金属原子全部暴露。后来,IUPAC建议用暴露百分数(Percentage exposure,P.E.)代替D。对于一个正八面体晶格的Pt,其颗粒大小与P.E.的对应关系如下:一般工业重整催化剂,其Pt的P.E.大于0.5。

Pt颗粒的棱长	1.4nm	2.8nm	5.0nm	1.0μm
暴露百分数 P.E.	0.78	0.49	0.3	0.001

注:一般工业重整催化剂,其Pt的P.E.大于0.5。

金属在载体上微细分散的程度,直接关系到表面金属原子的状态,影响这种负载型催化剂的活性。通常晶面上的原子有三种类型,有的位于晶角上,有的位于晶棱上,有的位于晶面上。以削顶的正八面体晶面为例,其表面位的分布如图3-34所示。这是一种理想的结构形式,只存在于(100)和(111)面。显然,位于角顶和棱边上的原子,较之位于面上的配位数要低。随着晶粒大小的变化,不同配位数位的比重也会变,相对应的原子数也随之改变,如图3-35所示。这样的分布表明,涉及低配位数位的吸附和反应,将随晶粒的变小而增加;而位于面上的位,将随晶粒的增大而增加。

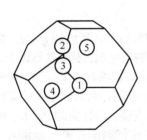

图 3-34　削顶正八面体晶体表面位分布

1—顶位;2—棱位(111)-(111);3—棱位(111)-(100);

4—面位(100);5—面位(111)

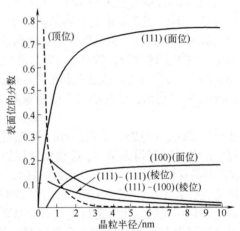

图 3-35　各种表面位分数随晶粒大小的变化

2. 载体效应

在前文已讨论过载体效应,此处仅就负载金属的还原做些分析。研究发现,在氢气氛中,非负载的NiO粉末可在673K下完全还原成金属,而分散在SiO_2或Al_2O_3载体上的NiO还原就困难多了,可见金属的还原性因分散在载体上而改变了。一般载体在活性组分还原操作条件下(通常在673K以下)本不应还原,由于已还原的金属具有催化活性,会把化学吸附在表面原子上的氢转到载体上,使之随着还原。前文讨论过的溢流现象就是这种原因。

除阻滞金属离子的还原外,载体也会影响金属的化学吸附。这是由于金属与载体之间有强相互作用(SMSI)。受此作用的影响,金属催化的性质可以分为两类:一类是烃类的加氢、脱氢反应，其活性受到很大的抑制；另一类是有 CO 参与的反应，如 CO+H_2 反应、CO+NO 反应，其活性得到很大提高，选择性也增强。后一类反应的结果，从实际应用角度来说，利用 SMSI 对解决能源及环保等问题具有潜在意义。

3. 结构非敏感和敏感反应

对于金属负载型的催化剂，Boudart 等总结归纳出影响转换频率（一种表示活性的概念）的三种因素，即：在临界范围内颗粒大小的影响和单晶的取向；一种活性的第Ⅷ族金属与一种较少活性的第ⅠB族金属，如 Ni-Cu 形成合金的影响；从一种第Ⅷ族金属替换成同族中另一种金属的影响。根据对这三种影响因素敏感性的不同，催化反应可以区分成两大类：一类是涉及 H-H、C-H 或 O-H 键的断裂或生成的反应，对结构的变化、合金化的变化或金属性质的变化敏感性不大，称为结构非敏感反应；另一类是涉及 C-C、N-N 或 C-O 键的断裂或生成的反应，对结构的变化、合金化的变化或金属性质的变化敏感性较大，称为结构敏感反应，如环丙烷加氢就是一种结构非敏感反应。用宏观的单晶 Pt 作催化剂（无分散，$D \approx 0$）与用负载在 Al_2O_3 或 SiO_2 上的微晶（1~1.5nm）作催化剂（$D \approx 1$），测得的转换频率基本相同。氨在负载铁催化剂上的合成是一种结构敏感反应，因为该反应的转换频率随铁分散度的增加而增加。反应的活性中心为配位数等于 7 的特定表面原子 C_7，其化学吸附 N_2 为速率控制步骤。根据理论计算，它的相对浓度在小晶粒上较之在大晶粒上要少。Fe［111］面暴露 C_7 原子较其他晶面大 2 个数量级，故 Fe［111］面催化合成 NH_3 的活性与之相对应。

导致催化反应结构非敏感性的解释，Boudart 归纳为三种不同的情况：

① 表面再构。在负载 Pt 催化剂上，H_2-O_2 反应的结构非敏感性是由于氧过剩，致使 Pt 表面几乎完全被氧吸附单层所覆盖，将原来 Pt 表面的细微结构掩盖了，导致结构非敏感性。

② 提取式的化学吸附。结构非敏感反应与正常情况相悖，活性组分晶粒分散度低的（扁平的面）较之高的（顶与棱）更活泼，如二叔丁基乙炔在 Pt 上的加氢反应。因为催化中间物的形成，金属原子是从其正常部位提取的，故是结构非敏感的。

③ 与基质的作用。这种结构非敏感的原因是活性部位不是位于表面上的金属原子，而是金属原子与基质相互作用形成的金属烷基物，如环己烯在 Pt 和 Pd 上的加氢反应。

这些解释尚未形成定论，还有待进一步研究。

五、金属簇状物催化剂

原子或分子簇（或称团簇）是几个至上千个原子、分子或离子通过物理或化学键合而成的相对稳定的聚集体，其物理和化学性质随所含的原子数目不同而变化。团簇的空间尺度在几埃（1Å=10^{-10} m）至数百埃间。用无机分子来描述显得太大，用小块固体来描述又太小。其许多性质既不同于单个的原子、分子，又不同于固体和液体，因而人们把团簇视为介于原子、分子与宏观固体之间物质结构的新层次，是各种物质由原子、分子向大块物质转变的过渡态，或者是凝聚态物质的初始状态。团簇现象广泛存在于自然界和人类的实践活动中，涉及许多过程和现象，如催化、燃烧、晶体生长、成核和凝固、临界现象、相变、溶胶、薄膜形成等，成为物理和化学学科的一个交叉点。

团簇在化学上表现为随团簇的原子或分子个数 n 的增大而产生的奇偶振荡性和幻数特征。金属原子簇在不同 n 值时反应速率常数的差别可达 10^3。化学反应性、平衡常数等也出现了奇偶振荡性特征。

关于第Ⅷ族羰基簇化合物的催化性能，以 Fe、Co、Ru 的同核和异核簇合物作为催化剂，在烯烃的醛化反应和氢羰甲基化反应（Reppe 反应）中具有较高的催化活性和选择性。而在乙烯的氢甲酰化反应中，使用 Ru-Co 或 Re-Fe 双金属簇合物的催化活性远大于单金属的催化剂。

用氧化铝载体分别负载 Pt 原子簇化合物 $Pt_3(\mu-Co)_3(pph_3)_4$ 和 $[Pt_3(CO)_6]_5[N(C_2H_5)_4]_2$，用于催化正庚烷的转化，在无梯度反应器内进行，温度 500℃、压力 1.2MPa、空速 $3.0h^{-1}$，其反应活性、异构化的选择性和稳定性均高于常规的 Pt 催化剂。

对于甲苯加氢反应，普通的金属催化剂颗粒在 1~10nm 时，反应是结构非敏感的，但在负载型的 Ir_4 和 Ir_6 簇催化剂的催化中心上，负载的 Ir_4 催化剂的催化反应速率数倍于 Ir_6 催化剂，这表明原子簇的结构对催化反应有着很大的影响，表现为结构敏感反应。

六、合金催化剂及其催化作用

金属的特性会因加入其他金属形成合金而改变，从而对化学吸附强度、催化活性和选择性等产生影响。故合金催化剂有别于单金属催化剂，应予以单独讨论。

1. 合金催化剂的重要性及其类型

双金属合金催化剂的应用在多相催化发展史上曾写下辉煌的一页，对改善人类生活环境产生了极为重要的影响。炼油工业中 Pt-Re 及 Pt-Ir 重整催化剂的应用，开创了无铅汽油的生产。汽车废气催化燃烧所用的 Pt-Rh 及 Pt-Pd 催化剂，对防治空气污染起到了重要作用。

双金属系中作为合金催化剂研究的主要有三类：第一类为第Ⅷ族和第ⅠB 族元素所组成的双金属系，如 Ni-Cu、Pd-Au 等；第二类为两种第ⅠB 族元素所组成的，如 Ag-Au、Cu-Au 等；第三类为两种第Ⅷ族元素所组成的，如 Pt-Ir、Pt-Fe 等。第一类催化剂用于烃的氢解、加氢和脱氢等反应，其催化性能曾被广泛研究；第二类催化剂曾用于改善部分氧化反应的选择性；第三类催化剂曾用于增强催化剂活性和稳定性。

2. 合金催化剂的催化特征及其理论解释

合金催化剂虽已得到广泛应用，但对其催化特征了解甚少，较单金属催化剂的性质复杂得多，主要来自组成分间的协同效应，不能用加和的原则由单组分推测合金催化剂的催化性能，如 Ni-Cu 催化剂可用于乙烷的氢解，也可用于环己烷脱氢。催化剂活性与组成的关系如图 3-36 所示。由图可知，只要加入 5%的铜，该催化剂对乙烷的氢解活性约为纯 Ni 的 1/1000。继续加入 Cu，活性下降，但速度较缓慢。这一现象说明 Ni 与 Cu 之间发生了合金化相互作用，否则两种金属的微晶粒独立存在互不影响，则加入少量 Cu 后，催化剂的比催化活性与 Ni 单独的催化活性应相近。

由此可以看出，金属催化剂对反应的选择性，可通过合金化加以调变。以环己烷转化为例，用 Ni 催化剂可使之脱氢生成苯（目的产物）；也可经由副反应氢解生成甲烷等低碳烃。当加入 Cu 后，氢解活性大幅度下降，而脱氢影响甚小，因此具有良好的脱氢选择性。

合金化不仅改善催化剂的选择性，也能促进稳定性，如轻油重整的 Pt-Ir 催化剂，较 Pt 催化剂的稳定性大为提高，其主要原因是 Pt-Ir 形成合金，避免或减少了表面

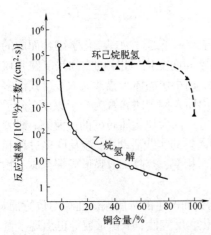

图 3-36　Ni-Cu 催化剂中 Cu 含量对反应速率的影响

烧结。Ir 有很高的氢解活性，抑制了表面积炭的生成，促进活性的继续维持。

七、非晶态合金催化剂及其催化作用

非晶态合金又称为金属玻璃或无定形合金，是在 20 世纪 60 年代初被发现的。这类材料大多由过渡金属和类金属（如 B、P、Si）组成，通常是在熔融状态下的金属经淬冷而得到类似于普通玻璃结构的非晶态物质。其微观结构不同于一般的晶态金属，在热力学上处于不稳定或亚稳定状态，从而显示出短程有序、长程无序的独特的物理化学性质。其特点已被广泛应用于磁性材料、防腐材料等，而在催化材料上的应用则始于 20 世纪 80 年代初，现已引起催化界的极大关注。

（1）特性

① 短程有序。一般认为，非晶态合金的微观结构短程有序区在 10^{-9}m 范围内。其最邻近的原子间的距离和晶态的差别很小，配位数也几乎相同。表面含有很多配位不饱和原子，从某种意义上来说可以看作含有具有很多缺陷的结构，而且分布均匀，从而具有较高的表面活性中心密度。

② 长程无序。随着原子间距离的增大，原子间的相关性迅速减弱，相互之间的关系处于或接近于完全无序的状态，亦即非晶态合金是一种没有三维空间原子排列周期性的材料。从结晶学观点来看，其不存在通常晶态合金中所存在的晶界、位错和偏析等缺陷，组成的原子之间以金属键相连并在几个晶格范围内保持短程有序，形成一种类似原子簇的结构，且大多数情况下是悬空键。而这对催化作用具有重要意义。

③ 组成可调。非晶态合金可在很大范围内对其组成进行调整（这有别于晶态合金），从而可连续地控制其电子、结构等性质，亦即可根据需要方便地调整其催化性能。

（2）制备

非晶态合金催化剂的制备方法主要有以下几种：

① 液体骤冷法。基本原理是将熔融的合金用压力将其喷射到高速旋转的金属辊上进行快速冷却（冷却速度高达 10^6K/s），从而使液态金属的无序状态保留下来，得到非晶态合金。

② 化学还原法。在一定条件下用含有类金属的还原剂（如 $NaBH_4$、NaH_2PO_4 等）将金属（常为过渡金属）盐中的金属离子还原沉淀，并经洗涤、干燥后得到非晶态合金材料。显然，还原过程中体系内各组分的浓度、pH 值、类金属的种类和含量都将对非晶态合金的非晶性质产生影响。

③ 电化学制备法。利用电极还原或用还原剂还原电解液中的金属离子，以析出金属离子的方法来获得非晶态材料。例如电镀和化学镀的方法。

④ 浸渍法。负载型非晶态合金的制备一般采用浸渍法。如负载型 Ni-P 非晶态合金就是将 $Ni(NO_3)_2 \cdot 6H_2O$ 的乙醇溶液浸渍到载体（SiO_2、Al_2O_3 等）上，然后用 KBH_4 溶液还原，再经洗涤、干燥制得。

超临界法也被应用于非晶态催化材料的制备。

（3）应用

非晶态合金催化剂主要有两大类：一类是第Ⅷ族过渡金属和类金属的合金，如 Ni-P、Co-B-Si 等；另一类是金属与金属的合金，如 Ni-Zr、Cu-Zn、Ni-Ti 等。非晶态合金催化剂主要用于电极催化、加氢、脱氧、异构化及分解等反应。

① 电极催化。早期研究发现，用 HF 处理后的 Pd-Zr、Zi-Zr 等非晶态合金较未处理的对氢电极反应要有效得多。用于电解水较好的电极组合是 $Fe_{60}Co_{20}Si_{10}B_{10}$ 为阴极、$Co_{10}Ni_{25}Si_{15}B_{10}$

为阳极，比用 Ni/Ni 作电极可节省 10%的能量。由于非晶态合金材料具有半导体及超导体的特性，因此又是极好的电催化剂，Fe、Co、Ni 和 Pd 系非晶态合金可用于甲醇燃料电池的电极催化剂。如用 Zn 处理后得到的多孔性非晶态合金 Pd-P、Pd-Ni-P、Pd-Pt-P 等的效果均较好，高于 Pt/Pt 电极的活性。

② 加氢。将 Fe-Ni 系含 P 和 B 的非晶态合金催化剂与相同组分的合金催化剂比较，对 CO 加氢反应，所有非晶态合金催化剂的活性均高很多，而且其对低碳烯烃的选择性高，而晶态合金催化剂的产物主要是甲烷。对乙烯、丙烯、1,3-丁二烯等低碳烯烃的加氢，Ni-P 和 Ni-B 非晶态合金也比晶态合金催化剂的活性高。在液相苯加氢反应中，Ni-P 非晶态催化剂、超细 Ni-P 和负载型 $Ni-P/SiO_2$、$Ni-W-P/SiO_2$ 等非晶态催化剂也表现出优于骨架镍活性的特点（表 3-18）。

表 3-18　改性 Ni-P 非晶态合金催化剂和 Raney Ni-P 合金催化剂的性能比较

催化剂	组成	Ni 的比表面积/（m^2/g）	TOF/$10^{-3}s^{-1}$	r_{H_2} /[mmol/（h·gNi）]
Raney Ni-P	$Ni_{91}P_9$	38	24.2	52.7
Raney Ni-P（结晶）[①]	$Ni_{93}P_7$	15	12.5	12.8
Raney Ni	Ni	43	8.40	18.0
$Ni-P/SiO_2$[②]	$Ni_{86}P_{14}$	21	31.2	34.7
$Ni-W-P/SiO_2$[③]	$Ni_{81.5}W_{1.2}P_{17.3}$	19	42.4	40.8
超细 Ni-P	$Ni_{86}P_{14}$	5.2	30.8	7.60

① 新鲜 Raney Ni-P 在 673K、N_2 气流中处理 2h。

② Ni 负载量为 11.5%。

③ Ni 负载量为 11.2%；W/Ni（原子比）=1.5%。

注：反应条件为 1.0g 催化剂，10mL 苯，40 mL 乙醇，p（H_2）=1.0MPa。

③ 其他。非晶态合金催化剂在不饱和烃加氢、脱氢反应、NO 分解反应中也得到了应用。非晶态合金催化剂是一种处于非平衡态的材料，有向结晶体方向转化的趋势。这种不稳定性使得其应用范围受到限制，一般只能在较低温度下使用。解决的方法是加入第三种成分，如稀土元素或类金属（P、B 等）进行改性，以达到稳定非晶态结构的目的。

八、金属膜催化剂及其催化作用

通过催化反应和膜分离技术相结合以实现反应和分离一体化的工艺，即膜催化技术。采用该技术，可使反应产物选择性地分离出反应体系或向反应体系选择性提供原料，促进反应平衡的右移，提高反应转化率。此外，对于以生产中间产物为目的的连串反应，如烃类的选择性氧化等，则更具意义。

膜反应器的材料主要有金属膜、多孔陶瓷、多孔玻璃和碳膜等无机膜、高分子有机膜、复合膜和一些表面改性膜等。有机膜成膜性能优异，孔径均匀，通透率高，但热稳定性、化学稳定性和力学性能较差，其应用特别是在化学反应过程中需经受诸如高温、高压、抗溶剂性而受到很多限制。无机膜则以其良好的热稳定性和化学稳定性而受到重视。根据其分离机理分为两类：一类是多孔膜，气体以努森扩散的机理透过膜，分离选择性较差；另一类为致密膜，如金属钯膜，气体（如 H_2）以溶解扩散的机理透过膜，H_2 的选择透过性极高，但透过的通量小。由于受到其他膜的非对称性结构和功能层薄化的启发，通过物理化学方法在多孔支撑体上沉积金属薄层，从而形成非对称结构的金属复合膜。作为膜材料，其功能既可是有催化活性的，也可是惰性的。催化活性组分浸渍或散布于膜内。惰性膜仅作选择性分离用，如反应物选择性进入反应体系或产物选择性移出反应体系。还有集催化活性和分离功能于一体的膜，应用于催化反应，要求其具有高的选择透过性、高通量、膜的比表面积与体积之比大，且在高温时耐化学腐蚀性、机械稳定性和热稳定性良好，以及高的催化活性和选择性。膜反应器根据膜的功能可分为如图 3-37 所示的几类。

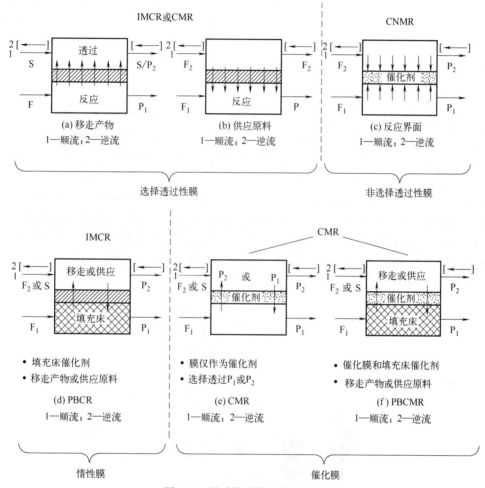

图 3-37　按功能分类的膜反应器

IMCR—惰性膜催化反应器；CMR—催化膜反应器；CNMR—催化非选择透过性膜反应器；

PBCR—填料床催化反应器；PBCMR—填充床催化反应器；F_1，F_2—反应进料；S—吹扫；P_1，P_2—产物

金属膜主要有透氧膜（如 Ag 膜）和透氢膜。可用于透氢膜的金属材料很多，但除金属钯外，其他金属的抗氧化和抗氢脆的能力较差。下面主要讨论钯和钯合金的复合膜。

早在 1866 年，Thomas Graham 就发现了 Pd 具有很强的吸氢能力，且氢气还能以较高的速率透过 Pd 膜。苏联学者 Gryaznov 在研究 Pd 及 Pd 与 Al、Ti、Ni、Cu、Mo、Ru、Ag 等二元合金的加氢和脱氢活性反应时发现，含元素周期表中第ⅥB~第Ⅷ族金属的 Pd 合金加氢、脱氢活性比纯 Pd 高，含ⅠB族金属的 Pd 合金活性比纯 Pd 小。应用膜催化反应器在加氢和脱氢过程中的研究很多。也有研究者将脱氢和加氢反应联系起来，在膜反应器的一侧进行脱氢反应，脱去的氢透过膜与另一侧的反应物再进行加氢反应，即所谓的反应耦合。如 Basov 和 Gryaznov

将环己醇脱氢和苯酚加氢制环己酮耦合起来，使用 Pd-Ru 合金膜反应器在 683℃时得到苯酚的转化率为 39%，环己酮的选择性为 95%。通过控制 H_2 压力和进料速度，使得苯酚的一步加氢最大产率达到 92%。表 3-19 列出了一些金属及合金膜的催化反应实例。

表 3-19　金属膜反应实例

反应体系	膜材料	反应温度/℃	备注
$CH_4 \longrightarrow C_2H_6 + H_2$	Pd（0.3mm）	350~440	脱氢反应
$HI \longrightarrow H_2 + I_2$	Pd-Ag	500	脱氢反应，转化率提高 20 倍
环己烷 $\longrightarrow$ 环己烯 $+ H_2$	多孔 Pd-23%Ag	125	10kPa 脱氢反应
呋喃 $+ H_2 \longrightarrow$ 四氢呋喃	PdNi	140	加氢反应
$CO_2 + H_2 \longrightarrow CO + H_2O$	Ru 涂覆在 Pd-Cu 合金膜上	<187	加氢反应
环己烯 $+ H_2 \longrightarrow$ 环己烷	Au 涂覆在 Pd-Ag 合金膜上	70~200	加氢反应
$C_2H_6 \longrightarrow C_6H_6 + 3H_2$ $H_2 + O_2 \longrightarrow H_2O$	Pd-25%Ag	407~490	反应耦合
环己醇 $\longrightarrow$ 环己酮 $+ H_2$ 苯酚 $+ H_2 \longrightarrow$ 环己酮	Pd-98%Ru	1374~282	反应耦合

H_2 通过 Pd 膜是一个复杂的过程，对于致密的 Pd 膜而言，H_2 在膜中是通过溶解扩散机理来进行传输的，一般包括以下几个步骤：H_2 在膜表面进行解离化学吸附；吸附的表面氢原子溶解在体相中；溶解的氢在浓度差的推动下从体相中向膜的另一侧扩散；氢扩散至膜的另一侧表面并脱附，如图 3-38 所示。

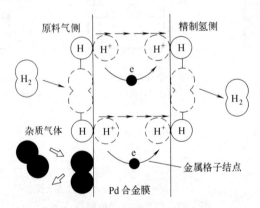

图 3-38　H_2 透过 Pd 膜的解离-溶解-扩散机理

根据溶解扩散机理和 Fick 第一扩散定理，H_2 透过 Pd 膜的渗透通量 J 为：

$$J = \frac{k(p_1^n - p_2^n)}{l} \tag{3-7}$$

式中，k 为渗透系数；p_1、p_2 分别为膜进入侧和渗透 H_2 分压；n 为氢溶解度与压力的关系常数；l 为膜的厚度。

若气相中的氢原子浓度和溶解在 Pd 膜界面中的氢原子达到平衡，则氢原子浓度正比于氢气分压的平方根。假设氢原子在膜体相内的扩散是整个过程的控制步骤，则：

$$J = \frac{DS(p_1^{0.5} - p_2^{0.5})}{l} \tag{3-8}$$

式中，D 为氢的扩散系数；S 为氢的溶解系数。

由式（3-7）和式（3-8）可得 $k=DS$，即氢的渗透系数是其扩散系数和溶解系数之积。

一般情况下，氢气的体相扩散是控制步骤。氢气透过膜的速率与膜厚成反比。要提高 Pd 膜的透过量，首先考虑减小 Pd 膜的厚度。但由于机械强度的限制，Pd 膜必须保持大于 150μm 的厚度。负载型复合金属膜就可以很好地解决这些问题。如将 Pd 膜镀到适合的支撑体上，膜厚可减小至 5μm，H_2 通量可以比无支撑的 Pd 膜提高 1 个数量级，并可大大节省 Pd 的用量，且有利于抑制氢脆现象的发生。此外，由于 Pd 及其合金在常温下能选择性地溶解约为其自身体积 700 倍的氢气，而对其他杂质气体的溶解性很弱，因而致密 Pd 膜能得到分离纯度达 100% 的氢气。

用化学镀的方法将 Pd 镀到多孔不锈钢支撑体上制成负载型 Pd 膜催化剂，使用 $Cu/ZnO/Al_2O_3$ 作催化剂，在双夹套膜反应器中，350℃下进行甲醇蒸气重整反应，可得到高纯度的氢气。双夹套膜反应使得重整和加氢可在各自不同的反应区同时反应。氢化所放出的热量可以传输到重整反应区进行热量补偿。当氢的回收率达 74% 时，可达能量"自平衡"。

金属复合膜催化剂的制备方法主要有物理气相沉积（PVD）、化学气相沉积（CVD）、电镀和化学镀等。

第三节

金属化合物催化

这类催化剂，就金属氧化物而言常为复合氧化物，即多组分的氧化物，如 $V_2O_5\text{-}MoO_3$、$Bi_2O_3\text{-}MoO_3$、$TiO_2\text{-}V_2O_5\text{-}P_2O_5$、$V_2O_5\text{-}MoO_3\text{-}Al_2O_3$、$MoO_3\text{-}Bi_2O_3\text{-}Fe_2O_3\text{-}CoO\text{-}K_2O\text{-}P_2O_5\text{-}SiO_2$（此 7 组分催化剂的代号为 C_{14}，是第三代生产丙烯腈的催化剂）。组分中至少有一种组分是过渡金属氧化物。组分与组分间可能相互作用，作用的情况常因条件不同而异。复合氧化物常为多相共存，如 $Bi_2O_3\text{-}MoO_3$ 就有α相、β相和γ相。有所谓的活性相概念，其结构十分复杂，有固溶体、杂多酸、混晶等。

就催化作用与功能来说，有的组分是主催化剂，有的为助催化剂或载体。主催化剂组分单独存在就有催化活性，如 $Bi_2O_3\text{-}MoO_3$ 中的 MoO_3；助催化剂组分单独存在无活性或活性很小，加入主催化剂中就使活性增强，如 Bi_2O_3。助催化组分的功能，可以是调变生成新相，或调控电子迁移速率，或促进活性相的形成等。依其对催化剂性能改善的不同，有结构调变、抗烧结、增强机械强度和促进分散性等不同的助催功能。调变的目的，无非是提高活性、选择性或稳定性。

金属氧化物催化剂虽然可用于多种不同反应，如烃类的选择性氧化、NO_x 的还原、烯烃的歧化与聚合等，但主要还是烃类选择氧化型（表 3-20）。其特点是：反应是高放热的，有效的传热、传质十分重要，需考虑防止催化剂飞温；存在反应爆炸区，故在操作条件上分为"燃料过剩型"与"空气过剩型"两种。这类反应的产物相对于原料或中间物要相对稳定，故有"急冷措施"，以防止进一步反应或分解；为保持高选择性，常在低转化率水平操作，采用第二反应器或原料循环等。

这类金属氧化物催化剂可分为三类：①过渡金属氧化物，易从其晶格中传递出氧给反应物分子，组成含有两种以上且价态可变的阳离子，属非计量的化合物，晶格中的阳离子常能交叉互溶，形成相当复杂的结构；②金属氧化物，用于氧化的活性组分为化学吸附型氧种，吸附

表 3-20　过渡金属氧化物催化剂的工业应用

反应类型	催化主反应式	催化剂	主催化剂	助催化剂
选择氧化及氧化	$C_3H_6+O_2 \longrightarrow CH_2CHCHO+H_2O$	MoO_3-Bi_2O_3-P_2O_5（Fe，Co，Ni 氧化物）	MoO_3-Bi_2O_3	P_2O_5（Fe，Co，Ni）氧化物
	$C_3H_6+3/2O_2 \longrightarrow CH_2CHCOOH +H_2O$	钼酸钴+$MoTe_2O_5$	钼酸钴	$MoTe_2O_5$
	$C_4H_8+2O_2 \longrightarrow 2CH_3COOH$	Mo+W+V 氧化物+适量 Fe、Ti、Al、Cu 等的氧化物	Mo+W+V 氧化物	适量 Fe、Ti、Al、Cu 等的氧化物
	$SO_2+1/2O_2 \longrightarrow SO_3$ $2NH_3+5/2O_2 \longrightarrow 2NO+3H_2O$	V_2O_5+K_2SO_4+硅藻土	V_2O_5	K_2SO_4（硅藻土载体）
氨氧化	$C_3H_6+NH_3+3/2O_2 \longrightarrow CH_2CHCN +3H_2O$	MoO_3-Bi_2O_3-P_2O_5-Fe_2O_3-Co_2O_3	MoO_3-Bi_2O_3	P_2O_5-Fe_2O_3-Co_2O_3
氧化脱氢	$C_4H_{10}+O_2 \longrightarrow C_4H_6+2H_2O$ $C_4H_8+1/2O_2 \longrightarrow C_4H_6+H_2O$	P-Sn-Bi 氧化物	Sn-Bi 氧化物	P_2O_5
	$C_4H_8+3O_2 \longrightarrow C_4H_2O_3+3H_2O$	V_2O_5-P_2O_5-TiO_2	V_2O_5	P_2O_5（TiO_2 载体）
	$C_6H_6+9/2O_2 \longrightarrow C_4H_2O_3+2H_2O+2CO_2$	V_2O_5-（Ag，Si，Ni，P）等氧化物，Al_2O_3	V_2O_5	Ag、Si、Ni、P 等的氧化物（Al_2O_3 载体）
	$C_{10}H_8+9/2O_2 \longrightarrow C_8H_4O_3+2H_2O+ 2CO_2$	V_2O_5-（P，Ti，Ag，K）等氧化物-硫酸盐+藻土	V_2O_5	P、Ti、Ag、K 等的氧化物-硫酸盐（硅藻土）载体
	$C_8H_{10}+3O_2 \longrightarrow C_8H_4O_3+3H_2O$	V_2O_5-（P，Ti，Cr，K 等氧化物）-大孔硅胶	V_2O_5	P、Ti、Cr、K 等的氧化物硫酸盐（大孔硅胶载体）
脱氢	$C_8H_{10} \longrightarrow C_8H_8+H_2$ $C_4H_8 \longrightarrow C_4H_6+H_2$	Fe_2O_3-Cr_2O_3-K_2O-CeO_2-水泥	Fe_2O_3	Cr_2O_3-K_2O-CeO_2（水泥载体）
加氢	$CO+2H_2 \longrightarrow CH_3OH$	ZnO-CuO-Cr_2O_3	CuO-ZnO	Cr_2O_3
临氢脱硫	$C_4H_4S+4H_2 \longrightarrow C_4H_{10}+H_2S$ $RSH+H_2 \longrightarrow RH+H_2S$ $RSR'+2H_2 \longrightarrow RH+R'H+H_2S$ $C_4H_4S+4H_2 \longrightarrow C_4H_{10}+H_2S$	NiO-MoO_3-Al_2O_3 MoO_3-Co_3O_4-Al_2O_3	MoO_3	Co_3O_4 或 NiO（Al_2O_3 载体）
聚合加成	$n(C_2H_4) \longrightarrow —(C_2H_4)—$中等聚合	Cr_2O_3-SiO_2-Al_2O_3（少量）	Cr_2O_3	SiO_2-Al_2O_3（少量，又为载体）
	$3C_2H_2 \longrightarrow C_6H_6$（苯）	Nb_2O_5-SiO_2	Nb_2O_5	SiO_2

态可以是分子态、原子态乃至间隙氧；③ 原态不是氧化物，而是金属，但其表面吸附氧形成氧化层，如 Ag 对乙烯、甲醇的氧化，Pt 对氨的氧化。

一、半导体能带结构及其催化活性

催化研究者感兴趣的半导体，是过渡金属的氧化物和硫化物。与金属不同，其能带结构是不叠加的，形成分开的带，彼此的区别如图 3-39 所示。图中实线构成的能带已为形成晶格价键的电子所占用，是已填满的价带。虚线构成的能带为空带，只有当电子受热或辐照激发从价带跃迁到空带上才有电子。这些电子在能量上是自由的，在外加电场的作用下电子导电，故称为导带。与此同时，电子从满带中跃迁形成的空穴以与电子相反的方向传递电流。在价带与导带间，有一能量宽度为 E_g 的禁带。金属的 E_g 为零，绝缘体的 E_g 很大，各种半导体的 E_g 居于金属和绝缘体之间。具有电子和空穴两种载流体传导的半导体，称为本征半导体，在催化中并不重要。因为化学反应温度一般在 300~700℃ 范围内，不足以产生这种电子跃迁。

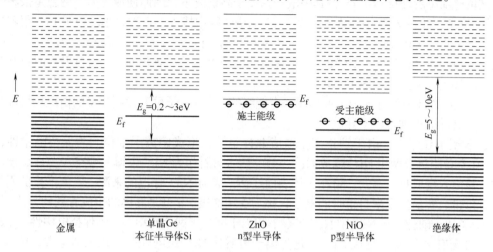

图 3-39　各种固体的能带结构

催化中重要的是非化学计量的半导体，有 n 型和 p 型两大类。在 n 型半导体中，如非计量的化合物 ZnO，存在过剩的 Zn^{2+} 处于晶格间隙中，由于晶体要保持电中性，Zn^{2+} 拉住附近两个电子，形成 $eZn^{2+}e$，在靠近导带附近形成一附加能级。温度升高时，该 $eZn^{2+}e$ 拉住的电子释放出来，成为自由电子，是 ZnO 导电的来源。提供电子的附加能级称为施主能级。

n 型半导体的生成有以下四种方式。

① 正离子过量，如 ZnO 中含有过量的 Zn^{2+}：

$$
\begin{array}{cccccc}
Zn^{2+} & O^{2-} & Zn^{2+} & O^{2-} & Zn^{2+} & O^{2-} \\
O^{2-} & Zn^{2+} & O^{2-} & Zn^{2+} & O^{2-} & Zn^{2+} \\
 & e \cdot Zn^{2+} \cdot e & & & e \cdot Zn^{2+} \cdot e & \\
Zn^{2+} & O^{2-} & Zn^{2+} & O^{2-} & Zn^{2+} & O^{2-} \\
O^{2-} & Zn^{2+} & O^{2-} & Zn^{2+} & O^{2-} & Zn^{2+}
\end{array}
$$

② 负离子缺位，如 V_2O_5 中有缺位的 O^{2-}：

$$
\begin{array}{ccccc}
O^{2-} & V^{5+} & O^{2-} & V^{5+} & O^{2-} \\
 & O^{2-} & & O^{2-} & \\
O^{2-} & V^{4+} & \boxed{2e} & V^{4+} & O^{2-} \\
 & O^{2-} & & O^{2-} &
\end{array}
$$

此时，由于晶体要保持中性，O^{2-} 缺位□束缚电子形成 $\boxed{2e}$，同时附近的 V^{5+} 变成 V^{4+}。通常 $\boxed{2e}$ 束缚电子随温度升高可更多地变成准自由电子，这样便成为施主来源。

③ 高价离子同晶取代，如 ZnO 中的部分 Zn^{2+} 被 Al^{3+} 取代：

为了保持电中性，每当一个 Al^{3+} 取代一个 Zn^{2+}，晶格上须加入一个负电荷。

$$
\begin{array}{cccccc}
Zn^{2+} & O^{2-} & Zn^{2+} & O^{2-} & Zn^{2+} & O^{2-} \\
O^{2-} & Zn^{2+} & O^{2-} & Zn^{2+} & O^{2-} & Zn^{2+} \\
Zn^{2+} & O^{2-} & [e \cdot Al^+]^{2+} & O^{2-} & Zn^{2+} & O^{2-} \\
O^{2-} & Zn^{2+} & O^{2-} & Zn^{2+} & O^{2-} & Zn^{2+}
\end{array}
$$

该负电荷可看作 $[e \cdot Al^+]^{2+}$，其中电子只属于高价离子，因而便成为另一种施主来源。

④ 掺杂，如在 ZnO 中掺入 Li：当 ZnO 晶格间隙中掺入电负性较小的原子 Li，很容易把电子交给邻近的 Zn^{2+} 而形成 Li^+ 和 Zn^+，这些 Zn^+ 的产生实际上可看作是 Zn^{2+} 束缚住一个电子的结果，亦即将 Zn^+ 看作为 $e \cdot Zn^{2+}$。这种束缚电子也不是共有化的，当温度升高时也会激发到导带而导电，因而也是施主来源。

总之，在禁带中靠近导带附近形成一个能级的，并有电子可激发到导带的情况均可称为施主能级，其导电机理是电子导电。

在 p 型半导体中，由于缺正离子造成非计量性，形成阳离子空位。为保持电中性，如 NiO，在空位附近有两个 Ni^{2+} 变成 $Ni^{2+} \cdot \oplus$，后者可看作为 Ni^{2+} 束缚一个空穴 "$\oplus$"。温度升高时，该空穴变成自由空穴，可在固体表面迁移，成为 NiO 导电的来源。空穴产生的附加能级靠近价带，容易接受来自价带的电子，称为受主能级。p 型半导体的生成有三种方式。

① 正离子缺位。在 NiO 中 Ni^{2+} 缺位，相当于减少了两个正电荷。为保持电中性，在缺位附近，必定有两个 Ni^{2+} 变成 Ni^{3+}，这种离子可看作 Ni^{2+} 束缚住一个正电荷空穴，即 $Ni^{3+} = Ni^{2+} \cdot \oplus$，该空穴具有接受满带跃迁电子的能力，当温度升高，满带有电子跃迁时，就使满带造成空穴。从而进行空穴导电。

② 低价正离子同晶取代。若以 Li^+ 取代 NiO 中的 Ni^{2+}，相当于少了一个正电荷，为保持电荷平衡，Li^+ 附近相应要有一个 Ni^{2+} 成为 Ni^{3+}。同样可造成受主能级而引起 p 型导电。

③ 掺杂。在 NiO 晶格中掺入电负性较大的原子时，如 F 可从 Ni^{2+} 夺走一个电子成为 F^-，同时产生一个 Ni^{3+}，也造成了受主能级。

总之，能在禁带中靠近满带处形成一个受主能级的固体就是 p 型半导体，其导电机理是空穴导电。

Fermi 能级 E_f 是表征半导体性质的一个重要物理量，可用以衡量固体中电子逸出的难易，它与电子的逸出功 ϕ 直接相关。ϕ 是将一个电子从固体内部拉到外部变成自由电子所需的能量，此能量用以克服电子的平均位能，E_f 就是这种平均位能。因此，从 E_f 到导带顶的能量差就是逸出功 ϕ，如图 3-40（a）所示。显然，E_f 越高电子逸出越容易。本征半导体的 E_f 在禁带中间；n 型半导体的 E_f 在施主能级与导带之间；p 型半导体的 E_f 在受主能级与满带之间。

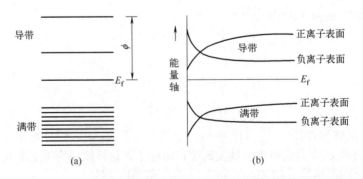

图 3-40 （a）E_f 与 ϕ 的关系和（b）表面电荷与能带弯曲

当半导体表面吸附杂质电荷时，使其表面形成带正电荷或负电荷，导致表面附近的能带弯曲，不再像体相能级呈一条平行直线。吸附呈正电荷时，能级向下弯曲，使 E_f 更接近于导带，即相当于 E_f 提高，使电子逸出变容易；吸附呈负电荷时，能级向上弯曲，使 E_f 更远离导带，即相当于 E_f 降低，使电子逸出变困难，如图 3-40（b）所示。E_f 的这些变化会影响半导体催化剂的催化性能。下面以研究众多的探针反应——氧化亚氮的催化分解为例进行说明。其反应为：

$$2N_2O \longrightarrow 2N_2 + O_2$$

反应机理是下述步骤：

$$N_2O + e^- （来自催化剂表面） \xrightleftharpoons{} N_2 + O^-_{吸} \qquad\qquad （a）$$

$$O^-_{吸} + N_2O \xrightleftharpoons{} N_2 + O_2 + e^- （去往催化剂） \qquad\qquad （b）$$

研究指出，如果反应（b）为控制步骤，则 p 型半导体氧化物（如 NiO）是较好的催化剂。因为只有当催化剂表面的 Fermi 能级 E_f 低于吸附 $O^-_{吸}$ 的电离势时，才有电子自 $O^-_{吸}$ 向表面转移的可能，p 型半导体较 n 型半导体更适合这种要求，因为 p 型半导体的 Fermi 能级更低。实验研究了许多种半导体氧化物都能使 N_2O 催化分解，且 p 型半导体较 n 型半导体具有更高的活性，这与上述的反应（b）为控制步骤的设想相一致。当确定以 NiO 为催化剂时，加入少量 Li_2O 作助催化剂，催化分解活性更好；若加入少量的 Cr_2O_3 作助催化剂，则产生相反的效果。这是因为 Li_2O 的加入形成了受主能级，使 E_f 降低，故催化活性得到促进；而加入 Cr_2O_3 形成施主能级，使 E_f 升高，故抑制了催化活性。

从上述 N_2O 催化分解反应的分析可以看出，对于给定的晶格结构，Fermi 能级 E_f 的位置对于其催化活性具有重要意义。故在多相金属和半导体氧化物催化剂的研制中，常添加少量助催化剂以调变主催化剂的 E_f 位置，达到改善催化剂活性、选择性的目的。掺入施主杂质使费米能级提高，从而导带电子增多并减少满带的空穴，逸出功降低，对于 n 型半导体来说，电导率增加，对 p 型半导体而言，电导率降低；掺入受主杂质其作用正好相反（表 3-21）。应该看到，将催化剂活性仅关联到 E_f 位置的模型过于简化，若将其与表面化学键合的性质结合，会得出更为满意的结论。

表 3-21　杂质对半导体 E_f、ϕ、电导率的影响

杂质类型	E_f	ϕ	电导率变化	
			n 型半导体	p 型半导体
施主	提高	变小	增加	降低
受主	降低	变大	降低	增加

二、氧化物表面的 M–O 性质与催化剂活性、选择性的关联

1. 晶格氧起催化作用的发现

1954 年，Mars 和 van Krevelen 在分析萘在 V_2O_5 上氧化制苯酐的反应动力学时提出了下述催化循环：

$$M^{n+}-O （催化剂） + R \longrightarrow RO^+ + M^{(n-1)+} （还原态）$$

$$2M^{(n-1)+} （还原态） + O_2 \longrightarrow 2M^{n+} + O^{2-} （催化剂）$$

该催化循环称为还原-氧化机理。提出此循环时并未涉及氧的形态，可以是吸附氧，也可是晶格氧（O^{2-}）。但是，大量事实证明，此机理对应的为晶格氧，即它直接承担氧化的功能，

如对于许多复合氧化物催化剂和许多催化反应，当催化剂处于氧气流和烃气流的稳态下反应，纵使 O_2 供应中断，催化反应仍将持续一段时间，以不变的选择性进行运转。催化剂还原后，其活性下降；恢复供氧，反应再次回到原来的稳定状态。一般认为，在稳态条件下催化剂还原到某种程度，不同的催化剂有自身的最佳还原态，如丙烯气相氧化成丙烯醛的催化反应，同位素示踪研究证明，O^{2-} 是主要的催化氧化剂，至少在烯丙基反应晶格氧中是如此。反应前气相氧为 $^{18}O_2$，Bi_2O_3-MoO_3 催化剂的氧为 ^{16}O；反应后氧化产物中的氧均为 $C^{16}O_2$，$C_3H_4{}^{16}O$、$C^{18}O^{16}O$ 极少。实验结果如图 3-41 所示。反应途径如下：

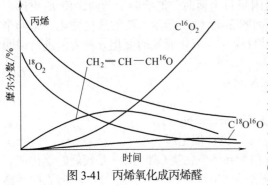

图 3-41　丙烯氧化成丙烯醛

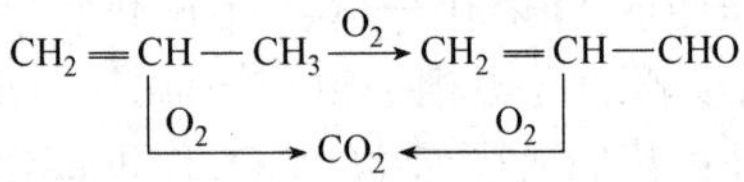

$$CH_2=CH-CH_3 \xrightarrow{O_2} CH_2=CH-CHO$$
$$\downarrow O_2 \qquad \qquad \downarrow O_2$$
$$CO_2$$

当反应持续进行时，产物中含氧的组分有 ^{18}O，这是气相的 ^{18}O 逐步取代了一部分晶格氧 ^{16}O 的结果。对于 Bi_2O_3-MoO_3 催化剂，全部晶格氧可以逐步经取代而传递到表面，故表面都是有效的；而在 Sb_2O_5-SnO_2 催化剂情况下，只有少数表面层的晶格氧参与反应。根据众多的复合氧化物催化氧化概括出：选择性氧化涉及有效的晶格氧；无选择性完全氧化反应，吸附氧和晶格氧均参与反应；对于有两种不同阳离子参与的复合氧化物催化剂，一种阳离子 M^{n+} 承担对烃分子的活化与氧化功能，它们再氧化沿晶格传递的 O^{2-}；使另一种金属阳离子处于还原态，承担接受气相氧。这种双还原氧化机理完全类似于均相催化的 Wäcker 氧化反应。

2. 金属与氧的键合和 M=O 的类型

以 Co^{2+} 的氧化键合为例：

$$Co^{2+} + O_2 + Co^{2+} \longrightarrow Co^{3+}-O_2^{2-}-Co^{3+}$$

可以有三种不同的成键方式形成 M=O 的 σ-π 双键结合：金属 Co 的 e_g 轨道（即 $d_{x^2-y^2}$ 与 d_{z^2}）与 O_2 的孤对电子形成 σ键；金属 Co 的 e_g 轨道与 O_2 的 π分子轨道形成σ键；金属 Co 的 t_{2g} 轨道（即 d_{xy}、d_{yz}、d_{xz}）与 O_2 的 π*分子轨道形成π键，如图 3-42 所示。

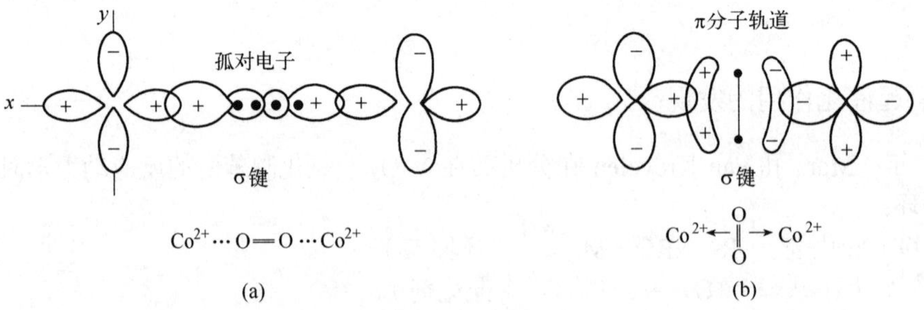

（图 3-42 图示内容：
(a) 左侧 σ键示意图，标注 y、x 轴，孤对电子，σ键，$Co^{2+}\cdots O=O\cdots Co^{2+}$
(b) 右侧 π分子轨道示意图，σ键，$Co^{2+}\leftarrow \overset{O}{\underset{O}{\|}} \rightarrow Co^{2+}$ ）

(a) 　　　　　　　　　　　　(b)

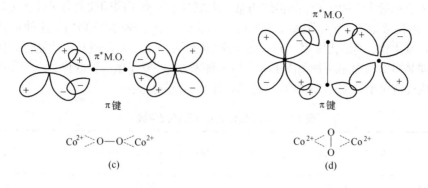

$$Co^{2+} \diagdown O{-}O \diagup Co^{2+}$$

(c)

$$Co^{2+} \diagdown \substack{O \\ | \\ O} \diagup Co^{2+}$$

(d)

图 3-42 M=O 键合的形式（M.O.表示分子轨道）

3. M=O 的键能大小与催化剂表面脱氧能力

在 1965 年第三届国际催化会议上，Sachter 和 De-Boer 提出，复合氧化物催化剂给出氧的趋势是衡量其是否能进行选择性氧化的关键。如果 M=O 解离出氧（给予气相的反应物分子）的热效应 ΔH_D 小，则易给出，催化剂的活性高，选择性小；如果 ΔH_D 大，则难给出，催化剂活性低；只有 ΔH_D 适中，催化剂有中等的活性，但选择性好。为此，若能从实验中测出各种氧化物 M=O 的键能大小，则具有重要的意义。Вoрeckoв 利用在真空下测出金属氧化物表面氧的蒸气压与温度的关系，再以 $\lg p_{O_2}$ 对 $1/T$ 作图，可以求出相应 M=O 的键能。用 B 表示表面键能，S 表示表面单层氧原子脱除的百分数。以 B 对 S 作图，在 $S=0$ 处即 M=O 的键能值。图 3-43 所示为部分金属氧化物表面 M=O 的键能与 S 的关系。对于选择性氧化来说，金属氧化物表面键能 B 值大一些可能有利，因为从 M=O 脱除氧较困难一些，可防止深度氧化。

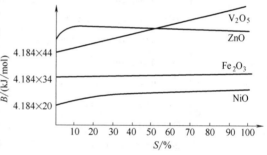

图 3-43 金属氧化物表面 M=O 键键能与 S 的关系

Баланкин 认为，以下述过程的热效应 Q_0 作为衡量 M=O 键能的标准，则 Q_0 与烃分子深度氧化速率之间呈现火山形曲线关系。他从大量的实验数据中总结出，用作选择性氧化的最好的金属氧化物催化剂，其 Q_0 值近于（50~60）×4.184kJ/mol。

$$MO_n（固）\longrightarrow MO_{n-1}+1/2 O_2（气）-Q_0$$

三、复合金属氧化物的结构

生成具有某一种特定晶格结构的新化合物，需要满足三方面的要求：控制化学计量关系的价态平衡；控制离子间大小相互取代的可能；修饰理想结构的配位情况变化，这种理想结构是基于假定离子是刚性的、不可穿透的、非畸变的球体。实际复合金属氧化物催化剂的结构，常是有晶格缺陷的、非化学计量的，且离子是可变形的。

任何化学稳定的化合物，无论它是晶态结构或无定形态结构，必须满足化学价态的平衡。当晶格中发生高价离子取代低价离子时，就要结合高价离子和因取代而需要的晶格阳离子空位以满足这种要求，如 Fe_3O_4 中的 Fe^{2+}，若按 γ-Fe_2O_3 中的电价平衡，可以书写 $Fe^{3+}_{8/3}\square_{1/3}O_4$。

因为阳离子一般小于阴离子，晶格结构总是由配置于阳离子周围的阴离子数所决定。对于二元化合物，配位数取决于阴、阳离子的半径比，即$\rho=r_{阳}/r_{阴}$。表3-22列出了这种对应关系。对于三元复合氧化物，其结构常用二元氧化物的结构予以考虑。对于更复杂的复合氧化物，一般以保留相同晶格结构而用一种阳离子取代另一种来考虑。要发生这种取代，只有阳离子大小位于同一族内才有可能。表3-23列出了同族阳离子半径的分类。

表3-22　二元氧化物系计算的配位数

$\rho=\dfrac{r_{阳}}{r_{阴}}$	与氧阴离子配置的阳离子半径/Å（$r_{阴}=1.4$Å）	阴离子配置于阳离子的对称性	阳离子的配位数
1.000~0.732	1.400~1.030	立方体的顶	8
0.732~0.414	1.030~0.580	正八面体或正四面体	6 或 4
0.414~0.225	0.580~0.317	正四面体	4
0.225~0.155	0.315~0.217	等边三角形	3
0.155~0.000	0.217~0.020	线型	2

表3-23　阳离子半径的分类

极小粒子/Å	小离子/Å	中等离子/Å	大离子/Å
Be^{2+}（0.31）	Li$^+$（0.60），Cu$^+$（0.96）	Ag$^+$（1.26），Na$^+$（0.95）	K$^+$（1.33），NH$^+$（1.48），Tl$^+$
	Mg^{2+}（0.65），Mn^{2+}（0.80）	Ca^{2+}（0.99）	Sr^{2+}（1.13），Ba^{2+}（1.35）
	Fe^{2+}（0.75），Co^{2+}（0.74），Ni^{2+}（0.72）	Mn^{2+}（0.80）	Pb^{2+}（1.20）
	Zn^{2+}（0.74），Cu^{2+}（0.6~0.9）	Cd^{2+}（0.97）	
B^{3+}（0.20）	Al^{3+}（0.50），Ti^{3+}（0.76），V^{3+}（0.93）	Y^{3+}（0.93），Sm^{3+}（1.04）	La^{3+}（1.15），Ce^{3+}（1.11）
	Cr^{3+}（0.69），Mn^{3+}（0.66）	Eu^{3+}（1.03），Gd^{3+}（1.02）	Pr^{3+}（1.09），Nd^{3+}（1.08）
	Fe^{3+}（0.64）	Tb^{3+}（1.00）	Bi^{3+}（0.92）
	Co^{3+}（0.63），Ni^{3+}（0.62）	Dy^{3+}（0.99），Ho^{3+}（0.97）	
	Ga^{3+}（0.62）	Er^{3+}（0.96）	
	In^{3+}（0.81），Se^{3+}（0.81）	Tm^{3+}（0.95），Yb^{3+}（0.94）	
	Si^{4+}（0.81），Ti^{4+}（0.68）	Lu^{3+}（0.93），Sc^{3+}（0.81）	
C^{4+}（0.15）	Cr^{4+}（0.56），Mn^{4+}（0.54）	Zr^{4+}（0.80），Ir^{4+}（0.58）	U^{4+}（0.97），Th^{4+}（1.01）
	Fe^{4+}（0.58），Co^{4+}（0.53）	Ru^{4+}（0.58），Pt^{4+}（0.86）	Pb^{4+}（0.84）
	Ge^{4+}（0.53），Sn^{4+}（0.71）		
	V^{5+}（0.59），Nb^{5+}（0.70），Ta^{5+}（0.7）	Sb^{5+}（0.62）	
	Sb^{5+}（0.62）		
P^{5+}（0.35）	Mo^{6+}（0.62），Cr^{6+}（0.52）	W^{6+}（0.6），U^{6+}（0.86）	
	Te^{6+}（0.56），W^{6+}（0.6）		

最后需要指出，离子大小作为决定晶格结构的判据并不总是充分的，它作为同晶离子取代的判据也是不充分的，因为极化作用能使围绕一个离子的电子电荷偏移，使其偏离理想化的三维晶格结构，以致形成层状结构，最后变为分子晶格，离子键变为共价键。如Ga^{3+}是具有高极化能力的阳离子，它与氧离子的ρ值为0.44，按表3-22其晶格结构应为正八面体形，由于Ga^{3+}极化作用的结果，使其有稳定的四配位，其β-Ga$_2$O$_3$具有同样稳定的正四面体位和正八面体位。

1. 尖晶石结构及其催化性能

很多具有尖晶石结构的金属氧化物，常用作氧化和脱氢过程的催化剂，其结构通式可写成 AB_2O_4。其单位晶胞含有 32 个 O^{2-}，组成立方紧密堆集，对应于通式 $A_8B_{16}O_{32}$。

正常的晶格中，8 个 A 原子各以 4 个氧原子以正四面体配位；16 个 B 原子各以 6 个氧原子以正八面体配位。图 3-44 所示为正常尖晶石结构的单位晶胞。A 原子占据正四面体位，B 原子占据正八面体位。有一些尖晶石结构的化合物具有反常的结构，其中一半 B 原子占据正四面体位，另一半 B 原子与所有的 A 原子占据正八面体位。还有 A 原子与 B 原子完全混乱分布的尖晶石型化合物。

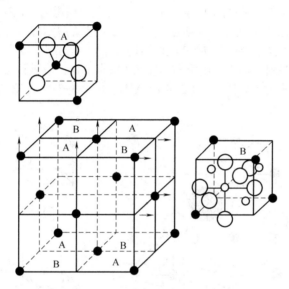

图 3-44 尖晶石结构的单位晶胞（仅 2 个 1/8 小图给出了离子位置）

○：O^{2-}；◎：正八面体金属离子位；●：正四面体金属离子位

就 AB_2O_4 尖晶石型氧化物来说，8 个负电荷可用三种不同方式的阳离子结合的电价平衡：（$A^{2+}+2B^{3+}$）、（$A^{4+}+2B^{2+}$）和（$A^{6+}+2B^+$）。A^{2+}、B^{3+}结合的尖晶石结构占绝大多数，约为 80%，阴离子除 O^{2-} 外还可是 S^{2-}、Se^{2-} 或 Te^{2-}。A^{2+}可以是 Mg^{2+}、Ca^{2+}、Cr^{2+}、Mn^{2+}、Fe^{2+}、Co^{2+}、Ni^{2+}、Cu^{2+}、Zn^{2+}、Cd^{2+}、Hg^{2+}或 Sn^{2+}；B^{3+}可以是 Al^{3+}、Ga^{3+}、In^{3+}、Ti^{3+}、V^{3+}、Cr^{3+}、Mn^{3+}、Fe^{3+}、Co^{3+}、Ni^{3+}或 Rh^{3+}。其次是 A^{4+}、B^{2+}结合的尖晶石结构，约占 15%，阴离子主要是 O^{2-} 或 S^{2-}。A^{6+}、B^+结合的只有少数几种氧化物系，如 $MoAg_2O_4$、$MoLi_2O_4$ 以及 WLi_2O_4。

尖晶石型催化剂的工业应用，一般在催化氧化领域内，包括烃类的氧化脱氢。就丙烯的深度氧化来说，Margolis 等讨论了添加物对正常尖晶石结构 $CoMn_2O_4$ 催化剂和反常尖晶石结构 $MnCo_2O_4$ 催化剂的影响。对于前者，添加 Li 和 Ti 的化合物会降低氧化速度；对于后者却增加氧化速度。Li 或 Ti 的加入会形成新相乃至形成新的化合物。尖晶石型催化剂用于甲烷的催化燃烧，也得到相类似的结果。

20 世纪 70 年代以来，尖晶石型催化剂用于选择性氧化有所发展。一些研究表明，$MgFe_2O_4$ 及其同类物可成功地用于丁烯氧化脱氢制丁二烯。在这类催化剂中，氧化铁的质量分数为 84%~88%。X 射线衍射分析证明，Mg^{2+} 和 80% 的 Fe^{3+} 占据正四面体顶点位。氧化脱氢的反应机理类似于 Mars van Krevlen 机理。

I. $\square + C_4H_8 + Fe^{3+} + O^{2-} \rightleftharpoons C_4H_7\text{-}Fe^{2+} + OH^-$

Ⅱ. $C_4H_7\text{-}Fe^{2+}+O_{ads}\longrightarrow C_4H_6+Fe^{3+}+OH^-$

Ⅲ. $2OH^-\longrightarrow O^{2-}+H_2O+\square$

Ⅳ. $1/2O_2（g）\rightleftharpoons O_{ads}$

此处，$C_4H_7\text{-}Fe^{2+}$是Fe^{3+}与烷基碳阴离子的络合物，它并不需要将铁还原到比Fe^{2+}更低的氧化态；O_{ads}是一吸附的未荷电的氧种；$\square$是邻近Fe^{3+}的阴离子空位，它预示在不存在气相氧时，丁二烯不可能由丁烯与晶格氧反应生成。丁二烯生成的动力学和机理与双位吸附模型相一致。

2. 钙钛矿结构及其催化性能

这是一类化合物，其晶格结构类似于矿物$CaTiO_3$，可用通式ABX_3表示，此处X为O^{2-}。A是一个大的阳离子，B是一个小的阳离子，图3-45所示为理想的钙钛矿型结构的单位晶胞，A位于晶胞的中心，B位于正立方体的顶点。实际上，极少的钙钛矿型氧化物在室温下有准确的理想型正立方结构，但在高温下可能是这种结构。此处A的配位数为12（O^{2-}），B的配位数为6（O^{2-}）。基于电中性原理，阳离子的电荷之和应为+6，故其计量要求为：

$$[1+5]=A^IB^VO_3;\ [2+4]=A^{II}B^{IV}O_3;\ [3+3]=A^{III}B^{III}O_3$$

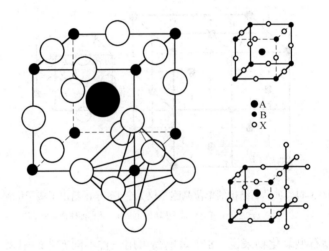

图 3-45 理想的钙钛矿型结构的单位晶胞

具有这三类计量关系的钙钛矿型化合物有300多种，覆盖了很大的范围。此外，还有各种复杂取代的结构体以及因阳、阴离子大小不匹配而形成其他晶型结构的实体物，再加上阳离子和阴离子缺陷组成的物相。

钙钛矿型氧化物有催化氧化性能是在1952年发现并报道的，然而，吸引众多学者从事对它们的催化开发却是在20世纪70年代。1970年，有人报道$La_{0.8}Sr_{0.2}CoO_3$具有很高的催化活性，可与Pt催化剂对氧的电化学还原相比较。与此同时，发现Co-钙钛矿型物和Mn-钙钛矿型物是顺式-2-丁烯加氢和氢解的催化剂，也是CO气相氧化和NO_x还原分解的良好催化剂。据此认为，钙钛矿氧化物可能是电催化、催化燃烧和汽车尾气处理潜在可用的催化剂。与应用催化相并行，对钙钛矿型催化与固态化学之间的关联，开展了一系列的基础研究，得出了下述原则：

① 组分A是无催化活性的，组分B是有催化活性的。A与B的众多结合，生成钙钛矿型氧化物ABO_3时，或A与B被其他离子部分取代时，不影响其基本晶格结构。故有$A_{1-x}A'_xBO_3$型的、$AB_{1-x}B'_xO_3$型的以及$A_{1-x}A'_xB_{1-y}B'_yO_3$型的等。

② A 位和 B 位阳离子的特定组合与部分取代会生成 B 位阳离子的反常价态，也可能是阳离子空穴和/或 O^{2-} 空穴。产生这样的晶格缺陷后，会修饰氧化物的化学性质或传递性质，这种修饰会直接或间接地影响它们的催化性能。

③ 在 ABO_3 型氧化物催化剂中，体相性质或表面性质都可与催化活性关联。因为组分 A 基本上无活性，活性位 B 彼此相距较远，约 0.4nm；气态分子仅与单一活性位作用。但是，在建立这种关联时，必须区分两种不同的表面过程：一种为表面层内的；另一种为表面上的。前者的催化操作在相当高的温度下进行，催化剂作为反应物之一，先在过程中部分消耗，然后在催化循环中再生，过程按催化剂的还原-氧化循环结合进行；后者的催化在催化剂的表面上发生，表面作为一种固定的模板提供特定的能级和对称性的轨道，用于反应物和中间物的键合。一般地说，未取代的 ABO_3 钙钛矿型氧化物趋向于催化表面上的反应，而 A 位取代的（AA'）$/BO_3$ 氧化物，易催化表面层内的反应。例如 Mn-型的催化表面上的反应，属于未取代型的；Co-型和 Fe-型则属于取代型的。这两种不同的催化作用，强烈地依赖于 O^{2-} 迁移的难易，易迁移的有利于表面层内的催化；不迁移的有利于表面上的催化。

④ 影响 ABO_3 钙钛矿型氧化物催化剂吸附和催化性能的另一个关键因素是其表面组成。当 A 和 B 在表面上配位不饱和、失去对称性时，就强烈地企图与气相分子反应以达到饱和，这就会造成表面组成相对于体相计量关系的组成差异，如 B 组分在表面上出现偏析、在表面上出现一种以上的氧种等，均会给吸附和催化带来显著的影响。

钙钛矿型氧化物用作催化燃烧型催化剂已有大量的研究工作。有关 CO、$C_1 \sim C_4$ 烃、甲醇和 NH_3 等的催化燃烧用催化剂，见表 3-24。所有此类催化剂在 A 位含有稀土元素，尤其是 La；在 B 位含有 3d 过渡金属，特别是 Co 与 Mn。

表 3-24 钙钛矿型氧化物作完全氧化催化剂

催化反应	催化剂
$CO+O_2 \longrightarrow CO_2$	$LaBO_3$（B=3d 过渡金属）
	$LnCoO_3$（Ln=稀有金属）
	$BaTiO_3$
	$La_{1-x}A'_xCoO_3$（A'=Sr, Ce）
	$La_{1-x}A'_xMnO_3$（A'=Pb, Sr, K, Ce）
	$La_{0.7}A'_{0.3}MnO_3+Pt$（A'=Sr, Pb）
	$LaMn_{1-y}B'_yO_3$（B'=Cr, Mn, Fe, Co, Ni）
	$LaMn_{1-x}Cu_xO_3$
	$LaFe_{0.9}B'_{0.1}O_3$（B'=Cr, Mn, Fe, Co, Ni）
	Ba_2CoWO_6, Ba_2FeNbO_6
$CH_4+O_2 \longrightarrow CO_2$, H_2O	$LaBO_3$（B=3d 过渡金属）
	$La_{1-x}A'_xCoO_3$（A'=Ca, Sr, Ba, Ce）
	$La_{1-x}A'_xMoO_3$（A'=Ca, Sr）
$C_2H_4+O_2 \longrightarrow CO_2$, H_2O	$La_{1-x}Sr_xCo_{1-y}Fe_yO_3$
	$LaBO_3$（B=Co, Mn）
$C_3H_6+O_2 \longrightarrow CO_2$, H_2O	$La_{1-x}A'_xMnO_3$（A'=Pb, Sr）
	$LaBO_3$（B=Cr, Mn, Fe, Co, Ni）
	$La_{0.85}A'_{0.15}CoO_3$（A'=La, Ca, Sr, Ba）

催化反应	催化剂
$C_3H_8+O_2 \longrightarrow CO_2$, H_2O	$La_{0.7}Pb_{0.3}MnO_3+Pt$
	$LnBO_3$（Ln=稀有金属；B=Co,Mn,Fe）
	$La_{1-x}Sr_xBO_3$（B=3d 过渡金属）
	$Ln_{0.8}Sr_{0.2}CoO_3$（Ln=稀有金属）
	$La_{1-x}A'_xCoO_3$（A'=Sr，Ce）
	$La_{1-x}A'_xMnO_3$（A'=Sr，Ce，Hf）
	$La_{1-x}A'_xFeO_3$（A'=Sr，Ce）
$i\text{-}C_4H_8+O_2 \longrightarrow CO_2$, H_2O	$La_{2-x}Sr_xBO_4$（B=Co，Ni）[①]
$n\text{-}C_4H_{10}+O_2 \longrightarrow CO_2$, H_2O	$LaBO_3$（B=Cr，Mn，Fe，Co，Ni）
	$La_{1-x}Sr_xCoO_3$
$CH_3OH+O_2 \longrightarrow CO_2$, H_2O	$La_{1-x}Sr_xCo_{1-y}B'_yO_3$（B'=Mn，Fe）
	$LnBO_3$（Ln=稀有金属；B=Cr，Mn，Fe，Co）
$NH_3+O_2 \longrightarrow N_2$, N_2O, NO	$Ln_{0.8}Sr_{0.2}CoO_3$（Ln=稀有金属）
	$La_{1-x}Ca_xMnO_3$

① 与钙钛矿型结构相关的 K_2NiF_4 型氧化物。

用于部分氧化的反应类型有：脱氢反应，如由醇制醛、由烯烃制二烯烃；脱氢羰化或腈化反应，如由烃制醛、腈；脱氢偶联反应，如甲烷氧化脱氢偶联成 C_2 烃。表 3-25 列出了用于部分氧化的钙钛矿型催化剂。

表 3-25　钙钛矿型氧化物用作部分氧化催化剂

催化反应	催化剂
$CH_4+O_2 \longrightarrow C_2H_6$, C_2H_4	ABO_3（A=Ca，Sr，Ba；B=Ti，Zr，Ce）
	$La_{1-x}A'_xMnO_3$（A'=La，K，Na）
	$BaPb_{1-x}Bi_xO_3$
$CH_3OH+O_2 \longrightarrow HCHO$	$SrVO_3$
$C_2H_5OH+O_2 \longrightarrow CH_3CHO$	$La_{1-x}Sr_xFeO_3$，$LaBO_3$（B=Co，Mn，Ni，Fe）
$C_3H_8+O_2 \longrightarrow CH_3OH$, CH_3CHO, $CH_2=CHCHO$	$Ba_{1.85}Bi_{0.1}\square_{0.05}$（$Bi_{2/3}\square_{1/3}Te$）$O_6$（□为阳离子空位）
$i\text{-}C_4H_8+O_2 \longrightarrow CH_2=CCH_3CHO$	$LaBO_3$（B=Cr，Mn，Fe）
$n\text{-}C_4H_8+O_2 \longrightarrow C_4H_6$, 顺式-2-$C_4H_8$, 反式-2-$C_4H_8$	$La_{1-x}Sr_xFeO_3$
$C_6H_5CH_3+O_2 \longrightarrow C_6H_5CHO$	$LaCoO_3$
$C_6H_5CH_3+NH_3+O_2 \longrightarrow C_6H_5CN$	YBa_2CuO_{6+x}

四、半导体化学吸附的本质

半导体中的自由电子和空穴在化学吸附中起着授受电子的作用，与催化活性密切相关。如果气体在半导体氧化物上的化学吸附能使半导体的电荷负载增加，半导体的电导率将随之递增，这种化学吸附就容易发生，通常称为"累积吸附"；反之，使半导体的电荷负载减少而电导率降低，化学吸附就较难发生，又称"衰减吸附"。

伏肯斯坦（Th.Wolkenstein）的催化作用电子理论将表面吸附的反应物分子看成是半导体的施主或受主。对催化剂来说取决于逸出功 ϕ 的大小、对反应物分子来说取决于电离势 I 的大小。ϕ 和 I 的相对大小决定电子转移的方向和限度。

（1）当 $I<\phi$ 时

电子从吸附物转移到半导体催化剂，吸附物呈正电荷，粒子吸附在催化剂表面上，形成的吸附键以施主键 CpL 表示。如果催化剂是 n 型半导体其电导率增加，而 p 型半导体则电导率减小。这种情况下的吸附相当于增加了施主杂质，所以无论 n 型或 p 型半导体的逸出功都降低了。

（2）当 $I>\phi$ 时

电子从半导体催化剂转移到吸附物，于是吸附物被带负电荷的粒子吸附在催化剂上，可以把吸附物视为受主分子。所形成的吸附键以受主键 CeL 表示。对 n 型半导体其电导率减小，而 p 型半导体则电导率增加，吸附作用相当于增加了受主杂质从而增加了逸出功。

（3）当 $I=\phi$ 时

半导体与吸附物之间无电子转移，于是形成弱化学吸附，吸附粒子不带电，以符号 CL 表示之。无论对 n 型或 p 型半导体的电导率都无影响。

如对于某些吸附物如 O_2，由于电离势太大，无论在哪种半导体上的化学吸附总是形成负离子也即形成所谓 CeL，反之有些吸附物，如 CO、H_2，由于电离势小容易正离子化，形成 CpL 键。

1. 半导体催化剂的催化活性

催化剂的活性与反应物、催化剂表面局部原子形成的化学吸附键性质密切相关。化学吸附键的形成和性质与多种因素有关，对半导体催化剂而言，其导电性是影响活性的主要因素之一。

$$2N_2O == 2N_2 + O_2$$

该反应在金属氧化物（催化剂）上进行时，p 型半导体氧化物（Cu_2O，CoO，NiO，CuO，CdO，Cr_2O_3，Fe_2O_3 等）活性最高；其次是绝缘体（MgO，CaO，Al_2O_3）；而 n 型半导体氧化物（ZnO）最差。

实验研究发现，在 p 型半导体上进行分解反应时，催化剂的电导率增加，而在 n 型半导体上进行时电导率下降。据此可以推测：N_2O 在表面上吸附时是受主分子，形成受主键 CeL。

若 N_2O 分解分两步进行：

$$N_2O + e^- \longrightarrow N_2 + O^{-*}$$
$$O^{-*} + N_2O \longrightarrow N_2 + O_2 + e*$$
$$2O^{-*} \longrightarrow O_2 + 2e*$$

p 型半导体的活性较高的解释：反应机理中的第一步是不可逆快反应，第二步慢反应是决速步骤。催化剂的电导率应该由第一步所引起，总的结果为 n 型电导率下降，p 型电导率上升。这与实验结果一致。反应速率由第二步控制，所以要加快反应速率，必须提高催化剂接受电子的速率。由于 p 型半导体的空穴能位比 n 型半导体的导带能位更低，所以接受电子的速率快得多，因而活性较高。

掺杂对反应的影响：适当加入一些杂质使费米能级下降，即加入一些受主杂质会有助于加速反应。但是反应的决速步骤会随条件而变化，当受主杂质加得太多到一定程度已严重影响第一步要求的电子速率，这样反过来第一步会成为决速步骤。事实上对 p 型半导体 NiO 加一些 Li_2O 证实了上述推论，适当加入一些 Li_2O 提高了反应速率，但当 Li_2O 的量超过 0.1% 时，反应速率反而降低。因为此时空穴浓度太高，使第一步吸附产生 O 较为困难，因而添加 Li_2O 有一个最佳值。

2. 半导体催化剂的电子机理

设反应为 A+B══C，A 为施主分子，B 为受主分子，即 A 与催化剂形成 CpL，B 与催化剂形成 CeL。其电子转移过程如下：

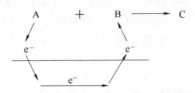

由于 A、B 的吸附速率常常是不一样的，因而决速步骤也往往不一样。若 $A \longrightarrow A^+ + e^-$ 是慢过程，反应为施主反应或 p 型反应，增加催化剂空穴能增加反应速率。若 $B + e^- \longrightarrow B^-$ 是慢过程，反应为受主反应或 n 型反应，增加催化剂自由电子则能增加反应速率。

究竟哪一步为决速步骤取决于反应物 A、B 的电离势（I_A、I_B）和催化剂的电子逸出功 ϕ 的相对大小。对上述反应，催化剂的 ϕ 须介于 I_A 和 I_B 间，且 $I_A < \phi < I_B$ 才是有效的催化剂。

第一种类型：ϕ 靠近 I_A，$\Delta E_A < \Delta E_B$。此时 B 得电子比 A 给出电子到催化剂容易，于是 A 的吸附成为 RDS（速率决定步骤），属于 p 型反应。为加快反应速率，须提高催化剂的 ϕ 以使 ΔE_A 增加，必须降低费米能级 E_f，加入受主杂质对反应有利。

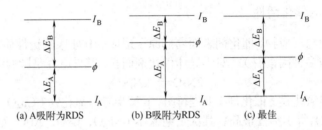

(a) A 吸附为 RDS   (b) B 吸附为 RDS   (c) 最佳

第二种类型：ϕ 靠近 I_B，$\Delta E_B < \Delta E_A$。此时 A 给出电子到催化剂比 B 从催化剂得到电子要容易得多，于是 B 的吸附成为决速步骤，属 n 型反应，所以加入施主杂质提高 E_f 以降低 ϕ 来使 ΔE_B 增大而加速反应。

第三种类型：ϕ 在 I_A 和 I_B 之间的中点，即 $\Delta E_A = \Delta E_B$。此时两步反应速率几乎相近，催化反应速率也为最佳。由此推论：如果已知 I_A 和 I_B，只要测出催化剂的 ϕ 就可推断它们对反应的活性大小。

3. 半导体催化剂应用实例——丙烯氨氧化制丙烯腈

丙烯腈是制造腈纶、丁腈橡胶、ABS 工程塑料和己二腈（尼龙 66）等的原料。目前国际上普遍采用丙烯氨氧化法，催化剂为 Bi_2O_3-MoO_3。

反应机理以电子转移方式描述如下：

① $CH_2=CHCH_3 + Mo^{6+} + O^{2-}$（晶格）$\longrightarrow CH_2═CHC\overset{H}{:} Mo^{4+} + H_2O$

  $Mo^{4+} + Bi^{3+} \longrightarrow Mo^{6+} + Bi^+$

  $Bi^+ + 1/2O_2$（g）$\longrightarrow Bi^{3+} + O^{2-}$（晶格）

反应物 $CH_2═CHCH_3 + 1/2O_2 \longrightarrow CH_2=CHCH: + H_2O$

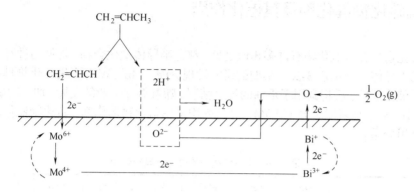

② $NH_3 + Mo^{6+} + O^{2-}$（晶格）$\longrightarrow HN: Mo^{4+} + H_2O$

$Mo^{4+} + Bi^{3+} \longrightarrow Mo^{6+} + Bi^+$

$Bi^+ + 1/2O_2$（g）$\longrightarrow Bi^{3+} + O^-$（晶格）

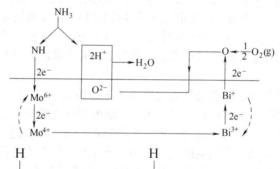

③ 表面反应 $CH_2=CHC: + :NH \longrightarrow CH_2=CHC=NH$

④ $CH_2=CHC=NH + Mo^{6+} + O^{2-}$（晶格）$\longrightarrow CH_2=CHCN + H_2O + Mo^{4+}$

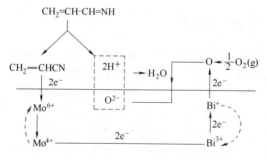

　　丙烯的吸附类型的实验确定：从动力学实验数据可知，当氧或氨的含量高于某一最小值之后，生成丙烯腈的速率与氧和氨的分压无关，而只与丙烯的分压成正比，这表明丙烯的吸附是过程的控制步骤。由上述讨论可知，丙烯的吸附是向催化剂给出电子形成 CpL 键，属 p 型反应。所以催化剂中加入少量受主杂质会提高丙烯的吸附速率。

　　催化剂的掺杂对反应的影响：当低价离子同晶取代 Mo^{6+} 时提高了 p 型半导体的电导率，所以 Fe_2O_3 的引入相当于引进了受主杂质，降低了费米能级，对反应起促进作用；而且低价铁（Fe^{2+}）对氧的吸附性能比 Bi^+ 还要好，所以用 Fe_2O_3 部分代替 Bi_2O_3，使催化剂对氧的吸附能力有所提高。

五、金属硫化物催化剂及其催化作用

金属硫化物与金属氧化物有许多相似之处，都是半导体型化合物，常见的过渡金属硫化物及其归属的半导体类型见表 3-26。早期的研究发现，Fe、Mo、W 等金属硫化物具有加氢、异构和氢解等催化活性，后将其用于重油的加氢精制。随着炼油工业的发展，加氢脱硫（HDS）、加氢脱氮（HDN）、加氢脱金属（HDM）等过程均采用硫化物催化剂。硫化物催化剂也有单组分系和复合组分系。

表 3-26　半导体类型的过渡金属硫化物

硫化物	Cu_2S	NiS	FeS	MoS_2	WS_2	FeS_2	Ag_2S	Cr_2S_3	ZnS
半导体类型	p	p	p	p	p	p,n	n	n	n
禁带宽度 E_g/eV	1.7	—	0.1	1.2	—	1.2	1.2	0.9	3.6

金属硫化物具有氧化还原功能和酸碱功能，更主要的是前者。作为催化剂可以是单组分形式和复合硫化物形式。该类催化剂主要用于加氢精制过程，通过加氢反应将原料或杂质中会导致催化剂中毒的组分除去。工业上用于此目的的有 Rh 和 Pt 族金属硫化物负载于活性炭上的负载型催化剂。属于非计量型的复合硫化物，有以 Al_2O_3 为载体，以 Mo、W、Co 等硫化物形成的复合型催化剂。

硫化物催化剂的活性相，一般是其氧化物母体先经高温焙烧，形成所需的结构后，再在还原气氛下硫化而成。硫化过程可在还原之后进行，也可用含硫的还原气体边还原边硫化。还原与硫化两个过程控制步骤在还原。因为高价氧化物结构稳定，难以进行氧硫交换，还原时产生氧空位，便于硫原子的插入。常用的硫化剂是 H_2S 和 CS_2。后者为液体，便于运输贮存，工业生产中更常用；前者活性更高，实验室常用。采用 CS_2 时要同时含有 H_2 或 H_2O，以便生成 H_2S 起硫化剂作用。此过程中新生态的 H_2S 活性更高，可得到高硫化度的催化剂。硫化后催化剂含硫量越高对活性越有利。硫化度与硫化温度的控制、原料气中的硫含量（或外加硫化剂量）有关。使用过程中因硫流失导致催化剂活性下降，一般可重新硫化再生。

1. 加氢脱硫及其相关过程的作用机理

在涉及煤和石油资源的开发利用过程中，要将硫的含量降到最低水平，即脱硫处理。而硫是以化合状态存在，如烷基硫、二硫化物以及杂环硫化物，尤其是硫茂（噻吩）及其相似物。硫的脱除涉及催化加氢脱硫过程（HDS），先催化加氢使硫化物与氢反应生成 H_2S 与烃，脱出的 H_2S 再经氧化生成单质硫加以回收。烷基硫化物是易于反应的，而杂环硫化物较为稳定，所以在评价 HDS 催化剂时常用噻吩作为标准物。从催化的角度看，涉及加氢与 S-C 的断裂，可首先考虑金属，其是活化氢所必需的，也能使许多单键氢解。但不幸的是几乎所有的金属均能与 H_2S 和有机硫化物形成金属硫化物，好在其在适宜的温度和压力下均能有效地使 H_2 解离，吸附有机硫化物并使之氢解。以二苯基噻吩为例，许多过渡金属硫化物在 400℃下使之氢解，测出的比反应速率结果如图 3-46 所示。图中 OsS_2 和 IrS_2 在给定的条件下是不稳定的，所记录的比反应速率相对于部分硫化的金属。因为有广泛的硫化物生成焓数据，所以，应用"火山型"曲线原理，可作出比反应速率对硫化物生成焓的曲线（图 3-47）。从图中清楚地看到这种"火山型"曲线是存在的，硫化物的最佳生成焓约为 160kJ/mol。借助于这种经验规则，可推断化学吸附氢与硫化物表面反应的机理：先生成硫化氢和一个阴离子空位，然后是有机硫化物的化学吸附，导致表面的再硫化，这与催化氧化反应的 Redox 机理相似。该过程要求金属与硫的化学键不能太强，也不能太弱，太强与太弱都导致比反应速率降低。

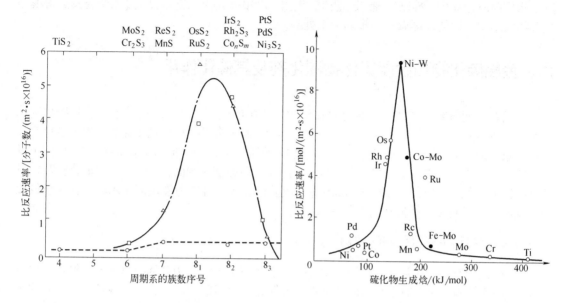

图 3-46　二苯基噻吩在金属硫化物上的比活性
（图上坐标为硫化物分子式）

○第一长周期金属；□第二长周期金属；△第三长周期金属

图 3-47　比反应速率对硫化物
生成焓的曲线

●二元硫化物，比反应速率对平均生成焓；○一元硫化物，其比
反应速率对生成焓

由图 3-47 可知，Ni-W 等二元硫化物具有较好的 HDS 催化活性。事实上 γ-Al$_2$O$_3$ 负载的 Co-Mo-S 加氢催化剂，是工业上早已应用的 HDS 催化剂，含 CoO 3%（质量分数）、MoO$_3$ 12%（质量分数）。此外，近年来也注意到其他的二元硫化物系，如同样用 γ-Al$_2$O$_3$ 负载的 Ni-Mo-S 和 Ni-W-S 催化剂等，也是较好的 HDS 催化剂，其 HDS 机理本质相似。

2. 重油的催化加氢精制

所有的原油都含有一定质量分数的硫，从尼日利亚原油的低含硫（0.2%）到科威特原油的高含硫（4%）不等。在原油进行加工处理之前，需要将硫含量降到一定低的水平，即进行催化加氢脱硫精制。除硫以外，重油中还含有一定量的氮，比硫含量一般小 1 个数量级，因为这些含氮的有机物具有碱性，会使酸性催化剂中毒，其存在于燃料油品中燃烧会污染大气，因此，发展了与 HDS 相似的过程，即加氢脱氮（HDN）工艺。含氮有机物如喹啉、氮蒽中有 C=N 键，键能大难以断裂，故要求 HDN 的催化剂加氢活性更高。工业上常用的催化剂有 γ-Al$_2$O$_3$ 负载的 Ni-Mo-S 和 Ni-W-S，较 Co-Mo-S 加氢能力更强。

原油尤其是一次加工后的常压渣油和减压渣油中，含有多种金属和有机金属化物，主要是 V、Ni、Fe、Pb 及 As、P 等，在加氢脱硫过程中，氢解为金属或金属硫化物，沉积于催化剂表面，造成催化剂中毒或堵塞孔道。据报道，当原油中金属含量超过 200mg/kg 时，每处理 10 桶油就要消耗 0.5kg 催化剂，会使加氢脱金属（HDM）过程很不经济，为此石油须要先脱除金属。又如残留在燃料油中的金属 V，其氧化物会腐蚀设备，故要求在石油炼制和油品使用前将其除去。

石油中有两类主要的金属化合物：卟啉类和沥青质。前者类似于血红蛋白和叶绿素，需采用生物化学和生物工程的方法予以处理；后者的分子量可高达 40 万以上，极性很强，芳构化程度极高，含有 S、N、O、Ni、V 等多种杂原子，在室温下形成直径 2~8nm 的大胶团，关于其结构目前所知甚少，难以处理。近期研究提出，可用高温使之热分解，进而研究其热解模型化合物的结构与性能，再做进一步的加工处理。

六、金属碳化物和金属氮化物催化剂及其催化作用

人们在长期研究金属或金属氧化物在催化反应中的应用时，发现在其上生成的碳化物均具有类似贵金属的催化性能。这一发现启发人们对金属碳化物（也包括氮化物）作为催化剂在催化领域中的研究。另外，人们曾使用 Mo 或 W 的氮化物，如 γ-Mo_2N 和 β-W_2N 作为切割工具的材料，因为其很高的硬度和耐高温属性。然而作为多相催化剂而言，碳化物或氮化物都须具有高的比表面积。1985 年，M. Boudart 等人成功地合成了可作为催化剂使用的碳化钼和氮化钼，从而掀起了对该两类催化材料的深入研究。

1. 金属碳化物和金属氮化物的结构

在这两类化合物中金属原子组成面心立方晶格（fcc）、六方密堆积（hcp）和简单六方（hex）晶格结构，而碳原子和氮原子则位于金属原子晶格的间隙位置。一般情况下，碳原子或氮原子占据晶格中较大的间隙空间，如 fcc 和 hcp 结构中的八面体空隙，hex 结构中的棱形空间等。这种结构的化合物称为间隙化合物（interstitial compound）。如图 3-48 所示。

金属碳化物或氮化物的结构是由密切相关的几何因素及电子因素决定的。讨论其几何因素是根据 Häag 经验规则，当非金属原子与金属原子的球半径比小于 0.59 时，即形成简单的晶体结构（如 fcc、hcp 及 hex 等）。ⅣB~ⅤB 族金属碳化物和氮化物就属于这类结构。尽管这些碳化物和氮化物也形成这类晶体结构，但与纯金属形成的晶体结构还有不同之处，如金属 Mo 是体心立方结构（bcc），而稳定的 Mo 的碳化物是六方密堆结构（hcp），稳定的 Mo 的氮化物是面心立方结构（fcc）。讨论电子因素时常利用 Engel-Brewer 原理来解释其结构。根据这一原理，一种金属或一种合金的结构与其 s-p 电子数有关。定性地说，随着 s-p 电子增加，晶体结构便由 bcc 转变为 hcp 再转变为 fcc。对碳化物或氮化物而言，C 原子或 N 原子的 s-p 轨道同金属的 s-p-d 轨道混合或再杂化将会增加化合物中 s-p 电子总数，其增加顺序是金属→碳化物→氮化物。一个典型的例子是 Mo 转变为金属碳化钼进而向氮化钼结构的转变过程，即 Mo（bcc）→Mo_2C（hcp）→Mo_2N（fcc）结构上的转变。ⅣB~ⅤB 族过渡金属及相应碳化物和氮化物晶体结构的转变也呈这种趋势。

2. 金属碳化物和氮化物的催化性能

由于金属氮化物和碳化物中 N 原子和 C 原子填充金属晶格中的间隙原子，而使金属原子间的距离增加，晶格扩张，从而导致过渡金属的 d 能带收缩，费米能级态密度增加，这就使碳化物和氮化物表面性质和吸附性能同第Ⅷ族贵金属的性质十分相似。所以早期关于金属氮化物和碳化物催化性能的研究总是在同贵金属的特征催化性能的比较中进行的，其目的是寻找可替代贵金属 Pt、Pd 等的非贵金属催化剂。已有的研究结果表明：Mo_2N、Mo_2C、WC 以及 TaC 等对己烯加氢、己烷氢解、环己烷脱氢等反应都有很高的催化活性，其稳定的比活性可同 Pt、Ru 相当，WC 和 Mo_2N 对 F-T 合成反应生成 C_2~C_4 烃类的选择性相当高，而且具有较强的抗中毒能力。金属碳化物和氮化物对 CO 氧化、NH_3 合成、NO 还原、新戊醇脱水等也表现出良好的催化能力。碳化物和氮化物对加氢脱氮（HDN）和加氢脱硫（HDS）反应也有很高的活性。例如，Mo_2N 和 Mo_2C 对喹啉的 HDN 反应活性可与商品硫化态的 NiMo/Al_2O_3 催化剂比

拟。氮化钼对 HDN 和 HDS 反应所具有的鲜明特点，在石油炼制过程中脱除有机硫化物和有机氮化物可大大降低氢的消耗，因此具有十分重要的经济意义。

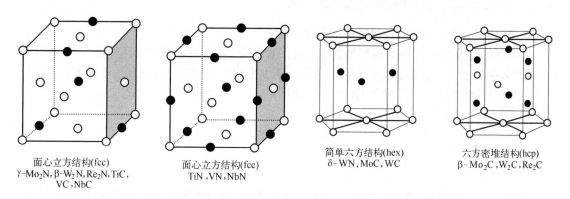

面心立方结构(fcc)
γ-Mo$_2$N,β-W$_2$N,Re$_2$N,TiC,
VC,NbC

面心立方结构(fcc)
TiN,VN,NbN

简单六方结构(hex)
δ-WN,MoC,WC

六方密堆结构(hcp)
β-Mo$_2$C,W$_2$C,Re$_2$C

图 3-48　典型的过渡金属碳化物和氮化物结构

（空心圆和实心圆分别代表金属和非金属）

3. 金属碳化物及氮化物的制备方法

因为在催化反应中须应用高比表面积的金属碳化物或氮化物，下面介绍几种常用的方法。

（1）金属或其氧化物与气体反应

碳化物　　　$M + 2CO \longrightarrow MC + CO_2$

氮化物　　　$MO + NH_3 \longrightarrow MN + H_2O + 1/2H_2$

（2）金属化合物的分解

碳化物　　　$W(CO)_n + H_xC_y \longrightarrow WC + H_2O + CO$

氮化物　　　$Ti(NR_2)_4 + NH_3 \longrightarrow TiN + CO + H_2O$

（3）程序升温反应

碳化物　　　$MoO_3 + CH_4 + H_2 \longrightarrow Mo_2C + 3H_2O$

氮化物　　　$WO_3 + NH_3 \longrightarrow W_2N + H_2O$

（4）利用高比表面的载体加以负载

碳化物　　　$Mo(CO)_6/Al_2O_3 \longrightarrow Mo_2C/Al_2O_3$

氮化物　　　$TiO_2/SiO_2 + NH_3 \longrightarrow TiN/SiO_2$

（5）金属氧化物蒸气同固体碳反应

碳化物　　　$V_2O_5(g) + C(s) \longrightarrow$ VC+CO

（6）液相法

碳化物　　　$MoCl_4(THF)_2 + LiB(Et)_3H \longrightarrow Mo_2C$

氮化物　　　$[(Me)_3SiN]_3La + NH_3 \longrightarrow LaN$

上述方法中，以程序升温反应法制备的碳化物和氮化物应用较多，所以将用程序升温反应法从 MoO$_3$ 出发制备 Mo$_2$N 或 Mo$_2$C 的过程示于图 3-49。

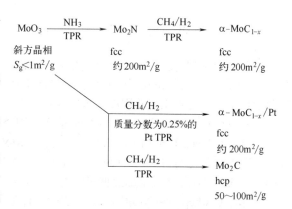

图 3-49　从 MoO$_3$ 制备 Mo$_2$C 的图示

4. 金属碳化物和氮化物在催化中的应用实例

（1）β-Mo₂N₀.₇₈ 对噻吩加氢脱硫的催化性能

噻吩加氢脱硫反应是一个典型的加氢脱硫探针反应。在没有催化剂存在的条件下，即使在 420℃也检测不到 C_4 烃类，表明噻吩在此条件下不发生裂解反应，在β-Mo₂N₀.₇₈催化剂存在时，可在 320℃检测到较强的 C_4 烃类的色谱峰，表明β-Mo₂N₀.₇₈ 对噻吩有良好的加氢脱硫活性，其反应过程可用下式表述：

$$\text{噻吩} \xrightarrow{H_2} S + C_4^0$$

β-Mo₂N₀.₇₈ 与常用的 MoS₂ 催化剂相比，对噻吩也有更好的加氢脱硫催化活性，如图 3-50 所示。而且β-Mo₂N₀.₇₈ 经 9h 的反应后，其晶体结构依然同反应前相同。

（2）吡啶在 Mo₂C 上的加氢脱氮反应

吡啶加氢脱氮也是一个用于研究加氢脱氮反应的探针反应。由于吡啶分子中含 N 的原子比以及加氢脱掉 N 原子之后生成的产物十分明确，所以人们常应用吡啶考察所研制催化剂的加氢脱氮性能。

应用 Mo₂C 催化剂进行吡啶加氢脱氮生成的产物主要为 NH₃ 和环戊烷，其可能的机理如图 3-51 所示。

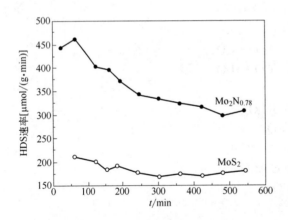

图 3-50　不同催化剂催化噻吩加氢脱硫的活性　　图 3-51　吡啶在 Mo₂C 催化剂上的 HDN 反应过程

吡啶分子同 Mo₂C 表面上两个活性中心结合成重键，经过加氢使吡啶环变得饱和，再经断裂 C-N 键后，N 原子和五碳中间物种分别同上述两个活性中心结合。吡啶环中的 2-位、6-位的两个碳原子接近到相当的程度便可生成环戊烷分子，而中间 N 物种经加氢后生成 NH₃。

（3）Mo₂C（hcp）和 Mo₂C（fcc）两种催化剂上 CO 加氢反应

① Mo₂C（hcp）和 Mo₂C（fcc）的制备。MoO₃ 先经 H₂ 还原成金属 Mo，接着用 CH₄/H₂ 混合气体进行炭化而得 Mo₂C（hcp）。将 MoO₃ 在 NH₃ 中还原便可得到 Mo₂N（fcc），将 Mo₂N（fcc）在 CH₄/H₂ 混合气中加热便可转变为 Mo₂C（fcc）。

② Mo₂C（hcp）和 Mo₂C（fcc）对 CO 加氢反应的催化性能。如图 3-52 所示，在 Mo₂C（hcp）催化剂上生成甲烷的速率在反应的最初 50min 内随时间增长迅速而后缓慢下降，经 19h

后达到稳定的速率。但乙烯和乙烷的生成速率却从开始便低于甲烷的生成速率，但二者一直保持平行。Mo_2C（fcc）催化剂与Mo_2C（hcp）催化剂对CO加氢反应有相似的催化性能，其主要区别在于，在Mo_2C（fcc）催化剂上甲烷的生成速率虽然也是在50min左右时间内增加迅速，但随后增加缓慢，一直到250min之后也不出现速率的最大值。同样，乙烷和乙烯生成速率也远低于甲烷生成速率，乙烷的生成速率高于乙烯生成速率，而且两个反应速率一开始就保持平行。

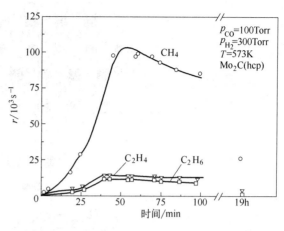

图3-52　Mo_2C（hcp）上CO加氢的稳定态活性

注：Torr为非法定单位，1Torr≈1.333×10²Pa

（4）Mo_2C（hcp）和Mo_2C（fcc）上C_2H_6氢解反应

反应如图3-53所示，Mo_2C（hcp）和Mo_2C（fcc）催化剂在相同条件下（$p_{C_2H_6}$=100Torr，p_{H_2}=500Torr，573K）乙烷氢解的反应速率起始时都很小，但随时间却都迅速增加，在24h之后都能继续增长。但Mo_2C（hcp）样品上乙烷的氢解速率比Mo_2C（fcc）对此反应速率高达200多倍。

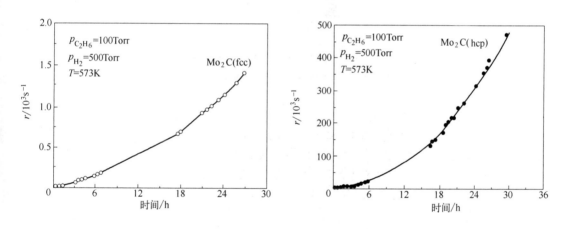

图3-53　Mo_2C（fcc）和Mo_2C（hcp）上乙烷氢解的活性

关于在Mo_2C（hcp）和Mo_2C（fcc）上C_2H_6氢解反应速率有如此大的差别，一个可能的解释是这两个催化剂表面结构的区别。低能电子衍射测试结果表明：Mo_2C（hcp）表面暴露主要是（101）面，而Mo_2C（fcc）表面暴露以（200）面为主。如图3-54和图3-55所示，Mo_2C（hcp）的（101）面上Mo原子与Mo原子间最邻近的距离是2.99Å，而Mo_2C（fcc）的（200）面上最邻近Mo原子之间的距离为2.93Å。Mo_2C（hcp）的（101）面比Mo_2C（fcc）的（200）面更曲折而宽松。另外，已知乙烷在氢解反应中于C—C键断裂之前先解离出（6-x）H，生成C_2H_x物种，而且H原子与C_2H_x结合的活性位是不同的，再者就是两类不同的活性位必须相距较近。同时考虑上述两类Mo_2C催化剂上主晶面两方面的区别，可以解释为在Mo_2C（hcp）的（101）面上乙烷有更高的氢解活性。

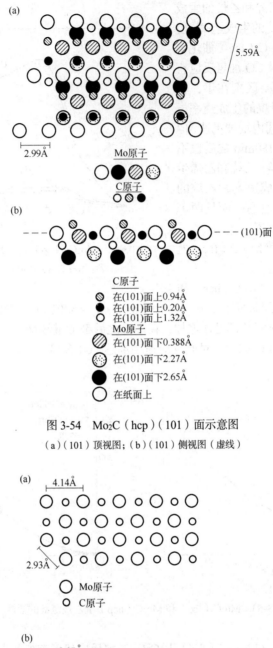

(a)

5.59Å

2.99Å

Mo原子

C原子

(b)

- - - (101)面

C原子
在(101)面上0.94Å
在(101)面上0.20Å
在(101)面上1.32Å
Mo原子
在(101)面下0.388Å
在(101)面下2.27Å
在(101)面下2.65Å

在纸面上

图 3-54　Mo₂C（hcp）（101）面示意图

（a）（101）顶视图；（b）（101）侧视图（虚线）

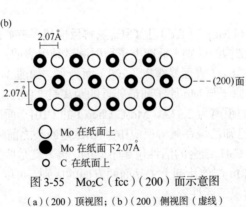

(a)

4.14Å

2.93Å

Mo原子

C原子

(b)

2.07Å

2.07Å

- - - (200)面

Mo 在纸面上
Mo 在纸面下2.07Å
C 在纸面上

图 3-55　Mo₂C（fcc）（200）面示意图

（a）（200）顶视图；（b）（200）侧视图（虚线）

第四节

电催化和光催化

电催化是多相催化的一个子类，涉及通过电极（即催化剂）和电解质之间的电子直接转移进行的氧化还原反应。电催化是开发多种电化学过程的关键学科，包括能量存储、燃料电池、有机电合成和制氢等。根据所涉及的电化学装置，催化反应可以将化学能转化为电能，反之亦然。第一种反应发生在燃料电池和电池中，而第二种反应旨在通过电力输入将氧化产物转换回可重复使用的形式。本节第一部分将介绍两个重要的电催化过程的基本原理：将水电化学分解为 O_2 和 H_2，以及将 CO_2 还原为增值燃料。

光催化依赖于半导体催化剂的独特特性来收集入射光并产生电子-空穴对。到达催化剂表面的电子和空穴分别触发还原和氧化反应。光催化是一种快速发展的技术，具有广泛的工业应用潜力，包括有机污染物的矿化、水和空气的修复、可再生燃料的生产和有机合成等。从污染物降解的角度来看，光催化是一种可行的替代能源和成本密集型的传统方法，如吸附、反渗透和超滤等。其主要优势之一是可在温和的反应条件下仅使用大气中的氧气和光将有机污染物完全矿化以形成无害产品。本节第二部分先介绍光催化的基础知识，然后重点关注三个重要的应用：废水处理、光催化分解水和有机合成。

电催化/光催化既需要有催化剂存在，又有电或光的作用，电、光与热一样都是物质能量的形式，都能引发化学反应。电催化和光催化均属于多相催化范畴：电催化是在电极（电催化剂）表面发生催化作用；而光催化是在光的作用下发生在催化剂表面的催化作用。电催化/光催化又具有本身的特点：①电催化/光催化通过电能、光能的转换引发化学反应；②反应温度比一般催化反应的温度低；③电催化/光催化作用与电子 e^- 和空穴 h^+ 的传递有关。

一、电催化

1. 电催化基础

（1）电化学电池的种类

电化学电池可大致分为原电池和电解电池。原电池，如电池和燃料电池，由自发的氧化还原反应（$\Delta G < 0$）驱动，而电解电池则依靠电流产生非自发反应（$\Delta G > 0$）。电化学电池主要由可以导电的离子溶液（电解质）及称为阳极和阴极的两个电极组成。氧化反应发生在阳极，而还原反应发生在阴极。标准电池电位定义为两个电极之间的标准电位差：

$$\Delta E_{cell}^0 = E_{cathode}^0 - E_{anode}^0 \qquad (3-9)$$

电化学电池的吉布斯自由能变化与电池电位有关：

$$\Delta G^0 = -mF\Delta E_{cell}^0 \qquad (3-10)$$

式中，ΔG^0 是标准条件下系统的吉布斯自由能；m 是转移的电子数；F 是法拉第常数，96485C/mol。

$\Delta E_{cell}^0 > 0$ 意味着 $\Delta G^0 < 0$，因此是自发反应，这是原电池的情况。此处阳极的极性为负，阴极的极性为正。在此情况下，被氧化的物质提供通过外部电路到达阴极的电子。相反，在电解池中，电极具有相反的极性，并且由于 $\Delta E_{cell}^0 < 0$ 和 $\Delta G^0 > 0$ 会强制进行化学反应。在此情况下，外部电源用于提供通过阴极进入并通过阳极出来的电子。

两种电化学电池的工作原理如图 3-56 所示。

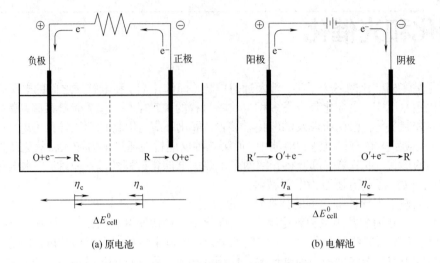

(a) 原电池   (b) 电解池

图 3-56 原电池和电解池

η_a—阳极过电位；η_c—阴极过电位；e^-—电子；ΔE_{cell}^0—标准电极电位；

R 和 R′—发生氧化反应的物质；O 和 O′—发生还原反应的物质

驱动一定电流所需的电极电位 E 与平衡电位 E_{eq} 之间的差定义为过电位 η：

$$\eta = E - E_{eq} \tag{3-11}$$

总电池电压随着原电池中电流的增加而降低，而在电解电池中，总电压随着后者的增加而增加，根据以下等式：

$$V_{galv} = \Delta E_{cell}^0 - \Sigma|\eta| - RI \tag{3-12}$$

$$V_{elec} = \Delta E_{cell}^0 + \Sigma|\eta| + RI \tag{3-13}$$

式中，V_{galv} 和 V_{elec} 分别是原电池和电解电池的总电池电压；$\Sigma|\eta|$ 是阳极和阴极过电势（η_a 和 η_c）的总和；RI 是电解液和外部连接中的欧姆损耗。

（2）电化学动力学

Butler-Volmer 方程描述了通过电极的电流和电极电位间的基本关系：

$$i = i_a + i_c = i_0 \left\{ \exp\left[\frac{\alpha_a nF\eta}{RT}\right] - \exp\left[\frac{\alpha_c nF\eta}{RT}\right] \right\} \tag{3-14}$$

式中，i 是总电流密度；$i_a = i_0[\exp(\alpha_a nF\eta/RT)]$，是阳极电流密度；$i_c = i_0[-\exp(\alpha_c nF\eta/RT)]$，是阴极电流密度；$i_0$ 是交换电流密度；n 是交换电子数；α_a 是阳极转移系数；α_c 是阴极转移系数；F 是法拉第常数（96485C/mol），η 是上述定义的过电位，R 是气体常数，T 是温度。电极材料的催化性能主要取决于 i_0 和 α。

交换电流密度是平衡时在两个方向（即氧化和还原）均等地流过电极的电流密度。在此情况下，净电流强度为零，因为两个电极反应以相同的速率进行。如图 3-57（a）所示，对于给定的 α，i_0 越大，电流密度-过电位曲线在相同 i 处向较低 η 的移动就越大。当使用电催化剂时，i_0 的增加是期望的效果。

电荷转移系数表示电极-电解质界面处的界面电位分数，有助于降低电化学过程的自由能垒，如 α_a 的增加在固定 η 处增强了阳极电流密度的幅度，同时降低了阴极电流密度的幅度。

在高过电位区，Butler-Volmer 方程可简化为 Tafel 方程。在高阳极过电位下工作时，与 i_a

相比，i_c 可以忽略不计，这意味着 $i=i_a$。类似地，i_a 可在高阴极过电位和 $i=i_c$ 时排除。高阳极或阴极 η 下的电化学动力学可分别用下述方程式来描述：

$$i_a = i_0 \left[\exp\left(\frac{\eta}{b}\right) \right] \qquad (3\text{-}15)$$

$$i_c = i_0 \left[-\exp\left(-\frac{\eta}{b}\right) \right] \qquad (3\text{-}16)$$

其中 b 是 Tafel 斜率。因此，$\lg i$ 与 η 的关系图为一条直线：

$$\eta = a + b\lg i \qquad (3\text{-}17)$$

其中 a 是 Tafel 图的截距。Tafel 常数取决于电极材料的性质，与 i_0 和 α 相关：

$$|a| = \frac{2.3RT}{\alpha nF}\lg i_0 \qquad (3\text{-}18)$$

$$|b| = \frac{2.3RT}{\alpha nF} \qquad (3\text{-}19)$$

常数 a 可用于求取 i_0［图 3-57（b）］。Tafel 斜率 b 用于深入了解反应机理并计算传递系数，还可表示电化学过程中交换的电子数，如在仅交换一个电子且 $\alpha=1$ 的反应中，25℃时的 b 理论值应为 118mV。Tafel 方程预测的线性相关性通常发生在 $\eta = 50\sim100\text{mV}$。

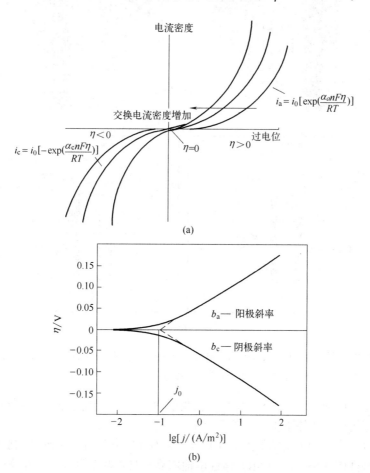

图 3-57 （a）交换电流密度和传递系数对反应动力学的影响和（b）Tafel 图

2. 电解水

水分解成 H_2 和 O_2 是一吸热反应，因而需要通过合适的电化学电池提供能量。在理想的组合能源系统中，类似于图 3-58（a）所示，可再生能源通过水电解转化为储存在 H_2 中的化学能，随后作为能量载体的 H_2 通过燃料电池生成 H_2O，释放储存的能量。在此系统中，多相催化可在电催化剂的开发中发挥主要作用，以有效整合两种电化学技术。电催化剂确实用于驱动两个装置中的四种电化学反应：电解池中的析氢反应（HER）和析氧反应（OER）；燃料电池中的氢氧化反应（HOR）和氧还原反应（ORR）。电催化的关键目标是有效地催化此四种反应，以实现最低的过电位和最高的电流密度，从而达到最佳效率。

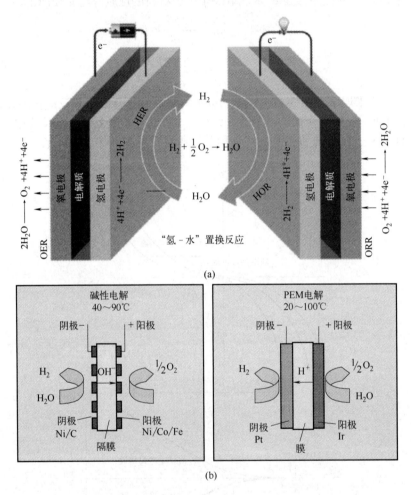

图 3-58　（a）电化学转化系统中水电解和燃料电池反应的示意图（该系统依赖于两种技术的结合）及（b）碱性和质子交换膜 PEM 电解池的工作原理示意图

下面仅介绍电解池。显然，从催化剂开发角度而言，对一个装置中的两个半反应所做的大多数考虑可类似地应用于原电池中的相反反应。

电化学水分解有两种主要的低温商业化技术：碱性电解和质子交换膜（PEM）电解。两种电池的工作原理如图 3-58（b）所示。碱性电池依靠隔膜将两个电极分开并使产生的气体彼此分开。隔膜对氢氧根离子和水分子也是可渗透的。典型的电解液是浓度为 20%~30% 的 KOH 溶液。另外，PEM 电解池利用诸如 Nafion 的聚合物膜来提供高质子传导性并避免气体交叉。与碱性电池相比，PEM 电池可在更高的电流密度下运行，但高腐蚀性环境（由于酸性环境，pH≈2）需要使用昂贵的结构材料和催化剂。

（1）析氢反应

具有相应标准还原电位的碱性和 PEM 电池中的阴极反应如下：

$$2H_2O+2e^- \longrightarrow H_2+2OH^- \qquad E_0=-0.83V \qquad (3\text{-}20a)$$

$$2H^++2e^- \longrightarrow H_2 \qquad E_0=0.00V \qquad (3\text{-}20b)$$

HER 涉及的第一步是原子氢在吸附位点与阴极结合（Volmer 步骤），由水或质子产生：

$$S+H_2O+e^- \longrightarrow H\cdot S+OH^- \qquad (3\text{-}21a)$$

$$S+H^++e^- \longrightarrow H\cdot S \qquad (3\text{-}21b)$$

其中，S 表示催化活性位点，而·S 指吸附物质。

该过程通过一个解吸步骤完成，该步骤通过 Tafel 反应（即化学解吸）发生：

$$2H\cdot S \longrightarrow 2S+H_2 \qquad (3\text{-}22)$$

或通过 Heyrovsky 反应（即电化学解吸）：

$$H_2O+H\cdot S+e^- \longrightarrow S+H_2+OH^- \qquad (3\text{-}23a)$$

$$H\cdot S+H^++e^- \longrightarrow S+H_2 \qquad (3\text{-}23b)$$

如前所述，作为氢吸附自由能（$\Delta G_{H\cdot S}$）函数的交换电流密度描述了一条"火山曲线"，其最大值对应于具有 $\Delta G_{H\cdot S}\approx 0$ 的 Pt。氢吸附自由能通常通过 DFT 来计算，其被广泛用作许多传统金属、金属合金以及非金属材料的活性描述符。HER 的速率决定步骤（RDS）取决于氢在催化剂上的吸附强度。吸附能太弱（火山图的右侧部分）会抑制催化剂表面上的氢吸附，因此 Volmer 步骤将决定整体反应速率。另外，太强的吸附（火山图的左侧部分）会导致催化剂氢键难以断裂，因而 Heyrovsky/Tafel 步骤成为 RDS。

图 3-59 是在强酸性介质中运行的各种催化剂的 HER Tafel 图的汇总。①固定电流下的过电位越低或②固定过电位下的电流密度越高，催化剂对 HER 的效率越高，从而证实 Pt 是最活跃的催化剂。

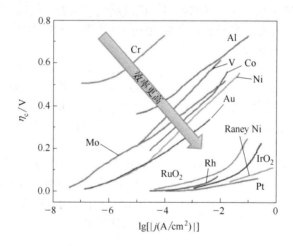

图 3-59　各种催化剂的析氢反应（HER）Tafel 图汇总

可以优化电极的形态特性以提高电解速率。若 Volmer 步骤是 RDS，则在其表面具有空腔和边缘的电极支持容易的电子转移，通常会产生更多的电解中心用于氢吸附。另外，如果 Heyrovsky 和 Tafel 步骤是 RDS，则表面粗糙度等物理特性通常会通过增加反应面积并避免气泡生长来增强电子转移，最终提高电解速率。

施加的过电位的变化也可能导致机理变化。在低过电位下，氢吸附是 RDS，而在高过电位下氢吸附率通常大于其解吸率，意味着在此情况下，氢解吸是 RDS。

Tafel 斜率被广泛用于识别反应机理。在某些条件和假设下获得的动力学模型表明，决定速率的 Volmer 步骤通常为约 120mV 的 Tafel 斜率，而决定速率的 Heyrovsky/Tafel 步骤导致约 40mV 或约 30mV 的斜率。

（2）析氧反应

在碱性和酸性电解质中，具有相应标准还原电位的阳极反应分别为：

$$2OH^- \longrightarrow 1/2O_2+H_2O+2e^- \qquad\qquad E_0 = 0.40V \qquad （3\text{-}24a）$$

$$H_2O \longrightarrow 1/2O_2+2e^-+2H^+ \qquad\qquad E_0 = 1.23V \qquad （3\text{-}24b）$$

与建议的 HER 进化途径相比，OER 机制更复杂，由于涉及不同中间体（O·S、HO·S、HOO·S）的形成，使得阐明 OER 动力学较为困难。

一种最受认可的机理如下，在碱性介质中：

$$OH^-+S \longrightarrow HO\cdot S+e^- \qquad\qquad （3\text{-}25）$$

$$HO\cdot S+OH^- \longrightarrow O\cdot S+H_2O+e^- \qquad\qquad （3\text{-}26）$$

$$2O\cdot S \longrightarrow 2S+O_2 \qquad\qquad （3\text{-}27）$$

$$O\cdot S+OH^- \longrightarrow HOO\cdot S+e^- \qquad\qquad （3\text{-}28）$$

$$HOO\cdot S+OH^- \longrightarrow S+O_2+H_2O+e^- \qquad\qquad （3\text{-}29）$$

在酸性介质中：

$$S+H_2O \longrightarrow HO\cdot S+H^++e^- \qquad\qquad （3\text{-}30）$$

$$HO\cdot S+OH^- \longrightarrow O\cdot S+H_2O+ e^- \qquad\qquad （3\text{-}31）$$

$$2O\cdot S \longrightarrow 2S+O_2 \qquad\qquad （3\text{-}32）$$

$$O\cdot S+H_2O \longrightarrow HOO\cdot S+H^++e^- \qquad\qquad （3\text{-}33）$$

$$HOO\cdot S+2H_2O \longrightarrow S+2O_2+5H^++5e^- \qquad\qquad （3\text{-}34）$$

需要注意的是，由于单个步骤中五个电子的转移以及三个不同实体间的反应存在动力学障碍而不可能发生式（3-34）。与 HER 类似，火山图可用于解释 OER（图 3-60）。难以或易于氧化的金属氧化物不是 OER 的良好催化剂。难以氧化意味着中间体的弱吸附，在此情况下，水的解离通常是 RDS。相反，易于氧化会导致中间体（即 O·S、HO·S 和 HOO·S）的强吸附，这些中间体的解吸是 RDS。

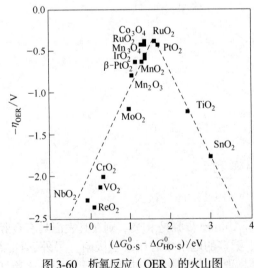

图 3-60　析氧反应（OER）的火山图

计算的两个后续中间体（如 O·S 和 HO·S）的反应自由能 ΔG^0 之间的差异 $\Delta G^0_{O\cdot S} - \Delta G^0_{HO\cdot S}$，是 OER 活性的常见描述。

有多种催化剂用于析氧测试，包括简单的金属氧化物、钙钛矿、尖晶石、岩盐和方铁锰矿氧化物。IrO_2 和 RuO_2 传统上被认为是基准催化剂，因为其在酸性和碱性溶液中均具有高活性。与 IrO_2 相比，RuO_2 通常具有较高的反应性，但稳定性较低。

3. 电化学 CO_2 还原

通过电化学方法将 CO_2 还原为各种碳氢化合物（CO2R）是最具吸引力的 CO_2 利用途径之一，原因如下：①该过程可通过电极电位和反应温度轻松控制；②可针对目标产品调整过程；③化学品消耗减少，仅限于电解液，且可充分回收利用；④模块化和紧凑的反应系统非常适合放大应用。此外，与氢气相比，二氧化碳衍生燃料具有更高的体积能量密度，并且更容易集成到现有基础设施中。

图 3.61（a）显示了一个典型的 CO_2 电解槽，由阴极组成，其中 CO_2 转化为 CO 和各种碳氢化合物；一个阳极，水通过 OER 被氧化［式（3-24a）和式（3-24b）］；一种水溶碱性或酸性电解质（$KHCO_3$、KCl 和 K_2SO_4），可将离子传导、溶解并将 CO_2 传输到阴极活性位点；以及用于分隔电极的离子交换膜或多孔隔膜。

通常报道的 CO_2 还原的电化学半反应及其相关的标准电极电位列于图 3-61（b）中。CO_2R 涉及的主要步骤如下：①CO_2 从气相到电解质的传质；②将溶解的 CO_2 输送到电极/电解质界面；③CO_2 在阴极催化剂上吸附；④将吸附的 CO_2 离解成 CO·S、COOH·S、CHO·S 等反应中间体；⑤电子从电催化剂到中间体的转移；⑥产物从阴极解吸；⑦产物从阴极/电解质界面迁移到大量液相或气相。

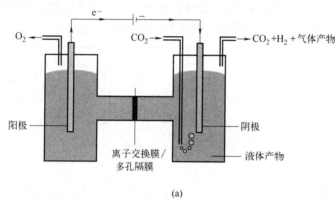

(a)

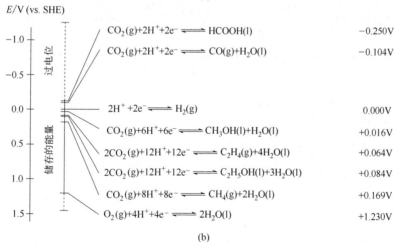

(b)

图 3-61 （a）用于减少 CO_2 的电解槽示意图；（b）析氢反应 HER、析氧反应 OER 和几个半电池反应的标准平衡电位（1atm 和 25℃在水溶电解质中）

因此，涉及 CO_2 还原的质子辅助反应可能会产生多种化学品，由于彼此间具有相似性，因此在这些反应中调整对目标产物的选择性极具挑战性。同样的考虑也适用于 HER，其还原电位使其成为在阴极与 CO_2R 竞争的重要副反应，意味着电化学过程的产物不是单一物质，而是几种化合物的混合物。

这种电解过程的另一个巨大挑战是 CO_2R 的动力学较差，因为所涉及的反应很复杂，即使在高过电位下工作，其速率也非常慢。因此，该过程需要大量的能量输入，尤其是因为发生在阳极的 OER 也受到动力学限制，并且还原所需的电子数量通常很重要，如图 3-61（b）所示。

CO₂R 的电催化剂可分为三大类：金属催化剂、非金属催化剂和分子催化剂［图 3-62（a）］。传统的多晶单金属易于处理，结构简单，因此更适合基础研究。这类催化剂又可分为不同的亚组：Sn、In、Hg 和 Pb 主要产生甲酸盐（HCOO⁻）；Au、Ag 和 Zn 主要产生 CO；Fe、Ni 和 Pt 是氢选择性金属，对 CO₂R 的活性很小；铜是最活泼的催化剂，能够生产多种烃类、醛类和醇类，是唯一可将 CO₂ 还原为需要两个以上电子转移且具有合理法拉第效率的产物的单金属电催化剂。Cu 的显著性能可能归因于其为唯一对 CO·S 具有负吸附能而对 H·S 具有正吸附能的金属，如图 3-62（b）所示。图 3-62（c）给出了 CO₂R 在这种金属催化剂上的反应机理和在 Cu（211）上将 CO₂ 转化为 CH₄ 基本步骤的自由能图。CO·S 加氢生成 CHO·S 的能垒最高，因而是 RDS，随后是一系列质子-电子转移，形成 CHOH·S、CH·S、CH₂·S、CH₃·S 和 CH₄。

其他催化剂，如离子修饰的金属、双金属、纳米结构、非金属和分子催化剂已被证明具有良好的潜力，但仍需要更多地用以进行 CO₂R 反应的研究。

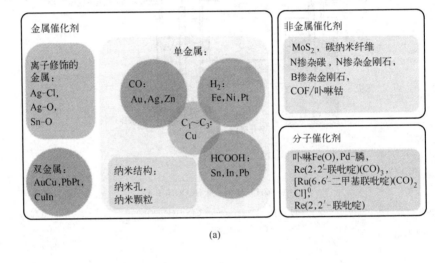

(a)

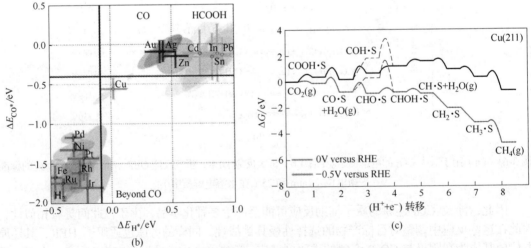

(b)   (c)

图 3-62　（a）三个主要类别的 CO₂R 电催化剂概述；（b）CO₂R 的金属分类，$\Delta E_{CO·S}$ 和 $\Delta E_{H·S}$ 分别是 CO·S 和 H·S 的吸附能；（c）在 0 和 20.5V 与可逆氢电极 RHE 的情况下，Cu（211）上的 CO₂ 还原为 CH₄ 的自由能图

二、光催化

在介绍光催化反应前先了解两个相关概念，①光化学反应：反应物分子在光的作用下从基态跃迁到激发态，从而发生化学反应；②光敏反应：反应物分子不直接接收光能，由光敏剂吸收光子，再通过碰撞将能量传递给反应物，激发其发生反应。

光催化反应：既有催化剂存在，又有光的作用：①催化剂吸收一定能量的光被激活，与反应物分子作用；②反应物吸收光被激活，再与催化剂作用形成中间物种；③催化剂与反应物形成中间物种，后者吸收光转化为产物。

20 世纪 60 年代，化学家们已经发现半导体材料具有光敏性，并能够引发吸附物种的氧化还原反应，从而开始了对光敏催化反应的研究；到 20 世纪 70 年代，日本学者首次发现辐照 TiO_2 半导体后可将水分解为 H_2 和 O_2，这一发现在当时全球出现能源危机的大环境下引起了极大轰动，如果能采用光催化方法从 H_2O 中分解得到氢气，无疑将对人类的能源利用将带来全新的革命。

光催化剂包括均相光催化剂（光敏性配合物）和多相光催化剂（半导体化合物），本节仅讨论后者。

1. 光催化基础

光催化是一个过程，光催化剂在吸收紫外线、可见光或在红外线的辐照引发下参与反应物的化学转化，从而影响反应速率变化。与多相催化过程一样，光催化反应可分为五个步骤（图 2-1，不含反应物或产物到气流主体的外扩散），然而光催化反应与传统多相催化过程相比也存在一些差异：①反应物通常在常温常压或低温低压下被弱吸附；②通过用合适的光源激发半导体以激活催化剂，从而激活表面反应，而激活经典热催化过程的驱动力是升高温度。

半导体的光催化活性取决于多种因素，如能带边缘的位置、辐照时产生的电子和空穴的迁移率和平均寿命、光吸收系数等。许多半导体材料已被用作光催化剂，如 TiO_2、WO_3、$CdSe$、$BiVO_4$、ZnO、WO_3、CdS 和 C_3N_4 等。

在半导体或绝缘体中，价带（VB）通常被定义为在绝对零度下被电子填充的最高能级，而导带（CB）是允许的最低能级，电子从其基态激发。E_g 是一个禁区，指 VB 顶部和 CB 底部间的能量差，如图 3-63 所示，每个半导体具有不同的 E_g 和能带边缘位置。当用光子能量 $hv \geq E_g$ 照射半导体时，电子被激发到半导体的 CB（e_{CB}^-），在半导体的价带中留下一个正空穴（h_{VB}^+）（图 3-64）。价带的能量（E_V）对应于光生空穴的势能，而导带的能量（E_C）对应于电子的能量。如果 E_C 处于比溶液中的氧化还原电对更负的电位（如 H^+/H_2），则到达固体/流体界面的光生电子可还原成电对的氧化形式（如 H^+）。如果 E_V 比氧化还原电对（如 O_2/H_2O）的电势更正，则光生空穴可氧化其还原形式（如 H_2O）。因此，光催化过程的热力学以及由此产生的还原和/或氧化取决于能带边缘相对于氧化还原电对能级的相对位置。E_{CB} 越负，半导体对还原反应越有效，而 E_{VB} 越正，半导体对氧化反应越有效。然而 E_{CB} 和 E_{VB} 间的间隙越宽，激发光催化剂所需的光源能量就越高。

光激发产生的电子和空穴对（$e_{CB}^- - h_{VB}^+$）具有一定寿命：①电子、空穴分别被表面吸附物种捕获，发生氧化还原反应；②电子-空穴对自发复合，催化剂则失活。

在光电化学电池中，半导体电极上发生氧化或还原反应。图 3-65（a）显示了配备 n 型半导体阳极（如 TiO_2）和金属阴极（如 Pt）的典型电化学电池。电催化中讨论的大多数关于电解池的概念均可类似地应用于该类光电化学装置，只是能量输入由转化为化学能的光能提供。通过采用合适的半导体材料可实现光捕获：OER 可在 n 型半导体上进行［图 3-65（a）］，而

HER 或 CO₂R 可在 p 型半导体上进行。

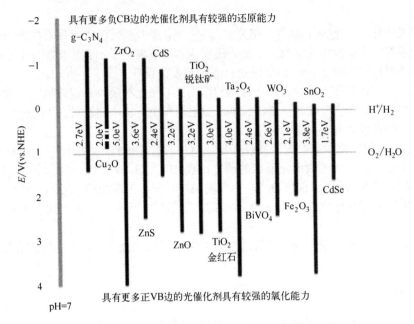

图 3-63　各种半导体在 pH=7 水溶液中的带边位置

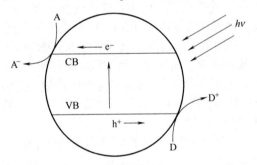

图 3-64　光激发产生 $e^-_{CB} - h^+_{VB}$

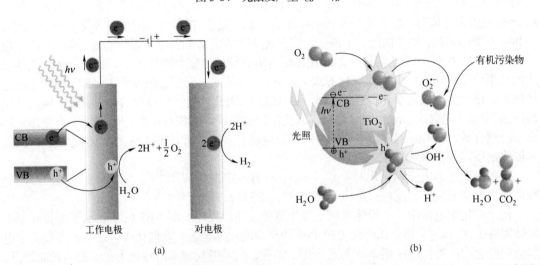

图 3-65　（a）用于产生 H₂ 的光电化学电池示意图；（b）半导体粒子激发和随后产生活性氧 ROS 的示意图

如图 3-65（b）所示，浸入电解质溶液中的半导体粒子表现为小型光电化学电池，其中氧化和还原反应分别通过来自 E_V 的 h_{VB}^+ 转移和来自 E_C 的 e_{CB}^- 转移同时发生。光生空穴/电子向催化剂表面迁移并引发一系列化学反应，产生可降解多种有机污染物的反应活性氧（reactive oxygen species，ROS）。具体而言，电子可将 O_2 还原为超氧自由基阴离子（$O_2^{\bullet-}$），该阴离子再进一步演化为 ROS，而空穴与表面吸附的 H_2O 或 OH 反应，产生羟基自由基（$OH^{\bullet}$）、过氧化氢（H_2O_2）和氢过氧自由基（$HO_2^{\bullet}$）。以 TiO_2 光催化剂为例，一些涉及产生 ROS 的反应如下：

$$TiO_2 + h\nu \longrightarrow TiO_2 \left(e_{CB}^- + h_{VB}^+ \right) \tag{3-35}$$

$$OH^- + h_{VB}^+ \longrightarrow OH^{\bullet} \tag{3-36}$$

$$O_2 + e_{CB}^- \longrightarrow O_2^{\bullet-} \tag{3-37}$$

$$O_2^{\bullet-} + H^+ \longrightarrow HO_2^{\bullet} \tag{3-38}$$

$$2HO_2^{\bullet} \longrightarrow O_2 + H_2O_2 \tag{3-39}$$

$$H_2O_2 + O_2^{\bullet-} \longrightarrow OH^- + OH^{\bullet} + O_2 \tag{3-40}$$

ROS 可随后氧化有机污染物，形成各种中间体，最终通过矿化作用生成矿物盐、H_2O 和 CO_2：

$$OH^{\bullet} + 有机污染物 \longrightarrow H_2O + CO_2 \tag{3-41}$$

$$O_2^{\bullet-} + 有机污染物 \longrightarrow H_2O + CO_2 \tag{3-42}$$

$$HO_2^{\bullet} + 有机污染物 \longrightarrow H_2O + CO_2 \tag{3-43}$$

水中的许多无机污染物（如金属）也可通过在催化剂表面还原为元素形式来去除：

$$M_{aq}^{n+} + n e_{CB}^- \longrightarrow M_{surf} \tag{3-44}$$

催化剂表面发生的光催化反应可通过 Langmuir-Hinshelwood（L-H）或 Eley-Rideal 模型（见第二章第二节）进行描述。特别是 L-H 模型被广泛应用于描述在氧气存在下间歇反应器中液相和气相中有机物质的降解。该模型的假设是：①吸附/解吸始终通过平衡步骤发生，并且吸附或解吸速率高于反应；②ROS 为表面反应，意味着覆盖催化剂表面反应吸附物质的浓度始终与液相中物质的浓度保持平衡。与某种催化剂相关的吸附特征可通过合适的等温方程确定（见第二章第一节）。在这些假设下考虑到降解的有机底物和氧气均须存在于催化剂表面上，每单位面积底物的总消耗率 r_{Sub} 遵循二级动力学：

$$r_{Sub} = \frac{1}{S} \frac{dn_{Sub}}{dt} = -k'' \theta_{Sub} \theta_{Ox} \tag{3-45}$$

式中，t 是时间；k'' 是二级速率常数；n_{Sub} 是液相中的底物物质的量；S 是催化剂表面积；θ_{Sub} 和 θ_{Ox} 分别是底物和氧的覆盖率。

假设氧气在搅拌间歇反应器中连续鼓泡，θ_{Ox} 在光催化过程中不会改变，因而 θ_{Ox} 不依赖于式（3-45）中的时间和 $k'' \theta_{Ox}$ 项，可以 k 代替，式（3-45）就变成了一个伪一阶速率方程：

$$r_{Sub} = \frac{1}{S} \frac{dn_{Sub}}{dt} = -k \theta_{Sub} \tag{3-46}$$

式中，k 是伪一级速率常数。通过假设：①矿化在所研究的时间范围内可忽略不计；②中间体与起始底物竞争吸附，可使用以下底物覆盖率表达式：

$$\theta_{Sub} = \frac{K_{Sub} C_{Sub}}{1 + K_{Sub} C_{Sub} + \sum K_i C_i} \tag{3-47}$$

式中，C_{Sub} 和 C_i 分别是底物和各种中间体的浓度；K_{Sub} 和 K_i 是相应的平衡吸附常数。

式（3-47）可通过假设：①由于底物的低转化率和反应的第一阶段有限的矿化速率而导致

中间体的浓度低；②如果中间体的化学性质与起始底物之一相似，则可认为 K_{Sub} 和 K_i 相似：

$$\theta_{Sub} = \frac{K_{Sub}C_{Sub}}{1 + K_{Sub}C_{Sub,0}} \qquad (3\text{-}48)$$

式中，$C_{Sub,0}$ 是底物的初始浓度。在引入液体体积 V 并在此前的假设下，式（3-45）可改写为：

$$-\frac{dC_{Sub}}{dt} = \frac{S}{V}\frac{kK_{Sub}}{1 + K_{Sub}C_{Sub,0}}C_{Sub} = k_{obs}C_{Sub} \qquad (3\text{-}49)$$

式（3-49）可与边界条件 $C_{Sub} = C_{Sub,0}$ 在 $t = 0$ 处积分，得：

$$C_{Sub} = C_{Sub,0}\exp(-k_{obs}t) \qquad (3\text{-}50)$$

通过对 C_{Sub} 与 t 数据应用最佳拟合程序，可确定在不同初始底物浓度下进行的实验 k_{obs} 值。

在各种半导体中，TiO_2 是最有效的光催化剂，因其具有优异的光活性、长稳定性、低成本和低毒性。与其他半导体相比，TiO_2 的另一个优势是光致亲水性，这使其成为那些需要具有增强润湿性的薄膜涂层应用的可选材料，如在自清洁玻璃中，二氧化钛的这种特殊能力可洗掉沉积在玻璃表面的污垢。在长时间的紫外线照射下，TiO_2 确实变得超亲水，使水在玻璃表面形成薄片而不是液滴，而当灯关闭时又恢复至原来状态。光诱导亲水性背后的物理化学机制如图 3-66 所示。第一步涉及通过光生电子将 Ti^{4+} 还原为 Ti^{3+} 以及通过捕获的空穴对 O^{2-} 阴离子进行氧化。然后，水分子占据逐出的氧原子留下的氧空位。高密度吸附—OH 基团的存在提高了表面亲水性，使水分子能够在表面上形成均匀的薄膜。停止辐照后，由于空气中的氧气取代了吸附的—OH 基团，TiO_2 逐渐失去亲水性。

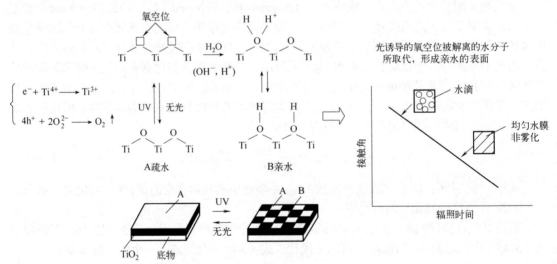

图 3-66　TiO_2 的光致亲水机制
右图显示了辐照对接触角（水滴相对于固体表面形成的角度）减小的影响

两种典型的光激活 TiO_2 机制，即光诱导亲水性和光催化效应，可在辐照表面上同时发生，但根据后者的性质，其中一种可能优先发生。

虽然 TiO_2 的优势毋庸置疑，但也存在一些局限性，主要的缺点与其宽带隙能量（锐钛矿相中的 $E_g = 3.2eV$）有关，使其仅在紫外区（$\lambda \leqslant 387nm$）具有活性。几种修饰策略可用于将光谱响应扩展到可见区域（调节禁带宽度）以及改善电子和空穴的分离（抑制 $e_{CB}^- - h_{VB}^+$ 再结合），从而提高光催化剂的活性。①掺杂金属（如 Fe 和 Cu）或非金属（如 N 和 S）杂质，使半导体带隙中的子带隙状态和吸收边缘向可见区域移动；②由于金属的较高功函数，用贵金属（如Pt、Au和Ag）负载TiO_2通常会在复合结构中产生肖特基（Schottky）势垒，从而有效地捕获光生电子并增强电荷分离；③将TiO_2与低带隙半导体（如CdS和WO_3）或碳基纳米结构（如石墨烯和碳纳米管）耦合，有利于形成促进可见光吸收和电荷分离的异质结；④掺杂光敏剂，增加受激电子。

除通过掺杂组分进行TiO_2改性外，形态修饰是提高TiO_2光活性的另一种综合方法，如减小粒径可增大禁带宽度；而包括零维形态（如纳米点）、一维形态（如纳米管、纳米线和纳米带）和二维形态（如薄膜）在内的所有纳米级维度均可增加表面积。

光催化主要应用于生成清洁燃料和环境保护领域：

① 光解水：$H_2O \longrightarrow O_2 + H_2$；

② 模拟光合作用：$CO_2 + H_2O \longrightarrow$ 甲烷、甲醇、甲醛、甲酸、乙酸等；

③ 光电转换电池；

④ 消除环境污染：光照使催化剂周围的O_2和H_2O转化为高活性的氧自由基，氧化能力极强，几乎可以分解所有对人体和环境有害的有机或无机物质；

⑤ 空气净化器、自洁玻璃、陶瓷、环保涂料等。

2. 光催化分解水

光催化研究的一个主要应用是光催化分解水（图3-67）：

$$TiO_2 + h\nu \longrightarrow h_{VB}^+ + e_{CB}^- \qquad （3-51）$$

$$2H^+ + 2e_{CB}^- \longrightarrow H_2 \qquad （3-52）$$

$$OH^- + 2h_{VB}^+ \longrightarrow H^+ + 1/2O_2 \qquad （3-53）$$

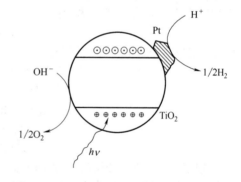

图 3-67　Pt/TiO_2 杂质半导体上 H_2O 光解制氢

从理论而言，水的光解反应简单且可行，但由于在半导体表面同时放氢放氧时存在较大的过电位，仅单独采用TiO_2很难进行；而采用金属或金属氧化物掺杂、光电催化等方法，使光生电子和空穴高效分离，则可提高光催化反应效率。

光催化还可与外场（电场、磁场）作用相结合提高其性能（图3-68）：①TiO_2和Pt分别作为电解池的两极；②光诱导 TiO_2 产生的空穴 h_{VB}^+ 与电解水中的OH^-反应，生成过氧化氢或氧；③电子e_{CB}^-在外加电压下移向Pt电极将H^+还原成H_2。

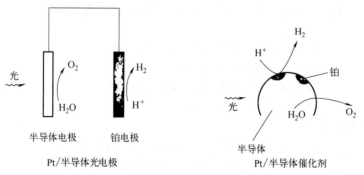

图 3-68　Pt 和 TiO_2 作电极的电解水制氢

3. 废水净化

高级氧化工艺（AOPs）被认为是一种有前途的方法，可用于去除废水中的各种污染物。在各种 AOPs 中，光催化被广泛应用于废水处理。TiO_2 具有很强的光致氧化能力，可破坏污染物，因而被广泛单独使用或与其他半导体结合使用。

光催化已用于将有机化合物如染料、杀虫剂和药物化合物转化为无害产品（包括 CO_2、H_2O 和轻质矿物盐）。此外，光催化已被应用于在石油泄漏的情况下处理海水，主要用于去除原油的水溶性部分。

水污染物的光降解主要是由空穴和羟基自由基 $OH^{\cdot}$ 的氧化能力驱动的，尤其是 $OH^{\cdot}$ 的标准氧化电位约为 2.80V，仅低于氟，可降解大多数有机污染物。根据 $OH^{\cdot}$ 的攻击性不同，提出了 TiO_2 在近紫外线照射下的四种可能的机制：

① 两种物质均被吸附时发生反应；
② 未结合的自由基与吸附的有机底物发生反应；
③ 吸附的自由基与撞击在催化剂表面的游离有机分子发生反应；
④ 反应发生在催化剂表面附近的液相中的两种游离物质间。

光催化降解始于相关物质在催化剂表面的吸附：

$$O_L^{2-} + Ti^{IV} + H_2O \rightleftharpoons O_LH + Ti^{IV}-OH^- \tag{3-54a}$$

$$Ti^{IV} + H_2O \rightleftharpoons Ti^{IV}-H_2O \tag{3-54b}$$

$$S + R_1 \rightleftharpoons R_1 \cdot S \tag{3-55}$$

其中，O_L^{2-} 是晶格氧，R_1 是有机分子，$R_1 \cdot S$ 是吸附的有机分子。在发生反应（3-35）后，可发生电子-空穴复合，产生热能：

$$e_{CB}^- + h_{VB}^+ \longrightarrow 热 \tag{3-56}$$

也可能发生空穴和电子的俘获：

$$Ti^{IV}-OH + h_{VB}^+ \rightleftharpoons Ti^{IV}-OH^{\cdot} \tag{3-57a}$$

$$Ti^{IV}-H_2O + h_{VB}^+ \rightleftharpoons Ti^{IV}-OH^{\cdot} + H^+ \tag{3-57b}$$

$$R_1 \cdot S + h_{VB}^+ \rightleftharpoons R_1 \cdot S^+ \tag{3-58}$$

$$Ti^{IV} + e_{CB}^- \rightleftharpoons Ti^{III} \tag{3-59a}$$

$$Ti^{III} + O_2 \rightleftharpoons Ti^{IV} - O_2^{\cdot-} \tag{3-59b}$$

为使反应（3-57a）和反应（3-57b）发生，氧化电位应高于 E_V（即比 E_V 负）。在锐钛矿型 TiO_2 中，E_V 在中性 pH 下约为 2.6V（vs NHE），变化幅度为 –0.059V/pH 单位。式（3-57a）和式（3-57b）的氧化电势在任何 pH 下均保持在 E_V 以上，因此表面结合的 OH 和 H_2O 被 TiO_2 的 h_{VB}^+ 氧化形成 $OH^{\cdot}$ 在热力学上总是可能的。反应（3-57a）在高 pH 值下有利，而反应（3-57b）在低 pH 值下有利。

因此，根据上述四种机制，可在不同条件下（吸附或游离有机物质）发生 $OH^{\cdot}$（吸附或游离）的攻击：

$$情形 1： Ti^{IV}-OH^{\cdot} + R_1 \cdot S \longrightarrow Ti^{IV} + R_2 \cdot S \tag{3-60}$$

$$情形 2： OH^{\cdot} + R_1 \cdot S \longrightarrow R_2 \cdot S \tag{3-61}$$

$$情形 3： Ti^{IV}-OH^{\cdot} + R_1 \longrightarrow Ti^{IV} + R_2 \tag{3-62}$$

$$情形 4： OH^{\cdot} + R_1 \longrightarrow R_2 \tag{3-63}$$

进一步可能的反应是：

$$e_{CB}^- + Ti^{IV} - O_2^{\cdot-} + 2H^+ \rightleftharpoons Ti^{IV}(H_2O_2) \tag{3-64}$$

$$Ti^{IV} - O_2^{\cdot-} + H^+ \rightleftharpoons Ti^{IV}(H_2^{\cdot}) \tag{3-65}$$

$$H_2O_2 + OH^{\cdot} \rightleftharpoons H_2^{\cdot} + H_2O \tag{3-66}$$

反应（3-38）和反应（3-39）也可能发生。

图 3-69 显示了控制光催化活性（以反应速率 r 表示）的五个重要物理参数的影响。无论光反应器的设计或使用的方案（静态或动态、浆料或固定床、UV 或可见光辐照）如何，r 均与光催化剂的质量 m 在达到由光子完全吸附引起的平台前呈线性关系 [图 3-69（a）]。需要确定最佳催化剂负载量（m_{opt}）以确保光子的总吸收并避免过度使用光催化剂，大概是因为过多的催化剂可能会产生一种遮光效果，从而减小被照射的催化剂的活性表面积，致使降低光催化效率。

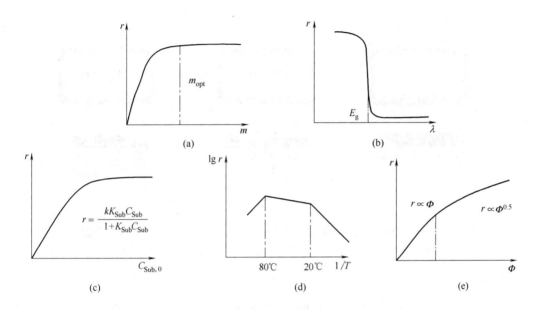

图 3-69　不同物理参数对光催化降解过程反应速率 r 的影响

（a）光催化剂质量 m；（b）波长 λ；（c）底物 $C_{sub,0}$ 的初始浓度；（d）温度 T；（e）辐射通量 Φ

作为辐照波长函数的反应速率与催化剂的吸附光谱具有相同的趋势，对应于 E_g 急剧上升 [图 3-69（b）]。

底物的初始浓度对光催化活性也有很大影响 [图 3-69（c）]。在某些情况下，催化剂表面会在高浓度下饱和，从而导致催化剂失活。在处理有机污染物时，初始反应速率 r 通常符合 L-H 动力学模型。

光催化活性随反应温度增加 [图 3-69（d）]。然而在高于 80℃，光载流子的复合速率增加，且由于其放热性质，吸附受到越来越多的抑制；另外，在低温（低于 20℃）下，活化能可能变得过高，因此光催化过程中反应温度的最佳范围通常为 20~80℃。

通常，光催化反应根据光的光子通量以两种状态发生：一级状态和半级状态。在第一种情况下，光生载流子被化学反应比重组反应消耗得更快；而在半级状态下，重组率占主导地位。因此，在光源的低辐照通量（Φ）（0~20mW/cm²）下，r 与 Φ 成线性关系，而在中等和高辐照通量下 r 随 $\Phi^{0.5}$ 变化 [图 3-69（e）]。

有毒金属可通过光还原从废水中去除 [式（3-44）]，光催化已被证明不仅对去除铅、镉、汞和砷等重金属有效，而且对回收银、金和铂等昂贵金属也很有效。

废水的光催化处理还可用于消毒，即对抵抗其他消毒方法的多种病原微生物进行灭活。OH·自由基已被认为是微生物灭活的主要参与者，H_2O_2、$O_2^{·-}$ 和 $HO_2^{·}$ 也被认为对杀生反应有很大贡献。尤其是，ROS 攻击并不特定于某个位点或单个途径，意味着细菌对光催化处理产生抗性几乎是不可能的，而包括抗生素治疗在内的其他方法通常具有极高的选择性，因为其针对的是细菌生物生命周期内的特定生物过程。

通过 ROS 攻击光催化灭活微生物的机制通常会导致其细胞壁受损，进而导致细胞质膜和细胞内成分受损，如图 3-70 所示，通过 TiO₂ 光催化剂可对大肠杆菌进行光杀灭。最初的步骤涉及通过光催化 ROS 部分分解外膜图［图 3-70（b）］；外膜渗透性的这种变化使 ROS 能够通过单层肽聚糖轻松到达细胞质膜［图 3-70（c）］；细胞质膜受到 ROS 攻击，导致膜脂过氧化，从而最终导致细胞活力丧失和细胞死亡。

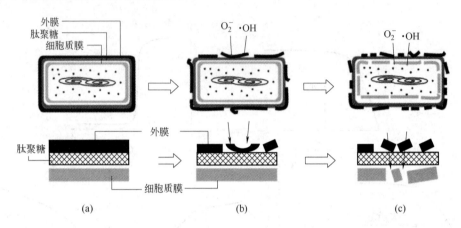

图 3-70　TiO₂ 光催化剂抑制大肠杆菌的过程示意图（所有第二行是放大的细胞膜）

（a）细菌的组成部分；（b）外膜的 ROS 攻击和分解；（c）ROS 到达细胞质膜

4. 有机合成

生产几种关键有机化学品的传统工业路线依赖于有害溶剂、作为催化剂的重金属和环境问题的氧化剂/还原剂，最终会产生大量有害废物。此外，大多需要苛刻的操作条件，如高压和高温。在此情况下，光催化是一种可行途径，可进行多种对合成非常感兴趣的化学转化，同时确保可持续的化学反应对环境的影响最小。与主要针对有机底物完全矿化的有机降解光催化剂相比，用于有机合成的光催化剂应根据具体情况具体分析进行精准定制，因为其主要目标是调变光催化剂的选择性并反应以产生所需的产物。

大多数用于有机合成的光催化反应均涉及氧化或还原反应。用于氧化反应的物质是烷烃、芳烃、烯烃、醇和多环芳烃，而 CO₂ 和含氮化合物是光催化还原的典型物质。聚合反应和偶联反应（碳-氮或碳-碳键形成）也被广泛研究。在此给出氧化和还原反应的重要实例。

芳烃的羟基化是光催化合成的一个例子，用于生产工业上重要的化学品，如苯酚、儿茶酚和对苯二酚等树脂和药物的前体。苯的直接羟基化光催化合成苯酚涉及苯的亲电加成 OH·自由基，形成的苯酚通常在与 OH·自由基进一步反应后分解，因此除非使用膜反应器，否则苯酚的选择性通常非常低。为此需要开发确保高苯酚选择性的更有效的催化剂。一些有效的方法包括使用沸石作为 TiO₂ 的载体或制造介孔 TiO₂ 颗粒，其介孔对选择性苯酚的生产起着至关重要的作用。

如图 3-71 所示，光激发 TiO₂ 对单取代苯衍生物的羟基化取决于取代基的吸电子特性。特别是具有给电子基团的苯衍生物，如苯胺和苯酚，根据亲电取代的选择性规则，可使 OH·自由基攻击，从而形成邻羟基化和对羟基化异构体。相反，具有吸电子基团的苯衍生物，如硝基苯和苯甲酸，会受到非选择性的 OH·自由基攻击，从而形成所有三种可能的异构体（邻位、对位和间位）。这样的 OH·自由基取代规则对苯衍生物选择性羟基化过程的开发非常重要。

将醇部分氧化为相应的羰基化合物（即醛、酮、酸）是精细化学品和特种化学品生产的另一个具有挑战性的化学转化。这些化合物"过氧化"为相应的羧酸和 CO_2 可能是此类反应的缺点。选择性通常取决于几个参数，如醇的结构、氧的存在和使用的溶剂。据报道，光催化氧化从醇作为醇盐中间体的吸附开始，并通过两种主要途径进行：对通过直接电子转移到正空穴而形成的中间体进行氧化反应，或对由反应［式（3-36）］形成的 OH·自由基中间体进行偶联反应生成部分氧化产物。

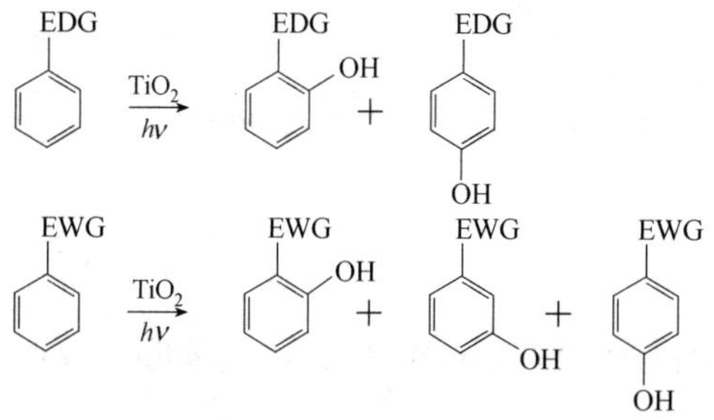

图 3-71　在光催化氧化含有电子供体 EDG 或吸电子基团 EWG 的
苯衍生物期间获得的主要羟基化产物

烷烃转化为含氧化合物如醇、酮、醛和羧酸是选择性光催化氧化的另一个值得注意的例子。光催化途径能够在温和的温度和压力下通过 O_2 对 C-H 键进行选择性氧化。环己烷液相氧化成环己醇和环己酮得到了广泛研究，这些产品用于生产尼龙聚合物的 ε-己内酰胺的关键中间体。溶剂的种类对 TiO_2 催化剂对环己醇和环己酮的选择性有显著影响。非极性溶剂使环己醇优先吸附在 TiO_2 上，完全矿化为 CO_2，选择性极低。相反，在二氯甲烷等极性溶剂中，选择性很高，因为环己醇由于与极性溶剂的竞争而难以吸附在催化剂表面［图 3-72（a）］。

光催化还原通常比采用侵蚀性和/或有害还原剂（如硼氢化钠、H_2 和 CO 等）的常规还原方法更安全。硝基苯还原为相应的苯胺是研究最多的光催化反应之一［图 3-72（b）］。由光激发半导体中产生的 C_B 电子驱动，通常在醇（如甲醇和 2-丙醇）作为电子供体清除 h_{VB}^+ 的情况下进行，抑制了电子-空穴复合并避免了不希望的副反应。此外，O_2 的去除提高了还原效率和选择性，因为 O_2 作为 e_{CB}^- 的竞争清除剂被转化为高反应性 $O_2^{\cdot-}$［式（3-37）］。

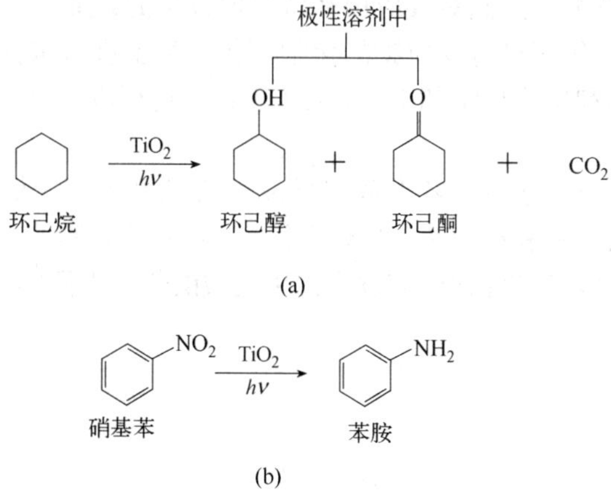

(a)

(b)

图 3-72　（a）TiO_2 光催化剂将环己烷光氧化为环己醇、环己酮、
CO_2 和（b）TiO_2 将硝基苯光还原为苯胺

光催化 CO_2 还原为 CO 和有机物质是在气相和液相中进行的，使用酒精作为孔清除剂也很常见，无机空穴清除剂如亚硫酸钠也被使用。图 3-73 显示了一些典型的还原反应，这些反应在 TiO_2 上可能发生在存在溶解的 CO_2 和碳酸根阴离子的碱性 pH 值的情况下。图中两条平行发生的反应途径：第一条途径涉及将 CO_2 光还原为甲酸（HCOOH），在还原为甲醛（HCHO）后可能会产生气相产物或甲醇（CH_3OH）；甲醛也可通过碳酸盐逐渐还原的第二条途径产生。

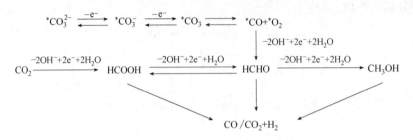

图 3-73　TiO_2 在碱性 pH 条件下光催化还原 CO_2

第五节
其他多相催化

一、膜催化

膜技术广泛应用于分离工艺、生物工程及电子工业等领域，而在催化研究中的应用，涉及膜催化剂、膜反应器和膜分离技术的适当组合，而不像一般化学工艺中采用的膜分离或膜反应器那样单一化。膜反应器是用膜材料制成反应器，区别于常规的催化反应器；膜催化剂可以用膜反应器，也可用普通的反应器。换言之，在催化研究中应用的膜技术，既可以是催化剂和反应器分别"膜化"，也可将二者结合起来。

膜反应器和膜分离技术是人们对其应用和认识比较早的，而膜催化剂——即将具有化学活性的基质制成膜作为催化剂进行反应物的化学转化，甚至进行选择性的化学转化是一种新催化技术，从而启发人们利用膜科学和工艺，去实现化工过程以及种类繁多的有机化合物多种多样的催化转化过程。

膜材料从孔结构可分为致密膜、多孔膜、微孔膜和超微孔膜等，从材质又可分为无机膜（如金属膜、固体电解质、陶瓷膜和玻璃膜）和有机膜等。这些膜材料均可用作制备多相催化剂和膜反应器。由于膜催化可以打破催化反应过程无法突破的化学平衡问题，已逐渐发展成为催化科学的重要研究领域之一。

1. 几种重要的无机膜

（1）金属合金膜

最常用的金属膜是 Pd 合金膜，而较少使用的是 Ag 合金膜。从 19 世纪中叶，Pd 合金膜就为人所知，这种膜可使 H_2 完全有选择地透过，而 Ag 合金膜则可使 O_2 选择性地透过。如图 3-74（a）所示，O_2 分子可解离吸附于 Ag 膜上并以 O 原子形式穿过膜体到达膜的另一侧，

然后再复合成 O_2 分子后，由膜表面脱附到气相中。
图 3-74（b）表明，H_2 分子极易解离吸附在 Pd 膜上，
然后以 H 原子形式扩散到膜的另一侧，最后复合成
H_2 分子而脱附到气相中。

（2）固体电解质膜

该类膜可使 H_2 和 O_2 选择性地传送，如 ZrO_2、
ThO_2 或 CeO_2 膜等。此外，还有可使 F、C、N、S 等
选择性传送的新型固体电解质膜，以及可使 Na^+ 选

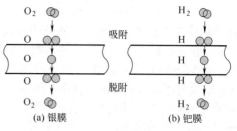

图 3-74　金属膜内的迁移机理

择性透过的 β-Al_2O_3 膜。图 3-75（a）、（b）给出了 O_2 或 H_2 透过固体电解质膜的机理。两种分
子解离吸附在膜的一侧后，原子态的吸附物种可在膜体上离子化直至失去电荷（对 O 原子获
得电子，对 H 原子失去电子），然后迁移到电解质膜的晶体，再以原子形式相结合成分子态，
而从膜的另一侧脱附下来。

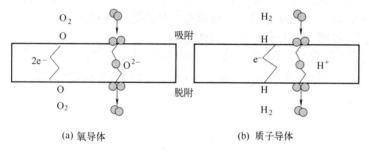

图 3-75　固体电解质膜内的迁移机理

（3）多孔膜

分子透过这种膜材料的机理与空隙尺寸、温度、压力、膜及透过分子的性质有关。这种膜
材料比致密膜材料可透过的化合物分子多，所以它的应用获得更大的发展。现将分子透过这类
膜的机理（图 3-76）简述如下。

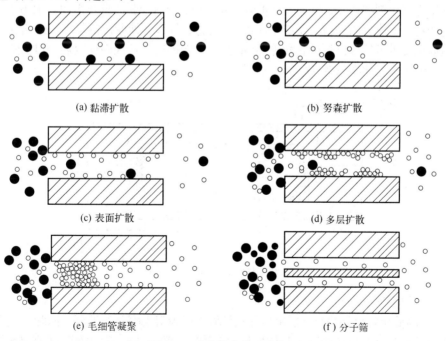

图 3-76　多孔膜内的迁移机理

图 3-76（a），当膜材料平均孔直径大于分子的平均自由程，致使分子之间的碰撞比分子同孔壁碰撞的机会多，因此不能使分子分离。这种透过机理叫作黏滞扩散或泊苏里扩散。图 3-76（b），膜的孔径变小，或分子的平均自由程变大，则分子同孔壁碰撞的机会大于分子之间的碰撞，于是不同分子可以相对独立地流过孔隙。分子的这种流动模式称为努森扩散。图 3-76（c），当分子流经孔隙时，其中一种分子可物理吸附或化学吸附在孔壁上，于是不发生这种吸附的分子便可选择性地流过孔隙。图 3-76（d），当一种分子同孔隙表面有强烈的相互作用可形成多层吸附的情况下，另一种分子可以扩散过去。图 3-76（e），为孔隙毛细管凝聚现象，一种分子在毛细管中凝聚，另一种分子不能扩散。这种现象一般发生在孔隙非常细和温度相对低的情况。图 3-76（f），孔隙十分细，只允许直径小的分子透过，被视为分子筛。

2. 膜与催化剂的组合类型

① 作为分立的组成部分，将膜与催化剂分开。
② 将催化剂装在管状膜反应器中，将具有催化性能的材料制成膜。
③ 将具有催化性能的组分负载在膜载体上。
后两种组成了膜催化剂，或称催化膜。膜催化剂具有较小的扩散阻力，易于控制反应温度，并对反应物或产物分子具有选择渗透性能，所以目标产物的选择性非常高。

3. 膜催化反应举例

（1）催化脱氢反应
① 膜催化剂用于芳烃脱氢的研究工作是十分重要的膜催化脱氢反应。俄罗斯学者Грязнов等于 20 世纪 70 年代利用 Pd-Rh 金属膜催化剂研究了环己二醇脱氢制苯二酚，其收率为 95%，且没有苯酚生成。
② 日本学者伊滕等应用 Pd 膜反应器研究了环己烷脱氢制苯的反应。Pd 膜的厚度为 200mm，应用 0.5%（质量分数）的 Pt/Al$_2$O$_3$ 为脱氢催化剂。反应器的结构如图 3-77 所示，Pd 膜管既可作为催化剂的容器，也是氢气扩散的膜材料，使氢气脱离催化剂而扩散出去，从而促进反应向产物的生成方向进行。反应中应用 Ar 气为载气以便使脱出的氢气被带离反应区。采用这种膜催化技术可使环己烷的转化率达到 100%，如果使用常规的反应器，则在同样的温度下，环己烷的平衡转化率仅为 18.7%。

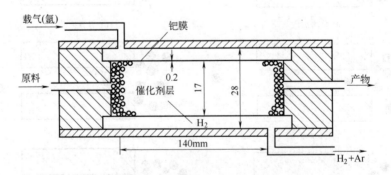

图 3-77　装有催化剂的膜反应器

（2）膜催化氧化反应
① 甲烷的催化转化是当今 C$_1$ 化学催化领域中极为引人瞩目的课题。国际上很多学者都致力于在甲烷氧化偶联反应中引入膜催化技术。俄罗斯学者 Anshits 等研究了在 Ag 膜上甲烷

氧化偶联生成 C_2 烃的反应，结果表明，Ag 膜的表面上有两类 O 原子：一类具有强成键能力，是 C_2 烃生成的主要氧种；另一类成键能力微弱，虽然也可参与生成 C_2 烃的反应，但主要导致甲烷深度氧化。当 CH_4∶O_2 的摩尔比高，甲烷转化率低时，生成乙烷的选择性接近 100%，而乙烷再经过气相脱氢可生成乙烯。

② 在催化氧化反应中，可选制透氧膜以利用其特殊的高温条件下透过氧离子的性能实现烃类的选择氧化。不同过渡金属和碱土金属氧化物组成的钙钛矿石型复合氧化物膜就具备这种性能。近年来，在膜催化技术领域里迅速发展。现以 Ba-Sr-Fe-Co-O 复合氧化物膜材料在甲烷氧化偶联反应中的应用加以说明。

所用 Ba-Sr-Fe-Co-O 膜材料是将所需过渡金属和碱金属按一定原子比例称取相应盐类制成溶液后，加入 EDTA-柠檬酸溶液，并添加分散剂、黏合剂或增塑剂等，在适当条件下处理后，形成浆糊状生料，再经挤管机制成管状物，最后在 1373~1573K 煅烧 3~5h，便得到致密的透氧膜管。利用这种膜催化剂进行甲烷氧化偶联反应时，反应气体甲烷和氧或空气分别通入反应器。这种膜只能使氧透过而对 N_2 无透过能力（如用空气作氧源便需考虑该问题）。氧以离子形式（如 O^-，O_2^-，O_2^{2-} 和 O^{2-} 等）透过膜壁后即同甲烷发生反应。这些氧种均对甲烷氧化生成 C_2 烃有利，从而可提高甲烷氧化偶联反应中 C_2 烃的选择性。在膜催化剂上甲烷氧化偶联反应机理如下：

$$O_2(g) + 2V_O^{\cdot\cdot} \rightleftharpoons 2O_O^V + 4h^{\cdot} \qquad ①$$

$$CH_4(g) \rightleftharpoons CH_4(s) \qquad ②$$

$$CH_4(s) + 2O_O^V + 4h^{\cdot} \rightleftharpoons 2CH_3^{\cdot} + H_2O + V_O^{\cdot\cdot} \qquad ③$$

$$2CH_3^{\cdot} \rightleftharpoons C_2H_6(g) \qquad ④$$

$$C_2H_6(g) \rightleftharpoons C_2H_6(s) \qquad ⑤$$

$$C_2H_6(s) + O_O^V + 2h^{\cdot} \rightleftharpoons C_2H_4(g) + H_2O + V_O^{\cdot\cdot} \qquad ⑥$$

$$2O_O^V + 4h^{\cdot} \rightleftharpoons O_2(g) + 2V_O^{\cdot\cdot} \qquad ⑦$$

其中，$V_O^{\cdot\cdot}$ 为膜催化剂中晶格氧缺位；O_O^V 为晶格氧缺位上的吸附氧；$h^{\cdot}$ 为接受电子的空穴。

（3）硝基苯经氢气还原的反应

Mischenko 等将反应器用 Pd-Ru（92%~97%∶8%~3%）膜分隔开来，如图 3-78 所示。将硝基苯从膜的一边注入，将氢气从膜的另一边导入。H_2 扩散过膜区，活化后再同硝基苯作用，加氢的产物由反应器出口导出。因为扩散过 Pd-Ru 金属膜的 H_2 可被活化，从而提高活化氢的浓度，最终提高产物苯胺的收率，甚至可将其提高近 100 倍。

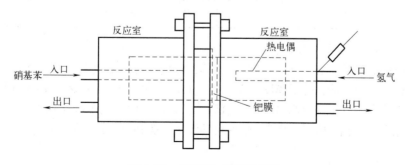

图 3-78　二室式加氢膜反应器

4. 膜反应器

为有效地利用有限的能源以及提高产品质量,从化学反应平衡的角度,设法消除这种平衡带来的影响,往往能提高反应的转化率。采用膜反应器可使反应产物有选择地离开反应体系或向反应体系有选择地供给反应物。这样不仅会使反应产物得以提纯,还可使产物避免二次反应以及防止副反应的发生。

膜反应器基本上有两类:一类是部分或全部反应产物能通过膜而选择分离出反应体系,从而使化学平衡向正反应方向移动;另一类是反应物能选择地透过而控制反应进行的膜反应器。

（1）涉及氢的膜反应器

化学工业的许多重要的催化过程都与氢有关,如多烯加氢、烷烃脱氢、单烯脱氢制多烯、丙烷脱氢环化、环己烷脱氢制苯等。表 3-27 给出了一些涉及氢催化反应的实例。

表 3-27　涉及氢的膜反应器应用的研究成果

膜反应	膜材料	催化剂	试验结果	备注
制氢 $CH_4+H_2O \Longrightarrow CO+3H_2$	钯膜	Fe_2O_3-Cr_2O_3	膜厚 100μm、973K、0.45MPa 时,转化率为 90%;膜厚 20μm、773K、0.5MPa 时,转化率为 100%	700℃、0.45MPa 时,平衡转化率为 77%
制氢 $CO+H_2O \Longrightarrow CO_2+H_2$	钯膜/多孔玻璃	Fe_2O_3-Cr_2O_3	膜厚 20μm、673K、0.5MPa 时,转化率为 98%	400℃、0.5MPa 时,平衡转化率为 77%
丙烷脱氢	陶瓷膜 Membralox™	Pt/Al_2O_3	停留时间 2s,管内压力 10MPa,管外压力 0.5kPa,无扫气,853K 时,转化率 40%,选择性 85%;973K 时,转化率 50%,选择性 72%	无膜,条件同左,580℃时,转化率 20%,选择性 70%;600℃时,转化率 26%,选择性 60%
环己烷脱氢	钯膜	Pd-Ag 合金	398K 即可反应,473K、空速 20~1000cm³/mol 时,转化率 40%~100%	条件同左,无膜时,转化率约 20%
	多孔硼化玻璃	Pt/Al_2O_3	453K、空速 10~300m³/mol 时,转化率 15%~30%;488K、空速 5~40m³/mol 时,转化率 40%~75%	条件同左,无膜时,转化率约 10%
	Pd-Au（9:1）	Pa-Au	613K、膜厚 70μm、收率 91%	

（2）用于氧化反应的膜反应器

氧化反应中氧物种有 O_2^-、O^-、O^{2-}、O_2 等,致使反应不易控制,副产物多,目标产物选择性低。为克服这一弊端,可用膜反应器。经 Y_2O_3 稳定的 ZrO_2（YSZ）,由于 Y^{3+} 比 Zr^{4+} 少一正电荷,为维持电中性,该材料就产生了氧离子空穴,从而有利于传导氧离子。表 3-28 列出一些用于氧化反应的膜反应器。此外,还有兼具催化性能和反应器功能的材料用于催化领域,在此不再赘述。

表 3-28　氧化型膜反应器应用的研究情况

膜反应	催化剂	试验结果	备注
甲烷氧化偶联	$MnNa_aCa_bZr_cO_x$ 3.0%Li/MgO $PbO\text{-}MgO/Al_2O_3$ $PbO\text{-}K_2O$	1123K 时，转化率 30%~50%，生成 C_{2+} 的选择性>50%；转化率为 30%时，生成 C_{2+} 的选择性为 60%； 973~1023K 时，转化率为 35%~45%，对 C_2 的选择性为 50%~60%； 1123K，甲烷转化率为 370mmol/（h·m²）时，对 C_2 的选择性>90%；甲烷转化率为 7900mmol/（h·m²）时，对 C_2 的选择性为 55%； 膜厚 3μm，1123K、甲烷转化率为 34mmol/（h·m²）时，C_2 选择性为 100%；甲烷转化率为 3000mmol/（h·m²）时，C_2 选择性为 54%	无膜条件下，用 $SnCe_{0.9}Yb_{0.1}O_{2.9}$ 作催化剂，750℃时 C_2 的选择性最高可达 60.1%，C_2 的收率为 31.6%
乙烯氧化制环氧乙烷	Ag	523~673K、1.0~2.0MPa、转化率为 10%时，选择性>75%	空气法：转化率 30%~60%，选择性 75%；氧气法：转化率 8%~10%，选择性 80%~85%。膜情况较好
丙烯氧化制环氧丙烷	Ag	573~773K、转化率<15%时，选择性>30%；银盐中加 Ca、Ba 可提高选择性，加稀释剂（甲烷、乙烷、丙烷等）可提高转化率	直接氧化法选择性约 3%~10%
丙烯氧化脱氢二聚	$(Bi_2O_3)_{0.85}$ $(U_2O_3)_{0.15}$	873K 时，闭回路时，二聚选择性为 60%~70%；开回路、反应时间较短时，选择性可达 75%，但随反应停留时间增长选择性很快下降	相同条件下，粉状催化剂的选择性约 25%~35%
丙烯氧化制丙烯醛	MoO_3 $Bi_2Mo_3O_{12}$ Bi_2MoO_6	比无膜法的活性高数千倍 比无膜法的活性高几十倍 比粉状催化剂活性高一倍	
1-丁烯脱氢制丁二烯	WO_3/Sb_2O_3 Mo，Bi	735K 时，转化率 30%，选择性 92%； 778K 时，转化率 57%，选择性 88%； 723K 时，选择性可达 95%以上	传统反应的选择性约 80%
丁烯氧化	$Pb_{0.88}Bi_{0.08}MoO_4$	氧气通量 1~5mmol/（h·g 催化剂），生成氧化物的速率为 0.01~0.5mmol/（h·g 催化剂），选择性：丁二烯 30%~45%，甲乙酮 1%~35%，丁烯醛 1%~10%	该法的特点在于直接制备有用氧化物，产物的比例可通过调节氧的流量控制

二、相转移催化

1. 定义

相转移催化剂加速两种不混溶反应物的反应。相转移催化（phase transfer catalysis，PTC）

主要用于阴离子（以及某些中性分子如 H_2O_2 和过渡金属络合物如 $RhCl_3$）与有机底物之间的反应。需要 PTC 是因为许多阴离子（以其盐的形式，如 NaCN）和中性化合物可溶于水而不溶于有机溶剂，而有机反应物通常不溶于水。该催化剂通过将阴离子或中性化合物从水相或固相中萃取到有机反应相（或界面区域）中来充当穿梭剂，在有机反应相（或界面区域）中，阴离子或中性化合物可与已经位于有机相中的有机反应物自由反应。反应性进一步提高，有时可提高几个数量级，因为一旦阴离子或中性化合物进入有机相，几乎没有水合或溶剂化现象，从而大大降低活化能。

PTC 不太可能参与大吨位有机化学品的生产，但作为一种不寻常且巧妙的催化技术，可节省能源并在温和条件下以短停留时间提供高产率，因此是未来具有吸引力的典型方法。

2. PTC 催化剂

适用于 PTC 的催化剂是那些具有高度亲油性阳离子（即对有机溶剂具有强亲和力）的催化剂。最广泛使用的催化剂是季铵盐，其次为季𬭸盐和叔胺，示例如下：
- 四正丁基溴化铵（TBAB）；
- 三甲基苄基氯化铵（TEBA）；
- 甲基三辛基氯化铵（季铵氯化物 336 或氯化甲基三烷基铵 464）；$PhCH_2NEt_3Cl$（TEBA，TEBAC）；
- 最常用的十六烷基三甲基溴化铵。

用于有机阳离子的中性络合剂，如冠醚、聚乙二醇（PEG）、穴醚等，也是合适的催化剂。开链 PEG（如 PEG400）是最便宜的催化剂，在某些工艺中可能优于季铵盐。即使在非极性有机溶剂中，冠醚和穴醚［具有大环低聚环骨架的中性、低齿球形金属配体，通常含有 N-桥头原子和低聚（乙二醇）醚单元］也可溶解有机和无机碱金属盐；其与阳离子形成复合物（图 3-79），充当"有机掩膜"。

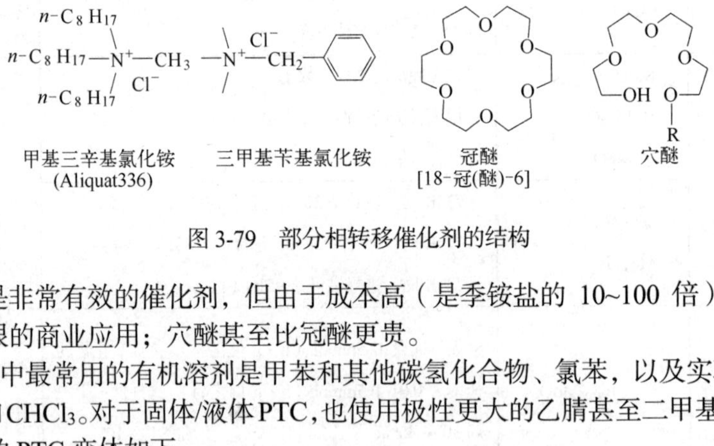

图 3-79 部分相转移催化剂的结构

虽然冠醚是非常有效的催化剂，但由于成本高（是季铵盐的 10~100 倍）和明显的毒性，因而仅发现有限的商业应用；穴醚甚至比冠醚更贵。

液/液 PTC 中最常用的有机溶剂是甲苯和其他碳氢化合物、氯苯，以及实验室中的氯化溶剂，如 CH_2Cl_2 和 $CHCl_3$。对于固体/液体 PTC，也使用极性更大的乙腈甚至二甲基甲酰胺（DMF）。

一些较新的 PTC 变体如下：
- 三相催化剂（其中催化剂固定在聚合物上以便于去除）；
- 逆 PTC：通过大的亲油催化剂阴离子提取阳离子用于亲电反应；
- 通过𬭸盐将不带电物质提取到有机介质中，这些包括过渡金属盐（与 CuX、$PdCl_2$ 形成配合物）、酸、H_2O_2 和胺，其与季铵化合物形成弱氢键配合物。

将相转移催化剂和树脂结合，形成了树脂型相转移催化剂（三相催化剂）。大环聚醚（冠醚和穴醚）可与多种离子或分子形成配合物，将无机盐以离子对形式溶解（迁移）到有机相，冠醚的热稳定性和化学稳定性均很高，但合成复杂，价格较高，此外毒性较大，限制了其应用。

3. PTC 的机理和优势

许多反应（如 $C_8H_{11}^+ + CN^-$）在均相条件容易进行，若两种反应物分处两相时（如 $C_8H_{11}Br$ 和 NaCN 分别溶于有机溶剂和水），则反应很难进行，采用极性非水溶剂（二甲基亚砜、二甲基甲酰胺等）可使两种反应物溶解形成均相，但极性非水溶剂往往较贵且有毒，回收再利用困难。

由于 PTC 催化剂通常是季铵盐（如四丁基铵，$[C_4H_9]_4N^+$），也称为"季铵化合物"，并用 Q^+ 表示，因此离子对 Q^+X^-（X^- 是要反应的阴离子）是比 Na^+X^- 更松散的离子对。离子对的这种松散性是提高反应性能的关键原因，最终使商业过程中的生产率提高（循环时间缩短）。使用相转移催化剂将一相中的反应基团转移到另一相中并促使其发生反应；在反应结束时，通常会产生阴离子离去基团。该阴离子离去基团被穿梭催化剂方便地带到水相（或固相），从而促进废料与产物的分离。此即为 PTC 的"萃取机理"（图 3-80）。

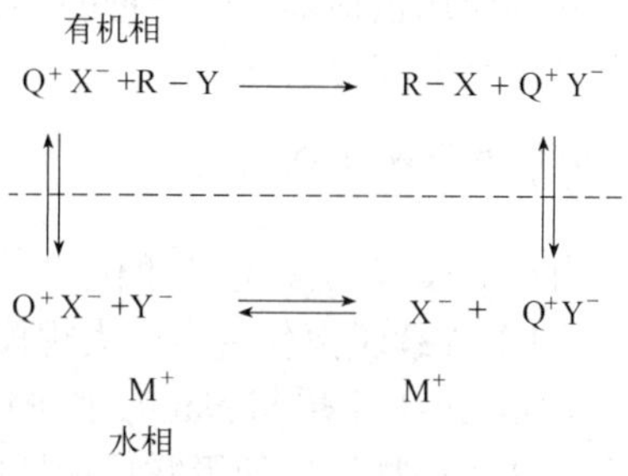

有机相
$$Q^+X^- + R-Y \longrightarrow R-X + Q^+Y^-$$

$$Q^+X^- + Y^- \longleftarrow X^- + Q^+Y^-$$
$$M^+ \qquad\qquad\qquad M^+$$
水相

图 3-80　相转移催化的萃取机理

如 $C_8H_{11}Br$ 和 NaCN 分别溶于有机溶剂和水体系：

油相：$QBr + C_8H_{11}CN \longrightarrow QCN + C_8H_{11}Br$
　　　　↑↓　　　　　　　　↑↓
水相：$QX（Br）+ NaCN \Longleftrightarrow QCN + NaX（Br）$

水溶性的 QX 与 NaCN 反应形成油溶性的 QCN；界面上的 QCN 迅速转移至有机相；QCN 与有机相反应物的 $C_8H_{11}Br$ 反应，生成产物；有机相中再生的 QBr 不一定和起始催化剂 QX 一样。

相转移催化剂须具备的基本特征：
① 催化剂 QX（QBr）须是水溶性的；
② 催化剂的阳离子（Q）须有足够的亲油性，以保证新形成的 QCN 离子对溶于有机相；
③ 催化剂原有的阴离子（X）以及反应中释放出的阴离子（Br）应具有尽可能大的亲水性；
④ 具有高的催化活性和选择性；
⑤ 催化剂（水相）易与反应产品（有机相）分离。

由于工艺的改进，相转移催化剂具有明显的优势：
• 提高生产力：减少或整合单元操作、操作简便，缩短循环时间、提高反应器容积效率、提高产量；
• 提高环保性能：消除、减少或更换溶剂，无须昂贵的非水溶剂或质子溶剂；
• 提高质量：减少可变性，减少非产品产量，提高选择性；
• 提高安全性：控制放热反应，反应条件温和，使一些不可能的化学合成进行，使用危害较小的原材料；
• 降低制造成本：消除后处理单元操作，使用成本更低或更易于处理的替代材料；
• 尤其在精细化学品生产中，没有任何一种催化方法能像 PTC 那样产生如此大的影响。

4. PTC 反应

PTC 技术可用于各种反应，中性条件下的 PTC 反应包括：
• 多离子取代；
• 还原；

- 氧化（如使用 MnO_4^-、CrO_4^-、OCl^-）；
- 羰基化；
- 环氧化；
- 过渡金属助催化。

更广泛适用的是使用浓水溶液或固体 NaOH、KOH、K_2CO_3、NaH 等的碱催化相转移反应，包括：

- 烷基化
- 异构化
- 加成反应
- 缩合
- 消除
- 水解
- 亲核芳族取代
- 卡宾反应等。

新的应用包括烯烃化合物的环氧化、取代甲苯的侧链氯化、重氮化、聚合物生产和改性，以及有机金属和分析化学。

5. 使用 PTC 的工业过程

由于 PTC 真正具有竞争优势，目前有数百个 PTC 的工业应用过程，以下仅举数例。

（1）连续脱卤化氢生产大规模单体氯丁二烯

3,4-二氯-1-丁烯与 NaOH 和 PTC 椰油烷基苄基双（β-羟丙基）氯化铵的脱卤化氢反应可以在 3~8 个搅拌容器的级联反应器中进行：

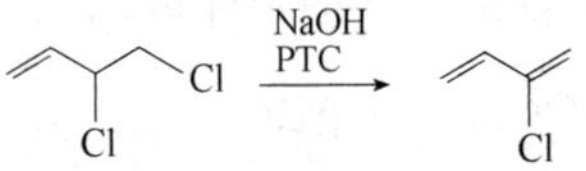

$$\text{（3-67）}$$

可以实现目标：生产率约 16t/h，产率高达 99.2%，NaOH 使用量仅过量 0.8%（摩尔分数）。

（2）用光气制造聚碳酸酯

该工艺可以显著减少过量的有害大容量原材料（如光气）：

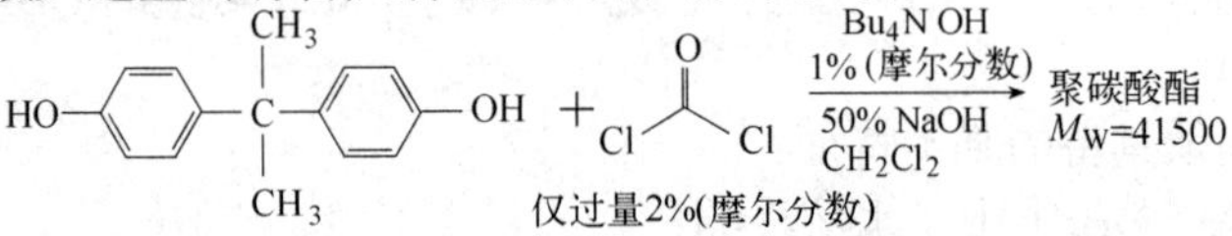

$$\text{（3-68）}$$

与传统催化相比，PTC 已大大减少对光气/氯甲酸酯的水解，将光气过量减少 94%，从而大幅改善安全性和环境污染。

（3）醚化（O-烷基化）

一个特殊的 Williamson 醚合成如下进行：

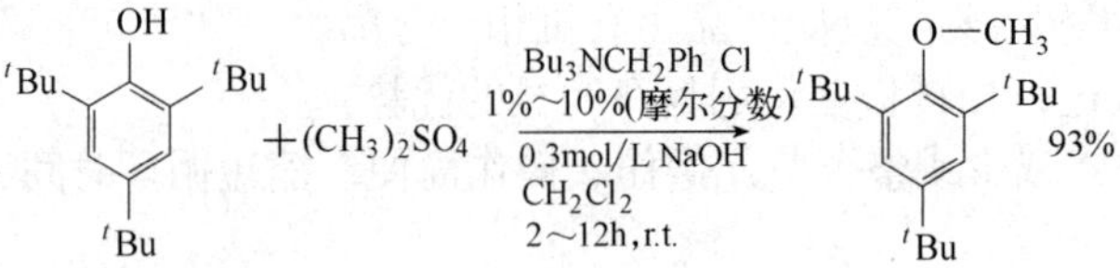

$$\text{（3-69）}$$

PTC 使该反应达到：①高产醚化；②不需要过量的预制醇盐；③通常周期时间短且易于后处理；④非干燥温和反应条件。

（4）用次氯酸盐氧化醇生成醛

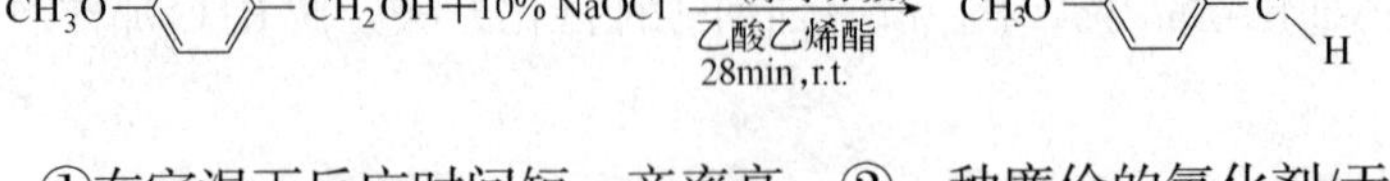

$$\text{（3-70）}$$

该反应实现了：①在室温下反应时间短，产率高；②一种廉价的氧化剂/无过渡金属，具有高选择性（相对于过氧化）。

（5）羰基化

PTC 的独特之处在于季铵化合物能够在有机相中转移阴离子形式的金属羰基化合物，其中 CO 的溶解度是水中的约 20 倍，这进一步导致 CO 水解成甲酸酯和酯的程度比酸更低。

如丙二酸酯可通过氯乙酸乙酯在 1barCO、25℃、羰基钴存在下进行 PTC 羰基化制备。Ni（CN）$_2$ 用于炔醇的 PTC 双羰基化，使用 PEG-400 作为相转移催化剂，LaCl$_3$ 作为附加助催化剂，甲苯作为溶剂，0.5mol/LNaOH 作为最佳碱浓度，烯二羧酸的产率高达 97%。

（6）烷基化制 2-苯基丁腈

生产 2-苯基丁腈的工业过程包括搅拌苯基乙腈和烷基化剂、优选烷基氯、50%NaOH 水溶液和 PTC 催化剂。其合成根据下式进行：

（a）
$$C_6H_5CH_2CN_{org} + Q^+Cl^-_{org} \rightleftharpoons C_6H_5\bar{C}H_2CN\ \overset{+}{Q}_{org} + Na^+Cl^-_{aq} + H_2O_{aq} \tag{3-71}$$

（b）
$$C_6H_5\bar{C}H_2CN\ \overset{+}{Q}_{org} + C_2H_5Cl_{org} \longrightarrow C_6H_5CHCN_{org} + Q^+Cl^-_{org}$$
$$Q^+ = TEBA \qquad\qquad\qquad C_2H_5 \tag{3-72}$$

发生烷基化的系统是多相的，由两个严格不混溶的液相组成。PTC 工艺取代了在甲苯中使用氨基钠的旧技术。

新工艺是通过搅拌纯苯乙腈（无溶剂）与约 1%（摩尔分数）TEBA 和浓 NaOH 水溶液同时将气态氯乙烷引入混合物中进行的。反应进行得很快，放热效果适中，因此反应容器被冷却保持温度在 15~20℃。氯乙烷几乎定量地消耗，当吸收适量的氯乙烷时反应停止。随后，混合物用少量水稀释，分离有机相，有机相用酸化水洗涤（除去催化剂），减压蒸馏纯化。由于高纯度产品的高选择性和高收率，所需 2-苯基丁腈的实际收率为 85%~90%，而使用氨基钠的工艺仅为 65%~68%。

除了上述优势外，催化工艺还具有许多其他优势：在节约起始材料成本方面具有显著的经济优势、易于操作并增加了安全措施；催化过程不需要使用有机溶剂，因此，从容器的单位体积中获得的产品量是传统工艺的 3~4 倍；传统工艺要求首先将氨基钠与苯乙腈反应，然后加入溴乙烷，由于这两种反应均为强烈放热的，因此所有操作更加耗时，而催化过程只需要更短时间即可完成同样的批次。

从这些示例可以看出，PTC 在许多反应类别的有机化学品生产过程中提供了高生产率、增强的环境性能、改进的安全性、更好的质量以及提高的可操作性。通过使用 PTC 改造现有的非 PTC 流程，并使用 PTC 开发新流程，显然存在巨大的机会以提高生产利润和绩效。

三、超临界催化

1. 超临界流体及其特性

稳定（是指化学性质稳定，在达到超临界温度时不会分解）的纯物质均有超临界状态，即固定的临界点：临界温度（T_C）和临界压力（p_C）。超临界流体是指物质温度和压力处于其临界温度和临界压力之上时的一种特殊流体状态。图 3-81 所示为单组分物质相图，处于气-液平衡的物质升温升压时（图中沿 TC 线变化），热膨胀引起液体密度减小，压力增高使气相密度增大。当物质的温度和压力达某一点（C 点）时，气-液分界面消失，体系的性质变得均一而不再分气体与液体，C 点就称为临界点，该点对应的温度与压力分别称为临界温度 T_C 和临界

压力 p_C。在临界温度之上，加压不再使物质呈现出液体状态，而只能成为超临界流体。图中高于临界温度和临界压力的区域就属于超临界流体状态。表 3-29 列出了化学反应中常用的超临界流体的临界数据。

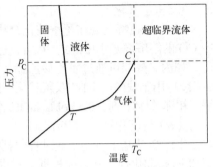

图 3-81 单组分物质相图

超临界流体兼具气体和液体的优点，其黏度小、扩散系数较大（与气体的扩散系数相近）、密度大（与液体的密度相近），具有优异的溶解性能和传质性能（表 3-30）。由表 3-30 可以看出：超临界流体的扩散系数和黏度更类似于气体临界范围的扩散系数和黏度，而其密度则同液态的密度相近。由于在超临界条件下扩散系数较大，且气/液相和液/液相的界面也均消失，热容量、热传导等物性出现峰值，因而可提高传质和传热效率。如某一反应在液相进行若由扩散控制时，则可在超临界条件下得以改善。此外，在临界点附近，微小的温度和压力变化就会给流体的密度、扩散系数、表面张力、黏度、溶解度、介电常数带来明显的改变。

表 3-29 化学反应中常用的超临界流体的临界数据

化合物	T_C/℃	p_C/MPa①	ρ_C/（kg/m³）②	化合物	T_C/℃	p_C/MPa①	ρ_C/（kg/m³）②
六氟化硫（SF₆）	45.5	3.77	735	丙烷（C₃H₈）	96.6	4.250	217
氧化亚氮（N₂O）	36.4	7.255	452	丙烯（C₃H₆）	91.6	4.601	233
水（H₂O）	373.9	22.06	322	1-丙醇（CH₃CH₂CH₂OH）	263.6	5.170	275
氨（NH₃）	132.3	11.35	235	2-醇（CH₃CHOHCH₃）	235.1	4.762	273
二氧化碳（CO₂）	30.9	7.375	468	正丁烷（C₄H₁₀）	152.0	3.68	228
甲醇（CH₃OH）	2394	8.092	272	正戊烷（C₅H₁₂）	196.6	3.27	232
乙烷（C₂H₆）	32.2	4.884	203	正己烷（C₆H₁₄）	234.0	2.90	234
乙烯（C₂H₄）	9.1	5.041	214	苯（C₆H₆）	288.9	4.89	302
乙醇（C₂H₅OH）	240.7	6.137	276	乙醚（C₂H₅OC₂H₅）	193.6	3.56	267

① 给出的位数表明计算的准确度。

② 虽然只给出三位数，但其准确度只有百分之几的误差。

表 3-30 临界区附近液体、气体和超临界流体的物理性质的比较

物理性质	气体（一般条件）	超临界流体（T_C，p_C）	液体（一般条件）
密度 ρ/（kg/m³）	0.6~2	200~500	600~1600
动态黏度 η/（mPa·s）	0.01~0.3	0.01~0.03	0.2~3
动力学黏度 ν①/（10⁶m²/s）	5~500	0.02~0.1	0.1~5
扩散系数 D/（10⁶m²/s）	10~40	0.07	0.0002~0.002

① 动力学黏度由动态黏度和密度按 $\nu = \eta/\rho$ 计算。

超临界流体的这些特性使得其既是良好的分离介质，同时又是良好的反应介质，如利用其溶解特性的超临界 CO_2 萃取技术就取得了长足的进展。由于超临界流体可与气体反应物共同形成单相的混合物，有时还可使反应避免因传质决定的速控步骤，从而提高反应速率，因而在萃取分离、化学反应和材料合成等领域得到了广泛应用。

2. 超临界流体在多相催化反应中的应用

（1）烷基化反应

Gao 等研究了 Y 型分子筛上苯与乙烯进行烷基化生成乙基苯的反应，在此反应中积炭导致催化剂失活是一个严重的问题，作者比较了三种不同的相（液相反应、反应混合物的超临界相以及应用超临界 CO_2 为溶剂的条件）中反应进行的情况。结果表明，在所用的两个超临界流体相中进行反应时，催化剂失活缓慢，而且因为抑制了副产物二甲苯的生成而使乙苯的选择性得到改善。进一步研究还表明，在超临界相存在时，此催化剂失活减慢是因为生成的多核芳烃的溶解度提高了，扩散系数增大了，从而使其易于从催化剂表面脱附。又如在 Y 型分子筛催化剂上研究超临界条件下异戊烷（T_C=461K，p_C=3.6MPa）和异丁烯烷基化以及异丁烷（T_C=406K，p_C=3.6MPa）和异丁烯烷基化反应，在这两个反应中所用石蜡烃既是反应物，又是超临界流体。应用超临界流体技术进行烷基化反应的结果显示出较液相或气相反应更高的催化活性以及更长的寿命。

如图 3-82 所示，异戊烷与异丁烯反应中，在烯烃进料量为 15mmol/g_{cat}（2.4h）时，用液相反应烷基化产物的生成速率可下降到零，而烯烃的低聚产物 C_8 和 C_{12} 的生成速率增加迅速。若用超临界技术，虽然烷基化反应的初活性较液相烷基化反应的初活性低，但是催化剂的失活现象并不明显，而且烯烃低聚产物的生成速率可降至一个低的水平。

图 3-83 给出了异丁烷与异丁烯烷基化反应的结果，图中同时对比了气体烷基化、液相烷基化和超临界条件下的烷基化反应。液相反应的结果表明：催化剂有很高的初活性，2,2,4-三甲基戊烷的收率达 70%，但当烯烃的进料量达到 20mmol/g_{cat} 时，活性消失。气相反应也有类似现象，即烯烃进料量达到一定数值时，催化剂活性也会显著下降。然而，在超临界条件下进行此烷基化反应时，当烯烃进料量近 35mmol/g_{cat}（5.6h）时，烷基化产物的收率仍高于 10%。

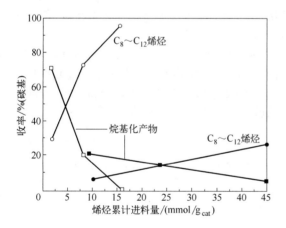

图 3-82 超临界溶剂对 H-USY 催化剂
（450℃焙烧）异丁烯烷基化的影响

W/F（修正的时空速率，W 为催化剂质量，F 为进入反应器
的摩尔流速=40g·h/mol）；i-C_4'/C_5=1/50；超临界相：200℃，
4.6MPa；液相：50℃，3.5MPa

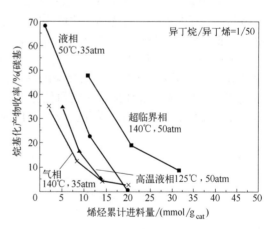

图 3-83 物相对烷基化反应的影响

i-C_4'/C_4 = 1/50；W/F=40g·h/mol；焙烧温度：450℃

虽然烷基化产物收率随时间下降，但异丁烯的转化率几乎达 100%。在另一条件（393K 和 5MPa）下进行的液相烷基化反应表明，催化剂失活的行为与气相烷基化反应的失活行为相似。

（2）加氢反应

在一些多相催化加氢过程中，氢气是同液态反应底物和固体催化剂混合在一起的。氢气和液相间的传质阻力可因处于超临界条件而被清除。氢气在大多数有机溶剂中的溶解度是相当低的，但在超临界流体存在的条件下，氢气与超临界流体可以完全互溶。

在给定的气体压力下，在超临界溶液中氢气的浓度能比在常规的溶剂中高一个数量级。于是氢气在催化剂表面的浓度也增加很多，从而使加氢反应速率比在常用的液相反应中显著增加。

为调节反应物溶解的问题，还可以使用所谓"共溶剂（co-solvent）"。主要的共溶剂有超临界态 CO_2、丙烷和乙烷等。然而，超临界流动相的溶剂化能力（solution power）一般低于相应的液相，这就带来了超临界流动相的应用问题。

为消除应用超临界流动相带来的溶解度问题，常采用添加共溶剂的方式来调节溶剂的性质。但目前关于在多相催化反应中应用共溶剂来调节超临界流动相的溶解度问题尚不能给予清晰的说明。Hitzler 和 Plliakoff 应用连续流动反应器，并以超临界态 CO_2 或者丙烷为共溶剂进行环己烯、乙苯酮等加氢反应，并比较了几种市售负载型 Pd 催化剂。结果表明：在两种超临界流动相中，环己烯加氢速率异乎寻常的快，而且不需对反应器从外部加热便可诱发反应。在环己烯流速大于 1.5mL/min 时，催化剂床层的温度高于 573K，该温度超过了环己烯的临界温度（T_C=560.3K，p_C=4.3MPa），其是由加氢反应所放出的热量所致。反应中只需要很少量的超临界 CO_2 即可维持该加氢反应的进行。

（3）氧化反应

超临界流体在多相催化氧化反应中也显示了其特点，特别对部分氧化反应尤为如此，如应用氧化-还原型或酸性催化剂并使用超临界态 CO_2 为溶剂进行甲苯经 O_2 氧化成苯甲酸的反应。在该反应中，负载型的 CoO 系催化剂，特别是 Co(Ⅲ)物种是最具活性和高选择性的催化剂。反应在 8MPa、293~493K 超临界态 CO_2 存在下进行，甲苯可转化为苯甲醛、苯甲醇和苯甲酚的异构体。其中苯甲醛的选择性比低压的气固相反应所得的苯甲醛的选择性高出许多。但反应速率较低，测得的反应活化能为 21kJ/mol，表明有过氧苯自由基参与了该反应。

Fujimoto 等报道了异丁烷氧化成叔丁醇的催化和非催化反应，并考察了应用气相异丁烷、液相异丁烷和超临界态异丁烷对反应的影响。研究表明：无论是非催化反应过程，还是催化反应过程，使用超临界流体的异丁烷可使异丁烷和氧的转化率得以提高。但是目标产物叔丁醇以及异丁烯却没有大幅增加。关于该反应的机理，他们认为，在超临界流体中，氧分子可攻击异

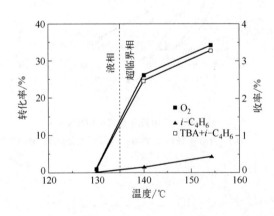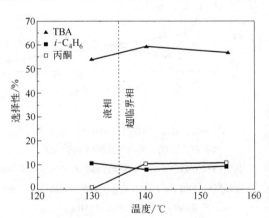

图3-84 TiO_2-SiO_2催化剂受空气氧化异丁烷成异丁醇反应中反应混合物流动态变化的影响

反应条件：5.4MPa，W/F=10g·h/mol；催化剂质量：0.5g；异丁烷/空气 =3（摩尔比）

丁烷分子中最活泼的 H 原子而形成叔丁基过氧化氢，在超临界异丁烷中叔丁基过氧化氢与分子氧共存。叔丁基过氧化氢可均裂分解为叔丁氧基和羟基自由基，所生成的叔丁氧自由基与另一异丁烷分子中的 H 原子结合而生成叔丁醇。图 3-84 给出了异丁烷经空气在 SiO$_2$-TiO$_2$ 催化剂上选择氧化（p_C=3.65MPa，T_C=408K）成叔丁醇（TBA）反应中不同流化态的影响。图中垂直横轴的虚线为异丁烷的临界温度。由此表明，在超临界流动相中异丁烷的转化率比在液相中有明显增加。但在超临界流动相中 TBA 和异丁烯的选择性增加微弱。尽管如此，超临界反应条件下 TBA 和异丁烯的收率均有所增加。

　　超临界 H$_2$O 相对以空气或纯氧为氧化剂的催化氧化反应也是十分有效的。尤其在消除废水中污染物时超临界态水相有着广泛的应用。应用超临界态水相处理废水中的有机污染物可加快反应速率。生成的是单一流动相以及非极性的有机物（如污染物是非极性的），与超临界态水相可完全互溶。关于多相催化剂对超临界流动水相中有机物氧化反应的作用已有专著给予介绍，读者可参考阅读。

　　从上面所举的几个实例中，超临界流动相在多相催化反应中所起的作用可概括为：

① 改善流动相的行为，消除气/液和液/液间传质阻力；
② 提高由外扩散控制的反应中反应物分子的扩散速率；
③ 改善传热性能；
④ 使反应产物较易分离；
⑤ 可借调压来调节溶剂性质；
⑥ 显示压力对反应速率的影响；
⑦ 通过溶剂-溶质（反应物）的相互作用来控制反应的选择性。

习题

第一节

1. 对一种固体酸，可采用哪些表征方法来说明这种固体酸的酸性质？

2. 根据田部浩三判断混合氧化物的酸中心性质的方法判断 5%TiO$_2$ 和 95%ZnO 以及 5%ZnO 和 95%TiO$_2$ 两种混合氧化物的表面性质（Ti 为六配位，Zn 为四配位）。

3. 现选用 pK_a 指示剂加入催化剂的试样中，说明在下列哪些情况下可使指示剂颜色从碱型色变为酸型色（设催化剂酸强度函数为 H_0）。

　　A. H_0>pK_a　　　B. H_0=pK_a　　　C. H_0<pK_a

4. 分子筛中的什么不同对其耐热、耐酸、耐水性能有所影响？又如何影响。

5. 分子筛的酸性是如何形成的？

6. 分子筛催化剂择形催化的形式有几类？请分别说明之。

7. 沸石分子筛组成中为什么必须含一定量阳离子？离子交换的目的是什么？

第二节

1. 试解释能带理论及 d 带孔穴的概念，并阐述金属催化剂的 d 带孔穴与其催化活性的关系，如果 d 带孔穴数大于反应物需转移的电子数，如何对催化剂进行调节？

2. 金属负载型催化剂中金属与载体的相互作用有几种类型？这种相互作用对催化剂的吸附性能及催化性能的影响如何？

3. 价键理论认为金属 Ni 以两种杂化方式成键，其中 d^{2}sp^3 杂化占 30%，d^{3}sp^2 杂化占 70%，试画出杂化轨道并计算其 d%，并说明该参数与其催化性能的关系。（Ni 原子的价层电子排布：3d^{8}4s^2）

4. 用于合成氨的催化剂为 α-Fe-Al$_2$O$_3$-K$_2$O，试说明其中各组分的作用。

5. 何为结构敏感和结构非敏感反应？试举例说明之。

6. 何谓氢溢流现象？

第三节

1. 运用能带理论的知识分别说明半导体的三种类型。

2. n 型、p 型半导体是如何生成的？

3. 杂质对半导体的 E_f、Φ、电导率是如何影响的？

4. 叙述金属氧化物催化剂氧化还原的机理。

5. 叙述半导体催化剂的化学吸附的本质。

6. 已知乙醇在氧化物半导体催化剂上可发生如下两种反应：

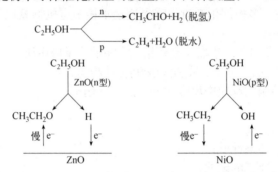

（1）说明各吸附键类型；（2）反应类型；（3）加入哪种类型杂质（Al$_2$O$_3$、Li$_2$O）可加速化学反应？

7. SO$_2$ 氧化为 SO$_3$ 在 V$_2$O$_5$ 催化剂上进行，其反应机理如下所示

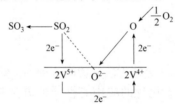

反应动力学表明 $v = kp_{O_2}\left[V^{4+}\right]^m_{表面}$，试说明 SO$_2$、O 各为何种吸附？反应是什么型？为什么加 K$_2SO_4$ 可加速反应？

8. 在 A+B⟶C 的反应中，以 p 型半导体作催化剂，其中 A 为施主分子，B 为受主分子，反应控制步骤为 A⟶A$^+$+e$^-$，讨论如何提高催化剂活性。

9. 半导体催化剂 ZnO 在吸附氧气后电导率比未吸附低，用 ZnO 催化剂催化 CO+1/2O$_2$⟶CO$_2$ 反应时，催化剂的电导率增大，试问 CO 和 O$_2$ 哪种物质吸附为控制步骤？这是什么型反应？加入什么杂质可以提高反应速率？

第四节

1. 确定水的电催化分解的热力学和动力学约束。这些问题是如何解决的？并给出一些高效催化剂和反应器的实例。

2. 光催化和电催化方法在分解水方面有何不同？并对其优缺点进行评估。

3. CO$_2$ 还原为有机分子是一个多电子过程，在热力学和动力学上都受阻。耦合光催化和电催化是一种可以提供更好效率的方法。这种光电催化过程的机理是什么？这两种技术如何协同工作？

4. 光子通量如何影响光催化过程？为什么速率对光子通量的依赖性会根据反应条件而

变化?

5. 如果必须为光催化剂选择三个关键特性，它们会是什么？为什么？

6. 如何验证两种半反应（还原/氧化）与光催化剂之间的热力学相容性？提供一个示例，其中显示一个半导体和两个半反应的示意图。

7. 与传统光催化剂相比，异质结构光催化剂可以扩大光吸收范围并抑制电子空穴复合。Z型光催化剂通过使用一种氧化光催化剂和一种还原光催化剂来模拟自然光合作用系统。如下图所示，两种成分之间的电荷转移通过①穿梭氧化还原离子介体（即 Fe^{3+}/Fe^{2+}）、②电子导体（即 Ag、AuNPs 和石墨烯），或③两个半导体之间的直接接触实现。给出良好还原氧化 Z 型光催化剂的示例，并强调上述配置途径的优缺点。

附图为 Z 型光催化剂中电荷载流子转移的示意图，其中：（a）氧化还原离子介体；（b）电子导体；（c）两种半导体之间的直接转移。PCⅠ和 PCⅡ代表光催化剂Ⅰ和Ⅱ；A 和 D 为电子受体和供体；E 为电场。

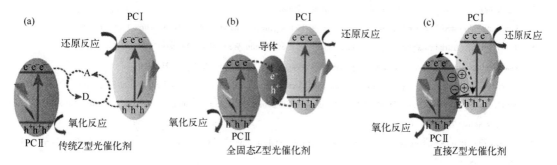

8. 含氮聚合物（N-polymers）是 CO_2R 中新兴的一类材料。这些材料含有氮官能团，可在聚合物主链或侧基内络合金属阳离子或锚定金属纳米颗粒。已针对 CO_2R 测试了两大类含 N 聚合物：电活性聚合物和离子交换聚合物。通过参考下图所示的一些聚合物，讨论这两类的工作原理。附图显示了（a）电活性和（b）离子交换 N-聚合物及其与 CO_2R 中使用的金属的配合物。

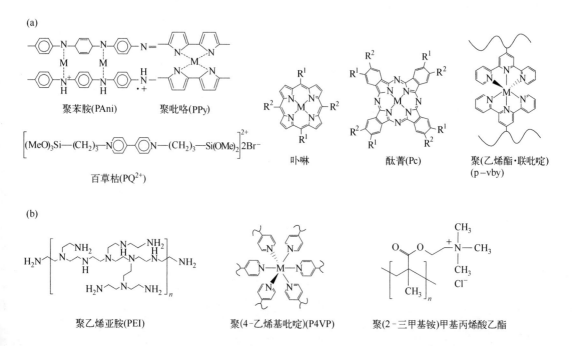

第五节

1. 阐述膜催化剂上甲烷氧化偶联反应机理。
2. 膜反应器有何特点？可分为哪几类？
3. 描述相转移催化剂的分子结构。
4. 相转移催化的主要优势是什么？
5. 超临界流体有何特点？在多相催化反应中有哪些作用？

参考文献

［1］ 黄仲涛，耿建铭. 工业催化［M］. 4 版. 北京：化学工业出版社，2020.

［2］ 甄开吉，王国甲，毕颖丽，等. 催化作用基础［M］. 3 版. 北京：科学出版社，2005.

［3］ 吴越. 应用催化基础［M］. 北京：化学工业出版社，2008.

［4］ Giovanni Palmisano，Samar Al Jitan，Corrado Garlisi. Heterogeneous catalysis［M］. Amsterdam：Elsevier，2022.

［5］ Jens Hagen. Industrial catalysis：a practical approach［M］. 3rd Edition. Weinheim：Wiley-VCH，2015.

［6］ Gadi Rothenberg. Catalysis：concepts and green applications［M］. Weinheim：Wiley-VCH，2008.

［7］ Thomas J M，Thomas W J，Principles and practice of heterogeneous catalysis［M］. 2nd Edition. Weinheim：Wiley-VCH，2015.

［8］ Jens K NørsKov，Felix Studt，Frank Abild-Pedersen. et al. Fundamental concepts in heterogeneous catalysis［M］. New Jersey：John Wiley & Sons，2014.

［9］ Wijngaarden R J，Kronberg A，Westerterp K R. Industrial catalysis：optimizing catalysts and processes［M］. Weinheim：Wiley-VCH，1998.

第四章

均相催化

均相催化涵盖催化剂和反应物处于同一相的所有系统。由于全固态催化过程存在问题，也有几个重要的全气态催化过程（如大气臭氧的氯催化分解），但大部分研究均集中在液相，为此本章主要讨论最常见的液相均相催化，此处"液相"包括一种或多种反应物处于气/液或蒸气/液体平衡的体系，如催化加氢反应中，虽然氢气是一种气体，但通过溶解在液体中参与催化循环。

虽然多相催化占所有工业催化过程的 85%~90%，但均相催化正在迎头赶上，重要性不断提高，目前估计为 10%~15%。过去几十年中，均相催化经历了重大发展，开发了许多新工艺、新产品。表 4-1 总结了有关均相催化的最重要的工业过程，表 4-2 列出了选定工艺的生产数据，可以看出涉及从大宗商品到特种化学品的广泛范围。

表 4-1　均相过渡金属催化的工业过程

反应类型	产品（工艺）
烯烃二聚	单烯烃二聚（Dimersol 工艺）
	从丁二烯和乙烯生产 1,4-己二烯（Dupont）
烯烃低聚	从丁二烯三聚生产环十二碳三烯（Hüls）
	乙烯低聚生产 α-烯烃（SHOP、Shell）
烯烃聚合 羰基化	烯烃和二烯的聚合物（Ziegler-Natta 工艺）
	加氢甲酰化、加氢羧化、Reppe 反应
	甲醇羰基化生产乙酸（Monsanto）、乙酸甲酯羰基化
氢氰化	从丁二烯和 HCN 生产己二腈（Dupont）
氧化	环己烷氧化生产羧酸（己二酸、对苯二甲酸）
	丙烯环氧化生产环氧丙烷（Halcon 工艺）
	乙烯氧化生产乙醛（Wacker-Hoechst 工艺）
异构化	双键异构化，从 1,4-二氯-2-丁烯生产 3,4-二氯-1-丁烯（Dupont）
复分解	从环辛烯生产八烯酸（Hüls）
加氢	不对称加氢生产 L-Dopa（Monsanto）
	从苯生产环己烷（Procatalyse）
	L-薄荷醇（高砂）

- 加氢除用于苯加氢成环己烷和不对称加氢（L-Dopa、L-薄荷醇）外，羰基化和部分聚合也属于加氢。
- 氧化用于烃类与氧气或过氧化物的反应，其中均裂过程：过渡金属反应生成自由基，氧化或还原步骤为单电子过程；而非均裂过程：配位化学通常的两电子过程。
- 低聚反应涉及单烯烃和二烯烃，其与聚合反应在机理上是相似的，均与可溶性或不溶性过渡金属催化剂的聚合或共聚用于生产：聚乙烯和聚丙烯（钛基和锆基茂金属催化剂）、乙烯-丁二烯橡胶、聚（顺式-1,4-丁二烯）和聚（顺式-1,4-异戊二烯）。

表 4-2　通过均相催化生产选定化学品的生产数据

工艺	催化剂	产能/（10^3 t/a）
加氢甲酰化	HRh（CO）$_n$（PR$_3$）$_m$	3700
	HCo（CO）$_n$（PR$_3$）$_m$	2500
氢氰化（杜邦）	镍［P（OR$_3$）］$_4$	约1000
乙烯低聚（SHOP）	Ni（P^O）螯合物	870
乙酸（Eastman Kodak）	HRhI$_2$（CO）$_2$/HI/CH$_3$I	1200
乙酸酐（Tennessee-Eastman）	HRhI$_2$（CO）$_2$/HI/CH$_3$I	230
异丙甲草胺（Novartis）	［Ir（二茂铁基二膦）］I/H$_2$SO$_4$	10
香茅醛（高砂）	［Rh（binap）（COD）］BF$_4$	1.5
茚氧化物（Merck）	手性 Mn（salen）-配合物	600kg
缩水甘油（ARCO，SIPSY）	Ti（O^{i}Pr）$_4$/酒石酸二乙酯	数吨

配位活化和吸附热活化相比具有更多的优点：首先，作为催化剂活性中心的过渡金属离子具有广阔的配位价层空间，既可使反应物配位活化并发生反应，又能容纳非参与反应的配体，通过电子因素和几何因素与之相互作用，修饰催化剂的组成和结构，调变催化剂的活性和选择性，从而可从分子水平上设计催化剂；其次，配位催化反应活性选择性高，反应条件温和，易于低成本下运行；最后，由于反应专一性高，因而得以资源合理利用和减少污染物排放等。均相络合催化剂的主要缺点是回收不易，现在正研究将其固相化，是催化领域中重要课题之一。

一、过渡金属配合物的液相催化

许多学者将"均相催化"等同于"由有机金属配合物催化的液相反应"，主要是因为大部分工业均相催化均基于有机金属催化剂（具有金属-碳键的化合物），迄今已有数以千计的品种。21 世纪的诺贝尔化学奖中有 3 项与均相催化有关：2001 年，William Knowles、Ryoji Noyori 和 Barry Sharpless 分享了对不对称氢化和氧化催化的贡献；2005 年，Yves Chauvin、Robert Grubbs 和 Richard Schrock 分享了对复分解催化的贡献；2022 年，Carolyn Bertozzi、Morten Meldal、Barry Sharpless（第二次）分享了对开发点击化学和生物正交化学的贡献。

过渡金属催化的本质可通过与金属中心结合的配体的反应性来解释。过渡金属的 d 轨道允许配体如 H（氢化物）、CO 和烯烃结合形成配合物，这些配体被激活以进一步反应。分子转变通常需要反应物与金属中心的松散配位并从配位层中轻松释放产物，这两个过程均需尽可能低的活化能，且具有空的配位点或至少一种弱结合的配体。过渡金属可以各种氧化态存在并表现为一定范围的配位数。配体可分为离子配体和中性配体两类：前者包括 H$^-$、Cl$^-$、OH$^-$、烷基、芳基-和 CH$_3$CO$^-$等，后者包括 CO、烯烃、膦、亚磷酸酯、胂、H$_2$O 和胺等。

均相催化中涉及配位活化、氧化加成、还原消除、邻位插入和配位体取代等关键反应（图 4-1），下面分别予以阐述。

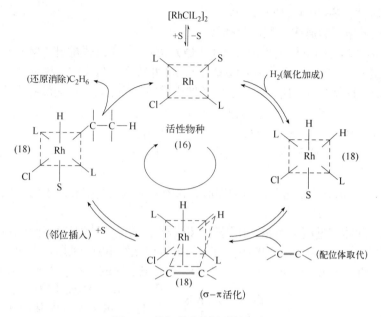

图 4-1　均相催化中的关键反应

1. 配位键合与配位活化

配位化合物与普通化合物的区别：①活性中心为过渡金属离子（原子），具有氧化还原及酸碱催化功能；②助剂：以配体形式存在，稳定、调变中心离子的电子状态、控制产物的空间结构；③状态：溶解（Wäcker 工艺、羰基合成）或固态（Ziegler-Natta 工艺）。通过配位催化机理可将均相与多相催化关联起来。

虽然目前尚不可能预测哪种过渡金属对哪些类型的催化最有效，但已有一些趋势，可作为催化剂设计和开发的参考：

① 可溶性的 Rh、Ir、Ru、Co 配位化合物对单烯烃的加氢特别重要；
② 可溶性的 Rh、Co 配位化合物对低分子烯烃的羰基合成最重要；
③ Ni 配位化合物对于共轭烯烃的低聚较重要；
④ Ti、V、Cr 配位化合物催化剂适用于 α-烯烃的低聚和聚合；
⑤ 第Ⅷ族元素配位化合物催化剂适用于烯烃双聚。

过渡金属原子的价电子层有 5 个（n–1）d 轨道，在能量上与 1 个 ns 和 3 个 np 轨道相近，因而其配位场中共有 9 个价电子轨道，最多时可容纳 9 个配体。一般常见配合物的配位数为 6、5、4 三种。

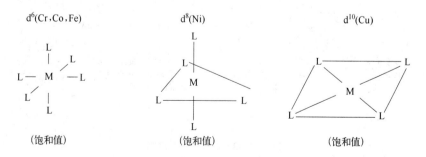

d^6 构型最高配位数为 6，如 Cr、Co、Fe、Ni^{2+}、Rh^{3+}；

d^8 构型最高配位数为 5，如 Ni、Rh^+、Pd^{2+}；

d^{10} 构型最高配位数为 4，如 Cu、Pd。

金属中心的 d 电子数越多，配位数越低。

过渡金属空的 $(n-1)$ d 轨道可与配体 L（CO、C_2H_4 等）形成配键（M←:L），可与 H、R 基形成 M-H、M-C 型σ键，由于 $(n-1)$ d 轨道或 nd 外轨道参与成键，故过渡金属可有不同的氧化态和配位数，且易改变，这对配位催化的催化循环十分重要。在配位催化反应中，反应物须先配位。根据反应类型不同，要求过渡金属有一个、两个甚至三个空位，才能达到活化反应物的目的。当反应物接近中心离子时，可能出现两种情况：

① 金属中心的部分原配体解离，腾出空位接纳反应物，中心离子的氧化态、配位数均不变；

② 金属中心的轨道重新组合，与配体形成新的分子轨道，中心离子的氧化态、配位数均改变。

各种不同的配体与过渡金属相互作用时，根据各自的电子结构特征建立不同的配位键合，配体自身得到活化。具有孤对电子的中性分子与金属相互作用时，利用自身的孤对电子与金属形成给予型配位键，记为 L→M，如:NH_3、$H_2\ddot{O}$，给予电子对的 L:称为 L 碱，接受电子对的 M 称为 L 酸，M 要求有空的 d 或 p 空轨道，如 H·、R· 等自由基配体。配体与过渡金属相互作用也可形成电子配对型σ键，记为 L-M，金属利用半填充的 d、p 轨道电子转移到 L 上并与 L 键合，自身得到氧化，带负电荷的离子配体，如 Cl^-、Br^-、OH^-等，具有一对以上的非键电子对，可分别与金属的两个空 d 或 p 轨道作用，形成一个σ键和一个π键，如图 4-2 所示。

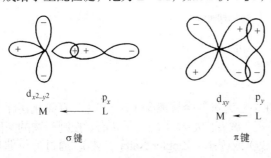

图 4-2　σ键和π键的形成

该类配体称为π给予配体，形成σ-π键合。具有重键的配体，如 CO、C_2H_4 等与金属相互作用，也是通过σ-π键合而配位活化，如图 4-3 所示。经过σ-π键合的相互作用后，总的结果是作为配体的孤对电子、σ电子、π电子（基态）通过金属向配位自身空π*轨道跃迁（激发态），分子得到活化，表现为 C-O 键拉长，乙烯 C-C 键拉长。对于烯丙基类的配体，其配位活化可以通过端点碳原子的σ键型活化，也可通过大π键型活化。这种从一种配位型变为另一种配位型的配体，称为可变化的配体，对于异构化反应很重要。还有其他类型的配体活化。

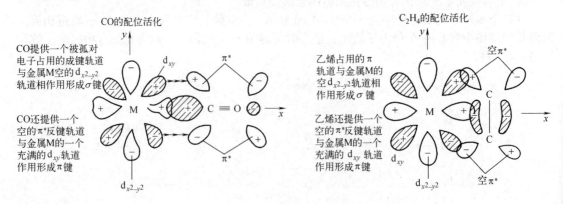

图 4-3　CO、C_2H_4 的配位活化

过渡金属中心的配位场可同时容纳几种不同配体，如羰基合成反应在过渡金属的配位场中同时容纳 CO、H_2 和烯烃，并在其他配体的协同下反应生成醛。参与反应的配体（反应物）如烯烃、烷基、CO、H_2 等，直接参与反应，最后以产物形式脱去；而非参与反应的配体（助剂）不直接参与反应，反应后不离开中心离子。非反应的配体具有调变作用：碱性（施主）配体可增加中心离子的电子云密度，提高金属中心反馈电子的能力，加强 M-C 的键合，加强对反应物分子的活化（削弱 C=C、C=O）；酸性（受主）配体则降低金属中心的电子云密度。常用的膦、胂、氮等有机配体都是强施主配体。

　　配体的酸碱性还可改变金属中心和反应物配体的键型，如大π键 $\rightleftharpoons$ σ键：

$$\underset{\text{接受体}}{\overset{\text{给予体}}{\rightleftharpoons}}$$

$MCH_2CH = CHCH_2R$

2. 氧化加成

　　要形成配合物，过渡金属须提供空配位。若配位化合物的配位数低于饱和值，即为配位不饱和，就有配合空位。配位不饱和可有以下几种情况：原来不饱和；暂时为介质分子所占据，易为基质分子（如烯烃）所取代；潜在的不饱和，可能发生配体的解离。

$$Ir(CO)(pph_3)_2Cl \xrightarrow[H_2]{\text{原来不饱和}} Ir(CO)(pph_3)_2H_2Cl$$

$$Rh(pph_3)_3Cl + \underset{(\text{为介质})}{S} \longrightarrow Rh(pph_3)_2ClS \xrightarrow{S\text{暂时占据}} Rh(pph_3)_2Cl...CH_2 + S$$

$$Fe(CO)_5 \xrightarrow{\triangle} Fe(CO)_4 + CO(\text{配体解离})$$

配位不饱和的配合物易发生加成反应，如：

$$L_nM^{n+}(d^8) + X—Y \underset{\text{还原消除}}{\overset{\text{氧化加成}}{\rightleftharpoons}} L_nM^{(n+2)+}(d^6)$$

　　氧化加成增加金属离子的配位数和氧化态数，其加成物 X—Y 可以是 H_2、HX、RCOCl、酸酐、RX，尤其是 CH_3I 等。加成后 X—Y 分子被活化，可进一步参与反应。如 H_2 加成被活化可进行加氢和氢醛化反应等。具有平面四方形构型的 d^8 金属最易发生氧化加成，加成的逆反应为还原消除。现举例如下：

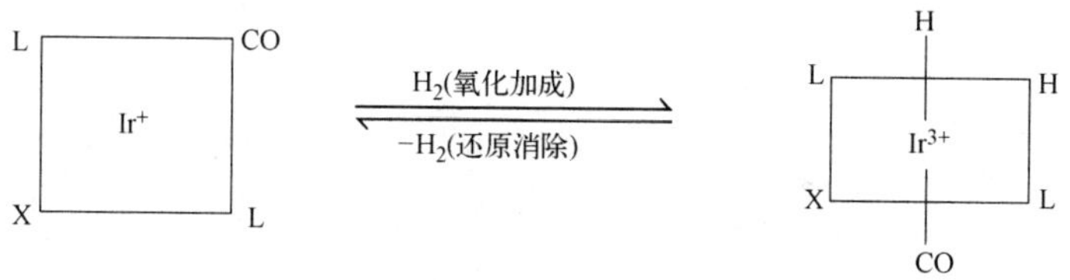

此处 X=Cl，Br，I；L=pph$_3$。在 Ir-配位化合物中，只有 X-Ir 是共价键，其余 L_2、CO 与 Ir 为配位键，故 Ir 的价态数为+1。进行氧化加成后，H-Ir 为σ共价键，故 Ir 的价态由+1 增加为+3，得到氧化。又如 RhCl 络合催化的乙烯加氢反应：

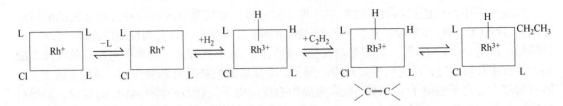

加成活化有以下三种方式：

① 氧化加成活化。如前所述，该方式使中心金属离子的配位数和氧化态（即价态）均增加2。

$$n = 4 \qquad d^{10} \rightleftharpoons d^8 \ (如\ Pd^0 \rightleftharpoons Pd^{2+})$$
$$n = 5 \qquad d^8 \rightleftharpoons d^6 \ (如\ Rh^+ \rightleftharpoons Rh^{3+})$$
$$n = 6 \qquad d^6 \rightleftharpoons d^4 \ (如\ Ru^{2+} \rightleftharpoons Ru^{4+})$$

该类加成的反应速率与金属中心的电荷密度大小、配体的碱度及其空间大小有关。碱性配体能够增加中心离子的电子密度，故反应速率增大。若配体较大，在配位数增加2的情形下，造成配位空间拥挤，故会减慢反应速率。

② 均裂加成活化。该加成方式能使中心离子的配位数和氧化态各增加1。

$$(L_n)_2 M_2^{n+} + X_2 \rightleftharpoons 2 L_n M^{(n+1)+} X^-$$

低压羰基合成使用的络合催化剂——羰基钴就属于该类型：

$$Co_2^0(CO)_8 + H_2 \rightleftharpoons 2HCo^+(CO)_4 (活性物种)$$

③ 异裂加成活化。该加成方式实为取代，因为中心离子的配位数和氧化态均不变。当然，也可将过程看作两步，先氧化加成，然后还原消除，其结果与取代反应相同。

$$L_n M^{n+} + X_2 \rightleftharpoons L_{n-1} M^{n+} X + X^+ + L^-$$

三价钌催化剂从前体（$RuCl_6$）$^{3-}$变为催化活性物种即属于该类型：

$$(RuCl_6)^{3-} + H_2 \rightleftharpoons (RuCl_5H)^{3-} + H^+ + Cl^-$$
$$\qquad\qquad\qquad\qquad 活性物种$$

3. 还原消除

还原消除与氧化加成相反：X 和 Y 从与金属 M 键合的 M—X 和 M—Y 键断裂，然后形成新的 X—Y 键。还原消除通常不是催化过程中的速率决定步骤。自由 X—Y 物质离开配合物，金属失去两个配体并获得两个价电子。处于较高氧化态（Ⅱ、Ⅲ和Ⅳ）的 Pd、Pt、Rh 和 Ir 等贵金属更易还原消除。在许多催化循环中，反应物在氧化加成步骤中进入循环，部分反应物在还原消除步骤中离开中间体。图 4-4 示例了通用的还原消除反应和从镍配位化合物中还原消除 HCN。

(a) $\quad X \diagdown M^{n+2}—ligand(s) \rightleftharpoons M^n—ligand(s) + X—Y$
$\qquad Y \diagup$

(b) $\quad Ph_3P \cdots \overset{\displaystyle H}{\underset{\displaystyle PPh_3}{|}} Ni^{II}—CN \rightleftharpoons Ph_3P \diagdown Ni^0—PPh_3 + HCN$
$\qquad\qquad Ph_3P \diagup \qquad\qquad\qquad Ph_3P \diagup$

图 4-4 （a）通用还原消除反应和（b）从镍配位化合物中还原消除 HCN

基于微观可逆性原理，还原消除是相应氧化加成的平衡对立。虽然氧化加成可产生顺式和反式产物，但还原消除仅来自顺式产物。具有接受电子基团的配体提高了还原消除率，因为其稳定了富电子的金属中心。相反，具有给电子基团的配体的存在将延迟还原消除反应。有些还原消除没有已知的氧化加成对应物，因为存在将烯烃的"隐藏"C-C键添加到过渡金属中心的高动力学障碍，如还原消除产生新的脂肪族C-C键（图4-5），此处通过创建Pd-乙基和Pd-甲基键获得的能量并不能补偿破坏脂肪族C-C键损失的能量。

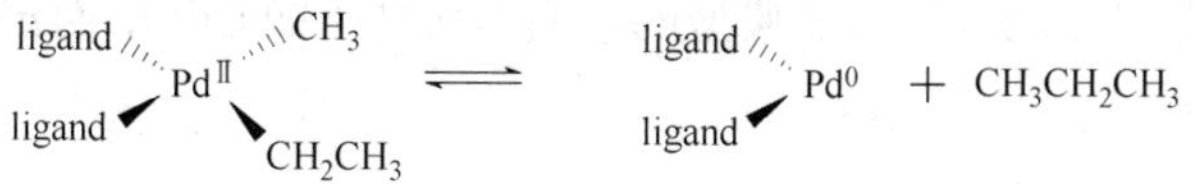

图 4-5　通过 Pd 配位化合物的还原消除形成 C-C 键

4. 氧化偶联和还原裂解

在氧化偶联（环加成）中，两个配体通过金属连接形成金属环烷烃。金属的氧化态增加了两个单位，配位数保持不变。与氧化加成不同，配体分子不会被切割，因而氧化偶联是氧化加成的特例。下式描述了两个乙烯分子的偶联及其与金属环戊烷的逆反应：

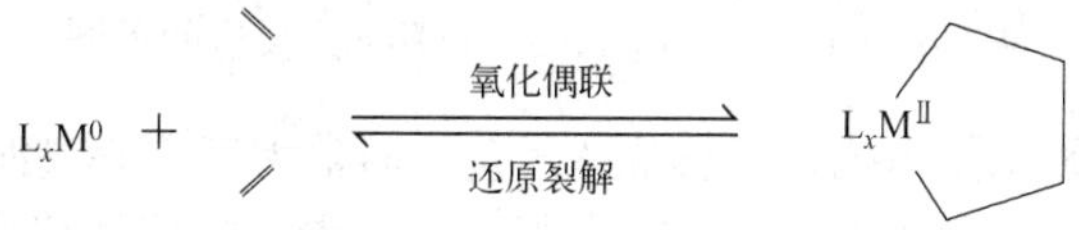

还原裂解在复分解反应中起重要作用。在许多 C-C 偶联反应中，不饱和配体接受来自过渡金属的两个电子，如不饱和烃的多环低聚反应的催化，下式给出了丁二烯的示例：

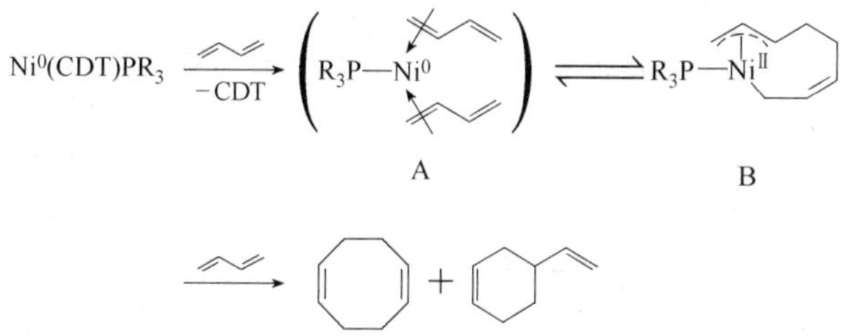

首先，与丁二烯配体进行置换反应得到镍（0）π配合物 A，经过氧化偶联得到含金属的环 B，即π-烯丙基σ-烷基配合物，然后还原消除得到主要产物 1,5-环辛二烯和 4-乙烯基环己烯。

5. 插入和迁移

插入或迁移步骤涉及将一个不饱和配体引入同一配位化合物上的另一个金属-配体键。"插入"一词尚待商榷，因为许多情形下迁移到"插入组"的为"末端组"，因此正确的术语应为"迁移插入"。就螯合物而言，迁移和插入产物存在差异：插入会改变螯合物的几何形状，而迁移不会，如图 4-6 所示的方形平面 Pd 配合物，CO 插入 Pd-Me 键会导致与配位 P 原子形成

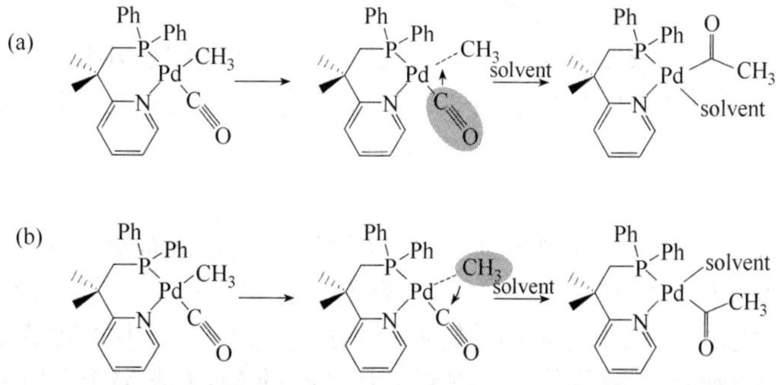

图 4-6　在具有 P-N 螯合配体的方形平面 Pd 配合物中 CO 插入（a）和 CH₃ 迁移（b）

顺式构型,而 CH3 的迁移将保留原来构型。

迁移插入时两组须处于顺式位置。两个旧配体间形成新键,金属相应失去一个配体。常见的插入反应是 [1,1] 或 [1,2](图 4-7),在 [1,1] 插入中,金属原子和"端基"最终键合到"插入基团"的同一原子上;相反,在 [1,2] 插入中,金属原子和"端基"最终位于"插入基团"的相邻原子上。[1,1] 插入是典型的 η^1 键合配体(如 CO),而 η^2 键合配体(如乙烯)通常通过 [1,2] 插入。

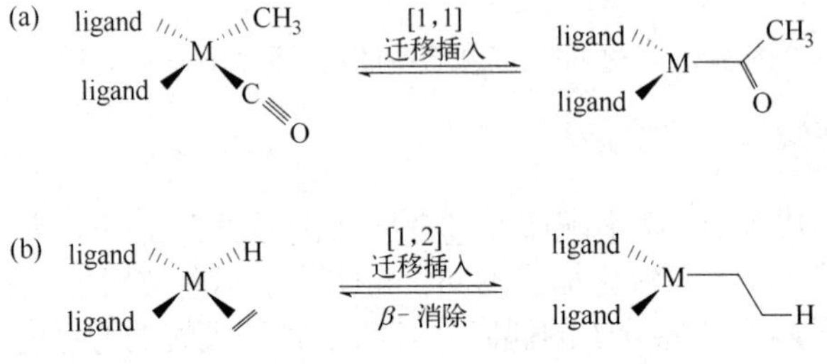

图 4-7 [1,1] 和 [1,2] 迁移插入反应的示例

可用三种不同的过渡态简单描述迁移插入反应:通常为三中心过渡态(a);若内配体迁移包括一个烯基配体,则反应可能经历四中心过渡态(b);若内配体迁移反应包括两个烯基配体,则反应经过共轭氧化而成环状双配位(c),该类反应对烯烃低聚和共聚非常重要。

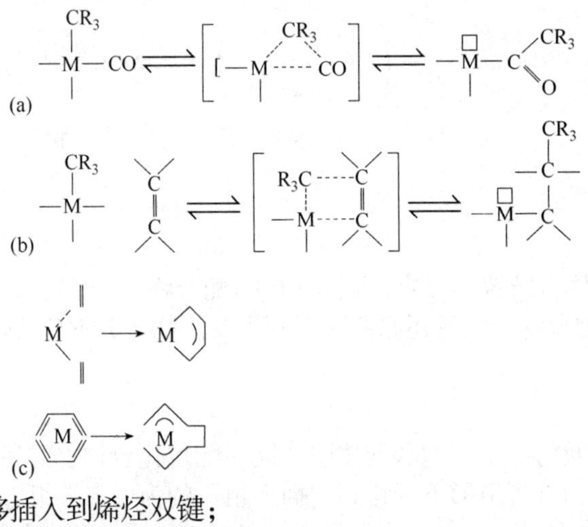

氢化反应:H 迁移插入到烯烃双键;
氧化过程:含氧基迁移插入到烯烃双键;
羰基合成:R 迁移插入到 C≡O 三键;
聚合反应:R 迁移插入到烯烃双键。

或者看作是小分子烯烃或 CO 插入到金属配键 M-H、M-OH、M-R 中,形成新配体;配体迁移出现的空位由溶剂或外来的配体填补,潜在配体的存在有利于迁移插入。

6. 反插入和 β 消除

插入和反插入反应总是处于平衡状态,可采用 NMR 光谱表征该平衡。在反插入基团是烯烃的特殊情形下,该反应称为 β-氢化物消除(或简称为 β 消除,没有 β 氢原子的烷基配体可从 α、γ 或 δ 位置消除氢化物),该步骤是前述迁移插入的逆过程。有些文献将反插入(或 β 消除)称为挤出。该步骤从 β 碳中提取氢化物,得到烯烃和新的 M-H 或 M-R 键(图 4-8)。反应通常通过不可知的中间体进行，金属获得了一个新配体（氢化物），配合物电子数增加 2。插入会在配合物上产生一个空位，而 β 消除则需要一个空位，且须为消除基团的顺式。

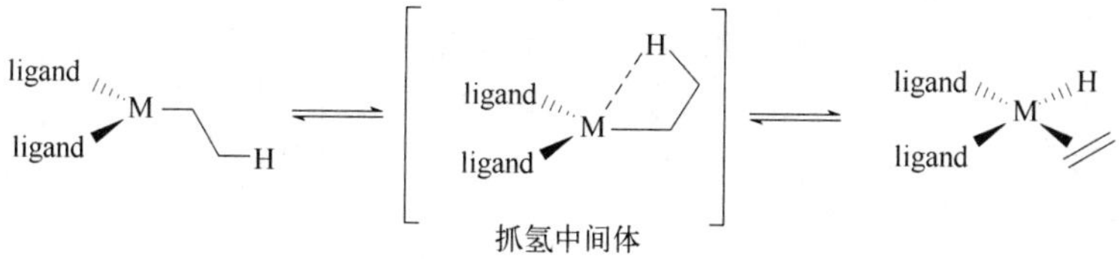

图 4-8　从过渡金属-烷基配合物中消除 β 氢化物的通常步骤

7. 配体间反应：亲核攻击

当配体与金属中心配位时，其电子特性会发生变化，从而得以激活，使其受到另一个配体的亲核或亲电攻击，亲核攻击的激活更为常见，因为在大多数情形下，配位分子向金属中心（通常带正电）提供电子。如在生产乙醛的 Wäcker 工艺中，Pd 活化乙烯，随后受到水的攻击［图 4-9（a）］。CO 是另一种易受亲核攻击的配体，类似于迁移（或插入）步骤［图 4-9（b）］，不同之处在于，此处的攻击亲核试剂在反应前没有与金属中心配位。

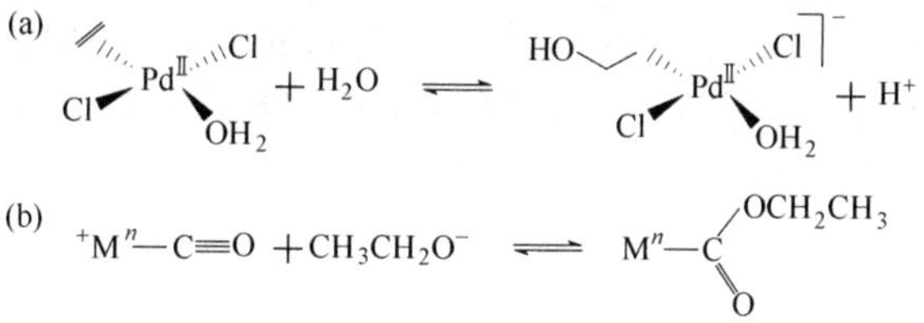

图 4-9 （a）Wäcker 氧化循环中水对配位乙烷的亲核攻击和（b）乙醇盐对配位 CO 的亲核攻击

8. 其他反应

（1）α-氢化物消除和 α-提取

该反应类似于 β 氢化物消除，但此处氢化物（或氢原子）从配体的 α 位转移到金属中心，并以氢化物的形式配位［图 4-10（a）］。因为涉及金属的氧化（类似氧化加成），在 d^0 或 d^1 配合物中不会发生 α-氢化物消除，反而发生 α-提取反应，其中 α-氢直接转移到相邻的配体而不是金属中心，金属氧化态没有变化［图 4-10（b）］。α-提取反应常见于处于最高氧化态（d^0）的 Ta、Nb、Ti 和 Zr 等后过渡金属，它们被用作复分解催化剂以合成烷基烯配合物（Schrok 碳烯）和烷基炔配合物。

（2）σ-键复分解

该反应类似于经典的复分解反应，不是在两个烯烃间切换，而是进入配体的σ键取代现有配体的σ键（图 4-11），在一个四中心中间体中，先是［2+2］加成，而后是［2+2］解离，进入的配体通常是碳氢化合物或氢分子。σ键复分解不改变金属氧化态，更常见于 d^0 过渡金属，盖是由于此类配合物不能通过氧化加成

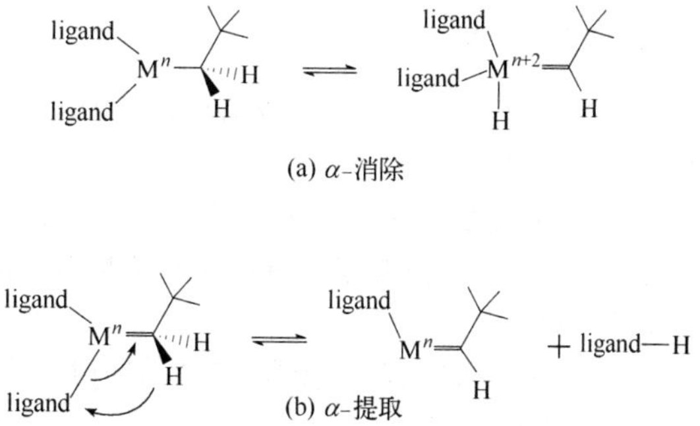

(a) α-消除

(b) α-提取

图 4-10 　α-消除（a）和 α-提取（b）

交换配体。镧系元素配合物由于通常在 M^{3+} 氧化态下是稳定的，也易发生该反应。虽然途径不同，但σ键复分解的最终结果等同于氧化加成和随后的还原消除。

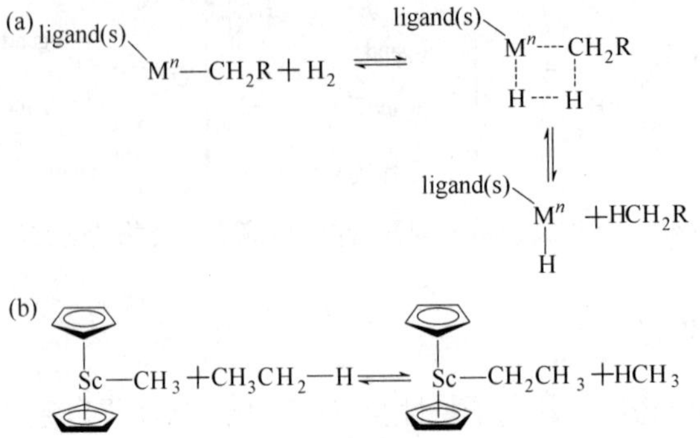

图 4-11　σ 键复分解的通常步骤（a）和示例（b）

（3）邻位金属化

这是一种亲电取代反应，发生于金属与已经键合的金属分子间（图 4-12）。如在芳环的邻位金属化中，邻位的 C-H 键通过 Wheland 型中间体被金属取代，形成可与烯烃进一步反应的环状有机金属中间体，从而在原始金属配合物上产生新的 C-C 键产物。在邻位金属化中，金属中心的正式氧化态不会改变。在 Pd^{II}、Ru^{II} 和 Rh^{I} 中，导致 C-H、C-C 或 C-F 键活化的邻位金属化是化学反应性有限的强键。

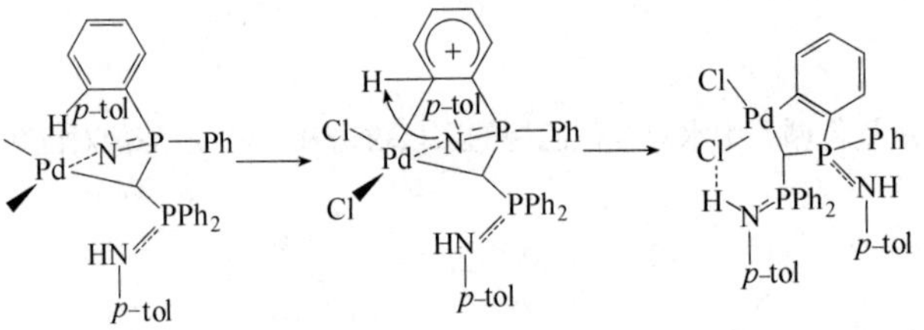

图 4-12　Pd-有机亚胺配合物的邻位金属化

二、均相催化中的基本概念

1. 16/18 电子规则

C. A. Tolman 在总结和归纳许多实验结果的基础上，提出 18/16 电子规则（Chem. Rev.，1972，1：337）：

① 对于过渡金属反磁性有机配合物，如果金属价电子壳层含有 18 或 16 个电子，则可用光谱仪或动力学方法测量该种金属有机配合物的存在，亦即 18/16 电子过渡金属有机配合物是比较稳定的；

② 金属有机反应包括催化反应是通过一个个基元反应来进行的，反应中间体的金属价电子只可能是 18 或 16。

第二条规则可示意性地描述均相催化的关键反应，如图 4-13 所示。

前述过渡金属的关键基元反应，每个基元反应均是微观可逆的，每个基元反应配合物金属 NVE 的变化只可能是零或者 2。根据 18/16 电子规则，具有 18 或 16 价电子的配合物可发生 Lewis 酸配体的缔合和离解，而 Lewis 碱配体的离解、还原消去、插入、氧化偶联一般仅限于 18 电子的配合物，Lewis 碱配体的缔合、氧化加成、β-消除和还原消除反应则仅限于 16 电子的配合物。

不难理解该规则，由于过渡金属有 9 个价轨道，包括 5 个 $(n-1)$ d、3 个 np 和 1 个 ns，共可容纳 18 个价层电子，因而具有这样的价电子层结构的原子或离子最为稳定。该经验规则不是严格的定律，可以有例外，如 16 个价层电子就是如此。

所谓金属有机配合物金属价电子的数目（number of valence electrons，NVE）是金属本身的价电子和由配体所提供的电子数之和。所有与金属中心共价结合的配体为价层提供两个电子，金属中心对应于其氧化态提供所有 d 电子。对于电中性的配合物，NVE 是金属本身的价电子数 $[nd$、$(n+1)$ s、$(n+1)$ p 壳层的电子数] 和配体所提供的电子数之和；对配体来说，形成一个共价配键提供一个电子，孤对电子配体提供两个电子，每个不饱和 n-配体提供 n 个电子。对于带电荷的配合物，NVE 是未配合时金属价电子层中的电子数加上或减去配位离子的电荷数和配体形式上贡献给金属电子数之和。

$Cr(CO)_6$ 　　　　　　　　Cr：$3d^54s^1$，$(CO)_6$：$2 \times 6=12$，$NVE=18$

$[Co(NH_3)_6]^{3+}$ 　　　　Co：$3d^74s^2$，Co^{3+}：$9-3=6$，$(NH_3)_6$：$2 \times 6=12$，$NVE=18$

$[\eta^5-C_5H_5Fe(CO)_2C_2H_4]^+$ 　　Fe：$3d^64s^2$，$8-1=7$，$(CO)_2$：$2 \times 2=4$，C_2H_4：2，$\eta^5-C_5H_5$：5，$NVE = 18$

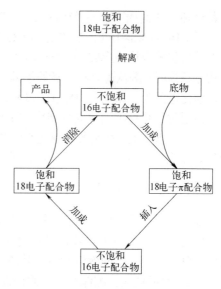

图 4-13　根据 16/18 电子规则的均相催化反应过程

需要指出的是，在计算金属 NVE 时要注意配合物实际存在的形式，如是否是多核及配体桥式配合物，多齿配体是几齿配合，在溶液中还要考虑溶剂是否也参与配合等复杂情况。

2. 催化循环

了解了均相催化的关键反应和 16/18 电子规则后，均相催化过程可描述为循环过程。C. A. Tolman 也介绍了描述催化机制的方式。现讨论工业上重要的末端烯烃加氢甲酰化的循环过程（图 4-14）。

催化剂前体是 18 电子氢化钴四羰基配合物 A，解离 CO 配体得到 16 电子的活性催化剂 B；接着烯烃配位得到 18 电子π配合物 C；通过氢化物

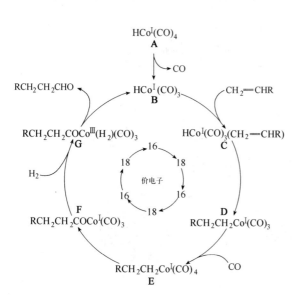

图 4-14　根据 16/18 电子规则，钴催化的末端烯烃加氢甲酰化

迁移将烯烃快速插入金属-氢键中，形成 Co^{I}烷基配合物 D；然后从气相中添加 CO 以形成 18 电子四羰基配合物 E；后者经历 CO 迁移得到 16 电子酰基配合物 F；最后将 H$_2$ 氧化加成到 Co^{I}酰基配合物中形成 18 电子 Co^{III}二氢配合物 G。催化循环的最终速率决定步骤是酰基配合物氢解为醛，醛从配合物中还原消除，重新形成活性催化剂 B，然后开始新一轮的循环。因此，催化循环为一系列 16/18 电子过程，如图 4-14 的内圈所示。

钴通过一系列中间体进行催化，每个中间体都促进整个反应的一个特定步骤，因此，参与的不是单一催化剂，而是各种催化剂的整个过程。这是典型的均相催化，通常引入系统的配合物称为催化剂，但严格来说是不确切的。

3. 均相催化中的结构与活性关系

金属及其直接环境（即配体和溶剂）是控制催化活性的关键因素。可通过研究反应动力学、绘制催化循环和预测新金属-配体配合物的结果来尝试量化这些因素。一般而言，可将结构/活性效应分为两类：空间效应和电子效应。

（1）空间效应：配体大小、柔韧性和对称性

配体大小很重要，因为金属中心周围的空间有限，如果配体占据该空间太多，则配体不能配位。配体解离释放金属周围的部分空间，形成反应袋。该反应袋的大小取决于剩余配体的大小。图 4-15 显示了 Ni [P（Ph）$_3$]$_4$（无法接触到 Ni 原子）和 Ni [P（Ph）$_3$]$_3$ 的结构。计算配体的大小是很困难的，尤其是对于大的和不对称的配体。C.A.Tolman 提出了一种衡量磷配体大小的通用方法，采用一个包围配体的锥体，金属中心位于其顶点，与 P 原子距离为 2.28Å（图 4-16），称为 Tolman 锥角 θ，使用范德华半径并为对称 PR$_3$ 配体提供良好的相关性。锥角值的范围通常从 L=PH$_3$ 的 87° 直到 L=P（i-Pr）$_3$ 的 212°。Tolman 锥角模型直观简单，但也有局限性：与同一金属中心结合的配体上的取代基团可以啮合，从而允许比从锥角值预期的更紧密的堆积；此外，当配体环境拥挤时，可能会发生低能弯曲变形；另一问题是配体很少形成完美的锥体。在某些情况下，靠近金属中心的部分很重要，而在其他情况下，远离金属的部分起着决定性的作用。

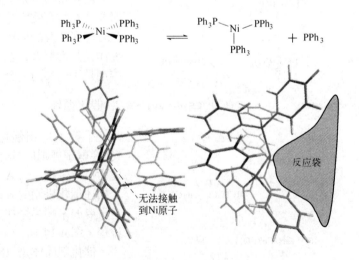

图 4-15　Ni [P（Ph）$_3$]$_4$ 的示意图和 3D 结构，
以及由三苯基膦配体之一的解离产生的反应袋

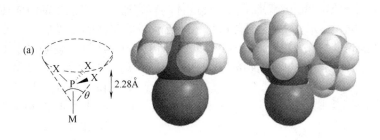

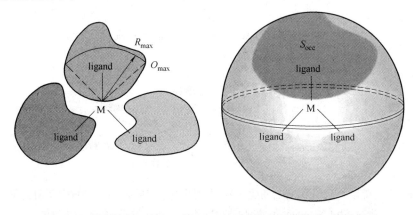

图 4-16 （a）对称和非对称配体锥角计算的示意图和空间填充模型；（b）一些配体的例子及其各自的锥角值

　　锥角概念的修改和扩展，包括数学方法、基于 X 射线结构数据的计算和立体角测量。White 及其同事于 1993 年提出了配体体积半径 R_{max}、立体角 O_{max} 和球体占据参数 S_{occ}（图 4-17），此处配体尺寸被视为径向分布函数，沿以金属原子为中心的生长球体测量，该空间分布中球半径与配体的体积相关。R_{max} 是金属原子与配体最大横截面间的距离。与锥角相比，该度量可更好地表示复合体的 3D 结构。O_{max} 是该横截面的立体角，为计算立体角，将配体原子投射到金属表面上，并确定被覆盖的表面部分。球体占据参数 S_{occ} 测量配体占据的接近球体的百分比，S_{occ} 越大，反应袋越小。

图 4-17　体积半径 R_{max}、立体角 O_{max} 和球体占据参数 S_{occ} 的示意图

配体大小可显著影响配位/解离平衡，而配体的解离通常是将催化剂前体转化为活性催化物质的步骤。图 4-18 显示了 NiL₄ 配合物与不同亚磷酸酯配体的解离平衡。虽然锥角差异很小，但从 P（O-*p*-tolyl）₃（θ=128°）变为 P（O-*o*-tolyl）₃（θ=141°）会使解离平衡常数增加 8 个数量级！事实上，由于严重的空间拥挤，在 P（O-*o*-tolyl）₃ 的情形下，可分离和识别不饱和的 NiL₃ 和 NiL₂ 配合物。

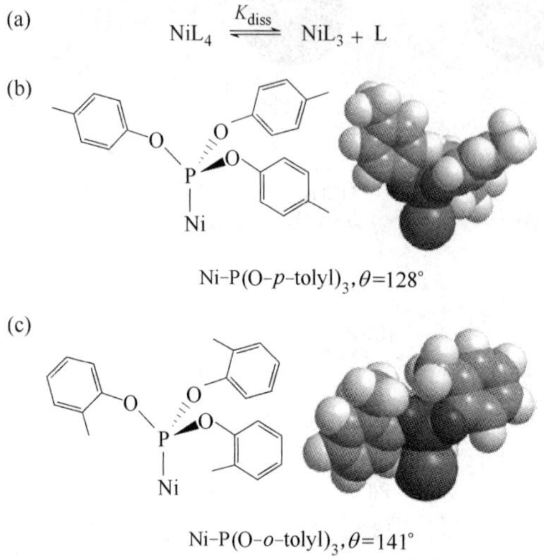

配体空间的概念也扩展到双齿（螯合）配体。在此情形下，关键参数是配体咬合角 α，荷兰化学家 Pietvan Leeuwen 给予了阐释（图 4-19），通常咬合角越大，螯合配体占据的空间越大，因此反应袋越小。α 值是配体的首选咬合角与金属可用的 d 轨道的类型和数量之间的折中。

表征双齿配体的另一个参数是其柔韧性［图 4-19（b）］。这是能量略高于最小化结构的配体几何形状的咬合角值范围（能量在最小值的 3kcal/mol 范围内的结构被认为在柔性范围内）。在 Xantphos 的例子中，方形平面配合物较不适宜（比最小值高 10kcal/mol），而四面体和三角双锥体更接近最小能量，因而更有可能。配体柔韧性是一个理论参数，与咬合角度不同，其无法通过实验测量。柔韧性可看作是配体在催化循环过程中改变其咬合角（从而改变其配位状态）的能力。

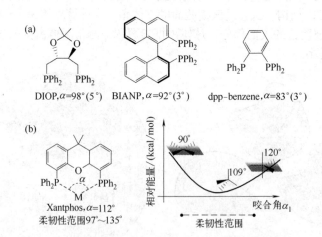

图 4-18 （a）镍配位化合物的配体解离平衡；（b）对甲苯基和（c）邻甲苯基亚磷酸酯配体的相应结构和空间填充模型，3D 模型显示了邻甲基限制的较大锥角

配体的对称性会影响产物的立体选择性和对映选择性。对映体纯化学品对于农业化学、制药和食品工业极为重要。这些过程中使用的许多双齿配体具有 C_2 型对称性，将金属中心周围的空间划分为两个"空象限"和两个"全象限"（参见下述不对称均相催化）。配体对称性在聚合催化中也很重要，可影响聚合物的立构规整度（图 4-20）。

图 4-19 （a）双齿膦配体及其相应咬合角的示例（括号中的数字显示使用各种方法计算的角度的标准偏差）；（b）Xantphos 配体的柔韧性曲线，显示能量如何随咬合角变化

立体效应中还有一种模板效应，若阳离子大小适度，正好能和几个配体在同一平面内保持成环状，就更易形成大环，利用该效应可通过金属离子来控制合成反应，从而获得最高的收率。1948 年，W. Reppe 在研究由乙炔低聚合成环辛四烯时首先观察到该效应，反应体系为均相，镍（Ⅱ）催化剂、反应温度为 80~95℃、压力为 20~30atm。后来 G. N. Schrauzer 等研究认为只有 4 个乙炔分子同时在 Ni^{2+} 上配位才能生成环辛四烯 [图 4-21（a）]；若其中一个空位预先被膦配体所占有，则只能生成苯 [图 4-21（b）]；若添加邻菲啰啉，反应就被完全抑制 [图 4-21（c）]。

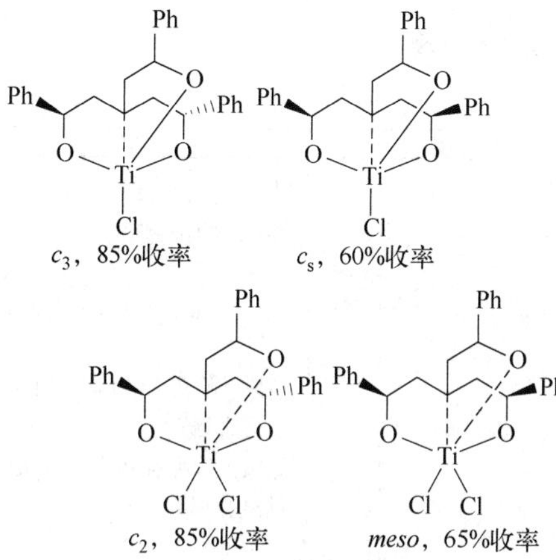

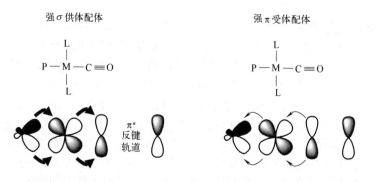

图 4-20　用于 1-己烯聚合的四种具有不同对称性的相似钛
催化剂前体的结构，以及相应的全同立构聚
（己烯）产物产率

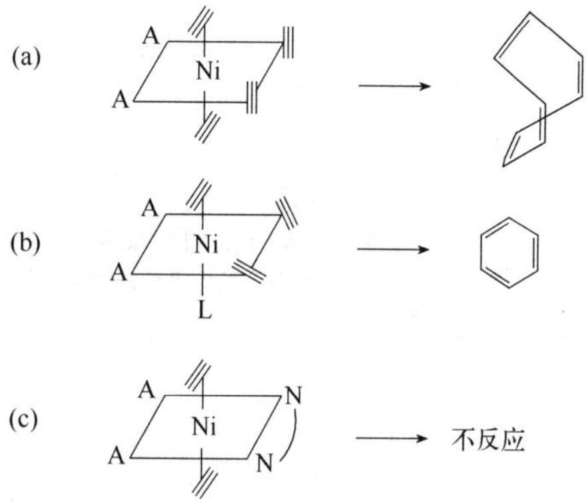

c_3，85%收率　　c_s，60%收率

c_2，85%收率　　meso，65%收率

图 4-21　乙炔的三种环化机理

A:CN⁻ 或（acac）²⁻, L:P（C_6H_6）$_3$, N⌒N: 邻菲啰啉

（2）配体和溶剂的电子效应

任何与金属中心配位的配体均可通过"推"或"拉"电子以改变金属的电子密度，这在涉及金属氧化态变化的基本步骤中尤其重要，如氧化加成和还原消除。C. A. Tolman 通过测量相应 M（L）（CO）$_{n-1}$ 配合物的对称伸缩振动频率来量化膦配体的电子效应。C—O 反式对配体 L 的伸缩振动取决于配体是 σ 供体还是 π 受体（图 4-22）。强σ供体配体将增加金属中心的电子密度，反过来将导致更多地回馈给 C-O 反键π*轨道，削弱 C-O 键并将 C-O 拉伸转移至更长波长。相反，强π受体配体会降低金属中心的电子密度，从而减少对 C-O 反键π*轨道的回馈，并将 C-O 拉伸移至较低波长。因此，只要对特定金属进行比较，就可使用 C-O 键拉伸频率比较膦配体（和其他同源系列的配体）的电子效应。

强 σ 供体配体　　　　　　　　　　强 π 受体配体

π* 反键 轨道

图 4-22　配体供体/受体特性如何影响与该配体键合的反式 CO

虽然 C-H 键相对不活泼，但配位烷基物中的氢原子确实与金属中心相互作用。这种三向 C-H-M 键称为元结相互作用（agostic interaction，指配体上 C-H 键与金属配合物间相互作用），该相互作用对于许多配合物是已知的（图 4-23），并在几个重要的基本步骤中具有特征，如还原消除更常见于 d^0 金属中心。

图 4-23　Co、W 和 Ni 有机金属配合物的相互作用

将配体的电子性质按 σ 供给性和 π 接受性分类，可得到如表 4-3 所示的排列。

表 4-3　配体的电子性质及其配合物

	σ 供给性	
大 ←———————————————————————————————→ 小		
小 ↑ π 接 受 性 ↓ 大	H^- σ 烷基负离子 烯丙基负离子 （主族元素和一般原子价配合物；过渡元素和 π 接受性配体组成的配合物） R_3P, R_3As	NR_2^-, OR^-, NR_3, OR_2 （一般原子价配合物） bipy O-phen（一般及低价配合物） CN NO CO π-环状化合物 （低原子价配合物及第二、第三周期过渡金属配合物）	$O^{2-}\quad F$ （高原子价配合物） Cl^- Br I 高原子价配合物（第一周期过渡金属） 低原子价配合物（第一周期过渡金属） $SnCl_3^-$ C=C（烯烃、双烯烃等） 乙炔 $CF_2=CF_2$ $CH_2=CHCN$ $C(CN)_2-C(CN)_2$

此处第 I 周期过渡金属的低原子价配合物以及第 II、第 III 周期过渡金属配合物和有机化合物形成 π 键合还是 σ 键合，由有机化合物的反应来控制：

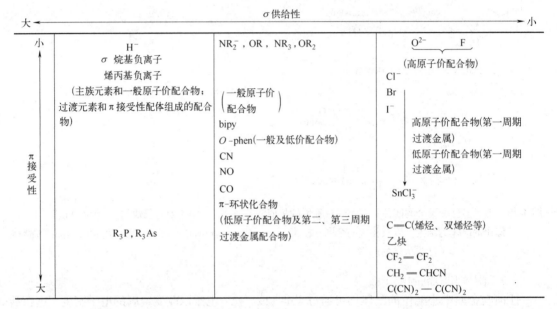

金属离子的氧化还原性：可用 $M^{n+}+e \rightleftharpoons M^{(n-1)+}$ 表示氧化-还原反应（或电子转移反应），从金属离子的氧化还原电位看，不同氧化态的配合物的稳定性不同，只有在电子转移过程中严格满足可逆平衡的要求，才有可能将反应性（催化活性）和氧化还原电位予以关联。

$$Fe(CN)_6^{3-} + ROOH \longrightarrow Fe(CN)_6^{4-} + RO_2\cdot + H^+$$
$$Fe^{3+}(aq) + ROOH \longrightarrow Fe^{2+}(aq) + RO_2\cdot + H^+$$

这两个反应的速率不同，显然是由于第一个反应中的催化剂是配合物的关系，在 FeXY… 中，X、Y…必然会对体系中的电子传递过程产生一定影响，其中较为重要的一种配体效应是通过配体的桥连，影响金属离子和配体间的电子转移效果。在如下式所示的分子间反应中，反应速率因共轭有机基团的桥连而有所提高。此处电子在两种氧化态的钌配合物间传递频率可达 $10^9 s^{-1}$，而在血红素 Fe^{III} 和 Fe^{II} 间可达 $6\times10^9 s^{-1}$。

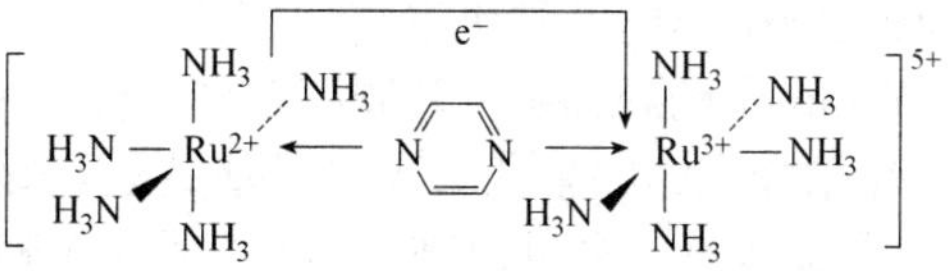

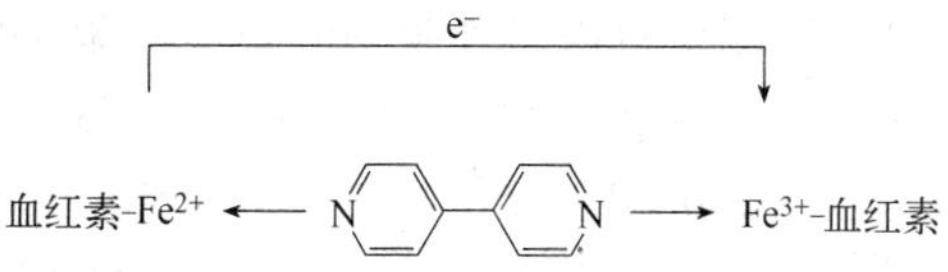

三、不对称均相催化

不对称合成（asymmetric synthesis）又称手性合成，均相催化的最大影响在于手性分子的合成，尤其是对映体纯产物的合成。大多数天然产物是手性的，在许多情形下，不同的对映体表现出截然不同的性质；且不同对映体在体内会产生完全不同的效果。最引人注目的例子是药物酞胺哌啶酮，其在20世纪60年代以消旋形式作为孕妇镇静剂给药。在这两种对映体中（图4-24），（R）-酞胺哌啶酮确实是一种镇静剂，而（S）-酞胺哌啶酮是一种致畸化合物，会导致胎儿畸形。这一悲惨事件导致对映体测试的严格规定，并推动了对合成对映体方法的探索。

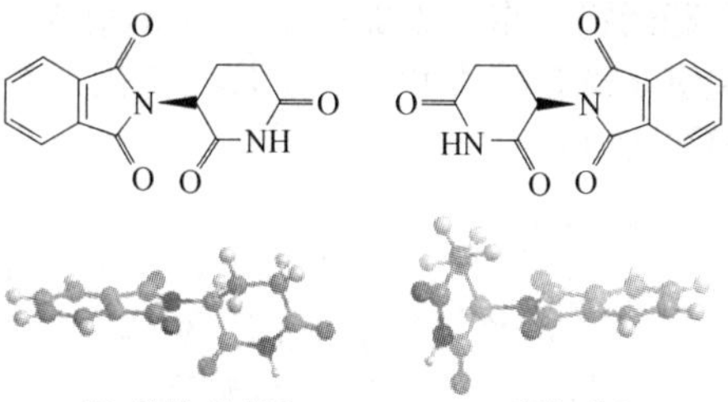

图 4-24 （R）-和（S）-酞胺哌啶酮的化学结构和优化的几何形状

除采用不对称催化外，还有其他两种制备对映体纯化合物的方法。第一种是使用生化过程，随着对酶的理解和对酶反应的控制程度的提高，变得越来越流行（详见第五章）。然而，目前酶促过程仍然受到其反应条件和特异性的限制——需要特定的酶来转化底物；酶的另一限制是不能催化合成"非天然产物"，如 D-氨基酸或其他非天然异构体。第二种选择是首先制备外消旋体，然后拆分所需的对映体。然而该方案通常耗时、费力，且对于工业而言非常昂贵。

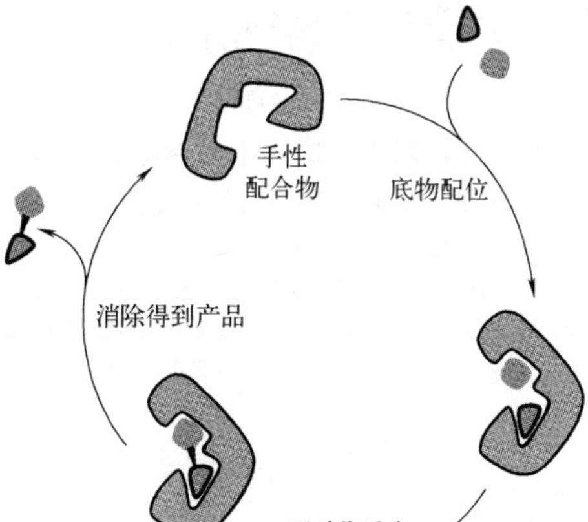

相反，不对称均相催化可从非手性前体获得广泛的对映体纯有机物质。手性催化剂配位化合物引导底物的取向，使一种产物对映异构体优先于另一种（图4-25）。对映选择性范围从 50∶50（0%ee，非选择性反应）到 100∶0（100%ee，对映特异性反应）。由于金属原子是非手性的，因而手性须来自配体。

该催化的最早例子是在 1966 年由日本化学家 Hitosi Nozaki 证明的，其在手性席夫碱-Cu^{II}配合物存在下使苯乙烯和重氮乙酸乙酯反应，虽然最初的对映体选择性较低（<10%ee），但证实了该原理。几年后，Sumitomo 和 Merck 公司在生产各种杀虫剂和抗生素时采用类似的铜催化剂进行公斤级的不对称环丙烷化。后来 Nozaki 的学生 Rioji Noyori 开发了 BINAP 不

图 4-25 采用带有手性配体的有机金属配位化合物的不对称催化

对称氢化催化剂，并由此获得 2001 年诺贝尔化学奖。

美国 Monsanto 公司的 William Knowles 及其同事发现手性膦配体可催化烯酰胺双键的不对称加氢。当时一种用于治疗帕金森病的新药 3,4-二羟基-左旋-苯丙氨酸［L-DOPA，图 4-26（a）］上市，与多巴胺不同，左旋多巴可穿过血脑屏障，然后在大脑中代谢为多巴胺。Knowles 筛选了几个手性膦配体，认为 P 原子本身一定是不对称中心。然而 1972 年法国化学家 Henry Kagan 用 DIOP 反驳了这一点，证明了具有手性骨架的双齿配体的效率。Monsanto 最终选择了双齿手性膦（R，R）-DiPAMP 生产具有 95%ee 的 L-DOPA。虽然这些催化剂价格昂贵，但其 TOF 极高，底物/催化剂比高达 20000∶1。此外，手性氢化产物可很好地从反应混合物中结晶出来，并将催化剂和剩余的反应物留在母体中。通过与 Hoffman-La Roche 的消旋体拆分路线竞争，该新路线 L-DOPA 成为首个通过不对称均相催化制备的大规模药物。Monsanto 在 L-DOPA 方面的成功启发了其他公司投资大规模均相不对称催化工艺，如 Ciba-Geigy 公司 10000t/a 的异丙甲草胺工艺。

Noyori 的 BINAP 催化剂值得特别关注，因为其手性是基于萘基团的体积，而不是碳或磷不对称中心（图 4-27 中插图）。使用 BINAP 进行不对称催化的众多例子之一是合成香精、香料和药物的重要添加剂（L）-薄荷醇，该过程由高砂国际以数吨的规模进行，从月桂烯开始，关键步骤是将香叶基二乙胺异构化为（R）-香茅醛烯胺，然后将其水解为（R）-香茅醛，其 ee 值接近 99%。

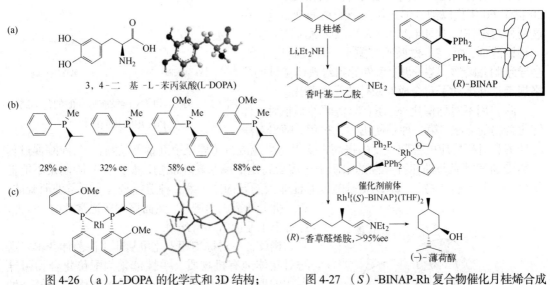

图 4-26 （a）L-DOPA 的化学式和 3D 结构；
（b）Monsanto 测试的手性配体及其对应 ee 值；
（c）在大规模商业化过程中使用的 Rh 配位化合物

图 4-27 （S）-BINAP-Rh 复合物催化月桂烯合成
（L）-薄荷醇的不对称异构化步骤

插图显示了（R）-BINAP 配体［2,20-双（二苯基膦基）-1,10-联萘；为清楚起见省略了氢原子］的化学式和 3D 结构；BINAP 配体不含不对称原子，但由于围绕萘基-萘基键的旋转具有高势垒，整个分子具有 C_2 对称性

四、无金属的均相催化

1. 经典酸碱催化

几个重要的化学反应仅由 H^+ 或 OH^- 催化，包括羟醛反应、酯化和酯交换及硝基芳烃的合

成，如 2-甲基-1,3,5-三硝基苯（更广为人知的三硝基甲苯即 TNT）。Brönsted 酸通过质子化亲核位点（如 O 或 N 原子上的孤对电子或烯烃π-键）催化反应，激活分子进行亲核攻击。酸强度和产生的阳离子的稳定性决定了质子化平衡。有一般和特殊两类酸/碱催化：在一般的酸催化中，所有给质子的物质都有助于反应速率的加速；而在特定的酸催化中，反应速率与质子化溶剂分子 SH$^+$的浓度成正比，酸催化剂仅通过改变化学平衡 S+AH $\rightleftharpoons$ SH$^+$+A$^-$，促进 SH$^+$反应速率。

2. 有机催化

在有机催化中，催化剂是有机小分子，主要由 C、H、O、N、S 和 P 原子组成。分子通常是 Lewis 酸或碱，因此有机催化是酸催化的一种亚型。与有机金属配位化合物相比，有机催化的优点在于：①通常价格低廉、易于获得，且许多对空气和水稳定；②由于本身不含金属，在反应结束时无须金属分离和回收；③毒性通常远低于其对应的有机金属配合物。为此人们对有机催化的兴趣日益增长。图 4-28 给出了哌啶催化的 Knoevenagel 缩合反应（碳酸与醛反应生成α,β-不饱和化合物）的示例，哌啶分子得到一个酸性氢，形成与醛反应的烯醇中间体。有机催化也不仅限于羰基化学，通常需要过渡金属催化剂的 Suzuki 和 Sonogashira 交叉偶联反应也可在无金属条件下进行。

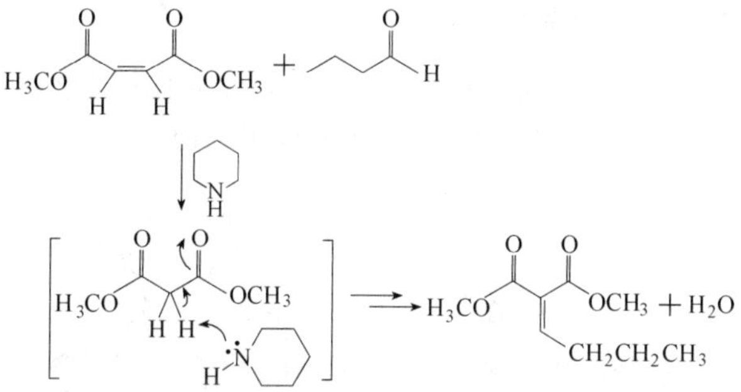

图 4-28　哌啶作为一种有机催化剂，可催化马来酸二甲酯

（2-丁烯二酸）和丁醛间的 Knoevenagel 缩合反应

虽然在其他反应类型方面取得了进展，但有机催化研究的主要重点是对映选择性催化应用，其中氨基不对称催化剂占大多数，通过烯胺催化循环［图 4-29（a）］或通过亚胺中间体进行反应。该类反应最常见（也是最成功）的催化剂为脯氨酸（吡咯烷-2-羧酸）衍生物，由于其仲胺官能团和相对较高的 pK_a 值，使之兼具良好的亲核试剂和 Brönsted 酸性而成为双功能有机催化剂。如其四唑衍生物［图 4-29（b）］在不对称 Mannich 反应中具有高非对映选择性和>99%ee，该催化剂在二氯甲烷、四氢呋喃和乙腈等有机溶剂中也可良好运行，从而使其成为实际应用的良好候选者。

Hiemstra 及其同事的实验显示了有机催化可获得的控制程度，其针对 Henry 反应（醛和硝基甲烷间的醛醇型反应），通过将硫脲基团连接至金鸡纳骨架上制备了一种双功能有机催化剂，该催化剂可同时与两种底物相互作用，从而获得良好的产率和 ee 值（图 4-30），并通过采用假对映异构体作为一种结构，制备了具有相反构型的硝基醇催化剂。

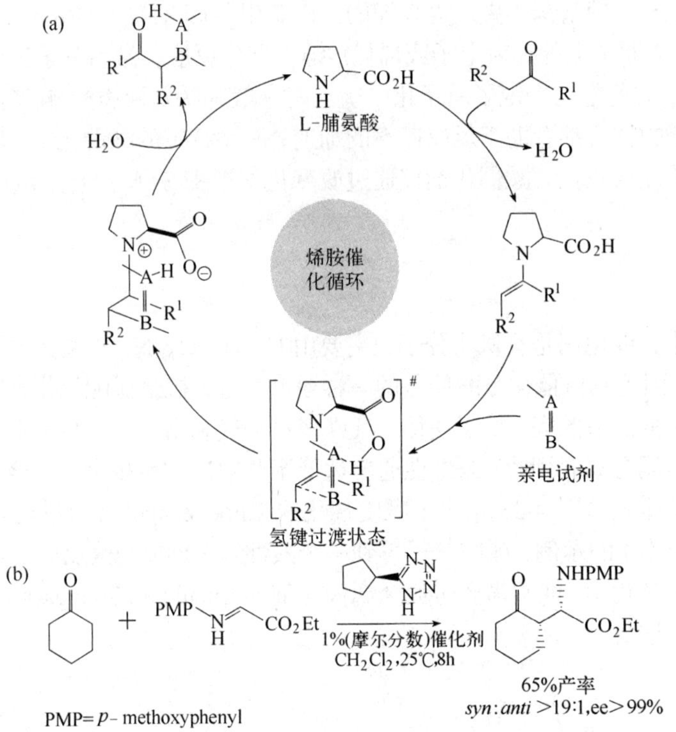

图 4-29 （a）L-脯氨酸存在下的一般烯胺催化循环；（b）由脯氨酸四唑衍生物催化的环己酮与乙醛酸亚氨基乙酯的不对称 Mannich 加成实例

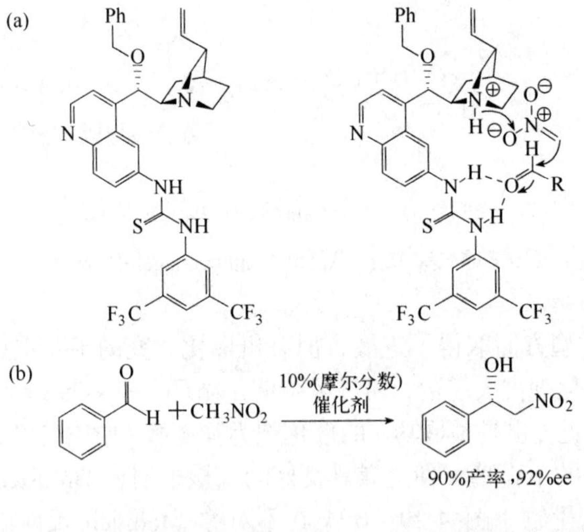

图 4-30 （a）改性金鸡纳生物碱催化剂的结构和作用模式；（b）苯甲醛和硝基甲烷间的催化 Henry 反应

五、超临界流体均相催化

由于均相催化作用的催化剂的结构可借助分子设计手段来调节，以致这类催化剂有很大的调变范围，从而使其对反应的选择性也有很大的调变余地。均相催化剂该方面的优势远高出多相催化剂。虽然第五章生物催化剂的选择性较高，但可得到并易于利用的生物催化剂数量有限。将均相催化剂与第三章第五节介绍的超临界流体相结合，由于气体在超临界介质中的溶解度远大于在相应液体溶剂中的溶解度，因而采用超临界流动相无疑将改善均相催化剂的性能，尤其是改善一级反应的催化性能。如在 $AlBr_3$ 催化剂作用下，超临界己烷-CO_2 混合相中的正己烷可在 313~423K 和 14MPa 压力进行异构反应生成甲基戊烷和二甲基丁烷，反应体系中高浓度的氧可使异构选择性超过裂解产物的选择性，从而提高甲基戊烷的效率。又如采用超临界流动相可使氢 100% 地"溶"于反应物相中，己烷-HCl 或己烷-HBr 体系也可达同样效果。

1. CO_2 加氢

CO_2 同 H_2 在均相催化剂作用下可生成烃类、甲醇和甲酸等化合物，是 C_1 化学中的主要反应之一。Noyori 等报道在 50mL 超临界 CO_2 中溶解三乙胺，$0.306g/dm^3$ 的 $RuH_2[P(CH_3)_3]_4$ 和 8.5MPa 的 H_2（总压力为 21MPa）可迅速生成甲酸；而当三乙胺和 $RuH_2[P(CH_3)_3]_4$ 的比例为 1:2 时，在 323K 反应的转换频率（TOF）为 $680h^{-1}$，如在超临界 CO_2 中添加 $0.18g/dm^3$ 的水，则使该反应的 TOF 增至 $1400h^{-1}$，在超临界 CO_2 中添加少量 CH_3OH 更使 TOF 增到 $4000h^{-1}$，相当于单独使用超临界 CO_2 相中反应时 TOF 值（$680h^{-1}$）的 6 倍，如图 4-31 所示。

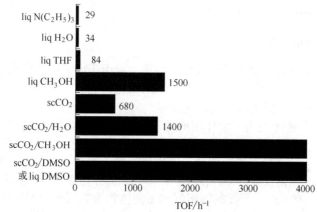

图 4-31　不同介质中超临界 CO_2 加氢反应的起始速率

反应在 DMSO、$scCO_2/CH_3OH$ 和 $scCO_2/DMSO$ 中均于 0.5h 内完成，其 TOF 高于 $4000h^{-1}$

条件：$3\mu mol\ N(C_2H_5)_3$；$0.1mmol\ H_2O$；$8.5MPa\ H_2$；总压：21MPa；50℃

2. 加氢反应

在许多液相加氢反应中，反应速率均与 H_2 的浓度成正比且受 H_2 由气相向液相扩散速率的限制。这两个问题均可采用超临界流体予以解决。液态烃类和 H_2 以及均相催化剂均可溶解在超临界水相。首个关于在超临界相中进行有机物均相催化加氢的研究专利是利用超临界水相进行烃类萃取物的催化加氢反应，将 H_2 溶于超临界水相中，同时溶解可溶性的 NaOH、Na_4SiO_4 或 KBO_2 等催化剂，加氢反应在水的 T_C 和 p_C 以上进行，产物可很方便地从溶剂中分离出来，并获得 50% 的液态产物收率。

六、离子液体均相催化

离子液体（ionic liquid，IL）是一类完全由离子组成的盐（在室温或使用温度下呈液态），一般由有机阳离子（NH_4^+、PR_4^+、$R_1R_3mim^+$、RPy^+）和无机阴离子（如 PF_6^-、BF_4^-、$AlCl_4^-$、SbF_6^-、$CuCl_2^-$、$Al_2Cl_7^-$）组成。离子液体溶解性好，酸性强，具有良好的稳定性和较低的蒸气压，相比于传统溶剂在提高反应速率和选择性以及重复利用催化剂等方面展现出明显优势。

早在 1914 年，科学家就开始研究离子液体，并制备了离子液体（$EtNH_3$）NO_3，但当时没有引起广泛关注。20 世纪 70 年代末期，研究者首次成功制取了室温离子液体——氯铝酸盐，但此后对该领域的研究仅局限于电化学应用。20 世纪 90 年代，随着绿色化学理念的提出，全世界范围内兴起了离子液体的研究热潮，伴随着一系列性能稳定的离子液体的开发，离子液体在催化等领域的应用研究逐渐增多。

在催化反应中，离子液体既可作为催化剂，也可作为溶剂。由有机阳离子与有机或无机阴离子组成的离子液体具有结构可调性，并具备了应用于多种催化体系的潜质。在催化体系中可利用离子液体的优势设计不同性质的离子液体以满足催化反应的需求。$AlCl_3$ 型离子液体是一类含有 B 酸和 L 酸的液体超强酸，可取代传统的液体强酸（如 HF）催化剂，催化烃类的异构化、烷基化等反应以生产清洁油品。将溶有催化剂的离子液体固定在载体上，不仅离子液体的用量大幅减少，而且既有均相催化的高效率，又有多相催化易分离的特点。

离子液体作为溶剂可溶解诸多有机、无机及金属有机化合物，因而可溶解多种催化剂，与催化剂一起循环使用。使用离子液体作为溶剂时存在反应产物与离子液体和催化剂分离的问题，一般可采用蒸馏、萃取等方法，如由于离子液体在上述超临界 CO_2 中不溶解，可采用超临界 CO_2 从离子液体中萃取得到纯净产物。

1. 作为主催化剂或共催化剂

离子液体具有许多独特的物理性质和化学性质，且由于离子液体结构的"可设计性"，因而当某些活性基团接入离子液体中，便具有很强的催化性能。

（1）氯铝酸-离子液体催化的亲电取代反应

氯化铝（Ⅲ）和烷基铵类离子液体组成的复合离子液体，当二者物质的量比为 $2:1$［x（$AlCl_3$）>0.67］时，其阴离子主要为［Al_2Cl_7］$^-$，由于［Al_2Cl_7］$^-$ 对简单芳香烃的耦合具有良好的溶解性，从而成为芳香烃亲电取代反应的理想溶剂，如对 Friedel-Crafts 烷基化反应的活性达到最大值。同时该催化反应的条件简单、产率高、选择性强，产物易于提纯且原料利用率高。陈慧等研究了以具有 Lewis 酸性的氯铝酸离子液体作为直接催化剂的苯与 1-己烯的烷基化反应［式（4-1）］，结果表明，与传统有机催化剂相比，其反应时间较短，产率高且离子液体催化剂可反复使用。

$$\hspace{12cm} (4\text{-}1)$$

Friedel-Crafts 酰基化反应同样可发生在具有 Lewis 酸性的［C_2C_1im］$Cl\text{-}AlCl_3$ 离子液体中，反应所用的酰基化试剂一般为酰氯、酸酐等，如对于苯与乙酰氯的酰基化反应，其反应速率取决于产物苯乙酮的生成速率，而产物的生成速率又依赖于离子液体的酸性，亦即离子液体的组成决定酰基化反应速率。在常温下，氯铝酸盐离子液体既可催化酰基化反应，又能抑制高温下歧化、裂解和降解等副反应的发生，且转化率和收率较高。陈敏等研究了［Emim］$Cl\text{-}AlCl_3$ 离子液体中蒽与草酰氯的催化合成反应［式（4-2）］，结果表明，当蒽与草酰氯的物质量的比为 $2:1$，40℃反应 6h 后得到产物 1,2-蒽乙二酮的产率高达 91.5%。

$$\hspace{12cm} (4\text{-}2)$$

芳香烃的亲电取代反应类似于 Friedel-Crafts 反应。其中，卤化反应可在酸性或碱性氯化铝（Ⅲ）离子液体中进行，反应的主要产物均为 1-氯代苯，酸性离子液体可能由于 Cl_2 和 $[Al_2Cl_7]^-$ 反应产生很活泼的亲电试剂 Cl^+，仅发生芳香烃的亲电取代反应；而碱性离子液体中还会发生其他副反应，产生 2-氯代苯和 3-氯代苯。

硝化反应也是典型的亲电取代反应，在离子液体 $[C_2C_1im]$ Cl-AlCl$_3$ 中一般使用 KNO$_3$ 以获取亲电试剂 NO_2^+，反应产率较高。离子液体在磺化反应中的应用也逐渐引发关注，在苯与 4-甲苯磺酰氯的磺化反应中，以 $[C_2C_1im]$ Cl-AlCl$_3$ 离子液体代替传统有机溶剂，反应收率明显提高。

（2）离子液体催化的其他有机反应

离子液体作为有机催化剂一般主要应用于 Knoevenagel 缩合反应和 Diels-Alder 反应。

① Knoevenagel 缩合反应。该反应是合成 C=C 双键的一类简单反应，一般条件温和、底物适用范围广，需要在强极性非质子溶剂中进行。由于离子液体完全由正负离子组成，具有强极性，因此该缩合反应备受关注。亚苄基取代的（2-硫代）巴比妥酸通常由羰基化合物和（2-硫代）巴比妥酸在有机溶剂中以酸碱为催化剂通过 Knoevenagel 缩合反应制得，但所用的酸碱催化剂后续需进行烦琐的萃取处理过程，反应时间长且产率一般。而采用 EAN 离子液体可于室温进行巴比妥酸与芳香醛间的缩合反应 [式（4-3）]，反应在极短的时间内完成，产率相当高，且离子液体催化剂使用 3 次后无明显变化。

$$\text{ArCHO} + \underset{\text{NH}}{\overset{\text{O}}{\bigcirc}} \text{S} \xrightarrow{\text{EAN}} \text{ArHC} \underset{\text{NH}}{\overset{\text{O}}{\bigcirc}} \text{S} \qquad (4\text{-}3)$$

② Diels-Alder 反应。Diels-Alder 反应大多是在有机溶剂中进行的，并不符合环境保护的要求；而在水相中进行 Diels-Alder 反应则通常会限制使用对水敏感的试剂。采用离子液体作为溶剂则弥补了这些缺陷，呈现出更多的优势。Jaeger 等采用离子液体 [EtNH$_3$] BNO$_3$ 催化环戊二烯与丙烯酸甲酯的 Diels-Alder 反应 [式（4-4）]，相较传统有机溶剂，具有更高的反应速率和选择性。

$$\bigcirc + H_2C\!=\!CHCO_2Me \xrightarrow{\ IL\ } \underset{\text{COOMe}}{\overset{\text{H}}{\bigcirc}} + \underset{\text{H}}{\overset{}{\bigcirc}}\text{COOMe} \qquad (4\text{-}4)$$

离子液体作为活性催化剂或共催化剂在烯烃二聚反应的研究中也已取得许多成果。在酸性的氯铝酸离子液体中，Ni（Ⅱ）配合物 [Ni-（MeCN）$_6$][BF$_4$]$_2$ 对丙烯、丁烯等的二聚有良好的催化活性。在加入膦配体后，其二聚反应的选择性达 92%~98%，聚合反应后生成的有机烃类在离子液体的上层，可直接分离，而催化剂和离子液体则可继续循环使用。2003 年，杨昕等研究了在强酸性离子液体 AlCl$_3$/Et$_2$AlCl/[Bmim] C1 体系中过渡金属化合物催化 1-丁烯二聚的反应，结果发现，[Bmim] C1 对催化 1-丁烯高聚反应的催化剂 AlCl$_3$/Et$_2$AlCl 有显著的阻聚作用，同时 1-丁烯二聚的选择性也得以明显改善；而在过渡金属化合物中，含镍化合物对 1-丁烯二聚反应的催化效果最佳，1-丁烯的转化率和二聚产物 C$_8$ 烯的选择性均显著提高。2012 年，陈征考察了负载离子液体基镍系配合物的复合催化剂催化丙烯二聚的反应，结果表明，4-MP 和 2,3-DMB 的选择性和丙烯转化率得以明显提高。

2. 离子液体作为反应溶剂

离子液体在大多数场合仅充当溶剂，通过改变阴阳离子的结构，可调变离子液体的溶解度

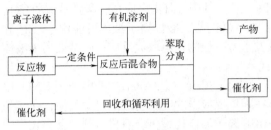

图 4-32　离子液体中催化剂循环使用的原理

以达到溶解特定物质的目的。利用离子液体对反应物和反应金属催化剂良好的溶解性，在一定条件下使反应发生在离子液体相中，再利用离子液体与某些有机溶剂难溶的特性，通过萃取分离使反应产物进入有机溶剂相，从而既实现了产物分离，又可回收和循环利用离子液体相中的催化剂（图 4-32）。

（1）羰基化反应

通过离子液体结构的可设计性，可溶解许多金属有机化合物。在金属催化的羰基化反应中，离子液体不仅是脂肪烃化合物、卤代芳烃化合物、胺类化合物、醇类化合物等羰基化反应的良好溶剂，还可提高其催化活性和选择性，并易于分离产物和回收循环利用催化剂，如表 4-4 所示。

表 4-4　离子液体溶剂在羰基化反应中的作用

羰基化反应类型	离子液体溶剂	反应方程式	离子液体溶剂的作用
烷烃的羰基化	AlCl₃/[Emim]Cl	H_3C—…$\xrightarrow{CO}{AlCl_3/[Emim]Cl}$…（见图）	离子液体在脂肪烃羰基化反应中较传统有机溶剂溶解性强，且使催化剂活性和选择性提高，产物易于分离
卤代芳烃的羰基化	TBAB	$2RNH_2+CO_2 \xrightarrow{CsOH/ILs} RNHC(O)NHR+H_2O$ X=Cl，Br　Nu=OH，OR，NR₂	在离子液体中反应，反应在 CO 常压下进行，条件温和，催化剂可回收利用且无明显失活
胺类的羰基化	[Bmim]Cl	$2RNH_2+CO_2 \xrightarrow{CsOH/ILs} RNHC(O)NHR+H_2O$	反应产物易分离，最高收率可达 98%，催化体系循环使用 3 次后无明显变化
醇类的羰基化	[BPy][BF₄]	$2CH_3OH+CO+1/2O_2 \xrightarrow[CuCl]{[BPy][BF_4]} (CH_3O)_2CO+H_2O$	离子液体对主催化剂 CuCl 有很好的溶解性，且与 CuCl 不反应；[BPy][BF₄] 在反应中能更好地促进催化剂的催化活性，且催化剂能够重复使用

（2）氧化反应

离子液体蒸气压低，热稳性好，极性强，溶解性良好，其作为过渡金属配合物催化反应的溶剂更具吸引力，同时避免了使用强酸和有机溶剂对设备的腐蚀和环境的危害，在氧化反应中有较好的应用。Bernini 等报道了在咪唑类 [Bmim][BF₄] 离子液体中，以过氧化氢为氧化剂，用甲基三氧化铼催化环己酮、环戊酮和环丁酮等环状酮类生成内酯的 Baeyer-Villiger 氧化反应［式（4-5）］，结果发现，氧化条件相对比较温和，反应速率较快，产率明显提高，且催化剂循环使用 5 次后无明显变化。

$$\text{(环己酮)} \xrightarrow[\text{[Bmim][BF}_4\text{]}]{MeReO_3} \text{(内酯)} \qquad (4-5)$$

（3）Heck 反应

Heck 反应在有机合成中占有重要的地位，但采用的 Pd 催化剂难以实现循环利用。而以离子液体为反应介质的研究表明，Pd 催化剂可溶解在离子液体中或负载在物质表面与离子液体形成两相，从而很好地解决 Heck 反应中有机溶剂挥发和催化剂流失等问题。裴文等报道在离子液体［Bmim］［BF$_4$］中，卤代萘与烯丙醇发生 Heck 反应［式（4-6）］，获得了高收率和高选择性的 2-取代萘烯丙醇化合物，离子液体催化剂在用水作溶剂时可反复使用多次。

$$\text{（4-6）}$$

（4）加氢反应

对离子液体在加氢反应上的应用已进行了大量探索，研究发现，离子液体可以起到溶剂与催化剂的双重作用。在 C-C 加氢反应中，研究最广泛的是以过渡金属配合物为催化剂的反应体系。由于离子液体具有良好的溶解性，可溶解部分过渡金属。顾彦龙等报道在［Bmim］［BF$_4$］离子液体中，采用催化剂 Rh（TPPTs）$_3$Cl 催化双环戊二烯加氢制四氢环戊二烯的反应［式（4-7）］，获得了很高的转化率和选择性，离子液体重复使用 3 次后，转化率为 100%，选择性为 96%。

$$\text{（4-7）}$$

（5）电催化反应

由于离子液体具有良好的导电性、低蒸气压、难挥发性、高沸点、宽阔的电化学稳定电位窗口等特性，将之作为电解质应用于电化学具有良好的前景，目前已用于制造太阳能电池、新型高性能电池和光电设备等。Wang 等将六烷基胍盐离子液体用作染料敏化太阳能电池的新型电解质，在光电转化反应中同时充当电解质和溶剂，研究发现，电池的光电转化率大幅提高至 7.5%～8.3%。2012 年，Kim 等以离子液体电解质为基础，制备出 Li/LiFePO$_4$ 和 Li$_4$Ti$_5$O$_{12}$/LiFePO$_4$ 新型堆叠电池，通过测试锂电池的性能发现，800 次充放电后依然保持高于 80% 的原有性能。

基于金属化合物离子转移的电致发光设备也被广泛应用。Parker 等在铱化合物中加入［Bmim］［PF$_6$］离子液体以提高发光设备的点亮时间，结果发现，离子液体宽阔的电位窗口和高电导率，提高了补偿电子的迁移率，由于发射时间缩短，点亮时间也缩短很多，显然这一质的飞跃具有巨大的研究价值。

经过几十年探究，人们对离子液体已有了较为深入的认识。特别是近年来涌现出许多不同类型的功能化离子液体，拓展了离子液体的应用范围，在有机合成、聚合反应、电化学反应等方面均具有广阔的应用前景。离子液体完全由阴阳离子组成，具有良好的溶解度、较好的稳定性、良好的电导率、低蒸气压、强酸性、温度区间大、电位窗口大等许多优势，是良好的环保溶剂，适应于当前提倡的绿色化学要求。同时，通过改变离子液体的阴阳离子，使离子液体具有独特的物理化学性质，可获得特定的离子液体，以达到不同催化体系的反应要求。然而离子液体价格昂贵，难以在工业上实现大规模应用，同时其安全性、稳定性和催化活性等问题也需深入探究，还应特别关注离子液体在精细化学品生产中的应用。

七、均相催化剂的固载化

虽然均相催化剂具有高活性、高选择性和反应条件温和等优点，但也存在主要缺点：①催化剂和反应介质分离困难，不利于工业生产；②催化剂活性组分大多是 Rh、Pd、Pt 等贵金属配合物，成本高；③在高温下易分解，催化体系不稳定。这些缺点使均相催化剂的应用受到很大限制，为此从 20 世纪 60 年代末开始一些研究者将过渡金属配合物以化学键合的形式锚定（或负载、固载）在载体上（固相化），制备成固载型均相催化剂，其将均相催化剂与多相催化剂的优点结合在一起，具有活性中心分布均匀、易化学改性、选择性高、能像多相催化剂那样易于与反应介质分离而回收再生、热稳定性较高、寿命较长的特点，因而备受关注。将均相催化剂（合成可调的催化剂性能和无传质限制）和多相催化剂（易于分离和高热稳定性）的优点相结合是化学工业面临的关键挑战，现已开发出多种均相催化剂固载化的方法，可将其按配合物的固载方式、载体的类型、配合物在载体表面锚定的本质和催化活性中心核的多重性等来划分。

1. 通用固载方式

配合物的固载化一般有以下几种类型：

（1）配合物包藏在载体内

将配合物固载在与反应介质不在同一物相的载体内 [图 4-33（a）]，如将金属配合物插入具有芳环结构的石墨层与层之间，又如将均相配合物封装在无机沸石的笼中，被称为"装在瓶中的催化剂"，大的有机金属配合物被捕获，而较小的底物和产物分子可经孔口扩散进出沸石，已用于萜烯选择性氧化和烯烃氢化等多种反应。

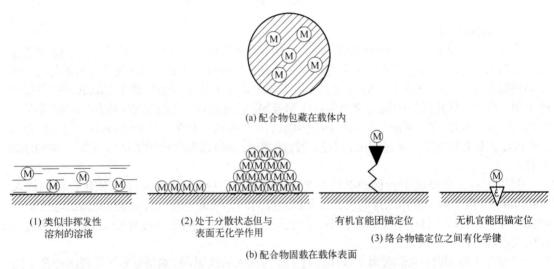

(a) 配合物包藏在载体内

(1) 类似非挥发性溶剂的溶液　　(2) 处于分散状态但与表面无化学作用　　有机官能团锚定位　　无机官能团锚定位

(3) 络合物锚定位之间有化学键

(b) 配合物固载在载体表面

图 4-33　配合物的固载方式（M：金属配合物；▼或▽：锚定位）

（2）配合物固载在载体表面

通常是将配合物固载在较大比表面积的载体上，载体的孔径可保证反应物较快地扩散至固载的配合物上进行反应，又可分为以下三种：

① 将配合物固载在非挥发性溶剂膜中。此处采用在反应条件下不挥发的溶剂或与反应介质不互溶的溶剂，类似于传统的负载型多相催化剂，载体表面存在一种处于溶解状态的活性组分 [图 4-33（b）（1）]，如典型的 SO_2 氧化合成 SO_3 的催化剂可用在 SiO_2 表面敷一层钒化合物的熔体来实现。

② 在基体表面形成配合物的分散相 [图 4-33（b）（2）]。制备该类催化剂的一般方法是将配合物固载到没有专门引入锚定位的载体表面上，如用载体浸渍配合物的溶液，然后再除去溶剂；或将载体预先以适宜试剂（配体、有机金属试剂等）吸附化合物处理，也可在载体上直接合成金属配合物，如使吸附在氧化铝上的羰基镍与烯丙基卤化物反应制备负载的卤代烯丙基

镍配合物。

③ 配合物以化学键与表面锚定位连接［图 4-33（b）（3）］。该金属配合物固载化涉及下述表面化合物的合成：

载体 —— $L_lM_mX_x$（表面化合物）

其中，L 为表面配体（或称锚定位），与载体间通过化学键结合；M 为金属原子；X 为不与载体联结的配体；l、m、x 为化学计量数。由于过渡金属的种类及其配体均可变，因而可制备众多的负载型配合物催化剂，其官能团可是有机的，也可是无机的。

2. 载体类型

载体可以是有机高聚物，也可是无机物（图 4-34），前者最常见的是苯乙烯与丁二烯、二乙烯基苯的共聚物，锚定配合物的官能团联结在高聚物的苯环上，也可将含有所需官能团的单体聚合或接枝到高聚物基体中；无机物载体由于具有表面刚性、热稳定性和特定比表面积和孔结构且可大规模生产的特点而研究得最多。以氧化物载体为例，一般是通过表面上连接的各种官能团作锚定位，如表面的氧离子被广泛用以锚定配合物，负载在氧化物表面上的有机官能团也被用作锚定位。原则上，能与过渡金属形成离子-共价键和配位键的表面基团均可作为锚定位，如以氧化物表面上的羟基作为结合中心，通过形成杂原子金属-金属键来锚定配合物或用有机官能团作锚定位等。

还可采用简单的离子交换法，以活性金属离子取代表面活性阳离子，然而这种简单取代是双向的，通常会导致金属配位化合物浸出又回到溶液中。典型的固载化均相催化剂的类型见表 4-5。

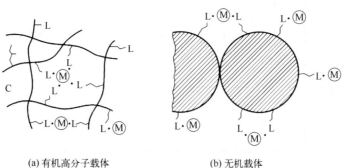

（a）有机高分子载体　　　　　（b）无机载体

图 4-34　载体类型

表 4-5　典型的固载化均相催化剂的类型

类型	催化剂结构示例	催化反应示例
有机聚合物锚定	![CH₂—P(Ph)(Ph)—Ni(CO)₂(pph₃)]	加氢反应、氢醛化反应、低聚反应
	![P(Ph)(Ph)—PhH(CO)(pph₃)₂]	加氢反应、氢醛化反应等

类型	催化剂结构示例	催化反应示例
有机聚合物锚定	$-CH_2-$ 环戊二烯基$-M-$环戊二烯基$-$ (M=Ti，Mo)，M上连 Cl、Cl	加氢反应（Ti）、羰基合成（Mo）
无机氧化物负载	$Si-O$，$Si-O$ 连 $M(\pi-C_3H_5)$ $\left(M=\left\{\begin{array}{l}Ti, Zr, Cr\\ Zr\\ Cr, Mo, W\end{array}\right.\right)$	聚合反应 异构化反应 氧化反应
	$Al-O-Mo=(\pi-C_3H_5)_2$ $\Updownarrow$ $Al-O-Mo=(\pi-C_3H_5)_2$	歧化反应
	$-Ti-O-[Rh(\pi-C_3H_5)]$	加氢反应 氢醛化反应
离子交换树脂负载	$-SO_2$，$-SO_2$ 连 pdLy(阴离子型)	氧化反应
	$-CF_2COOMLy(M=Ni，Mo)$	加氢反应

3. 锚定配合物核的多重性

不同数量核的配合物在基体上的锚定有其多重性，如图 4-35 所示。

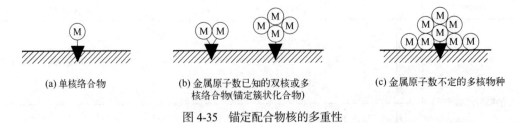

(a) 单核络合物　　(b) 金属原子数已知的双核或多　　(c) 金属原子数不定的多核物种
核络合物(锚定簇状化合物)

图 4-35　锚定配合物核的多重性

具有一定过渡金属原子的锚定配合物在催化方面的应用最为普遍。连接在表面锚定位上的配合物其组成可能与已知的可溶配合物类似，也可能根本没有类似的可溶物。某些组成的配合物由于它们不能溶解或合成方法上受限制未能在溶液中获得，却可被制成表面物种。

当连接在载体表面上的单核配合物与反应物分子作用时，应得到与单核可溶配合物情形下基本相同的中间物（官能团）。因此，可认为锚定的单核配合物能催化的反应类型与溶液中类似的配合物相同。

双核配合物是指两个金属原子直接由金属-金属键连接或通过桥原子相连接的表面化合物，其特点是可能同时活化不同的反应物或一个反应物分子的不同部位，其制法一般有两种：

① 将单独的双核配合物负载在载体表面上；

② 使一种锚定的单核配合物与溶液中另一种适合的配合物相作用而得到，如将

$$CP\ \ CP \atop Ni—Ni \atop OC\ \ \ OC$$ 或 $(CH_3O)_2—Sn{\nwarrow Ni(CP)(CO) \atop \swarrow Ni(CP)(CO)}$ 配合物负载到未改性的 SiO_2 上，即可制得固载的双核表

面配合物，而将单独的簇状配合物锚定在载体表面则可制备表面多核化合物。

由于催化剂表面上多核活性中心的出现，可促进按复杂机理进行反应，如可同时活化一个反应分子的不同部位或在相邻位置同时活化不同的反应物。此外，金属簇状配合物和分散的金属微粒间还存在诸如金属-金属键的键能相近、簇状物中配体-金属键与吸附分子和金属表面间的键能数值相近等性质，在吸附和催化过程中被认为可作为表面的简单模型加以研究而备受重视。

固载化均相催化剂的发展经历了从便于分离和回收，到从分子水平上设计具有优良物理性能和反应性能等阶段。如新型的均相配合物固载在负载金属组分上的催化剂（TCSM），是将均相配合物固载在负载金属组分的 SiO_2 等无机氧化物上，不仅拥有均相和多相的优点，而且引入了多相活性中心，从而在烯烃的加氢和氢甲酰化反应中表现出优异的催化性能。

4. 离子液体固载化

由于离子液体阴阳离子的可变性，通过吸附或嫁接的方法，将离子液体负载于某种载体上，制备多相催化剂，既减少了离子液体的用量，又利于负载型离子液体和反应物以及产物的分离回收，无疑是今后离子液体催化研究的重点方向。

张婧等借助硅烷偶联剂制备出钛硅分子筛（Del-Ti-MWW）负载的有机卤素季铵盐离子液体 $[(OEt)_3Si(CH_2)-N^+][Bu_3Br^-]$，负载催化剂不仅能催化烯烃合成环氧化合物，还能催化其进一步合成碳酸酯。研究发现，具有巨大外表面积的钛硅分子筛是嫁接季铵盐离子液体的一种优良载体，而季铵盐离子液体又能高效催化酯化反应，两者的结合大幅提高了反应催化活性，其酯化反应的产率达 48%，该负载型离子液体催化剂既稳定，又能多次循环使用。沈加春等通过改变离子液体的阴阳离子，成功合成了一种新型功能化固载离子液体 IL-Pro/SBA-15 催化剂，考察了不同条件下，固载催化剂催化苯甲醛和丙二腈的 Knoevenagel 缩合反应活性以及催化剂的重复使用性，研究发现，IL-Pro/SBA-15 催化剂提高了反应速率，且催化剂可重复回收利用多次。郝翙彤等采用物理浸渍法将 $[C_5mim]HSO_4$（1-戊基-3-甲基咪唑硫酸氢盐离子液体）负载在 NaY 分子筛表面，得到分子筛负载型离子液体，然后采用萃取氧化法（$35\%H_2O_2$ 为氧化剂）考察了负载型离子液体催化裂化汽油的脱硫效果，得到最佳脱硫条件为：负载型咪唑硫酸氢根离子液体 10g、1mL H_2O_2、100mL FCC 汽油，40℃反应 60min，一次脱硫率可达 94%。通过简单分液即可使负载型离子液体与汽油分离，实现重复循环使用。

八、点击化学

"点击化学"是均相催化推动绿色化学原理的很好实例，代表了将有机分子与杂原子键连

接起来的一系列化学反应。该术语最初由 2001 和 2022 年两次诺贝尔化学奖得主的 Sharpless 及其同事创建，现在普遍用于描述快速和高产的催化反应。根据 Sharpless 的定义，点击反应应满足几个严格的要求：①须是模块化的、范围广、产率非常高、立体特异性的（虽然不一定是对映体特异性的），并且只产生可通过非色谱方法轻松去除的无害副产物；②反应条件须简单，最好不使用溶剂（或仅使用水作溶剂）；③产品分离也须简单，使用结晶或蒸馏。这些要求意味着许多反应被排除在点击化学之外，但剩余的非常符合绿色化学的原则。点击化学的愿景是基于"一些好的反应"获得多样化的化学功能，其中许多反应具有 100% 的原子经济性。由于其模块化和易操作，点击反应在药物开发中备受关注。

点击反应由热力学驱动，底物是"弹簧加载"的，在反应时释放能量，通常点击反应中底物和产物间的能量差大于 20kcal/mol，这种巨大的能量差异意味着通常只能形成一种产品。由于底物"负载"了高能量，因而并不总是需要催化剂——其中一些反应物会自催化；但在许多情形下，由于活化势垒足够高，以至于无催化剂不会发生反应。一个典型的实例是酰基氮丙啶的开环/重排，显示了选择适宜的均相催化剂如何导致反应路径发生根本转变，由于三元环中的张力，酰基氮丙啶是能量密集型的，在 Lewis 酸催化剂存在下，可很容易地开环和异构化，Lewis 酸催化剂控制着反应途径（图 4-36）。在亲核试剂存在而无催化剂情形下反应不会发生，若添加如 Ti（OiPr）$_4$ 的"亲氧"Lewis 酸催化剂，则促进快速开环，从而得到反式二取代环己烯；而若添加如 Cu（OTf）$_2$ 的"氮杂"Lewis 酸催化剂，则发生完全不同的反应：酰基氮杂环丙烷重排形成一个五元环，该环以顺式键合到环己烷主链上。

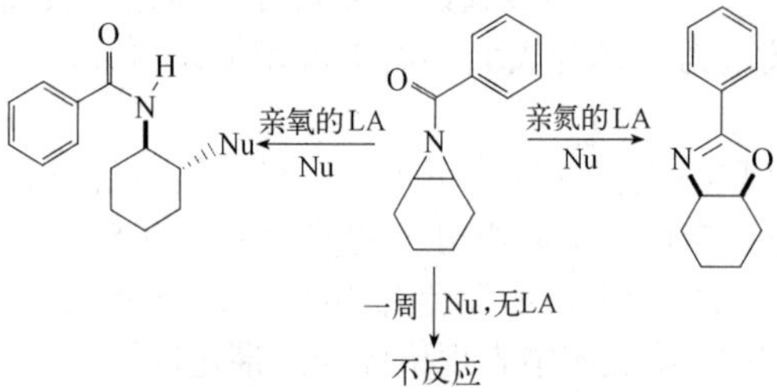

图 4-36　Lewis 酸催化的氮丙啶开环的两种途径

最著名的点击反应是叠氮化物和炔烃与三唑的 Huisgen 型［3+2］环加成（图 4-37，该反应具有 100% 原子经济性，没有副产物），该反应具有两个重要优点：改进反应条件和改进产物选择性。非催化反应通常需升高温度，产生 1,4-异构体和 1,5-异构体的 1∶1 混合物；使用 Cu^I 催化剂，该反应可在室温下的水/叔丁醇混合物中进行，且仅以高产率得到 1,4-异构体；几乎任何类型的铜物质均可催化该反应，铜屑、铜粉和铜纳米颗粒被原位氧化成 Cu^I，而在温和还原剂如抗坏血酸（维生素 C）存在下，多种 Cu^{II} 盐可用作催化剂。该反应可耐受广泛的官能团和条件，已应用于固相合成、聚合物合成、树枝状大分子合成，甚至用于构建肽键替代物。

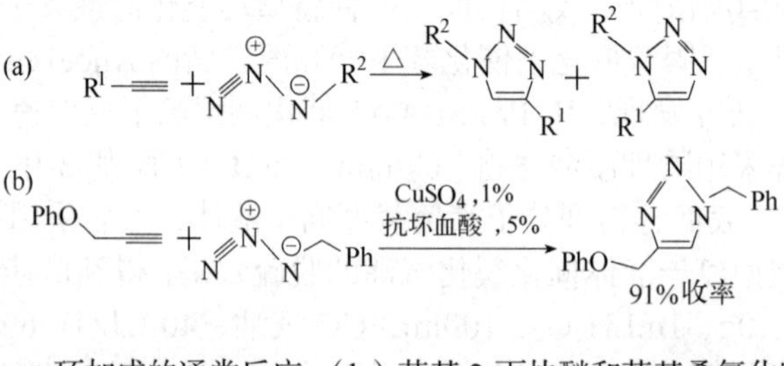

图 4-37　（a）Huisgen 环加成的通常反应；（b）苯基 2-丙炔醚和苄基叠氮化物间的铜催化反应

反应（b）在还原剂（抗坏血酸）存在下以高产率生成一种异构体产物

一般而言，Cu^I 盐和末端炔碳间的反应产生铜乙炔化物，该中间体在一步［3+2］环加成中直接与叠氮化物反应，然而根据密度泛函理论（DFT）计算却指向逐步反应，其中叠氮化物首先与铜中心配位，随后形成六元杂环中间体，该中间体重新排列生成产物（图 4-38）。

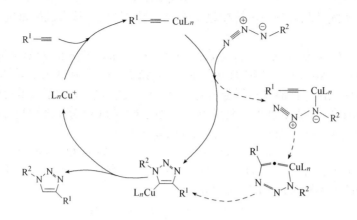

图 4-38 建议的 Huisgen［3+2］环加成催化循环（显示了直接和间接路线）

九、均相催化剂表征

虽然第八章专门介绍催化剂表征，然而其侧重于多相催化剂，均相催化剂有其特殊性，在此予以简介。

在均相催化中，与定义明确的过渡金属配合物的化学计量模型反应可用于阐明催化循环的各个步骤。测试假定反应机制有效性的方法是使用标记化合物和中间体的光谱鉴定，其优点是通常可在如标准压力和低温的温和条件下进行。

催化活性的研究非常困难，这些复杂因素包括低催化剂浓度、高反应温度以及通常还有高压等。然而在某些情形下可分离和表征活性催化剂，如催化过程可终止（"冻结"）或个别步骤可通过故意中毒来阻止。

首先，假设的机制须与动力学测试一致，虽然整个过程的初始速率方程很重要，但各反应步骤的速率方程也很重要。表征对催化剂中使用不同配体和对反应物的其他取代基以及溶剂的影响，可提供较详细的信息。如同位素标记可识别元素转移步骤，立体化学研究为某些反应机制提供了支持。可能的研究方法包括：

① 反应机理推导
- 基本步骤（关键反应，16/18 电子规则）；
- 金属中心的电子结构和立体化学。

② 反应步骤建模
- 化学计量反应；
- 光谱法；
- 金属配合物形成平衡；
- 各步骤的速率方程。
- 使用标记化合物；

③ 催化活性研究
- 催化剂分离；
- 总反应的动力学（如气体消耗）；
- 原位光谱（IR、NMR、UV）；
- 选择性和立体特异性。

④ 特殊方法
- 配体影响；
- 溶剂效应；
- 反应物取代基的影响。

在此不可能详细介绍各分析步骤，仅举例说明各方法的适用性。

下面的例子将考虑钴催化烯烃加氢甲酰化的动力学和配体效应，未改性的钴催化剂为［$HCo(CO)_4$］，其在平衡反应中会随着 CO 的损失而解离［式（4-8）］。

$$HCo(CO)_4 \Longleftrightarrow HCo(CO)_3 + CO \tag{4-8}$$

产物通过金属酰基配合物的氢解在速率确定步骤中形成，该金属酰基配合物在该反应中起关键作用。

- 动力学：$r=k$ [烯烃] [Co] $p_{H_2}(p_{CO})^{-1}$；　　　· 增加 CO 分压：对直链醛的选择性更高；
- IR：[(CO)$_4$Co—CO—CH$_2$CH$_2$R] 在 150℃和 250bar 下是钴/1-辛烯体系。

与支链异构体相比，直链酰基配合物的 CO 插入反应的空间位阻较低可解释反应混合物中直链醛的含量较高。然而，动力学测量表明，反应速率与 CO 分压成反比，这可通过平衡反应式（4-9）和式（4-10）来解释，后者在氢气的氧化加成前。

$$(CO)_4Co—CO—R \rightleftharpoons (CO)_3Co—CO—R+CO \qquad (4-9)$$

在这两种情形下，四羰基物质均不活跃，高 CO 压力有利于其形成。在正常的羰基合成条件下，一小部分醛产物被氢化成醇 [式（4-10）]。

$$R—CHO+H_2 \longrightarrow R—CH_2OH \qquad (4-10)$$

该反应中活性催化剂也是氢化三羰基配合物 [HCo(CO)$_3$]，其钴催化醛的加氢甚至更强烈地被 CO 抑制。

动力学：$r=k$ [RCHO] [Co] $p_{H_2}(p_{CO})^{-2}$

这解释了在 CO 分压可能超过 100bar 的加氢甲酰化条件下的低加氢活性。

在膦改性钴催化剂的情形下，已彻底研究了配体效应。配体碱度的影响可用平衡反应表示 [式（4-11）]。

$$HCo(CO)_4+L \rightleftharpoons HCo(CO)_3L+CO, \quad L=膦配体 \qquad (4-11)$$

对于三苯膦等供体，平衡位于左侧；随着配体碱度增加，向右移位。在更稳定的催化剂 [HCo(CO)$_3$L] 中，强碱性三烷基膦配体增加了金属中心的电子密度，从而增加氢化物配体上的电子密度，促进氢化物配体向酰基碳原子的迁移并促进氢的氧化加成。含有叔膦的配合物也具有更高的加氢活性。以下催化剂性能受σ供体强度的影响：

配体对 HCo(CO)$_3$L 加氢甲酰化的影响：

L=PEt$_3$>P(^{n}Bu)$_3$>PEt$_2$Ph>PEtPh$_2$>PPh$_3$

←——————————————————————————

σ-供体强度、对线型产物的选择性、
加氢活性（RCH$_2$OH/RCHO 比）
——————————————————————————→

催化剂活性

该叔膦改性催化剂用于 Shell 加氢甲酰化反应，是辅助配体（助催化剂）对均相催化影响的众多实例之一。

使用同位素标记化合物的一个例子可阐明将 CO 插入σ-烷基配合物以产生酰基配合物的机制，该羰基化反应通常是可逆的。五羰基甲基锰与 ^{14}CO 的羰基化反应用作模型反应。在乙酰基中没有发现任何 ^{14}C 标记物 [式（4-12）]。

$$CH_3Mn(CO)_5 +{}^*CO \longrightarrow CH_3COMn(CO)_4{}^*CO \qquad (4-12)$$

逆反应 [式（4-13）] 表明标记的 CO 作为配体掺入；在气相中则没有检测到放射性。

$$CH_3{}^*CO\ Mn(CO)_5 \xrightarrow{\triangle} CH_3Mn(CO)_4{}^*CO+CO \qquad (4-13)$$

这些实验，连同动力学和红外研究，得出羰基化和脱羰基化是分子内过程的结论：不是羰基插入金属-碳键，而是发生甲基迁移 [式（4-14）]。

$$(4-14)$$

已对 Rh/碘化物催化的甲醇羰基化制乙酸进行了广泛研究，重要结果总结如下：

反应	$CH_3OH+CO \longrightarrow CH_3COOH$
催化剂	RhX_3/CH_3I
动力学	$r=k[Rh][I]$
	$E_a=61.5kJ/mol$
红外	在 100℃和 6bar 下 1996cm^{-1} 和 2067cm^{-1}，典型的 $[RhI_2(CO)_2]^-$
X 射线结构	$[Rh_2(COCH_3)_2(CO)_2I_6]^{2-}$
Rh 和 Ir 配合物的模型反应	

1. 红外光谱

在均相催化中，高底物/催化剂比率是其特征，且许多反应在惰性条件下进行，而作为催化循环的一部分，预催化剂须完全转化为通常与其他配合物平衡的催化活性物质。因而在原位进行均相催化反应是非常有利的，分子特异性信号可通过 IR 和 NMR 光谱等方法获得。

红外光谱用于识别铑催化合成气生产乙二醇中的金属羰基簇。实际催化剂开发的一个实例是长链 α-烯烃与各种铜（Ⅰ）配合物催化剂的加氢甲酰化。用叔膦和胺对催化剂进行改性将产生不同产率的醛类产物，副产物是醇类和烷烃类。铜配合物仅有低催化活性，只有引入叔胺作为溶剂和催化剂组分后，才能获得更好的结果。

由于除催化剂组分外，化学计量和反应条件可以变化，优化实验的可能性范围很广。反应过程是一个简单的高压红外系统，如图 4-39 所示。高压釜配备了一个磁力活塞搅拌器，该搅拌器也可用作带有聚四氟乙烯球阀的容积泵。反应溶液被泵送通过钢毛细管、微滤器、止回阀，最后是带有 15mm 厚 NaCl 或 CaF$_2$ 盐窗的高压池，然后将溶液返回高压釜。该系统可用于：

- 在测试条件下检测中间体和反应产物；
- 进行动力学测量作为反应器设计的先决条件；
- 研究和表征催化剂种类以优化测试条件。

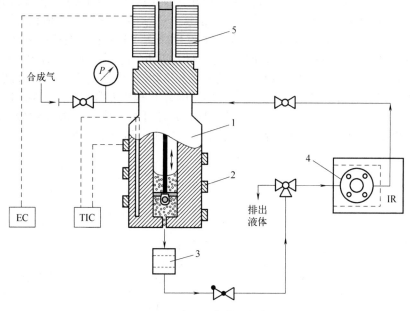

图 4-39 高压红外装置示意图

1—带循环泵的磁力活塞高压釜；2—加热带；3—微滤器；4—高压红外吸收池；5—电磁线圈

样品光谱如图 4-40 所示。在施加合成气压力后，立即在 2130cm^{-1} 处观察到溶解 CO 的谱（1），2060cm^{-1} 处的峰表示单核羰基铜配合物，原位形成的［Cu（CO）L］型配合物（L 为配体）是活性催化剂。在反应 140min 后，醛谱出现在 1720cm^{-1} 处（3），而在 1640cm^{-1} 处（4）的尖锐烯烃峰强度不断降低。该催化剂仅在 160~180℃范围内有效，并在 180℃以上迅速分解。

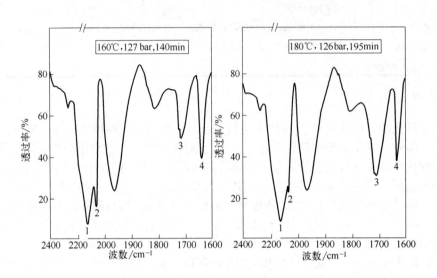

图 4-40　1-癸烯在高压红外装置中的羰基化反应

催化剂［（PPh$_3$）$_3$CuCl］/四甲基乙二胺，溶剂 THF 谱带：1—溶解的 CO 2130cm^{-1}；2—Cu（CO）配合物 2060 cm^{-1}；

3—醛 1710~1720 cm^{-1}；4—1-癸烯 1640 cm^{-1}

2. 核磁共振谱

核磁共振（nuclear magnetic resonance，NMR）谱可提供有关底物/产物分布的详细信息，以及有关催化剂前体和活性中间体的广泛结构信息。对与 CO、氢气、乙烯和氧气等气体的均相催化反应进行原位 NMR 研究特别有价值，如在反应条件下可确定羰基化催化剂的结构。

在［RhCl（PPh$_3$）$_3$］催化的烯烃加氢反应中，金属配合物主要通过 ^{1}H NMR 和 ^{31}P NMR 谱进行表征。涉及膦配体的配体交换反应中的电子和空间效应也可通过 ^{31}P NMR 谱进行研究。

含磷配体在均相催化中起着重要作用，^{31}P NMR 谱可提供非常清晰的 NMR 信号和非常宽的化学位移范围，如过渡金属与二齿膦形成金属螯合环可通过其 ^{31}P NMR 信号予以区分，从图 4-41 可看出磷的化学位移在很大程度上取决于环的大小和金属种类。

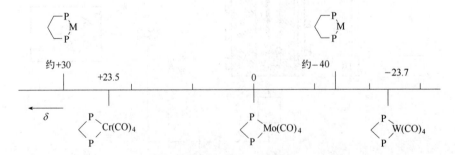

图 4-41　双齿膦过渡金属螯合环的 ^{31}P NMR 光谱中的化学位移

采用 ^{31}P NMR 谱可研究 Pd 催化的乙烯甲氧基羰基化反应［式（4-15）］。

$$CH_2=CH_2+CO+CH_3OH \xrightarrow{(Pd)} \text{（酯）}$$

（4-15）

该反应的催化剂是一种阳离子钯配合物，包含甲醇、氢化物和二膦螯合物的各一个配体。目的是区分氢化物循环（在钯氢化物中插入乙烯）或甲氧基循环（在Pd 甲氧基物质中插入 CO）两种可能的机制（图 4-42）：

研究证实了氢化物机理的第一步，该反应在甲醇中使用单面 ^{13}C 标记的乙烯在 $-80℃$ 下进行。^{31}P NMR 信号显示在 +68 处形成双峰，在 +36 处形成双峰（图 4-43），从而清晰地证明了所提出的氢化物机理。

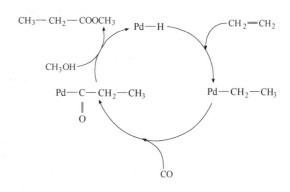

图 4-42　Pd 催化的乙烯甲氧基羰基化

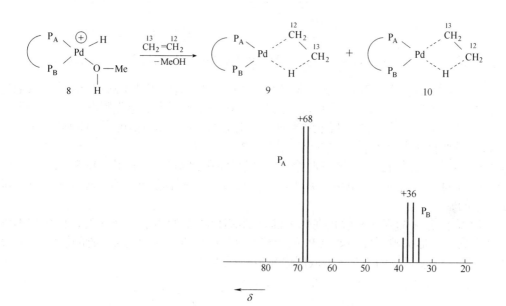

图 4-43　Pd 催化的乙烯甲氧基羰基化的 ^{31}P NMR 研究

通过结合核磁共振光谱、同位素示踪、动力学研究和中间体分离，还可为其他反应提出合理的机理。

习题

1. 描述均相催化的主要优点和缺点，大规模均相催化工艺产业化的主要障碍是什么？

2. 溴代烯烃的 Sonogashira 交叉偶联是一种有用的方法，可将 C—C 键连接到末端乙炔上。其耐受多种官能团，并由 Pd 和 Cu 的组合通过乙炔亚铜中间体催化。

（a）通过填写基本步骤的名称和缺少的催化中间体名称，完成附图所示的 Sonogashira 反应的催化循环。

（b）这些中间体中 Pd 原子的氧化态是什么？

（c）请建议一个实验，以确定步骤 A、B 或 C 中的哪一个是速率决定步骤。

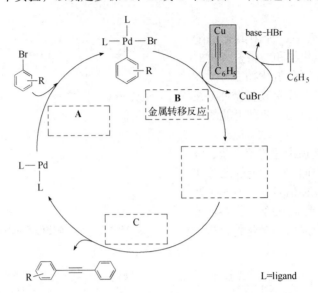

习题 2 附图　Pd 催化 Sonogashira 交叉偶联的催化循环；乙炔亚铜中间体以灰色突出显示

3. 氢化硅烷化（将 R_3SiH 添加到双键上）是有机硅聚合物工业中的重要反应，其通过交联聚合物链用于"固化"硅橡胶，该反应由 Pt 和 Rh 配合物催化，遵循附图所示的循环。

（a）填写基本步骤的名称和缺少的催化中间体的名称，完成附图所示的循环。

（b）这些催化中间体中 Pt 的氧化态是什么？

（c）1-己烯的氢化硅烷化在两个不同的实验中进行：一个用 Me_3SiH，另一个用 Me_3SiD。相对反应速率比（也称为 k_H/k_D 比）为 5.4∶1。根据这些信息，循环中的哪一步是决定速率的？

（d）聚合物 A 的氢化硅烷化在作为催化剂前体的 H_2PtCl_6 存在下进行。催化剂不可回收，因为聚合物形成硬凝胶。如果 Pt 的价格是 44 美元/克，而硬化聚合物的售价是 2000 美元/吨，那么经济上可行的工艺的最低催化剂 TON 是多少？

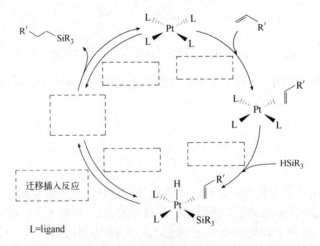

习题 3 附图　Pt 催化剂存在下的催化氢化硅烷化循环，使用 H_2PtCl_6 作为催化剂前体

4.（a）解释双齿配体的咬合角和柔韧性如何与反应袋相关，以及为什么这些概念在均相催化中很重要。

（b）检查附图中所示的七种二齿膦配体 A~G，并按柔韧度予以排列，这七种配体的柔韧性的关键是什么？

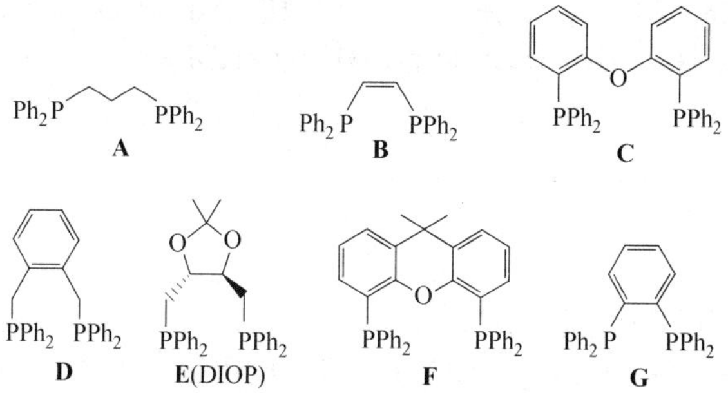

习题 4 附图　各种二齿膦配体的分子结构

5. 解释 Tolman 锥角、配体体积半径和立体角间的区别。说明可使用哪些参数表征以下配体的大小：PPh₃、P（o-O-tolyl）₃、P（Ph）₂（叔丁基）、2,20-双（二苯基膦基）-1,10-联萘（BINAP）和 DIOP（见题 4 附图中的 E）。

6. 镍-亚磷酸三芳基酯配位化合物催化丁二烯二聚成环辛二烯，而环十二碳三烯是不需要的副产物，由相同催化剂催化的三聚反应产生，附表显示了使用各种配体-金属配合物的产物产率（每种情况下的其余部分是焦油聚合物材料）。

附表　使用不同催化剂的丁二烯二聚和三聚产率

催化剂前体	收率/%	
	环辛二烯	环十二碳三烯
（C₆H₅O）₃P—Ni	50	35
（p-CH₃—C₆H₄O）₃P—Ni	52	35
（o-CH₃—C₆H₄O）₃P—Ni	70	10
（p-C₆H₅—C₆H₄O）₃P—Ni	65	17
（o-C₆H₅—C₆H₄O）₃P—Ni	95	<1

（a）画出一个简单的二聚和三聚反应催化循环，以说明附表中所示的数据。

（b）不同催化剂之间选择性不同的原因是什么？为什么有些催化剂产生较少的焦油物质？

（c）画出附表中催化剂前体的结构，哪个描述符在这里起关键作用？

（d）乙烯三聚是一个重要的工业过程，假设乙烯的反应机理与丁二烯的反应机理相似，请建议使用什么配体-金属配合物以最大化乙烯三聚的产率？

7. 若将不对称氧化工艺放大，以生产 10t/a 的医药中间体，其售价为每千克 6750 美元。实验室规模的反应使用 2%（摩尔分数）的 Ru-配体配合物作为催化剂，DMSO 作为溶剂。请列出在规划放大操作时必须考虑的因素；如果产品是市场价格为每千克 67 美元的聚合添加剂，清单会有什么变化？

8. 下列配合物中过渡金属的氧化态是什么？哪些配合物是配位饱和的？

（a）[Mn（NO）₃CO]

（b）[Pt（SnCl₃）₅]³⁻

（c）[HRh（CO）（PPh₃）₃]

（e）[Fe（CO）₃（SbCl₃）₂]

（f）[RhI₂（CO）₂]⁻

（g）RhCl（PPh₃）₃

（d）$[(\pi\text{-}C_5H_5)_2Co]^+$ 　　　　　　　（h）$H_2RhCl(PPh_3)_3$

9. 以下情况发生了什么类型的反应：

（a）反式-$[PtCl_2(PEt_3)_2]+HCl \longrightarrow [PtCl_3H(PEt_3)_2]$

（b）$[W(CH_3)_6] \longrightarrow 3CH_4+W(CH_2)_3$

（c）$[(\pi\text{-}C_5H_5)Mn(CO)_3]+C_2F_4 \longrightarrow [(\pi\text{-}C_5H_5)Mn(CO)_2C_2F_4]+CO$

（d）$[(\pi\text{-}C_5H_5)_2ReH]+BF_3 \rightleftharpoons [(\pi\text{-}C_5H_5)_2ReHBF_3]$

（e）

10. 根据氧化态对下列反应进行分类：

（a）$CoCO_3+2H_2+8CO \longrightarrow [Co_2(CO)_8]+2CO_2+2H_2O$

（b）$[Pt(PPh_3)_3]+CH_3I \longrightarrow [CH_3PtI(PPh_3)_2]+PPh_3$

（c）$[Mn(CO)_5Cl]+AlCl_3+CO \longrightarrow [Mn(CO)_6]+[AlCl_4]^-$

（d）$[PtCl_2(PR_3)_2]+2N_2H_4 \longrightarrow [PtHCl(PR_3)_2]+N_2+NH_3+NH_4Cl$

11. 解释下列配体交换反应及其区别：

（a）$[W(CO)_6]+Si_2Br_6 \longrightarrow [W(CO)_5SiBr_2]+SiBr_4+CO$

（b）$[Pt(PPh_3)_4]+Si_2Cl_6 \longrightarrow [Pt(PPh_3)_2(SiCl_3)_2]+2PPh_3$

（c）$[Fe(CO)_5]+PEt_3 \longrightarrow [(PEt_3)Fe(CO)_4]+CO$

12. 完成下列方程式并列出每种情况所涉及的反应类型。

（a）$[IrCl(CO)(PR_3)_2]+SnCl_4 \longrightarrow$

（b）$[(\pi\text{-}C_5H_5)_2(CO)_3WH]+CH_2N_2 \longrightarrow$

（c）$[RuCl_2(PPh_3)_3]+H_2+Et_3N \longrightarrow$

（d）

（e）

13. 过渡金属配合物可很容易地催化烯烃异构化，可通过 π-烯丙基配合物在没有助催化剂的情况下发生。在配位不饱和配合物□-ML_m 和烯烃 $RCH_2CH=CH_2$ 间确定该反应的路径。

14. 为什么镍催化乙烯二聚反应没有生成 2-丁烯？

15. Wilkinson 催化剂 $[RhCl(PPh_3)_3]$ 催化乙烯加氢的机理如下：

讨论反应循环的各步骤（a~f）。

16. 氧化偶联和氧化加成有什么区别？

17. 烯烃插入金属-氢化物键的逆反应是什么反应？

18. 在均相催化中 CO 和 H_2 是如何被活化的？

19. 何为离子液体？举例说明离子液体作为溶剂在均相催化中的作用。

20. （a）讨论下列过渡金属配合物的 CO 伸缩频率：

$[Ni(CO)_4]$ $2060cm^{-1}$

$[Mn(CO)_6]^+$ $2090cm^{-1}$

$[V(CO)_6]^-$ $1860cm^{-1}$

（b）对于钼羰基配合物，在 IR 中发现以下 CO 带：

$[(PPh_3)_3Mo(CO)_3]$ $1910cm^{-1}$，$1820cm^{-1}$

$[(PCl_3)_3Mo(CO)_3]$ $2040cm^{-1}$，$1960cm^{-1}$

解释 CO 波段的位置，可推导出哪个结构？

21. 当 1-癸烯的加氢甲酰化在高压红外池中进行时，起始溶液在 $1640cm^{-1}$ 处显示峰（1），加合成气后，在 $2130cm^{-1}$ 处出现强谱带（2），约 2h 后，在 $1720cm^{-1}$ 处出现第三个峰（3），但（1）的峰强度有所降低，试解释这些观察结果。

参考文献

［1］ 黄仲涛，耿建铭. 工业催化［M］.4 版. 北京：化学工业出版社，2020.

［2］ 甄开吉，王国甲，毕颖丽，等. 催化作用基础［M］.3 版. 北京：科学出版社，2005.

［3］ 吴越. 应用催化基础［M］. 北京：化学工业出版社，2008.

［4］ Jens Hagen. Industrial catalysis：a practical approach［M］. 3rd Edition. Weinheim: Wiley-VCH，2015.

［5］ Gadi Rothenberg. Catalysis：concepts and green applications［M］. Weinheim：Wiley-VCH，2008.

［6］ Wijngaarden R J, Kronberg A，Westerterp K R. Industrial catalysis：optimizing catalysts and processes［M］. Weinheim：Wiley-VCH，1998.

［7］ 黄开辉，万惠霖. 催化原理［M］. 北京：科学出版社，1983.

［8］ 何杰. 高等催化原理［M］. 北京：化学工业出版社，2022.

［9］ 吴越，杨向光. 现代催化原理［M］. 北京：科学出版社，2005.

［10］ 黄仲涛，彭峰. 工业催化剂设计与开发［M］. 北京：化学工业出版社，2009.

［11］ 沈康文，曾丹林，张崎，等. 离子液体在催化中的应用研究进展［J］. 材料导报 A，2016，30（3）：57-62.

第五章

生物催化

一、概述

人类利用生物催化已有数千年的历史，古埃及和我国古代均有麦芽制曲酿酒工艺的历史记载。近代认识生物催化是与发酵和消化现象联系在一起的，创造了"酶"这一术语，亦即一种具有生理功能的活性蛋白质（或核酸），其具有催化生物化学反应的功能，对酶的认识，成为现代酶学或生物催化研究的基础。

生物催化属于跨学科领域，涉及三个学科：化学中的生物化学和有机化学；生物学的微生物学、分子生物学和酶学；化学工程的传递过程和反应工程。其最重要的应用领域包括制药、食品、精细化学品、基础化学品、造纸、农业、医药、能源生产和采矿业等（图5-1）。

生物催化利用生物催化剂改变（通常是加速）化学反应速率，以合成有机化学品。生物催化剂包括天然的和人工的两类：

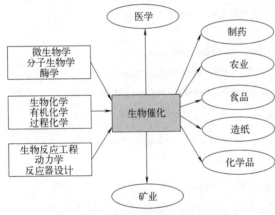

图 5-1　作为跨学科领域的生物催化

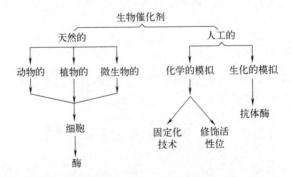

天然生物催化剂来自于动物、植物或微生物，包括细胞和酶，是生物反应过程中起催化作用的游离或固定化细胞/酶的总称。一切天然生物催化剂均由生物活体细胞产生，故首先应寻

找细胞，即具有催化作用的细胞或者说产生酶的细胞。人们最早使用的是游离的细胞活体，即采用这些细胞中的酶作为生物催化剂；在此基础上将该酶蛋白质从细胞中提取分离出来，以较纯的形态催化反应，也可采用固定化技术将细胞或酶固定在惰性固体表面后使用（又称为固定化催化剂）。生物催化剂的类别与作用方式见表5-1。

含酶整细胞和分离纯化酶各有优缺点。分离纯化酶通常用于不需要辅因子的水解和异构化反应，表现出更高的体积生产率和更少的副反应，与含酶整细胞不同，不存在其他酶，因而不会消耗产品；另外，分离酶没有整细胞那么复杂，因此在概念上更接近于传统的化学催化剂。主要缺点是必须分离酶，如果反应需要辅因子，则必须予以提供，这使情况复杂化，因为辅因子通常是昂贵的试剂，且须再生。相反，如果使用含酶整细胞，则无须分离酶，也无须担心辅因子再生。由于整细胞只需以简单的碳水化合物或甲烷为食，通过繁殖和生长，即可在复杂的合成或降解反应级联中共同发挥作用，生产几乎任何有机产品，因而更适合大规模应用；并可对细胞进行基因工程以促进所需的反应，从而将基因工程微生物用作"代谢微反应器"。缺点是产品分离很困难，而且除非生物体被修饰，否则所需的产品通常会被另一种酶分解。

固定酶类似于固定均相有机金属配合物。唯一的区别是酶因其特殊性质需特殊处理。酶的固定方法主要有三种：酶与固体支持物的化学或物理结合；将酶捕获在固体或凝胶基质中；和酶的交联。固定化酶具有传统固体催化剂的许多优点：更易处理，可通过过滤从产品混合物中回收，重要的是非常适合大规模连续工艺；并在温度、pH范围和有机溶剂方面通常比其溶液相类似物更稳定。主要缺点是固定会产生额外的扩散屏障。

表5-1　生物催化剂的类别和作用方式

项目	含酶整细胞	分离纯化酶
类别	生长细胞 休止细胞 冻干细胞 处理或修饰细胞	细胞萃取液 纯酶制剂 处理或修饰酶 多酶系统
作用方式	游离细胞 微胶囊、微乳状液 固定化细胞	游离状态 微胶囊、微乳状液 固定化酶
催化反应相	水溶液 含有机溶液的水溶液 水/有机溶剂的双相体系 有机溶液	水溶液 含有机溶液的水溶液 水/有机溶剂的双相体系 水微溶的有机溶液

二、酶催化基础

1. 酶的结构

酶仅由20个 α-氨基酸部分组成（见表5-2）。每个氨基酸都有独特的侧链或残基，可以是极性的、脂肪族的、芳香族的、酸性的或碱性的。酰胺键（肽键）构成酶的骨架，而残基决定酶的最终结构和催化活性。

表 5-2　二十种天然（L）-α-氨基酸的缩写和残基结构

名称	缩写 三字母	H R H₂N COOH	类别
丙氨酸（alanine）	Ala	—CH₃	脂肪族
精氨酸（arginine）	Arg	—（CH₂）₃NH—C=NH—NH₂	碱性的
天冬酰胺（asparagine）	Asn	—CH₂CONH₂	极性
天冬氨酸（aspartic acid）	Asp	—CH₂COOH	酸性的
半胱氨酸（cysteine）	Cys	—CH₂SH	极性
谷氨酸（glutamic acid）	Glu	—CH₂CH₂COOH	酸性的
谷氨酰胺（glutamine）	Gln	—CH₂CH₂CONH₂	极性
甘氨酸（glycine）	Gly	—H	最小的
组氨酸（histidine）	His	—CH₂ （咪唑环）	碱性的
异亮氨酸（isoleucine）	Ile	CH₃, CH₂CH₃	脂肪族
亮氨酸（leucine）	Leu	—CH₂CH（CH₃）₂	脂肪族
赖氨酸（lysine）	Lys	—CH₂CH₂CH₂CH₂NH₂	碱性的
蛋氨酸（methionine）	Met	—CH₂CH₂SCH₃	脂肪族
苯丙氨酸（phenylalanine）	Phe	—CH₂-C₆H₅	芳香族
脯氨酸（proline）	Pro	（吡咯烷环 N H COOH）①	脂肪族
丝氨酸（serine）	Ser	—CH₂OH	极性
苏氨酸（threonine）	Thr	OH, CH₃	极性
色氨酸（tryptophan）	Trp	（吲哚环 N H）	芳香族
酪氨酸（tyrosine）	Tyr	—CH₂—（苯环）—OH	芳香族
缬氨酸（valine）	Val	—CH（CH₃）₂	脂肪族

① 整个结构。

　　当酶的氨基酸序列（表 5-2 中一级结构）在体内组装时，会自发折叠，形成酶的三维结构，每个一级结构通过氢键、疏水残基堆积和二级结构（α-螺旋、β-折叠和β-转角）形成独特的稳定三级结构，并进一步形成四级结构（图 5-2）。除甘氨酸外，所有α-氨基酸均为手性分子，具有"L"和"D"对映异构体，自然界的酶仅由 L-氨基酸组成，虽然生物系统中确实存在 D-氨基酸，但很少出现。

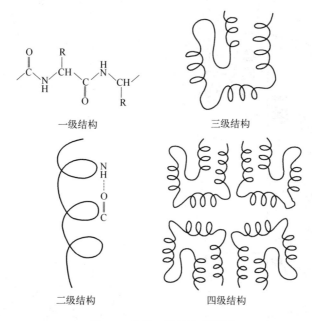

一级结构

三级结构

二级结构

四级结构

图 5-2　酶的四级结构示意图

① 酶的一级结构是由许多 α-氨基酸的氨基和羧基通过脱水缩合形成肽键（CO—NH）而成一条长肽链或多肽链。晶体 X 射线衍射研究表明:肽键是平面和反位的(距离单位为 nm),C—N 键缩短并具有双键性质。

② 图 5-3（a）给出了为晶体 X 射线衍射所确认的二级 α-螺旋结构:每圈有 3.6 个残基,每 5 圈再次重复,螺旋角为 26°,螺距为 0.54nm。图 5-3（b）显示了 β-褶片结构是如何组成大的三维排列的。

二级结构对酶的催化作用具有重大意义,如在每盘旋一圈包含 3.6 个氨基酸残基的 α-螺旋,和每圈包含 4.4 个氨基酸残基的 π-螺旋相互转化时,可引起三级结构［构型（configuration）］的变化,从而对酶的催化功能产生一定的影响［构象（conformation）变化］。另外,由于肽链拥有不同的残基,每种酶的二级结构具有特有的外表特征,如在大残基的情况下,侧链将从二次结构外耸起,而在小残基的情况下,在表面上形成凹陷,从而可为底物提供一种特殊的作用表面。

③ 上述线状的、螺旋状的以及褶片状的一级、二级结构,由于邻近残基的相互作用,还能进一步卷曲、折叠成三维空间结构,即三级结构,主要由表 5-2 中不同残基通过图 5-4 所示的多种力相互作用而形成。一些带电荷的极性基团,由于能根据周围环境的 pH 值而带有电荷或不带电荷,可通过静电吸引力或斥力使螺旋发生明显的折叠和扭转（图 5-4④）;一些不带电荷的极性基团,由于有形成共价键的能力,具有使分子形成稳定交联和一定空间结构的作用（图 5-4⑤）;非极性基团（疏水基团）,根据"球蛋白油滴模型"的假设,则有稳定空间结构的作用（图 5-4①）;此外,一些含 OH 基团的残基可与侧链上的羧基形成氢键,起稳定空间结构的作用等。

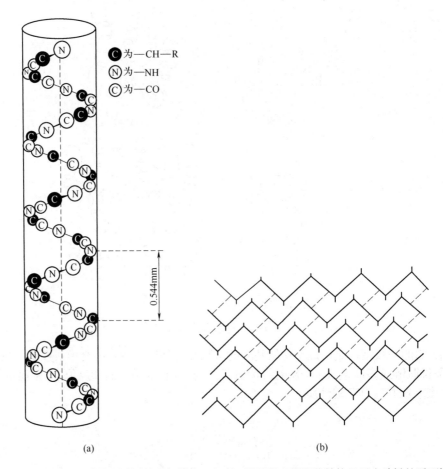

图 5-3 （a）排列成 α-螺旋状的肽链的空间排布；（b）β-褶片的三维网状结构显示出肽键的平面性

　　酶的三级结构称为单体（monomer）或亚基，对酶的催化作用来说起着决定性作用，由于通过螺旋状或褶片状的肽链在节段上进一步折叠，就可使许多在链上远离的基团相互挨近，形成排列恰当以适应底物不同基团的各种"作用部位"。可以说，酶之所以具有独特专一性，就在于其这种精确构型。

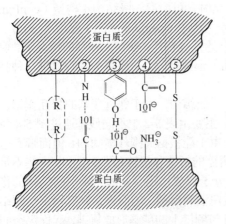

图 5-4　导致肽链内部形成交联的分子间力

　　④ 由几个至十几个相同或不同的单体堆积而成的低聚体（oligmer）或生物大分子即酶的四级结构，或称分子结构。当酶分子结构解离成单体时就会改变性质，如失去对反应的专一性，最佳工作条件发生变化等，在极限情况下甚至完全失去催化活性。与形成三级结构一样，包含着多种作用力，也是高度专一的（参见图 5-4）。四级结构对酶的催化作用来说也很重要，被认为是调节酶生物活性的分子基础。

　　图 5-2 中所示四级结构由相同亚基组成，但不少蛋白质的四级结构由不同的亚基组成。

　　酶的结构特点与催化性能如下：

　　• 结合点的定向效应：使底物分子间或底物各基团间彼此靠近，形成合适的空间结构；

• 基团的协同效应：通常各个基团分别发挥不同的催化作用，进行多个基元反应；

• 微环境效应：酶的活性中心处在不同的微环境中，受到微环境中的电子效应和空间效应影响；

• 中间物的诱导效应：当酶和底物结合时，酶蛋白产生扭曲变形，使底物活化，降低反应活化能。

2. 酶的分类和命名

迄今为止，人们已发现和鉴定出 2000 多种酶，其中约 200 多种已得到结晶体。最初发现的几种酶被赋予了非系统的名称，如胃蛋白酶、胰蛋白酶、溶菌酶和糜蛋白酶等。后来，通过将后缀-ase 添加到底物名称（有时也包括反应）中，设计了通用名称系统，国际酶委员会建立了基于六类酶的四级分类系统（表 5-3）。每种酶都有一个标识符，称为酶编号，该标识符由四个用句点分隔的数字组成，分别表示主组、子类、子子类和序列号：第一个数字标明酶类别，即表 5-3 中的六类；第二个数字标明酶催化底物中被催化的基团或键的特点，分成每类酶的若干子类，分别以顺序编成 1、2、3、4；第三个数字标明子子类，仍以 1、2、3、4 等编号；最后一个数字标明序列号，也用 1、2、3、4 等表示。如脂肪酶命名为 EC3.1.1.3，第一个数字 3 代表水解酶的分类号；第二个数字代表子类即水解酶作用底物的键型，1 为酯键编号；第三个数字代表子子类，1 为羧酸酯键编号；第四个数字 3 代表脂肪酶的序列号。酶的系统分类命名法相当严格，一种酶只能有一个系统命名分类编号，表明酶催化的底物和催化反应性质。

表 5-3 六类酶及其功能

酶的类别	酶的功能（催化的反应）
1 氧化还原酶	氧化还原反应
2 转移酶	官能团从一种底物转移到另一种底物或从底物的一部分到另一部分
3 水解酶	水解，需要水分子参与
4 裂解酶	添加或去除基团以形成双键，或将基团添加到双键
5 异构酶	异构化（分子内重排）、构型改变
6 连接酶	通过 ATP 的水解等将两个底物连接在一起形成键

幸运的是，有几个在线数据库可搜索和交叉引用酶的通用名称、系统名称和结构。一个用户友好的例子是 Braunschweig 酶数据库，简称 BRENDA，是全球最大的公共酶信息系统，可供非商业用户免费使用。

根据组成可将酶分为单纯酶和结合酶。前者酶的结构由简单蛋白质构成，如水解酶类，包括淀粉酶、蛋白酶、脂肪酶、纤维素酶、脲酶等；后者结构中除含有蛋白质外，还有非蛋白质部分，如大多数氧化还原酶类；其中蛋白质部分称为酶蛋白，非蛋白质部分称为辅因子（cofactor），又称辅基，酶蛋白只有与辅基结合在一起才显示催化活性，分开后则均无催化活性。

辅基可分为两类：一类为无机金属元素，如 Cu、Zn、Mn、Mg、Fe 等，称为金属酶，近 1/3 的酶需要有金属元素以保持其催化性能，如固氮酶中含有 Fe、Mo 和 V 等金属离子，其催化基团为金属离子形成的活化群，结合基团为庞大的蛋白质分子；另一类为小分子有机物，如维生素、铁卟啉等。辅基的种类不多，通常一种酶蛋白只能与一种辅基结合，而同一种辅基常能与多种不同的酶蛋白结合，构成多种特异性很强的全酶。辅基在酶促反应中主要起传递氢、电子、原子或化学基团的作用（参见图 5-5 中的示例），某些金属元素还具有"搭桥"作用。

在某些情况下，辅基本身参与反应，因为其实际上是一种底物，并须在参与另一催化循环前进行再生。在活细胞中，酶循环包括辅基再生，有时使用不同的酶，辅基保持在稳态浓度。辅基再生是工业生物催化的障碍之一，因为辅基通常比产品更昂贵。

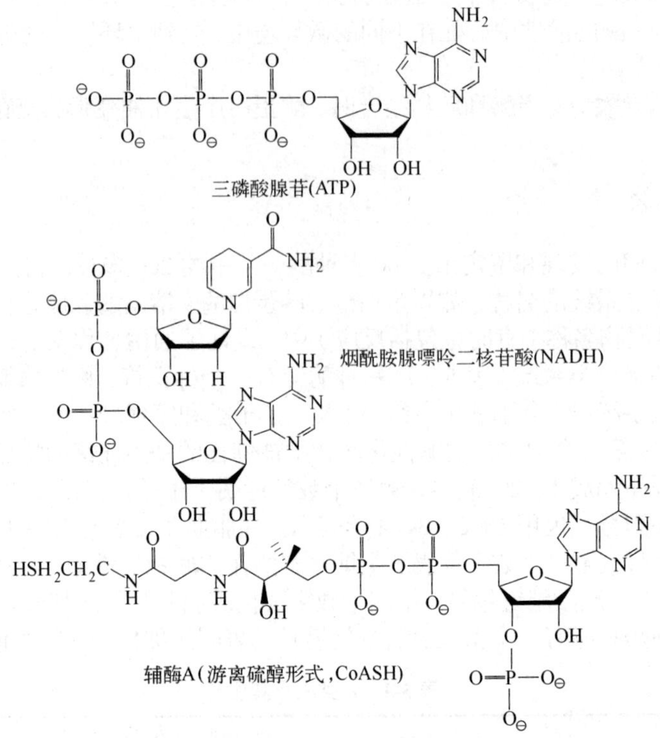

图 5-5　三种常见辅酶的化学结构：NADH、ATP 和辅酶 A

3. 生物催化反应的特征

酶催化同时具有均相和多相催化剂的特点：酶以胶体分散溶解在体系中，底物在酶表面上定位结合并进行反应。与化学催化反应相比，生物催化具有许多优点：首先，酶催化效率极高，典型 TOF 值为 $10^2 \sim 10^4 s^{-1}$，甚至高达 $10^8 s^{-1}$，是非酶催化的 $10^6 \sim 10^{19}$ 倍，如 1g 结晶 α-淀粉酶在 60℃、15min 可使 2t 淀粉转化为糊精；且酶催化剂用量少，化学催化剂为 0.1%~1%，而酶催化剂仅为 0.0001%~0.001%（均为摩尔分数）。

其次，酶催化具有高度的专一性：包括绝对专一性和相对专一性。前者是指一种酶只能催化一种底物进行一种反应，如底物有多种异构体，酶只能催化其中的一种异构体，如乳酸脱氢酶只能催化转化底物丙酮酸成 L-乳酸；而 D-乳酸脱氢酶也只能转化底物丙酮酸成 D-乳酸。反应式如下：

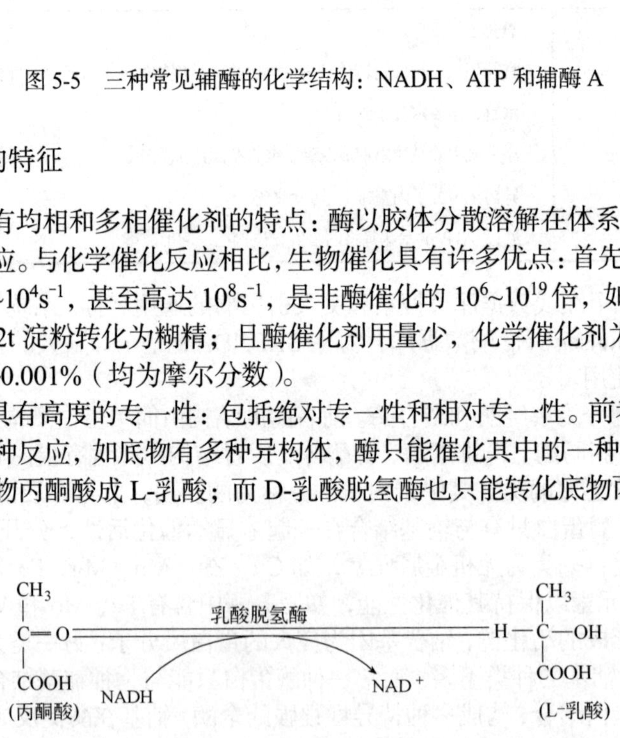

后者是指一种酶能够催化一类结构相似的底物进行某种相同类型的反应，又称为键专一性或基团专一性，如酯酶可以催化所有含相同酯键的酯类物质水解成醇和酸。由于酶催化的专一性，可从复杂的原料中针对性地加工某种成分以获取所需产品；也可从某些物质中除去不需要的组分而不影响其他成分。

再次，酶催化具有极高的区域选择性，可区分单个底物分子上的相似官能团，因此无须保护/去保护步骤，这意味着更少（或没有）副产品；同时许多酶具有极高的对映选择性，当一对底物的（R）-对映体和（S）-对映体间的 ΔG_{RS} 吉布斯自由焓差约为 1~3kJ/mol 时，可实现>99%ee 的对映选择性。

最后，酶催化的条件较温和，可在常温常压和酸碱度（pH 值为 5~9，一般约为 7）下进行，且溶剂常为水，具有完全的生物相容性和可生物降解性，如固氮酶在环境温度下固定空气中的氮并合成氨，而 Haber-Bosch 工艺需要 700K 以上的高温；同时可减少不必要的分解、异构、消旋、重排等副反应，而这些副反应在化学催化反应中常会发生。多种不同酶所催化的反应条件往往是相同或相似的，因此一些连续反应可采用多酶复合体系，使其在同一反应器中进行，可省去一些不稳定中间体的分离过程，简化反应和过程操作步骤。生物催化和化学催化的比较见表 5-4。

表 5-4　生物催化和化学催化的比较

项目	生物催化	化学催化
催化底物	多是大分子复杂底物	较简单的纯化合物
反应模式	多种催化剂同时作用催化多种反应	单一催化剂催化单一化学反应
反应条件	比较温和	相对较苛刻
原料	生物基质、化工资源	以化石资源为主
转化效率	常温下高效、高转化率、立构专一	在高温加压下也可高效转化，转化率相对较低
对环境的影响	环境友好，可持续发展	可对环境造成污染，也可环境友好

酶催化也有一些不足，面临诸多问题和挑战：①通常是低特异性；②在极端温度和 pH 值下不稳定；③仅适用于选定的反应；④新酶和工艺的开发时间长；⑤酶通常需要复杂的辅助底物，如辅因子等。

三、酶催化作用机制

1. 活性位点和底物结合模型

酶的活性位点通常是由一系列氨基酸残基包围的裂缝，这些残基中的一些将底物与酶（有时还包括辅基）结合。酶采用四种类型的相互作用来结合底物：静电、氢键、范德华力和疏水相互作用。各种氨基酸残基（表 5-2）非常适合这些结合模式中的每一种，如含有羧基（$pK_a \approx 5$）的底物在 pH=7 时带负电荷，与赖氨酸或精氨酸的质子化残基静电结合。类似地，极性底物可与丝氨酸或苏氨酸残基形成氢键，疏水底物可与亮氨酸或异亮氨酸残基相互作用。已知几种情况，其中三种不同的残基（所谓的催化三联体）在同一活性位点起"质子中继"系统的作用。与 Sabatier 火山型原理一致，活性位点与底物的结合应适中（结合能为 3~10kcal/mol），若底物结合得太强，则将抑制催化循环。

酶的高活性和选择性归功于活性位点的空间和化学结构。酶腔围绕底物布置，多点接触将其精确地引导至所需的反应中心。1894 年，德国化学家 Emil Fischer（1902 年诺贝尔奖得主）提出了锁-钥匙模型［图 5-6（a）］；1960 年，Daniel Koshland Jr.对其进行改进，提出诱导拟合模型［图 5-6（b）］，该模型表明一些酶首先结合底物，然后相应地重新排列其活性位点，酶-底物互补性不仅适用于形状，还适用于电荷和极性。由于这种诱导拟合，活性位点的结合残基使底物不稳定，促使其向产物转化［图 5-6（c）］。酶-底物复合物在结构上与对应于过渡态的活化复合物相似。

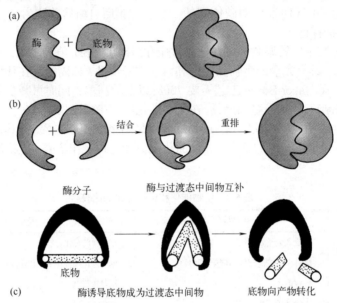

图 5-6　酶-底物结合

（a）Fischer 锁-钥匙模型；（b）Koshland 的诱导拟合模型；（c）诱导拟合模型的产物转化

一些酶的速度如此之快且选择性如此之高，以至于其 k_2/K_M 比率接近分子扩散速率［$10^8 \sim 10^9$mol/（L·s）］，这种酶被称为动力学完美的。使用这些酶，反应速率受扩散控制，每

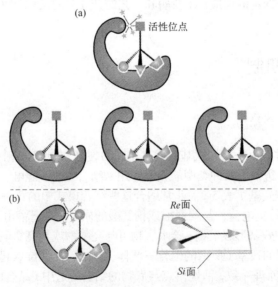

图 5-7 （a）活性位点结合残基的三维排列可选择性地结合手性底物；"错误的"底物对映异构体（中间）与残基不匹配，导致酶-底物复合物形成的动力学障碍更高；（b）三点结合还使酶可区分前手性基团和 *Re/Si* 面

次"碰撞"均为有效的。然而，由于与整体酶相比，活性位点非常小，为此须有一些额外的力将底物吸引到活性位点，否则将有许多无效的碰撞，1975 年，William Jencks 将之称为 Circe 效应（源自神话中的 Aeaea 岛女巫引诱奥德修斯的人参加盛宴，然后将其变为猪）。

活性位点的结合也是酶具有手性识别能力和对映特异性的原因。图 5-7（a）显示了手性底物包含三个结合残基与一个反应性辅基的活性位点的结合。一种对映异构体结合良好并发生反应，而另一种对映异构体的两个结合位置总是错配。同样的原理也适用于前手性底物：酶的活性位点可区分 pro-S 和 pro-R 底物，也可区分平面前手性分子的 Re 和 Si 面［图 5-7（b）］。

2. 分子内反应和邻近效应

酶具有卓越催化性能的秘密在于，当酶结合底物和辅基时，将未催化的分子间反应转变为分子内反应。通常，由于反应基团已经彼此接近，因而分子内反应比分子间反应快。这种邻近效应增加了有效浓度，并随之增加了反应速率，同时限制了分子可用的自由度的数量，还具有熵优势。需要注意的是，因邻近效应和优选方向而导致的速率提高不仅限于酶，也适用于甚至不使用催化剂的任何化学反应。

只要反应物以"正确"的方式取向，反应就会快，如在 1,3-丁二烯与乙烯的 Diels-Alder 环加成热反应中，二烯须具有顺式取向。如果二烯分子被"锁定"在顺式构型中，其活性要高得多，以至于 1,3-环戊二烯在室温下就很容易二聚化（图 5-8）。

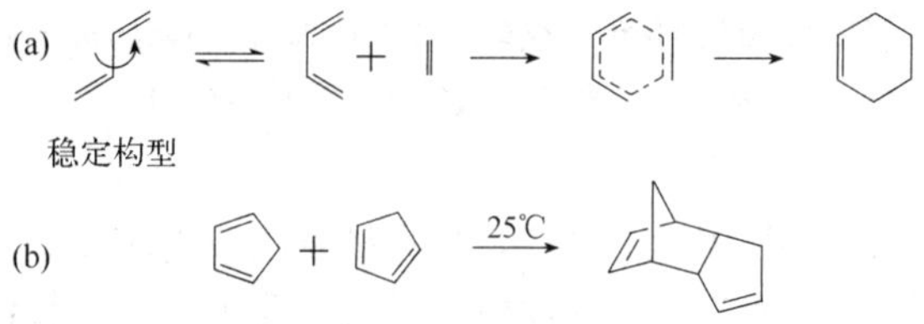

稳定构型

图 5-8 由于双键互为顺式，1,3-环戊二烯（b）的 Diels-Alder 反应比 1,3-丁二烯（a）快得多

3. 酶催化的常见机制

一旦底物结合，活性位点上的其他残基就会进行催化反应。从广义上讲，酶催化分为两种常见的机制：Brönsted 酸/碱催化和亲核催化。

（1）Brönsted 酸/碱催化

Brönsted 酸/碱催化是最常见的酶促机制，因为几乎所有酶促反应均涉及质子转移，意味着几乎所有酶的活性位点均有酸性和/或碱性基团。在酸催化中，底物被活性位点上的氨基酸残基之一（通常是天冬氨酸、谷氨酸、组氨酸、半胱氨酸、赖氨酸或酪氨酸）质子化。因此，该残基本身须在反应 pH（通常 pH=5~9）下质子化，pK_a 刚好高于该值。相反，在碱催化中，去质子化残基的 pK_a 须刚好低于生理 pH 值。一些酶甚至可通过同时对同一底物分子上的两个不同位点进行质子化和去质子化以进行双功能催化。

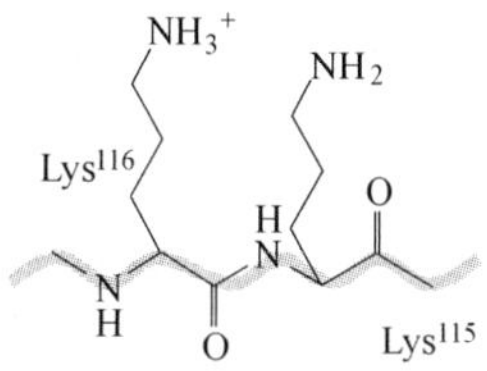

图 5-9 第 116 位的质子化赖氨酸残基有助于在乙酰乙酸脱羧酶的活性位点观察到赖氨酸残基 115 的低 pK_a，该酶在 pH=5.95 时表现出最大活性

需要注意的是，活性位点残基的 pK_a 可能与观察到的水中游离氨基酸的值有很大差异，如乙酰乙酸脱羧酶的活性位点具有一个非常低的 pK_a 为 5.95 的赖氨酸残基（游离氨基酸的 $pK_a \approx 9$），此时 pK_a 会受到相邻质子化赖氨酸残基的影响（图 5-9）。如对脂肪族二胺观察到了

类似降低，虽然不那么显著（如 1,4-二氨基丁烷的两个 pK_a 值分别为 10.80 和 9.35）。

金属酶含有的结合金属离子作为其结构的一部分，既可直接参与催化，也可稳定酶的活性构象。在 Lewis 酸催化中，使用 M^{n+}（通常为 Zn、V 和 Mg）代替 H^+。许多氧化还原酶使用金属中心，如 V、Mo、Co 和 Fe，其方式与均相催化使用配体-金属配合物的方式大致相同。图 5-10 显示了钒氯过氧化物酶催化的卤化物氧化反应的简化机理，钒原子充当 Lewis 酸，激活结合的过氧化物。

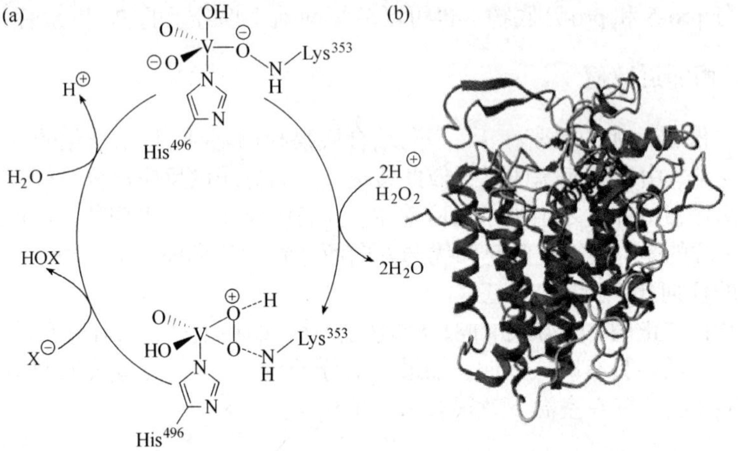

图 5-10 （a）钒氯过氧化物酶的简化催化循环；（b）从真菌 *Curvularia inaequalis* 中分离出来的基于天然酶和过氧中间体的晶体结构

（2）亲核催化

在亲核催化（又称共价催化）中，活性位点的亲核基团攻击底物，形成共价键合的中间体。此时酶比化学催化剂更有效，因为酶的活性位点通常不含水，而在水溶液中，带电的亲核试剂被水分子层溶剂化而降低其有效性。酶活性位点上的相同亲核试剂被去溶剂化或"裸露"，具有更高的活性（在某些离子液体中也会出现类似现象）。

通常参与该机制的氨基酸是丝氨酸、半胱氨酸或赖氨酸。图 5-11 显示了木瓜蛋白酶（一种半胱氨酸蛋白酶）亲核催化酰胺水解的实例。该酶在其活性位点具有催化三联体，由 Cys-25、His-159 和 Asn-158 组成。催化循环涉及 His-159 对 Cys-25 的去质子化，然后去质子化的硫醇攻击肽羰基碳，从而释放胺产物，得到共价酰基酶中间体，最后酶被水分子脱酰基，释放出羧酸产物。

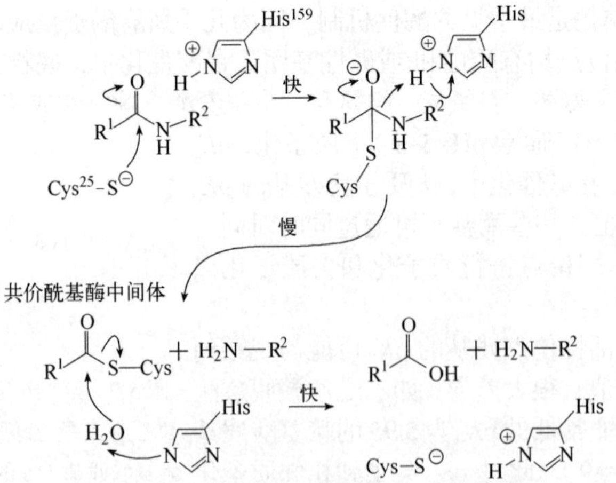

图 5-11 木瓜蛋白酶存在下的酰胺水解（亲核酶催化的一个实例）

四、酶催化反应动力学

1. Michaelis-Menten 方程

酶的活性位点可以是嵌入特定几何形状的羧基或氨基等，几种弱相互作用（静电、氢键、范德华力等）有助于确定底物分子与活性位点结合的高度特异性方式。酶催化反应的动力学类似于多相反应动力学，然而由于在实践中处理方程存在一些特征差异，在此将按以下方式处理。

根据式（5-1）和式（5-2），酶 E 通过与反应物 S（通常称为底物）形成复合物而产生产物 P：

$$S + E \underset{k_{-1}}{\overset{k_1}{\rightleftharpoons}} ES \tag{5-1}$$

$$ES \xrightarrow{k_2} P + E \tag{5-2}$$

虽然可很容易地测量酶 $[E]_{tot}$ 的总浓度，但很难测量游离酶 $[E]$ 的浓度。

$$[E]_{tot} = [E] + [ES] \tag{5-3}$$

由式（5-4）可得出产物形成速率（所有相关速率均以每单位时间的浓度为单位）：

$$\frac{d[P]}{dt} = k_2 [ES] \tag{5-4}$$

假设式（5-1）和式（5-2）的反应处于稳定态，有：

$$\frac{d[ES]}{dt} = k_1 [E][S] - (k_{-1} + k_2)[ES] = 0 \tag{5-5}$$

可推得：

$$k_1 [E]_{tot} [S] - k_1 [ES][S] - (k_{-1} + k_2)[ES] = 0 \tag{5-6}$$

或：

$$[ES] = \frac{k_1 [E]_{tot}[S]}{(k_{-1} + k_2) + k_1 [S]} \tag{5-7}$$

代入式（5-4），并引入 Michaelis 常数 $K_M = (k_{-1} + k_2)/k_1$，得：

$$r = \frac{d[P]}{dt} = \frac{k_2 [E]_{tot}[S]}{K_M + [S]} \tag{5-8}$$

式（5-8）即为酶促反应速率的 Michaelis-Menten 表达式。与在固体催化剂上发生单分子反应的气相分子相比，Michaelis 常数的倒数取代了 Langmuir-Hinshelwood 方程中的吸附平衡常数。在非常高的底物浓度（$[S] \gg K_M$）的情况下，速率达到最大值：

$$r_{max} = k_2 [E]_{tot} \tag{5-9}$$

从而实现非常高的效率。由于 k_2 等于 $r_{max}/[E]_{tot}$，因而常被称为周转频率 k_{cat}。

若底物浓度很小 $[S] \ll K_M$，则速率为：

$$r = \frac{r_{max}}{K_M}[S] \tag{5-10}$$

而且大部分酶是自由的，比值 k_2/K_M 即所谓的特异性常数，适用于比较酶对不同底物的特异性。由于底物分子通过溶液扩散到酶，因而 k_2/K_M 值的实际上限约为 $10^9 mol/(L \cdot s)$，接近该上限的酶催化反应几乎是完美的，如过氧化氢酶催化 H_2O_2 分解为 H_2O 和 O_2，周转频率为 $k_{cat}=10^7 s^{-1}$，$k_{cat}/K_M=4 \times 10^8 mol/(L \cdot s)$，该活性比多相催化剂高几个数量级。

若假定 $k_2 \ll k_{-1}$，即式（5-1）近似存在平衡，则 ES 的解离平衡常数 K_S 为：

$$K_S = \frac{k_{-1}}{k_1} = \frac{[E][S]}{[ES]} = \frac{([E]_{tot} - [ES])[S]}{[ES]} = \frac{[E]_{tot}[S]}{[ES]} - [S] \qquad （5-11）$$

$$[ES] = \frac{[E]_{tot}[S]}{K_S + [S]} \qquad （5-12）$$

$$r = \frac{d[P]}{dt} = \frac{k_2[E]_{tot}[S]}{K_S + [S]} \qquad （5-13）$$

式（5-13）与式（5-8）形式类似，但内容不同，式（5-13）由平衡近似法导出，而式（5-8）则由稳定态法导出。

酶催化反应的速率如图 5-12 所示，显示了根据底物浓度控制酶催化反应的可能性。在低底物浓度范围内，产物形成的速率可得到最佳控制；当酶几乎被底物饱和时，速率几乎不随 [S] 变化。

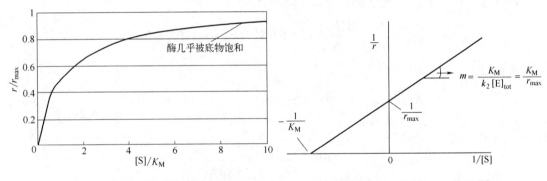

图 5-12　酶催化反应的标准化速率　　　　图 5-13　Lineweaver-Burk 图

因此，在对速率的底物控制很重要的情况下，反应应在底物浓度在（5~10）K_M 间的区域内进行。

将 Michaelis-Menten 速率表达式求倒数，重新排列为式（5-14）更方便：

$$\frac{1}{r} = \frac{1}{k_2[E]_{tot}} + \frac{1}{k_2[E]_{tot}[S]} = \frac{1}{r_{max}} + \frac{K_M}{r_{max}[S]} \qquad （5-14）$$

根据式（5-14），$1/r$ 对 $1/[S]$ 是线性的，斜率为 K_M/r_{max}，截距为 $1/r_{max}$。即 Lineweaver-Burk 图（图 5-13）。

[例1]　酶催化反应参数的测定。

确定酶催化反应的 Michaelis-Menten 参数 r_{max} 和 K_M。

$$尿素 \xrightarrow{[尿酶]} 2NH_3 + CO_2 + H_2O$$

下表给出了反应速率与尿素（底物 S）浓度的函数关系：

[S]/（kmol/m³）	0.2	0.02	0.01	0.005	0.002
r/［kmol/（m³·s）］	1.08	0.55	0.38	0.2	0.09

解：

根据式（5-14），倒数反应速率与倒数尿素浓度的关系图应为一条直线，从上表可得：

[S]/（kmol/m³）	r/［kmol/（m³·s）］	1/[S]/（m³/kmol）	1/r/（m³·s/kmol）
0.20	1.08	5.0	0.93
0.02	0.55	50.0	1.82
0.01	0.38	100.0	2.63
0.005	0.20	200.0	5.00
0.002	0.09	500.0	11.11

将该表中数据作图，得如下 Lineweaver-Burk 图：

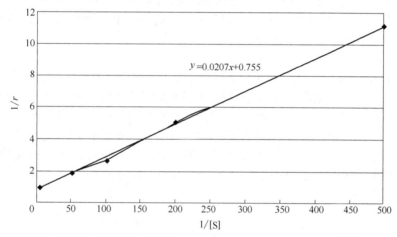

求解式（5-14）或从上图可得：截距$=1/r_{max}=0.755$，$r_{max}=1.325$；斜率$=K_M/r_{max}=0.0207$，$K_M=0.0207r_{max}=0.0207 \times 1.325=0.027$。将 K_M 和 r_{max} 代入式（5-14）得：

$$r = \frac{r_{max}[S]}{K_M+[S]} = \frac{1.325[S]}{0.027+[S]}$$

2. 影响酶催化反应的因素

（1）底物浓度

酶催化反应动力学主要研究反应速率及其影响因素。酶催化与非酶催化相同，受温度、介质 pH 值、反应物（底物）浓度、酶用量以及抑制剂等因素的影响。其中以底物浓度影响最为明显。假定仅有一种底物（S）在酶（E）的作用下生成一种产物（P），称为单底物酶催化反应。在酶的浓度和其他反应条件均不变的情况下，增加底物浓度，酶催化反应速率与底物浓度的关系呈一条非线性曲线，反映出底物浓度对酶催化反应速率影响的复杂关系，如图 5-14 所示（注意：与图 5-12 横坐标不同）。在底物浓度较低时，反应速率随底物浓度的增加而急剧增加，速率 r 与［S］成正比关系，表现为一级反应；随着［S］增加，r 的增加率逐渐变小，r 与［S］不再成正比关系，表现为混合级反应；当底物浓度达到一定值时，r 趋于恒定，r 与［S］无关，表现为零级反应，此时反应速率最大为 r_{max}，［S］出现饱和。r_{max}-［S］曲线称为酶催化

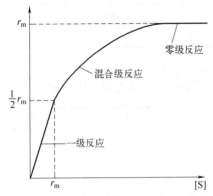

图 5-14 酶催化反应速率 r_{max} 与 [S] 的关系

反应的饱和曲线,是酶催化反应的重要特征,由 Henri 于 1902 年发现,非酶催化反应不存在这种饱和现象。

（2）温度和 pH 值

温度对酶催化反应的影响主要体现在两方面:一是升温加速酶催化反应,降温反应速率减慢;二是升温加速酶蛋白质变性,且该效应是随时间累积的。在反应的最初阶段,酶蛋白质变性尚未表现出来,因此反应的(初)速率随温度升高而加快;但是,随着时间延长,酶蛋白质变性逐渐突显,反应速率随温度增加的效应将逐渐被酶蛋白质变性效应所"抵消"。在一定条件下,每种酶在某一温度其活力最大,该温度称为酶的最适温度。

酶的活性受 pH 值的影响较大。酶显最大活力时的 pH 值称为酶的最适 pH 值。pH 值对酶催化反应的影响主要表现在:①影响酶和底物的解离,因为酶和底物只有在一定的解离状态下才有利于其结合,pH 值的改变会影响解离状态,从而影响酶的催化活性;②影响酶活性中心的构象,使之变性、失活。

（3）抑制剂

除了温度和 pH 值外,极大地影响酶催化反应速率的因素是抑制剂。凡能降低或使酶活力丧失的物质,称为酶的抑制剂。不同物质抑制酶活性的机理不同,可分为三种情况:

① 失活作用。当酶分子受到一些物理因素或化学元素影响导致次级键破坏,会部分或全部改变酶分子的空间构象,从而引起酶活性降低乃至丧失,这是酶蛋白质变性的结果。

② 抑制作用。酶的必需基团(包括辅基)的性质受到某种化学物质的影响而发生改变,导致酶活性的降低或丧失,这时酶蛋白质一般并未变性,仅是抑制,有时可用物理或化学方法使酶恢复活性(图 5-15)。

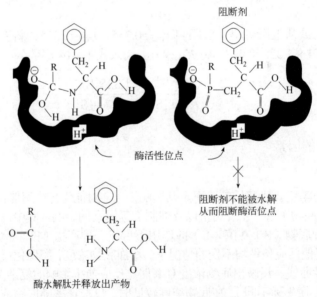

图 5-15 抑制剂的作用示意图

③ 去激活作用。用金属螯合剂除去能激活酶的金属离子,如常用 EDTA 除 Mg^{2+}、Mn^{2+} 等离子,可导致酶的活性改变。但这并不是直接结合,而是间接影响酶的活性。金属离子大多

是酶的激活剂，故称这种作用为去激活作用。

抑制剂与酶的作用方式分为不可逆抑制和可逆抑制两类。前者是指抑制剂与酶活性中心的必需基团形成共价键，永久性地使酶失活；后者是使二者非共价结合，具有可逆性。通过透析、超过滤等方法将抑制剂除去后，酶的活性完全恢复。

可逆抑制又可分为最常见的竞争性、非竞争性和未竞争性三种。

当发生竞争性抑制时，底物和抑制剂通常是相似的分子，其在酶上竞争相同的位点，由此产生的抑制剂-酶复合物是无活性的。为此在式（5-1）和式（5-2）的基础上需增加：

$$I+E \underset{}{\overset{K_I}{\rightleftharpoons}} EI \tag{5-15}$$

此时，式（5-3）需改为：

$$[E]_{tot} = [E] + [ES] + [EI] \tag{5-16}$$

ES 和 EI 的解离平衡常数 K_S 和 K_I 为：

$$K_S = \frac{[E][S]}{[ES]}, \quad K_I = \frac{[E][I]}{[EI]} \tag{5-17}$$

根据式（5-16），有：

$$[E]_{tot} = \frac{K_S[E]}{[S]} + [ES] + \frac{K_S[ES][I]}{K_I[S]} \tag{5-18}$$

于是采用平衡近似法，得到竞争抑制的速率为：

$$r = k_2[ES] = \frac{k_2[E]_{tot}}{1 + K_S / [S](1 + [I]/K_I)} \tag{5-19}$$

式中，I 表示抑制剂。竞争性抑制在生物控制中很重要，当产物作为抑制剂时，如转化酶催化蔗糖水解成葡萄糖和果糖，由于葡萄糖是一种竞争性抑制剂，可确保反应不会进行得太远。

含有至少两种不同类型位点的酶会发生非竞争性抑制，抑制剂仅附着于一种类型的位点，而底物仅附着于另一种位点。在竞争性抑制基础上，还需增加：

$$I+ES \rightleftharpoons ESI \tag{5-20}$$
$$S+EI \rightleftharpoons ESI \tag{5-21}$$

若假设 ES 的解离常数等于 ESI 解离为 EI 和 S 的解离常数，也等于 ESI 解离为 ES 和 I 的解离常数，于是采用平衡近似法，可得非竞争抑制的速率为：

$$r = \frac{k_2[E]_{tot}}{(1 + K_S / [S])(1 + [I]/K_I)} \tag{5-22}$$

对式（5-19）和式（5-22）求倒数，同样可得 Lineweaver-Burk 图（图 5-16），分别对应于竞争性抑制和非竞争性抑制的（a）线和（b）线，同时绘出了无抑制剂的式（5-8）对应的（c）线，此时 [EI]=0，$1/K_I$=0。由于 1/[S]=0 时二者 $1/r$ 值均为 $1/r_{max}$，因而（a）线和（c）线相交于纵轴；又由于增加了（1+[I]/K_I）因子，因而（a）线的斜率较（c）线的大。而（b）线与（a）线具有相同的斜率，但截距不同。

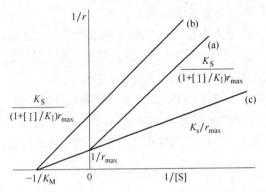

图 5-16　竞争抑制（a）、非竞争抑制（b）和无抑制剂（c）的酶催化 Lineweaver-Burk 图

当抑制剂并不直接与游离的酶结合，而是与 ES 复合物结合时［式（5-20）］，即发生非竞争性抑制，采用平衡近似法，可得非竞争抑制的速率为：

$$r = \frac{k_2[\text{E}]_{\text{tot}}}{1+[\text{I}]/K_\text{I}} \Big/ \left(1 + \frac{K_\text{S}}{1+[\text{S}][\text{I}]/K_\text{I}}\right) \qquad (5\text{-}23)$$

将式（5-23）与式（5-19）对比，$r_{\max}$ 和 Michaelis 常数均缩小至 $1/(1+[\text{I}]/K_\text{I})$。抑制作用对酶催化的影响列于表 5-5。

表 5-5　抑制作用的最大速率和表观 Michaelis 常数

抑制方式	最大速率	表观 Michaelis 常数
无抑制剂	$r_{\max}$	K_M
竞争抑制	$r_{\max}$	$K_\text{M}/(1+[\text{I}]/K_\text{I})$
非竞争抑制	$r_{\max}/(1+[\text{I}]/K_\text{I})$	K_M
未竞争抑制	$r_{\max}/(1+[\text{I}]/K_\text{I})$	$K_\text{M}/(1+[\text{I}]/K_\text{I})$

（4）激活剂

凡能提高酶的活性、加速酶催化反应的物质，称为激活剂。酶的激活和酶原的激活是不同的，前者是使已具活性的酶活性提高；后者是使无活性的酶原变成有活性的酶。有些酶的激活剂是金属离子和某些阴离子。如许多酶需要 Mg^{2+}，羧肽酶需要 Zn^{2+}，唾液淀粉酶需要 Cl^- 等。激活剂的作用是相对的，一种酶的激活剂对另一种酶来说也可能是一种抑制剂。不同浓度的激活剂对酶活性的影响也不同。

五、酶的制备和开发

1. 酶的制备流程

酶可从生物界提取，目前工业上大多采用微生物发酵法制取酶（图 5-17），不受气候和地理条件限制。酶的分离提纯与一般蛋白质的分离提纯方法相似，一般采用选择性吸附、沉淀、盐析、凝胶过滤等方法。

制备酶催化剂的分离、提纯成本很高，而绝大多数酶均属于水溶性酶，反应在大量水介质中进行，只能采用间歇式操作，反应后也存在酶的分离与回收再利用问题，为此需要研究水不溶性酶或酶的固定化。

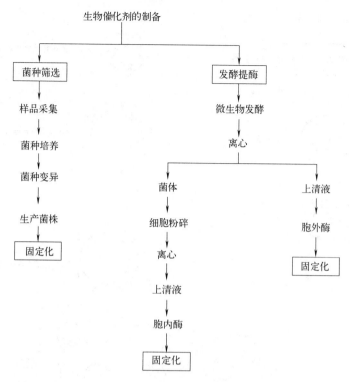

图 5-17　酶的常规制备流程

2. 酶的固定化

将酶有效地用于工业化生产，需解决两个问题：一是提高其稳定性，二是有效地回收利用。与一般催化剂相比，酶的稳定性很差，在热、酸、碱和有机溶剂等环境下易变质失活，因此需要对酶进行改性。

模拟自然进化条件，在体外改造酶基因，可定向选择出所需性质的突变酶体。在工业化运用过程中，提高酶的热稳定性尤为重要，因为提高反应温度有利于加快反应速度、缩短工时、降低成本，通过体外定向进化，在蛋白质分子中引入二硫键，可使蛋白质分子不易变性、热稳定性高、可适应有机溶剂。将酶在惰性载体上固载化，可提高酶的稳定性，同时酶也可反复利用，循环操作，有利于工业化应用。

酶固定化的三种主要方法是：①将酶与固体支撑物（载体）物理或化学结合，物理吸附的载体一般为纤维素、琼脂、活性炭、分子筛、硅胶等，酶与载体结合力弱，酶结构和活性中心不易破坏，但吸附量小，酶易脱落；若将酶与载体化学结合，则结合力强，但易影响酶分子的结构（图 5-18 右）。②将酶捕获在固体或凝胶基质中，如将酶截留在膜上制成膜反应器，或将酶包在高分子凝胶或半透膜微胶囊中（图 5-18 左）。③采用交联剂将酶分子聚集成网状结构（图 5-18 下）。这些方法与多相催化剂的制备有很强的相似性：第一种方法类似于载体浸渍，而第二种和第三种方法与本体催化剂和载体的制备有很多共同之处。

（1）将酶与固体支撑物结合

酶与固体支撑物的结合可通过共价键、离子相互作用或物理吸附来实现，后两种易浸出。酶很易与几种类型的聚合物结合，如丙烯酸树脂，以及生物聚合物如淀粉、纤维素或壳聚糖等。

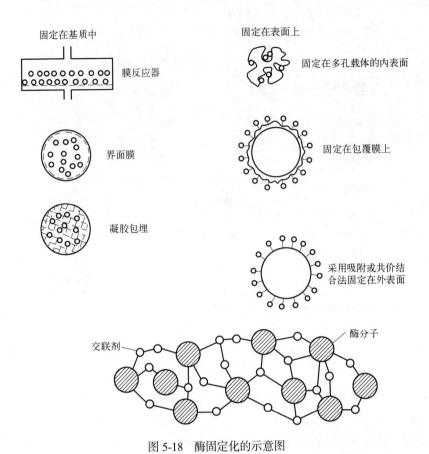

固定在基质中   固定在表面上

膜反应器   固定在多孔载体的内表面

界面膜   固定在包覆膜上

凝胶包埋   采用吸附或共价结
                                                 合法固定在外表面

交联剂   酶分子

图 5-18　酶固定化的示意图

　　Eupergit®树脂在半合成抗生素和手性药物的生产中用作酶载体。通常这些共聚物包含丙烯酰胺/甲基丙烯酸酯主链，具有可与赖氨酸、精氨酸、天冬酰胺和谷氨酰胺的胺残基反应的环氧侧基（图 5-19），其特点是酶的多点共价连接，以及相应的高操作稳定性。通过物理吸附在多孔丙烯酸树脂上固定酶也是可能的，并且非常适合在疏水环境中的应用（吸附的酶可能在水性条件下浸出）。

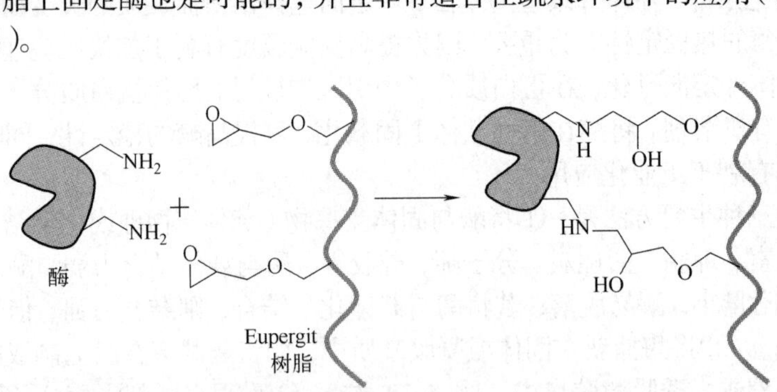

酶

Eupergit
树脂

图 5-19　通过形成共价键将酶固定在 Eupergit 树脂上

　　该方面的研究进展是酶与所谓的智能聚合物的共价结合。这些聚合物对其环境的 pH 值、离子强度和/或温度的变化很敏感。环境的微小变化会导致聚合物链的构象发生很大变化，如热响应性聚（N-异丙基丙烯酰胺）（聚 NIPAM）在水中的临界溶解温度为 32℃，意味着其易溶于 32℃以下的水中，但不溶于 32℃以上的水中，因而与聚 NIPAM 支持物共价结合的酶可在反应结束时通过简单地加热很容易地将混合物从水相中分离出来。酶与聚合物的共价结合通常通过在酶上引入乙烯基并与 NIPAM 单体共聚，或通过酶上的氨基残基与含有如反应性酯基的 NIPAM 共聚。也可按照相同的结合原理将酶固定在二氧化硅和氧化铝等无机载体上，如洗衣粉中使用的脂肪酶先通过吸附在二氧化硅上而被固定，然后通过二氧化硅颗粒的造粒，颗粒在洗涤周期中分解，将酶释放到水中。

（2）在聚合物或溶胶/凝胶基质中捕获酶

酶包埋最常见的方法是在酶存在下聚合丙烯酰胺，得到一种灵活的多孔聚合物凝胶，可捕获酶，并允许底物和产物的扩散（图 5-20）。整个细胞也同样被捕获在藻酸盐（一种存在于几种海藻中的天然聚合物）中，细胞与藻酸盐溶液混合，液滴释放到含有高浓度钙的溶液中，生成的海藻酸钙不溶于水，因此液滴会凝固并很容易通过过滤分离。

另一种选择是采用溶胶/凝胶技术将酶捕获在陶瓷复合基质中。1990 年，David Avnir 使用碱性磷酸酶和四甲氧基硅烷（TMOS）的混合物将酶捕获在溶胶/凝胶基质中，所得酶/二氧化硅复合材料显示出良好的热稳定性，但活性低于游离酶。随后通过使用各种二氧化硅前体和添加剂创建"可调微环境"使该法得以改进，如溶胶/凝胶脂肪酶固定化催化手性醇和胺的动力学拆分，即使在 20 次循环后仍显示出优异的对映选择性和良好的活性。

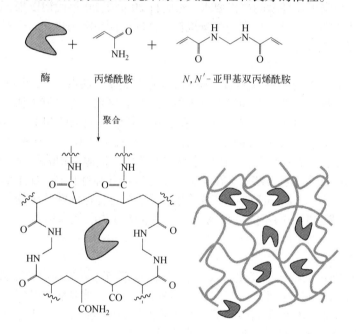

图 5-20   酶在聚丙烯酰胺基质中的包埋

（3）酶的交联

1964 年，耶鲁大学的 Florante Quiocho 和 Frederic Richards 采用戊二醛交联了羧基肽酶 A 的晶体，这些交联的酶晶体（CLEC）保留了其催化活性，尽管比游离酶略低，原因可能是由于官能团的改变直接影响酶的催化活性，或者由于通道的有效"孔径"尺寸减小而增加了对底物扩散的限制。对于大多数酶而言，CLEC 比简单的分离酶更具优势，可承受更高温度，在有机溶剂中的变性更慢，且对蛋白水解的敏感性更低，并表现出很高的容积生产率，再加上可调节的粒径（通常为 1~100 mm），使 CLEC 对工业生物催化应用具有吸引力。

Delft 理工大学的 Roger Sheldon 小组则开发了一种巧妙的酶交联替代方法，无须既困难又昂贵的交联酶晶体，仅通过添加聚乙二醇或 $(NH_4)_2SO_4$ 等沉淀剂，将酶作为物理聚集体从水溶液中沉淀出来，这些聚集体的交联使其永久不溶，同时原则上保持了催化活性（图 5-21）。

这些交联酶聚集体很易制备，且不需要高度纯化的酶作为起始材料，并显示出与 CLEC 相似的优势。

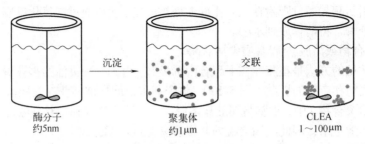

酶分子 约5nm　聚集体 约1μm　CLEA 1～100μm

图 5-21　交联酶聚集体的形成是一个两阶段的过程，本质上结合了酶的分离和固定

3. 开发新型生物催化剂

化学工业反对使用生物催化的主要理由是由于天然存在的酶针对稳态生理条件进行了优化，因而很难满足特定工业环境的严格要求。然而自 20 世纪 80 年代初以来，已经开发出解决该问题的三种强大的分子方法，分别为生物勘探、合理设计和定向进化，这些均属于化学、生物学和计算机科学的交叉学科。

（1）生物勘探

传统工业酶来自少数分类良好的微生物，聚集在分类学"热点"中，但绝大多数微生物尚未开发。此外，大多数商业产酶生物仅来自少数几个生态区域，尽管许多栖息地（如土壤、粪便或稻草）可能拥有良好的含酶生物。现在一些公司正探索不同细菌和不同栖息地以遴选可能更适合工业过程条件的酶，如在含钠盐湖和温泉寻求极端微生物（可在碱性、高温下工作的酶），而克隆表达和分子筛选等技术可使用来自"不合作"供体生物的基因，这些基因更难培养。有两种主要的微生物筛选策略：①在特定的生态区域和筛选材料（如土壤样本）中寻找在特定物理化学条件（高/低温、pH 或特定离子存在）下具有特定活性的生物；②筛选已被确认为含酶的先前鉴定的微生物的不同分类菌株。采用这些方法已从未培养的微生物中分离出几种新酶。

（2）合理设计

通过定点诱变将位点特异性变化引入酶中，该法通常与计算结构建模方法结合使用。其两个主要问题是：①解析酶结构很困难；②酶的结构/活性关系通常难以捉摸。即使对一种酶进行了详尽的研究，识别控制催化活性的氨基酸残基也是一项艰巨的任务！事实上，由于远离活性位点的单突变将改变蛋白质的特性，因而很少发挥作用。

（3）定向进化

定向进化是一个模拟体外自然进化过程的迭代过程，通过生成多样化的酶库来选择具有所需特征的酶。从长远来看，自然进化非常有效（细菌适应各种环境，甚至生活在所谓的"黑烟囱"中，即 350℃、200bar 的高温高压深海通风口），然而通常需要数百万年。令人欣慰的是，定向进化可在数周或数月内进行，且父母数量不限。与合理设计不同，定向进化是一种随机方法，不需要有关感兴趣的酶的任何结构或机制信息（尽管这些信息可提供帮助）。

进化出具有特定特性的酶（如更高活性的无机溶剂）基本上是酶空间中的一个搜索过程。定向进化取决于存储空间的绝对大小，由于酶由 20 个氨基酸组成，即使是仅包含 80 个氨基酸的"短酶"序列也有 20^{80} 个排列。这远远超过了构成地球的原子数量。这也正是为什么指导现有酶的进化比在随机肽库中搜索催化活性氨基酸序列更有可能成功。

图 5-22 显示了一个典型的定向进化工作流程的示意图。首先通过使用易错 PCR 在核苷酸

水平上进行随机诱变，或通过使用基因重组方法（如 DNA 改组）创建一个多样化的基因库。性别是定向进化中的一个重要问题，随机诱变类似于无性繁殖。当通过连续几代的随机诱变和筛选进化出一种酶时，使用每一代中最好候选者来养育下一代，可能会失去其他潜在有用候选者（无性进化的这种缺点被称为 Müller 棘轮）。相反，通过重组亲本基因以产生不同突变组合的文库，可快速积累有益突变，同时去除任何有害突变。然后将基因插入表达载体并转化到表达酶的实验室微生物或表达宿主中。如此可得到一个大型的酶库，其中一些比起始化合物显示出改进的特性。这些酶被分类，"优秀"基因被保存在基因库中，并在下一代中用作"父母"。

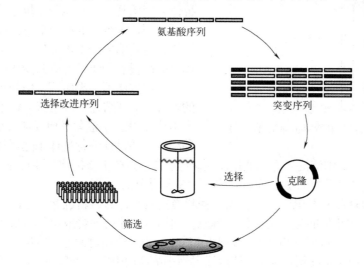

图 5-22　显示定向进化中主要操作流程的示意图

从库中挑选出"好酶"绝非易事，有两种主要的分选方法：酶筛选和酶选择。在筛选中，每个库成员均被单独分析，通常使用微量滴定板中的自动高通量比色分析；虽然筛选是一种灵活且通用的技术，然而其将库大小限制为约 10^6 个候选者，这可能看起来很多，但与总酶空间相比只是沧海一粟。或者可通过将酶的特性与宿主生物的生存或生长联系起来来选择"好酶"，这是通过基因互补来完成的，创造出缺乏某种途径或活动的宿主生物。对于大型库，选择没有问题，因为库大小仅受细胞转化效率的限制。不幸的是，为给定的酶设计一种选择方法通常很困难，因为所需的酶特征通常是非天然的，并且不能与宿主生物的生长和生存相结合。此外，宿主生物有时会进化出与所需酶特征无关的生存途径。

随着基因工程技术的进步，成功的合成应用包括进化出可在非水溶剂中起作用的酶、增强甚至反转酶的对映选择性，以及产生在更高的温度（通常为 60~90℃）下稳定的嗜热酶。另一个不断发展的应用领域是生物修复，采用专门设计用于分解异生化合物（如有机磷农药衍生物）的酶。

目前的研究工作集中在将蛋白质结构和功能的知识和理解应用于重点定向进化生物催化剂库的设计，与整个基因的随机诱变和重组相比，该法已产生了惊人的结果。

六、新型生物催化剂

1. 催化抗体（抗体酶，Abzyme）

抗体是免疫系统为识别和对抗细菌、病毒及化学毒素等外来分子（抗原）而合成的一种 Y

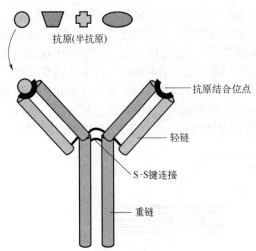

图 5-23 抗体蛋白与其特定抗原结合的示意图

图中标注：抗原(半抗原)、抗原结合位点、轻链、S-S键连接、重链

形蛋白质。每个抗体由四个单元组成：两条大重链和两条小轻链，通过二硫键连接在一起。与酶不同，所有抗体的一般结构均非常相似，每个抗体有两个独特的结合位点，位于其 Y 结构的顶端（图 5-23），这些位点负责结合目标分子或抗原。当检测到新的外来抗原时，免疫系统会产生一个庞大而多样的"抗体库"，包含多达 10^9 种不同的抗体，期望其中一些能与新抗原结合。每种抗体均可识别特定抗原的结合部分或表位，结合标记抗原，将其单独用于攻击免疫系统的 T 细胞。抗体可变性很强，能随抗原的变化而改变。

天然抗体不是天然酶，但与抗原间有着特异的亲合性，其结合非常紧密（典型的 K 解离值约为 10^{-6}），并且不催化任何反应。然而如果削弱这种结合，并设计一种抗体来选择性地识别和结合特定反应的过渡态，则该抗体将能催化反应。问题在于为产生该抗体需要抗原，亦即需分离出与过渡态相对应的活化复合物，而这在定义上是不可能的。

抗体酶的设计和开发也受益于基因工程和蛋白质设计的最新进展，思路是选择与某一类反应的过渡态结构相似的化合物作为半抗原；利用半抗原诱导合成出具有抗体和酶双重特性的抗体酶。1986 年，Peter Schultz 和 Richard Lerner 通过使用过渡态替身解决了该问题，将这些小分子或半抗原锚定在蛋白质上，然后注射到小鼠体内引发免疫反应，分离产生抗体的细胞，通过与癌细胞融合使其永生化，然后培养并筛选催化活性。这些新的催化抗体或抗体酶表现出许多类似酶的机制，包括诱导结合和变构调节。抗体催化的第一个实例是酯水解，随后扩展到质子转移、脱羧、C-C 偶联/断裂、重排和环加成等其他反应。

抗体酶的设计为化学、生物学和医学领域的各种应用开辟了道路，如一些抗体酶可以靶向和水解可卡因的苯甲酸酯片段，产生无活性产物。原则上，这种水解可消除药物在血流中的毒性作用。图 5-24 显示了用于生成抗体的水解反应和相应的四面体过渡态模拟物，该法不同于

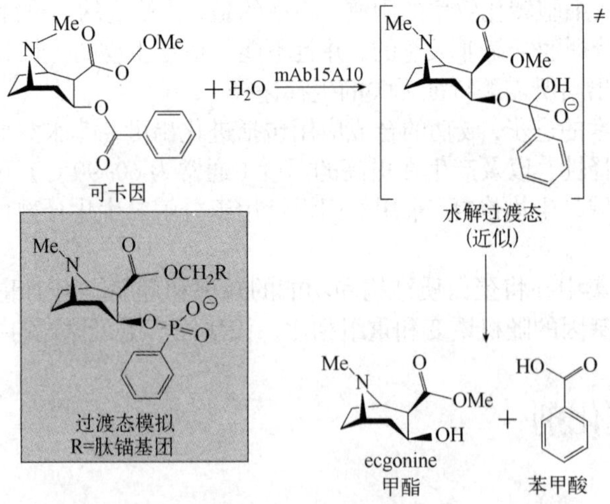

图 5-24 mAb 15A10 催化的可卡因水解，使用四面体活化复合物的模拟物生成抗体酶，其中磷酸基团取代了羧基（插图）

针对多巴胺受体（可卡因使用过程中过度刺激的脑细胞分子）的传统药物治疗策略，可避免其不良副作用。采用该抗体治疗慢性可卡因滥用者会削弱滥用者药物的增强作用，从而提供康复机会。

抗体酶是由人工设计合成的，仅经历了短暂的模拟生物进化过程，是一种没有进化完全的人工酶，其催化效率和专一性远不如经历了数万年生物进化的天然酶。但抗体酶可催化一些过渡态及产物构型与天然酶不匹配的反应（尤其是手性合成），大大拓展了酶催化作用领域。

2. 核糖核酸（RNA）

1989 年，Sidney Altman 和 Thomas Cech 被授予诺贝尔化学奖，因为他们发现以前被认为是遗传信息无害载体的 RNA 可催化反应，这不仅改变了生物催化领域，而且改变了对地球生命分子基础的认识。两种不同的 RNA 分子被证明可催化位点特异性的磷酸二酯键断裂，速率提高了几个数量级。非蛋白质生物催化剂的这一发现完全出乎意料，并带来了许多问题和机遇。

简而言之，RNA 转录 DNA 的遗传密码，并将其转移到细胞的"蛋白质工厂"，该过程需要对 RNA 分子进行剪切和剪接，因为 DNA 链包含对产生蛋白质不是必需的区域，为此须去除这些"额外的"核酸片段，并重新加入有用片段。与细胞中的所有化学反应一样，这种 RNA 剪切和剪接需要酶。Altman 和 Cech 发现这些"酶"实际上是核糖核酸。

大多数天然存在的核糖核酸催化磷酸转移反应，其中糖 2′-OH 或 3′-OH 攻击磷酸二酯键。两个主要类别是分子内核酶，其中糖-OH 亲核试剂攻击其自身的 3′-磷酸二酯［图 5-25（a）］和分子间核酶，亲核试剂来自不同的 RNA 链［图 5-25（b）］，并有证据表明，RNA 催化核糖体中形成肽键的氨酰基转移反应。

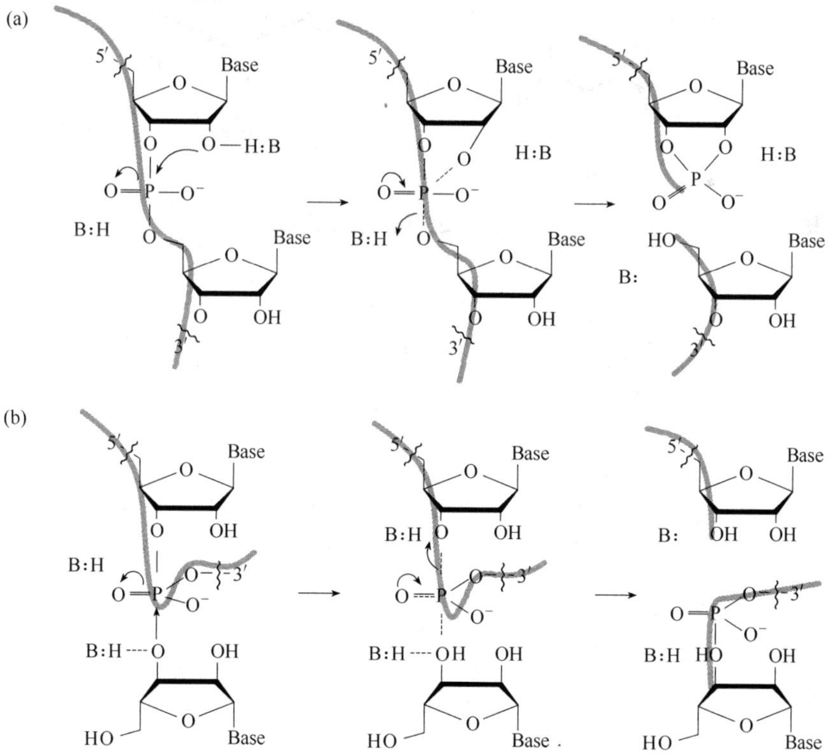

图 5-25　在存在碱基的情况下，通过（a）分子内和
（b）分子间的亲核攻击剪接 RNA 链（灰线）

3. 模拟酶

酶催化剂包括生物酶催化剂和模拟酶催化剂两部分（见本章概述部分）。生物酶前已述及，模拟酶是根据酶的作用原理、酶活性中心起关键作用的部分结构，完全采用化学合成方法制备的新型酶分子。

生物酶的化学模拟可从两个方面着手：一是寻找酶结构的相似性，如在仿酶空腔中引入催化活性物质（图 5-26）；二是寻求酶功能化的酶模型。由于生物酶结构非常复杂，加之表征手段有限，目前完全从分子水平上不可能对生物酶进行全合成，只能就其活性中心结构，亦即金属和配体进行模拟。作为寻求结构相似性的一个例证，人们发现不同的酶其活性中心均有氯化高铁血红素的存在，如在用过氧化氢酶催化的歧化反应中，底物在过氧化氢酶的作用下，从分子氧中取出一个氧原子插入其分子中，就涉及这种氯化高铁血红素。这样就可考虑合成结构类似的金属卟啉配合物来模拟酶的功能（图 5-27）。另一例证是单核铜配合物，其结构和功能类似于半乳糖氧化酶的活性中心，含有 Cu^+/Cu^{2+} 氧化还原耦合对，在配体中还原一个半醌基，用于电子的直接传递。这种模拟酶能够选择性催化氧化苯甲基或脂肪基伯醇合成相应的醛。

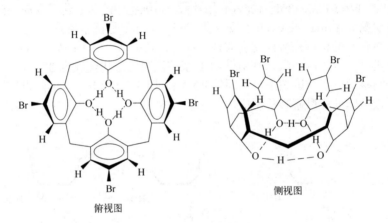

俯视图　　　　　　　　　　　侧视图

图 5-26　酶结构的化学模拟

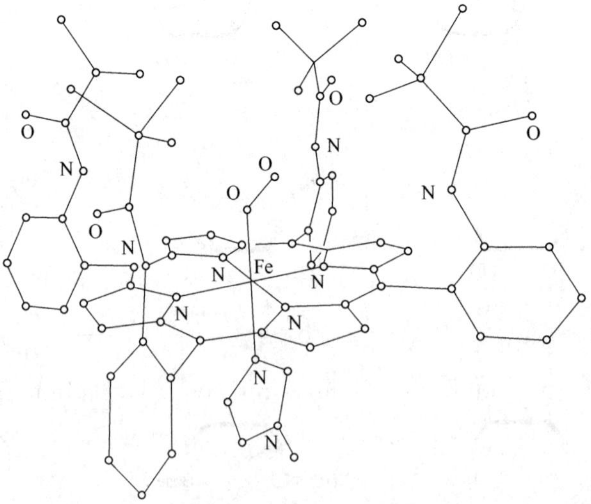

图 5-27　卟啉铁［Fe（TpivPP）］模型：5,10,15,20-四（邻三甲基乙酰胺苯基）

寻求功能类似酶的模型的研究，主要集中于采用 Fe（111）卟啉和 Mn（111）卟啉为模型合成细胞色素 P-450，以制备烷烃功能化催化剂：烷烃用 O_2 或过氧化物活化，非极性分子择优吸附，所得催化剂具有高活性、高选择性和长寿命。其主要问题是：强氧化反应介质导致卟啉环的氧化断裂，为此目前采用固相化的金属卟啉作为模拟细胞色素 P-450 作用的模型，并被应用于烃类的氧化反应中。20 世纪 80 年代以来，陆续发现某些无机材料如介孔分子筛和半导体等，不仅可作为酶载体，也可在温和条件下催化某些化学反应，具有类似生物酶的功能，被视为功能性化学模拟酶催化剂。

分子印迹技术和分子识别概念也均用于模拟酶催化剂的设计与制备。

而模拟酶最典型的实例是化学模拟生物固氮，工业铁催化剂（350~400℃）的合成氨数量占化肥产量的大部分，而常温常压下每年生物固定成氨的数量是工业合成氨的 3 倍。研究表明，固氮酶主要由钼铁蛋白和铁蛋白组成，钼铁蛋白含有催化活性中心，铁蛋白则起电子载体作用，虽然含 Mo-Fe-S 的固氮酶与工业铁催化剂的化学性质很不相同（图 5-28），但氨合成机理，即 N≡N 三键活化和加氢合成氨仍有相同之处。

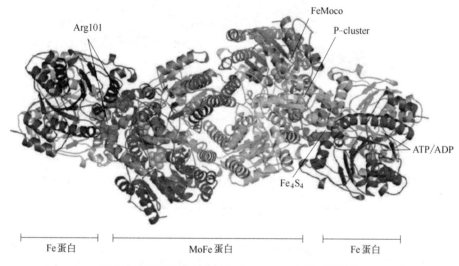

图 5-28　固氮酶复合物（PDB ID 1N2C）的三维结构

研究比较酶与非酶固氮合成氨催化剂的活性中心和作用机理，将有助于解释过渡金属或原子簇配合物的配位与催化作用的密切关系，并为温和条件下工业固氮成氨催化剂的设计开发提供有用信息。目前已开发出钌羰基配合物、多金属中心负载型氨合成催化剂，活性提高，反应温度（250℃）降低，突破了近一个世纪的铁催化剂时代，但由于生产成本以及性价比的关系，在一定时期内，熔铁仍是氨合成的主要催化剂。尽管几代科学家都为化学模拟生物固氮付出了不懈的努力，但距离人工合成出真正有实用价值的固氮酶化学模拟催化剂尚有相当长的路要走。

七、生物催化的工业应用

1. 以生物催化取代常规路径

含酶整细胞和分离酶在化学工业中的应用正在迅速推进，许多公司均在投资所谓的白色生物技术，大多数生物催化过程均针对难以通过常规化学途径合成新化合物。采用生物催化路线取代现有的化学工艺比较棘手，因为新工艺需以更低的总成本提供相同质量（或更好）的产品。

以靛蓝合成为例，靛蓝是一种用于给牛仔裤上色的蓝色染料，全球需求量为 17000t/a。最初靛蓝衍生物从植物和动物（如环带骨螺、海蜗牛）中提取，1897 年，已可由有害试剂（甲胺、甲醛和氰化物）化学合成，但仍然存在有毒副产物。目前则按照 BASF 在 20 世纪初期开发的从 N-苯基甘氨酸开始的路线生产，先在 900℃下用含有 NaNH₂ 的 KOH/NaOH 熔体处理，然后进行空气氧化。2002 年，Genecor 开发了一种替代的、环保的靛蓝工艺（图 5-29），该工艺基于大肠杆菌细胞中的葡萄糖发酵，改进了色氨酸途径以实现高水平的吲哚生产，并添加了

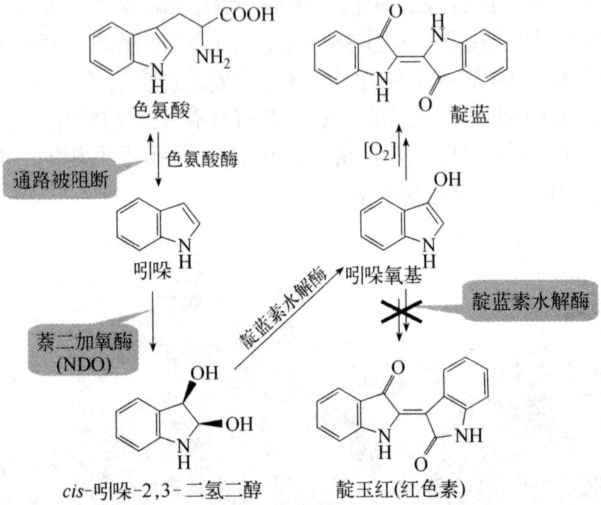

图 5-29 Genecor 的靛蓝代谢途径

从葡萄糖开始，使用转基因大肠杆菌，是一个复杂但清洁的多步骤过程，可提供与具有百年历史的传统化学途径相同的产品

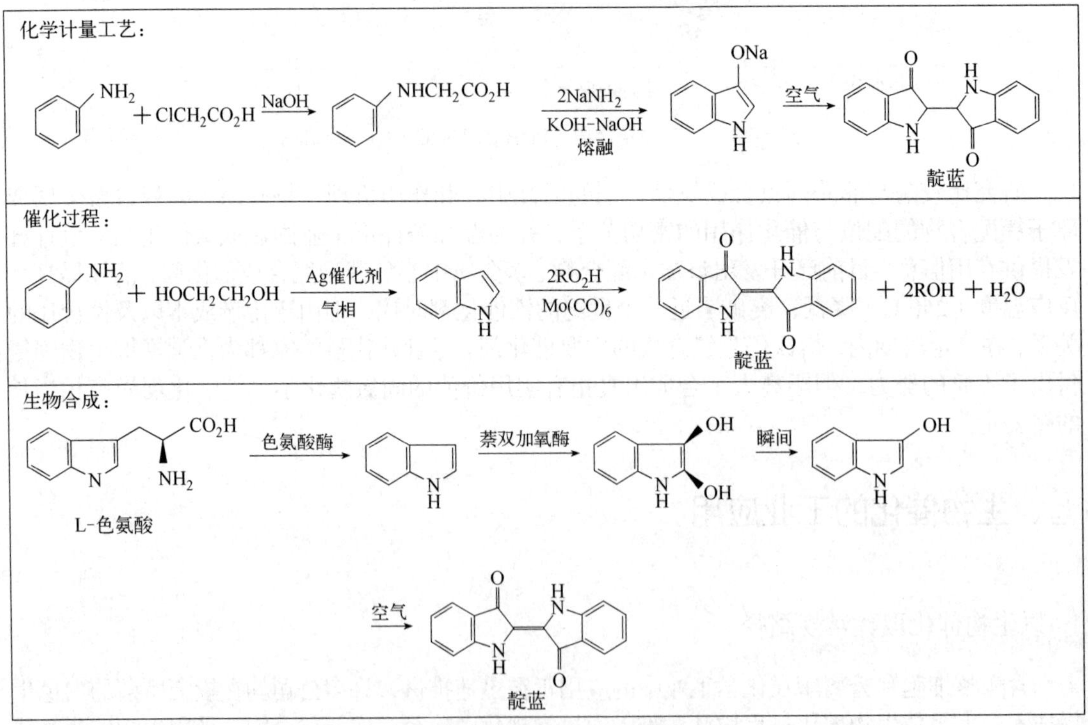

图 5-30 靛蓝合成工艺的演变

编码萘双加氧酶（NDO）基因，酶催化吲哚氧化为顺式吲哚-2,3-二氢二醇是该工艺的关键步骤。最初生产的靛蓝呈红色盖是由副产物靛玉红的存在引起，但通过插入另一种酶——靛红水解酶可将其消除。该工艺已成功放大至 $3×10^5$L，生产成本与现有化学路线相当，标志着从化学计量工艺转向催化工程，再走向"绿色化"生物合成（图 5-30）。

另一工业过程替代的成功案例是青霉素和头孢菌素抗生素的合成。荷兰帝斯曼公司采用基因工程的产黄青霉菌株通过发酵生产青霉素 G。青霉素在青霉素酰基转移酶的存在下转化为 6-氨基青霉酸（图 5-31），该工艺取代了复杂的溶剂型化学，通常在低至 40℃进行，以保护不稳定的 β-内酰胺环。目前氨苄青霉素、阿莫西林和头孢氨苄均通过该路线生产，产量为 1000t/a。

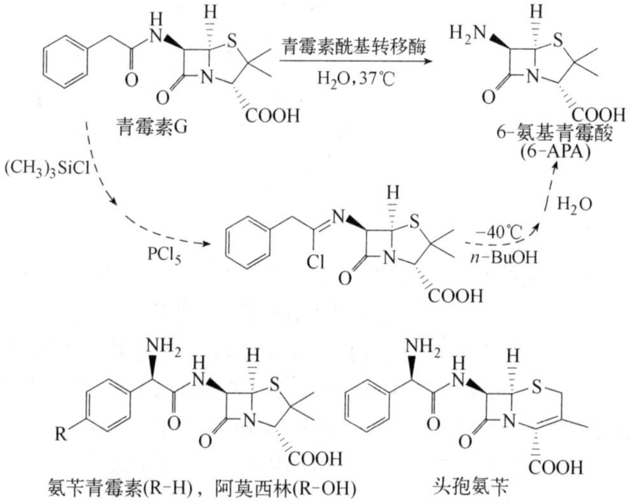

图 5-31 青霉素 G 化学和生物催化转化为 6-氨基青霉酸

2. 结合"生物"和"传统"催化

由于酶具有与化学催化剂不同的优势，因此将两者结合是一种很好且实用的解决方案，如酶的卓越手性识别特性使其成为拆分对映异构体的理想选择。如对一种外消旋醇混合物，脂肪酶将仅催化一种对映异构体的酯化［图 5-32（a）］，剩余 50%的底物可在外消旋化学催化剂的作用下使未反应的对映异构体不断外消旋，产生更多的反应性对映异构体，从而获得更高的总产率。Jan-Erling Bäckvall 及其同事采用有机金属钌配合物作为外消旋催化剂，获得了 60%~80%的收率和超过 99% ee 的各种醇。一个实例是外消旋 8-氨基四氢喹啉的脂肪酶催化乙酰化［图 5-32（b）］，该酶仅转化（R）-对映异构体，催化量的 8-氮杂-1-萘酮通过形成一种外消旋烯胺而使剩余的（S）-胺外消旋，该外消旋烯胺水解为胺。

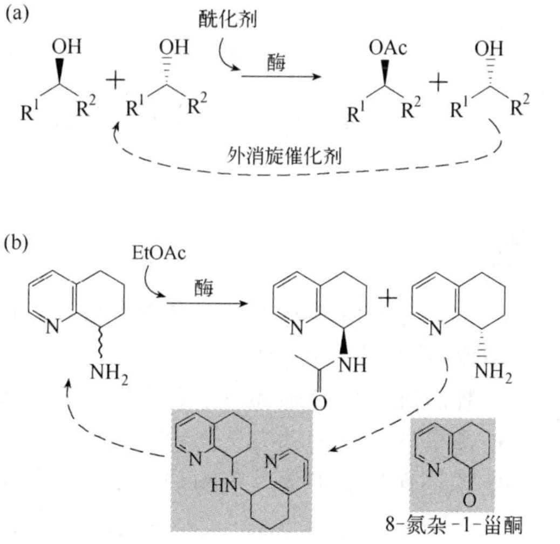

另一实例是 DuPont 化学酶法合成乙醇酸 $CH_2(OH)COOH$——一种用于护肤产

图 5-32 （a）醇动态动力学拆分的通用方案；（b）外消旋 8-氨基四氢喹啉的拆分示例，其中外消旋化由 8-氮杂-1-萘酮催化（乙酰化循环以灰色显示）

品和生物聚合物的化合物。在该过程中（图 5-33），甲醛和 HCN 发生反应生成乙醇腈（2-羟基乙腈），产率>99%，然后在腈水解酶存在下，该中间体转化为乙醇酸铵，再通过离子交换转化为高纯度乙醇酸。该过程以千克级批量规模运行，在连续搅拌罐中，或在酶固定在藻酸盐珠上的固定床反应器中进行。

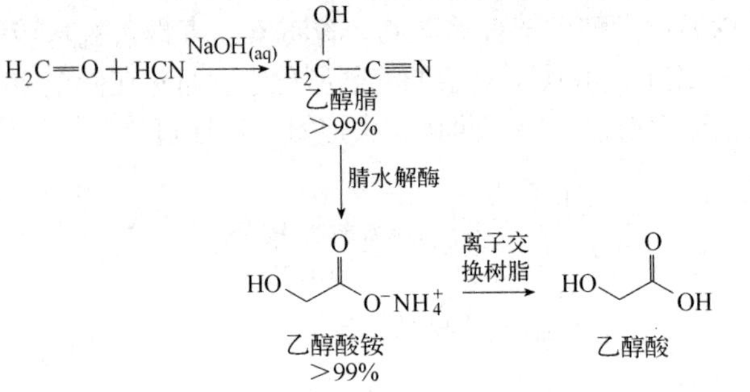

图 5-33　杜邦化学酶法生产乙醇酸

ICI 公司将含酶整细胞生物催化和自由基聚合相结合，提出了一种制备用于纤维和涂料工业的高分子量聚亚苯的化学酶法。由于其本身不溶，因此须制备一种可被涂覆或纺丝的可溶性聚合物前体，然后才能转化为聚亚苯。该过程从苯开始，通过恶臭假单胞菌细胞氧化为环己-3,5-二烯-1,2-二醇（图 5-34），催化关键反应的酶是甲苯双加氧酶。野生型细胞将该二醇进一步转化为儿茶酚，但通过基因操作消除了这一步骤。因此，有机体消耗苯并排出二羟基二醇，通过提取并结晶，二氢二醇的酯衍生物易聚合，所得聚合物易脱羧成聚亚苯。

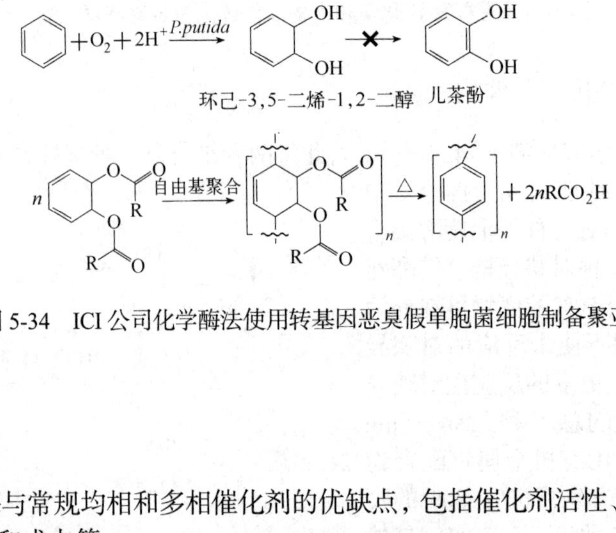

图 5-34　ICI 公司化学酶法使用转基因恶臭假单胞菌细胞制备聚亚苯

习题

1. 列表比较酶与常规均相和多相催化剂的优缺点，包括催化剂活性、选择性、稳定性、对反应环境的敏感性和成本等。

2. 比较在天然细胞环境中和以固定形式使用酶的优缺点。

3. 酶催化反应的动力学通常可以周转频率表示，解释这个术语。

4. 描述典型酶催化反应的动力学形式如下（Michaelis-Menten 方程）：

$$r = k_{cat}[E]_{tot}[S] \, K_M + [S]$$

解释 k_{cat} 和 K_M（Michaelis 常数），并证明该动力学形式等价于 Langmuir-Hinshelwood 动力学。

5. 什么是辅因子？有哪些作用方式？

6. 解释为什么底物与酶的紧密结合对于酶催化来说是不可取的，而过渡态的紧密结合却是。

7. 比较酶催化中的竞争性抑制和非竞争性抑制。

8. 解释酶发酵和微生物发酵的区别。

9. 与分离酶相比，使用全细胞作为生物催化剂在催化剂固定化、催化剂回收、易用性、产品选择性和纯化方面有哪些优缺点？

参考文献

［1］ 黄仲涛，耿建铭. 工业催化［M］. 4 版. 北京：化学工业出版社，2020.

［2］ 甄开吉，王国甲，毕颖丽，等. 催化作用基础［M］. 3 版. 北京：科学出版社，2005.

［3］ 吴越. 应用催化基础［M］. 北京：化学工业出版社，2008.

［4］ Jens Hagen. Industrial catalysis：a practical approach［M］. 3rd Edition. Weinheim：Wiley-VCH，2015.

［5］ Gadi Rothenberg. Catalysis：concepts and green applications［M］. Weinheim：Wiley-VCH，2008.

［6］ Wijngaarden R J，Kronberg A，Westerterp K R. Industrial catalysis：optimizing catalysts and processes［M］. Weinheim：Wiley-VCH，1998.

［7］ 黄开辉，万惠霖. 催化原理［M］. 北京：科学出版社，1983.

［8］ 何杰. 高等催化原理［M］. 北京：化学工业出版社，2022.

［9］ 吴越，杨向光. 现代催化原理［M］. 北京：科学出版社，2005.

［10］ 黄仲涛，彭峰. 工业催化剂设计与开发［M］. 北京：化学工业出版社，2009.

第六章

工业催化剂设计

　　工业催化反应是十分复杂的过程，人们对其复杂性尚未得到系统的了解和认识，对特定类型催化反应（如氧化、加氢、环化等）的确切机理的认识也不够全面，因此设计一种适用特定反应的新的和改进型催化剂非常不易。尽管如此，由于近百年来许多研究者在这个复杂的领域已从事了大量的实践，获得了丰富的知识，其中有的已在某种程度上加以系统化并归纳为若干定性的，甚至是半定量的规律，这就为设计特定催化反应所需的催化剂提供了一定的依据和可以借鉴的资料。因此可以说，催化剂制备领域发生了一定的变革，催化剂制备理论有了进一步发展。这主要表现在：由于催化科学的进步，在一定程度上减少了制备催化剂的盲目性、经验性，大幅提高了设计催化剂的针对性和科学性，对新开发出来的催化剂的认识比过去对催化剂的认识要深刻得多。迄今为止，国内外已有这方面的专著出版，可供参阅。

　　多相催化剂的开发研究分两种情况：一种是全新工艺过程开发的催化剂，从构思开始均是全新的；另一种是在已有催化剂的基础上加以更新改造。这两种任务是不尽相同的。

　　第一种情况是较少的，如自 20 世纪 70 年代以来，由于世界石油市场出现了经济和政治的复杂因素，促使由甲烷氧化偶联制乙烯的开发研究，这是全新的工艺，基本没有专利催化剂文献，大家同在一条起跑线上，彼此都不存在专利的约束。故全世界数万家实验室将周期表中几乎所有适合作催化剂的元素都做了实验，最终发现几种有希望的催化剂，其中一种就是 $LiCl/MgO$ 型的。这种全新开发催化剂的原始创新性越高，与其相联系的专利版税就越高。所以创新催化剂的研制要尽量避开其他人的专利版权。

　　在已有催化剂的基础上更新改造，这是更多的，这种研究创新不属于起始性的，属于改造性的。例如，丙烯氨氧化制丙烯腈用催化剂，最初 Sohio 公司开发的 Bi-Mo-P 体系，属创始性的专利。后来世界各大石化公司，在其基础上开发出各自多组元的丙烯腈催化剂。工业催化剂的研制开发任务，绝大多数是属于这种类型的。根据起始创新型的催化剂追逐工业化最佳的催化剂。

　　工业催化剂的使用单位、生产厂家和设计研制者之间，着重考虑的问题是各不相同的，使用单位关心的是催化剂促进反应的功能及其使用性能，生产厂家关心的是将催化剂作为一种产品的生产过程，当然也要考虑用户的特定需要；设计研制者集中考虑的是催化剂的构造（孔结构及其分布、比表面积、活性组分的分布、结构密度和颗粒度等）、晶相特征（物相、固溶体、合金等）、电子结构（电子能级、元素价态、金属的 d%特征等）以及表面的酸碱性、吸附性能和氧化-还原能力等。三者之间通过催化剂的性能和使用效果联系沟通，通过不断地改造完善达到最佳化。

第一节

工业催化剂设计概述

1. 设计层次和方法

工业催化剂的设计与开发涉及许多学科和领域。催化剂多为无机材料，催化反应有无机的、有机的、高分子的，催化剂只能催化热力学上可行的反应，催化作用属于表面现象，故多相催化剂的开发需要较好地掌握无机材料、有机反应和物理化学原理等方面的知识。

一种催化过程的设计，包括催化剂在内，在原则上可以区分成三个不同的层次。第一个层次是在原子、分子水平上设计催化剂的活性组分、活性位，主要涉及催化材料化学和催化原理；第二个层次是在介观尺度上设计催化剂粒子的大小、形貌和表面与孔结构；第三个层次是在宏观的尺度上设计催化反应的传递过程和反应器。三个层次之间的关联如图 6-1 所示。

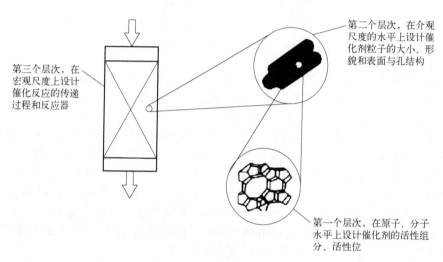

图 6-1 工业催化剂及催化反应系统的水平设计

故工业催化剂的设计除掌握基础化学知识外，还需要较好地了解传递过程和反应工程学。催化剂的测试表征需要用许多现代分析技术。工业催化与相关学科和技术的关联如图 6-2 所示。

2. 催化剂设计的总体考虑

在着手选择和设计催化剂之前，先要作热力学分析，指明反应的可行性，最大平衡产率和所要求的最佳的反应条件，催化剂的经济性和催化反应的经济性，环境保护等。在对催化剂和催化反应有了一个总体性的合理了解以后，还要分析催化剂设计参数的四要素，即活性、选择性、稳定性或寿命和再生性。

多相催化反应是由若干基本步骤组成的，在这些步骤中，反应分子的吸附、吸附物种间或吸附物种与气相粒子的表面反应，以及生成物的脱附主要与所设计的催化剂的化学性质有关，而所涉及的扩散则主要与物理性质有关。因此催化剂的设计应该满足实现上述基本步骤的条件。

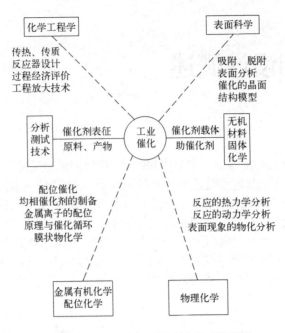

图 6-2　工业催化与相关学科和技术的关联

在确定了所研究的反应类型后，就应着重考虑反应物、生成物赖以进行的吸附、脱附以及化学反应的表面是什么样子，它的组成、结构及性能。可见确定反应的类型是研制催化剂的前提。此外还需具备固体化学和表面化学的知识。

由于化学工业的发展和催化科学的进步，人们在固体材料开发的基础上，进一步充实和丰富了对固体化学的认识。由于表面科学有了飞跃性的进步，各种表面测试技术和现代能谱分析手段揭示出表面的纹理面貌，特别是原位测试设备的研制与使用，积累了关于表面动态的知识，了解了固体结构的量子化学理论。在大型计算机的辅助下可以从理论上得出表面详细的分子物种、结构能态和化学键的类型等，此外，长期的催化实践已经积累了大量的、丰富的文献资料可供借鉴，所有这些一方面推动了多相催化这样一种特定的气固或液固界面现象的研究，另一方面也为催化剂的设计和研究提供了相应的科学基础。

为某一特定反应设计催化剂，首先要确定选择何种材料作为主要组分、次要组分和载体等。当然，还应考虑制备方法。欲使一个催化剂发挥其良好的催化性能，还应提出适当的反应条件。也就是说，要把催化剂制备与反应器的选择协调起来，通盘考虑。

工业催化剂的设计方法，拟按三种方法讨论，即框图程序设计方法、催化剂和催化反应类型设计方法、计算机辅助设计方法。

第二节

框图程序设计方法

1. 催化剂设计的框图程序

1968 年前后，英国的催化科学家 D. A. Dowden 根据当时催化科学与技术的发展水平，在国际上第一次提出催化剂设计构想。他当时的想法是从催化反应出发,确定目的反应和寄生反应,再根据这些反应的自由焓变和反应的形式(如脱氢、加氨等)强化目的反应,抑制副反应;然后根据催化剂的属性(酸碱性、氧化能力等)预示和挑选实现这种目标可能的催化剂,这就是 D. A. Dowden 设计催化剂的方法论(图6-3)。

师从于 Dowden 的澳大利亚新南威尔士大学的 D. L. Trimm 教授,进一步发挥了设计构想,并撰写专著问世。他认为催化剂设计就是根据已确立的概念和催化原理,合理地应用现有资料为某一反应选择一种适合的催化剂,经过大量的实践和经验积累,现在已有一定的准绳来实现这一目的。催化剂设计过程应该是合理编排这些资料的过程,于是他就以开发全新的催化剂和改造更新现有催化剂的设计为出发点,提出了一个合乎逻辑的程序,称为催化剂总体设计程序,如图6-4所示,以此作为设计科学的基础。他也强调指出,设计毕竟是一复杂的过程,设计预测的可能是几种适当的催化剂,再经验证选择,预测结果的准确性也只能用验证试验加以考核。但是采用这种适宜的设计方法,被测试的催化剂数量将

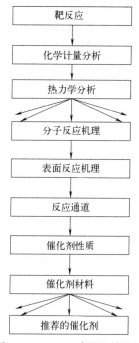

图6-3 Dowden 建议的催化剂
设计程序框图

会大大地减少,他同时还强调,这种方法仍处于发展中,包括他的专著,只能看作催化剂设计长河中的航标,而远非终点。

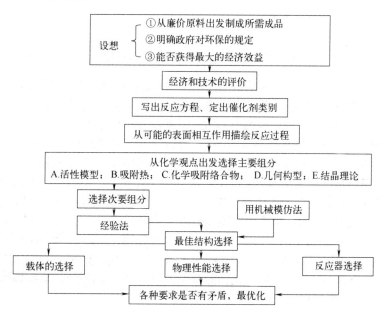

图6-4 Trimm 的催化剂总体设计程序

20世纪60年代中期,日本学者米田幸夫提出数值触媒学,将多相催化剂的化学特性数值(如酸、碱性和氧化能力的强度分布)与反应基质的分子物性(如热力学数据、量子化学的反

应指数等）进行线性关联，然后又从催化剂的变量中挑选出结构上的钝性、敏感性与催化反应速率和选择性数值进行关联，以预测催化剂的制造与筛选。他就新反应的探索、代用催化剂的开发和已有催化剂的改进，与御园生诚共同提出了催化剂的设计程序，如图 6-5 所示。

(1) 给出目的反应

进行热力学考察

进行经济上的评价

给出目标值（空时收率，反应条件、选择性、寿命等）

↓ 评价，选择反应形式

(2) 虚拟反应机理

分解成部分反应（需要的反应，不需要的反应）

↓ 进行热力学、动力学的考察

(3) 选择有关部分反应的基本催化剂的成分

根据与催化特性——物性、组成有关的经验

定律或量子化学等预测活性、选择性

↓ 掌握基本特性——选择主要成分、次要成分、载体

(4) 组成总反应

探索、试验基本成分

↓ 进行作为工业催化剂的评价（寿命、强度等）

(5) 试制、实验催化剂

催化剂基本成分的最佳化

反应条件的最佳化

选择、改进催化剂制法

↓ 预测寿命

(6) 组成工艺过程

反应形式、操作条件的最佳化

图 6-5　米田幸夫、御园生诚联合提出的催化剂设计程序(省略反馈过程)

　　这类催化剂设计框图的提出，就使催化剂设计的思路清晰化、操作具体化，并有望逐步条理化甚至规范化，因而比"纯科学"的种种催化理论更具可操作性，更适于工业催化剂的实际开发者直接参考并具体应用。他们同样强调其设计程序是处于发展中的，对于今后的展望结合数值触媒学强调了三点：一是物性数据的测定，建议采用多种现代谱仪测定表面结构、元素价态、酸碱强度分布的原位 FT-IR 法和 ESCA 法研究。二是建议大学与企业通力合作，发现问题依靠大学，承担新型催化剂的实践依靠企业。如 20 世纪 50 年代 Linde 公司开发的沸石催化效应，70 年代 Mobil 公司开发的 ZSM-5 型催化剂，80 年代以来的杂多化合物催化体系的研究。三是开发计算机的辅助设计，编制催化剂数据库，开发催化剂设计的人工智能系统。米田幸夫和御园生诚的这些建议对推动多相催化剂的设计研究和开发，起到了积极的作用。

　　综合上述几位学者对催化剂设计的构思，黄仲涛推荐的催化剂设计框图程序如图 6-6 所示，包括 12 个步骤，可应用于全新催化剂的开发；对于原有催化剂的更新改造，可根据实际已有的资料数据或需要，省略其中的某一步或某几步。

2. 设计实例——甲烷部分氧化制甲醛（一步法）多相催化剂

　　在此一个具体实例可作最粗浅的示范，该实例是按照 D. A. Dowden 最早提出的简单程序进行的，与上述其余几种程序存在若干微小的差异。

甲烷部分氧化制甲醛催化剂的设计过程可分为以下 8 步进行。

（1）靶反应（目的反应）

$$CH_4 + O_2 \Longrightarrow CH_2O + H_2O$$

$$\Delta H_r^{\ominus}(298K) \Longrightarrow -321.3kJ/mol$$

$$\Delta G_r^{\ominus}(298K) \Longrightarrow -296.6kJ/mol$$

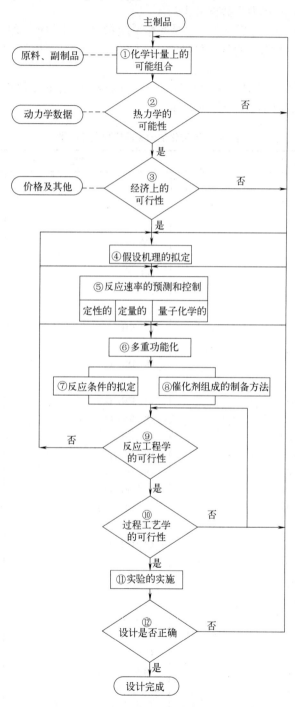

图 6-6　黄仲涛的催化剂设计框图

配平反应式，查出相关的热力学数据，可知本反应为放热反应，热力学上可行，甚至高温下也有较大的转化率。现行工业制甲醛反应，经由甲烷水蒸气转化、甲醇合成后再制得，过程复杂，效率低，成本高。上述甲烷直接部分氧化的过程有开发价值。关键是需要一种对靶反应具有高活性和高选择性的工业催化剂。

除本靶反应外，还应查阅有关的物理化学数据，把反应体系中在热力学上可能进行的化学反应方程式，以及相关的热力学数据分类写出。

反应列表时，须从两个方面分类。一是起始反应物自身的反应，反应物相互间的反应，反应物与生成物间的以及产物间的各种自身的、交互的反应等；二是对各列表的反应，要根据化学键变化的类型再分类，并用符号标明。

反应类型代号：脱氢（DH），加氢（H），氧化（O），氧化插入（OI），脱水（DW），基团加成（A）等等相关反应列表及分类见表6-1。

表6-1 该催化剂相关反应列表及分类

化学反应方程	反应类型	$\Delta G_r^{\ominus}$（800K）/（kJ/mol）
初级反应	CH_4 无	
	O_2 无	
反应物自身的反应		
$2CH_4=C_2H_6+H_2$	DH	35.6
$2CH_4=C_2H_4+2H_2$	DH	53.6
$2CH_4=C_2H_2+3H_2$	DH	92.9
$CH_4+1/2O_2=CH_3OH$	OI	−86.2
反应物交叉反应		
$CH_4+1/2O_2=CH_2O+H_2$	OI, DH	−83.7
$CH_4+1/2O_2=CO+2H_2$	OI, DH	180.3
$CH_4+O_2=CH_2O+H_2O$	OI, DH, O	−296.6
$CH_4+O_2=HCOOH+H_2$	OI, DH, O	−280.3
$CH_4+O_2=CO+H_2+H_2O$	OI, DH, O	−365.3
$CH_4+O_2=CO_2+2H_2$	OI, IHI, O	−378.7
$CH_4+3/2O_2=CH_2O+H_2O_2$	OI, DH, O	−129.7
$CH_4+3/2O_2=HCOOH+H_2O$	OI, DH, O	−501.2
$CH_4+3/2O_2=CO+2H_2O$	OI, DH, O	−571.1
$CH_4+3/2O_2=CO_2+H_2+H_2O$	OI, DH, O	−584.9
$CH_4+2O_2=HCOOH+H_2O_2$	OI, DH, O	−412.5
$CH_4+2O_2=CO+H_2O_2+H_2O$	OI, DH, O	−496.6
$CH_4+2O_2=CO_2+2H_2O$	OI, DH, O	−792.9
反应物-产物间的反应		
$CH_4+C_2H_6=C_3H_6+2H_2$	DH, A	69.5
$CH_4+C_2H_4=C_3H_8$	A	18.8
$CH_4+CH_3OH=C_2H_5OH+H_2$	DH, A	43.9
⋮		
$1/2O_2+H_2=H_2O$	OI	−210.5
$1/2O_2+C_2H_6=C_2H_5OH$	OI	−128.4
$1/2O_2+CH_2O=HCOOH$	OI	−189.5
⋮		
$O_2+H_2=H_2O_2$	O	−38.5

（2）热力学分析

将以上列出的所有反应逐个分析筛选，并按数值大小重新排列，然后舍去热力学上不可进行的反应（ΔG 大于 41.8 kJ/mol 者），再改写成表 6-2。

表 6-2　该催化剂热力学分析结果

反应		类型	$\Delta G_r^{\ominus}$（298K）/（kJ/mol）
CH_4+2O_2══CO_2+2H_2O	(a)	OI, DH, O	−790.8
CH_4+O_2══CH_2O+H_2O	(b)	OI, DH, O	−299.6
CH_4+O_2══$HCOOH+H_2$	(c)	OI, DH	−280.3
$CH_4+1/2O_2$══CH_2O+H_2	(d)	OI, DH	−83.7
$CH_4+1/2O_2$══CH_3OH	(e)	OI	−92
CH_2O══$CO+H_2$	(f)	DH	−71
CH_3OH══CH_2O+H_2	(g)	DH	8.368

比较可见，原设计的靶反应式（b）和甲烷完全燃烧的反应式（a），在热力学上最为有利，且其反应类型也完全吻合（OI、DH, O）。然而由于有式（a）完全燃烧反应的同时存在，式（b）会遇到选择性差的问题。式（g）为经由甲醇而生成甲醛的反应，即现行传统工业生产方法，热力学上并不可取；余下的一个热力学上可取并生成甲醛的靶反应即为式（d）。

$$CH_4+1/2O_2══CH_2O+H_2$$

式（d）于是成为经热力学分析后重新改换的靶反应，取代了最初设定的靶反应［见上述（1）靶反应］。

（3）分子反应机理

从可能性看，该新的靶反应有两种反应机理，即，经一步直接反应得甲醛；或两步经由甲醇，再得甲醛。如图 6-7 所示。

（4）表面反应机理分析

以下将会讲到，了解表面反应机理，乃是气固相催化反应设计的关键问题。由于催化剂并不进入气相反应物或生成物的最终组成，故这里的关键，即变成对固体催化剂先"介入"而后"退出"分子反应中间过程的循环实况的了解。

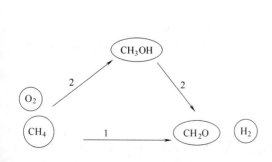

图 6-7　可能的分子反应机理

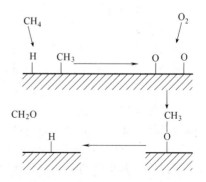

图 6-8　甲醛生成的表面反应机理

根据已有的表面化学知识和设计者的实际经验，提出了各种机理的假说（猜测），图 6-8 是设计者提出的一种"最佳猜测"。

甲烷在催化剂表面上发生化学吸附和离解脱氢变为表面甲氧基和表面吸附氢，同时 O_2 在表面发生化学吸附变为表面晶格原子氧。在这里，催化剂的存在，"拉松"了反应物的化学键，而活化了后者。活化后的原子氧经催化剂表面供给甲基，再脱氢成甲醛。

在该催化剂设计中，关键的中间物种，作者假设为（CH_3—O—），但缺乏实验支持，故自称是一种机理"假说"或机理"猜测"，是比较谨慎也比较恰当的。

（5）反应通道的鉴别

从表面反应机理假说出发，所需的反应通道现已可确立。为按所需的反应通道完成靶反应，则可知所设计的催化剂必须有助于氧的插入，并具有弱的脱氢功能，同时具有抑制强的氧化以及脱氢的功能。

（6）必须具有的催化剂性质

如果把化学键变化的性质与催化剂作用相关联，则可以通过催化剂成分改变而选择反应通道。由确立的反应通道推知，所设计的催化剂必须具有：①吸附氧的活性位，以引发含氧物种的解离和固定；②弱的脱氢活性位，以便由 CH_4 得到—CH_3，并从某中间物种脱除 H；③促进最终脱氢步骤的相邻的另一种活性位。

（7）适宜催化剂组分的选择

在对反应机理和催化剂性能要求进行分析后，就可以或多或少地缩小催化剂材料的选择范围。

因为目前绝大多数非均相催化剂以无机材质为多，例如金属、金属氧化物（单氧化物、混合氧化物或复盐）和硫化物、固体酸碱盐，等等。在有关这些物质上所发生的各种类型的催化反应，现已积累了大量的实验结论和相关数据，对于其活性强弱的影响，已提出过各种活性顺序的参考样本。

根据一些弱脱氢反应的"活性样本"，有可能促进本反应的，是含有下列离子的氧化物：Cu^{2+}，Ni^{2+}，Fe^{3+}，Mn^{2+}，V^{3+}，V^{5+}，以及 Ti^{4+}。

根据已有经验，氧的插入活性也是一种弱的氧化活性，可参照的活性样本是：Sc^{3+}，Ti^{4+}，V^{3+}，Cr^{3+}，Fe^{2+}，Zn^{2+}，Zr^{3+}，Nb^{3+}，Mo^{6+}。

本反应要求的供氧活性较弱。同时，业已发现，强氧化活性的存在，一般与易还原的金属氧化物的存在有关，因此本反应以选用难还原的氧化物或混合氧化物为宜，特别是选择这些材质作载体，例如选择下列材料：$CoAl_2O_4$，$NiAl_2O_4$，$ZnTiO_4$，等等。

（8）推荐的催化剂

根据上述各项分析，设计者推荐了筛选的活性样本，如下。

弱脱氢活性样本：Fe^{3+}、V^{3+}、V^{5+}、Ti^{4+}；

氧插入活性样本：Sc^{3+}、V^{3+}、Ti^{4+}、V^{3+}、Fe^{2+}、Zn^{2+}、Zr^{3+}、Nb^{3+}、Mo^{6+}。

考虑到催化剂必须兼具弱脱氢和弱氧插入两种活性位，以及经济因素等，故设计者综合上述两个活性样本，最后推荐的候选催化剂材料是：

单氧化物 TiO_2，V_2O_3；

混合氧化物 TiO_2+MoO_3、ZnO+V_2O_3；

复氧化物 Fe_3O_4、钼酸铁、$ZnTiO_3$。

在通过以上各步骤的策划和设计后，催化剂的选择范围更加缩小，配方设计的工作量相应就大大减小，目标更加明确而具体。

第三节

催化剂和催化反应类型设计方法

一、主要组分设计

催化剂可由单一组分构成，如某些金属，Ni，Pt，Pd，…；某些盐，$ZnCl_2$，$CuCl_2$，…；某些氧化物，ZnO，Al_2O_3，…；某些金属有机化合物，$RhCl（PPhCl_3）_3$，…。催化剂也可由多组分组成，成为多组分的复合物，如 CuO-Cr_2O_3、Pt-Rh、P_2O_5-MoO_3-Bi_2O 等。

一般而言，大多数多相催化剂由三部分组成：活性组分、助剂和载体。多相催化剂的设计，最主要是寻找主要组分，所谓主要组分就是指催化剂中最主要的活性组分，是催化剂中产生活性、可活化反应分子的部分。如对于 SO_2 氧化反应，在工业上是将 V_2O_5 负载于硅藻土上制成催化剂，V_2O_5 是活性组分。即使将 V_2O_5 载于像活性炭、Al_2O_3 等惰性物质上，或不负载而直接使用，依然显示活性，这一点可以用来区分活性组分和载体。又例如在合成氨中使用的铁催化剂中，尽管含有 Al_2O_3、K_2O，但真正产生活性的是铁，所以活性组分是铁。

一般来说，只有催化剂的局部位置才产生活性，称作活性中心或活性部位，固体表面是不均匀的，表面各处的物理、化学性质不尽一致，即使以纯金属作为催化剂情况下，处在不同部位的原子也有不同的催化性能，如在缺陷处、棱角处的原子不同于处在面上的原子。以上现象称催化剂的非均匀性。催化剂表面的非均匀性还有许多实验上的证明。

活性中心可以是原子、原子团、离子、离子缺位等，形式多种多样。在反应中活性中心的数目和结构往往发生变化，验明活性中心的化学本性是一个困难的但却重要的研究课题。

主要组分的选择可按以下的基本原理或原则：①根据有关催化理论归纳的参数来进行考虑；②基于催化反应的经验规律；③基于活化模式的考虑。

1. 根据有关催化理论的参数进行考虑

多相催化剂的开发，50%是靠经验与直觉，约 40%是靠实验的优化，余下的 10%才是理论指导。尽管如此，理论指导还是有益的，随着催化科学的向前发展，理论的指导作用必然会增加其比重。由于前面几章已经详细介绍了有关的催化理论，下面只作简单的归纳。

（1）d 特性百分数

价键理论把金属原子的电子分为两类，一类是成键电子，可形成金属键；另一类是原子电子，对金属键的形成不起作用，但其磁性与化学吸附有关。过渡金属电子有两类轨道，一类是成键轨道，由外层 s、p、d 轨道杂化而成；另一类是非键轨道或原子轨道。成键轨道占的百分率称为 d 特性百分数，金属键的 d 特性百分数越大，表示留在 d 带中的百分数越多，也就表示 d 带中空穴越少。对化学吸附而言，催化反应要求吸附不能太强，太强了不能移动就无活性；吸附也不能太弱，太弱了不能活化反应分子，要求适中。在金属加氢催化剂中，d 特性百分数在 40%~50%间为佳。金属的 d 特性百分数与催化活性有一定关系，例如乙烯在各种金属薄膜上的催化加氢，随金属 d 特性百分数增加，加氢活性也增加，Rh > Pd > Pt > Ni > Fe > Ta。关于 d 电子的特征已在第三章讨论过了，可供参考。

（2）未成对电子数

过渡金属和靠近过渡金属的某些金属，它们的催化活性常与 d 轨道的填充情况有密切关系。过渡金属的外层电子排列如下。

Fe 3d⁶ ↑↓ ↑ ↑ ↑ ↑ 4s² ↑↓

Co 3d⁷ ↑↓ ↑↓ ↑ ↑ ↑ 4s² ↑↓

Ni 3d⁸ ↑↓ ↑↓ ↑↓ ↑ ↑ 4s² ↑↓

价电子都是 3d 和 4s。根据能带理论，过渡金属处于原子态时，原子中电子能级是不连续的。由原子形成金属晶体时，原子间生成金属键，电子能级相互作用而形成 3d 能带和 4s 能带，能带发生部分重叠，一些 s 带电子占据了 d 带。例如，Ni 原子中 3d 能级上有 8 个电子，4s 能级上有 2 个电子，但用磁化学法测 Ni 晶体，发现 3d 能带中有 9.4 个电子，4s 能带仅有 0.6 个电子，因而 Ni 的 d 带中每个原子有 0.6 个空穴，即具有 0.6 个不成对电子。d 带空穴值越多，未成对电子数越多。过渡金属的 d 带空穴值见表 6-3。过渡金属的不成对电子在化学吸附时可与被吸附分子形成吸附键。按能带理论，这是催化活性的根源。

表 6-3　过渡金属的 d 带空穴值

元素	Fe	Co	Ni	Cu
原子	$3d^6 4s^2$	$3d^7 4s^2$	$3d^8 4s^2$	$3d^{10} 4s^1$
能带	$3d^{7.8} 4s^{0.2}$	$3d^{8.3} 4s^{0.7}$	$3d^{9.4} 4s^{0.6}$	$3d^{10} 4s^1$
d 带空穴	2.2	1.7	0.6	0

（3）半导体费米能级和脱出功

由半导体的费米能级和脱出功来判断电子得失的难易程度，进而了解适合于何种反应。

半导体催化剂是使用很广泛的非化学计量的氧化物，非化学计量往往是由杂质或缺陷所引起的。如：

合成气制甲醇催化剂　　　　ZnO-Cr₂O-CuO

丙烯氨氧化催化剂　　　　　MoO₃-Bi₂O₃-P₂O₅/SiO₂

丁烯氧化脱氢催化剂　　　　P₂O₅-MoO₃-Bi₂O₃/SiO₂

二甲苯氧化制苯酐催化剂　　V₂O₅-TiO₂-K₂O-P₂O₅/SiO₂

上述各种催化剂均属于半导体催化剂。在本书第三章已较详细地介绍了半导体催化剂的作用机理，在此仅从主催化剂的设计角度简述如下：

n 型半导体是电子导电，p 型半导体是带正电荷的空穴导电。氧在 p 型半导体上容易吸附，因为需要从氧化物中取出电子，使 O_2 变为 O^-，p 型半导体的金属离子易脱出电子而容易生成 O^-、H_2、CO 等还原性气体，在吸附时，它们将电子给予氧化物，所以在 n 型半导体上容易吸附。

费米能级 E_f 表示半导体中电子的平均能量。脱出功 φ，是把一个电子从半导体内部拉到外部变为自由电子时所需的最低能量。从费米能级到导带顶的能量差即为脱出功。

本征半导体是一种既有 n 型导电又有 p 型导电的半导体，但本征半导体不常见，氧化物催化剂可能是主要依靠电子导电的 n 型半导体，也可能是空穴导电的 p 型半导体。

本征半导体的 E_f 在禁带中间，n 型半导体的 E_f 在施主能级与导带底之间，p 型半导体的 E_f 在满带顶与受主能级之间。在催化剂制备过程中引入了杂质，制得的金属氧化物偏离了化学计量，这样就在满带和空带之间的禁带区域出现新的能级，新能级提供自由电子，称为施主能级，施主能级上的自由电子受温度激发后跃迁到空带，成为 n 型导电，因而杂质产生施主能级的半导体称为 n 型半导体。

如新能级位于满带上端附近，由于新能级能够接受满带中跃迁来的价电子，故称为受主能级。受温度激发后满带中的价电子跃迁到受主能级，在满带中形成了空穴，产生 p 型导电，因而杂质产生受主能级的半导体称为 p 型半导体。

施主杂质提高了费米能级，使脱出功变小，受主杂质降低了费米能级，使脱出功变大，施主杂质能给电子，使导带的电子增多，满带的空穴减少，因而施主杂质可增加 n 型导电，减少 p 型导电；反之受主杂质使满带的空穴增多，导带电子减少，结果增加 p 型导电，减少 n 型导电。

气体分子在表面上的吸附也可以看作增加一种杂质，以正离子形态被吸附的 CH_3^+、$C_6H_5^+$ 可以看作能给出电子的施主杂质，以负离子形态吸附的 O^{2-}，O^- 等可接受电子的气体可看作受主杂质。

基于催化的能带理论选择主催化剂的一个实例是 N_2O 催化分解成氮和氧，其结果为 p 型半导体如 Cu_2O、NiO、CoO 是比 n 型半导体如 ZnO、TiO_2、MoO_3、Fe_2O_3 更活泼的氧化催化剂。理论研究指出，对于许多涉及氧的反应，p 型半导体氧化物（有可利用的空穴）最活泼，绝缘体氧化次之，n 型半导体氧化物最差。活性最高的半导体氧化物催化剂，常是易于与反应物交换晶格氧的催化剂。N_2O 的催化分解、CO 的催化氧化，烃的选择性催化氧化都遵循这些规律。

所以，由半导体的费米能级和脱出功来判断电子得失的难易程度，进而了解适合于何种反应。

（4）晶体场、配位场理论

这些理论主要是从研究络合物的化学键的性质而发展起来的。晶体场理论认为中心离子的电子层结构在配位场的作用下引起轨道能级的分裂，从而解释了过渡金属化合物的一些性质。在催化作用中，当一个质点被吸附在表面上形成表面复合物，则中心离子的 d 轨道在配位场的影响下会发生分裂，分裂的情况与过渡金属离子的性质和配位体的性质有关；同时，中心离子对配位体当然也有影响。发生在这种表面复合物上的能量交换依赖于很多因素，配位催化中的晶体场稳定化能（crystal field stabilization energy，CFSE）是一个重要因素。

众所周知，d 轨道共有 5 种，中心离子的 d 轨道在配位场的影响下会发生分裂，原来能量相同的 d 轨道会分裂成能量不同的两组或两组以上的轨道。配位体与中心离子的五重简并的 d 轨道能发生分裂，一组为高能量的 e_g，一组为低能量的 t_{2g}，二者的能量差为 10Dq。在不同对称性的配位场作用下，d 轨道能量分裂方式也不同，根据分裂后 d 轨道的相对能量，可以计算过渡金属的总能量。一般来说，这种能量比未分裂前要低，因此，给配合物带来了额外的稳定化能（CFSE）。表 6-4 列出了有 d 电子的离子在不同情况下的稳定化能。

表 6-4　离子的稳定化能　　　　　　　　　单位：Dq

d^n	弱场			强场		
	正方形	正八面体	正四面体	正方形	正八面体	正四面体
d^1	5.14	4	2.67	5.14	4	2.67
d^2	10.28	8	5.34	10.28	8	5.34
d^3	14.56	12	3.56	14.56	12	8.01
d^4	12.28	6	1.78	19.70	16	10.68
d^5	0	0	0	20.84	20	8.90
d^6	5.14	4	2.67	29.12	18	6.12
d^7	10.28	8	5.34	26.84	18	5.34
d^8	14.56	12	3.56	14.56	12	3.56
d^9	12.28	6	1.78	12.28	6	1.78
d^{10}	0	0	0	0	0	0

注：规定 d 轨道在正八面体中分裂为 d_r（或 t_g）和 d_e（或 t_{2g}）的能量差为 10Dq。

根据实验数据，得出如下规律：

① 同周期同价过渡金属离子的 Dq 值相差不大；

② 同一过渡金属的三价离子比二价离子的 Dq 值大；

③ 以同族同价离子比较，第三过渡序>第二过渡序>第一过渡序，各相差约 30%~50%，次序如下：

Mn（Ⅱ）<Co（Ⅱ）<V（Ⅱ）<Fe（Ⅲ）<Cr（Ⅲ）<Co（Ⅲ）<Mn（Ⅳ）<Mo（Ⅲ）<Rh（Ⅲ）<Ir（Ⅲ）<Re（Ⅳ）<Pt（Ⅳ）

配位体场强对 Dq 值的次序如下：

$CN^->NO_2^->$己二胺$>NH_3>NCS^->H_2O>OH^->F^->SCN^->Cl^->Br^->I^-$

由上面的规律可对配合物的稳定性作出相对估计，从而为催化剂的选择提供参考。

2. 基于催化反应的经验规律

（1）活性模型法

这种选择催化剂的方法被普遍应用，在过去一些年直至现今，对于某一类催化反应或某一类型的催化反应（如氧化还原反应、加成消除反应、取代反应、分子重排、环化反应等）的研究，常常得出不同催化剂所显示的活性呈现有规律性的变化的结论。图 6-9 是加氢或脱氢反应的活性模型（activity patterns），图 6-10 是氧化反应的活性模型。这种局部经验或规律是相当多的，可用前面几章所述的理论进行一些初步的解释。虽然不能说一定能从这些局部数据得出所需要的催化剂，但毕竟与某些催化反应有类似的地方，可以减小范围，减少实验工作量。

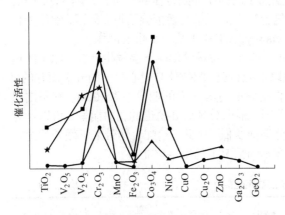

图 6-9　加氢和脱氢反应的活性模型

■ H_2/D_2 交换（80℃）；★丙烷脱氢（550℃）；
▲乙烯加氢（-120~400℃）；●环己烷歧化（200~450℃）

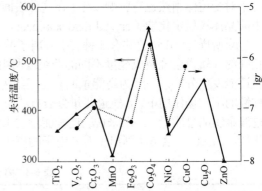

图 6-10　氧化反应的活性模型

▲ 氨氧化失活温度；● 丙烯氧化速率对数（lg$r$）（300℃）

类似的催化活性模型 D. L. Trimm 在其《工业催化剂的设计》中已详尽地列出。从催化剂设计的观点来说，这些活性模型对可能有用的催化剂提供非常有用的启示。

（2）从吸附热推断

在某些情况下，可以从吸附热的数据去推断催化剂的活性。通常，如果反应气体分子在固体表面上吸附很强的话，它不会被取代，不能和别的分子（被表面吸附的或气相中的）反应；如果吸附很弱，或是停留时间过分短暂，也不利于催化反应。因此，通常是对反应分子具有中等吸附强度的固体表面具有良好的催化活性。对烯烃加氢、合成氨等 G. C. Bond 做过详细的研究。以合成氨为例，Pt 对 N_2 的吸附很弱，而钒对 N_2 的吸附又太强，均不是良好的催化剂。而有中等吸附强度的铁，却是良好的催化剂。用于这种经验关联的参数，还有每摩尔吸附氧与金属最高氧化物的生成热曲线，也就是 Tanaka-Tamara 规则；也有用其他气体吸附热关联的，如 N_2、H_2、NH_3、C_2H_4 等均呈现出类似的图像。苏联学者 A. A. Баландин 教授早在 20 世纪 50 年代就观察到这种规律，对于任何金属催化反应，以其观测到的相对活性与相应金属氧化物的生成热作图，呈火山形曲线。只是由于缺乏这些中间物的热化学数据，才妨碍了这种火山形曲线的正确预告。

图 6-11 给出了氨合成活性与金属催化剂上氮吸附热之间的关系。可以看出，中等强度吸附热 $[\Delta E-\Delta E(Ru)=-62.5\sim25.0kJ/mol\,N_2]$ 的金属具有较高的活性。由于 Ru 和 Os 价格昂贵，Co 和 Mo 也较贵，故工业上常采用 Fe 催化剂。

这些经验规则是很好的，但也提出了几点值得考虑：首先，它是用热力学参量，但不是动力学所必需的。其次，在金属对 CO 甲烷化反应的活性与吸附热的关系的讨论中，火山曲线的关联是正确的，但最具活性的金属不一定在火山顶部，常决定于其抗结焦的能力。

图 6-12 表明，当以催化加氢脱硫活性（速率）对金属硫化物生成热作图时，呈现明显的火山形关系，这可以用中等键合原理来解释，硫化物生成热焓的最佳值估计在 146.55~188.42kJ/mol 金属原子的范围内。

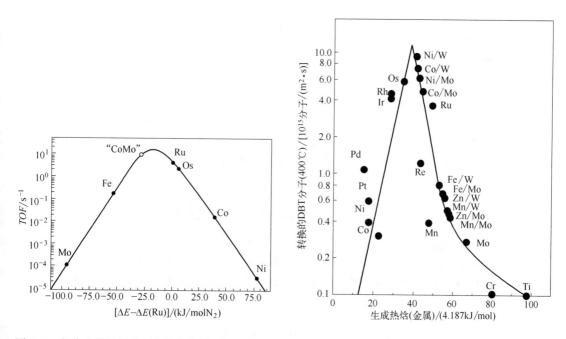

图 6-11　氨合成催化活性与金属催化剂上氮吸附热的关系　图 6-12　加氢脱硫催化活性与单、双金属硫化物生成热的关系火山图

此外，在催化领域中常见的小分子的吸附热数据对判断各小分子在相应金属或氧化物上的活化性能也可提供重要信息。图 6-13 示出了 O_2、H_2、CO 在许多过渡金属上的吸附热数据，这对 CO 和 H_2 的 F-T 反应或 $CO+1/2O_2\longrightarrow CO_2$ 反应催化剂的设计也是必不可少的参考资料。

3. 基于反应物分子活化模式的考虑

在多相催化反应中，常遇到的反应物之一都是 H_2、O_2、N_2、CO 等小分子，这些分子的活化有一定的规律，多数是以 Langmuir-Hinshelwood 机理或以 Eley-Rideal 机理进行。另外饱和烃分子、不饱和烃分子和芳烃分子等，也都有各自的特征活化途径。随着催化剂的类型不同，其活化方式也随之不同，因此了解这些分子的吸附性能对多相催化剂的设计是十分重要的，前人在这方面已经积累了许多实验数据，可供设计某些催化剂时参考。

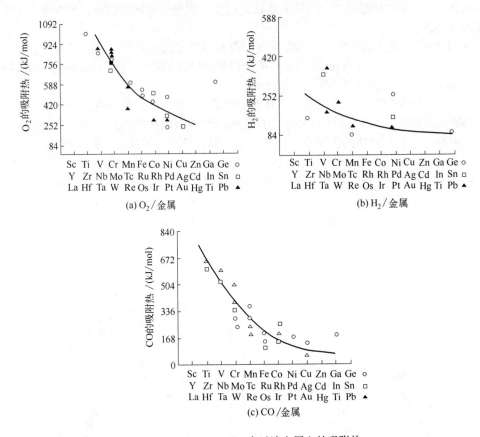

图 6-13　O_2、H_2、CO 在过渡金属上的吸附热

（1）H_2 分子的活化

有均匀解离和非均匀解离两种。在金属催化剂上，在 $-50\sim-100℃$ 下，可以按 Langmuir-Hinshelwood 机理进行解离吸附。解离后的原子 H 可在金属表面上有移动自由度，可以对不饱和物催化加氢。

$$\begin{array}{cccc} H_2 & H\rightarrow H & H\rightarrow H & C_2H_4 \xrightarrow{H} C_2H_5 \xrightarrow{H} C_2H_6 \\ \boxed{M} & \boxed{M\ \ M} & \boxed{M M M} & \end{array}$$

在金属氧化物上，如 Cr_2O_3、Co_3O_4、NiO、ZnO 等，在 $400℃$ 下经真空干燥处理，除去氧化物表面的羟基进行脱水，使金属离子裸露，在常温下可使 H_2 非解离吸附。

$$\begin{array}{cc} H^{\delta-} \cdots & H^{\delta+} \\ | & | \\ Zn & O \end{array}$$

（2）O_2 分子的活化

有非解离活化和解离活化两种，前者以 O 形式参与表面过程，后者以 O^{2-} 或 O^- 形式参与，贵金属 Ag 是对氧吸附亲和力最小的，故多以分子态 O_2^- 形式吸附。乙烯在 Ag 催化剂上进行的环氧化反应，其氧化主要靠 O_2 起作用，按下述方程进行。

残存在 Ag 催化剂上的原子氧 O 进行副反应的催化：

$$C_2H_4+3O_2 \longrightarrow 2CO_2+2H_2O$$

$$6C_2H_4+6O_2 \longrightarrow 6C_2H_4O+6O$$

所以，环氧乙烷的收率为 6/7，约为 86%，而 CO_2 的收率为 1/7，约为 14%。

在其他金属上，O_2 的吸附活化变成 O^{2-} 或 O^- 形式参与表面反应过程，结果是造成深度氧化，形成 CO_2。能为氧所氧化的金属，结果是以氧化-还原（redox）型进行选择氧化。如铜催化的甲醇氧化为甲醛，按下式进行：

$$Cu+1/2O_2 \longrightarrow CuO$$

$$CuO+CH_3OH \longrightarrow Cu+HCHO+H_2O$$

在金属氧化物催化剂如 MoO_3/SiO_2、V_2O_5/SiO_2 等上，O_2 以解离式的吸附生成 O^- 参与表面过程，若它们吸附非金属氧化物，也可在表面形成 O^-，如 $N_2O \longrightarrow N_2+O^-$。$CH_4$ 和苯在这些金属氧化物催化剂上的催化氧化，就属于这种类型，其产物分别为 CH_3OH 和 C_6H_5OH，O^- 插入 C-H 键中。

表 6-5 列出了不同金属上氧的吸附态类型，这些数据对于分析金属或金属氧化物上进行的氧化反应有一定的参考价值。

表 6-5　氧吸附的不同形式

IA	IIA	IIIB	IVB	VB	VIB	VIIB	VIII			IB	IIB	IIIA	IVA	VA	VIA	VIIB
												B	C	N	O	F
Li	Be															
Na	Mg											Al	Si	P	S	Cl
K	Ca	Se	Ti	V	Cr	Mn	Fe	Co	Ni	Cu	Zn	Ga	Ge	As	Se	Br
Rb	Sr	Y	Zr	Nb	Mo	Tc	Ru	Rh	Pd	Ag	Cd	In	Sn	Sb	Te	I
Cs	Ba	La	Hf	Ta	W	Re	Os	Ir	Pt	Au	Hg	Tl	Pb	Bi	Po	At
Fr	Ra	Ac														

稀土元素

注：——能形成过氧化物（O_2^{2-}）的元素；——能形成超氧化物（O_2^-）的元素；----能形成过氧化物（OOH）的元素。

这些不同的氧化物的形成，是由于不同的氧吸附形式造成的。

（3）CO 分子的活化

CO 分子的解离能较大，为 1073kJ/mol，故其分子相对比较稳定。如果经过金属吸附后，由于 M 与 CO 之间形成 δ-π 键合，使之成为 M-C-O 结合，将 CO 的三键减弱而活化。如在贵金属 Pd、Pt、Rh 等上 CO 吸附都能使之活化，温度高到 300℃都保持分子态吸附。如若为 Mo、

W、Fe 等过渡金属，它们对 CO 的吸附亲和力强，即使在常温下也能使 CO 解离吸附活化，因为 H_2 分子也易于被这类金属解离吸附活化，因此 CO 与 H_2 共存时，易进行氢醛化反应。

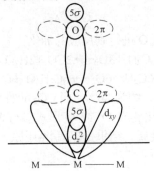

（4）饱和烃分子的活化

用金属和酸性金属氧化物都可以奏效，当然活化的机制和所进行的催化反应是不相同的。能够使 H_2 解离吸附的那些金属，都可以使饱和烃的 C-H 键发生解离吸附，达到活化目的，如：

$$H-\underset{\underset{H}{|}}{\overset{\overset{H}{|}}{C}}-CH_2-R \xrightarrow[-M-H]{M} H-\underset{\underset{M}{|}}{\overset{\overset{H}{|}}{C}}-CH_2-R \xrightarrow[-M-H]{M} H-\underset{\underset{M}{|}}{\overset{\overset{H}{|}}{C}}-\underset{\underset{M}{|}}{\overset{\overset{H}{|}}{C}}-R$$

由于 M 对 H 的亲和力强，可将 H 拔出，这已用同位素示踪技术得到证明。饱和烃在高温下经金属催化活化脱氢生成烯烃和 H_2。有时，在相邻金属上吸附的 C-C 键进行氢解。

如果饱和烃分子是在超强酸性的金属氧化物催化剂作用下，它就被拔出 H 而自身以正碳离子形式活化，后者再在相适应的反应下进行而生成稳定产物。

（5）不饱和烃分子的活化

依酸性催化剂、金属催化剂和碱性催化剂而异，酸性催化剂主要以其 H^+ 与不饱和烃分子加成生成正碳离子，后者在高温下一般发生 β 位置 C—C 键的断裂，生成裂解产物，也有可能发生—CH_3 的移动，进行骨架异构化，直链变成支链，这种反应都是以三元环或者四元环为中间物：

$$-C-C-\overset{+}{C}-C \longrightarrow -C-C-\overset{+}{\overset{C}{\triangle}}-C \longrightarrow -C-C-\overset{+}{\underset{\overset{|}{C}}{C}}$$

$$\begin{array}{c} -\overset{|}{\underset{\overset{\vdots}{C}-C^+}{C}}-C \end{array} \qquad -C-\overset{|}{\underset{C}{C}}-\overset{+}{C}$$

再有一种可能是在低温下正碳离子可与另一不饱和烃分子的 δ 碳原子起烷基加成反应：

$$CH_3-\overset{+}{CH}+CH_2^\delta=CH_3-\underset{\underset{R}{|}}{CH}-CH_2-\overset{+}{\underset{\underset{R}{|}}{CH}}$$

$$\hspace{3.5cm}{\underset{R}{|}}$$

最后一种可能是有 H_2O 存在时，反应生成醇：

$$R-C^+H-CH_3+H_2O \longrightarrow R-CH（OH）CH_3+H^+（催化剂）$$

不饱和烃分子的金属催化剂活化主要起自催化加氢反应，因为吸附态的 H 原子易在金属表面移动。碱催化剂的活化主要是使烷基芳烃进行侧链烷基化：

$$\underset{CH_3}{\bigcirc} \xrightarrow[-H^+]{碱} \underset{CH_2^-}{\bigcirc} \xrightarrow{C_2H_4} \underset{CH_2-CH_2-CH_2^-}{\bigcirc} \xrightarrow{H^+} \underset{C_3H_7}{\bigcirc}$$

苯环σ位碳原子在碱催化剂作用下发生 H$^+$解离，起 B 酸作用，强碱催化剂将 H$^+$吸引去，生成烯丙基。对于非典型的酸碱性以外的金属氧化物，它们对不饱和烃的活化，可能是δ-π键合型的配位活化，这些金属氧化物在真空加热条件下表面高度脱水，金属离子裸露于外部，其空 d 轨道可接受来自不饱和烃π+键电子，形成δ键；金属占用 d_{xy}轨道上的 d 电子，反授予不饱和烃的π^+空轨道，形成π键。通过δ-π键合的全过程，等于不饱和烃分子将键合的π电子跃迁到π^+轨道上，达到活化的目的，各种α-烯烃在这类氧化物催化剂上的聚合、低聚过程，就是这种活化引发的结果。Trimm、Lepage 等的专著都有活化模式的详细介绍，可供参考。

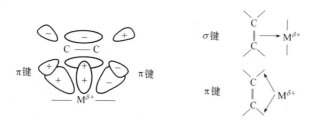

4. 设计实例——丙烯脱氢环化生成苯催化剂

现以丙烯脱氢环化生成苯的反应为例，讨论所需催化剂的主要组分设计。

热力学计算表明，丙烯转化为苯是可能的。尽管涉及实现这一催化过程的文献报道较少，但可以参考反应类型比较接近的转化过程，例如在酸性催化剂上烯烃的聚合反应或环化反应。但是参考聚合反应需着重考虑二聚过程，参考环化反应需进一步考虑脱氢过程，只有这样才能有助于设计适用于丙烯二聚、环化、脱氢生成苯的反应所需的催化剂。

丙烯转化为苯的反应过程是：

$$2CH_3-CH=CH_2 \xrightarrow{①二聚脱氢} CH_2=CH-CH_2-CH_2-CH=CH_2 + H_2$$

②脱氢环化

$$\bigcirc + H_2 \xleftarrow{③脱氢} \bigcirc + H_2$$

由上述机理可以看出，由丙烯生成苯，涉及脱氢、二聚和环化三个过程，而且在所有三步中都发生脱氢反应。因此，在这一例中可将脱氢过程作为设计催化剂的主要考虑依据，并兼顾二聚和环化过程。这个反应的第一步应是丙烯在表面上的吸附过程。文献资料报道，丙烯既可在金属上吸附，也可在金属氧化物上吸附。以下讨论以金属氧化物为主的催化剂。

许多吸附实验和相应吸附态间的反应性能研究表明，参与反应的吸附物种（主要是化学吸附物种）在表面的吸附要适当，不能太强，也不能太弱，其理由在前面相关章节已作过介绍。

丙烯在金属氧化物上可以进行解离吸附，即丙烯分子中的一个氢原子解离形成π-烯丙基中间物，这可写成：

$$CH_3-CH=CH_2 + O-M-O \longrightarrow [CH_2-CH-CH_2]^+ + H^-$$
$$\overline{}$$
$$O-M-O$$

或写成：

$$CH_3-CH=CH_2 + O-M-O \longrightarrow [CH_2-CH-CH_2]^+ + OH^-$$
$$\overline{}$$
$$O-M$$

但亦有较多文献报道，丙烯还会氧化生成丙烯醛或者二聚生成己二烯：

$$CH_3-CH=CH_2 \longrightarrow CH_2=C=CH_2 \longrightarrow CH_2=C=CHO$$

$$2CH_3\!=\!CH\!=\!CH_2 \longrightarrow 2CH_2\!=\!C\!=\!CH_2 \longrightarrow CH_2\!=\!CH\!-\!CH_2\!-\!CH_2\!-\!CH\!=\!CH_2$$

由上述两个反应式可明显看出，由丙烯生成丙烯醛和己二烯的差别，在于生成的π-烯丙基按什么方向进一步反应。如果一个π-烯丙基物种单独失去一个氢原子复合一个氧原子便可得到丙烯醛，如果两个相邻的π-烯丙基物种相结合失去一个氢分子，则得己二烯。生成己二烯尚不是最后目的，它还需环化，再经最后的脱氢而生成苯。既然本设计所需的主要产物应是经环己二烯脱氢而得的苯，于是就应选择可以同时吸附两个π-烯丙基并同时得到两个电子的金属的氧化物，其间金属离子被还原成低两价的金属离子，$M^{n+} \longrightarrow M^{(n-2)+}$，此过程可写成：

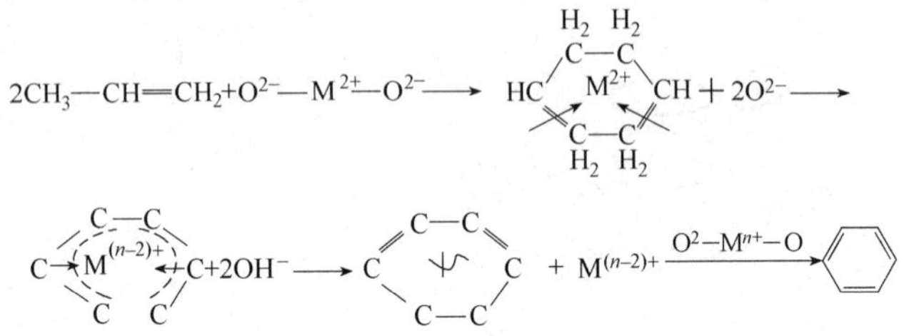

由元素周期表中可找出的能够实现这些反应步骤的金属离子有 Sn^{2+}/Sn^{4+}、Ti^{+}/Ti^{3+}、Pb^{2+}/Pb^{4+}、Bi^{3+}/Bi^{5+} 及 In^{+}/In^{3+} 等。尽管这些金属可作为该反应主活性组分的选择对象，但还要考虑实践中的其他因素，如公害、资源以及加工是否方便等。最后选择 Bi 系和 In 系为催化剂的主要组分。

如前所述，丙烯可在某些氧化物上以解离方式吸附产生π-烯丙基中间物，并根据这种中间物所处的表面环境和进一步反应的能力可相继得到二聚产物己二烯，环化脱氢产物环己二烯及苯、丙烯醛和 CO_2、H_2O 等，可见，即使选择了 In_2O_3 和 Bi_2O_3 这类氧化物作为主要组分，也不是没有问题了。由于丙烯在其上的解离吸附固然可能在一个中心上存在两个π-烯丙基中间物，但也能发生单个的π-烯丙基吸附在相隔较远的中心上的情况，以致仍不能避免生成苯以外的产物，尤其是作为彻底氧化产物的 CO_2 更易生成，那么就产生了选择催化剂次要组分的问题，它的解决可以防止副产物的产生。

上面叙述的是选定最适宜主催化剂（即主要组分）的一些普遍规律。主要组分需添加助催化剂，并以载体负载，使催化性能进一步提高。

二、助催化剂的选择与设计

在多相催化剂设计的整个过程中，仅由初步设计而进行的实验结果往往不能达到预期的目的，而需对其加以调整与修正，以使所进行的设计更加完善。所采用的措施包括加入次要组分如助剂、载体、添加剂、抑制剂等以提高催化剂的某种性能。次要组分的设计也是相当重要的。有关催化剂的许多专利往往就在于次要组分的关键作用，次要组分往往使催化剂得到许多新的性质，从而产生很大的经济效益。本节主要介绍助催化剂的选择和设计。

1. 助催化剂的种类与功能

（1）助催化剂
助催化剂是负责调变主要组分的催化性能，自身没有活性或只有很低活性的物质，以少量加入催化剂后，与活性组分产生某种作用，使催化剂的活性、选择性、寿命等性能得以显著改善，这种物质也称为助剂。

合成氨反应最早只用由 Fe_2O_3 还原制得的纯铁作为催化剂，Al_2O_3 和 K_2O 就是助剂。由

Fe_2O_3 还原制得的纯铁作催化剂，虽然它有活性，但活性很快就下降了。在熔融的 Fe_2O_3 中加入少量的 Al_2O_3 制得的铁催化剂，活性可保持几个月。若在这样的 Fe-Al_2O_3 中再加入 K_2O，活性会更加增高。有许多物质具有类似氧化铝和氧化钾的作用，当它们以百分之几以至千分之几的量加入催化剂后，可使催化剂的某些性能显著改善，这种物质通称为助剂。在合成环氧乙烷的银催化剂中常加入氧化钙或氧化钡作助剂，在苯加氢用的铜催化剂中加入镍作助剂。

加入助剂后，催化剂在化学组成、所含离子的价态、酸碱性、结晶结构、表面构造、孔结构、分散状态、机械强度等各方面可能发生变化，由此而影响催化剂的活性、选择性以及寿命等。

元素或化合物均可作为助剂加入催化剂。一种助剂所产生的作用是多方面的。助剂的种类、用量和加入方法不同得到的效果也有差别。

助剂和载体所起的作用在有些情况下不易严格区分，较多数的载体也常常对活性组分起作用。一般说，助剂用量少（通常低于总量的 10%）而又是关键性的次要组分，而含量较大且主要是为了改进催化剂物理性能的组分称作载体。

活性组分和助剂的关系，与多组分催化剂中各组分相互间的关系不同。活性组分在不加助剂时本来就有一定的活性、选择性和寿命，加入助剂后，这些性质得到改善，但只有助剂本身单独存在时，助剂不显活性。多组分催化剂中任一组分单独使用时，通常没有活性或活性很低，必须把这些组分复合在一起后才产生活性。

（2）助剂的种类与功能

Germain 将助剂分为两类：结构性助剂（structural promoter）和调变性助剂（textural promoter）。

① 结构性助剂。此种助剂是惰性物质，在催化剂中以很小的颗粒形式存在，起分隔活性组分微晶，避免它们烧结、长大的作用，从而维持催化剂的高活性表面不降低。

像合成氨的铁催化剂中加入的 Al_2O_3，合成甲醇用的 ZnO 催化剂中加入的 Cr_2O_3 等，均为结构性助剂。

具体来说，合成氨的铁催化剂的活性组分是小晶粒形态的 α-Fe，其活性很高，但不稳定，短时间内就失活。在制备过程中若加入少量 Al_2O_3 就可使其活性延长。原因是 Al_2O_3 在多孔 α-Fe 微晶结构中起到隔膜作用，防止铁晶粒的烧结，避免了活性表面的下降。CO 的选择化学吸附实验表明，Al_2O_3 在催化剂中主要分布在颗粒外表面上，并且还发现，在 873K 下退火时，不加 Al_2O_3 的 α-Fe 晶粒显著增大，添加 Al_2O_3 的 α-Fe 晶粒大小不变。

ZnO 中加入的 Cr_2O_3 也有类似作用，加入 Cr_2O_3 抑制了 ZnO 微晶的长大，维持了所需的活性表面。

一个有效的结构性助剂应具备以下性质：a.不与活性组分发生反应形成固体溶液；b.应当是很小的颗粒，具有高度的分散性；c.具有高熔点。

判别一个助剂是否是结构性助剂常使用两种方法：

a. 用比表面判断。结构性助剂的存在使催化剂保持较高的比表面，因此从有助剂与无助剂时比表面的高低判断助剂是否为结构性的。

b. 结构性助剂的加入不改变反应的活化能，因此从反应的活化能变化与否判断助剂是否是结构性的。

② 调变性助剂。该种助剂改变催化剂的化学组成，引起许多化学效应以及物理效应。

对金属和半导体催化剂而言，可以观察到这类助剂引起催化剂电导率和电子脱出功的变化。所以调变性助剂又可称为电子性助剂。调变性助剂有时使活性组分的微晶产生晶格缺陷，造成新的活性中心。

判别调变性助剂常用两个标准：一是化学吸附强度，二是反应活化能。加入调变性助剂使催化剂的化学吸附强度和反应活化能均发生改变。化学吸附强度的变化表现为吸附等温线的不同。

仍以合成氨催化剂为例说明调变性助剂的作用。在 Fe-Al₂O₃ 的基础上，再加入第二种助剂 K₂O，催化剂活性更得到了提高。这可能由两方面因素造成：一方面是 K₂O 和活性组分 Fe 的作用，这是比较重要的方面，另一方面是 K₂O 和 Al₂O₃ 的交互作用。K₂O 起电子给体作用，Fe 起电子受体作用。Fe 是过渡元素，其空轨道可接受电子，K₂O 将电子传递给 Fe 后，增加了 Fe 的电子密度，提高了对反应物氮的活化程度。

还有一些实验结果与上面的解释相符。金属钾比氧化钾具有更强的给电子能力，当把钾蒸发至铁上，比用 K₂O 做成的催化剂活性提高 10 倍，像 Fe、Ru 这样的金属，本来对合成氨都有活性，但将其负载在活性炭上之后，却失去了活性。如果将金属钾吸附于上述负载体系之后，却又产生了活性，且活性随钾的添加量的增加而激增。这进一步说明了助剂的给电子作用。给电子能力不同的 Cs、K、Na 等加至上述负载体系后，在给电子能力和催化剂活性间确有规律性联系，如图 6-14 所示，图中以电离电位表示给电子能力。Cs 的电离电位最小，给电子能力最强，活性最高；Na 的情况则相反。在上述情况下，Fe 和 Ru 相对于活性炭是电子给予体，活性炭是电子接受体，所以 Fe、Ru 负载于活炭后，就失去了活性，当再吸附了碱金属后，碱金属通过活性炭将电子传递给 Fe、Ru，所以 Fe、Ru 又恢复了活性，并且其活性随加入的碱金属的量及其种类而变化。

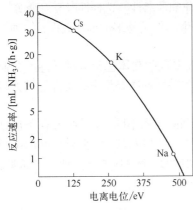

图 6-14　电离电位与活性的关系

2. 助催化剂的设计

助催化剂的选择和设计通常有两种方法，第一种方法比较直接，就是针对催化剂的主要组分在催化反应中出现的问题，运用现有的科学知识，结合已掌握的催化理论进行助催化剂的设计；第二种方法就比较注重理论依据，对该催化反应机理进行研究，使催化剂得到改进。

（1）针对催化剂的主要组分出现的问题，运用科学知识和催化理论设计助催化剂

这种方法应用比较简便，并常能取得效果。如在烯烃异构环化反应中常会同时生成裂解产物。这就需要调节所用催化剂的酸性质，使其酸中心减少，这可通过添加碱性物质实现。如周期表中第一、第二两个主族的金属氧化物，就可能起到这种作用。然而这也只是原则上的考虑，实践中究竟选哪种氧化物合适，添加多少量合适，还需由实验确定。

又如，同是烯烃的反应，如目的产物是芳烃（如丙烯氧化脱氢环化生成苯的反应），照例都会生成一定数量的 CO₂，如前所述，生成 CO₂ 比生成其他产物需要较多的氧，所以，添加不利于氧吸附的物质，就可在一定程度上抑制 CO₂ 的生成，从而达到提高目的产物选择性的目标。

（2）通过研究催化反应机理确定助催化剂

这种方法是比较注重理论依据的方法，这是准确的，因为弄懂了催化机理必然会使催化剂得到改进。但是催化机理的研究相当费时费力，所以这种方法适于影响较大，一经改进就有很大效益的场合。一般只用在那些有改进余地又是通用的催化剂上。

最广泛使用的方法是采用最新发展的分析方法研究催化剂表面和所发生的表面反应。由于催化反应是在催化剂表面上进行的，所以，掌握更多的催化表面知识对催化剂的设计也是十分必要的。如低能电子衍射（LEED）、电子自旋共振（ESR）、穆斯堡尔谱（MS），特别是 20 世纪 70 年代发展起来的电子能谱仪，如 X 射线光电子能谱（XPS）或 ESCA、俄歇电子（AES），电子自旋共振（ESR）与红外光谱或激光拉曼光谱相结合特别有用，提供了研究多相催化剂表面结构和组成的有力工具。如通过电子能谱的研究，发现分子筛外表面的硅铝比为

体内的二倍。Somorjai 等用低能电子衍射和光电子能谱研究，认为在不同的晶面上催化活性不同，指出高密勒指数的晶面对一些化学吸附和催化具有特殊的活性。在尹元根主编的《多相催化剂的研究方法》一书中介绍了各种物化方法和近代物理方法及其应用例证和方法的有效范例等，值得在进行催化剂表面和表面反应的研究时参考。此外，Knozinger 及其合作者利用同位素示踪实验，提出了"时间微分扰动角关联"（time differential perturbed angular correlation, TDPAC）方法，对研究催化剂表面的组分价态及其分布状态，也是一种有效的研究方法。

进行上述研究的主要目的是试图找到活性中心或所需的中间体，通过添加组分和改变催化剂的方法，使反应沿着需要的途径，以最佳状态顺利进行。

另一种方法是间接的。一般是设计一种具有特定骨架结构的催化剂，包括对同类催化剂的研究，研究其中可以控制的部分，如原始催化剂组分之一的定位或原子价。在此种催化剂中，主要组分处于特定的化学环境中，如特定的电子结构和晶体结构环境中。做这方面研究的目的是鉴别不同添加剂和已知中间体的作用，研究影响活性和选择性的各种因素，以便使催化剂获得最佳性能。

D. L. Trimm 在其专著《工业催化剂的设计》中，对合金催化剂、金属氧化物固溶体、金属簇合物催化剂等骨架结构体系已进行了详尽的讨论。下面仅对金属氧化物固溶体和调节氧化物的酸性分别加以讨论。

采用金属氧化物固溶体解决催化剂设计中的次要组分问题，主要针对复合金属氧化物，是一个涉及范围十分广泛的研究课题。这类氧化物固溶体的突出特点是具有明确的晶体结构，例如钙钛矿型（perovskite）、尖晶石型（spinel）、白钨矿型（scheelite），Keggin 型的杂多酸及分子筛等。人们常常把某些具有催化活性的金属按其氧化物的构型同另一种氧化物组成固溶体。由上述可看出，所列这些类型的固溶体中的多数至少包括两种金属氧化物（也有例外，如仅由一种氧化物组成，如 Co_3O_4、Fe_3O_4 等均为尖晶石结构，即 $CoCo_2O_4$ & $FeFe_2O_4$）。两种金属氧化物须按一定的配位形式和一定的结构结合在一起。在研究这些类型的复合氧化物体系时，习惯于将两种氧化物分别称为主体氧化物（常指量多的那一个）和客体氧化物（常指量少的那一个）。主客体氧化物的比例改变到一定程度就会引起主体氧化物晶格结构的变化，相应地要影响其催化活性。所以，借助这类氧化物，一方面可研究次要组分所起的作用，另一方面也可研究主要组分和次要组分的催化机理，有利于进行系列化工作。

关于复合氧化物的结构变化与其催化性能的关系，应着重研究以下几个方面。

① 固溶体内有关离子原来的配位环境及其变化。由于几何结构和电子结构方面的原因，对某特定反应有催化活性和选择性的固溶体中的客体氧化物应具有特定的配位状态，因此需对这种特定的配位环境加以研究。然后将所需的催化剂的主要组分及次要组分制成这种特定配位环境的固溶体。现以 AMO_4 复合氧化物为例进行讨论。表 6-6 给出了能形成 AMO_4 型复合氧化物的有关金属离子。

表 6-6　白钨矿型复合氧化物的化学式

$A^+M^{7+}O_4$	$A^{2+}M^{6+}O_4$	$A^{3+}M^{5+}O_4$	$A^{4+}M^{4+}O_4$
$KReO_4$	$PbMoO_4$	$BiVO_4$	$ZrGeO_4$
$KCrO^3F$	$NaBi(MoO_4)_2$	$La_2(TiO_4)(WO_4)$	
$KOsO_3N$	$Na_2Th(MoO_4)_3$	$Bi_3(FeO_4)(MoO_4)_3$	

注：A^+：Li^+、Na^+、K^+、Rb^+、Cs^+、Ag^+、Tl^+、NH_4^+；

A^{2+}：Ca^{2+}、Sr^{2+}、Ba^{2+}、Cd^{2+}、Pb^{2+}、Eu^{2+}；

A^{3+}：Bi^{3+}，三价稀土元素离子；

A^{4+}：Th^{4+}、Zr^{4+}、Hf^{4+}、Ce^{4+}、U^{4+}；

M^{4+}：Ge^{4+}、Ti^{4+}；

M^{5+}：V^{5+}、As^{5+}、Nb^{5+}、Ta^{5+}、Mo^{5+}；

M^{6+}：Mo^{6+}、W^{6+}、Cr^{6+}、S^{6+}；

M^{7+}：Re^{7+}、Tc^{7+}、Ru^{7+}、I^{7+}。

白钨矿型复合氧化物作为一类催化剂，其研究价值在于其中可产生 A 阳离子缺位（即晶格缺陷），缺位浓度可以高达 A 阳离子总浓度的 1/3。此外，A 阳离子还可被另外的 B 阳离子部分置换。所以上述的 AMO_4 可以更确切地表示为通式：$A_xB_y\phi_zMO_4$，其中，ϕ 为缺陷符号，且 $x+y+z=1$。这样，便有可能制备一系列含 A、B 两种阳离子及一定数量阳离子缺陷的白钨矿型复合氧化物。关于钼酸铋（一种白钨矿型复合氧化物）对丙烯活化的研究表明，形成的缺陷有助于烯丙基中间物种的生成，而 Bi 的功能主要是与 O 构成活性中心。

② 调节氧化物的酸性。氧化物的酸性可以从两方面影响丙烯以烯丙基物种反应的途径：a.改变烯丙基中间物的电子性质；b.改变 M-O 键强度。在 Bi_2O_3 表面上，丙烯吸附形成的烯丙基呈中性或弱正电性，其电子结构与 Bi^{3+} 的酸碱性质有关。如果该离子显酸性，则由于金属离子电负性大，烯丙基的电子便定域在此金属离子上，结果该烯丙基会荷正电易于与氧负离子亲核加成，得到丙烯醛。离子的酸性愈强，产生丙烯醛的选择性愈高。相反，在酸性较弱的离子上，烯丙基中间物可保持其自由基类型的特征，而不易接近氧离子。在此情况下，两个烯丙基偶联为环己二烯，并进一步脱氢生成苯。由表 6-7 可见，所列九种含 Bi^{3+} 的催化剂，由于含有 As、Ti 和 Mo 等金属离子而改变了酸强度使反应方向发生变化。突出的结果是含 Mo 离子的 Bi^{3+} 盐有利于生成丙烯醛，而其他含 Bi^{3+} 的盐均利于生成苯。经进一步分析发现，不同 Bi^{3+} 盐对丙烯氧化生成丙烯醛或苯反应有不同的选择性。这一事实同所用催化剂的酸强度 H_0 有关。所用催化剂即使都是酸性物质，但随 H_0 值的变化，也会使丙烯催化氧化的选择性发生规律性的改变。

表 6-7　酸强度对丙烯氧化脱氢活性的影响

催化剂	选择性/%		酸强度 H_0
	C_6H_6	C_3H_4O	
$2Bi_2O_3 \cdot P_2O_5$（Bi：P=2：1）	49.0	0	7.1~6.8
$BiAsO_4$（独居石）	33.8	5.8	6.8~4.0
$BiPO_4$（高温型）	26.9	6.6	6.8~4.0
$2Bi_2O_3 \cdot 2TiO_2$（Bi：Ti=1：1）	18.0	0.3	7.1~6.8
（BiO）$_2O_4$	10.0	4.0	6.8~4.0
$BiPO_4$（独居石）	9.1	38.6	1.5~−3.0
（BiO）$_2MoO_4$（Bi：Mo=2：1）	0	66.1	3.3~1.5
Bi（BiO）（MoO_4）$_2$（Bi：Mo=1：1）	0	91.7	1.5~−3.0
Bi_2（MoO_4）$_3$（Bi：Mo=2：3）	0	94.7	1.5~−3.0

注：$C_3H_6$9%，$O_2$18%，773K，空速 1.0g/（s·mL）。

由表 6-7 还可看到另一事实，即由丙烯无论生成苯还是生成丙烯醛，比较合适的催化剂构型基本上都是 AMO_4 型的复合氧化物。因此可调节其酸强度而改变其催化性能，使其有利于目的产物的生成。将设计主要组分和次要组分的问题与所形成的化合物的构型特征结合起来，可为进一步认识某一特定构型与催化性能的关系提供实验证据。

三、载体的选择

催化剂的主要活性组分通常是比较昂贵的，其活性取决于表面积、孔隙率、几何构型等多种因素。要制备高效率的催化剂，常将催化剂的活性组分分散在固体表面上，这种固体就称为载体。

1. 载体的作用

载体对活性组分起到机械的承载作用，在一定条件下，对某些反应也是具有活性的组分，并为近代的研究所验证。并且，载体与活性组分间可发生化学作用，导致具有催化性能的新表面物种的形成。

（1）降低催化剂成本

如节约贵重金属材料（铂、钯、铑）等的消耗，大幅提高活性组分的利用率。另外，载体可提高催化剂的性能，在经济上获得更大的效益。

（2）提高催化剂的机械强度

使催化剂有最适宜的几何构型。对某些活性组分来说，只有把活性组分负载在载体上之后，才能使催化剂得到足够的强度和几何构型，才能适应各种反应器的要求，如固定床催化剂应有较好的耐压强度和有利的传热传质条件，流化床的催化剂载体应有较好的耐磨损和冲击强度等。

（3）改进催化剂的活性和选择性

使用载体可以提高催化剂的比表面积，使活性组分微粒化，可增加催化剂的活性表面积。另外，微粒化的结果使晶格缺陷增加，生成新的活性中心，提高催化剂的活性。载体与活性组分间，特别是与金属组分间作用的研究，已有了深入的进展，在过渡金属氧化物表面上存在着金属-载体强相互作用，产生了协同效应，协同效应有正有负，正的协同效应使系统的性质优于活性组分和载体的性质，负的则反之。所以，研究协同效应可为催化剂性能的有效发挥提供理论依据。

有时载体也可提供某种活性中心。多功能催化剂是指一种催化剂可同时促进多种反应，亦即在催化剂中有几种活性中心，载体也可提供某种活性中心。如在加氢反应中需选择非酸性载体，而在加氢裂解中需选择酸性载体。载体的酸碱性质影响反应方向。再如 CO 和 H_2 的反应，将钯载在碱性载体上作催化剂时，产品为甲醇；若载在酸性载体上，产品则为甲烷。所以，载体也可改变反应的方向和选择性。

（4）延长催化剂的寿命

提高催化剂的耐热性、耐毒性，提高传热系数并使活性组分稳定。

① 提高耐热性。载体本身要有一定的耐热性，防止高温下自身晶相变化或因热应力而开裂。所以一般采用耐火材料作为载体。

当不使用载体时，活性组分颗粒接触面上的原子或分子会发生作用，使粒子增大，一般称之为烧结。烧结开始的温度有两种表示方法，在结晶表面有原子开始移动的温度为 T_H（即 Hutting 温度），晶格开始松动的温度 T_T（即 Tammann 温度）。若以 T_m（K）为熔点，则 $T_H \approx 0.3T_m$，$T_T \approx 0.5T_m$。在加氢和氧化反应中使用的 Cu 和 Ag 这样熔点（$T_m \approx 1300K$）低的金属催化剂，大致在 200℃以下即发生烧结，但使用载体后 300~500℃才发生烧结，耐热性大大提高。如利用共沉淀法制得载在 Cr_2O_3 上的铜催化剂，由于提高了分散度，在 250~800℃下工作仍不发生烧结。

② 提高耐毒性。使用载体后使活性组分高度分散，增加活性表面，同样量的催化剂毒物对之就变得不敏感了，载体吸附一部分毒物．甚至可能分解部分毒物，提高催化剂的耐毒性，从而延长催化剂的寿命。

③ 提高传热系数。氧化反应与加氢反应有很大热效应，在高负荷大空速下操作时，如果不移去反应热而使反应热在催化床层累积，易发生烧结而降低活性。反应热的累积常在固定床反应器中有热点生成，此时易并发副反应，进入不稳定反应操作区域，发生操作上的危险。使

用载体后增加了放热面，提高了传热系数，特别是用 SiC 或α-Al_2O_3 等导热性好的载体后，大幅提高了散热效率，可防止催化剂床层的过热而导致活性下降。

④ 稳定活性组分。在并不高的温度下，某些活性组分如 MoO_3、Re_2O_7、P_2O_5、Te 等易发生升华，在反应中会逸出一部分，使催化剂的组成和化合形态发生变化，催化剂的活性和选择性随之发生变化。

烃类部分氧化反应使用的催化剂之一，V_2O_5-MoO_3 系催化剂在 350~500℃下使用，蒸气压较高的 MoO_3 在反应中慢慢升华，选择性也逐步下降，成为完全氧化。如果用 Al_2O_3 来负载，就可大幅减少 MoO_3 的升华损失，延长使用寿命。

2. 载体的种类

作为催化剂的载体可以是天然物质（如沸石、硅藻土、白土等），也可是人工合成物质（如硅胶、活性氧化铝等）。天然物质的载体常因来源不同而其性质有较大的差异，如不同来源的白土，其成分的差别很大。而且，由于天然物质的比表面积及细孔结构是有限的，所以，目前工业上所用载体大都采用人工制备的物质，或在人工制备物质中混入一定量的天然物质后制得。

载体的种类很多，可按比表面积大小或酸碱性来分类。

（1）按比表面积大小分类

大致可分为以下两类。

① 低比表面积载体。如 SiC、金刚石、沸石等，比表面积在 20m^2/g 以下，属于低比表面积载体。这类载体对所负载的活性组分的活性没有太大的影响。低比表面积载体又分无孔和有孔两种。

a. 无孔低比表面积载体，如石英粉、SiO_2 及钢铝石等，它们的比表面积在 1m^2/g 以下，特点是硬度高、导热性好、耐热性好，常用于热效应较大的氧化反应中。

b. 有孔低比表面积载体，如沸石、SiC 的粉末烧结材料；耐火砖、硅藻土等，比表面积低于 20m^2/g。沸石是一种无定形硅酸盐，以酸洗去可溶性物质后，可作为载体。硅藻土由半无定形的 SiO_2 组成，含有少量 Fe_2O_3、CaO、MgO、Al_2O_3。我国硅藻土比表面积一般在 19~65m^2/g，比孔容在 0.45~0.98cm^3/g，孔半径为 50~800nm，可先用酸除去酸溶性杂质。这样处理后，可提高 SiO_2 含量，增大比表面积及孔容和孔径，也可增加其热稳定性。

② 高比表面积载体。如活性炭、Al_2O_3、硅胶、硅酸铝和膨润土等，比表面积可高达 1000m^2/g。也分有孔和无孔两种。

TiO_2、Fe_2O_3、ZnO、Cr_2O_3 等是无孔高比表面积载体，这类物质常需要添加黏合剂，于高温下焙烧成型。

分子筛、Al_2O_3、活性炭、MgO、膨润土是有孔高比表面载体，这类载体常具有酸性或碱性，并由此而影响催化剂的性能，载体本身有时也提供活性中心。

以高比表面积载体制作催化剂时，有的先将载体做成一定形状，然后采用浸渍法而得催化剂，也有的是将载体原料和活性组分混合成型，经焙烧而得催化剂。

部分载体的比表面积和比孔容列于表 6-8 中。

表 6-8 部分载体的比表面积和比孔容

载体	比表面积/（m^2/g）	比孔容/（cm^3/g）
活性炭	900~1100	0.3~2.0
硅胶	400~800	0.4~4.0
Al_2O_3-SiO_2	350~600	0.5~0.9

载体	比表面积/（m²/g）	比孔容/（cm³/g）
γ-Al₂O₃	100~200	0.2~0.3
膨润土	150~280	0.3~0.5
矾土	约150	约0.25
MgO	30~50	0.3
硅藻土	2~80	0.5~6.1
石棉	1~16	—
钢铝石	0.1~1	0.03~0.45
金刚石	0.07~0.34	0.08
SiC	<1	0.40
沸石	约0.04	—
耐火砖	<1	—

（2）按酸碱性分类

归纳如下（括号内为熔点℃）：

碱性材料：MgO（2800）、CaO（2572）、ZnO（1975）、MnO₂（1600）；

两性材料：Al₂O₃（2015）、TiO₂（1825）、ThO₄（3050）、Ce₂O₃（1692）、CeO₂（2600）、Cr₂O₃（2435）；

中性材料：MgAl₂O₃（2135）、CaAl₂O₃（1600）、Ca₃Al₂O₃（1553℃分解）、MgSiO₂（1910）、Ca₂SiO₄（2130）、CaTiO₃（1975）、CaZnO₃（2550）、MgSiO₃（1557）、Ca₂SiO₃（1540）、碳；

酸性材料：SiO₂（1713）、Al₂O₃、SiO₂-Al₂O₃、沸石、磷酸铝、碳（酸处理）。

3. 对载体的要求和选择

由于多相催化反应是在催化剂表面上进行的，因此需将有催化活性的物质分散在载体上以获得大的活性表面，这样也可减少活性组分的用量。近年来，由于催化科学的发展，许多与载体有关的催化现象逐渐被人们所认识。在载体参加的某些表面现象中最为重要的是金属与载体的相互作用，载体在双功能催化剂中的作用，以及发生在活性金属和氧化物载体间的溢流作用（spillover），即吸附在金属上的氢能够转移至载体上，这在加氢反应中具有重要意义。这些与载体有密切联系的作用，在多相催化反应机理研究以及表面化学研究中占有相当重要的地位，已引起催化及表面科学工作者的兴趣。

选择载体应注意下列各种性能和问题：

① 良好的机械性能。载体应具有一定的强度，如抗磨损、抗冲击以及抗压性能等，适当的体相密度，有稀释过于活泼物质的能力。

② 几何状态。载体可增加催化剂的比表面，调节催化剂的孔隙率、晶粒及颗粒大小。

③ 化学性质。载体可与活性组分作用以改善催化剂的活性，避免烧结现象，抵抗中毒。

④ 经济核算。资源、成本和加工。

⑤ 热稳定性。

以上各项只是选择载体的参考因素，并非绝对的标准，因为很难有某种载体能同时满足各种要求。人们常不希望载体本身带有催化活性，但大多数广泛应用的载体多少均有些活性，如常用载体γ-Al₂O₃就是醇脱水为烯的催化剂。如果载体的活性对目的反应有利则可取，否则应将其活性毒化或调节使用温度加以避免，因为有些载体在不同温度下性质差别很大。

前面已经介绍了一些常用载体及其基本物性，也列出了一些载体的酸碱性质，在选择载体时要考虑载体的酸碱性。

许多无机氧化物都可用作载体，但最后确定某种氧化物是否适用，还需考察待选氧化物的化学性质。如 Al_2O_3、SiO_2、ZrO_2 和 ThO_2 等是具有一定酸性的氧化物，而 CaO、MgO 则是具有很强碱性的氧化物，应根据具体反应加以选择。

此外，一些半导体氧化物也可选为载体，如 Cr_2O_3、TiO_2、ZnO 等，这些载体也有一定的活性，使用时可借温度变化调节其活性。

活性炭或无定形炭以及石墨也是良好的载体。活性炭的比表面积高者达 $1000m^2/g$，除对某些氧化反应和氯化反应外，基本上是催化惰性的。

四、催化剂物理结构的设计

催化剂的催化性能除与化学组成有关外，还受到物理结构的影响。物理结构即指：组成多相催化剂的各粒子或粒子聚集的大小、形状与孔隙结构所构成的表面积、孔体积、孔大小的分布及与此有关的机械强度。具体地说应包括催化剂的外形、颗粒的大小、真密度、颗粒密度、堆密度、比表面积、孔容积、孔径分布、活性组分的分散度及机械强度等。这些指标的优劣直接影响反应速率的改变，影响催化剂本身的催化活性、选择性、过程的传质与传热、流体的压力降以及催化剂的寿命等，不同的催化反应对这些指标要求是不同的。在催化剂设计中要了解宏观结构与催化性能之间的关系，催化剂的化学组成确定以后，再根据反应的要求来设计催化剂的物理结构，以满足催化反应的要求，这在催化剂设计中是十分重要的。

1. 催化剂的物理结构对催化反应的影响

催化剂上的反应速率（比活性）r 可表示为 3 个参数的乘积：

$$r=r_s S_g f$$

式中，r_s 为催化剂单位表面上的反应速率（比活性）；S_g 为催化剂的比表面积；f 为催化剂的内表面利用率。

可以认为，多相催化剂在较高的操作温度下，比活性 r_s 只取决于催化剂的化学组成，是一个常数，因此对于一定化学组成的催化剂其活性取决于 S_g 及 f。催化反应主要是在多孔催化剂的内表面上进行的，当 r_s 一定时，比表面积愈大催化活性愈高。对于微球状的催化剂颗粒，其比表面积又与微球半径 R 成反比，因此，微球半径愈小比表面积愈大，催化活性也愈高。上述结果说明了宏观物性颗粒大小、比表面积对反应速率的影响。另外，反应是在催化剂细孔的内表面上进行的，只有反应物分子能顺利地进入细孔深处，生成物分子又能顺利地由细孔内部扩散出来，反应才能顺利地进行。因此，孔结构的性质，包括孔径的大小、形状、长度、弯曲情况、孔体积及孔径分布等决定了反应物及生成物分子自由扩散的性质以及反应物分子到达内表面的程度，亦即对内表面利用率 f 也给予影响，从而影响反应速率。

宏观结构因素的影响不是孤立而是相互联系的，为进行改进而变更其中某一因素时，其他的性能特点也会随之变化。例如，催化剂颗粒大小与表面积有关，表面积大小又与孔结构有关；催化剂的外形既与机械强度又与流体阻力等因素有关。因此在催化剂设计时须将这些因素综合起来考虑。而催化剂宏观结构的变化起因于催化剂制备过程的化学机制和物理成型等因素。明确了要求及起因就能在制备及成型过程中根据反应的要求来进行设计和控制。

2. 催化剂的形状选择

在不同的使用场合，催化剂需要不同的形状与大小。表6-9给出了工业上使用的各种催化剂的形状。

表6-9　各种催化剂的形状

分类	反应系统	形状	外径	典型图	成型机	原料
片	固定床	圆形	3~10mm		压片机	粉末
环	固定床	环状	10~20mm		压片机	粉末
圆球	固定床、移动床	球	5~25mm		造粒机	粉末，糊
圆柱	固定床	圆柱	（0.5~3）mm×（15~20）mm		挤出机	糊
特殊形状	固定床	三叶、四叶形	2.4mm×（10~20）mm		挤出机	糊
小球	固定床、移动床	球	0.5~5mm		油中球状成型	浆
微球	流动床	微球	20~200μm		喷雾干燥机	胶，浆
颗粒	固定床	无定形	2~14mm		粉碎机	团粒
粉末	悬浮床	无定形	0.1~80μm		粉碎机	团粒

环形催化剂一般用转动造粒法或催化剂前体的浆在矿物油中滴下的方法成型。前者用得较广泛，但机械强度不太大。油中成型的催化剂强度较大，但用得不多，仅限于三氧化二铝、二氧化硅、硅铝酸盐等。特殊形状的是用含水糊状物从特定形状的孔中挤出，所以能得到各种形状的催化剂。

催化剂的形状和大小由催化剂层的压力损失的催化有效系数的综合考虑来决定，形状越大，压力降越小，但有效系数也变小。粒径和反应器管径之比>1/10时易发生偏流，这是粒径大小决定时的主要出发点。而粒子形状还影响催化层的空隙率和压降大小。

表6-9中采用三叶形等特殊形状的目的是扩大粒子外表面积，使粒子内的传质阻力减小，优化催化层内的流动状态，减小压力损失。

根据对任意形状催化剂有效系数的理论和实验研究，催化剂的代表长度 L_p，定义为"粒子体积/粒子外表面积"，根据 Thiele 数来整理，$\phi \equiv L_p(k/D_e)^{-1/2}$，$k$ 为微孔内单位体积的速率常数，D_e 为有效扩散系数。由形状引起的催化剂有效系数 η 差别不大，特别是大小两个极限 η 值全部相同。若考虑物理形状，得到这个结论是很自然的，因为当 ϕ 值小时，粒子内部一样有效，活性与体积成比例而与形状无关，所以圆柱与球等价；当 ϕ 值最大时，催化剂外表面附近进行催化反应，活性与外表面积成正比，与形状无关。在中间区域不同形状的差别也不大，实验也证实这一点，但严格讲对于某给定形状的有效系数的数值须计算而得。

在工业装置中，须选择一定外形的多相催化剂，使压力降下降，又须保持较高的有效表面积。一般当颗粒的直径增加时，压力降下降，而同时有可能引起催化效率的下降，这是人们所不希望的，因而对异形载体及蜂窝载体的研究是一个十分重要的课题，它们为制造低压力降、高效率的催化剂提供了可能性。

3. 催化剂的比表面积及孔结构的设计与选择

（1）催化剂的微孔结构和比表面积对催化性能的影响

一般而言，表面积愈大催化剂的活性愈高，如在硅酸铝催化剂上进行的烃类裂解反应，常可观察到表面积与催化剂活性的直线关系。可以认为，在这种化学组成一定的催化剂表面上，活性中心是均匀分布的。但这种关系并不普遍，因为具有催化活性的面积只是总表面积的很小一部分，而且活性中心往往具有一定的结构。由于制备或操作方法不同，活性中心分布及其结构都可能发生变化。换言之，在多数催化剂表面上活性中心是不均匀的，用某种方法制得的表面积大的催化剂不一定意味着它的活性表面积大，并具有适宜的活性中心结构，所以催化活性和表面积常常不能成正比关系。

还应指出，也并非在任何情况下都是催化剂的表面积愈大愈好。对催化氧化为强放热反应，如果催化剂的表面积大，则单位时间反应量催化剂的活性高，这样，单位容积反应器内单位时间反应量就很大，使反应装置中的热平衡遭到破坏，造成高温或局部高温，甚至发生事故。此外，由于表面积和孔结构是紧密联系的，比表面积大则意味着孔径小、细孔多，这样就不利于内扩散，不利于反应物分子扩散到催化剂的内表面，也不利于生成物从催化剂内表面扩散出来。所以对于选择性氧化反应来说，为便于反应物分子和生成物分子的扩散，以避免深度氧化，就须控制催化剂的比表面积，选择一些中等或低比表面积的催化剂或载体。

（2）孔结构的选择原则

如前所述，孔结构对催化反应速率、内表面利用率、反应选择性、热传导和热稳定性都有影响，所以孔结构的选择与设计尤为重要。选择的一般原则如下：

① 对于加压反应一般选用单孔分布的孔结构，其孔径 d 在（1~10）λ 间选择。

对要求高活性来说 d 应尽量趋于 λ，但在活性允许的情况下考虑到热稳定性则应尽量使 d 趋于 10λ。

② 常压下的反应一般选用双孔分布的孔结构。小孔孔径在 $\lambda \sim \lambda/10$ 之间。

单从活性看小孔孔径应尽量趋于 $\lambda/10$，但这时表面效率降低，考虑到其他因素应在 $\lambda \sim \lambda/10$ 间选择。而大孔的孔径为使扩散受孔壁阻力最小，应选 $\geq 10\lambda$ 的孔。

③ 在有内扩散阻力存在的情况下，催化剂的孔结构对复杂体系反应的选择性有直接的影响。对于独立进行或平行的反应，主反应速率愈快、级数愈高，内扩散使效率因子降低愈大，对选择性愈不利。在这种情况下，为提高催化剂的选择性应采用大孔结构的催化剂。对于连串反应，如果目的产物是中间产物，那么深入微孔中去的扩散只会增加进一步反应掉的概率，从而降低反应的选择性，在这种情况下也应采用大孔结构的催化剂。

④ 从目前使用的多数载体来看，孔结构的热稳定性大致范围是：0~10nm 的微孔在 500℃以下、10~200nm 的过渡孔在 500~800℃范围内、而大于 200nm 的大孔则在 800℃下是稳定的。这些在选择反应过程所需稳定的孔结构时可供参考。

第四节
计算机辅助设计方法

工业催化剂设计的目的，旨在快速有效地选择催化剂的主要和次要成分，并推荐适宜的制备条件，乃至初步预测所设计催化剂的性能。相较毫无策划的传统经验筛选法，催化剂设计可大幅减少开发过程中制备和评价催化剂样品的工作量。但设计只能指导而不可替代制备和评价，仅通过设计而不经验证和优化，想开发出优良催化剂并不现实。

　　然而若从催化剂设计的目的和方法看，在必要实验的基础上，应用计算机进行工业催化剂的辅助设计，在理论上则又是完全可行的。因为计算机不仅能高速地进行数值计算，并能从庞大的数据库中检索设计所需的信息和数据，甚至还能进行某些近于人类的逻辑思维和判断推理工作，亦即采用人工智能技术，模拟或在某种意义上替代人脑的记忆和思维活动。基于此，在工业催化剂设计中，近年来发展了多种计算机辅助设计（computer aided design，CAD）方法。目前应用最成功最普遍的一般有数据库、专家系统和神经元网络技术三种，而有待完善和发展的，则还有更多种。

一、数据库

　　目前，化工过程的模拟和辅助设计，和其他工程 CAD 一样，正朝着集成化和智能化的方向发展。数据库是 CAD 的核心部分，是计算机储存和"记忆"知识信息的总汇。数据库涉及各种类型的数据，如数值型的物性、非数值型的知识、经验和规则、数学模型（如动力学模型）、各种曲线、图表等等。数据库系统要求通过一个全局的控制，实现各专用数据库之间的传递和数据的分类集成，进而开发集成化的大型化工数据库，或者小型化的专用数据库，与催化剂制备设计相关的小型数据库，如 NIST 化学动力学数据库和 CATDB 催化剂设计数据库。

　　催化剂是一个与反应动力学密切相关的影响因素，因为催化剂的作用主要在于加速反应的进行。几十年来，化学动力学得到迅速的发展，化学家们已经测定了许多非常条件下基元反应的速率常数，从而为研究复杂反应的机理奠定了坚实的基础。然而，这些数据分散在不同的杂志和手册中，对同一化学反应在同一温度下的速率常数，不同实验室有时也得出不同的结果，这无疑给数据查询应用带来一定的困难。因此，建立一个化学反应动力学数据库就显得十分必要。在国际上研究开发的各种化学动力学数据库中，美国国家标准与技术研究所（National Institute of Standards and Technology，NIST）研制的动力学数据库最具代表性。其搜集了 1906 年以后发表的几乎所有的基元反应动力学方面的数据，并有定期汇总报告发表，不断充实。该数据库已被公认为优秀的化工数据库之一，是利用计算机管理信息的一个很好的范例。从前述催化剂设计程序的论述中可知，鉴于动力学数据对催化反应特别是反应机理分析的作用，不难理解这个 NIST 动力学数据库在催化剂 CAD 设计中的作用。

　　由日本国家工业化学实验室桑原靖等开发的 CATDB 催化剂设计数据库，是一个小型的专用数据库，由一个事实数据库和几个应用程序组成。此数据库有 26 种表格和 125 行数列。26 种表格，代表各种检索通道，如文摘、作者、文献、反应类型、反应信息、制备、表征、催化剂信息、原材料、助剂、载体、靶反应、副反应等等。由于其软件的表格和数据是按菜单式程序排列，故数据易于寻找。这种数据库可用于工业催化剂的辅助设计，作为现阶段催化剂的重要设计基础之一。其他类似的更小型、更专一的数据库，常作为各种 CAD 专家系统的基础，由某一种催化剂设计者自行编制专家用的软件系统，进而以此作为该专家系统的一个主要支撑。

二、专家系统

　　专家系统的目的，在于能使计算机具有人类专家那样解决问题的"思维"能力，其依靠大量的专门知识（往往存储于数据库中）以解决特定领域中的复杂问题。其核心问题是对特定领域中用以解决问题的知识的刻画，以及对这些知识的利用。而拥有大量专门知识，是专家系统与其他计算机系统的主要区别。

目前，美国、欧洲、日本等已有许多科学家正在从事此项研究工作。已开发的专家系统和研究的反应体系大致如表 6-10 所示。

表 6-10　用于催化剂设计开发的专家系统

名称	目的反应	知识表达方式
DECADE	CO 加氢	规则、框图、函数
INCAP（-Muse）	氧化脱氢	规则、框图
ESKA	加氢	规则、框图
Catalya I	各种反应	动力学模型
Hu system	合成乙醇	规则、框图
IACES	选择催化剂制备条件	规则、框图
ESYCAD	各种反应	规则、框图

其中，INCAP 将催化剂设计问题最终分解为 5 个较易解决的子问题：①估计目的反应的反应机理；②预测目的反应要求的催化剂功能；③列出可能发生的副反应；④预测副反应要求的催化剂功能；⑤协调有利与不利的催化剂功能，从而推荐出催化剂组成。

该系统用于乙苯氧化脱氢催化剂的选择，运行结果预示 SnO_2 具有目的反应要求的催化剂功能（酸碱性、氧化还原性等），其助催化剂可选择 SiO_2、ZnO、P_2O_5、Nb_2O_5 或 MoO_3，而验证试验恰好证明，SnO_2 和 $SnO_2-P_2O_5$ 催化剂确实是苯乙烯高选择性的催化剂，富含 MoO_3 和 SnO_2-MoO_3 的催化剂具有较佳的性能。

厦门大学黄遵楠、张鸿斌等初步建立的催化剂分子设计专家系统，是国内工作的一个典型代表。这个系统，被他们首先成功应用于甲烷氧化偶联催化剂组分的分子设计。张鸿斌等在综合国内外关于甲烷氧化偶联（OCM）反应催化机理研究的基础上，提出了几个具有相当催化活性和选择性的催化体系，如 $ThO_2/La_2O_3/BaCO_3$ 等。根据催化活性模型，模仿专家进行设计的思维方式，开发出催化剂设计专家系统 ESMDC，首先将之用以指导 OCM 的设计实验，并反过来验证催化机理和活性结构的合理性。

ESMDC 是一个中文界面的专家系统，其拥有一个功能齐全的图形化用户界面，由性质数据库、知识数据库、推理部分（包括推理机和检索机）等 9 个主要模块组成，各模块相互独立。基于以上设计思想，能够完成基于活性模型的催化剂组分的分子设计。设计过程较为简单易行。用户界面如下。

```
F 文件 D 数据库 K 知识库 R 性质数据查询 C 催化剂设计 H 帮助
              基于结构催化剂设计
        其金属阳离子的价态稳定性如何？
            1：具有变价性
            2：具有单一稳定价态
            3：忽略此性质筛选
        W：为什么按如此规则进行设计
              请输入 0-2：
                物种推理
        Am3+0.1nm/0-20.136nm→Am203
        Am4+0.085nm/0-20.136nm→Am202
   按数字键进行催化剂组分的设计，按 w/W 字母键为规则解释
```

如果选择 w/W，系统将弹出规则信息解释窗口，说明这几种晶格类型对某些基元反应所具有的催化性能和设计物种时所依据的专家规则，物种推理窗口动态显示了系统运行所进行规则的激活和检索数据的设计过程，并最终生成一个解释文本文件。目前，在设计过程中，用户选择不同命令，该系统可设计出一、二、三、四组分的单或复合催化剂，结果输出文件支持窗口，弹出显示和打印机打印。

以下是该系统 CAD 设计部分结果（表 6-11）。

表 6-11　OCM 催化剂组分 CAD 设计部分结果

氟化钙晶格类型，n 型电导阳离子稳态不可还原氧化物熔点>500℃，p 型电导	CaO，ZnO，SrO，CdO Sc_2O_3，La_2O_3，Bi_2O_3
可形成缺陷氟化钙晶格类型掺杂离子半径匹配范围为 0.01nm，金属阳离子具有变价性，最低相转变温度>500℃	Na^+/MnO，Cu^+/MnO，Sc^{3+}/ZrO_2，Rh^{3+}/ZrO_2，Sb^{3+}/ZrO_2，Ir^{3+}/ZrO_2，Au^{3+}/ZrO_2，Sc^{3+}/CeO_2，Y^{3+}/CeO_2，In^{3+}/CeO_2，Sb^{3+}/CeO_2，Au^{3+}/CeO_2，Y^{3+}/ThO_2，In^{3+}/ThO_2，Sb^{3+}/ThO_2，La^{3+}/ThO_2，Au^{3+}/ThO_2，Sc^{3+}/UO_2，Y^{3+}/UO_2，In^{3+}/UO_2，Sb^{3+}/UO_2，Au^{3+}/UO_2
可形成缺陷氟化钙晶格类型掺杂离子半径匹配范围为 0.01nm，双型电导修饰以碱土金属的碳酸盐	$Ca^{2+}/Sm_2O_3/SrCO_3$，$Mn^{2+}/Sm_2O_3/BeCO_3$，$K^+/PbO/BaCO_3$，$Cd^{2+}/Sm_2O_3/SrCO_3$，$Sn^{2+}/Sm_2O_3/CaCO_3$，$In^+/PbO/MgCO_3$，$Mn^{2+}/Gd_2O_3/BaCO_3$，$Rh^{2+}/Gd_2O_3/CaCO_3$，$Hg^+/PbO/BaCO_3$，$Cd^{2+}/Gd_2O_3/BaCO_3$，$Sn^{2+}/Gd_2O_3/CaCO_3$，$Tl^+/PbO/MgCO_3$，
可形成缺陷氟化钙晶格类型掺杂离子半径匹配范围为 0.005nm，离子型电导熔点>500℃，修饰以能形成超氧化物的金属离子	$Sc^{3+}/ZrO_2/Na^+$，$Cu^+/SnO/Rb^+$，$Sc^{3+}/CeO_2/Ra^{2+}$，$In^{3+}/CeO_2/Sr^{2+}$，$Au^{3+}/CeO_2/Sr^{2+}$，$Rh^{3+}/PbO_2/Sr^{2+}$，$Ir^{3+}/PbO_2/K^+$，$Y^{3+}/ThO_2/Ra^{2+}$，$In^{3+}/ThO_2/Ra^{2+}$，$Sb^{3+}/ThO_2/Ra^{2+}$，$Au^{3+}/ThO_2/K^+$，$Sc^{3+}/UO_2/Ba^{2+}$，$In^{3+}/UO_2/K^+$，$Sb^{3+}/UO_2/Ba^{2+}$，$Au^{3+}/UO_2/Cs^+$

从表 6-11 可以看出，ESMDC 设计的大部分催化剂体系如 La_2O_3、CaO、SrO、CdO、K^+/PbO、Ca^{2+}/Sm_2O_3、$La^{3+}/ThO_2/BaCO_3$ 等与文献报道的活性催化剂体系较为符合，说明了该计算机辅助催化剂分子设计体系的合理性和该反应催化剂活性结构模型的正确性。对于在文献上还未见报道的部分设计结果，如 In^{3+}/CeO_2、Sc^{3+}/ZrO_2、Y^{3+}/UO_2、$Mn^{2+}/Gd_2O_3/BaCO_3$ 等，催化活性评价实验也验证了其合理性。

三、人工神经元网络技术

1. 概述

专家系统用于辅助催化剂设计取得相当成功，并还在不断完善中。但对于多种混合氧化物之类复杂的催化体系，特别是其中组分间交互作用影响显著的催化剂，由于这些交互作用很难用计算机能够识别的方式表达，故专家系统的应用较为困难。于是近年有学者将神经元网络技术引入催化剂制备设计过程，取得更好效果。

人工神经元网络是一类模拟人脑功能的信息加工处理系统，其理论基础是自然神经元网络的数学模型，即对真实的生理神经元网络思维活动的数学抽象和模拟。

BP（back propagation）模型是一种典型的人工神经元网络的模型。BP 算法是一个多层次处理系统。图 6-15 为 BP 网络的基本结构示意图。输入数据进入输入层（input layer），根据网络的运算规则，其结果在输出层（output layer）输出。在输入层和输出层中间设有隐含层（hidden layer），其中隐含层的层数和节点数均为可调参数，隐含层数（bias）一般为 1~2 层。如果将这种网络看成一个从输入到输出的映射，那么该映射就是一个高度非线性的映射。而由于隐含层的设置，使其成为网络非线性优化问题的可调参数，从而可以适应不同求解问题的广度和深度。

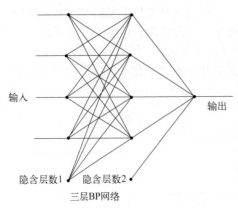

输入

输出

隐含层数1 隐含层数2
三层BP网络

图 6-15 人工神经元网络的结构示意图

在人工神经元网络模型中（图 6-15），BP 算法的过程由正向传播和反向传播组成。对于输入信号，首先向前传到隐节点，经过作用函数再把隐节点的输出信息传到输出节点，最后得到输出结果。在正向传播过程中，输入信息从输入层经隐含层逐层处理，并传向输出层，每一层神经元状态只影响下一层神经元的状态。如果输出层得不到期望的输出，则转入反向过程，将误差信息沿原来的连接通路返回，通过修改各层神经元的权值，使得误差最小。即：

$$E = \sum_{j=1}^{n} \left(o_j - t_j \right)^2 \rightarrow \min$$

式中，t_j 是样本期望的输出；o_j 是网络计算的输出。BP 网模型把一组样本的 I/O 问题变为一个非线性优化问题，且使用了优化中最普通的梯度下降法，迭代运算求解权值，相应于学习过程，而当网络训练结束时，所得到的节点间的权值也可用于未知样本的预报，即可预测其输出，就相当于一个生理神经的记忆和推理过程。

目前，国内神经元网络技术已开始用于指导合成药物、金属合金等多组分工业品的配方设计与新产品开发，取得很好的效果。而药物设计中的结构和效应的关系之类的高度非线性问题，和多组分催化剂设计甚相类似。所以，假如将某一催化剂体系的组成作为网络输入模式，以催化反应的评价结果作为输出模式，也可组成网络的训练集。在其他条件（催化剂的制备和评价等）不变的情况下，通过训练网络，即能反映催化剂的组成与催化反应评价结果间的关系。于是就可利用这种模型关系，优化催化剂配方，就像优化药物和合金的组成一样。

用于催化剂 CAD 设计的人工神经元网络技术，具体的过程可分为以下步骤：

① 首先进行基础试验，其目的是评价各种催化剂体系的结果，从中选择一个合适的体系进行神经元网络辅助设计；

② 将所选择的催化剂体系的试验数据进行整理，分析各活性组分对反应结果的大致影响，判别是否需要补充试验点；

③ 将试验数据作为神经网络的学习样本，根据网络的收敛速度和学习速度来选择合适的网络结构模型，该网络模型实际上相当于能够定量化的体系中的建模过程；

④ 选择有代表性的数据作为神经元网络的训练集和测试集，对网络进行训练、测试，如果测试结果不能满足要求，则返回③重新选择网络，直至满意为止；

⑤ 将训练好的网络作为描述催化反应体系的模型和优化计算的目标函数文件，建立优化程序，该过程中须严格限制优化的范围；

⑥ 利用优化程序进行计算，设定出合理的催化反应结果，得到一系列的催化剂配方，其计算效果优于目前的催化剂；

⑦ 试验验证，将优化得到的催化剂配方，在与其学习样本同样的制备、评价条件下进行验证，将结果加入神经元网络的学习样本回到④；重复上述循环，直到神经元网络的优化结果已经不能提高，或者最优催化剂配方就已经是学习样本中的试验点。

浙江大学候昭胤等在设计开发丙烷氨氧化制丙烯腈的研究中使用了该法。其具体运作步骤如上，现将实验结果简介如下。

2. 设计实例——丙烷氨氧化制丙烯腈催化剂

在基础实验中考察了 V、Sb、W、Sn（P、K、Cr、Mo）/Al_2O_3 和 SiO_2 等催化剂组成和相

对含量对反应结果的影响。将上述催化剂体系分两次进行模拟和优化。第一次优化助催化剂 P、K、Cr、Mo 的含量及载体中 Al_2O_3 和 SiO_2 的质量比；第二次优化其余的 V、Sb、W、Sn 及载体的相对含量。选择了有代表性的 19 个催化剂作为助催化剂的学习样本，其中 15 个作为网络的训练集，其余 4 个作为测试集。让网络"学习" 100 万次后，其测试结果与网络训练后的预测结果拟合较好，偏差在 ±4% 以内。这说明，所选择的网络结果能够描述催化剂的结果，其泛化能力良好。进一步将全部 19 个催化剂都用作学习样本，再次对网络进行了 400 万次的"训练"，得到更好的拟合精度，它对每一个催化剂的预测数据都相当好，偏差较上一次小得多。

针对助催化剂，进行了 3 次（优化—制备—评价）的循环优化。第一次在 20 个催化剂的基础上，网络通过"学习"后，共优化出 4 种催化剂配方，其平均收率高于 52.0%，丙烷转化率在 80.0% 左右，丙烯腈的平均选择性在 65% 左右。在此基础上，先将第一次优化后评价得到的试验结果加入学习样本，让网络充分"学习"，而后进行第二次优化，得到 4 个配方，丙烷的平均转化率为 79.73%，丙烯腈选择性为 42.88%。

两次优化的结果，丙烷的转化率已达到较理想水平，选择性改善不大，这证明与选择性相关的各个节点的权值还有较大可调性。鉴于此，将学习样本中的选择性数据进行加权处理，而后再并入第二次优化结果，对网络进行了第二次"训练"，得到第三次 5 个助催化剂的优化配方（表 6-12），助催化剂的最优结合使丙烯腈收率达到 43%。

表 6-12 第三次优化与评价结果

催化剂牌号	优化结果		考评结果	
	转化率	选择性	转化率	选择性
PAC-446	75.942%	56.880%	80.030%	53.720%
PAC-447	66.880%	56.854%	66.324%	44.258%
PAC-448	76.260%	53.250%	76.120%	52.800%
PAC-449	75.760%	55.640%	72.260%	54.840%
PAC-453	76.829%	56.835%	76.320%	56.240%

在最优催化组成条件下，又用与上述类似的方法，对主催化剂组成进行了优化，结果见表 6-13。以后又有人对该催化剂进行定型配方制备条件的优化，其方法和程序完全相同，仅输入条件改变为制备条件而已。

表 6-13 主催化剂配方优化预测及实际评价结果

催化剂牌号	评价结果		优化结果		误差	
	转化率	选择性	转化率	选择性	转化率	选择性
PAC-489	93.696%	59.762%	95.085%	67.635%	−1.482%	−13.174%
PAC-491	80.348%	66.722%	81.246%	64.126%	−1.118%	3.89%
PAC-492	83.760%	67.647%	94.206%	66.431%	−12.464%	1.502%
PAC-493	84.994%	62.882%	86.016%	64.889%	−1.202%	−3.192%

主催化剂的组成优化结果显示，丙烯腈的最高收率再次提高，可达 55%，明显高于同期国外专利报道的最高水平（40%），而这一切良好结果却是在不太多的配方试验和不太长的优化时间内取得的。

从上述试验可以看出，人工神经元网络具有自学习、自适应等功能，可通过"学习"将体系的内在特性归纳、整理、记忆并储存下来，只要具有一定数量的样本来训练神经元网络，网络就可以充分掌握该体系的特性，而不需要将这样或那样的特性描述出来，因此神经元网络技术在用于工业催化剂设计时具有比专家系统更优越的特性。

至此可以看出，用人工神经元网络技术进行催化剂 CAD 设计，有三个引人注目的特点：

① 利用神经元网络的计算功能，可结合优化方法，寻找最优催化剂配方（定量），而不仅仅是选择适宜的催化剂组分的种类（定性）。显然在工业催化剂设计中，处理定量的优化问题，往往比定性更加困难，并且更加重要。长期困扰催化剂开发者的配方优化问题，已可看到解决的曙光。

② 在催化剂 CAD 设计中，神经元网络更能客观地反映各组分的协同交互作用，更适于处理复杂体系的催化剂。

③ 在相对有限的制备和评价实验基础上，神经元网络可以模拟和替代部分试验工作，以减少人工试验的强度和时间，提高催化开发效率。这是其他催化剂 CAD 方法一般不具备的，也是最为可取的。

第五节
催化剂设计的新思路

1. 借用酶催化原理与非生物质多相催化材料合成的设计思路

酶化学活性的优势在多相催化材料中是独一无二的。将酶催化原理借用到非生物质催化材料上，形成催化实体，这种构思是由美国 CIT 化工系的 M. E. Davis 教授在第 12 届国际催化会议上提出的。其关键论点，不是仿造生物催化剂，而是要从蛋白质基质系统学习其作用机制，并将这种本质特征借用到非生物质衍生的材料上，使其具有催化功能。

酶的化学活性，典型的是通过以下三个步骤实现：有一正确的氨基酸功能基团三维构型，提供与反应物间的多位相互作用，以利于发生催化反应；反应物的键合作用，促使在氨基酸活性位区域内产生三维构象的相应变化；这种结构上的相应变化，使得氨基酸功能基团与反应物之间形成特定匹配，允许发生催化反应。非反应物也可能键合，但由于相互作用的匹配不当，不能发生反应。酶加速反应是通过降低活化过渡态能垒，要求蛋白质具有最佳的键合、非反应物不键合状态。

Pauling 在 50 多年前就曾首先提出：酶选择地键合反应的过渡态，而抗体键合分子的基态。这种模式导致形成了一种观念：抗体自升到基态分子，一种近似的过渡态，即稳定的过渡态比拟物（Transition State Analogue，TSA），通过抗体自升到 TSA，它就可能有补偿到过渡态的键合区。据此，TSA 是过渡态的一种基态近似。通过创建一种环境，能使过渡态得以稳定化，就能降低活化能，加速反应，如图 6-16 所示。

Davis 报道催化抗体可按照这种模式制备，作为设计催化材料的特例。尽管催化抗体与酶相比催化加速的功力显得很小，但与非生物质制备的催化剂相比，其速度可能是十分快的。这清楚地说明，抗体的结构动态不能像酶那样达到催化的最佳匹配。催化抗体对其 TSA 态具有较高的结合亲和力，与反应物相比时突显，这意味着它们有稳定反应过渡态的功能。问题是它们能否有与酶相似的催化步骤。很多情况表明，其催化过程并不符合 TSA 概念。但酶与抗体都能提供环境补偿于构象限制的 TSA 态，二者均能稳定无催化的直接反应的相同过渡态，只是特定的相互作用匹配会不同，是导致抗体具有较低化学活性的原因所在。需要着重指出，两

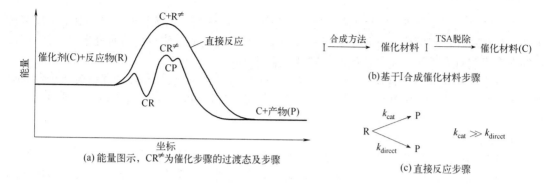

(a) 能量图示，CR≠为催化步骤的过渡态及步骤

(b)基于I合成催化材料步骤

(c) 直接反应步骤

图 6-16　TSA 催化剂的概念步骤

种蛋白质均利用了多位相互作用，均存在键合与构象可调变关系。所以说蛋白质基催化剂保持不变的本质面貌是，反应物种与氨基酸功能基团间通过非共价键相互作用的多位结合，环绕活性位的局部环境协调可变，以及这两种特征的相互正反作用。另外，活性位区能够提供足够的环境区分体相大块水溶液与小块活性区，后者允许反应物和产物在活性位相与溶剂间分配。因为活性位区是亲油性的溶液环境。

2. 多相催化材料的分子设计

基于对酶/抗体催化模式的分析，可借用蛋白质基催化剂成功应用的重要特征制备多相催化材料，为了促使反应物和产物能在催化活性位区与溶剂介质间分配，拟采用氧化硅基的微多孔固体作为起始材料。因为在氧化硅的微多孔空间富亲油性，早期研究证明，钛硅沸石 TS-1 具有亲油性，对用 H_2O_2 水溶液作用于烯烃、烷烃的氧化反应的要求是极严格的，现在定量测量烷烃、烯烃、极性化合物和水与 TS-1 的分配系数，同样支持上述结论。钛硅沸石上的活性位位于亲油区，若反应溶剂是亲水体相，涉及反应的各物质在它们之间有分配的概念，已从 TS-1 推广到无定形的微多孔钛硅材料，故首先选择制备微多孔材料，以证明反应物/产物在体相溶剂和催化活性位间存在分配的可能性。

先将含有催化活性中心的有机功能基团定位于氧化硅微孔内，氧化硅常用作固相载体，提供孔隙状的微孔网络。因为氧化硅是坚硬的，而有机高聚合体在液相反应条件下具有动态结构特性，故需在氧化硅和有机功能基团之间安置一种短程的"隔片"，以便允许催化活性位具有某种构象可调变性。若以有机硅氧烷和氧化硅前体作为起始材料制备微多孔的微晶分子筛，它含有微晶内的有机功能基团性质，即以共价键键合于骨架硅原子上的苯乙基、胺代丙基等；也可以制备无定形的微多孔有机硅酸盐，它们具有多配位的功能基团。图 6-17 所示为 Davis 等的合成策略备。这两类材料均将蛋白质基催化剂的概念延伸到非生物质多相催化材料的合成中，并用于择形催化。

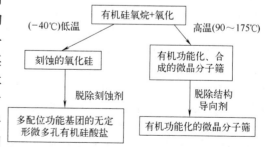

图 6-17　非生物质多相催化材料的合成策略

3. 利用组合技术设计和开发催化剂

组合技术在制药化学、生化工程、材料学等领域中已取得令人瞩目的成就，由于该技术易于开发新材料和过程优化，近几年来将其应用于多相催化剂或催化材料的研究报道日益增多，目的在于发现具有工业应用价值的新材料或组合催化剂。

组合多相催化剂的研制开发，至少需要三方面的基本技术：设计和使用并行合成法合成众多有希望的候选物；建立快速灵敏的鉴定方法，以较短的时间对众多候选物进行分析评选；候选物的优化和候选物库的改进。

（1）候选物库的设计与合成

催化材料固态候选物库的制备，基本上采用两种方法。一种是基于薄膜沉积法，另一种是基于溶液合成法。现今文献中已有较多的组合多相催化剂库合成的报道。候选物库合成的实际重要性在于放大，因为催化剂研究的最终目的是生产工业产品，故希望组合技术的每步都能放大生产。这种要求只能按最下限来满足，在能满足库组元表征鉴别的前提下要尽量少，如此细微基质的表面化学将具有极重要的作用。否则将从环境介质中选择性吸附痕量杂质，影响最终催化剂的化学、物理以及晶相结构。

（2）组元库的筛选

由于催化剂的功能是一种动态行为，是一种与时间相依的性能，故其表征和筛选极富挑战性，有些催化剂的活性失活经常随时间而变化，有些催化剂的活性具有诱导期，故对新型催化材料的开发、测试活性操作要延长试验时间，这构成了组合催化研究工作的瓶颈，现今开展了快速、高通量、并行的筛选技术，使之变得容易多了。

属于光学系统的筛选技术有：红外热谱（IR-thermography）技术、激光诱导荧光成像（LIFI）技术、共振强化多光子离子化（REMPI）技术、光热偏转（PTD）技术等；属于质潜系统的筛选技术有：四极子质谱计（QMS）技术和气体敏化法相结合的质谱技术等。

（3）库的优化与模拟

经过高通量筛选出的催化剂的数量是很少的，典型的都在毫克级以下，而且提供的信息也不够深入，需要发展优化技术，即更接近于传统催化剂开发采用的技术，以便使获得的信息数据可直接用于放大。现在多采用的一种技术是排列式微型反应器，可并行试验较多（当然比前述高通量的数目要少）的催化剂，还能延长时间周期，这就有助于获得更多的有实际应用价值的催化剂信息，库的优化可采用 QMS、REMPI 或其他适合的筛选技术来完成，如环己烷脱氧制苯的 Pt-Pd-In 三元 66 个组合库，优化其活性和选择性，采用排列式微型反应器与 QMS 结合，整个优化工作在 24h 内即可完成。采用同样的技术开发并优化了 NO 还原用催化剂（Pt-Pd-In-Na）/γ-Al$_2$O$_3$。

排列式微型反应器的结构可以是多种多样的。除上述以外，还有多管并行的反应器（直径约 1cm），常压或加压的；也有内含 15 个填充床块状式微型反应器等。此外，对变容微型反应器也有研究。不管采用何种形式的微型反应器优化，问题是所获得的信息数据与传统的单通式反应器得到的数据可否相比较，从目前所报道的研究结果看，无论排列式微型反应器为 16 通道并行的、49 通道并行的或者更多通道，两种情况下获得的数据不仅可以比拟，而且基本一致。所谓的"基本"是指在设计微型反应器时要考虑到：高放热反应的热负荷和温度梯度会带来偏差，为了避免出现这类问题应用经稀释的气体馏分，还要考虑不同器壁的均匀流通以及结构材质等问题，要消除可能导致差异的各类问题。

数值模拟也是开发和优化新型催化材料的一种有价值的工具。如组合催化技术中，计算方法可用于建立结构模型；实验前候选材料的预筛选；确定催化材料中的结构-活性关系，以促进新材料活性的快速查明等。计算工具成功应用于组合催化，可能涉及相互补充的两步逼近法在先进行实验的情况下，首先近似而快速地计算模拟，利用半经验的量化方法建立化学活性的定性趋势；如果结论是可取的，就进一步用更精确的从头算法或密度函数（DFT）法加以肯定。文献中已报道有两步逼近法组合筛选甲烷氧化偶联（OCM）用催化剂。另外，可采用更进一步的分子动态模拟和DFT计算相结合，设计有效的离子交换处理的ZSM-5催化剂，用于NO选择性还原。同时需要指出，计算工具对于组合催化有一定的促进和帮助，但也会遇到不少困难。首先，计算机模拟新型催化材料的合成和筛选都非常简单，而实际实验合成不见得有效，有时甚至不可能或不可行；其次，催化功能和催化真实表面的三维活性中心的模拟计算，所需的原子数目很大，再加上这些原子多属含d和f轨道电子的过渡元素，模拟计算是很费时的，在一定程度上削弱了避免实验费时的好处。

4. 多相催化剂的构件组装

荷兰Shell催化实验室的Krijn P. de Jong在分析了催化历史以及发展趋势后指出，多相催化剂的生产将会由现今的合成方法走向构件组装。1900年前后，多相催化剂的生产和应用都是由天然物得到的，如铝矾土、白土、硅藻土等，催化剂的制造生产只涉及天然物的造型，得到的催化剂粒度足够大且均匀即可。20世纪40~80年代，多相催化剂是通过合成得到的，合成负载型催化剂，涉及含氧化物的载体和活性金属、含氧化物相或含硫化物相组成，今后的趋势是，催化剂生产将可能只采用构件组装方式。固体催化剂按年代、类型和生产技术列于表6-14中。

表6-14　多相催化剂按年代、类型和生产技术列表

年代	催化剂类型	生产技术	例证
19世纪90年代	天然物	造型	铝矾土，Claus流程
20世纪30年代	天然物	造型	白土，催化裂化流程
20世纪40年代	合成的	浸渍	Pt/Al_2O_3，催化重整
20世纪70年代	合成的	沉淀	$Cu/ZnO/Al_2O_3$，甲醇合成
20世纪80年代	合成的	水热处理	ZSM-5，甲醇制汽油（MTG）
21世纪	构件	组装	

（1）多相催化剂的结构层次

从传统的催化剂合成分析，它涉及一些技术单元，如结晶（如分子筛）、沉淀（铜、锌、铝共沉淀）、浸渍（如负载的重整催化剂）等。通过这些技术单元可精心地控制催化剂的化学组成和材料的孔结构，它们与无机化合物的合成无原则上的差别，即控制化学组成与晶相结构，换言之，这样制备的催化剂可看作一种无机化合物。催化剂颗粒的结构层次，可看作组成的控制、结构设定和活性相在三维空间的定位。其制造生产犹如机械手表或电子船一样进行组装，活性组分的组装须在不同的尺度层次即毫米、微米、纳米上实施。

（2）在毫米尺度上的组装

固定床反应器中填装的催化剂，最好采用非均匀分布型的负载材料，活性组分在催化剂颗粒中呈非均匀分布，粒子内的扩散是受限制的。图6-18（a）所示为催化裂化用催化剂的活性组分；图6-18（b）所示为负载型催化剂，其中心处的活性组分是较少用到的。蛋壳结构型催化剂适合于这种目的，如不饱和烃加氢用的Pd/Al_2O_3即属于这种类型。又如防止表面中毒的催化剂，活性组分尽可能分布在催化剂颗粒的内部（蛋白结构型或蛋黄结构型活性组分分布），如汽车尾气排放用催化剂和渣油转化用催化剂，后者的污染金属（Ni、V）来自于渣油内，沉积在催化剂孔口处，当改进的催化剂活性组分浓集于颗粒中心，其操作寿命就得到改善。

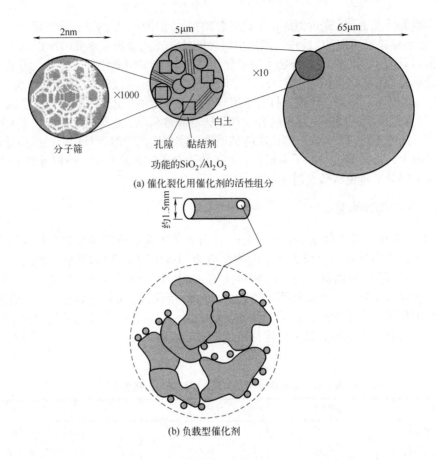

2nm

5μm

65μm

×1000

×10

分子筛

白土

孔隙　黏结剂

功能的 SiO_2/Al_2O_3

(a) 催化裂化用催化剂的活性组分

约1.5mm

(b) 负载型催化剂

图 6-18　（a）催化裂化用催化剂的活性组分；（b）负载型催化剂

控制金属在载体颗粒上非均匀分布的技术，是竞争性离子交换。近年来 Jong 又提出了瞬态、稳态浓度梯度法，能够使活性组分选择性浓集分布在颗粒中心区。

（3）在微米尺度上的组装

在流化床和浆态床反应器中，最好使用 50μm 左右的催化剂颗粒。如正丁烷氧化制顺酐、F-T 合成反应就是相应的工业实例，这种反应过程对催化剂颗粒性质与分布有特定要求。很多时候希望在微米尺度上有性能梯度存在，上述的顺酐生产用 V-P-O 催化剂，在流化床和提升管相结合的反应系统中，要求催化剂颗粒中的 V-P-O 浓度尽可能高，而流化态又要求流化粒子具有高耐磨性，为保持高浓的 V-P-O 晶粒要添加黏结剂，兼顾这几方面的要求，工业上采用薄层 SiO_2 涂敷活性组分相，使 V-P-O 的高浓度和粒子的高强度得以满足。

（4）在纳米尺度上的组装

对于负载型金属催化剂，纳米粒子沉积是极为重要的，这种尺度上的组装面临两个挑战性的问题：多相金属的生成和防止烧结，前者要求粒子大小和组成均匀，后者要求粒子在表面锚定。对于双金属纳米粒子的负载，可采用两步法控制。如 SiO_2 负载的 Pt-Ag 催化剂，第一步先采用离子交换负载 Pt，第二步 Ag 的负载，可采用络合银在液相还原，因为 $Ag(NH_3)_2^+$ 络离子还原，受到 Pt 的催化，故粒子上原负载 Pt 处 Ag 络离子优先还原。得到均匀负载的 Pt-Ag 粒子。除此处介绍的控制方法外，还有其他的有效方法。

金属粒子的锚定是防止烧结所必需的。关于金属粒子锚定的报道很多，此处仍以负载 Ag 为例简述，传统的 $Ag/\alpha\text{-}Al_2O_3$ 催化剂，因为银的熔点低，在 873K 下焙烧 24h 分散的银粒子完全烧结成块，为将银粒子锚定在载体上，可先沉积 SnO_2 在载体上，这样负载的银即 $Ag/SnO_2/\alpha\text{-}Al_2O_3$，在上述同样的条件下，分散的银基本上不烧结，甚至完全不发生烧结。

除上述几种不同尺度上的组装外，关于活性位的组装、反应过程中催化剂的组装等，有兴趣的读者可参阅相关文献。

习题

1. 根据 Dowden 的催化剂设计框图，举例说明如何进行催化剂设计。
2. 有哪些催化剂主要组分的设计方法？
3. 针对催化剂的主要组分出现的问题，如何进行助催化剂的设计？
4. 采用人工神经元网络技术进行催化剂 CAD 设计，可分为几个步骤？具有哪些优势？
5. 多相催化剂有哪些结构层次？各层次如何进行结构组装？

参考文献

［1］ 黄仲涛，耿建铭. 工业催化［M］. 4 版. 北京：化学工业出版社，2020.

［2］ 甄开吉，王国甲，毕颖丽，等. 催化作用基础［M］. 3 版. 北京：科学出版社，2005.

［3］ 王尚弟，孙俊全. 催化剂工程导论［M］. 北京：化学工业出版社，2001.

［4］ Hegedus L L. Catalyst design：progress and perspectives［M］. New York：Wiley，1987；彭少逸，郭燮贤，闵恩泽，等译. 催化剂设计——进展与展望［M］. 北京：烃加工出版社，1989.

［5］ 戚蕴石. 固体催化剂设计［M］. 上海：华东理工大学出版社，1994.

［6］ 黄仲涛，林维明，庞先燊，等. 工业催化剂设计与开发［M］. 广州：华南理工大学出版社，1991.

［7］ Trimm D L. Design of industrial catalysts［M］. Amsterdam：Elsevier，1980. 金性勇，曹美藻译. 工业催化剂的设计［M］. 北京：化学工业出版社，1984.

［8］ Umit S Ozkan. Design of heterogeneous catalysts：new approaches based on synthesis，characterization and modeling［M］. Weinheim：WILEY-VCH，2009. 中国石化催化剂有限公司译. 非均相催化剂设计［M］. 北京：中国石化出版社，2014.

第七章

工业催化剂制备

　　工业催化剂的制备是工业催化的主要方面之一，只有制得性能优良的催化剂并正确地使用，才能发挥其最大的效能，获得良好的工业催化性能。工业催化剂要求活性高，选择性好，在使用条件下稳定，具有良好的热稳定性、机械稳定性和抗毒性能，且价格低廉。要满足上述要求实属不易。工业催化剂的制备长期以来仍保留着许多"技艺"性的因素，大多数催化剂的生产在专门的生产厂内进行。

　　工业催化剂的活性、选择性和稳定性，不仅取决于其化学组成，还与其物理性质有关。换言之，单凭催化剂的化学成分并不足以推知其催化性能。在许多情况下，催化剂的各种物理特性，如形状、颗粒大小、物相、相对密度、比表面积、孔结构和机械强度等，都会影响其对某一特定反应的催化活性，影响催化剂的使用寿命，更重要的是影响反应动力学和流体力学的行为。例如，机械强度是工业催化剂的一个重要指标，如果在使用过程中机械强度很快下降，造成催化剂的破碎甚至粉化，就会使反应气体通过催化剂床层的压力降大幅增加，催化效能亦会显著降低。工业上很多时候就是由于催化剂的破碎而被迫停车的。催化剂的机械强度既与组成物质的性质有关，也与制备方法有关。对负载型催化剂来说，载体的选择对机械强度影响很大，成型的方法及使用的设备也直接影响催化剂的机械强度。此外，催化剂使用时的升温、还原、操作条件和气体组成也是影响因素。工业催化剂的形状和粒度与其制备工艺有关。例如，熔融法制备的熔铁催化剂，多系不规则形状。催化剂的形状、颗粒大小还会因催化反应的条件而异。又如，在固定床反应器中操作的催化反应，催化剂最好是一定大小的颗粒，或将催化剂成型为环状；对于由内扩散控制的气-固相催化反应，可将催化剂做成小圆柱状或小球状，以利于反应气体的内扩散，提高催化剂的内表面利用率。在流化床内操作的催化剂则常做成微球状。此外，催化剂的形状和大小还影响反应热的传递、床层的温度分布以及温度的控制。这一切都充分说明了催化剂的物理性质是不能忽视的因素，要在制备中加以考虑。

　　催化剂是催化工艺的灵魂，决定着催化工艺的水平及其创新程度。因此，研究工业催化剂的制备方法具有重要的实际意义。

　　工业催化剂的制备方法很多。由于制法的不同，尽管原料与用量完全相同，但所制得的催化剂性能仍可能有很大差异。因为工业催化剂的制备过程比较复杂，许多微观因素较难控制，目前的科学水平还不足以说明催化剂的奥秘；另外，催化剂的生产技术高度保密，影响了制备理论的发展，使制备方法在一定程度上还处于半经验的探索阶段。随着生产实践经验的逐渐总结，再配合基础理论研究，目前催化剂制备中的盲目性已大幅减少。目前，工业上使用的催化剂的常规制备方法主要有：沉淀法、浸渍法、机械混合法、离子交换法、熔融法等。此外，随着新型催化材料的不断开发，催化剂制备的新技术如微乳液技术、sol-gel 技术、超临界技术、膜技术等也日趋成熟，本章将分别介绍。

第一节
常规制备方法

一、沉淀法

沉淀法是借助沉淀反应，用沉淀剂（如碱类物质）将可溶性的催化剂组分（金属盐类的水溶液）转化为难溶化合物，再经分离、洗涤、干燥、焙烧、成型等工序制得成品催化剂（图 7-1）。沉淀法是制备固体催化剂最常用的方法之一，广泛用于制备高含量的非贵金属、金属氧化物、金属盐催化剂或催化剂载体。

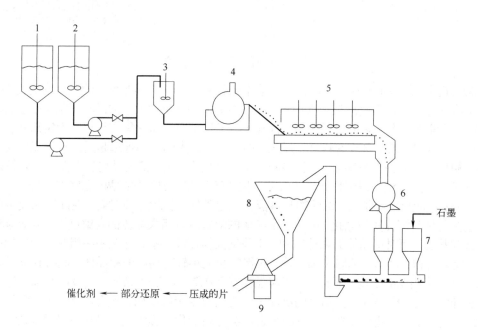

图 7-1　一种沉淀法的催化剂生产线

1—混合的金属硝酸盐罐；2—碳酸钠罐；3—沉淀和陈化罐；4—过滤器；5—干燥器和焙烧器；

6—碾磨机；7—衡器；8—粉末混合料斗；9—压片机

1. 沉淀过程和沉淀剂的选择

沉淀作用是沉淀法制备催化剂过程中的第一步，也是最重要的一步，其赋予催化剂基本的催化属性。沉淀物实际上是催化剂或载体的"前体"，对所得催化剂的活性、寿命和强度有很大影响。

沉淀过程是一个复杂的化学反应过程，当金属盐类水溶液与沉淀剂作用，形成沉淀物的离子浓度积大于该条件下的溶度积时产生沉淀。要得到结构良好且纯净的沉淀物，须了解沉淀形成的过程和沉淀物的性状。沉淀物的形成包括两个过程：一是晶核生成；二是晶核长大。前一过程是形成沉淀物的离子相互碰撞生成沉淀的晶核，晶核在水溶液中处于沉淀与溶解的平衡状态，比表面积大，因而溶解度比晶粒大的沉淀物的溶解度大，形成过饱和溶液，如果在某一温度下溶质的饱和浓度为 c^*，在过饱和溶液中的浓度为 c，则 $S=c/c^*$ 称为过饱和度。晶核的生成是溶液达到一定的过饱和度后，生成固相的速率大于固相溶解的速率，瞬时生成大量的晶核。然后，溶质分子在溶液中扩散到晶核表面，晶核继续长大成为晶体。如图 7-2 所示，晶核生成是从反应 t_i 后开始，t_i 称为诱导时间，在 t_i 瞬间生成大量晶核，随后新生成的晶核数目迅速减少。

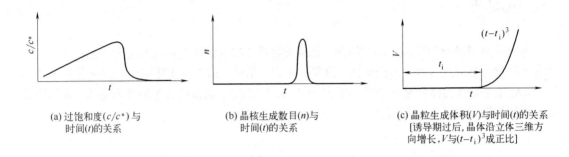

(a) 过饱和度(c/c^*)与
时间(t)的关系

(b) 晶核生成数目(n)与
时间(t)的关系

(c) 晶粒生成体积(V)与时间(t)的关系
[诱导期过后，晶体沿立体三维方
向增长，V 与 $(t-t_i)^3$ 成正比]

图 7-2　难溶沉淀的生成速率

应当指出，晶核生成速率与晶核长大速率的相对大小直接影响生成的沉淀物的类型。如果晶核生成的速率远远超过晶核长大的速率，则离子很快聚集为大量的晶核，溶液的过饱和度迅速下降，溶液中没有更多的离子聚集到晶核上，于是晶核迅速聚集成细小的无定形颗粒，这样就会得到非晶型沉淀，甚至是胶体。反之，如果晶核长大的速率远远超过晶核生成的速率，溶液中最初形成的晶核不是很多，有较多的离子以晶核为中心，依次排列长大而成为颗粒较大的晶型沉淀。由此可见，得到什么样的沉淀，取决于沉淀形成过程的两个速率之比。

此外，沉淀反应终了后，沉淀物与溶液在一定条件下接触一段时间，在此期间发生的一切不可逆变化称为沉淀物的老化。由于细小晶体的溶解度较粗大晶体的溶解度大，溶液对粗晶体已达饱和状态，而对细晶体尚未达饱和，于是细晶体逐渐溶解，并沉积在粗晶体上，如此反复溶解、反复沉积，基本上消除了细晶体，获得颗粒大小较为均匀的粗晶体。此时孔隙结构和表面积也发生了相应的变化。而且，由于粗晶体表面积较小，吸附杂质少，吸留在细晶体之中的杂质也随溶解过程转入溶液。初生的沉淀不一定具有稳定的结构，沉淀与母液在高温下一起放置，将会逐渐变成稳定的结构。新鲜的无定形沉淀在老化过程中逐步晶化也是可能的，例如分子筛、水合氧化铝等。

在沉淀过程中采用何种沉淀反应，选择何种的沉淀剂，是沉淀工艺首先要考虑的问题。在充分保证催化剂性能的前提下，沉淀剂应满足下述技术和经济要求：

① 生产中采用的沉淀剂有碱类（NH_4OH、$NaOH$、KOH）、碳酸盐 [（NH_4）$_2CO_3$、Na_2CO_3]、CO_2、有机酸（乙酸、草酸）等。其中最常用的是 NH_4OH 和（NH_4）$_2CO_3$，因为铵盐在洗涤和热处理时容易除去，一般不会遗留在催化剂中，为制备高纯度的催化剂创造了条件而 $NaOH$ 和 KOH 常会留下 Na^+、K^+ 于沉淀中，尤其是 KOH 价格较昂贵，一般不使用。应用 CO_2 虽可避免引入有害离子，但其溶解度小，难以制成溶液，沉淀反应时为气、液、固三相反应，控制较为困难。有机酸价格昂贵，只在必要时使用。

② 形成的沉淀物必须便于过滤和洗涤。沉淀可分为晶型沉淀和非晶型沉淀，晶型沉淀又

分为粗晶和细晶。晶型沉淀带入的杂质少且便于过滤和洗涤。由此可见，应尽量选用能形成晶型沉淀的沉淀剂。上述这些盐类沉淀剂原则上可以形成晶型沉淀，而碱类沉淀剂一般都会生成非晶型沉淀。

③ 沉淀剂的溶解度要大，一方面可以提高阴离子的浓度，使金属离子沉淀完全；另一方面，溶解度大的沉淀剂可能被沉淀物吸附的量比较少，洗涤脱除也较快。

④ 形成的沉淀物溶解度愈小，沉淀反应愈完全，原料消耗愈少。这对于铜、镍、银等比较贵重的金属特别重要。

⑤ 沉淀剂必须无毒，不应造成环境污染。

2. 沉淀法的影响因素

（1）浓度的影响

前已指出，获得何种形状的沉淀物，取决于形成沉淀的过程中晶核生成速率与晶核长大速率的相对大小，而速率又与浓度有关。

① 晶核生成速率。晶核的生成是产生新相的过程，只有当溶质分子或离子具有足够的能量以克服液固界面的阻力时，才能互相碰撞而形成晶核，一般用式（7-1）表示晶核生成速率。

$$N = k\,(c-c^*)^m \tag{7-1}$$

式中，N 为单位时间内单位体积溶液中生成的晶核数；k 为晶核生成速率常数；$m = 3\sim4$。

② 晶核长大速率。晶核长大过程和其他带有化学反应的传质过程相似，过程可分为两步：一是溶质分子首先扩散通过液固界面的滞流层；二是进行表面反应，分子或离子被接受进入晶格之中。

扩散过程的速率：

$$\frac{\mathrm{d}m}{\mathrm{d}t} = \frac{D}{\delta}A(c-c') \tag{7-2}$$

式中，m 为在时间 t 内沉积的固体量；D 为溶质在溶液中的扩散系数；δ 为滞流层的厚度；A 为晶体表面积；c 为液相浓度；c' 为界面浓度。

表面反应速率

$$\frac{\mathrm{d}m}{\mathrm{d}t} = Ak'(c'-c^*) \tag{7-3}$$

式中，k' 为表面反应速率常数；c^* 为固体表面浓度，即饱和溶解度。

稳态平衡时扩散速率等于表面反应速率，由式（7-2）、式（7-3），得

$$\frac{\mathrm{d}m}{\mathrm{d}t} = \frac{A(c-c^*)}{\dfrac{1}{k'}+\dfrac{\delta}{D}} = \frac{A(c-c^*)}{\dfrac{1}{k'}+\dfrac{1}{k_\mathrm{d}}} \tag{7-4}$$

式中，$k_\mathrm{d} = \dfrac{D}{\delta}$，为传质系数。

当表面反应速率远大于扩散速率时，即 $k' \gg k_\mathrm{d}$，式（7-4）可写为：

$$\frac{\mathrm{d}m}{\mathrm{d}t} = k_\mathrm{d}A(c-c^*) \tag{7-5}$$

即为一般的扩散速率方程，表明晶核的长大速率决定于溶质分子或离子的扩散速率，这时晶核长大的过程为扩散控制。反之，当扩散速率远大于表面反应速率时，即 $k_\mathrm{d} \gg k'$，式（7-4）改写为：

$$\frac{\mathrm{d}m}{\mathrm{d}t} = k'A(c - c^*) \qquad (7\text{-}6)$$

也就是说，过程取决于表面反应。有人根据经验提出反应级数在 1~2 之间，故在表面反应控制阶段，其速率式可写成：

$$\frac{\mathrm{d}m}{\mathrm{d}t} = k'A(c - c^*)^n \qquad (7\text{-}7)$$

式中，n 取决于盐类的性质和温度。过程是扩散控制还是表面反应控制，或者二者各占多少比例，均由实验确定。一般来说，扩散控制时速率取决于湍动情况（搅拌情况），而表面反应控制时则取决于温度。

由上述讨论可知，晶核生成速率和晶核长大速率都与（$c-c^*$）的数值有关，将式（7-1）、式（7-5）和式（7-7）三式进行比较，在晶核长大扩散控制时 $n=1$，表面反应控制时 $n=1$~2，而晶核生成速率控制时 $n=3$~4。可以看出，溶液浓度增大，即过饱和度增加则更有利于晶核的生成。它们的关系如图 7-3 所示，曲线 1 表示晶核生成速率和溶液过饱和度的关系，随着过饱和度的增加，晶核生成速率急剧增大；曲线 2 表示晶核长大速率随过饱和度增加缓慢增大的情况；总的结果是曲线 3，随着过饱和度的增加，生成的晶体颗粒愈来愈小。

因此，为得到预定组成和结构的沉淀物，沉淀应在适当稀释的溶液中进行，这样沉淀开始时，溶液的过饱和度不致太大，可以使晶核生成速率减小，有利于晶体的长大。此外，在过饱和度（$S=1.5$~2.0）不太大时，晶核的长大主要是离子（或分子）沿晶格而长大，可以得到完整的结晶。当过饱和度较大时，结晶速率很快，容易产生错位和晶格缺陷，也容易包藏杂质。在开始沉淀时，沉淀剂应在不断搅拌下均匀而缓慢地加入，以避免局部过浓现象，同时也能维持一定的过饱和度。

（2）温度的影响

前面已指出，溶液的过饱和度对晶核的生成及长大有直接的影响，而溶液的过饱和度又与温度有密切的关系。当溶液中的溶质数量一定时，升高温度过饱和度降低，使晶核生成速率减小；降低温度溶液的过饱和度增大，因而使晶核生成速率增大。但如果考虑能量作用因素，它们之间的关系就变得复杂了。由于当温度低时，溶质分子的能量很低，所以晶核生成速率仍很小，随着温度的升高，晶核生成速率可达一极大值。继续升高温度，由于过饱和度的下降，同时由于溶质分子动能增加过

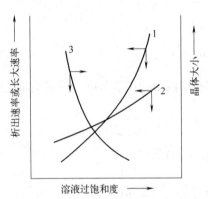

图 7-3　晶核生成速率、晶核长大速率及晶体大小与溶液过饱和度的关系

快，不利于形成稳定的晶核，因此晶核生成速率又趋下降，如图 7-4 所示。研究结果还表明，对应于晶核生成速率最大时的温度，比晶核长大最快所需的温度低得多，即在低温时有利于

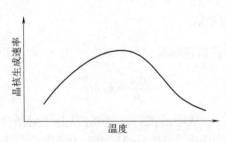

图 7-4　温度对晶核生成速率的影响

晶核的生成，而不利于晶核的长大，故低温沉淀时一般得到细小的颗粒。

（3）溶液 pH 值的影响

沉淀法常用碱性物质作沉淀剂，当然沉淀物的生成过程必然受到溶液 pH 值变化的影响。如铝盐用碱沉淀，在其他条件相同、pH 值不同时可以得到三种产品。

$$Al^{3+}+OH^- \begin{cases} \xrightarrow{pH<7} Al_2O_3 \cdot mH_2O \quad 无定形胶体 \\ \xrightarrow{pH=9} \alpha\text{-}Al_2O_3 \cdot H_2O \quad 针状胶体 \\ \xrightarrow{pH>10} \beta\text{-}Al_2O_3 \cdot nH_2O \quad 球状结晶 \end{cases}$$

在生产上为了控制沉淀颗粒的均一性，有必要保持沉淀过程的 pH 值相对稳定，可通过加料方式进行控制。

（4）加料顺序的影响

加料顺序不同对沉淀物的性能也会有很大的影响。加料顺序可分为"顺加法""逆加法"和"并加法"。将沉淀剂加入金属盐溶液中称为顺加法；将金属盐溶液加入沉淀剂中称为逆加法；将盐溶液和沉淀剂同时按比例加入中和沉淀槽中则称为并加法。当几种金属盐溶液需要沉淀且溶度积各不相同时，顺加法就会发生先后沉淀，这在催化剂制备时要尽量避免。逆加法则在整个沉淀过程中 pH 值是一个变值。为了避免上述情况，要维持一定的 pH 值，使整个工艺操作稳定，一般采用并加法，但顺加法及逆加法也有采用。加料顺序的影响对后面讨论的共沉淀法制备催化剂尤为重要。

3. 均匀沉淀法与共沉淀法

（1）均匀沉淀法

一般的沉淀法制备催化剂，是在搅拌情况下采用顺加、逆加或并加方法加料，由于溶液在沉淀过程中浓度的变化，或加料流速的波动，或搅拌不均匀，致使过饱和度不一、颗粒粗细不等，乃至介质情况的变化引起晶型的改变，对于要求特别均匀的催化剂，为了克服上述缺点，可采用均匀沉淀法。

均匀沉淀法不是把沉淀剂直接加入待沉淀溶液中，也不是加入沉淀剂后立即产生沉淀，而是首先使待沉淀溶液与沉淀剂母体充分混合，形成一个十分均匀的体系，然后调节温度，使沉淀剂母体加热分解转化为沉淀剂，从而使金属离子产生均匀沉淀。例如，为了制取氢氧化铝沉淀，可在铝盐溶液中加入尿素（沉淀剂母体），均匀混合后加热至 90~100℃，此时溶液中各处的尿素同时水解放出 OH^-：

$$(NH_2)_2CO+3H_2O \xrightarrow{90\sim100℃} 2NH_4^+ + 2OH^- +CO_2$$
$$（母体）\qquad\qquad\qquad（沉淀剂）$$

于是，氢氧化铝沉淀可在整个体系内均匀地形成。尿素的水解速率随温度的变化而改变，调节温度可以控制沉淀反应在所需的 OH⁻浓度下进行。采用均匀沉淀法得到的沉淀物，由于过饱和度在整个溶液中都比较均匀，所以沉淀颗粒粗细较一致而且致密，便于过滤和洗涤。

（2）共沉淀法

将含有两种以上金属离子的混合溶液与一种沉淀剂作用，同时形成含有几种金属组分的沉淀物，称为共沉淀法。利用共沉淀的方法可以制备多组分催化剂，这是工业生产中常用的方法之一。

共沉淀法与单组分沉淀法的操作原理基本相同，但共沉淀物的组成比较复杂，由于组分的溶度积不同，不同的沉淀条件会得到明显不均匀的沉淀产物，当生成氢氧化物共沉淀时，沉淀过程的 pH 值及加料方式对沉淀物的组成有明显的影响。例如，用于甲醇分解的 CuO 和 ZnO

催化剂，若采用共沉淀法制备，采用 $Cu(NO_3)_2$ 和 $Zn(NO_3)_2$ 的混合溶液，NaOH 为沉淀剂，采用不同的加料方式：

一为顺加法，即将 NaOH 加入 Cu^{2+}、Zn^{2+} 混合溶液中。此时，由于 $Cu(OH)_2$ 溶度积小，易于沉淀；而 $Zn(OH)_2$ 溶度积大，则不易沉淀。因此，共沉淀时常是 Cu 先沉淀出来，Zn 到后期才沉淀。在沉淀过程中，由于各部分沉淀物中 Cu 与 Zn 的含量是不同的，因而影响产物的均匀性。

二为逆加法，即将 Cu^{2+}、Zn^{2+} 加入 NaOH 溶液中，这是碱性沉淀，开始时由于溶液浓度远远超过 $Cu(OH)_2$ 和 $Zn(OH)_2$ 的溶度积，因此 Cu、Zn 同时沉淀出来，各组分之间分布比较均匀。但是由于沉淀过程中 pH 值不断变化，会出现沉淀组分略有变化和重现性不好的情况。

三为并加法，即 Cu^{2+} 与 Zn^{2+} 的混合物为一方，NaOH 为另一方，两者以恒定速率加入强烈搅拌的中和槽中，这样可保持在恒定 pH 值条件下进行沉淀。如果该 pH 值能保证溶液中 $[Cu^{2+}]$ $[OH^-]^2$ 及 $[Zn^{2+}][OH^-]^2$ 均大于 $Cu(OH)_2$ 及 $Zn(OH)_2$ 的溶度积，则 Cu^{2+} 与 Zn^{2+} 就会同时沉淀，获得组成均一的产品。

4. 沉淀物的过滤和洗涤

悬浮液的过滤可使沉淀物与水分开，同时除去 NO_3^-、SO_4^{2-}、Cl^- 及 K^+、Na^+、NH_4^+ 等离子，酸根与沉淀剂中的 K^+、Na^+、NH_4^+ 生成的盐类均溶解于水，在过滤时大部分随水除去。目前工业上用于催化剂生产的过滤设备主要有板框过滤机、叶片过滤机、真空转鼓过滤机及悬筐式离心过滤机等。选择过滤设备需根据悬浮液和沉淀物的性质以及工艺上的要求，主要是悬浮液中的固相含量、颗粒的平均直径、液体的性质以及对滤饼含水量的要求、生产能力等而定。

过滤后的滤饼尚含有 60%~80% 的水分，这些水分中仍含有一部分盐类，同时在中和沉淀时一部分杂质被沉淀物吸附，因此过滤后的滤饼必须进行洗涤，洗涤的主要目的就是从催化剂中除去杂质。由于制备催化剂的原料不同，常使成品中所含的杂质不同，而不同的制备方法亦使杂质存在的形态不同。一般来说，杂质存在的形态为：机械地掺杂于沉淀中；黏着于沉淀表面；吸附于沉淀表面；包藏于沉淀内部；为沉淀中的化学组分之一。各种杂质的清除，随上述顺序愈来愈难。前三种形态的杂质可采用洗涤除去。后两种则不能用洗涤方法除去。为了减少包藏性杂质，要求原料溶液的浓度较低，沉淀过程中应进行充分的搅拌。为了避免第五种形态的杂质，应慎重地选择沉淀反应。

洗涤沉淀的方法，是将除去母液后的沉淀物滤饼放于大容器内，加水强烈地搅拌，使分散的沉淀悬浮于水中，然后进行过滤，如此反复数次，直至杂质含量达到要求为止。一般可在洗涤滤液中加入试剂检定洗净的程度。洗涤沉淀的效率主要取决于杂质离子从表面脱附的速率和从界面至溶液体相的扩散速率，因此要求有充分的搅拌和一定的洗涤时间。升高温度，可提高过程的速率，有利于洗涤。凝胶物质可在适当干燥收缩后再行洗涤，这将有利于杂质从孔隙中向外扩散。另外，洗涤时间过长，由于沉淀物吸附的反离子被脱除，可能会导致沉淀物因胶溶而流失，因此可向洗液中加入少量的 NH_4^+，以防止这种胶溶现象。

5. 实例——活性 Al_2O_3 的制备

氧化铝在催化领域中具有重要的作用，不同晶型的氧化铝不仅可作为催化剂，也可作为催化剂的载体。目前已知氧化铝共有 8 种变体，即 α-Al_2O_3、κ-Al_2O_3、δ-Al_2O_3、γ-Al_2O_3、η-Al_2O_3、χ-Al_2O_3、θ-Al_2O_3 及 ρ-Al_2O_3。其中，γ-Al_2O_3 和 η-Al_2O_3 具有较高的化学活性（酸性），称为活性氧化铝，是一种良好的催化剂及载体。而 α-Al_2O_3（刚玉）因结构稳定（其他变体加热到 1200℃以上都会转变为此变体），是一种耐高温、低比表面、高强度的载体。

各种变体的氧化铝，都是经先制取氧化铝水合物，然后再转化而得来的（一般要经过脱水）。水合氧化铝的化学组成为 $Al_2O_3 \cdot nH_2O$，其变体也很多，通常按所含结晶水数目的不同，分为三水氧化铝及一水氧化铝。依据水合氧化铝制造方法的不同，活性氧化铝的制备也有不同的类型，下面仅以酸中和法及碱中和法进行说明：

（1）酸中和法

以硝酸（HNO_3）或 CO_2 气体等作为沉淀剂，从偏铝酸盐溶液中沉淀出水合氧化铝。

$$AlO_2^- + H^+ \longrightarrow Al_2O_3 \cdot nH_2O \downarrow$$

而偏铝酸钠通常用 Al（OH）$_3$ 与 NaOH 作用而得：

$$Al（OH）_3 + NaOH \xrightarrow{加热} NaAlO_2 + 2H_2O$$

用硝酸中和偏铝酸钠制备 γ-Al_2O_3 的流程示意如图 7-5 所示。将配制好的偏铝酸钠溶液、硝酸溶液和纯水并流加入带有搅拌的中和器内进行中和反应，生成的沉淀物经过滤、洗涤，洗净的滤饼经干燥、粉碎、机械成型，最后经 500℃焙烧活化得到成品活性氧化铝。该法生产设备简单，原料易得，且产品质量也较稳定。

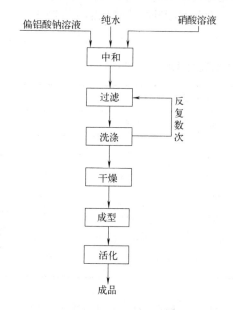

图 7-5　酸中和法生产 γ-Al_2O_3 的流程示意

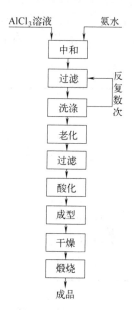

图 7-6　碱中和法生产 η-Al_2O_3 的流程示意

（2）碱中和法

碱中和法是将铝盐溶液［Al（NO_3）$_3$、$AlCl_3$ 和 Al_2（SO_4）$_3$ 等］用碱液（NaOH、KOH、NH_4OH 和 Na_2CO_3 等）中和，得到水合氧化铝。

$$Al^{3+} + OH^- \longrightarrow Al_2O_3 \cdot nH_2O \downarrow$$

用氨水中和 $AlCl_3$ 溶液制备 η-Al_2O_3 的流程如图 7-6 所示。将配制好的三氯化铝溶液先导入中和器内，在搅拌情况下加入氨水，反应完毕即可进行过滤和洗涤，水洗后的滤饼在 40℃、pH = 9.3~9.5 条件下老化 14h，老化后的滤饼经酸化滴球成型，得到小球，再干燥、焙烧得到成品 η-Al_2O_3。该法老化操作非常重要，同时要注意控制老化的温度和 pH 值，才能得到较纯的产品。

用沉淀法制备水合氧化铝各工序的工艺条件，如原料的种类和浓度、沉淀温度和 pH 值、加料方式和搅拌情况、洗涤及老化的条件等，都对产品的质量特别是结构参数产生影响，下面进行讨论。

① 原料种类。用 NH_3 从 $Al(NO_3)_3$、$AlCl_3$ 和 $Al_2(SO_4)_3$ 溶液沉淀时，由 $Al_2(SO_4)_3$ 沉淀得到的晶粒，比由 $AlCl_3$ 和 $Al(NO_3)_3$ 沉淀所得到的晶粒小得多，因而具有更强的吸附能力，因此以 $Al_2(SO_4)_3$ 为原料制成的微球氧化铝具有更高的机械强度。使用不同的沉淀剂从 $Al_2(SO_4)_3$ 溶液中沉淀时，所得晶粒的大小按 $NaOH$、NH_4OH、Na_2CO_3 的顺序递减。$Al_2(SO_4)_3$ 和 Na_2CO_3 溶液在 $pH=5.5\sim6.5$ 时可得到最高分散度的结晶。

② 溶液浓度。在其他条件一定时，用浓溶液所得的沉淀物粒子较细，比表面积大，但孔径小；用稀溶液所得的沉淀物晶体粒子较粗，孔径大，但比表面积较小。而且，用浓溶液沉淀容易增加对杂质的吸附作用，使洗涤工序增加负荷。溶液过浓也会造成沉淀物的不均匀。

③ 沉淀温度和 pH 值。pH 值对晶粒大小和晶型的影响在一般情况下具有下述规律，即：在较低温度下，低 pH 值时生成无定形氢氧化铝及假一水软铝石；高 pH 值时生成大晶粒的 $\beta\text{-}Al_2O_3\cdot3H_2O$ 及 $\alpha\text{-}Al_2O_3\cdot3H_2O$；在较高的温度下还会转变成大晶粒的 $\alpha\text{-}Al_2O_3\cdot3H_2O$。例如，pH <7 时生成无定形沉淀；$pH=9$ 时生成假一水软铝石；$pH>9$ 时形成 $\beta\text{-}Al_2O_3\cdot3H_2O$ 及 $\alpha\text{-}Al_2O_3\cdot3H_2O$。中和沉淀时的温度对 $\alpha\text{-}Al_2O_3\cdot3H_2O$ 的生成速率也有重要影响。例如，用氨水中和氯化铝溶液，中和沉淀温度对产品孔径分布的影响见表 7-1。中和温度升高使氧化铝小孔减少、大孔增加，平均孔径增大，孔容也有所增加。

表 7-1　不同中和沉淀温度对氧化铝性质的影响

参数	中和温度/℃			
	50	60	70	80
孔分布 0~50Å/%	44.0	35.1	30.1	27.6
50~200Å/%	47.3	45.6	50.4	51.0
200~372Å/%	8.7	19.3	19.5	21.4
比表面积/（m²/g）	227	265	253	257
BET 孔容/（mL/g）	0.495	0.667	0.777	0.766
平均孔径/Å	43.6	50.4	61.5	60.5

④ 老化。可加速凝胶向晶体转化。例如，将 $Al(OH)_3$ 凝胶在 $pH\geq9$ 的介质中老化一段时间，即可转化成 $\beta\text{-}Al_2O_3\cdot3H_2O$ 晶体。将 $Al(OH)_3$ 凝胶在 $pH>12$、$80℃$ 下老化，可得到晶型良好的 $\alpha\text{-}Al_2O_3\cdot H_2O$。

⑤ 洗涤。用不同的洗涤介质洗涤氢氧化铝凝胶，造成干燥时凝胶毛细管力的不同，影响氧化铝的孔结构。实验证明，用水洗涤氧化铝水合物时，孔容、比表面积都会降低；而用异丙醇洗涤时，孔容、比表面积都会增加。使用甲醇、乙醇、正丁醇等醇类洗涤时，也有类似的结果。

二、浸渍法

浸渍法是将载体浸泡在含有活性组分（主、助催化剂组分）的可溶性化合物溶液中，接触一定的时间后除去过剩的溶液，再经干燥、焙烧和活化，即可制得催化剂（图 7-7）。

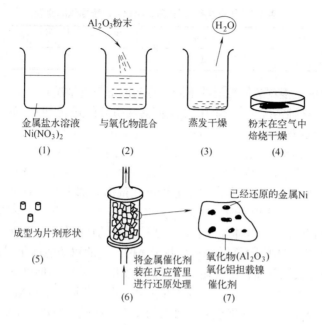

金属盐水溶液 Ni(NO₃)₂　　与氧化物混合　　蒸发干燥　　粉末在空气中焙烧干燥
　(1)　　　　　　　(2)　　　　　　(3)　　　　　　(4)

成型为片剂形状
　(5)

将金属催化剂装在反应管里进行还原处理
　(6)

已经还原的金属Ni
氧化物(Al₂O₃)
氧化铝担载镍催化剂
　(7)

图 7-7　负载金属催化剂的浸渍法制备过程

1. 载体的选择和浸渍液的配制

（1）载体的选择

浸渍催化剂的物理性能在很大程度上取决于载体的物理性质，载体甚至还影响催化剂的化学活性。因此正确地选择载体和对载体进行必要的预处理，是采用浸渍法制备催化剂时首先要考虑的问题。载体种类繁多、作用各异，有关载体的选择要从物理因素和化学因素两方面考虑。

从物理因素考虑首先是颗粒的大小、比表面积和孔结构。通常采用已成型好的、具有一定尺寸和外形的载体进行浸渍，省去催化剂的成型。浸渍前载体的比表面积和孔结构与浸渍后催化剂的比表面积和孔结构之间存在着一定的关系，即后者随前者的增减而增减。例如，银催化剂与载体比表面积的关系见表 7-2。对于 Ni/SiO_2 催化剂，Ni 组分的比表面积随载体 SiO_2 的比表面积增大而增大，而 Ni 晶粒的粒径则随 SiO_2 的比表面积增大而减小（见图 7-8）。以上事实说明，首先要根据催化剂成品性能的要求，选择载体颗粒的大小、比表面积和孔结构。其次要考虑载体的导热性，对于强放热反应，要选用导热性能良好的载体，可以防止催化剂因内部过热而失活。再次要考虑催化剂的机械强度，载体要经得起热波动、机械冲击等因素的影响。

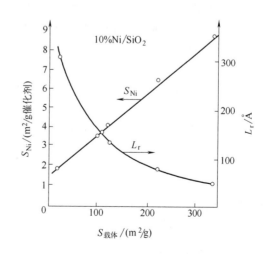

图 7-8　载体的比表面积对镍比表面积 S_{Ni}、镍晶体大小 L_r 的影响

表 7-2　银催化剂及其载体γ-Al₂O₃ 比表面积的比较

载体的比表面积/（m²/g）	170	120	80	10
催化剂的比表面积/（m²/g）	100	73	39	6

从化学因素考虑，根据载体性质的不同区分为以下三种情况：

① 惰性载体。这种情况下载体的作用是使活性组分得到适当的分布，使催化剂具有一定的形状、孔结构和机械强度。小比表面积、低孔容的α-Al₂O₃ 等就属于这一类。

② 载体与活性组分具有相互作用。它使活性组分有良好的分散并趋于稳定，从而改变催化剂的性能。例如，丁烯气相氧化反应，分别将活性组分 MoO₃ 负载于 SiO₂、Al₂O₃、MgO、TiO₂ 之上。结果发现，采用前三种载体负载的催化剂活性都很低，而用 TiO₂ 作载体时，获得了较高的活性和稳定性。分析表明，MoO₃ 与 TiO₂ 发生作用生成了固溶体。

③ 载体具有催化作用。载体除具有负载活性组分的功能外，还与所负载的活性组分一起发挥自身的催化作用。如用于重整的 Pt 负载于 Al₂O₃ 上的双功能催化剂就是一例；用氯处理过的 Al₂O₃ 作为固体酸性载体，本身能促进异构化反应，而 Pt 则促进加氢、脱氢反应。

购入或贮存过的载体，由于与空气接触性质会发生变化而影响负载能力，因此在使用前常需进行预处理，预处理条件应根据载体本身的物理化学性质和使用要求而定。例如，通过热处理使载体结构稳定；当载体孔径不够大时可采取扩孔处理；而载体对吸附质的吸附速率过快时，为保证载体内外吸附质的均匀，也可进行增湿处理。但对人工合成的载体，除有特殊需要外一般不做化学处理。选用天然的载体如硅藻土时，除选矿外还需经水煮、酸洗等化学处理除去杂质，且要注意产地不同载体性质可能有很大的差异，可能影响催化剂的性能。

（2）浸渍液的配制

进行浸渍时，通常并不是用活性组分本身制成溶液，而是用活性组分金属的易溶盐配成溶液。所用的活性组分化合物应该是易溶于水（或其他溶剂）的，且在焙烧时能分解成所需的活性组分，或在还原后变成金属活性组分；同时还必须使无用组分，特别是对催化剂有毒的物质在热分解或还原过程中挥发除去。因此，最常用的是硝酸盐、铵盐、有机酸盐（乙酸盐、乳酸盐等）。一般以去离子水为溶剂，但当载体能溶于水或活性组分不溶于水时，则可用醇或烃作为溶剂。

浸渍液的浓度必须控制恰当，溶液过浓不易渗透粒状催化剂的微孔，活性组分在载体上也就分布不均，在制备金属负载催化剂时，用高浓度浸渍液容易得到较粗的金属晶粒，并且使催化剂中金属晶粒的粒径分布变宽。溶液过稀，一次浸渍达不到所要求的负载量，要采用反复多次浸渍法。

浸渍液的浓度取决于催化剂中活性组分的含量。对于惰性载体，即对活性组分既不吸附又不发生离子交换的载体，假设制备的催化剂要求活性组分含量（以氧化物计）为 a（%，质量分数），所用载体的比孔容为 V_p（mL/g），以氧化物计算的浸渍液浓度为 C（g/mL），则 1g 载体中浸入溶液所负载的氧化物量为 V_pC。因此

$$a = \frac{V_p C}{1 + V_p C} \times 100\% \qquad (7\text{-}8)$$

采用上述方法，根据催化剂中所要求活性组分的含量 a，以及载体的比孔容 V_p，即可确定所需配制的浸渍液的浓度。

2. 活性组分在载体上的分布与控制

浸渍时溶解在溶剂中含活性组分的盐类（溶质）在载体表面的分布与载体对溶质和溶剂的

吸附性能有很大的关系。

    Maatman 等曾提出活性组分在孔内吸附的动态平衡过程模型，如图 7-9 所示。图中列举了可能出现的四种情况，为简化起见，用一个孔内分布情况来说明。浸渍时，如果活性组分在孔内的吸附速率快于它在孔内的扩散，则溶液在孔中向前渗透的过程中，活性组分就被孔壁吸附，渗透至孔内部的液体就完全不含活性组分，这时活性组分主要吸附在孔口近处的孔壁上，如图 7-9（a）所示。如果分离出过多的浸渍液，并立即快速干燥，则活性组分只负载在颗粒孔口与颗粒外表面，分布显然是不均匀的。图 7-9（b）所示为到达图 7-9（a）所示的状态后，马上分离出过多的浸渍液，但不立即进行干燥，而是静置一段时间，这时孔中仍充满液体，如果被吸附的活性组分能以适当的速率进行解吸，则由于活性组分从孔壁上解吸下来，增大了孔中液体的浓度，活性组分从浓度较大的孔的前端扩散到浓度较小的孔的末端液体中去，使末端的孔壁上也能吸附上活性组分，这样活性组分通过脱附和扩散，从而实现再分配，最后活性组分就均匀分布在孔的内壁上。图 7-9（c）所示为让过多的浸渍液留在孔外，载体颗粒外面的溶液中的活性组分通过扩散不断补充到孔中，直到达到平衡为止，这时吸附量将更多，而且在孔内呈均一性分布。图 7-9（d）表明，当活性组分浓度较低，如果在到达均匀分布前颗粒外面溶液中的活性组分已耗尽，则活性组分的分布仍可能是不均匀的。

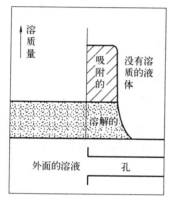

(a) 孔刚刚充满溶液以后的情况

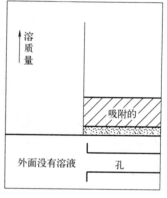

(b) 孔充满了溶液以后与外面的溶液隔离并待其达到平衡以后的情况

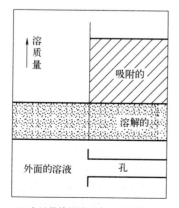

(c) 在过量的浸渍液中达到平衡以后的情况

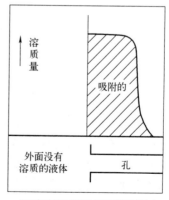

(d) 在达到平衡以前外面的溶液中的溶质已耗尽了的情况

图 7-9　活性组分在孔内吸附的情况

一些实验结果证明了上述的吸附、平衡、扩散模型。由此可见，要获得活性组分的均匀分布，浸渍液中活性组分的含量要多于载体内外表面能吸附的活性组分的数量，以免出现孔外浸渍液的活性组分已耗尽的情况，并且分离出过多的浸渍液后，不要马上干燥，要静置一段时间，使吸附、脱附、扩散达到平衡，使活性组分均匀地分布在孔内的孔壁上。

　　对于贵金属负载型催化剂，由于贵金属含量低，要在大表面积上得到均匀分布，除活性组分外，常在浸渍液中再加入适量的第二组分，载体在吸附活性组分的同时必吸附第二组分。新加入的第二组分就称为竞争吸附剂，这种作用称作竞争吸附。由于竞争吸附剂的参与，载体表面一部分被竞争吸附剂所占据，另一部分吸附了活性组分，这就使少量的活性组分不只是分布在颗粒的外部，也能渗透到颗粒的内部。加入适量竞争吸附剂，可使活性组分达到均匀分布，图 7-10 所示为竞争吸附的模型。常使用的竞争吸附剂有盐酸、硝酸、三氯乙酸、乙酸等。

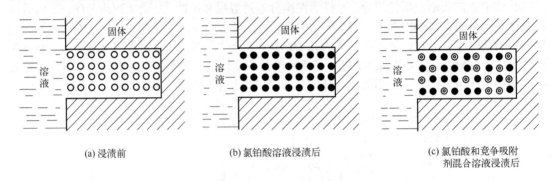

(a) 浸渍前　　　　　(b) 氯铂酸溶液浸渍后　　　　(c) 氯铂酸和竞争吸附剂混合溶液浸渍后

图 7-10　竞争吸附示意图

○未吸附点；●铂的吸附点；◎竞争剂吸附点

　　例如，在制备 Pt/γ-Al₂O₃ 重整催化剂时，加入乙酸竞争吸附剂后使少量的氯铂酸能均匀地渗透到孔的内表面，由于铂的均匀负载，使活性得到了提高，如图 7-11 所示。

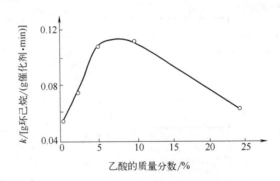

图 7-11　Pt/γ-Al₂O₃（含 Pt 0.36%，质量分数）的加氢活性与 H₂PtCl₆溶液中乙酸含量的关系

　　还应指出，并不是所有的催化剂都要求孔内外均匀的负载。粒状载体，活性组分在载体上可以形成各种不同的分布。以球形催化剂为例，有均匀、蛋壳、蛋黄和蛋白型四种，如图 7-12 所示。在上述四种类型中，蛋白型及蛋黄型都属于埋藏型，可视为一种类型，所以实际上只存在三种类型。究竟选择何种类型，主要取决于催化反应的宏观动力学。当催化反应由外扩散控制时，应以蛋壳型为宜，因为在这种情况下处于孔内部深处的活性组分对反应已无效用，这对于节省活性组分量特别是贵金属更有意义。当催化反应由动力学控制时，则以均匀型为宜，因为这时催化剂的内表面可以利用，而一定量的活性组分分布在较大面积上，可以得到较高的分散度，增加了催化剂的热稳定性。当介质中含有毒物，而载体又能吸附毒物时，这时催化剂外

层载体起到对毒物的过滤作用，为了延长催化剂的寿命，则应选择蛋白型。由于在这种情况下活性组分处于外表层下呈埋藏型的分布，既可减少活性组分的中毒，又可减少由于磨损而引起活性组分的剥落。

上述各种活性组分在载体上分布而形成的各种不同类型，也可以采用竞争吸附剂来获得。选择竞争吸附剂时，要考虑活性组分与竞争吸附剂间吸附特性的差异、扩散系数的不同以及用量不同的影响，还需注意残留在载体上的竞争吸附剂对催化作用是否产生有害的影响，最好选用易于分解挥发的物质。如用氯铂酸溶液浸渍 Al_2O_3 载体，由于浸渍液与 Al_2O_3 的作用迅速，铂集中吸附在载体外表层上，形成蛋壳型分布。用无机酸或一元酸作竞争吸附剂时，由于竞争吸附从而得到均匀型的催化剂。若用多元有机酸（柠檬酸、酒石酸、草酸）作竞争吸附剂，由于一个二元羧酸或三元羧酸分子可以占据一个以上的吸附中心，在二元或三元羧酸区域可供铂吸附的空位很少，大量的氯铂酸必须穿过该区域而吸附在小球内部。根据使用二元或三元羧酸竞争吸附剂分布区域的大小，以及穿过该区域的氯铂酸能否到达小球中心处，可得到蛋白型或蛋黄型的分布。由此可见，选择适合的竞争吸附剂，可以获得活性组分不同类型的分布；而采用不同用量的吸附剂，又可控制金属组分的浸渍深度，这就可以满足催化反应的不同要求。

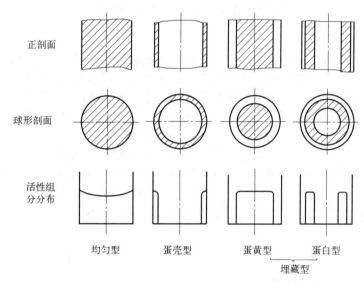

图 7-12　活性组分在载体上的不同分布

3. 各种浸渍法及其评价

（1）过量溶液浸渍法

过量溶液浸渍法是将载体泡入过量的浸渍溶液中，待吸附平衡后滤去过剩溶液，干燥、活化后便得催化剂成品。在操作过程中，如载体孔隙吸附大量空气，就会使浸渍溶液不能完全渗入，因此可以先进行抽空，使活性组分更易渗入孔内得到均匀的分布（如目前我国铂重整催化剂的制备），此步骤一般也可省略。这种方法常用于已成型的大颗粒载体的浸渍，或用于多组分的分段浸渍，浸渍时要注意选用适当的液固比，通常是借助调节浸渍液的浓度和体积控制吸附量。在生产过程中，可以在盘式或槽式容器中间歇进行。如要连续生产则可采用传送带式浸渍装置（图 7-13），将装有载体的小筐安装在输送皮带上，送入浸渍液池中浸泡一定时间（取决于池的长度和传送带的速度），经过回收带出残余溶液，随后将浸渍物送入热处理系统内干燥、活化。

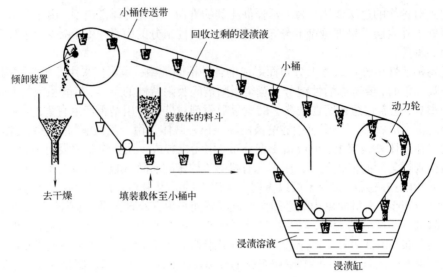

图 7-13　连续生产的传送带式浸渍装置

（2）等体积溶液浸渍法

预先测定载体吸入溶液的能力，然后加入恰好使载体完全浸渍所需的溶液量，这种方法称为等体积浸渍法。应用这种方法可以省去过滤多余的浸渍溶液的步骤，而且便于控制催化剂中活性组分的含量。浸渍可在转鼓式拌和机中进行，将溶液喷洒到不断翻滚着的载体上（图 7-14）；也可在流化床中进行，称为流化床浸渍法（图 7-15）。该法是在流化床内放置一定量的多孔性载体，通入气体使载体流化，再通过喷嘴将浸渍液向下或沿切线方向喷入床内负载在载体上，当溶液喷完后，用热空气或烟道气对浸渍物进行流化干燥，然后升高床温进行焙烧，活化后卸出催化剂。流化床浸渍流程简单，操作方便，周期短，可在同一设备内完成浸渍、干燥、焙烧、活化等过程，且操作条件好等，一般适用于多孔性微球或小粒状载体的浸渍。对于无孔载体，由于流化时常将表面的活性组分磨脱，故不宜采用。

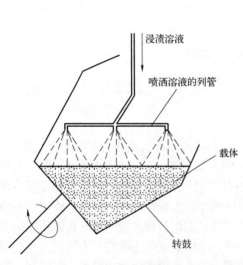

图 7-14　转鼓式喷洒浸渍法装置

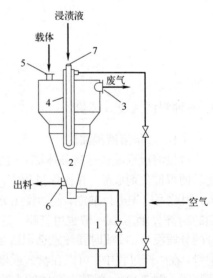

图 7-15　流化床浸渍法流程示意图

1—加热器；2—锥形流化床；3—废气排出管；4—套管式喷嘴；
5—载体加料口；6—卸料口；7—浸渍液加入口

（3）多次浸渍法

该法是将浸渍、干燥、焙烧反复进行数次。采用这种方法有下面两种情况：第一，浸渍化合物的溶解度小，一次浸渍不能得到足够大的吸附量，需要重复浸渍多次；第二，多组分溶液浸渍时，由于各组分的吸附能力不同，常使吸附能力强的活性组分浓集于孔口，而吸附能力弱的组分则分布在孔内，造成分布不均，改进方法之一就是用多次浸渍法，将各组分按顺序先后浸渍。每次浸渍后，必须进行干燥和焙烧，使其转化为不溶性物质，这样可以防止上次浸渍在载体上的化合物在下次浸渍时又溶解到溶液中，也可以提高下一次浸渍时载体的吸入量。多次浸渍法工艺操作复杂，生产效率低，生产成本高，一般情况下应尽量少用。

（4）沉淀浸渍法

常用于制备高分散的贵金属负载型催化剂。浸渍液多用氯化物的盐酸溶液：氯铂酸、氯钯酸、氯铱酸或氯金酸等。浸渍液被载体吸附饱和后，再加入 NaOH 等沉淀剂，使金属氯化物转化为氢氧化物，沉淀于载体的内孔和表面。该法有利于阴离子的洗净脱除，不会产生高温分解的废气污染。沉淀浸渍比单纯浸渍的重复性好，活性组分分散度高。

（5）蒸气浸渍法

借助浸渍化合物的挥发性以蒸气相的形式将其负载于载体上。例如，用于正丁烷异构化的 $AlCl_3$/铁钒土催化剂，在反应器内先装入铁钒土载体，然后用热的正丁烷气流将活性组分 $AlCl_3$ 气化，并带入反应器，使其沉渍在载体上。当负载量已足够时，即可切断气流中的 $AlCl_3$ 通入正丁烷进行反应。用此法制备的催化剂在使用过程中活性组分易于流失，为了维持催化剂性能的稳定，必须随时通入 $AlCl_3$ 进行补充。

4. 浸渍法的优缺点

浸渍法的优点是：①工艺简单，生产效率高；②预制载体可控制催化剂宏观结构；③活性组分利用率高。缺点是：①配制浸渍液的原料受到限制；②在后续的焙烧分解工序常产生废气污染；③与沉淀法相比，活性组分的均匀分布不够理想，尤其当活性组分含量较高时，浸渍法的不足更明显。

三、机械混合法

混合法是工业上制备多组分固体催化剂时常采用的方法。它是将几种组分用机械混合的方法制成多组分催化剂。混合的目的是促进物料间的均匀分布，提高分散度。因此，在制备时应尽可能使各组分混合均匀。尽管如此，这种单纯的机械混合，组分间的分散度不及其他方法。为了提高机械强度，在混合过程中一般要加入一定量的黏结剂。

混合法又分为干法和湿法两种。干混法操作步骤最为简单，只要把制备催化剂的活性组分、助催化剂、载体或黏结剂、润滑剂、造孔剂等放入混合器内进行机械混合，然后送往成型工序，滚成球状或压成柱状、环状的催化剂，再经热处理后即为成品。例如，天然气蒸汽转化制合成气的镍催化剂，便是由典型的干混法工艺制备的。

湿混法的制备工艺要复杂一些，活性组分往往以沉淀得到的盐类或氢氧化物形式，与干的助催化剂或载体、黏结剂进行湿式碾合，然后进行挤条成型，经干燥、焙烧、过筛、包装，即为成品。目前国内 SO_2 接触氧化使用的钒催化剂，就是将 V_2O_5、碱金属硫酸盐与硅藻土共混而成。

四、离子交换法

离子交换法是利用载体表面上存在可进行交换的离子，将活性组分通过离子交换（通常是阳离子交换）交换到载体上，然后再经过适当的后处理，如洗涤、干燥、焙烧、还原，最后得到金属负载型催化剂。离子交换反应在载体表面的交换基团和具有催化性能的离子之间进行，遵循化学计量关系，一般是可逆的过程。该法制得的催化剂分散度好、活性高，尤其适用于制备低含量、高利用率的贵金属催化剂。均相络合催化剂的固相化和沸石分子筛、离子交换树脂的改性过程也常采用这种方法。

例如，焙烧过的硅酸铝（SA）表面带有羟基，是很强的质子酸。然而这些质子（H^+）不能直接与过渡金属离子或金属氨络离子进行交换，若将表面的质子先以 NH_4^+ 代替，离子交换就能进行，过程如图 7-16 所示。硅酸铝的离子交换反应为：

$$H_2SA + 2NH_4^+ \rightleftharpoons (NH_4)_2SA + 2H^+$$

$$(NH_4)_2SA + M^{2+} \rightleftharpoons MSA + 2NH_4^+$$

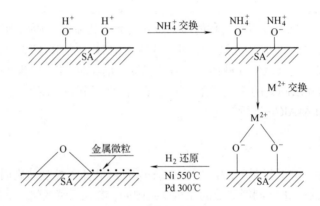

图 7-16　离子交换过程

该法制得的催化剂经还原后所得的金属微粒极细，催化剂的活性及选择性极高。如 Pd/SA 催化剂，当 Pd 含量小于 0.03mg/g 硅酸铝时，Pd 几乎以原子状态分散。离子交换法制备的 Pd/SA 催化剂只加速苯环加氢反应，而不会进一步断裂环己烷的 C—C 键。

离子交换法常用于 Na 型分子筛及 Na 型离子交换树脂经离子交换除去 Na^+，而制得许多不同用途的催化剂。例如，用酸（H^+）与 Na 型离子交换树脂交换时，制得的 H 型离子交换树脂可用作某些酸、碱反应的催化剂。而用 NH_4^+、碱土金属离子、稀土金属离子或贵金属离子与分子筛交换，可得到多种相对应的分子筛型催化剂，其中 NH_4^+ 型分子筛加热分解，又可得到 H 型分子筛。

五、熔融法

熔融法是在高温条件下进行催化剂组分的熔合，使其成为均匀的混合体、合金固溶体或氧化物固溶体。在熔融温度下金属、金属氧化物均呈流体状态，有利于其混合均匀，促使助催化剂组分在主活性相上的分布，无论在晶相内或晶相间都达到高度分散，并以混晶或固溶体形态出现。

熔融法制造工艺显然是高温下的过程，因此温度是关键性的控制因素。熔融温度的高低，视金属或金属氧化物的种类和组分而定。熔融法制备的催化剂活性好、机械强度高且生产能力大；局限性是通用性不大，主要用于制备氨合成的熔铁催化剂、F-T 合成催化剂、甲醇氧化的 Zn-Ga-Al 合金催化剂及 Raney 型骨架催化剂的前体等。其制备程序一般为：固体的粉碎；高温熔融或烧结；冷却、破碎成一定的粒度；活化。例如，目前合成氨工业中使用的熔铁催化剂，就是将磁铁矿（Fe_3O_4）、硝酸钾、氧化铝于 1600℃ 高温熔融，冷却后破碎，然后在氢气或合成气中还原，即得 $Fe-K_2O-Al_2O_3$ 催化剂。

六、滚涂法和喷涂法

许多部分氧化的反应中，为了防止反应物深度氧化，在用浸渍法制备催化剂时，固然可以选用孔容小、比表面小的载体，不使活性组分浸入载体所有可以达到的内孔，尽量利用外表面，但由于其他方面的原因（如考虑传热效应），而不得不采用多孔、比表面大的载体时，则可应用滚涂或喷涂的方法将活性组分负载于载体上。喷涂法可以看成是由浸渍法派生而出的，而滚涂法则可看成是共混合法。

滚涂法是将活性组分先放在一个可摇动的容器中，再将载体布于其上，经过一段时间的滚动，活性组分逐渐黏附其上，为了提高滚涂效果，有时也要添加一定的黏合剂。滚涂法也同浸渍法一样，可以多次滚涂。如乙烯氧化制环氧乙烷用银催化剂，除可用前述若干方法外，也可应用滚涂法。如果以 $AgNO_3$ 为原料、以刚玉球为载体，可按下列步骤进行，先将右旋葡萄糖水溶液加到含硝酸银的溶液中，再往此溶液中缓慢加入 KOH 溶液，生成的沉淀物经洗涤除去过量 K^+ 后准备滚涂用。滚涂时，是将上述沉淀与 $Ba(OH)_2 \cdot 2H_2O$ 的细粉末混合，分成两等份。先将一份同刚玉球混合滚涂，再加入剩余一份继续滚涂。干燥后再经一定处理后备用。

喷涂法操作与滚涂法类似，但活性组分不同载体混在一起，而是用喷枪或其他手段喷附于载体上。如丙烯腈合成所用磷钼铋薄层催化剂即用此法制成。催化剂以刚玉为载体，具体步骤是将磷钼酸铋活性组分同黏合剂硅溶胶混在一起，用喷枪喷射到转动容器中的预热刚玉上。喷涂法中加热条件十分重要，对喷涂效果影响很大。

七、沥滤法（骨架催化剂制备）

骨架催化剂是一类常用于加氢、脱氢反应的催化剂。这类催化剂的特点是金属分散度高、催化活性高。因其在制备过程中用碱除去不具催化活性的金属而形成骨架，活性金属原子在其中均匀地分散着，所以这类催化剂被形象地被称为骨架催化剂。常用的是骨架镍，此外还有骨架钴、骨架铁催化剂等。这类催化剂又称 Raney 催化剂。

骨架催化剂的制备一般分为三步，即合金的制取、粉碎及溶解。先将活性组分金属和非活性金属在高温下制成合金，常作为活性组分的金属为 Fe、Co、Ni、Cu 和 Cr 等，非活性金属为 Al、Mg 和 Zn 等，具有特殊意义的是 Ni-Al 合金；然后将得到的合金进行粉碎，合金的成分直接影响粉碎的难易程度；最后是溶解，常用苛性钠溶去非活性金属。

如骨架镍的制备，将金属镍和铝按 3∶7 比例混合，于 1173~1273K 熔融，然后浇铸成圆柱体，并破碎，用合适浓度和合适量的 NaOH 溶液处理此 Ni-Al 合金，使其中的 Al 以 $NaAlO_2$ 形式进入溶液而与 Ni 分开。NaOH 的浓度和用量对骨架镍催化剂的性质影响很大，如采用浓度为 3%，溶液与合金的重量比为 0.32∶1。

经碱处理后的骨架催化剂上的活性金属组分非常活泼，如其中的镍原子活泼到可在空气中自燃的程度。这是因为催化剂表面上吸附有氢，因而应采取水煮或放在乙酸中浸泡等措施将其除掉，这种处理称钝化。钝化后的催化剂仍然很活泼，不能放在空气中，而应放在酒精等溶剂中备用。

八、气相合成法

从气相得到的微粒具有纯度高、粒径均匀、凝集少、分散性好，可合成氮化物、碳化物之类的非氧化物等优点，可期望作为催化材料加以利用。

气相合成法分为物理蒸发凝结法和气相化学反应法两种。前者是用等离子火焰把原料气化再急冷凝结，可合成氧化物、碳化物和金属的超细粉末。后者是由挥发性金属氧化物蒸气的热分解或挥发性金属氧化物与其他气体反应，可得高纯度、分散性良好的氧化物、金属、氮化物、碳化物、硼化物等，适用于非氧化物微粒子的合成。用气相化学反应法欲得到分散性良好的均匀的微粒，这与在液相中沉淀生成反应相同，要有均匀的核生成及核长大才能实现。气相固体粒子的生成可以是一种不均匀核的生成和成长过程，既在其他固体表面上形成薄膜，也有生成晶粒，要生成均匀的核小一些的过饱和度是十分重要的。使用金属氯化物的场合，该生成反应的平衡常数为 K（以金属氯化物 1mol 为基准），$K_p>10^3$ 时得到微粒，而 $K_p<10^2$ 时以不均匀晶核析出结晶。

金属氧化物微粒可由挥发性金属氯化物的氧化，加水分解、金属蒸气的氧化、金属化合物的热分解等方法合成。从 Si、Ti、Fe 的氯化物可得 0.1~1μm 的氧化物微粒。在非氧化物中，从氯化物和 NH_3 可得氮化物，由氯化物和 CH_4 可得碳化物。

九、催化剂成型

催化剂成型也是制备催化剂的关键步骤之一，成型操作直接影响催化剂的比表面、孔结构和机械强度，从而影响催化剂的活性、选择性和寿命。

催化剂的几何形状和颗粒大小是根据工业过程的需要而定的，因为其对流体阻力、气流的速度梯度、温度梯度及浓度梯度等均有影响，并直接影响实际生产能力和生产费用。因此，须根据催化反应工艺过程的实际情况，如使用反应器的类型、操作压力、流速、床层允许的压降、反应动力学及催化剂的物化性能、成型性能和经济因素等综合起来考虑，正确地选择催化剂的外形及成型方法，以减少流体流动所产生的压力降，防止发生沟流，提高催化剂的表面利用率，从而获得良好的催化性能。

催化剂常用的形状有圆柱状、环状、球状、片状、网状、粉末状、不规则状及条状等（见图 7-17），近年来还相继出现了许多特殊形状的催化剂，如碗状、三叶状、车轮状、蜂窝状及膜状等。

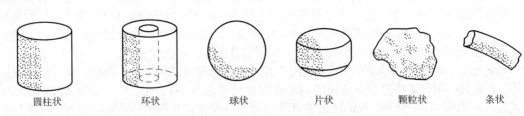

| 圆柱状 | 环状 | 球状 | 片状 | 颗粒状 | 条状 |

图 7-17　常用催化剂的形状

催化剂对流体的阻力是由固体的形状、外表面的粗糙度和床层的空隙率所决定的。常用的反应床层为固定床和流化床，其他尚有移动床和悬浮床。具有良好的流线型的固体阻力较小，一般固定床中球状催化剂的阻力最小，不规则者则很大。对于生产上使用的大型列管式反应器来说，使流经各管的气体阻力一致是非常重要的。因此须十分认真地进行催化剂的填充，要求催化剂的形状和大小基本一致。从实际使用来看，当粒径与管径之比小于1∶8时容易避免壁效应、沟流和短路现象，使各管阻力基本一致，气体均匀分布。但粒径过小又会增加床层阻力，通常要求粒径与管径之比小于 1∶5。为提高反应器的生产能力，总希望单位反应器容积具有较高的填装量，一般球状催化剂的填装量最高，其次是柱状催化剂。对于柱状催化剂，为了同时考虑强度和填装量，常采用径/高=1的比例。工业上，固定床常使用柱状、片状及球状等大小在4mm以上的催化剂；流化床使用直径在20~150μm的球状催化剂，要求催化剂具有较高的耐磨性；移动床催化剂颗粒为3~4mm大小；悬浮床催化剂颗粒最小，直径在1μm~1mm间。

催化剂的成型方法有压力成型和收缩成型，前者包括压片、挤条和滚动造粒等，后者包括喷雾干燥和油柱成型等。此外还有简单的破碎法，以及编织法，如铂网催化剂即由铂丝编织而成。

① 片状和条状催化剂。系由催化剂半成品通过压片或挤条成型制取。压片制得的产品具有形状一致、大小均匀、表面光滑、机械强度高等特点，适用于高压、高流速固定床反应器；而挤出成型则可得到固定直径、长度可在较广范围内变化的颗粒，与压片成型相比，其生产能力大得多。

② 球状及微球状催化剂。球状催化剂可采用油柱成型或滚动造粒法，微球状催化剂则采用喷雾干燥制成，流化床催化剂常用此法制得。

③ 不规则颗粒状的催化剂。多采用破碎法制得，所得的催化剂大小不一且有棱角，使用前需进行筛分，工业上还需在角磨机内磨去棱角。

④ 粉末状催化剂。也采用破碎法，将干燥后的块状催化剂粉碎、磨细即得。

其他特殊构型（如环状）的催化剂，需要专门的设备和方法，此处从略。

1. 压力成型

压力成型是靠外加压力，将催化剂或载体的粉体材料制成一定外形，如压片、挤条、转动成球。

（1）压片成型

将粉状催化剂或载体组分放入特定的模具中，用压片机加压成型。压片时，为增加催化剂的比表面和颗粒体积，可加入适量惰性添加剂，为使粉末颗粒间结合良好，可加入黏合剂，如糊精、聚丙烯酸、醇等。成型时也常加入润滑剂，以减少压片过程中的阻力。如在生产 Al_2O_3 时，在半成品 Al_2O_3 干胶中加入 2%~3%的石墨，然后粉碎，压片成型。

压片时，粉末间主要靠 van der Walls 力结合，除这种力外，如有水存在，毛细管压力也会增加黏结能力。Rumpt 将抗拉强度引进粉末结合理论，认为大小均匀的球形颗粒相互聚集的凝聚力即为颗粒的抗拉强度，可用下式表示：

$$\sigma_z = \frac{9(1-\theta)}{8\pi d^2}kH \qquad (7\text{-}9)$$

式中，d 为颗粒直径，cm；θ 为空隙率；k 为一个颗粒同周围颗粒接触数的平均值，$k \approx \pi \approx 3.1$；$H$ 为两个颗粒间的 van der Waals 力，当粒子之间距离 $a < 100$nm 时：

$$H = \frac{Ad}{24a^2} \qquad (7\text{-}10)$$

式中，A 是随物质变化的常数。将 H 的关系式代入 σ_z 的表达式，则有：

$$\sigma_z = 0.05\frac{(1-\theta)A}{da^2} \tag{7-11}$$

此式表明，催化剂的抗拉强度一般同粒子的直径与粒子间距离的平方乘积成反比。

成型压力会影响催化剂的压碎强度。如 Al_2O_3 水合物在不同成型压力下，其压碎强度有很大的变化（图7-18）。为此压片成型时，须选择好颗粒直径和成型压力。

成型压力对催化剂的活性也有影响。当成型压力不很高时，对活性的影响是通过孔结构和表面积的变化而体现的；当成型压力太高时，会引起催化剂的化学结构变化，因而对活性的影响更明显。如在 Bi_2O_3 催化剂上加 5×10^5kPa 的压力，则 Bi_2O_3 可变成 $2Bi+3/2O_2$。加压过程中，有关物理结构和化学结构变化对活性产生的影响，尚未总结出系统的规律。

压片成型的优点是：①成型产物形状均匀一致，机械强度好；②可调节产品的堆积密度及孔隙率；③所有的粉体均可采用压片成型。缺点是：①生产能力低；②难成型球形及小颗粒；③模具磨损大，设备投资和维修费用高。

（2）挤条成型

挤条成型要求物料有适宜的黏性和可塑性，一般用于非结晶型沉淀，这些粉体加黏合剂捏合后处于可塑状态。挤条成型的步骤是将催化剂的粉末或湿料加入适量的黏合剂充分混合，从成型机的网或孔眼挤出，将挤出的条切断、干燥及焙烧，最后成柱状催化剂（图7-19）。

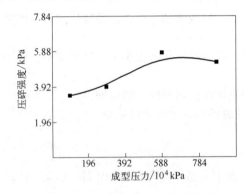

图7-18　成型压力对压碎强度的影响

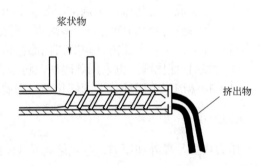

图7-19　挤条成型

挤出成型适合生产用于低压、低流速反应条件的催化剂，对 1~2mm 的小颗粒更有利。与压片法相比，挤出成型产品的孔隙率高而强度略低，但生产能力大，制造成本较低。目前工业上采用挤条成型的有活性炭、分子筛、活性氧化铝等。

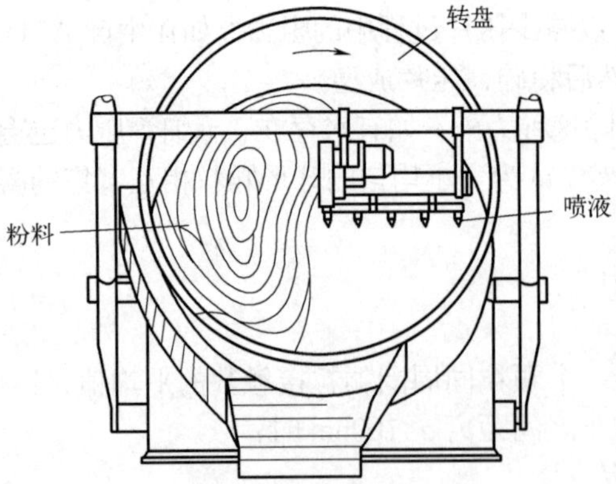

（3）转动成型

转动成型是将粉料置于转动的容器中，喷淋适量水或黏结剂，润湿的物料互相黏附，滚动中逐渐长大为球形颗粒。转动造粒产品呈层状结构，比较疏松，强度较低；适合生产移动床和沸腾床用的 2~3mm 至 7~8mm 球形催化剂，利用不同的粉料或黏合剂，可制备"壳形"或"芯形"催化剂。其中滚筒式常用于分子筛成型，而转盘式常用于催化剂粉料的成型（图7-20）。

图7-20　转盘式成型机

转盘成型的优点是：操作直观；生产能力较大，设备占地面积小。缺点是：产品的外观和强度较差；多组分间混合的均匀程度较差；操作时粉尘较大，工作条件较差；操作者的经验对产品质量有一定影响。

2. 收缩成型

收缩成型是利用物料（胶体或悬浮液）的自身表面张力，收缩成微球或小球，所得成品形状规则，表面光滑，耐磨强度较好。有喷雾成型和油柱成型等。喷雾成型是将料浆高速通过喷头分散到高温气流中，同时失水成干燥微球，边干燥边成型（图7-21）。油柱成型是将溶胶滴入热油中，利用介质和溶胶本身的表面张力将物料切割成小滴并收缩成小球，边胶凝边成型（图7-22）。将合成氨熔融料滴入含有 K_2O 的水溶液中时，可收缩成球，制备球形合成氨催化剂。

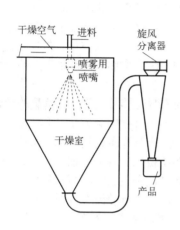

图 7-21　喷雾干燥法生产粉状催化剂

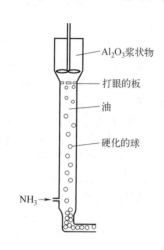

图 7-22　柱管法生产球形催化剂

第二节

制备的后续热处理

上述制备的工业催化剂，无论是浸渍法、沉淀法、机械混合法，还是其他方法，在活性组分负载于载体后，一般说来还不是催化剂所需要的化学状态，没有一定性质和数量的活性中心，也尚未具备较为合适的物理结构，对反应不能起催化作用，故称为催化剂的钝态。所以，催化剂在制备好以后，往往还要活化；除较低温度的干燥外，均需较高温度的热处理，即焙烧或再进一步还原、氧化、硫化、羟基化等处理使催化剂转变为活泼态。使钝态催化剂转变为活泼态催化剂的过程就是催化剂的活化。活化的目的在于使催化剂，尤其是其表面，形成催化反应所需要的活性结构。活化方法视需要而定。常常要在高温下用氧化性或还原性气体处理催化剂。活化好的催化剂才可投入使用。

一、干燥

干燥是固体物料的脱水过程，通常在 60~200℃下的空气中进行，一般对化学结构没有影响，但对催化剂的物理结构特别是孔结构的形成及机械强度会产生影响。经过滤洗涤后的沉淀物还含有相当一部分水分，有润湿水分、毛细管水分和化学结合水分。润湿水分是物料粗糙外表面附着的水分；毛细管水分是沉淀物微孔内或晶体内孔穴所含的水分；化学结合水是与沉淀物组成化学结合的水分。化学结合水需经焙烧后才能完全去除。干燥时，大孔中的水分由于蒸气压较大而首先蒸发，当较小的孔中的水分蒸发时，由于毛细管作用，所减少的水分会从较大的孔中抽吸过来而得到补充。因此，在干燥过程中，大孔中的水分总是首先减少，大孔中的水分蒸发完毕后，较小的孔中可能还会存有水分。这时如采用较高温度下的快速干燥，常会导致颗粒强度降低和产生裂缝。因此，要达到较好的干燥效果，要求在逐步升高温度和逐步降低周围介质湿度的条件下干燥，用较长的时间来完成，并且最好将湿物料不断进行翻动。大块的多孔性凝胶物料干燥时，物料收缩率较大，如果外层或大孔中的水分先失去而收缩，而内层细孔中的水分不易挥发，其体积保持不变，收缩的外层向体积未变形的内部施加压力，就可能造成龟裂和变形。此外，水分的扩散速率与水分浓度有关，表面干燥的外层水分浓度较低，扩散推动力小，在极端情况下，可能造成表面结起一层水分完全不透过的皮层，将物料包住，以致内部水分不能除去，这一现象称为表面结壳。降低干燥速率或添加降低界面张力的表面活性剂，则可缓和或消除这种现象。

　　浸渍法制备催化剂的干燥过程，除影响催化剂的宏观结构外，还会对负载的活性组分分布产生明显的影响。载体毛细管中浸渍液所含的溶质在干燥过程中会发生迁移，造成活性组分的不均匀分布。这是由于在缓慢干燥过程中，热量从颗粒外部传递到其内部，颗粒外部总是先达到液体的蒸发温度，因而孔口部分先蒸发使一部分溶质析出，由于毛细管上升现象，含有活性组分的溶液不断地从毛细管内部上升到孔口，并随溶剂的蒸发，溶质不断析出，活性组分就会向表层集中，留在孔内的活性组分减少。因此，为了减少干燥过程中溶质的迁移，常采用快速干燥法，使溶质迅速析出。有时亦可采用稀溶液多次浸渍法予以改善。

二、焙烧

　　干燥后催化剂组分常以氢氧化物、碳酸盐、铵盐或硝酸盐等形式存在，均须经过焙烧，加热分解；若为金属氧化物催化剂，只经焙烧便具有催化活性，因此焙烧即为活化过程；而金属或硫化物催化剂，焙烧后还需进一步活化（还原、硫化）。

1. 焙烧的目的

　　① 通过物料的热分解除掉易挥发的组分而保留一定的化学组成，使催化剂具有稳定的催化性能。
　　② 借助固态反应，互溶和再结晶使催化剂获得一定的晶型、微晶粒度、孔隙结构和比表面等。
　　③ 对于成型后再焙烧的催化剂，通过使微晶适当烧结，可提高催化剂的机械强度。

2. 焙烧过程中催化剂发生的变化

　　焙烧过程中既发生化学变化，也发生物理变化。
　　（1）化学变化
　　制备催化剂时，无论是浸渍法、沉淀法还是其他方法得到的固体物质在通常条件下是没有催化活性的，当经过焙烧后，就可使上述化合物加热分解，除去挥发成分而保留活性的组分。如除去化学结合水、挥发性的杂质（如 NH_3、NO、CO_2），使之转变为所需的化学成分，包括化学价态的变化。如异丁烷脱氢所用的催化剂，其基体物料含 $Al_2O_3 \cdot nH_2O$、CrO_3、KNO_3，在空气气氛中于550℃下发生热分解：

$$Al_2O_3 \cdot nH_2O = Al_2O_3 + nH_2O \uparrow$$
$$4CrO_3 = 2Cr_2O_3 + 3O_2 \uparrow$$
$$2KNO_3 = 2KNO_2 + O_2 \uparrow$$
$$\downarrow K_2O + NO \uparrow + NO_2 \uparrow$$

焙烧过程一般为吸热反应，所以提高温度有利于焙烧时分解反应的进行，降低压力亦有利。

（2）晶粒变化

在焙烧过程中，随温度升高和时间的延长，晶粒变大。如一水软铝石转化为γ-Al₂O₃，当焙烧温度由773K变化至1273K时，晶粒边长由0.39nm增至0.62nm，焙烧时间均为2h。当焙烧温度固定（1073K），焙烧时间从1h变至48h，晶粒边长由0.45nm增至0.67nm。

再如对金属铂催化剂，随着焙烧温度的升高，Pt平均晶粒大小增加，如图7-23所示。由图可知，采用离子交换法制备的催化剂，在同样的焙烧条件下较浸渍法制备的更为稳定。对金属微晶烧结的机理还存在许多争论，到目前为止还没有一种理论能够完全解释在这类催化剂烧结过程中所观察到的现象。

为抑制活性组分的烧结，可加入耐高温作用的稳定剂起间隔作用，以防止容易烧结的微晶相互接触，从而抑制烧结。易烧结物在烧结后的平均结晶粒度与加入稳定剂的量及其晶粒大小有关。在金属负载型催化剂中，载体实际上也起间隔的作用，图7-24示出了分散在载体中的金属含量愈低，烧结后的金属晶粒愈小；载体的晶粒愈小，则烧结后的金属晶粒也愈小。

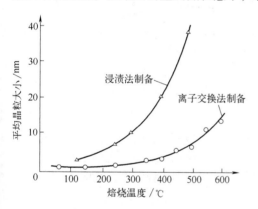

图7-23 在焙烧过程中Pt晶粒长大的情况　　图7-24 金属负载型催化剂中载体对金属晶粒烧结的影响

（3）比表面积变化

由于焙烧中的热分解反应使易挥发组分除去，在催化剂上留下空隙，由此引起比表面的增加。如在823K真空条件下焙烧碳酸镁，分解愈接近完全，其比表面就愈大（图7-25）。在MgCO₃分解率不高时，由于分解出的CO₂逸去后留下的Mg^{2+}和O^{2-}仍处于原MgCO₃晶格位置，即生成具有MgCO₃晶格的MgO微晶核（假MgCO₃晶格），所以比表面增加幅度不大，但这种不稳定的假晶格立刻被破坏，变成真正的MgO晶格。如果每个MgCO₃微晶中含n个MgO晶格，则再结晶后产物中的微晶数目比原来的MgCO₃微晶数多n倍，这可能使表面积剧增。如果焙烧温度过高，一旦发生了烧结，催化剂的表

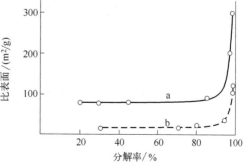

图7-25 焙烧MgCO₃时比表面与分解率的关系
a—真空中；b—空气中

面积不但不增加，反而减少，为此需控制好焙烧温度。

负载型催化剂中的活性组分（如金属）是以高度分散的形式存在于高熔点的载体上，该类催化剂在焙烧过程中由于金属晶粒大小的变化导致活性比表面积的变化，亦即由于较小的晶粒长成较大的晶粒，在此过程中表面自由能也相应减小。图 7-26 所示为 Pd/Al$_2$O$_3$ 催化剂金属的活性比表面积与温度的关系。由图可知，随着焙烧温度的升高，金属 Pd 的比表面积下降。有些情况下载体和金属微晶都可能发生烧结；但更多的情况，只是活性金属总面积减少，而载体的比表面积并不因此而降低。

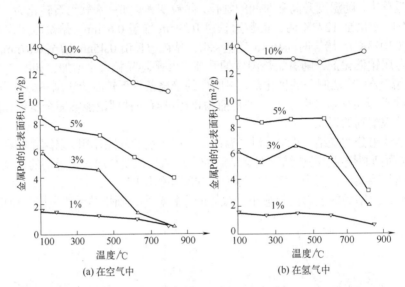

图 7-26　Pd/Al$_2$O$_3$ 催化剂金属 Pd 的活性比表面积在热处理时的变化

（4）孔结构变化

焙烧中，若发生烧结，微晶间发生黏附，使相邻微晶间搭成间架，间架所占的空间成为颗粒中的孔隙。随物质的不同，间架有不同的稳定性。若其间架结构稳定，其孔容不发生变化。如 SnO$_2$ 在 773~1773K 内焙烧时的情况。若其间架结构不稳定，则焙烧温度升高时引起孔容连续下降，如 SiO$_2$ 凝胶在 400~1400K 间焙烧的情况。

（5）互溶和固相反应

在焙烧过程中活性组分与载体可能生成固体溶液（固溶体），也可能发生固相反应，形成新的化合物。可根据需要采用不同的操作条件，促使或避免其生成（见下述还原活化部分）。

Andrew 将催化剂生产中常用的 Cu、Fe、Ni、Zn、Mg、Ca、Al 的二元氧化物在 700℃ 以下（焙烧常用温度）的相互溶解度列于表 7-3 中。固溶体的生成一般可减缓晶体长大的速率。如纯 NiO 在 500℃ 下焙烧 4h，其晶粒成长到 30~40μm；而 NiO 与 MgO 形成固溶体后，在同样的焙烧条件下，NiO 的粒度仅为 8.0μm 左右。

表 7-3　在 700℃ 以下二元氧化物的互溶性

金属	Al	Mg	Ca	Zn
Cu	很小	很小	很小	小
Fe	Fe·Al$_2$O$_3$	全部互溶	CaO·FeO	ZnO·Al$_2$O$_3$
	Fe$_2$O$_3$·Al$_2$O$_3$	MgO·Al$_2$O$_3$	CaO·Fe$_2$O$_3$	
Ni	NiO·Al$_2$O$_3$	全部互溶	很小	小

金属	Al	Mg	Ca	Zn
Zn	ZnO · Al$_2$O$_3$	很小	很小	—
Mg	MgO · Al$_2$O$_3$	—	很小	很小
Ca	CaO · Al$_2$O$_3$	很小	—	很小

3. 影响焙烧的因素

焙烧过程一般为吸热过程，因而升高温度有利于焙烧时分解反应的进行，降低压力（如将系统抽真空）或降低气体分压也对分解反应有利。需要指出的是，焙烧温度也不是越高越好，焙烧温度过高会造成烧结，使催化剂活性下降，而焙烧温度降低则达不到活化的目的，因此必须很好地控制。在实际操作中焙烧通常在略高于催化过程的温度下进行。

焙烧气氛对催化剂性能也有影响，根据 Delmon 报道焙烧气氛对 Pt 晶粒大小的影响，发现以 H$_2$ 气氛焙烧时，由于在低温（250~300℃）下 Pt 就开始还原，有利于生成分散度很好的金属粒。在空气中焙烧时，有利于生成铂的氧化物，此氧化物与 Al$_2$O$_3$ 作用，使氧化物有很高的分散度，颗粒度很小。在 N$_2$ 下焙烧时，在低于 350℃ 下限制铂氨配合物的分解，以致金属容易凝结成较大的微晶。

焙烧气氛也可以引起其他性质的变化，如 TiO$_2$-SiO$_2$ 催化剂在空气下焙烧，随温度升高表面酸性增大，若在真空中焙烧 400℃ 下出现 Ti^{3+}，500℃ 达最大值，再升高温度，Ti^{3+} 浓度下降。因而焙烧气氛可影响催化剂的表面酸性和表面价态。

三、还原活化

经过焙烧后的催化剂，相当多的是以高价氧化物的形态存在的，除对个别的反应外，多数仍未具有催化活性，如果要求所合成的催化剂为活泼的金属或低价氧化物，还须用氢或其他还原性气体活化。如氧化镍、氧化铁及钯盐的还原：

$$NiO + H_2 = Ni + H_2O \uparrow$$
$$Fe_2O_3 + 3H_2 = 2Fe + 3H_2O \uparrow$$
$$Pd 盐 \xrightarrow{还原剂} Pd$$

还原过程通常在催化剂使用装置中进行，这是由于还原后的催化剂暴露于空气中容易失活，某些甚至会引起燃烧，因此一经活化应立即投入使用。故催化剂制造厂家常以未活化的催化剂包装作为成品，如加氢用的 Ni-Al$_2$O$_3$ 催化剂、加氢精制用的 Co-Mo-S-Al$_2$O$_3$ 催化剂，均常以氧化态作为成品，由催化剂生产厂家为催化剂使用者提供完备而详细的还原步骤。

催化剂的还原有时也在生产厂进行，即预还原。这是由于某些催化剂或是由于还原时间长，占用反应器的生产时间；或是由于要在特殊条件下还原，才可以获得最佳的还原质量；或是由于还原与使用条件相差过大，在反应器内无法进行还原，要求在专用设备内预先还原并稍加钝化，提供预还原的催化剂，使用时只要略加活化即可投入使用。这种预还原催化剂，既能满足使用者对质量与时间方面的要求，又能保证产品在贮存、运输、装填时安全操作。用于合成氨的熔铁催化剂即属此例。

在还原活化过程中，既有化学变化也有宏观物性的变化。如一些金属氧化物（CuO、NiO、CoO、Fe$_2$O$_3$ 等）在氢或其他还原性气体作用下还原成金属时，表面积将大大增加，而催化活性和表面状态也与还原条件有关，用 CO 还原时还可能析炭。还原活化的质量将直接影响催化剂的使用性能。

影响活化的因素有：还原温度、气氛、还原气体的空速与压力、催化剂的组成与粒度等。

就还原温度而言，每种催化剂均有一特定的起始还原温度、最快还原温度及最高允许还原温度，因此，还原时要根据催化剂的性质，选择并控制升温速率和还原温度，按程序进行。在还原时不同的还原剂有不同的还原能力，具有不同的还原速率和还原深度，因此采用不同的还原气体所得结果均不相同。还原气体的空速和压力也能影响还原质量，催化剂的还原是从颗粒的外表面开始的，然后逐渐向内扩展，空速大可以提高还原速率。如果还原是分子数减少的反应，则增大压力可以提高催化剂的还原度。催化剂的组成也影响其自身的还原行为，负载的氧化物较纯氧化物所需的还原温度要高些。如负载的 NiO 较纯 NiO 显示出较低的还原度。相反，难还原的铝酸镍，如果加入少量铜化合物，还原时生成铜金属中心，使氢分子解离并迁移到铝酸镍中，可加速铝酸镍的还原。此外，催化剂颗粒的大小也是影响还原效果的一个因素。

还原条件对负载型催化剂金属的分散度亦有影响。为得到高活性金属催化剂，希望在还原后得到高分散度的金属微晶。按照结晶学原理，在还原过程中增大晶核生成的速率，有利于生成高分散度的金属微晶；而提高还原速率，特别是还原初期的速率，可增大晶核的生成速率。在实际操作中，可采用下述方法提高还原速率，以获得金属的高分散度。

① 在不发生烧结的前提下，尽可能高地升高还原温度。升高还原温度可大幅增加催化剂的还原速率，缩短还原时间，而且由于还原过程有水分产生，可缩短已还原的催化剂暴露在水汽中的时间，减小反复氧化还原的概率。

② 采用较高的还原气空速。高空速有利于还原反应平衡向右移动，提高还原速率。另外，空速大气相水汽浓度低，水汽扩散快，催化剂孔内的水分容易逸出。

③ 尽可能地降低还原气体中水蒸气的分压。一般来说，还原气体中水分和氧含量愈多，还原后的金属晶粒愈大。因此，可在还原前先将催化剂进行脱水，或用干燥的惰性气体通过催化剂层等。

还原后金属晶粒的大小与负载催化剂中金属含量和还原气氛的关系如图 7-27 所示。催化剂中金属含量低，还原气体中 H_2 含量高，水汽分压低，还原所得的金属晶粒小，即金属分散度大。

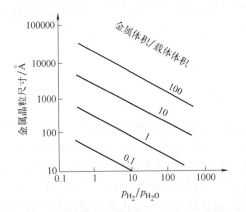

图 7-27 负载金属催化剂还原时生成的金属晶粒尺寸

前述在焙烧过程中活性组分与载体生成固溶体或发生固相反应形成新的化合物是否有利取决于其在活化时能否被还原。

如果固溶体中的活性组分在最后的活化阶段能被还原成金属，将促使其与载体最紧密地混合，否则这部分金属氧化物是无效的。与固溶体一样，如果固相反应形成新的化合物最后能被还原，由于阻止了金属微晶的烧结，可使催化剂具有高活性和长寿命，否则化合物中这部分金属就无催化性能而被浪费。如用于生产苯乙烯的 ZnO-Al$_2$O$_3$ 催化剂，在焙烧时生成的锌铝尖晶石 ZnAl$_2$O$_4$ 因不能被还原而无催化活性，应设法防止其生成。但也有相反情况，如 NiO 与载体 Al$_2$O$_3$ 在焙烧时发生固相反应生成的铝酸镍尖晶石 NiAl$_2$O$_4$，虽然较难还原，但一旦还原成金属 Ni 后，则具有与用 NiO 还原所得 Ni 不同的催化活性。因此在催化剂制备热处理过程中，有意识地利用互溶或固相反应，对催化剂进行调变，有可能改变或提高催化剂的性能。

四、失活与再生

工业催化剂不可能无限期地使用，有其发生、发展和衰亡的过程。工业催化剂在使用过程中活性随时间的变化关系见第一章图1-5，分为成熟期、稳定期和衰老期三个阶段。引起催化剂活性下降的原因是多方面的，研究催化剂活性的衰退和研究催化性能的产生一样，对催化理论和实践均有重要的意义。

催化剂的寿命和活性是其三大指标中的两个。对于工业催化剂来说，常常不追求过高的活性，而更重要的是要求催化剂活性稳定，即有较长的寿命。

催化剂在整个使用过程中，尤其是在使用的后期，活性是逐渐下降的。影响催化剂活性衰退的原因是多种多样的：有的是活性组分的熔融或烧结（不可逆）；也有的是化学组成发生了变化（不可逆），生成新的化合物（不可逆）或暂时生成化合物（可逆）；或是吸附反应物或其他物质（可逆或不可逆）；还有的是发生破碎或剥落、流失（不可逆）等。采用物理或化学方法能够恢复活性的称为可逆的，不能恢复的则为不可逆的。在使用中很少只发生一种过程，多数场合下是有几种过程同时发生，导致催化剂活性的下降。

1. 催化剂失活

（1）中毒

催化剂的活性和选择性可能由于外来物质的存在而下降，这种现象称作催化剂的中毒，而外来的物质则称作催化剂毒物。许多事实表明，极少量的毒物就可导致大量催化剂活性的完全丧失。能引起催化剂活性失效的毒物有很多，对于同一种催化剂只有联系到其催化的反应时，才能清楚地指出什么是毒物。换言之，毒物不仅是针对催化剂，而且是针对该催化剂所催化的反应来说的。反应不同，毒物也不同，见表7-4。

表7-4 某些催化剂及催化反应中的毒物

催化剂	反应	毒物
Ni，Pt，Pd，Cu	加氢，脱氢	S，Se，Te，P，As，Sb，Bi，Zn，卤化物，Hg，Pb，NH_3，吡啶，O_2，CO（<180℃）
	氧化	铁的氧化物，银化物，砷化物，乙炔，H_2S，PH_3
Co	加氢裂解	NH_3，S、Se、Te、P 的化合物
Ag	氧化	CH_4，乙烷
V_2O_5，V_2O_3	氧化	砷化物
Fe	合成氨	硫化物，PH_3，O_2，H_2O，CO，乙炔
	加氢	Bi、Se、Te、P 的化合物，H_2O
	氧化	Bi
	F-T 合成	硫化物
SiO_2-Al_2O_3	裂化	吡啶，喹啉，碱性的有机物，H_2O，重金属化合物

按照毒物作用的特性，中毒过程分为可逆的和不可逆的。如果从反应混合物中除去毒物，被毒化的催化剂与纯反应物接触一段时间后，就恢复了初始的化学组成和活性，则通常认为中毒是可逆的，如图7-28所示，在这种情况下一定的毒物浓度与一定的活性损失百分数相对应。不可逆中毒时催化剂的活性不断降低，直到完全失活，从反应介质中除去毒物后活性仍不恢复，如图7-29所示。例如，烯烃采用镍催化剂加氢时，如果原料中含有炔烃，由于炔烃的强化学吸附而覆盖活性中心，故炔烃对烯烃的加氢催化剂为毒物。如果提高原料气的纯度，降低炔烃

的含量，则吸附的炔烃在高纯原料气的流洗下将脱附，催化活性得以恢复。这种中毒属于可逆中毒。如果原料气中含有硫，硫与镍催化剂的活性中心强烈结合，原料气脱硫后已毒化的活性中心亦不能恢复，这种中毒属于不可逆中毒。

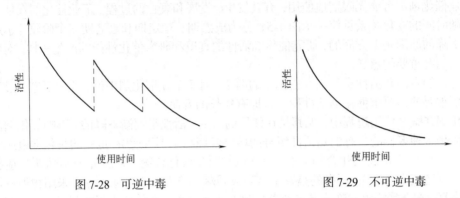

图 7-28　可逆中毒　　　　　　　　　　　图 7-29　不可逆中毒

温度对中毒作用也有影响，在某个温度下属于不可逆毒化作用的物质，在较高的温度下可能转变为可逆的。以硫化物为例，对金属催化剂来说有三个温度范围。当温度低于 100℃时，硫的价电子层中存在的自由电子对是产生毒性的因素，这种自由电子对与催化剂中过渡金属的 d 电子形成配位键，毒化催化剂，硫化氢对铂的中毒就属于这种类型。而没有自由电子对的硫酸，在低温下对加氢反应没有毒性。当温度在 200~300℃时，不论硫化物的结构如何，都具有毒性。这是由于在较高的温度下，各种结构的硫化物都能与这些金属发生作用。现代工业催化过程大多在较高的温度下进行，因此对原料中所有的硫化物都要进行严格的脱除。当温度高于 800℃时，硫的中毒作用则变为可逆的，因为在这样高的温度下，硫与活性物质原子间的化学键不再是稳固的。

已中毒的催化剂常常可以观察到它对催化的这个反应失去催化能力，但对另一个反应仍具有催化活性，这种现象称作催化剂的选择性中毒。例如，被 CS_2 中毒的铂黑，失去对苯乙酮加氢的催化能力，但对环己烯的加氢反应仍有活性。选择性中毒对工业催化来说是有意义的，在某种情况下它可以提高反应的选择性。例如，乙烯在银催化剂上氧化生成环氧乙烷，副产物是 CO_2 和 H_2O，如果在原料气中混有微量的 $C_2H_4Cl_2$，可选择性地毒化催化剂上促进副反应的活性位点，抑制 CO_2 的生成，使环氧乙烷的选择性得到提高。

（2）积炭

在有机催化反应中如裂化、重整、选择性氧化、脱氢、脱氢环化、加氢裂化、聚合、乙炔气相水合等，除毒化作用外，积炭也是导致催化剂活性衰退的主要原因。积炭是催化剂在使用过程中逐渐在表面上沉积一层炭质化合物，减少了可利用的表面积，引起催化活性衰退。故积炭也可看作是副产物的毒化作用。产生积炭的原因很多，通常在催化剂导热性不好或孔隙过细时容易发生。积炭过程是催化系统中的分子经脱氢-聚合而形成难挥发的高聚物，它们还可以进一步脱氢而形成含氢量很低的类焦物质，所以积炭又常称为结焦。例如，丁烷在 Al-Cr 催化剂上脱氢时，结焦相当严重，已结焦的催化剂粘在反应器壁上，并占据反应器相当部分的空间，催化剂使用 1.5~3.0 个月后必须停止生产以清洗反应器。研究工业反应器发现，焦炭是从边缘向中心累积的，而且渐渐地只留下气体流动的狭窄通道，在结焦最多的部分，通道只占整个反应器有效截面的 15%~20%，如图 7-30 所示。含有异构烷烃和环戊烷的正庚烷馏分，在固定床 Al-Cr-K 催化剂中芳构化时，操作 12h 后的结焦量为 8.4%，使催化剂的活性大大降低，510℃时芳烃产率从 25% 降至 16%。

研究表明，催化剂上不适宜的酸中心常常是导致结焦的原因，这些酸中心可能来自活性组分，亦可能来自载体表面。催化剂过细的孔隙结构增加了反应产物在活性表面上的停留时间，使产物进一步聚合脱氢，亦是造成结焦的原因。

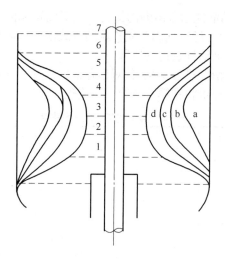

图 7-30　丁烷脱氢反应器中结焦的情况

a—最初结焦区；b~d—后来结焦区；1~7—反应器挡板

在工业生产中，总是力求避免或推迟结焦造成的催化剂活性衰退，可根据上述结焦的机理来改善催化剂系统。例如，可用碱来毒化催化剂上那些引起结焦的酸中心；用热处理来消除那些过细的孔隙；在临氢条件下进行作业，抑制造成结焦的脱氢作用；在催化剂中添加某些具有加氢功能的组分，在氢气存在下使初始生成的类焦物质随即加氢而气化，称为自身净化；在含水蒸气的条件下作业，可在催化剂中添加某种助催化剂来促进水煤气反应，使生成的焦气化。有些催化剂，如用于催化裂化的分子筛，几秒钟后就会在其表面产生严重的结焦，工业上只能采用双器（反应器-再生器）操作以连续烧焦的方法来清除。

（3）烧结、挥发与剥落

烧结是引起催化剂活性下降的另一个重要因素。由于催化剂长期处于高温下操作，金属会熔结而导致晶粒长大，减小了催化金属的比表面积。烧结的反向过程是通过降低金属颗粒的大小而增加具有催化活性金属的数目，称为"再分散"。再分散也是已烧结的负载型金属催化剂的再生过程。

温度是影响烧结过程的一个重要参数，烧结过程的性质随温度的变化而变化。例如，负载于 SiO_2 表面上的金属铂，在高温下会发生迁移、黏结长大的现象。当温度升至 500℃时，发现铂粒子长大，同时铂的比表面积和苯加氢反应的转化率相应降低。当温度升至 600~800℃时，铂催化剂实际上完全丧失活性，见表 7-5。此外，催化剂所处的气氛类型，如氧化的（空气、O_2、Cl_2）、还原的（CO、H_2）或惰性（He、Ar、N_2）气体，以及金属类型、载体性质、杂质含量等，都对烧结和再分散有影响。负载在 Al_2O_3、SiO_2 和 SiO_2-Al_2O_3 上的铂金属，在氧气或空气中，当温度高于或等于 600℃时发生严重的烧结。但负载在γ-Al_2O_3 上的铂，当温度低于 600℃时，在氧气氛中处理，则会增加分散度。从上面的情况来看，工业上使用的催化剂要注意使用的工艺条件，重要的是要了解其烧结温度，催化剂不允许在出现烧结的温度下操作。

表 7-5　温度对 Pt/SiO_2 催化剂的金属比表面积和催化活性的影响

温度/℃	100	250	300	400	500	600	800
金属的比表面积/（m^2/g 催化剂）	2.06	0.74	0.47	0.30	0.03	0.03	0.06
苯的转化率/%	52.0	16.6	11.3	4.7	1.9	0	0

催化剂活性组分的挥发或剥落，造成活性组分的流失，导致其活性下降，如乙烯水合反应

所用的磷酸-硅藻土催化剂的活性组分磷酸的损失；正丁烷异构化反应所用的 AlCl₃ 催化剂的损失，都是由挥发造成的。而乙烯氧化制环氧乙烷的负载银催化剂在使用中则会出现银剥落的现象。上述也都是引起催化剂活性衰退的原因。

典型的工业催化剂失活情况见表 7-6，其对催化剂的活性、选择性和寿命等性能均产生严重影响，有关催化剂的性能评价将在第八章第一节论述。

表 7-6 典型的工业催化剂失活

反应	操作条件	催化剂	典型寿命/年	影响催化剂寿命的因素	催化剂受影响的性质
合成氨 $N_2+3H_2 \Longrightarrow 2NH_3$	450~550℃ 20~50MPa	Fe-Al₂O₃-K₂O	5~10	缓慢烧结	活性
乙烯选择性氧化 $2C_2H_4+O_2 \Longrightarrow 2C_2H_4O$	200~270℃ 1~2MPa	Ag/α-Al₂O₃ （加有助剂）	1~4	缓慢烧结，床层温度升高	活性和选择性
$2SO_2+O_2 \Longrightarrow 2SO_3$	420~600℃ 0.1MPa	V 与 K 的硫酸盐 /SiO₂	5~10	缓慢破碎成粉	压力降增大，传质性能变差
油品加氢脱硫 $R_2S+2H_2 \Longrightarrow 2RH+H_2S$	300~400℃ 3MPa	硫化钴和铜/Al₂O₃	2~8	缓慢结焦，金属沉积	活性，传质
石脑油重整	460~525℃ 0.8~5.0MPa	Pt/Al₂O₃	0.01~0.5 （周期）	结焦，Pb、As、S 以及有机氮化物引起中毒	传质，活性，选择性
油品催化裂化	500~560℃ 0.2~0.3MPa	稀土 Y 型分子筛	2×10^{-6}（催化剂在反应器中的停留时间）	快速结焦，烧结，连续再生，S、N、碱金属引起中毒	传质，活性，选择性
天然气水蒸气转化 $CH_4+H_2O \Longrightarrow CO+3H_2$	500~800℃， 3MPa	Ni/CaAl₂O₃ 或 α- Al₂O₃	2~4	烧炭，积炭或装置内催化剂颗粒破碎（偶尔发生），S、As 和卤素中毒	活性，压力降
氨氧化 $2NH_3+5/2O_2 \Longrightarrow 2NO+3H_2O$	800~900℃ 0.1~1MPa	Pt 网	0.1~0.5	表面粗糙，Pt 损失及中毒	选择性

2. 催化剂再生

催化剂的再生是在催化活性下降后，通过适当的处理使其活性得到恢复的操作。因此，再生对于延长催化剂的寿命、降低生产成本是一种重要的手段。催化剂能否再生及其再生的方法要根据催化剂失活的原因来决定。在工业上对于可逆中毒的情况可以再生，这在前面已经述及。对于积炭现象，由于只是一种简单的物理覆盖，并不破坏催化剂的活性表面结构，只要把炭烧掉即可再生。总之，催化剂的再生针对的是催化剂的暂时性中毒或物理中毒，如微孔结构阻塞等。如果催化剂受到毒物的永久中毒或结构毒化，就难以进行再生。

工业上常用的再生方法有下述几种：

（1）蒸汽处理

如轻油水蒸气转化制合成气的镍基催化剂，当处理积炭现象时，可加大水蒸气比或停止加油，单独使用水蒸气方法吹洗催化剂床层，直至所有的积炭全部被清除掉为止。其反应式为：

$$C+2H_2O \Longrightarrow CO_2+2H_2$$

对于中温一氧化碳变换催化剂，当气体中含有 H₂S 时，活性相的 Fe₃O₄ 会与 H₂S 反应生成 FeS，使催化剂受到一定的毒害作用，反应式为：

$$Fe_3O_4+3H_2S+H_2 \Longrightarrow 3FeS+4H_2O$$

由上式可知，加大蒸汽量有利于反应朝生成 Fe_3O_4 的方向移动。因此，工业上常采用加大原料气中水蒸气比例的方法，使受硫毒害的变换催化剂得以再生。

（2）空气处理

当催化剂表面吸附了炭或碳氢化合物，阻塞微孔结构时，可通入空气进行燃烧或氧化，使催化剂表面的炭及类焦状化合物与氧反应，将碳转化成二氧化碳释放出去。例如，原油加氢脱硫用的 Co-Mo 或 Fe-Mo 催化剂，当吸附上述物质时活性显著下降，常采用通入空气的方法，将这些物质烧尽，这样催化剂即可继续使用。

（3）通入氢气或不含毒物的还原性气体

如当原料气中含氧或氧的化合物浓度过高时，合成氨使用的熔铁催化剂会受到毒害，可停止通入该原料气，而改用合格的 H_2、N_2 混合气体进行处理，催化剂可获得再生。有时采用加氢的方法，也是除去催化剂中焦油状物质的一种有效途径。

（4）用酸或碱溶液处理

如加氢用的骨架镍催化剂被毒化后，通常采用酸或碱以除去毒物。

催化剂经再生后基本可恢复到原来的活性，但也受到再生次数的制约。如用烧焦的方法再生，催化剂在高温的反复作用下，其活性结构也会发生变化。因结构毒化而失活的催化剂，一般不容易恢复到毒化前的结构和活性。如合成氨的熔铁催化剂，若被含氧化合物多次毒化然后再生，则 α-Fe 的微晶由于多次氧化还原，晶粒长大，使结构受到破坏，即使用纯净的 H_2、N_2 混合气，也不能使催化剂恢复到原来的活性。因此，催化剂再生次数受到一定的限制。

催化剂再生的操作可在固定床、移动床或流化床中进行。再生操作方式取决于多种因素，但首要的是取决于催化剂活性下降的速率。一般说来，当催化剂的活性下降比较缓慢，可允许数月或一年再生时，可采用设备投资少、操作也容易的固定床再生。但对于反应周期短，需要进行频繁再生的催化剂，最好采用移动床或流化床连续再生。例如，催化裂化反应装置就是一个典型的例子。该催化剂使用几秒钟后就会产生严重的积炭，在这种情况下，工业上只能采用连续烧焦的方法来清除。即在一个流化床反应器中进行催化反应，随即气固分离，连续地将已积炭的催化剂送入另一个流化床再生器，在再生器中通入空气，用烧焦的方法进行连续再生。最佳的再生条件，应以催化剂在再生中的烧结最少为准。显然，这种再生方法设备投资大、操作复杂。但连续再生的方法，使催化剂始终保持新鲜的表面，提供了催化剂充分发挥催化效能的条件。

第三节

制备技术新进展

随着催化新反应和新型催化材料的不断开发，纳米催化材料、膜催化反应器等的研究进展促成了众多催化剂制备新技术的不断涌现。纳米技术、超临界流体技术、成膜技术等都被认为是与催化剂制备直接或间接相关的新技术，这些技术均各有特点，且各种技术常可相互关联运用并取得令人满意的结果，因而受到人们的广泛关注。

纳米技术是一门在 0.1~100nm 尺寸空间研究电子、原子和分子运动规律及特性的高新技术学科。在这里，首先介绍纳米粒子的概念。纳米粒子通常是指粒径在 1~100nm 范围内的粒子，由纳米微晶颗粒聚集而成的块状或薄膜状人工固体又称为纳米固体材料。纳米粒子是介于宏观物质与微观原子或分子之间的过渡亚稳态物质。当颗粒细化至超细粒子范畴，并达到某一临界尺寸之后，就会出现表面效应、体积效应和量子效应，表现出与传统固体不同的特异性质。由于纳米粒子表面原子或分子的化学环境和体相内部的完全不同，存在大量的悬空键和晶格畸变，呈现出较大的化学活性，因而对纳米催化剂的研究也就受到人们的极大关注。目前，已经开发了许多制备纳米粒子的方法，归结起来大致可分为两大类：物理方法和化学方法。常用的物理方法有粉碎法、机械合金法和蒸发冷凝法。粉碎法是通过机械粉碎等手段获得纳米粒子。机械合金法是利用高能球磨，使元素、合金或复合材料粉碎。这两种方法操作简单、成本低，但纳米粒子的粒度均匀性差。蒸发冷凝法又称为惰性气体冷凝法（IGC），是在真空条件下通过加热、激光或电弧高频感应等手段将原料气化或形成等离子体，然后与惰性气体(He 或 Ar)碰撞而失去能量，凝聚成纳米尺度的团簇，并在液氮棒上骤冷凝结下来的方法。此法可得到高品质的纳米粒子，粒度可控，但成本高，技术要求也很高。化学制备方法有化学气相沉积（CVD）法、沉淀法、溶胶-凝胶（sol-gel）法、微乳液法等。化学气相沉积法是利用气体原料在气相中通过化学反应形成基本粒子，并经过成核长大成纳米粒子，该法具有产品纯度高、工艺可控、过程连续等优点，但也存在反应器内温度梯度小、合成粒子不够细、易团聚等缺点。沉淀法、sol-gel 法、微乳液法等均属于液相法的范畴。由于其初始物是在分子水平上的均匀混合，最终制备出的粒子小。此外，操作简单、设备投资少、安全，所以是目前实验室或工业上广泛采用的制备超细粒子及催化剂的方法。沉淀法前已述及，不再赘述。sol-gel 法有一定的应用范围，适用于制备某些易于相变换的纳米材料，能获得高品质的纳米粒子。微乳液法制备纳米粒子是近年发展起来的新方法，操作容易，并且可以很好地控制微粒的粒度，受到人们的重视。下面将介绍微乳液法、sol-gel 法、超临界流体技术和膜技术。

一、微乳液法

微乳液是由两种不互溶液体形成的热力学稳定的、各向同性的、外观透明或半透明的分散体系，微观上由表面活性剂界面膜所稳定的一种或两种液体的微滴所构成。该体系最早由 Hoar 和 Schulma 于 1943 年报道。水和油与大量的表面活性剂及助表面活性剂（一般为中等链长的醇）混合能自发地形成透明或半透明的分散体系，可以是油分散在水中（O/W 型），也可以是水分散在油中（W/O 型）。分散相质点为球形，半径非常小，通常为 10~100nm，而且是热力学稳定的体系。但直至 1959 年，Schulman 等才首次将上述体系称为"微乳液"。

在结构方面，微乳液类似于普通乳状液，但有根本的区别：普通乳状液是热力学不稳定体系，一般需要外界提供能量，如经过搅拌、超声粉碎、胶体磨处理等方能形成，且分散相质点较大、不均匀，外观不透明，依靠表面活性剂维持动态稳定；而微乳液是热力学稳定体系，即使没有外界提供能量也能自发形成，且分散相质点很小，外观透明或近乎透明，即使经高速离心分离后也不发生分层现象，或即使分层也是短暂的，在离心力消失后很快恢复原状。从稳定性方面来看，微乳液更接近胶团溶液；从质点大小来看，微乳液是胶团和普通乳状液之间的过渡物，因此它兼有胶团和普通乳状液的性质。

1. 微乳液的形成机理

关于微乳液的自发形成，Schulma 和 Prince 提出了瞬间界面张力形成机理。他们认为在界面活性剂的作用下，油水界面张力下降至几毫牛/米，这样的界面张力只能形成普通的乳状液。在助表面活性剂的存在下产生混合吸附，界面张力（10^{-5}~10^{-3}mN/m）进一步降低至超低，以致产生瞬间的负界面张力（$\gamma < 0$）。由于负界面张力是不存在的，因而体系将自发扩张界面，使更多的表面活性剂和助表面活性剂吸附于界面而使其体积浓度降低，直至界面张力恢复至零或微小的正值。这种由瞬间负界面张力而导致的体系界面自发扩张的结果就形成了微乳液。如果微乳液发生聚结，则界面面积缩小，又产生负界面张力，从而对抗微乳液的聚结，使得微乳液保持其稳定性。

根据这一机理，助表面活性剂在微乳液的形成中是必不可少的。但事实上，有些离子型表面活性剂如 AOT 和非离子型表面活性剂也能形成微乳液，零界面张力也不一定能确保形成微乳液。还有，所谓的负界面张力无法测定，也不能解释为什么会形成 W/O 和 O/W 型微乳液，因此该机理有其局限性。具体的理论在这里不展开讨论，有兴趣的读者可参阅有关的参考书。

2. 微乳液法制备催化剂基本原理

用微乳法制备纳米催化剂，首先要制备稳定的微乳体系。微乳体系一般含有四种组分：表面活性剂、助表面活性剂、有机溶剂（油相）和水。常用的表面活性剂有 AOT、SDS（阴离子型）、CTAB（阳离子型）和 Triton-X（聚氧乙烯醚类非离子型）。用作助表面活性剂的往往是中等碳链的脂肪醇。有些体系中可以不加助表面活性剂。有机溶剂多为 $C_6 \sim C_8$ 直链烃或环烷烃。在制备微乳体系时，通常使用 Schulman 法或 Shah 法。Schulman 法是把油、表面活性剂和水混合均匀，然后向该乳液中滴加助表面活性剂，从而形成微乳液。Shah 法是先把油、表面活性剂和助表面活性剂混合为乳化体系，然后加入水得到微乳液。

根据油和水的比例及其微观结构，可分为 O/W 型、W/O 型和中间态的双连续相微乳液。其中 W/O 型微乳液在纳米催化剂制备中应用较为普遍。在 W/O 型微乳液中，水核被表面活性剂和助表面活性剂所组成的界面所包围，尺度小（可控制在几个或几十纳米间）且彼此分离，故可看作是一个"微型反应器"，或称为纳米反应器。该反应器具有很大的界面，在其中可增溶各种不同的化合物。微乳液的水核半径与体系中的 H_2O 和表面活性剂的浓度及种类有关。在一定范围内，水核半径随 H_2O 和表面活性剂的浓度比的增大而增大。由于化学反应被限制在水核内，最终得到的颗粒粒径将受到水核大小的影响。而水核的大小是可以控制的，这就为制备不同粒度范围的纳米催化剂提供了良好的基础。

微乳液法制备纳米粒子的特点在于：粒子表面包裹一层表面活性剂分子，使粒子间不易聚集；通过选择不同的表面活性剂分子可对粒子表面进行修饰，并可在很宽的范围内控制微粒的大小且粒径分布窄。对于催化剂而言，还可在室温下制备双金属催化剂；可在微乳内直接合成纳米金属

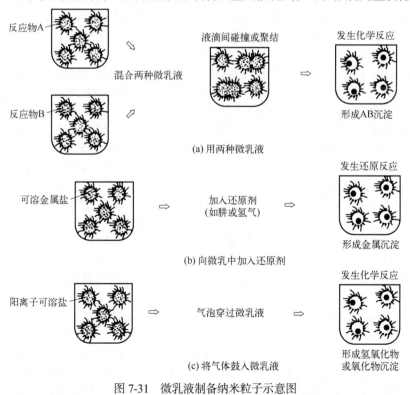

图 7-31　微乳液制备纳米粒子示意图

粒子，无须进一步的热处理即可用于悬浮液中的催化；在颗粒形成时没有载体的影响等。

在微乳内形成超细粒子有三种情况，如图 7-31 所示。

（a）将分别增溶有反应物的微乳液 A、B 混合，由于液滴间的碰撞或聚集，水核内的物质发生相互交换或传递，引起水核内的化学反应，而生成的粒子被限定在水核内，水核的大小就控制了纳米粒子的最终粒径。

（b）反应物（如可溶性金属盐）增溶在微乳液的水核内，通入的另一种反应物（如还原剂）穿过微乳液界面膜进入水核内，与水核内的反应物反应生成产物粒子，其最终粒径由水核大小决定。从微乳相中可进一步分离得到纳米粒子。

（c）反应物（阳离子可溶盐）增溶在微乳液的水核内，另一种反应物为气体。将气体通入微乳液中，充分混合使二者发生反应，反应仍局限在水核内。

3. 微乳液法制备纳米催化剂

用微乳液制备纳米催化剂的方法一般是将制备催化剂的反应物溶解在微乳液的水核中，在剧烈搅拌下使另一反应物进入水核进行反应（沉淀反应、氧化还原反应等），产生催化剂的前体或催化剂的粒子，待水核内的粒子长到最终尺寸，表面活性剂就会吸附在粒子的表面，使粒子稳定下来并阻止其进一步长大。反应完全后加入水或有机溶剂（如丙酮、四氢呋喃等）除去附在粒子表面的油相和表面活性剂，然后在一定温度下进行干燥和焙烧，最终得到纳米催化剂。

用微乳液方法制备纳米粒子，需注意以下几点：

① 确定适合的微乳体系，分析所需催化剂的组成，选定制备纳米颗粒的适合的化学反应，从而决定选用反应试剂。然后再选择一个能够增溶有关试剂的微乳体系，其增溶能力越大越好，这样可以获得较高的收率。另外，构成微乳液体系的组分（油相、表面活性剂和助表面活性剂）应该不与试剂发生反应，也不应该抑制所选定的化学反应。在微乳液的制备过程中，表面活性剂的选择是至关重要的。表面活性剂对不同油相和水相组成体系的作用相当复杂，涉及表面活性剂在两相的溶解度及分配系数、化学亲和力、表面活性剂浓度及各种影响因素，如温度、添加剂等。表面活性剂的选择原则是：必须有良好的表面活性和低的界面张力；必须能形成一个被压缩的界面膜；必须在界面张力降到较低值时及时迁移到界面，即有足够的迁移速率。

② 确定适合的沉淀条件，以获得分散性好、粒度均匀的纳米微粒。在确定微乳体系后，要研究影响生成超细微粒的因素。这些因素中包括水和表面活性剂的浓度、相对量、反应试剂的浓度以及微乳中水核界面膜的性质等。如微乳液中水和表面活性剂的相对比例是一个重要因素，在许多情况下，微乳的水核半径是由该比值决定的，而水核的大小直接决定纳米粒子的尺寸。当水和油的量一定时，表面活性剂量的增加会导致微乳液液滴数目的增多，每个液滴内所包含的反应物的量就减少，从而使每个液滴内生成的粒子就小。又如还原剂的性质问题，肼是过渡金属盐（如氯铂酸）的良好还原剂，相比于氢气，其还原速度快且完全。通常情况下，快的化学还原速度可得到快的成核速度，从而导致更小更多的粒子的生成。

③ 确定适合的后处理条件，以保证纳米粒子聚集体的均匀性。上述制得的粒度均匀的纳米微粒在沉淀、洗涤、干燥后总是以某种聚集态的形式出现。这种聚集体应该是进行再分散仍能得到纳米微粒的。如果经高温焙烧发生固相反应，得到的聚集体一般比原有的纳米粒子要大得多，而且难以再分散。因此，要确定适合的后处理条件，才能得到粒度均匀的纳米粒子的聚集体。

微乳液技术用于制备纳米催化剂主要集中在负载型金属纳米催化剂、金属氧化物纳米催化剂、复合氧化物纳米催化剂等。现举一例简要说明催化剂的制备过程。

在合成气合成甲醇的反应中，Won-Young Kim 等发现使用 W/O 型微乳液技术制备的负载 Pd 催化剂中 Pd 的粒径较传统浸渍法制备的催化剂中 Pd 的小得多，且粒径分布窄，表现出较高的 CO 加氢活性。他们制备的微乳液体系成分为：表面活性剂为壬基酚聚氧乙烯醚 NP-5，环己酮/氯化钯水溶液。氯化钯溶解在 2 倍量的盐酸溶液中，氯化钯的浓度为 0.1~0.2mol/L。将氯化钯水溶液注入 NP-5 的环己酮溶液中，水：NP-5 = 4：1（物质的量之比），制得微乳液。再将 3 倍量于氯化钯的水合肼在 25℃下直接加入微乳液中，还原得到 Pd 金属粒子。另外，将蒸馏水和金属醇盐（如三丁醇锆、异丙醇铝和四丁醇钛）加入微乳液中，保持 pH 值为 1.5~2，水解过程中水和烷氧基的物质的量之比为 22：1，剧烈搅拌 1h，水解得到含有 Pd 的沉淀物。离心分离出沉淀物，用乙醇洗涤 3 次，然后在 80℃下干燥过夜，再于空气气氛下 350℃焙烧 2h，最后在 350℃、流动氢气气氛下还原 2h，得到负载型的 Pd 催化剂。制备工艺如图 7-32 所示。

微乳液法和普通浸渍法制备的 CO 加氢 Pd/ZrO$_2$ 催化剂中 Pd 粒子的粒径分布及其反应性能如图 7-33 和图 7-34 所示。可以看出，微乳液法制备的催化剂具有更好的性能。

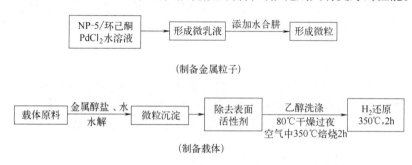

图 7-32　微乳液法制备催化剂的工艺流程

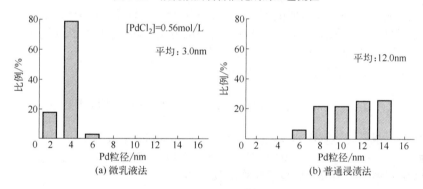

图 7-33　Pd/ZrO$_2$ 催化剂中 Pd 的粒径分布（Pd 含量为 5.0%）

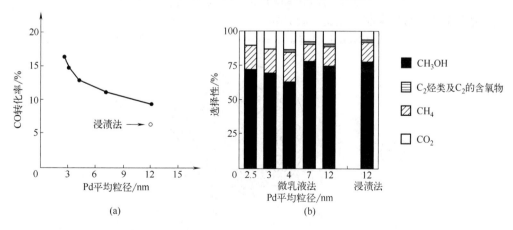

图 7-34　Pd/ZrO$_2$ 催化剂中 Pd 粒径对 CO 加氢的影响（Pd 含量 5%，T=240℃，p=4.0MPa）

微乳液法具有上述许多特点，但在工业生产催化剂前还面临一些挑战，例如如何回收和循环利用微乳液中的油相物质、工业规模生产催化剂等问题。

二、溶胶-凝胶法

溶胶-凝胶技术是 20 世纪 70 年代迅速发展起来的一项新技术。由于其反应条件温和、制备的产品纯度高、结构可控且操作简单，因而受到人们的关注。在电子、陶瓷、光学、热学、生物和材料等技术领域得到应用。在化学方面，主要用于无机氧化物分离膜、金属氧化物催化剂、杂多酸催化剂和非晶态催化剂等的制备。

为了更好地了解溶胶-凝胶技术，需要对胶体化学知识有一个认识，这里仅简单介绍一些胶体化学的基本常识（详细内容可参考相关专著），然后再对溶胶-凝胶技术展开讨论。

1. 溶胶

胶体是物质存在的一种特殊状态。当分散在介质中的分散相颗粒粒径为 1~100nm 时，这种溶液称为胶体溶液，简称溶胶。介质为水时称为水溶胶。按分散相与分散介质之间亲和力的大小，溶胶可分为亲液和憎液两类。溶胶是高度分散的非均相体系，有巨大的界面能，在热力学上是不稳定的。

溶胶制备从方式上可分为分散法与凝聚法两种。

分散法是利用机械设备、气流粉碎、超声波、电弧和胶溶等各种方法将较大的颗粒分散成胶体状态。其中胶溶法是在新生成的沉淀中，加入适合的电解质（如 HCl、HNO_3 等）或置于某一温度下，通过胶溶作用使沉淀重新分散成溶胶的方法；而凝聚法则是利用物理或化学方法使分子或离子聚集成胶体粒子的方法，有以下几种：

① 还原法。主要用于制备各种金属溶胶，如：

$$Au^{3+}+单宁（还原剂）\xlongequal[加热]{少量 K_2CO_3}Au（溶胶）$$

② 氧化法。用氧气等氧化剂氧化硫化氢水溶液可得到硫溶胶，如：

$$2H_2S+O_2=\!=\!=2S（溶胶）+2H_2O$$

③ 水解法。多用于制备金属氢氧化物溶胶，如：

$$FeCl_3+3H_2O\xlongequal{煮沸}Fe（OH）_3（溶胶）+3HCl$$

④ 复分解法。常用来制备盐类溶胶，如：

$$AgNO_3（稍过量）+KI=\!=\!=AgI（溶胶）+KNO_3$$

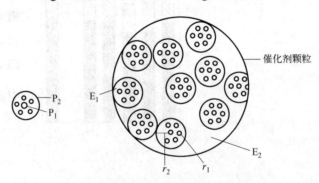

图 7-35　二次粒子的结构示意图

P_1——一次粒子；P_2——二次粒子；r_1——一次粒子半径；r_2——二次粒子半径；E_1——一次粒子间空隙；E_2——二次粒子间空隙

由凝聚法直接生成的胶粒称为一次粒子（初级粒子）。一次粒子往往聚集成较大的粒子，这时粒子称为二次粒子（次级粒子），这种粒子大小对催化剂或载体的比表面积、孔结构有很大影响，如图 7-35 所示。

溶胶的稳定性一般可用扩散的双电层结构理论来解释。改变溶胶的稳定性将导致溶胶的聚沉或胶凝成凝胶。

2. 凝胶

凝胶是一种体积庞大、疏松、含有大量介质液体的无定形沉淀。它实际上是溶胶通过胶凝作用，胶体粒子相互凝结或缩聚而形成立体网络结构，从而失去流动性而生成的。凝胶具有一定的几何外形，显示出固体力学的一些性质，如具有一定的强度、弹性、屈服值等。只是从结构上来看与通常的固体不一样，由固-液（或固-气）两相组成，也具有液体的某些性质。按分散介质的不同，又可分为水凝胶、醇凝胶和气凝胶（气凝胶又分为三种：采用普通蒸发干燥方法除去凝胶中的介质液体称为 xerogel；采用升华方法的称为 cryogel；采用超临界方法的称为 aerogel）。催化剂制备过程中介质液体通常为水，称为水凝胶。在新生成的水凝胶中，不仅分散相（网状结构）是连续相，分散介质（水）也是连续相，这是凝胶的主要特征。水凝胶经脱水后可得到多孔、大比表面积的固体材料。生成凝胶的胶凝过程是沉淀的一种特殊情况，是制备固体催化剂的重要步骤。

凝胶具有三维网状结构，视质点的形状和性质不同，可以分为如图 7-36 所示的四种类型。

 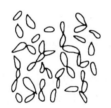  

(a)球形质点联结，如催化剂　　(b)棒状或线状质点联结，如　　(c)由线型大分子构成，如　　(d)由线型大分子团化学交
制备中的SiO₂、TiO₂等凝胶　　V₂O₅、白土凝胶等　　　　　明胶等　　　　　　　　联而成，如硫化橡胶等

图 7-36　凝胶结构的类型

溶胶的胶凝过程主要受以下一些因素的影响：

① 加入的电解质。在溶胶中加入适量的电解质，破坏了溶胶中扩散的双电层结构，溶胶的稳定性下降，使得胶粒能相互碰撞而凝结，从介质溶液中沉降下来（称作聚沉）。只有与胶粒电荷相反的离子，才能起凝结作用，它不仅与其浓度有关，还与离子价态有关，在相同浓度时，离子价态越高凝结作用越强。如五氧化二钒溶胶中加入适量的 $BaCl_2$ 溶液，可得到 V_2O_5 凝胶。

② 溶胶浓度。溶胶浓度高，胶粒间缩合凝结的机会大，易于胶凝。而且由于开始时缩聚的速率大，往往生成量大且细小的一次粒子，这些粒子距离近，在没有充分长大时就连接在一起形成凝胶，这样得到的二次粒子也相对较小且均匀；反之，如果浓度低则较难胶凝，而且这时在外界条件干扰下还容易发生新的胶溶现象。所以，为缩短胶凝时间，提高凝胶的均匀性，可尽量提高溶胶的浓度。

③ pH 值。对于氢氧化物溶胶，提高 pH 值，可增大其水解聚合速率，从而提高溶胶的浓度。此外，OH是胶团的反离子，增大 pH 值还能降低扩散双电层的"电位"，促进氢氧化物溶胶的凝结。

④ 改变温度。一般来说，升高温度可加速胶凝，这是化学反应的基本规律；但如果温度

过高，也可能使缩合的凝胶解聚。

3. 溶胶-凝胶法制备催化剂的过程

溶胶-凝胶技术制备催化剂的基本过程是：将易于水解的金属化合物（金属盐、金属醇盐或酯）在某种溶剂中与水发生反应，通过水解生成水合金属氧化物或氢氧化物，胶溶得到稳定的溶胶，再经缩聚（或凝结）作用而逐渐凝胶化，最后经干燥、焙烧等后处理制得所需的材料。该技术的关键是获得高质量的溶胶和凝胶。以金属醇盐胶溶法制备溶胶的 sol-gel 过程如图 7-37 所示。

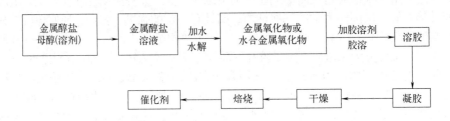

图 7-37　sol-gel 法制备催化剂的流程示意图

4. 制备过程分析

由上述可知，溶胶-凝胶法制备催化剂主要包括金属醇盐水解、胶溶、陈化胶凝、干燥、焙烧等步骤，最终催化剂的结构和性能与所采用的原料、制备工艺各步骤的工艺条件密切相关。

（1）原料——金属醇盐

首先是制取包含金属醇盐和水在内的均相溶液，以保证金属醇盐的水解反应是在分子水平上均匀进行的。由于一般金属醇盐在水中的溶解度不大，因而常常用与金属醇盐和水均互溶的醇作溶剂先将金属醇盐溶解。醇的加入量要适当，如果加入量过多，将会延长水解和胶凝的时间。这是因为水解反应是可逆的，醇是醇盐的水解产物，对水解反应有抑制作用，而且醇的增多必然导致醇盐浓度降低，使已水解的醇盐分子之间的碰撞概率下降，因而对缩聚反应不利。如果醇加入量过少，醇盐浓度过高，水解缩聚产物浓度过高，又容易引起粒子的聚集或沉淀而得不到高质量的凝胶。

通常，是将醇盐溶解于其母醇中，例如异丙醇铝溶于异丙醇中，仲丁醇铝溶于仲丁醇中。在某些情况下，当醇盐不完全溶于母醇时，可通过醇交换反应（醇解反应）进行调整。

由于受到空间位阻因素的影响，醇解反应速率依 MeO > EtO > i-PrO > i-BuO 顺序下降。此外，醇解反应还会受到中心金属原子化学性质的影响，而同一中心金属原子不同的醇盐水解速率也不同。例如用 Si(OR)$_4$ 来制备 SiO$_2$ 溶胶，胶凝时间随烷基中碳原子数的增加而延长，这是由于随烷基中碳原子数的增加，醇盐水解速率降低。在制备多组分氧化物溶胶时，不同金属原子的醇盐水解活性不同，但如果选择适合的醇品种，可使不同金属醇盐的水解速率达到较好的匹配，从而保证溶胶的均匀性。

（2）水解

使金属醇盐在过量的水中完全水解，生成金属氧化物或水合金属氧化物的沉淀，在水解过程中存在两个反应。

① 水解反应。金属醇盐与水反应

$$Al-OR + H_2O \longrightarrow Al-OH + ROH$$

② 缩聚反应。氢氧化物一旦形成，缩聚反应就会发生。缩聚反应又分为失水缩聚和失醇缩聚。

失水缩聚：

$$\text{Al—OH} + \text{HO—Al} \longrightarrow \text{Al—O—Al} + H_2O$$

失醇缩聚：

$$\text{Al—OH} + \text{RO—Al} \longrightarrow \text{Al—O—Al} + ROH$$

上述三个反应几乎同时发生，生成物是不同大小和结构的溶胶粒子，影响水解反应的主要因素是水的加入量和水解温度。

由于水本身是一种反应物，水的加入量对溶胶的制备及其后续工艺过程都有重要的影响，如水的加入量对溶胶的黏度、溶胶向凝胶的转化、胶凝作用以及后续的干燥过程均有影响，因而被认为是溶胶-凝胶法工艺中的一个关键参数。

升高水解温度有利于增大醇盐水解速率。特别是对水解活性低的醇盐（如硅醇盐），常常升高温度以缩短水解时间，此时制备溶胶的时间和胶凝时间会明显缩短。水解温度还影响水解产物的相变化，从而影响溶胶的稳定性。

对于制备组成、结构都均匀的多组分催化剂，要特别注意在制备溶胶的过程中，要尽量保持各醇盐的水解速率相近。解决的办法是：对水解速率不同的醇盐可以采用适当的水解步骤依次水解；选择水解活性相近的醇盐；或采用多核金属的醇盐来水解；还有就是采用螯合剂（如乙二醇、有机酸等）的办法降低高活性醇盐的水解速率，以达到同步水解的目的。

（3）胶溶

胶溶过程是向水解产物中加入一定量的胶溶剂，使沉淀重新分散为大小在胶体范围内的粒子，从而形成金属氧化物或水合氧化物溶胶。只有加入胶溶剂才能使沉淀成为胶体分散而且被稳定下来。胶溶是静电相互作用引起的，向水解产物中加入酸或碱胶溶剂时，H^+ 或 OH^- 吸附在粒子表面，反应离子在液相中重新分布从而在粒子表面形成双电层。双电层的存在使粒子间产生相互排斥。当排斥力大于粒子间的吸引力时，聚集的粒子便分散为小粒子而形成溶胶。

在溶胶-凝胶法中，最终产品的结构在溶胶中已初步形成，而且后续工艺与溶胶的性质有直接关系，因此溶胶的质量十分重要。多孔材料可能形成的最小孔径取决于溶胶一次粒子的大小，而孔径分布及孔的形状则分别取决于胶粒的粒径分布及胶粒的形状。因此，制得超微胶粒、单一粒径分布的溶胶是获得细孔径和窄孔径分布材料的关键。实际过程中胶溶剂一般多采用酸。实验表明，酸的种类及加入量常影响胶粒的大小、溶胶的黏度和流变性等性能。就不同种类的酸对 AlOOH 溶胶的胶溶效果而言，发现 HCl、HNO_3、CH_3COOH 均能使体系胶溶，但 H_2SO_4、HF 则不能。对不同类型的酸对 SiO_2 凝胶孔径分布影响的考察结果表明，随着酸强度的增加，孔径分布范围增大，但平均孔径变小。此外，酸胶溶剂种类对溶胶的黏度和流动性也有影响。例如制备 AlOOH 溶胶，以盐酸作胶溶剂，溶胶表现出强烈的触变性，并具有较高的黏度，易于胶凝；而以硝酸作胶溶剂，溶胶具有较低的黏度和良好的流动性，无有机添加剂存在时，在室温下长期存放也不会胶凝。酸加入量对溶胶粒子的大小也有影响。如在制备 TiO_2 溶胶时，当酸加入量过少时，会造成粒子的沉淀；而加入量过多又会造成粒子的团聚。只有酸加入量适当时才能制得稳定的溶胶，这时 H^+（来自酸）与 Ti 的物质的量之比应为（0.1~1.0）：1。当溶胶被水稀释时，上述比值范围还可以扩大，这可能是由于在稀溶液中粒子距离增加，使聚集更困难之故。

为了改善溶胶粒子的结构,制得性能较好的溶胶,可以采用一定方式向溶胶体系提供能量,使胶粒的分散与聚集尽快达到相对稳定的平衡,从而使胶体具有较为单一的粒径分布和稳定性。该过程包括将醇盐水解生成的醇(如异丙醇或仲丁醇)全部蒸出,然后保持在一定的温度、强烈搅拌和回流条件下进行陈化。影响陈化结果的主要因素是陈化时间和陈化温度。

（4）胶凝

溶胶中的胶粒在水化膜或双电层的保护下,可以保持相对独立而暂时稳定下来。但如果加入脱水剂或电解质,破坏上述保护作用,胶粒便会凝结,逐渐连接形成三维网状结构,把所有液体都包进去,成为冻胶状的水凝胶,这就是胶凝作用。溶胶-凝胶法大致可分为溶胶制备和凝胶形成两个阶段,即原料水解、缩合成溶胶基本粒子和由基本粒子凝集成为水凝胶。这两个阶段并没有明显的界线,缩合反应一直延续到过程的终了,凝结作用也并非基本粒子的机械堆砌,而是缩合反应的中间阶段。溶胶凝结成凝胶后,还处于热力学不稳定状态,其性质还没有全部固定下来,也要经过陈化过程处理。在此阶段的陈化中,随着时间的延长,凝胶中的固体颗粒将发生再凝结和聚集、脱水收缩、粒子重排、凝胶网络空间的缩小,粒子间结合得更为紧密,从而增强网络骨架的强度。如对于 Si、Al、Fe 等高价金属的氢氧化物则是通过羟基桥连接初级粒子形成网络结构,而羟基桥又能脱水形成氧桥,这对催化剂的制备具有重要意义。

由上述可以看出,溶胶-凝胶法是从原料水解到形成湿凝胶的一个连续复杂的漫长过程。过程中的影响因素众多,各影响因素在前面已经进行过讨论。

（5）干燥和焙烧

常规制备方法介绍的干燥和焙烧,其规律和条件一般也适用于湿凝胶的干燥和焙烧。凝胶干燥过程中需要除去其孔隙中大量的液体介质,干燥的方式直接影响干凝胶的性质。使用普通的干燥过程,凝胶孔中气液两相共存,产生表面张力和毛细管作用力,产生压力的大小可以由平衡静电计算:

$$2\sigma r\cos\theta = r^2 h\rho g \qquad (7\text{-}12)$$

即

$$p_s = h\rho g = \frac{2\sigma}{r}\cos\theta \qquad (7\text{-}13)$$

式中,θ 为液体和毛细管壁的接触角;σ 为表面张力;r 为孔半径。

若以在半径为 20nm 的圆形直通孔中干燥乙醇来计算,乙醇的密度 $\rho = 0.789 \text{g/cm}^3$,表面张力 $\sigma = 2.275 \times 10^{-4} \text{N/cm}$,计算出其静液压为 0.225MPa。这样大的压力将使干凝胶的孔结构产生孔壁塌陷,直接影响最终的孔结构。这里以 SiO_2 凝胶的干燥为例来说明干燥过程对产品宏观结构的影响。

硅胶凝胶干燥阶段形成的结构取决于促使粒子更紧密堆积的毛细管力和低分子量的 SiO_2 转变的共同作用。干燥有三个典型的步骤,如图 7-38 所示。

步骤 I:决定干凝胶的总孔容。此阶段一直延续到蒸发表面出现粒子层 [见图 7-38(a)、(b)]。表面水分蒸发时形成液体的弯月面,出现毛细管压力 p_c。

步骤 II:决定孔径大小分布和残余湿含量达到边界值。随着蒸发表面在粒子聚集体内的迁移,形成单个充满液体的区域 [见图 7-38(c)、(d)]。毛细管压力垂直指向这些区域表面,某些区域局部收缩,总孔容下降。

步骤 III:主要影响干凝胶的比表面积。当干燥继续,凝胶粒子聚集体的外壳破裂,造成粒子小球的直接碰撞,在粒子间相撞点上加剧了低分子量的 SiO_2 的转化,然后再从松散到紧密堆积,粒子小球长大(所谓的小球共同生长或黏合机理),低分子量的 SiO_2 的转化决定着干凝胶的表面和孔隙的形成 [见图 7-38(e)、(f)]。在溶胶形成过程中,低分子量的 SiO_2 的转化导致比表面积的减小,而在水凝胶形成阶段则导致总孔容的增大。所以,采用溶胶-凝胶法制备催化剂，与沉淀法制备催化剂一样，催化剂质量的保证要贯穿到催化剂制备全过程的控制中去。

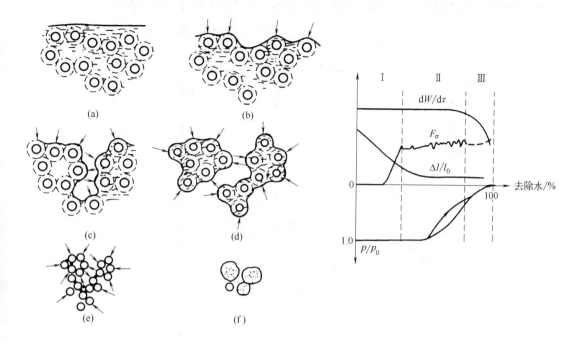

图 7-38　水凝胶干燥过程中干胶结构的形成

干燥步骤 I〔(a)、(b)〕；干燥步骤 II〔(c)、(d)〕；干燥步骤 III〔(e)、(f)〕

$dW/d\tau$—干燥速率的变化；F_σ—毛细管收缩力；$\Delta l/l_0$—变形程度；p/p_0—相对蒸气压

5. 溶胶-凝胶法的优点

① 可制得组成高度均匀、高比表面积的催化材料。
② 制得的催化剂孔径分布较均匀，且可控。
③ 可制得金属组分高度分散的负载型催化剂，催化剂活性高。

三、超临界流体技术

超临界流体技术已在第三章第五节予以介绍，在此介绍将之应用于催化剂制备中，主要包括催化剂的超临界流体干燥、气凝胶和纳米颗粒催化剂的制备。

1. 超临界流体干燥

溶胶或凝胶干燥中需要除去孔隙中的液体，通常采用加热蒸发干燥方法。由于表面张力和毛细管作用力，使凝胶骨架塌陷，凝胶收缩、团聚、开裂，骨架遭到破坏，直至孔壁的强度变得足够大而能克服这一压力时，塌陷才停止。利用超临界流体干燥技术，在高压釜中使液体在处于超临界状态被除去，从而可消除表面张力和毛细管作用力。凝胶中的流体可缓慢脱出，不影响凝胶骨架结构，防止凝胶骨架塌陷和凝聚，从而得到具有大孔、高比表面积的超细氧化物，其催化活性和选择性也得到很大改善。

超临界流体干燥实际上也可看作是使用超临界流体萃取的工艺将固体材料中所含的介质液体抽提出来以达到干燥的目的，只不过萃取是以其中的萃取物为产品而已。超临界流体技术的工艺大同小异，图 7-39 为常规超临界技术的示意图。这里要特别提醒的是，在超临界流体干燥中，要根据具体情况选择好适合的超临界流体，这直接关系到干燥的效果。

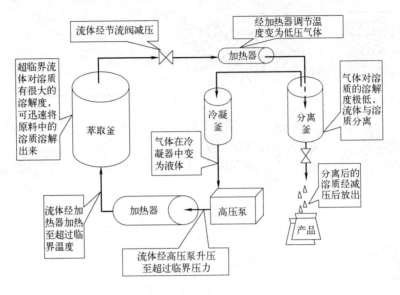

图 7-39　常规超临界流体技术示意图

2. 气凝胶制备

气凝胶具有高比表面积和孔体积，既可作催化剂载体，也是某些反应的良好催化剂。如某些混合金属氧化物气凝胶（或再经一些特殊处理后）就是很好的催化剂。多组分金属氧化物气凝胶催化剂的制备与单组分气凝胶的制备相似，不同的是用盐或醇盐的混合物代替单一的盐或醇盐为起始原料。由溶胶-凝胶法先制成水凝胶，然后用相关的醇取代水凝胶中的水，再经超临界流体技术干燥制得催化剂。也就是经水凝胶-醇凝胶-气凝胶路线而获得最终产物。具有良好催化性能的氧化物气凝胶有：SiO_2、Al_2O_3、ZrO_2、MgO、TiO_2、Al_2O_3-MgO、TiO_2-MgO、ZrO_2-MgO、Al_2O_3-NiO、Al_2O_3-Cr_2O_3、SiO_2-NiO、ZrO_2-SiO_2、CeO_x-BaO_y-Al_2O_3 等。

四、膜技术

前面已介绍了金属膜催化剂的一些知识。作为催化剂或作为分离组件的膜材料，按有无孔的情况来区分，有致密膜和微孔膜两类。无孔的金属和氧化物电解质致密材料形成的膜属于致密膜，如 Pd 膜、Ag 膜、Pd 合金膜、固体电解质 ZrO_2 膜等。多孔金属、多孔陶瓷、分子筛等微孔材料形成的膜属于多孔膜。若根据孔结构可以进一步区分为对称和非对称膜。前者整个膜显示均匀孔径，如分子筛膜；后者孔结构随膜层而变化，由多层结构组成。一般情况是：顶层为微孔，中间为过渡层（中孔，可为多层），底层为支撑层（大孔），如 Al_2O_3 膜、TiO_2 膜等。膜催化剂的制备技术实际上就是成膜技术。

工业催化反应一般是在较高温度（大于 200℃）下进行，能够适应这一条件的膜材料多为金属、合金和无机化合物。所以，本节主要介绍这些材料的成膜技术，另外尤其注重化学成膜技术的讨论。

1. 固态粒子烧结法

此法是将无机粉料微小颗粒或纳米粒子与适当的介质混合，分散形成稳定的悬浮物，制成生坯，干燥，然后在高温（1000~1600℃）下进行烧结处理。这种方法不仅可以制备微孔陶瓷膜或陶瓷膜载体，也可用于制备微孔金属膜。例如，多孔 Al_2O_3 基膜（底膜）的制备，其成型可采用干压成型、注浆成型或挤出成型等方法，类似于陶瓷成型的情况。

2. 溶胶-凝胶法

关于溶胶、凝胶的形成前面已做过介绍。这里要补充的是成膜方法，主要是浸涂制膜。浸涂就是采用适当方式使多孔基体表面和溶胶相接触。在基体毛细孔产生的附加压力作用下，溶胶进入孔中；当其中的介质水被吸入孔道内时，胶粒流动受阻，在表面截留、增浓、聚集，从而形成一层凝胶膜。

浸涂通常有浸渍提拉和粉浆浇注两种方法。前者是将洁净的载体（多数为片状）浸入溶胶中，然后提起拉出，使溶胶自然流淌成膜。后者是将多孔管垂直放置倒满溶胶后，保留一段时间再将其放掉。溶剂（如水）被载体吸附在多孔结构上，水的吸附速率是溶胶黏度的函数。如果溶胶的黏度（>0.1Pa·s）过大，则浸涂层的厚度会造成从管的顶部到底部的不均匀；反之，黏度（<0.1Pa·s）过小，则全部溶胶都被吸附在载体上。

浸涂过程类似于陶瓷加工技术中的釉浆浇注。膜的厚度和性能与浸涂吸浆时间、浸涂温度、溶胶浓度等有关。此外，载体的孔径与结构对膜的形成也至关重要，它们必须与溶胶微粒的大小相匹配，以利于浸涂。例如，分别以平均孔径为 3.0μm、0.9μm、0.1μm 的三种不同的α-Al_2O_3 陶瓷底膜为载体，在其表面复合γ-Al_2O_3 膜，结果发现只有孔径为 0.1μm 的细孔陶瓷膜，因其底膜表面光滑、孔径分布窄、孔细小、与溶胶粒径相适应，才能顺利地镀膜，制成完整、无裂缝及无针孔的γ-Al_2O_3 复合膜。一般来说，一次浸涂难以得到连续、无缺陷、无裂纹的载体膜，必须进行多次浸涂，而且每次浸涂干燥后都必须进行焙烧；否则，膜与载体的附着力降低，易出现剥落及裂缝。经多次反复浸涂后，可使膜表面光滑均匀。

图 7-40 所示为以异丙醇铝为原料，采用溶胶-凝胶法制备 Al_2O_3 膜的工艺流程。将去离子水加热到所需温度（>80℃），恒温后再将异丙醇铝的醇溶液加入其中，回流状态下搅拌水解，形成一水氧化铝沉淀。再加入胶溶剂（HNO_3），继续搅拌回流，使一水氧化铝重新分散形成溶胶。适当升高温度以蒸发脱除异丙醇，然后再在 80℃下搅拌，充分回流陈化，即可得到均匀、单一粒径分布的稳定的一水氧化铝溶胶。

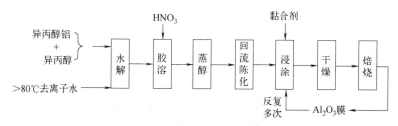

图 7-40　溶胶-凝胶法制备 Al_2O_3 膜的工艺流程

在浸涂一水氧化铝溶胶之前，最好先加入某些有机黏合剂，如 CMC、PVA，以调节溶胶黏度，防止在后续的干燥、焙烧过程中形成针孔和裂缝。浸涂时胶液在支撑微孔入口处浓集，当溶胶浓度增至一定程度时，溶胶即转变成凝胶。经反复多次浸涂，再经干燥、焙烧处理，最终制得所需的 Al_2O_3 膜。

3. 薄膜沉积法

薄膜沉积法是采用溅射、离子镀、金属镀及气相沉积等方法，将膜材料沉积在载体上制造薄膜的技术。薄膜沉积过程大致分为两个步骤：一是膜料（源物种）的气化；二是膜料的蒸气依附于其他材料制成的载体上形成薄膜。

（1）化学气相沉积

化学气相沉积是制备薄膜的常规方法之一，包括常压、低压、等离子体辅助气相沉积等。利用气相反应，在高温、等离子或激光辅助等条件下控制反应气压、气流速率、基片材料温度等因素，从而控制微粒薄膜的成核生长过程；或者通过薄膜后处理，控制非晶薄膜的晶化过程，从而获得纳米结构的薄膜材料。这一方法在半导体、氧化物、氮化物、碳化物等薄膜制备中应用较多。

（2）化学镀膜法

化学镀通常也称为无电源镀，属于反应沉积镀膜法的一种。其原理是：在还原剂的作用下，将金属盐中的金属离子还原成原子状态，析出和沉积在载体的固液界面上，从而得到镀层。在这种镀覆过程中，溶液中的金属离子被生长着的镀层表面所催化，并因不断还原沉积在载体表面上。化学镀是一种受控的自催化化学还原过程，周期表中的第Ⅷ族金属元素都具有化学镀过程中所需的催化效应。对于无催化性能的载体材料，如陶瓷、玻璃等可以人为地赋予其催化能力，即通过敏化处理来加以活化，以利于化学还原沉积。化学镀的特点是可以制得非常均匀和薄的膜层，涂层紧密不疏松，机械强度高，设备简单，不需要电源，而且可以在任何多孔的载体上进行。化学镀在制备选择性通过氢的复合致密型 Pd 膜和 Pd 合金膜方面有着广泛的应用前景。

4. 阳极氧化法

阳极氧化法是目前制备多孔 Al_2O_3 膜的重要方法之一。该法的特点是：制得的膜的孔径是同向的，几乎相互平行并垂直于膜表面，这是其他方法难以达到的。阳极氧化过程的基本原理是：以高纯度的合金铝箔为阳极，并使一侧表面与酸性电解质溶液（如草酸、硫酸、磷酸）接触，通过电解作用在该表面上形成微孔 Al_2O_3 膜，然后用适当方法除去未被氧化的铝载体和阻挡层，便得到孔径均匀、孔道与膜平面垂直的微孔氧化铝膜。

5. 相分离-沥滤法

相分离-沥滤法可以制备微孔玻璃膜、复合微孔玻璃膜和微孔金属膜。

（1）微孔玻璃膜

微孔玻璃膜是一种耐热、耐腐蚀、性能优良、具有许多细孔的透明体。其比表面积大，因此吸附性能良好，热膨胀小，含有大量的 SiO_2，化学性能稳定，可在高温（880℃）下使用，且成型性能好，可用作反应分离膜和催化剂载体膜。其制法一般为将原料硅砂、硼酸、无水碳酸钠、氧化铝和碱金属氧化物等按一定比例调配好后，于 1200~1400℃ 熔融，再在 800~1100℃下成型（如管状、板状等），得到未分相的硼硅玻璃。再将硼硅玻璃进行热处理（500~600℃），使之经过相分离形成两个彼此不混溶的相，即富 Na_2O-B_2O_3 相和富 SiO_2 相的分相玻璃，成为相互联结的网络结构。再用 5%左右的盐酸、硫酸浸提，将 Na_2O-B_2O_3 溶出，留下 SiO_2 骨架，形成具有连续的、相互连通的细孔和高 SiO_2 含量的微孔玻璃。

（2）复合微孔玻璃膜

这是将溶胶-凝胶法与沥滤法相结合起来的成膜技术。首先在一多孔陶瓷管上用溶胶-凝胶

法制成含有 B_2O_3 的 SiO_2 玻璃膜，然后用酸对陶瓷膜进行沥滤，制得复合微孔玻璃膜。

（3）微孔金属膜

为了增加 Pd 膜的渗透性，在钯箔表面通过电解沉积法形成一层厚度为 $10\mu m$ 的锌表层，然后在 250℃下加热 2h，冷却后用沸腾的 20%的盐酸把锌沥滤掉，即得到多孔叠层型 Pd 膜。这种膜大幅度提高了氢渗透率，100℃时氢渗透率增加 15 倍，常温下提高 130 倍。该膜用于 1,3-环戊二烯加氢反应，100℃时转化率为 100%，环戊烷选择性高达 95%，而未经锌处理的钯箔的转化率仅为 50%。

6. 水热法

水热法主要用于分子筛膜的合成。一般而言，分子筛膜可分为三类：分子筛填充有机聚合物膜，如将事先合成好的硅分子筛、生胶和交联剂充分混合后，在有机玻璃板上浇注成膜，保持一定温度和时间以保证充分交联，制得硅橡胶分子筛膜；非担载分子筛膜；担载分子筛膜，这是目前最为集中的研究类型。

当前较普遍采用的是原位水热法制备担载分子筛膜，下面介绍采用此法合成担载 MFI（即 ZSM-5 和硅沸石-1）分子筛膜的过程。

采用陶瓷管为基膜，表面先用溶胶-凝胶法合成 SiO_2 过渡层，然后用原位水热法制备 ZSM-5 分子筛膜。增加过渡层的目的是既可堵塞大孔，防止 ZSM-5 膜产生缺陷，又可以使膜与载体结合得更牢固，不易剥离。分子筛膜的合成，以硫酸铝、正硅酸乙酯、氢氧化钠及去离子水为原料，正丁胺为模板剂，按 $n(SiO_2):n(Al_2O_3)=90\sim150$、$n(H_2O):n(Al_2O_3)=3400\sim8000$ 的配比制成凝胶。将涂有过渡层的载体管与凝胶一起放入晶化釜中晶化，晶化温度为 140~190℃，晶化时间为 1~4h。晶化完全后取出陶瓷管，用蒸馏水洗涤，在 110℃下干燥 2h，再在 350℃和 550℃下分别焙烧 4h，制得 ZSM-5 分子筛膜。

习题

1. 简述浸渍法的催化剂制备流程。
2. 简述催化剂成型的喷雾工艺。
3. 图示溶胶-凝胶法制备催化剂的过程，并予以说明。
4. 催化剂失活的原因有哪些？

参考文献

［1］ 黄仲涛，耿建铭. 工业催化［M］. 4 版. 北京：化学工业出版社，2020.

［2］ 甄开吉，王国甲，毕颖丽，等. 催化作用基础［M］. 3 版. 北京：科学出版社，2005.

［3］ 吴越. 应用催化基础［M］. 北京：化学工业出版社，2008.

［4］ Giovanni Palmisano，Samar Al Jitan，Corrado Garlisi. Heterogeneous catalysis［M］. Amsterdam：Elsevier，2022.

［5］ Jens Hagen. Industrial catalysis：a practical approach［M］. 3rd Edition. Weinheim：Wiley-VCH，2015.

［6］ Gadi Rothenberg. Catalysis：concepts and green applications［M］. Weinheim：Wiley-VCH，2008.

［7］ Thomas J M，Thomas W J. Principles and practice of heterogeneous catalysis［M］. 2nd Edition. Weinheim：Wiley-VCH，2015.

［8］ Jens K NørsKov，Felix Studt，Frank Abild-Pedersen，et al. Fundamental concepts in heterogeneous catalysis［M］. New Jersey：John Wiley & Sons，2014.

［9］ Wijngaarden R J，Kronberg A，Westerterp K R. Industrial catalysis：optimizing catalysts and processes［M］. Weinheim：Wiley-VCH，1998.

［10］ Bond G C. Heterogeneous catalysis：principles and applications［M］. Oxford：Oxford University Press，1974. 庞礼，李琬，张嘉郁译. 多相催化作用——原理及应用［M］. 北京：北京大学出版社，1982.

［11］ 高正中，戴洪兴. 实用催化［M］. 2版. 北京：化学工业出版社，2012.

［12］ 黄开辉，万惠霖. 催化原理［M］. 北京：科学出版社，1983.

［13］ 李玉敏. 工业催化原理［M］. 天津：天津大学出版社，1992.

［14］ Julian R H Ross. Heterogeneous catalysis：fundamentals and applications［M］. Amsterdam：Elsevier，2012. 田野，张立红，赵宜成，等译. 多相催化：基本原理与应用［M］. 北京：化学工业出版社，2016.

［15］ 陈诵英，王琴. 固体催化剂制备原理与技术［M］. 北京：化学工业出版社，2012.

第八章
催化剂评价和表征

第一节
催化剂评价

设计和制备催化剂以后，其性能优劣还要进行催化剂的评价。评价催化剂是指对适用于某一反应的催化剂进行较全面的考察。其主要考察的项目列于表 8-1。

表 8-1 催化剂的评价项目

项 目	主要影响因素
活 性	活性组分，助剂、载体、化学结合状态
选择性	结构缺陷，有效表面，表面能，孔结构等
寿 命	稳定性，机械强度，耐热性，抗毒性，耐污性，再生性
物理性质	形状，粒径，粒度分布，密度，导热性，成型性，机械强度，吸水性，流动性等
制 法	制备设备，制备条件，难易性，重现性，活化条件，保存条件
使用法	反应装置，催化剂装填方法，反应操作条件，安全程度，腐蚀性，再活化条件，分离回收
价 格	催化剂原料的价格，制备工序
毒 性	操作过程的毒性，废物的毒性

评价催化剂的目的在于确定前三个指标中的一个或几个，其中活性是催化剂最重要的性质。根据研制新催化剂、对现有催化剂的改进、催化剂的生产控制和动力学数据的测定、催化基础研究等任务的不同，可以采用不同的活性测定方法。测定方法也可因反应及其所要求的条件不同而不同。例如，强烈的放热和吸热反应、高温和低温、高压和低压等反应条件，要区别对待。

理论上，实验室测定催化剂活性的条件应该与催化剂实际使用时的条件完全相同，因为催化剂最终要用在生产规模的反应器内。由于经济的和方便的原因，活性评价往往是在实验室内小规模地进行。在小规模装置上评价的活性，常常不可能用来准确地估计大规模装置内的催化性能，必须将两种规模下获得的数据加以关联。因此，评价催化剂的活性时必须弄清催化反应器的性能，以便正确判断所测数据的意义。

工业反应器一般总是在原料气线速较大的条件下操作，因此外扩散效应基本上可以消除。固定床所用的固体催化剂颗粒较大，微孔中的扩散距离相应增加，粒内各点的浓度和温度分布不均匀，这就导致催化剂内各点的反应速率不同，因而影响催化反应的活性和选择性。因此，了解催化剂的宏观结构与催化作用间的关系对指导催化研究和工业生产有着十分重要的实际意义。

本节首先介绍几种活性评价的实例，再讨论工业催化剂的宏观结构与催化反应活性和选择性的关系，以及表面积、孔结构、机械强度等物理量的测定原理和方法，最后介绍对催化剂抗毒性能和寿命考察的方法。

一、活性评价

1. 活性评价的目标

催化剂活性的测试包括各种各样的试验，这些试验就其所采用的试验装置和解释所获信息的完善程度而言差别很大。因此，首先必须十分明确地区别所需的是什么信息，以及它用于何种最终用途。最常见的目的如下：

① 由催化剂制造商或用户进行的常规质量控制检验，这种检验可能包括在标准化条件下，在特定类型催化剂的个别批量或试样上进行的反应。

② 快速筛选大量催化剂，以便为特定的反应确定一个催化剂以评价其优劣。这种试验通常是在比较简单的装置和实验室条件下进行的，根据单个反应参数的测定来做解释。

③ 更详尽地比较几种催化剂。这可能涉及在最接近于工业应用的条件下进行测试，以确定各种催化剂的最佳操作区域。可以根据若干判据，对已知毒物的抗毒性能以及所测的反应气氛来加以评价。

④ 测定特定反应的机理，这可能涉及标记分子和高级分析设备的使用。这种信息有助于列出适合的动力学模型，或在探索改进催化剂性能时提供有价值的线索。

⑤ 测定在特定催化剂上反应的动力学，包括失活或再生的动力学。这种信息是设计工业装置或演示装置所必需的。

⑥ 模拟工业反应条件下催化剂的连续长期运转。通常这是在与工业体系结构相同的反应器中进行的，可能采用一个单独的模件（例如一根与反应器管长相同的单管），或者采用按实际尺寸缩小的反应器。

上述试验项目，有些可以构成新型催化剂开发的条件，有些构成为特定过程寻找最佳现存催化剂的条件。显而易见，催化剂测试可能是很昂贵的。因此，事先仔细考虑试验的程序和实验室反应器的选择是很重要的。

选择用何种参量衡量催化剂的活性并非易事。总转化速率可以直观表达活性，也可使用下述一些表达方式：

① 在给定的反应温度下原料达到的转化率；

② 原料达到给定转化程度所需的温度；

③ 在给定条件下的总反应速率；

④ 在特定温度下对于给定转化率所需的空速；

⑤ 由体系的试验研究所推导的动力学参数。

尽管所有这些表达参量都可以由实验室反应器获得，但没有哪一种完全令人满意。催化剂的优劣次序常常会随选定的表达参量的不同而改变。例如，按上述第①或第③种表达所给出的活性次序，就会与所选定的温度有关，因为不同催化剂的活化能是不同的。同样，对于第②种表达来说，相对活性将会随选定的转化程度而改变。由于每次测试将在不同的温度下进行，体系的其他物理性能也会改变。这些不确定性在第④种表达中也会出现。另外，随空速的改变，体系的其他特征也会改变。按速率常数的排列顺序也可能与温度有关。体系的化学平衡位置也应加以考虑。

活性表达参量的选择，将依所需信息的用途和可利用的工作时间而定。例如，在活性顺序的粗略筛选试验中，最常采用第①种表达方式。而寻求与反应器设计有关的数据，则需要在规定的条件下进行精确的动力学试验。不论测试的目的如何，所选定的条件应该尽可能切合实际，尽可能与预期的工业操作条件接近。

2. 影响催化剂活性评价的因素

（1）催化剂颗粒直径与反应管直径的关系

采用流动法测定催化剂的活性时，要考虑气体在反应器中的流动状况和扩散现象，才能得到关于催化剂活性的正确数值。

现在已经拟出了应用流动法测定催化剂活性的原则和方法。利用这些原则和方法，可将宏观因素对测定活性和对研究动力学的影响减小到最低限度。其中为了消除气流的管壁效应和床层的过热，反应管直径（d_T）和催化剂颗粒直径（d_g）之比应为：

$$6 < \frac{d_T}{d_g} < 12 \tag{8-1}$$

当 $d_T/d_g > 12$ 时，可以消除管壁效应。但也有人指出，当 $d_T/d_g > 30$ 时，流体靠近管壁的流速已经超过床层轴心方向流速的 10%~20%。

对于热效应不很小的反应，$d_T/d_g > 12$ 时，给床层散热带来困难。因为催化剂床层横截面中心与其径向之间的温度差由式（8-2）决定：

$$\Delta t_0 = \frac{\omega Q d_T^2}{16\lambda^*} \tag{8-2}$$

式中，ω 为单位催化剂体积的反应速率；Q 为反应的热效应；d_T 为反应管的直径；λ^* 为催化剂床层的有效传热系数。

由式（8-2）可知，温度差与反应速率、热效应和反应器直径的平方成正比，与有效传热系数成反比。由于有效传热系数 λ^* 随催化剂颗粒减小而减小，所以温度差随粒径减小而增加。为了消除内扩散对反应的影响而降低粒径时，则增强了温度差升高的因素。另外，温度差随反应器直径的增大而迅速升高。因此，要权衡这几方面的因素，以确定最适宜的催化剂粒径和反应管的直径。

（2）外扩散限制的消除

应用流动法测定催化剂的活性时，要考虑外扩散的阻滞作用。在第二章中从多相催化过程的角度讨论过外扩散，此处着眼于外扩散限制的消除。为了避免外扩散的影响，应当使气流处于湍流条件，因为层流会影响外扩散速率。反应是否存在外扩散的影响，可由下述简单试验查明：安排两个试验，两个反应器中催化剂的填装量不等，在其他相同的条件下，用不同的气流速度进行反应，测定随气流速度变化的转化率。

若以 V 表示催化剂的体积填装量，F 表示气流速度，试验Ⅱ中催化剂的填装量是试验Ⅰ的

2倍，则可能出现三种情况，如图8-1所示。只有出现图8-1（a）所示的情况时，才可以认为试验中不存在外扩散影响。

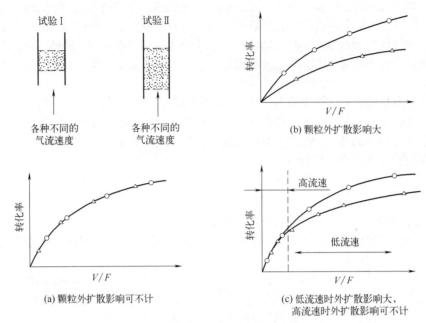

图 8-1　有无外扩散影响的试验方法

○试验Ⅰ；△试验Ⅱ

（3）内表面利用率与内扩散限制的消除

内扩散阻力和催化剂宏观结构（颗粒粒度、孔径分布、比表面积等）密切相关。这一点在前文中已经论述过了。根据反应体系和微孔结构的不同，粒内各点浓度和温度的不均匀程度也不同。因此，反应速率应是催化剂内各点浓度和温度的函数。如果没有内扩散阻力，则催化剂内各点的浓度和温度与其表面上的浓度和温度相等，此时测得的反应速率 r_s 是表示消除了内扩散影响的。如果有内扩散阻力存在，则测得的反应速率 r_p 一般低于 r_s。故由第二章式（2-69）定义催化剂的内表面利用率或效率因子 η。若测得无扩散阻力存在时的反应速率为 r_s，即催化剂的本征活性，利用催化剂效率因子 η 即可求得有内扩散效应时的反应速率 r_p，即催化剂的表观活性。换言之，考虑内扩散阻力对反应速率的影响就转化为对效率因子的测定和计算。

催化剂本身的催化活性是其活性组分的化学本性和比表面积的函数，除构成它的化学组元及其结构以外，也与宏观结构有关。而后者决定扩散速率，成为影响催化反应的主要因素之一。Boreskov 曾指出，工业催化剂的催化活性可用三个参数的乘积表示：

$$A_t = a_s S \eta \qquad (8-3)$$

式中，A_t 为单位体积催化剂的催化活性；S 为单位体积催化剂的总表面积；a_s 为单位表面积催化剂的比活性；η 为催化剂的内表面利用率。

当反应级数为 n 时，对于球形颗粒催化剂，η 用式（8-4）表达：

$$\eta = \frac{1}{h_s}\left[\frac{1}{\tanh(3h_s)} - \frac{1}{3h_s}\right] = \frac{3}{\phi_s}\left[\frac{1}{\tanh\phi_s} - \frac{1}{\phi_s}\right] \qquad (8-4)$$

式中，$h_s (=\phi_s/3)$ 为无量纲模数，称为 Thiele 模数，它描述了反应速率与扩散速率的相对关系，也揭示了催化剂颗粒大小、颗粒密度、比表面积等宏观物性对它的影响。

$$h_S = \frac{R}{3}\sqrt{\frac{\rho_p S_g k_s c_A^{n-1}}{D_s}} = \frac{R}{3}\sqrt{\frac{k_v c_A^{n-1}}{D_s}} \tag{8-5}$$

式中，ρ_p 为催化剂颗粒的密度，g/cm³；S_g 为催化剂的比表面积，m²/g；k_s 为以单位表面积催化剂表示的速率常数；k_v 为以单位体积催化剂表示的速率常数，$k_v = \rho_p S_g k_s$；c_A 为反应物 A 的浓度；n 为反应级数；R 为球形催化剂颗粒的半径；D_s 为球形催化剂颗粒的总有效扩散系数，cm²/s，当以 D 表示单位孔截面的扩散系数时，D_s 与 D 的关系为

$$D_s = \frac{\rho_p V_g D}{2}$$

式中，V_g 为每克催化剂的孔体积，mL/g。

当以 d 表示颗粒直径（$d = 2R$），以 $\bar{r}$ 表示孔隙的近似平均孔半径并等于 $2V_g/S_g$ 时，将 D_s 和 $\bar{r}$ 代入式（8-5），当 $n=1$ 时，得到：

$$h_s = \frac{d}{3}\sqrt{\frac{k_s}{rD}} \tag{8-6}$$

比较式（8-6）与式（8-5）可以看出，颗粒直径 d 大则 h_s 大，即内表面利用率降低。对于小孔（$\bar{r}$ 小）、快反应（k 大），h_s 大而内表面利用率低，则内扩散限制显著；反之，d 小、大孔、慢反应，内表面利用率增加，达到 $\eta \approx 1$ 时，可以忽略内扩散限制，属于化学动力学区。

综上所述，多孔催化剂的活性与催化剂的内表面利用率成正比（即与催化剂的颗粒半径成反比，与有效扩散系数的平方根成正比），这对实际工作有重要的意义。因为如果希望提高催化剂的生产能力，就必须减小催化剂的粒径，或者改变催化剂的孔结构以便最大限度地增大有效扩散系数，又不降低比表面积。

当反应在内扩散区进行时，在多孔催化剂颗粒内部，反应物受到扩散阻碍。这时能观察到催化剂的生产能力与其颗粒大小有关，粒径减小，生产能力增大。当粒径减小到一定程度时，生产能力不再随之增加。这时过程就在动力学区进行了。这也是在实验室内检验反应是否受内扩散影响的最常用和最简便的方法。

3. 活性评价的方法及实例

工业上使用的催化剂，不论是自己研制的、由厂家生产的，还是从市售催化剂中选择的，均须具备：①反应活性高；②选择性好；③构型规则；④机械强度大；⑤寿命长。

其中最重要的因素是①、②、⑤，有些反应类型可以不考虑③，粉末催化剂可不强调④。

厂家提供给用户的催化剂，评价值多为比活性、比表面积、粒度分布、成型催化剂的机械强度等。其中最重要的是比活性，与催化剂的使用条件有关。所以无论是催化剂的研究者还是使用者，都必须依据目的反应测定催化剂的活性。

这里主要以一般流动法（积分反应器）为例，介绍活性评价的原理和方法。由于流动法与工业生产的实际流程接近，测定装置比较简单，所以普遍采用这种方法测定催化剂活性。

在实验室中使用的管式反应器，通常随温度和压力条件的不同，可采用硬质玻璃、石英玻璃或金属材料。将催化剂样品放入反应管中。催化剂层中的温度用热电偶测量。为了保持反应所需的温度，反应管安装在各式各样的恒温装置中，例如水浴、油浴、熔盐浴或电炉等。

原料加入的方式，根据原料性状和实验目的也各有不同。当原料为常用的气体时，可直接用钢瓶，通过减压阀送入反应系统，例如 H_2、O_2、N_2 等。当然对于某些不常用的气体，需要增加发生装置。在氧化反应中常用空气，除可用钢瓶装精制空气外，还可用压缩机将空气压入系统。若反应组分中有液体时，可用鼓泡法、蒸发法或微型加料装置，将液体反应组分加入反

应系统。

根据分析反应产物的组成，可算出表征催化剂活性的转化率。在许多情况下，只需分析反应后混合物中一种未反应组分或一种产物的浓度。混合物的分析可采用各种化学或物理方法。

为使测定的数据准确可靠，测量工具和仪器如流量计、热电偶和加料装置等，都要严格校正。

（1）钴钼加氢脱硫催化剂的活性评价（一般流动法）

① 测试原理和方法。

a. 原理。加氢脱硫催化剂主要用于脱除烃类中的有机硫。原料液态烃（轻油）所含的 CS_2、COS、C_2H_5SH、C_4H_4S、、等有机硫化物，在一定条件下能被加氢脱硫催化剂转化为无机硫（H_2S），从烃类中清除净化。这些有机硫中，以噻吩（C_4H_4S）最难转化，因此，往往以噻吩的转化率作为指标衡量催化剂的活性。

b. 方法。鉴定加氢脱硫催化剂活性的方法有两种：一种是以轻油为原料，配以一定量的噻吩（约 200mg/L），在一定的工艺条件下测定噻吩的转化率；另一种是直接以轻油为原料，在一定的工艺条件下直接测定经催化转化后轻油的净化度，要求轻油中有机硫含量（换算的总硫）在 0.3mg/L 以下。

先将催化剂粉碎至 1~2.5mm 粒度，消除扩散因素及避免原粒度催化剂在床层中引起的沟流现象。催化剂填装量为 50mL，反应温度取 350℃（温度过高会引起裂解结炭），整个床层基本上处于等温区域。为了转化有机硫，需加一定量 H_2。轻油中含有不饱和烃和芳香烃，也由于加氢作用而消耗一部分氢。所以通常控制氢油比为 100，即按体积 100 份氢、1 份油。压力可以是加压（3.92MPa），也可以是常压。加压时液体空速为 15~30h^{-1}，常压时就要低些。

② 测试过程。图 8-2 所示为加氢脱硫催化剂活性评价的流程示意图。轻油由微型注油泵通过转子流量计计量，压入气化器，再到转化器，转化后经无机硫吸收器（如氧化锌脱硫），然后冷却分离，对冷凝油进行取样分析。气化器、反应器及无机硫吸收器各安装一温度测量点，用精密温度控制仪控制。经加氢脱硫后的油，经冷却分离，将剩余 H_2 放空，收集冷凝下来的油并取样分析。

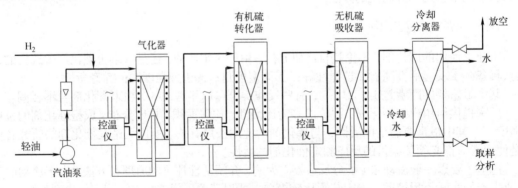

图 8-2　加氢脱硫催化剂活性评价流程

（2）氨合成用催化剂的活性评价（一般流动法）

① 测试原理和方法。

a. 原理。氮气和氢气在一定压力、一定温度下，经熔铁催化剂催化生成氨，反应如下：

$$N_2+3H_2 \rightleftharpoons 2NH_3+\Delta H_R$$

在压力为 29.4MPa、温度为 500℃的条件下，$\Delta H_R=-55.3kJ/mol$。

氨合成是一放热反应。从反应式可看出，增加压力有利于反应向生成氨的方向进行。在催化反应中,大粒度熔铁催化剂属于内扩散控制,故在活性评价时,需将催化剂破碎至 1.5~2.5mm 粒度。

氨合成所用的合成塔为内部换热式,催化床的温差较大,特别是在轴向塔中。即使用径向塔,由于气流分布方面的原因,有时候同平面的温差也较大,因此不但要测定氨合成催化剂在某一温度下的活性,而且要测定它的热稳定性。

b. 方法。氨合成用催化剂的活性检验目前都在高压下进行。由于 O_2、CO、CO_2、H_2O 等杂质对催化剂有毒害作用,测试前需进行气体精制。一般是通过 Cu_2O-SiO_2 催化剂除氧,Ni-Al_2O_3 催化剂除 CO,KOH 除水分及 CO_2,并用活性炭干燥。

国内 A6 型催化剂的活性指标为:催化剂粒度 1~1.4mm,压力 30MPa,温度 450℃,空速 10000h^{-1},采用新鲜原料气,要求出口氨含量大于 23%;在 550℃耐热 20h,再降至 450℃,活性保持不变。

国外 KM 型催化剂的活性指标为:压力 22MPa,温度 410℃,空速 15000h^{-1},催化剂填装量 4.5g,要求合成气中 NH_3 含量大于 23%。

② 测试过程。测试流程如图 8-3 所示。

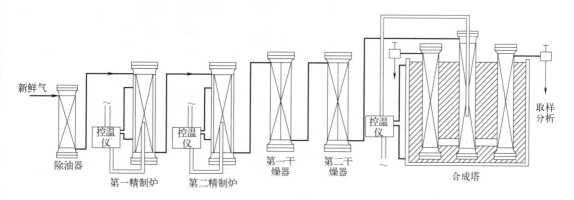

图 8-3 氨合成用催化剂的活性评价流程

新鲜气经除油器除去油污,进入第一精制炉（内装 Cu_2O-SiO_2 催化剂）以除去 O_2,进入第二精制炉（内装 Ni-Al_2O_3 催化剂）,使 CO 及 CO_2 甲烷化,再进入第一干燥器（内装 KOH 固体）、第二干燥器（内装活性炭）,最后进入合成塔。本测试采用多槽塔（五槽塔）,即在一个实心的合金元钢上钻 5 个孔,中心为气体预热分配总管,旁边对称钻 4 个孔。精制气体先经过中心管,然后分配到各个塔,合成气由各个塔放出进行分析。整个塔组采用外部加热,温度比较均匀一致。出塔气中所含氨量采用容量法测定,即在一定量的 H_2SO_4 溶液中通入出塔气,当硫酸溶液由于吸收了氨而中和变色,记录气体量,进而算出氨含量。

前面两个实例是模拟工业生产条件下的催化剂活性测定法,采用的是一般流动法,即积分反应器法。这种方法的优点是装置比较简单,连续操作,可以得到较多的反应产物,便于分析。但由于从反应到取样分析的过程较长,加上操作的原因,有时难以做到物料平衡,使所得结果有一定的误差。为此,可采用稳定流动微量催化色谱法。

该法的实质是采用微型反应器的一般流动法系统,中间通过取样器与色谱分析系统连接,如图 8-4 所示。反应混合物以恒定流速进入微型反应器 R,反应后的混合物经取样器 S 流出。载气经检测器 D,在取样器中将一定量的反应后的混合物送至色谱柱 C,分离后再经检测器 D 流出。这样即可对稳定的反应进行周期性的分析。

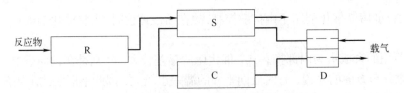

图 8-4　微型反应器-色谱联用装置示意图

R—微型反应器；S—取样器；C—色谱柱；D—检测器

这种实验方法对评价催化剂的活性、稳定性和寿命有很大的实用意义。它具有快速、准确的优点，用于动力学数据的测定也比一般流动法优越。

（3）丙烯选择性氧化催化剂的活性及反应动力学的测试（微型反应器-色谱联用法）

目前丙烯氧化制丙烯醛的高选择性催化剂中，以 Bi-Mo 氧化物催化剂研究得最为深入。有关这种催化剂的活性和动力学测试流程如图 8-5 所示。

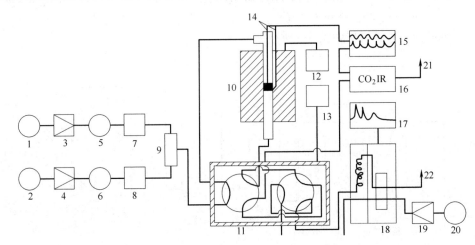

图 8-5　丙烯氧化催化剂的活性和反应动力学测试流程

1—C_3H_6 气体钢瓶；2—空气钢瓶；3，4—减压阀；5，6—稳压阀；7，8—流量计；9—混合器；10—反应器；11—六通阀组（放大的）；12，13—精密温度控制仪；14—热电偶；15—双笔记录仪；16—CO_2 气体红外分析仪；17—色谱记录仪；18—气相色谱仪；19—减压阀；20—氢气钢瓶；21—反应尾气放空；22—色谱尾气放空

聚合级精丙烯由钢瓶经减压计量后进入混合器，与由空气钢瓶来的精制空气混合，经六通阀再进入反应器，反应后混合气也经六通阀进入 CO_2 气体红外分析仪后流出。色谱载气经检测器通过六通阀流入色谱柱，并经检测器后放空。六通阀上装有取样定量管。这样便可利用两个六通阀切换，方便地使系统处于取样或分析状态，并可分析反应前或反应后的组分浓度，从而可计算得到催化反应的转化率、选择性等数据。流程中还通过连续检测反应后混合物中 CO_2 的浓度（用 CO_2 气体红外分析仪检测）和反应过程中催化剂表面的温度变化（用热电偶检测），来考察反应系统的动态变化过程。

（4）净化汽车尾气用窝状催化剂活性评价

装置流程如图 8-6 所示。空气由压缩机送入，经转子流量计计量。苯在恒温的饱和器中与定量空气接触，达到饱和，然后在混合器中与空气及定量的 CO 和 C_4H_8 气体混合，达到所需浓度，再经预热器达到所需的进口温度。这里预热前相当于预先配制了组成恒定的"模拟的"汽车尾气。反应管为 48mm×48mm 方形钢管，沿轴向放置三块蜂窝状催化剂（4.7mm 的立方体，蜂窝孔径ϕ2.5mm），每块间隔以不锈钢丝网，以便气体畅通。有效床高 0.141m。反应器为绝热式，在绝热层外分段加热，并通过常规控制仪表保持各轴间位置反应器内外温度一致。可测定反应器内温度分布和进出口气样，尾气经冷凝后放空。

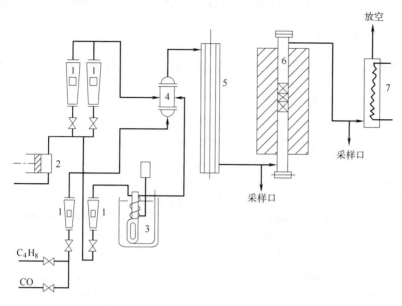

图 8-6　汽车尾气净化催化剂活性评价装置及流程

1—转子流量计；2—空气压缩机；3—苯饱和器；4—混合器；5—预热器；6—反应器；7—冷凝器

二、寿命评价

第一章介绍了催化剂寿命的概念，并描述了催化剂活性随运行时间变化而经历的成熟期、稳定期和衰老期三个过程（图 1-5），以及催化剂再生、运转时间与催化剂寿命的关系（图 1-6）。工业催化剂寿命是催化剂性能的最重要的指标之一。理论上，希望工业催化剂的寿命越长越好，但在实际使用过程中由于各种原因而使得工业催化剂有一定的使用寿命。对于工业生产，保持催化剂活性和选择性的长期稳定至关重要，否则催化剂必须经常再生或进行频繁的更换操作。装置的开车、停车既影响正常的生产，也给企业带来人力、物力的巨大消耗，因而催化剂寿命的长短常常是决定能否实现工业化的关键因素。

1. 影响催化剂寿命的因素

影响催化剂寿命的因素很多，也很复杂。一般而言，有以下几种情况：

① 催化剂热稳定性的影响。催化剂在一定温度下，特别是在高温下发生熔融和烧结，固相间的化学反应、相变、相分离等导致催化活性下降甚至失活。

② 催化剂化学稳定性的影响。在实际的反应条件下，催化剂的活性组分可能发生流失或活性组分的结构发生变化，从而导致催化剂活性下降和失活。如石油炼制过程中的铂重整工序，在反应进行了一段时间后，催化剂中的卤素组分发生流失现象而致使其酸催化功能下降，从而导致催化剂整体活性的下降。在苯氧化制顺酐过程中，经过一定的反应历程后，V-Mo 氧化物催化剂因生成无活性的钼物相而造成催化剂活性和选择性的下降。

③ 催化剂中毒或被污染的影响。催化剂在实际使用过程中发生结焦污染现象或被含硫、氮、氧、卤素和磷等非金属组分以及含砷化合物、重金属元素等毒化而出现暂时性或永久性

失活。

④ 催化剂力学性能的影响。在实际使用过程中，由于机械强度和抗磨损强度不够，导致催化剂发生破碎、磨损，造成催化剂床层压力降增大、传质差等，影响最终的使用效果。

2. 催化剂的抗毒性能评价

催化剂的抗毒性能是指催化剂抵抗反应体系中有毒、有害物质的能力。简单地说，催化剂的中毒是指反应体系中存在一些有害、有毒的物质使催化剂的活性、选择性和稳定性降低或完全失去的现象。催化剂的毒物主要有含硫化物（如 H_2S、SO_2、CS_2、硫醇、硫醚、噻吩等）、含氧化合物（如 O_2、CO、CO_2、H_2O 等）、含卤素化合物、含氮化合物、含磷化合物、含砷化合物以及重金属、有机金属化合物等。这些毒物对特定的催化剂及其催化反应体系可造成永久性中毒（不可逆中毒）或暂时性中毒（可逆中毒）。不同的催化剂对这些毒物有着不同的抗毒性能。同一种催化剂对同一毒物在不同的反应条件下也可能具有不同的抗毒能力。以硫化物为例，当反应体系温度低于100℃时，硫的价电子层中的自由电子可与过渡金属的 d 电子形成配位键，使过渡金属催化剂中毒，如 H_2S 对铂金属的毒化作用；温度为 200~300℃时，不论何种结构的硫化物都能与过渡金属发生作用；但高于800℃，该类中毒作用则变为可逆的，因为此时硫与活性物质原子间形成的化学键不再稳定。

对催化剂抗毒性能的评价应尽可能在接近工业条件下进行，通常采用以下几种方法：

① 针对具体的催化剂，在分析了可能的催化剂毒物后，可以在反应原料中加入一定量的可能的毒物，使催化剂中毒。然后再用洁净的原料进行催化剂性能测试，检测催化剂活性和选择性能否恢复。

② 在反应原料中逐渐加入有关毒物至催化剂活性和选择性维持在某一水准上，根据加入毒物的量高低，加入量高者其抗毒性能较强。

③ 将中毒后的催化剂再生，根据催化剂活性和选择性恢复的程度，恢复程度好的其抗毒性能较好。

3. 催化剂的寿命评价

对催化剂寿命的测试，最直观的方法就是在实际反应工况下考察催化剂的性能（活性和选择性）随时间的变化，直至其在技术和经济上不能满足要求为止。由于工业催化剂的寿命常常是短则数日长则数年，应用这种方法虽然结果可靠，但是费时费力。对于新过程、新型催化剂的研发而言，也不现实。因而需要发展实验室规模的催化剂寿命评价方法。

在催化剂的研究过程中，为了评估催化剂的寿命（或稳定性），一般是在实验室小型或中型装置上按照反应所需的工艺条件运行较长的时间来进行考察。典型的是要运行 1000h 以上，然后再逐步放大，进行单管试验、工业侧线试验，最后才引入工业装置，从而取得催化剂寿命的数据。由于工业生产过程中催化剂的失活往往由很多因素引起或者受各种因素的综合影响，且催化剂在工业反应器中不同部位所经受的反应条件和过程也不尽相同，因此，在实验室中完全模拟工业情况来预测催化剂的绝对寿命是很困难的。通过对已使用过的催化剂进行表征，全面考察和分析造成催化剂失活的各种因素，进而得出催化剂失活的机理。在实验室中可以通过强化导致催化剂失活的因素，在比实际反应更为苛刻的条件下对催化剂进行"快速失活"（又称"催速"）的寿命试验，以工业装置上现用的已知其寿命和失活原因的催化剂作为参比催化剂，进行对比试验，以预测新型催化剂的相对寿命还是可行的。这也可以大大提高催化剂研发过程的效率。

（1）"催速"寿命评价的基本原理

通过对已用的催化剂（最好是工业装置上使用的同类型催化剂）进行表征，摸清催化剂的失活机理。然后强化影响催化剂失活的主要因素，进行新型催化剂的催速失活试验，从而大大缩短测定新型催化剂寿命的试验时间。在进行催速失活试验时，如何做到既加快失活又能确保强化因素尽可能地反映工业操作中的真实情况，是准确测试催化剂寿命的关键。对于较为简单的反应，一般只选择一个参数进行催速，其余条件尽可能与工业条件相近。若要进行该试验，对于所选的强化因素，必须能给出相应的响应值，以便能将试验结果关联并外推。

（2）"催速"寿命评价的方法

目前进行催化剂"催速"寿命试验的方法有两种：

第一种称为连续试验法，是考察催化剂的活性和选择性对应于运行时间的关系。试验可在通常用于动力学研究的试验装置上进行。在试验过程中，要在尽可能保持各种过程参数与工业反应器相一致的情况下来考察其中某一强化参数的影响。如果还要考虑失活过程中催化剂的破碎和磨损问题，即机械稳定性问题，则还要在试验装置上备有催化剂的采样口并制订取出催化剂的操作方案，以获得催化剂机械稳定性对失活影响的结论。

第二种是中间失活法（或中间老化法）。此法是选择在适合的强化条件下处理催化剂，对处理前后的催化剂进行相同的标准测试，比较催化剂活性和选择性的差异，最后得到催化剂寿命的相关数据。对于催化剂力学性能的考察，也可参照连续试验法进行。催化剂"催速"寿命试验条件的选择，见表8-2。

表 8-2   "催速"寿命试验条件的选取

失活原因	失活方式	催速参数及范围（与正常生产情况相比）	催速方法
化学中毒	毒物可逆或不可逆吸附	毒物浓度高达 10~100 倍	多采用连续法
沉积失活	焦炭或无机物覆盖活性表面	反应温度升高 20%~50%	连续法
		进料浓度增加 50%~100%	
热烧结	高温引起烧结	温度升高 20%~50%	中间失活法
化学烧结	原料杂质与催化剂活性组分反应生成新化合物	杂质浓度增加 10~100 倍	连续法
固态反应失活	催化剂活性相组分与催化剂其他组分（如载体）反应；物相变化	温度升高 20%~100%浓度增加 10%~100%	连续法或中间失活法
活性组分流失	活性组分挥发	温度升高 20%~100%进料浓度增加 50%~100%	连续法或中间失活法

表 8-2 中催速参数的选择须非常慎重。特别是对一些较为复杂的化学反应，如平行反应、串联反应以及具有复杂化学反应网络的催化体系，改变催速条件可能导致反应类型的变化。某些在低温时影响不甚明显的反应在催速条件下（较高温度或压力）可能变得不可忽视。特别是对于那些受多因素共同影响而失活的情况，更会给催速条件的选择带来困难。因此催速试验条件的确定应该建立在对原催化剂进行细致表征、弄清催化剂失活机理的情况下才较为可靠。

（3）实例——铂重整催化剂寿命评价

铂重整是石油炼制过程中为提高油品品质而进行的一道工序。该过程主要采用铂及铼、铱等贵金属负载在活性氧化铝上制成双功能催化剂。贵金属组分

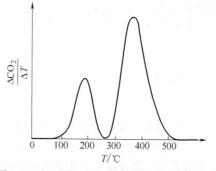

图 8-7   TPO 图：CO_2 生成速率与温度的关系

主要起脱氢、加氢作用，而酸性活性氧化铝主要起裂化和异构化作用，还添加了少量含卤素的物质作为助催化剂。在石脑油铂重整过程中，积炭失活被认为是催化剂失活的主要原因。以Pt/γ-Al₂O₃双功能催化剂为例，对已结焦的催化剂进行程序升温氧化（TPO）研究，测得的TPO结果如图8-7所示。

图中在200℃和380℃出现两个焦炭脱除峰。若在250℃将催化剂上的焦炭烧除后再用于重整反应，可恢复到相同Pt含量的原新鲜催化剂的活性水平。这说明对应于250℃能烧焦脱除的积炭（相当于图中的第一个峰）是导致Pt失活的原因。试验表明，在380℃烧去的主要是沉积在Al₂O₃上的焦炭，与Pt金属的活性无关。积炭的多少对催化剂的活性、选择性有很大的影响。

采用中间失活法进行的催化寿命试验表明，反应的压力、温度、氢/油比等对积炭的影响显著。当中间过程反应压力小于0.76MPa时，催化剂积炭严重；大于0.76MPa时，催化剂积炭和正常运行（压力3.04MPa）时的情况一致。所以可以在大于0.76MPa压力下，降低压力或氢/石脑油比，以及升高温度，来达到催速失活的目的。

使用两种铂重整催化剂A和B对石脑油进行重整的催速寿命试验，在催速失活条件为：压力1.0MPa、温度500~540℃、氢/石脑油=500时，得到的结果如图8-8所示。

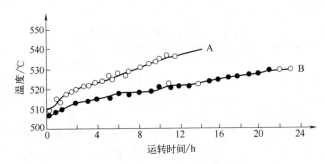

图8-8　重整催化剂A、B的温度-运转时间曲线

在规定的最高允许温度（确定为530℃）下，以催化剂所经历的这段时间作为衡量催化剂稳定性的指标，除去建立工艺条件所需的时间，催化剂样品A、B可操作的时间分别为7h和20h，亦即催化剂B的稳定性为A的3倍左右。同样，从反应所得的液体产品的得率也可证明催化剂B优于催化剂A。

第二节
催化剂表征

一、概述

催化剂表征是催化研究的重要领域之一，系指应用近代物理方法和实验技术（见图8-9），对催化剂的体相及表面结构进行分析研究，并相互关联印证；其根本目的在于通过探讨催化剂的宏观性质、微观结构与催化性能间的关系，以深入研究催化反应机理，从而为催化剂的设计和开发提供更多依据，改进原有催化剂或创制新型催化剂，并提出新概念，发现新规律，推动催化理论及应用技术的发展。

多相催化剂的宏观性质包括宏观结构和宏观性能两个方面。宏观结构主要包括：催化剂密度，如表观颗粒密度（假密度）、骨架密度（真密度）和表观堆积密度；颗粒形状和尺寸；比表面积；孔结构，如孔径、孔径分布、孔容和孔隙率。而宏观性能主要包括：机械强度，如耐压、耐磨、耐冲击强度；比热容；热导率；扩散系数。

多相催化剂的微观结构和物化性能主要包括催化剂体相和表面的化学组成、物相结构、活性表面、晶粒大小、分散度、价态、酸碱性、氧化还原性、各组分的分布及能量分布等，特别是起活性作用的部位即活性中心的组成、结构、配位环境与能量状态。其主要内容和方法如图 8-10 所示。

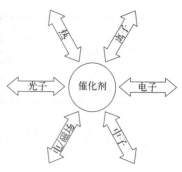

图 8-9 催化剂表征技术

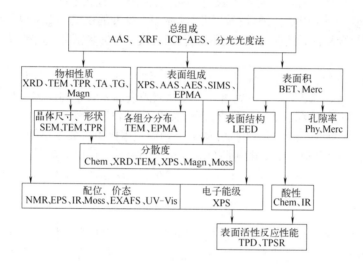

图 8-10 催化剂微观结构与性能的表征的主要内容

表 8-3 列出了主要的催化剂表征技术及其相应的信息类型。

表 8-3 用于表征催化剂的主要技术

表征技术	信息类型
X 射线衍射（XRD）	块状晶体结构
X 射线光电子能谱（XPS）	表面元素分析和氧化态
X 射线吸收光谱（XAS）	元素分析，氧化态可以研究局部几何和/或电子结构
扫描电子显微镜（SEM）	表面结构和形态
透射电子显微镜（TEM）	形态和晶体结构
红外光谱（IR）	分子结构
拉曼光谱（Raman）	分子和晶体结构
程序升温脱附（TPD）	表面覆盖率、脱附过程动力学参数、酸性/碱性位点强度、还原/氧化活性
伏安法（Voltammetry）	氧化还原活性和氧化还原过程的可逆性
电化学阻抗谱（EIS）	氧化还原反应中的电荷和传质
紫外/可见光谱（UV/Vis）	光学性质，表面等离子共振

表征技术	信息类型
光致发光（photoluminescence）	半导体中的电荷复合、催化位点的酸碱度、吸附中间体痕量的识别
核磁共振（NMR）	分子结构，催化位点的酸性
电子磁共振（EMR）	顺磁状态

二、宏观结构与性能的表征

1. 催化剂密度

催化剂密度是指单位体积催化剂所具有的质量，因体积含义不同，分为三种：①表观堆积密度，又称堆密度，是指以催化剂颗粒堆积时的体积为基准的密度；②表观颗粒密度，又称假密度，是指以单个颗粒体积为基准的密度；③骨架密度，又称真密度，是指以骨架体积为基准的密度。

表观堆积密度的数值随颗粒形状及装填方法而变化，可很容易直接测量。表观颗粒密度是单个催化剂颗粒（片、球、粒等）的密度，以其几何外表面所限定的体积为基准。如果颗粒足够大且具有规则的几何形状，则很容易直接测得；但当颗粒形状不规则或很小，不可能直接测量，则需要采用汞置换法（需要注意的是，由于小颗粒集聚体可形成汞不能渗入的颗粒间小孔，应考虑毛细管效应）。真密度是催化剂颗粒的真实平均密度，可由流体置换法测定（一般采用氦置换法最精确，因为氦的有效原子半径仅为 0.02nm，容易渗入非常细小的孔内）。

2. 催化剂颗粒尺寸

催化剂颗粒大小直接影响反应物及产物的扩散，在一定程度上控制着催化反应的速度和途径。同时催化剂颗粒大小也是其机械强度的指标之一，即经过某种机械磨损后催化剂颗粒大小变化越大，其机械强度越低。表 8-4 为催化剂颗粒尺寸常见的表征方法。

表 8-4 催化剂颗粒尺寸的表征方法

表征方法	检测范围/μm	表征方法	检测范围/μm
筛分法	$20\sim10^4$	光透法	$10\sim9000$
光学显微镜法	$0.1\sim10^4$	夫琅和费（Fraunhofer）衍射法	$10\sim2000$
扫描电镜法	$0.003\sim10^4$	离心沉降法	$0.05\sim5$
透射电镜法	$0.0005\sim10^4$	光子相关光谱分析法	$0.01\sim1$
重力沉降法	$1\sim100$	色层分析法	$0.01\sim1$
电阻法	$0.5\sim200$	场流分离法	$0.01\sim100$

筛分法是最传统的粒度测试方法，其使颗粒通过不同尺寸的筛孔以测试粒度，颗粒能否通过筛子与颗粒的取向和筛分时间等因素有关。

显微图像法测定系统由显微镜、CCD 摄像头（或数码相机）、图形采集卡和计算机等部分组成，分为光学显微镜法和电子显微镜法（包括透射电镜法和扫描电镜法），其工作原理是将显微镜放大后的颗粒图像通过 CCD 摄像头和图形采集卡传输到计算机中，对这些图像进行边缘识别等处理，计算出每个颗粒的投影面积，根据等效投影面积原理得出每个颗粒的粒径，再统计出所设定的粒径区间的颗粒的数量，从而得到粒度分布。除粒度测试外，显微图像法还常用来观察颗粒的形貌。

沉降法根据不同粒径的颗粒在液体中的不同沉降速度以测量粒度分布。颗粒通过流体介质落下，当重力等于介质黏滞力时呈匀速运动，其速度 v 为：

$$v = \frac{d^2 g(\rho_S - \rho_L)}{18\mu} \quad (8\text{-}7)$$

式中，ρ_L 和 μ 分别为流体密度和黏度；ρ_S 为颗粒密度；d 为颗粒直径；g 为重力加速度。根据式（8-7）可测定颗粒的尺寸。根据沉降方式不同，沉降法分为重力沉降法和离心沉降法两种。

光透法（light obscuration）根据颗粒沉降法原理和光透法原理来测定颗粒粒度。该法测定范围广、测量精度高、重现性好；影响测试精度的因素有沉降高度、悬浮液浓度、分散介质种类及用量、取样的代表性和试样的分散方法等。

夫琅和费衍射法（Fraunhofer diffraction）又称激光衍射法，让一束平行光照射到样品池中的颗粒使其产生光的衍射，衍射光的强度 $I(\theta)$ 与颗粒半径 R 存在如下关系：

$$I(\theta) = \frac{1}{\theta} \int_0^\infty R^2 n(R) J_1^2(\theta, K, R)\, \mathrm{d}R \quad (8\text{-}8)$$

式中，$n(R)$ 是颗粒的粒径分布函数；J_1 是第一型贝塞尔函数；$K = 2\pi/\lambda$。激光粒度仪通过多元光电探测器测量衍射光强度及空间分布，利用计算机算出被测颗粒的粒径分布，因其测量范围宽、所需样品量少、快速方便、重复性好等优点，有取代其他粒度测量方法的趋势。

电阻法又称库尔特法，其根据不同粒径大小的颗粒连续通过一个小微孔的瞬间，因占据小微孔中的部分空间而排开小微孔中的导电液体致使小微孔两端的电阻发生变化的原理来测试粒度分布（电阻大小与颗粒体积成正比）。

光子相关光谱法（photon correlation spectroscopy，PCS）利用光强探测器检测胶体或高分子溶液中颗粒由于布朗运动而产生的散射光强度随时间的变化，应用光谱相关分析技术计算颗粒的扩散系数，从而计算其粒度及其分布。

色层分析法包括尺寸排除色层分析法（size exclusion chromatography，SEC）和流动色层分析法（hydrodynamic chromatography，HDC）两种，由于颗粒大小相近的粒子不以同样的路径移动，使该法的分辨率受到影响，且不同流速也会影响 HDC 的分辨率。

场流分离法（field flow fractionation）包括流体场流分离、沉淀场流分离、热力场流分离和电力场流分离等多种，可看作是一种单相的色谱技术，其与色谱一样均通过洗脱达到分离，但又有着根本区别：场流分离是在外加场的诱导下与流体联合作用进行的，而并非是通过与固定相的相互作用实现组分的分离。

上述方法均为催化剂粒度测定的常用方法，由于各自受其测量原理限制不可避免地存在一些缺点或局限性，因而每种方法均有其适用范围。如光衍射法不能测量小于光源自然线宽的颗粒；沉降法既受制于大尺寸端绕流的影响，也受小尺寸端扩散（布朗运动）的限制，还规定了对介质密度、黏度和符合雷诺数的要求；激光衍射仪检测器受粒级对数坐标的限制致使最终粒级仅为全程一半；PCS 要求颗粒悬浮；电镜制样要求优良分散等。因此了解测量技术的局限性和严格满足其限制要求，对获取正确测量结果非常重要。

3. 机械强度

催化剂应具备足够的机械强度，以经受搬运时的滚动磨损，装填时冲击和自身重力，还原使用时的相变以及压力、温度或负荷波动时产生的各种应力，因而其机械强度常被列为催化剂质量控制的主要指标之一，主要有以下三类。

（1）单颗粒强度

该方法要求测试大小均匀的足够数量的催化剂颗粒，适用对象为球形、大片柱状、挤条颗粒等形状催化剂。单颗粒强度又可分为单颗粒压碎强度和刀刃切断强度。

单颗粒压碎强度。将代表性的单颗粒催化剂以圆柱状的正向（轴向）和侧向（径向）或球形颗粒的任意方向放置在两平台间，均匀对其施加负载直至颗粒压碎破坏，并记录外加负载数据。

刀刃切断强度。采用刀口硬度法，将催化剂颗粒放至刀口下施加负载直至被切断。对于圆柱状颗粒，以切断时的外加负载与颗粒横截面积的比值来表示该数据。与压碎强度相比，该法较少采用。

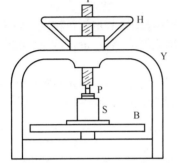

图 8-11　测定整体堆积压碎强度的仪器

样品池 S 安装在天平盘 B 上，由手轮 H 和螺纹杆 T、驱动柱塞 P 向试样施加负荷，由支架 Y 对天平底座产生反压力，为防止施加负荷时 P 转动，T 应有销槽

（2）整体堆积压碎强度

单颗粒强度并不能直接反映催化剂在固定床层中整体破碎的情况，因而采用图 8-11 的整体堆积压碎强度仪在接近固定床真实情况下表征催化剂的强度性能，尤其是对许多不规则形状的催化剂也只能采用该法。

（3）磨损强度测试

常用的主要有旋转碰撞法和高速空气喷射法两种，两者均须保证催化剂在强度测试中是由于磨损失效，而非破碎失效所致，前者得到的是微球粒子，而后者得到的主要是不规则碎片。固定床一般采用前者，而流化床多采用后者。

旋转碰撞法是测定固定床催化剂耐磨性的典型方法，其基本原理是催化剂在旋转容器内因上下滚动而被磨损，经过一段时间后取出样品筛得细粉，以单位质量催化剂样品所产生的细粉量来表示磨损率。

高速空气喷射法一般用于流化床催化剂磨损强度的测定，其基本原理是在高速空气流的喷射下使催化剂呈流化态，颗粒间摩擦产生细粉，取单位质量催化剂样品在单位时间内所产生的细粉量（即磨损指数）为评价指标。

三、催化剂宏观物性的低温物理吸附表征

当催化剂的化学组成和结构确定时，单位质量（或体积）催化剂的活性取决于催化剂表面积的大小，而固体催化剂一般都为多孔颗粒，孔结构信息有利于理解催化剂在制备过程中的变化并为后续改性提供帮助。反应原料扩散及催化剂失活（有机物的沉积）也均与催化剂孔结构密切相关。多相催化剂的比表面积和孔结构是表征催化剂催化性能的重要参数，两者皆可通过低温物理气体吸附来测定。

按照 IUPAC 对孔结构的分类，根据 d_p 孔径可分为三种：微孔（micropore），$d_p \leq 2.0nm$；介孔（mesopore），$2.0nm < d_p \leq 50nm$；大孔（macropore），$d_p > 50nm$。孔结构的存在使得固体材料的总表面积远远大于其外表面积，如常见催化剂的总比表面积处于 $1\sim1000m^2/g$ 内，而其外比表面积一般只有 $0.01\sim10m^2/g$。

孔结构的表征主要包括比表面积、比孔容、不同孔径孔的面积分布以及孔径分布等，在众

多表征方法中，N_2低温物理气体吸附法最为常用，可获得的主要信息有：催化剂总表面积（BET法），介孔表面积、孔容及孔分布（BJH法），微孔表面积、孔容及外表面积（t-plot法）。

1. 总比表面积（BET法）

1938年Brunauer、Emmet和Teller在Langmuir单分子层吸附理论基础上发展形成多分子层物理吸附模型，推导出BET等温式［式（2-24）］，可将其改写为式（8-9），以得到BET比表面积。

$$\frac{p}{V(p_0-p)} = \frac{1}{V_m C} + \frac{C-1}{V_m C}\left(\frac{p}{p_0}\right) \tag{8-9}$$

可用式（8-9）计算固体吸附剂（载体或催化剂）的总比表面积，实验测出不同相对压力p/p_0下所对应的一组平衡吸附体积，然后以$p/[V(p_0-p)]$对p/p_0作图，可得到图8-12所示的直线，直线在纵轴上的截距为$1/(V_m C)$，直线的斜率为$(C-1)/(V_m C)$，即可求得单分子层饱和吸附所需气体的体积V_m：

$$V_m = \frac{1}{\text{截距} + \text{斜率}}$$

如果已知吸附分子的横截面积，即可用式（8-10）求出总比表面积S_g：

$$S_g = \frac{NA_m V_m}{VW} \ (\text{m}^2/\text{g}) \tag{8-10}$$

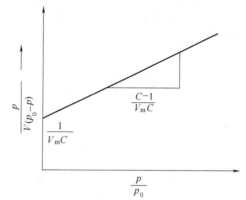

图8-12 $p/[V(p_0-p)]$与p/p_0的关系

式中，N为阿伏伽德罗常数，6.023×10^{23}；A_m为吸附质分子的横截面积，m^2；V为吸附质的克分子体积，$22.4\times10^3\text{cm}^3$；$W$为样品质量，g；$V_m$为单分子层饱和吸附所需气体的体积，$\text{cm}^3$。

采用气体或蒸气作吸附质时，其A_m值见表8-5。在没有一个比较标准的数值下，A_m的数值也可按液化或固化吸附质的密度来计算：

$$A_m = 4\times0.866\times\left(\frac{M}{4\sqrt{2}Nd}\right)^{2/3} \tag{8-11}$$

式中，M为吸附质的分子量；d为液化或固化吸附质的密度。

表8-5 一些气体分子的横截面积

气体	固体			液体		
	d	温度/℃	横截面积/nm^2	d	温度/℃	横截面积/nm^2
N_2	1.026	-252.5	0.138	0.571	-183	0.170
				0.808	-195.8	0.162
O_2	1.426	-252.5	0.121	1.140	-183	0.141
Ar	1.650	-233	0.128	1.374	-183	0.144
CO		-253	0.137	0.763	-183	0.168
CO_2	1.565	-80	0.141	1.179	-56.6	0.170

气体	固体			液体		
	d	温度/℃	横截面积/nm²	d	温度/℃	横截面积/nm²
CH₄		−253	0.150	0.392	−140	0.181
n-C₄H₁₀				0.601	0	0.321
NH₃		−80	0.117	0.688	36	0.129
SO₂					0	0.192

其中应用最广泛的吸附质是 N_2，其 A_m 值为 $0.162nm^2$，吸附温度在其液化点 77.2K 附近，低温可以避免化学吸附。当相对压力低于 0.05 时不易建立起多层吸附平衡，高于 0.35 时发生毛细管凝聚作用。实验表明：对多数体系，相对压力在 0.05~0.35 间的数据与 BET 方程有较好的吻合，实验误差约为 10%。实验室一般采用静态低温氮吸附容量法（见图 8-13），固体样品与吸附气体达到平衡后，从体积、温度、压力的变化可计算出吸附量。更为通常的方法是采用商业物理吸附仪。

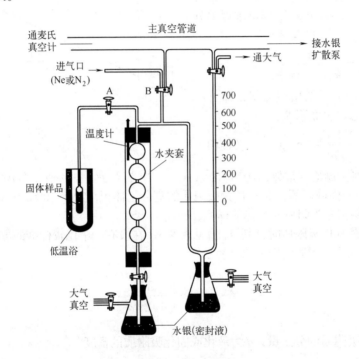

图 8-13　静态低温氮吸附容量法测固体的总比表面积

2. 介孔表面积、孔容及孔分布（BJH 法）

孔分布是指催化剂的孔体积随孔径的变化。孔分布也与催化剂的其他宏观物理性质一样，取决于组成催化剂物质的固有性质和催化剂的制备方法。多相催化剂的内表面主要分布在晶粒堆积的孔隙及其晶内孔道，而且反应过程中的扩散传质又直接取决于孔结构，所以研究孔大小和孔体积在不同孔径范围内的贡献，即孔分布，可得到非常重要的孔结构信息。

一般认为，若干原子、分子或离子可组成晶粒，若干晶粒可组成颗粒，若干颗粒可组成球状、条状催化剂。颗粒与颗粒之间形成的孔称为粗孔，其孔半径大于 100nm；晶粒与晶粒间形成的孔称为细孔，其孔半径小于 10nm；粗孔与细孔之间为过渡孔，孔半径在 10~100nm 之间。

孔分布的测定方法很多，孔径范围不同，可选用不同的测定方法，大孔可用光学显微镜直接观察和用压汞法测定，细孔可采用气体吸附法。

（1）气体吸附法

气体吸附法测定细孔半径及分布是以毛细管凝聚理论为基础的，通过 Kelvin 方程计算孔半径：

$$r_k = -\frac{2\sigma V_L \cos\varphi}{RT\ln(p/p_0)} \tag{8-12}$$

式中，r_k 为孔半径（Kelvin 半径）；σ 为用作吸附质的液体的表面张力；V_L 为在温度 T 下吸附质的摩尔体积；φ 为接触角；p 为在温度 T 下吸附质吸附平衡时的蒸气压力；p_0 为温度 T 下吸附质的饱和蒸气压力。

式（8-12）表明，在 $\varphi < 90°$ 的情况下，低于 p_0 的任一 p 下，吸附质蒸气将在相应的孔径为 r_k 的毛细管孔中凝聚为液体，并与液相平衡。r_k 愈小，p 愈小，所以在吸附实验时，p/p_0 由小到大，凝聚作用由小孔开始逐渐向大孔发展；反之，脱附时，p/p_0 由大到小，毛细管中凝聚液的解凝作用由大孔向小孔发展。

液氮温度下，$\sigma = 8.85 \times 10^{-5}$N/cm，$V_L = 34.65$cm³/mol，$R = 8.31$J/（mol·K），$T = 77$K，$\varphi = 0°$，可计算得 Kelvin 半径：$r_{k,\,nm} = 0.414/\lg(p/p_0)$。

Barret、Joyner 和 Halenda 应用 Kelvin 方程提出计算介孔材料中的 BJH 孔分布方法，该法假定一个在已经充满吸附质的孔中，随着压力的下降吸附质逐渐清空。在每一个过程中，已吸附的吸附质的脱附（从标准状况下气态体积转换到液态体积）代表孔内孔容变化的过程。

实际发生毛细管凝聚时，管壁上已覆盖有吸附膜，所以相应于一定压力 p 的 r_k 仅是孔心半径的尺寸，如将孔简化为圆柱模型（见图 8-14），真实的孔径尺寸 r_p 应加以多层吸附厚度 t 的校正 $r_p = r_k + t$，即：

$$r_p = -\frac{2\sigma \bar{V}_L}{RT\ln(p/p_0)} + t \tag{8-13}$$

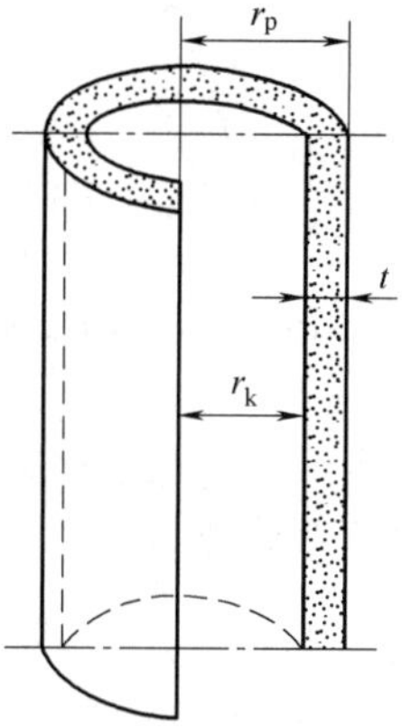

图 8-14　等效圆柱模型

式中，t 为校正的多分子吸附层厚度。对于氮，取其多层吸附的平均层厚度为 0.354nm，t 与 p/p_0 的关系可由下述经验式决定：

$$t = 0.354\left[\frac{-5}{\ln(p/p_0)}\right]^{1/3}$$

将 r_p 和 r_p 时的吸附量（孔容 V）代入圆柱体的体积公式（$V = \pi r_p^2 L$）即可得到整个孔道的长度 L，然后由此可计算介孔孔道的表面积（$S = 2\pi r L$）。

在多孔催化剂上吸附等温线常常存在滞后环，即吸附等温线和脱附等温线中有一段不重叠，形成一个环，如图 8-15 所示。在此区域内，在相等压力下脱附时的吸附量总是大于吸附时的吸附量。这种现象可做如下解释，即吸附由孔壁的多分子层吸附和孔中凝聚两种因素产生，而脱附则仅由毛细管解凝聚所引起，即吸附时首先发生多分子层吸附，只有当孔壁上的吸附层达到足够厚时才能发生凝聚现象，而脱附时则仅发生毛细管中的液面蒸发。为此应采用脱附曲线而非吸附曲线表征孔分布。

计算孔分布的步骤如下：

a. 从脱附等温线上找出相对压力 p/p_0 所对应的 $V_{脱}$（mL/g）。

b. 将 $V_{脱}$ 按下式换算为液体体积 V_L（mL/g），液氮的密度为 0.808 g/mL。

$$V_L = \frac{V_{脱}}{22400} \times 28 \times \frac{1}{0.808} = 1.55 \times 10^{-3} \times V_{脱}$$

c. 计算 $V_{孔}$，它等于 $p/p_0 = 0.95$ 时的 V_L，即吸附剂内孔全部填满液体的总吸附量：

$$V_{孔} = (V_L)_{p/p_0=0.95}$$

d. 将 $V_L/V_{孔}$（%）对 r_p 作图，得到孔径分布的积分图，如图 8-16 所示。

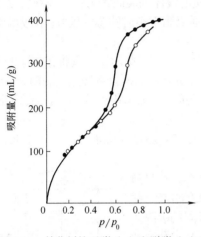

图 8-15　催化剂的吸附（○）和脱附（●）等温线

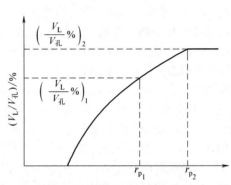

图 8-16　孔分布的积分曲线

由该图可算出在某 r_p 区间的孔所占体积对总孔体积的百分数，如孔半径 $r_{p_1} \sim r_{p_2}$ 的孔所占的体积百分数为：

$$\left(\frac{V_L}{V_{孔}}\%\right)_2 - \left(\frac{V_L}{V_{孔}}\%\right)_1$$

e. 将 $\Delta V/\Delta r_p$ 对 r_p 作图，得到如图 8-17 所示的孔分布微分曲线。对应于峰最高处的 r_p 值称作最概然孔半径 r_m，即 r_m 是孔半径分布最多的，对孔径分布曲线积分则可算出总孔体积。

如在比表面积为 242m²/g、比孔容为 0.65mL/g 的 Al_2O_3 上的孔半径分布如下：

孔半径/nm	0~2	2~3	3~4	4~5	5~10	10~20	>20
所占百分数/%	13.75	4.64	8.05	8.20	46.90	11.60	3.25

（2）压汞法

气体吸附法不能测定较大的孔隙，而压汞法可以测得 7.5~7500nm 的孔分布，因而弥补了其不足。压汞法是用于介孔物质分析仅次于气体吸附法的主要实验技术，更是大孔物质分析的首选方法。其基本原理是基于非润湿毛细原理推导出的 Washurn 方程，实验测量外压力作用下进入脱气处理后固体孔空间的进汞量，再换算为不同孔尺寸的孔体积、表面积。

汞对于多数固体是非润湿的，汞与固体的接触角> 90°，需加外力才能进入固体孔中，如图 8-18 所示。

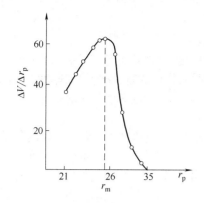

图 8-17　孔分布的微分曲线

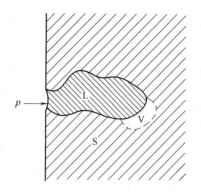

图 8-18　压汞进入固体孔中的示意图

p—外压力；V—汞蒸气；L—汞液体；S—固体多孔体

以 γ_L 表示汞-固体的表面张力，接触角为 θ，汞进入半径为 r 的孔所需的压力为 p_0，则孔截面上受到的力为 $\pi r^2 p_0$，而由表面张力产生的反方向张力为 $-2\pi r\gamma_L\cos\theta$，当平衡时二力相等，$\pi r^2 p_0 = -2\pi r\gamma_L\cos\theta$，则：

$$r = 2\gamma_L\cos\theta/p_0 \tag{8-14}$$

该式表示压力为 p_0 时，汞能进入孔内的最小半径。可见，孔径越小，所需的外压越大。

常温下汞的表面张力 $\gamma_L = 480 \times 10^{-5} \text{N/cm}$，随固体不同，接触角 θ 有所变化，但变化不大，对于各种氧化物来说，约为 $140°$。若压力 p_0 的单位为 kgf/cm^2，孔半径单位为 nm，式（8-14）则为：$r = 7500/p_0$，若按 p_0 的法定计量单位 MPa，则为：$r = 735/p_0$。

采用压汞法对孔结构进行表征，总表面积、孔体积分布以及表面积的计算公式分别为：

$$S = \frac{-1}{\gamma_L\cos\theta}\int_0^{p_{0(max)}} p_0 \mathrm{d}V \tag{8-15}$$

$$D(r) = \frac{\mathrm{d}V}{\mathrm{d}r} = \frac{p_0\mathrm{d}V}{r\mathrm{d}p_0} = \frac{-1}{r}\times\frac{\mathrm{d}V}{\mathrm{d}(\ln p_0)} \tag{8-16}$$

$$D(r) = \frac{\mathrm{d}S}{\mathrm{d}r} = \frac{\Delta S}{\Delta V}\times\frac{\mathrm{d}V}{\mathrm{d}r} = \frac{2}{r^2}\times\frac{\mathrm{d}V}{\mathrm{d}(\ln p_0)} \tag{8-17}$$

式中，γ_L 为汞-固体表面张力；θ 为接触角；p_0 为进汞压力。

依据以上公式对实验进汞曲线进行处理后，可获得常规压汞分析要求的结果，主要包括压汞总孔体积、压汞表面积和孔分布。

气体吸附法的测量孔宽范围为 1~50nm，压汞法适于测量孔宽大于 2nm 的孔，所以两种方法在 2~50nm 内交叉（最好在 3~50nm）。由此可见，物理吸附法和压汞法在介孔范围内应该具有很好的一致性，因而在此范围内这两种方法可以相互比较、校准、纠正。

与气体吸附法相比，压汞法具有速度快、测量范围宽和实验数据解释简单的优点。但压汞法也存在很大的缺点和局限性：对于宽度不到 1nm 的微孔很难进行测量；测量孔大小分布的原理基于理想化的孔形模型——球形、圆筒形或狭缝形孔，而此类模型并不能准确反映固体物质的真实情况；假设所有孔都与试样的外表面连接，但是这并不总是真实的，而且由其造成的误差可能相当大（气体吸附法也存在该局限性）；汞很难从多孔固体中全部回收，因而具有破坏性（尽管在有些情况下能够用蒸馏法将汞全部除去）。

3. 微孔表面积、孔容及外表面积（t-plot 法）

t-plot 又称 t-曲线，是以吸附量对吸附膜的统计厚度 $\left[\,t\right.$ 在这里等于 $(n/n_m)\times\sigma$，n 为被吸附的吸附质的物质的量，n_m 为单层饱和吸附时吸附质的物质的量，σ 为单层厚度 $\left.\right]$ 作图，用来检验样品的吸附行为（实验等温线）与标准样品吸附行为（标准等温线）的差异，从而得到样品的孔体积、表面积等信息。

所谓标准等温线应建立在已知的非孔（尤其是无微孔）的固体上，而该固体的化学性质应当与被测样品仅仅是表面积不同的同一类材料，以保证吸附性质类似。如果待测样品中不含孔，那么它与标准样品的等温线形状一致，而仅吸附量不同。如采用归一化单位表示吸附量，则有可能使各等温线相互吻合。如果样品中含有孔，那么实验等温线将偏离标准等温线。而检验偏离标准等温线的有效方法则是"t-plot"法。t-plot 图不仅可以检验中孔的毛细凝聚现象，而且还可用于揭示微孔的存在与计算其体积贡献。检验实验等温线对标准等温线的偏离，实质上是对实验等温线与标准等温线进行形状比较，找出可否通过调整纵坐标标度而使两者重合一致。而 t-plot 则正为此提供了方便，该法的依据是 t-曲线以吸附膜统计厚度 t 而不是 n/n_m 为自变量作出的标准等温线图。

测得实验等温线后绘制 t-plot 曲线，即作吸附量对 t 的曲线。如果实验等温线与标准等温线形状完全相同，即样品不含孔，那么 t-plot 必为过原点的一条直线。这是因为如果样品不含孔，吸附发生在样品外表面，那么吸附层厚度 t 必然与吸附量成正比，所以 t-plot 是一条直线，且斜率是该样品的表面积。当把该直线外推至吸附轴（Y 轴）时，其物理意义为吸附层厚度为零，因为不含孔，所以吸附层厚度为零时，吸附量必然为零，所以该直线通过原点。如果在非孔固体中引入微孔（不含介孔），低压区吸附量增大，等温线因而也发生相应的影响。因为未引入介孔，t-plot 图中高压区依然呈直线状；外推该直线至吸附量轴（Y 轴），截距即等于微孔体积（要将标准状况下的气体体积转换成液体体积），直线部分的斜率则与外表面积成正比。可以认为，在有微孔存在时，吸附先发生在微孔中，微孔被充满后，吸附在外表面进行。因此，吸附层厚度为零时，意味着微孔已经充满，而表面吸附尚未开始，所以这时的吸附量等于微孔的体积。如果在非孔固体中引入介孔（但不含微孔），则当相对压力达到相当于 Kelvin 方程中相应的孔半径时，便在这些相应的孔中发生毛细凝聚，并得到Ⅳ型等温线。当在给定相对压力下发生毛细凝聚现象时，由于孔中凝聚吸附质而使吸附量增大，因而 t-plot 即在相应于最细孔发生毛细凝聚的相对压力处开始出现向上翘起的偏离。将毛细凝聚结束后 t-plot 的线性部分延长至吸附量轴（Y 轴），截距即等于介孔体积。而发生毛细凝聚前，t-plot 与非孔物质一样呈直线，该直线通过原点，意味着没有微孔存在。

图 8-19 为同时具有微孔和介孔的分子筛的 t-plot 图。图中的直线 AB 在 Y 轴的截距即为样品中微孔的体积，而直线 CD 在 Y 轴的截距为微孔体积与介孔体积之和，线段 CA 反映了样品中介孔的孔体积。另外，由直线 AB 的斜率可以计算出属于介孔的表面积，而由直线 CD 的斜率可以计算出外表面的面积。微孔的表面积可以由总比表面积减去介孔表面积和外表面面积得到。

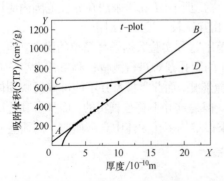

图 8-19　同时具有微孔和介孔的分子筛的 t-plot 图

4. 其他方法

孔结构的表征除上述常见方法外，尚有 X 射线小角散射法、显微镜法、中子小角散射法、初湿含浸法、渗透测粒法和反扩散法等。

X 射线小角散射法可以给出均匀一致物质上存在的 1~100nm 孔的某些有用信息，但对于化学组成变化的样品或含有与孔同样大小颗粒的样品，X 射线小角散射法不可能或很难测定孔的大小。X 射线小角散射法是一种特殊技术，能满足其应用的场合很有限。

显微镜法（SEM/TEM）以直接观察和测量孔的大小为依据，但在大多数情况下，由于孔的形状变化不一，在进行有意义的孔大小测量时经常遇到困难，因而很难获得准确的数据。一般而言，显微镜法更适于孔结构的定性评价及催化剂形貌和纹理的直接观察。

四、 X 射线衍射

X 射线衍射（XRD）是研究催化剂本体结构的主要技术。在实验室中，X 射线是由灯丝加热产生的电子轰击靶材（即阳极）产生的。产生的单色 X 射线束被投射到样品中，被晶格中的原子弹性散射。在特定的入射角，衍射平行 X 射线同相并产生相长干涉，产生具有可测量强度的峰。这个过程如图 8-20 所示，由 Bragg 方程描述，相长干涉仅在满足以下条件时才会发生：

$$n\lambda = 2d\sin\theta \tag{8-18}$$

式中，n 为整数，称为反射阶数；λ 为 X 射线的波长；d 为给定材料的晶面之间的特征间距；θ 为入射 X 射线和散射面间的角度。

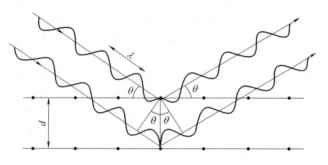

图 8-20   晶格中原子弹性散射产生的 X 射线相长干涉示意图

测量结果是探测器测量的 X 射线强度与角度 2θ 的关系图，可看作是样品中周期性原子排列的指纹。由于已知 λ（使用的 X 射线的波长）并且 θ 在实验期间以受控方式连续变化，因此 Bragg 定律允许计算 d 库（ASTM、JCPDS 等）的广泛可用性报告了各种材料的特征晶格间距，通常能够快速识别晶相。

晶体材料通常包含多组平面，其取向和晶面间距由三个整数 h、k 和 l 定义，称为米勒指数。这些是由某个晶面与笛卡尔坐标系中的三个轴（即 x、y、z）相交的点确定的。为了解释满足 Bragg 定律的所有可能平面，后者通常表示（在立方系统的情况下）如下：

$$\frac{1}{d_{hkl}^2} = \frac{h^2 + k^2 + l^2}{a^2} \tag{8-19}$$

式中，a 为立方晶体的晶格间距，一旦 d_{hkl} 计算出来，d_{hkl} 为具有米勒指数（hkl）的晶面间距，可从 XRD 测量中得知。同样，类似的相关性适用于非立方晶胞。

在催化中，XRD 用于识别晶相，确定催化剂的结晶度和晶格参数，如相关晶体结构的 d 间距和晶胞尺寸，以及平均晶体尺寸和晶面参数。可以进行原位实验，如通过在温度和/或压力升高时获得衍射图来研究反应气体混合物对催化剂结构性质或从一种晶相转变为另一种晶相的影响。此外，还可对多组分催化材料进行定性和定量分析，以评估各个组分和相的相对贡献。图 8-21（a）显示了用于从 CO_2 合成直链 α-烯烃的催化体系的 XRD 图谱。这种催化剂由碳化铁（Fe_5C_2）、磁铁矿（Fe_3O_4）、金属铁（Fe^0）和其他成分（SiO_2 和 KCl）的混合物制成。通过使用现有库作为参考，可识别不同的组分并将其与催化性能相关联，如发现更多的 Fe_5C_2 有利于增强 C-C 的耦合和抑制甲烷的形成。

XRD 峰的展宽与固体结构有序程度有关，如图 8-21（b）所示。单晶材料和大晶体颗粒由于其完美的长程有序性而在 XRD 中产生尖锐的窄线。另外，由于缺乏产生 Bragg 衍射的平面，具有短程有序的无定形材料没有或表现出非常宽的衍射峰。催化剂通常以中等结构域为特征，如纳米粒子（NPs）。在纳米级微晶中，微晶尺寸可通过 Debye-Scherrer 方程与 XRD 图案中衍射峰的展宽相关联：

$$\tau = \frac{K\lambda}{B\cos\theta} \qquad (8\text{-}20)$$

式中，τ 为垂直于所考虑的反射平面的微晶尺寸；K 为形状因子，其值接近于 1；λ 为 X 射线波长；B 为衍射峰的半峰全宽（FWHM）；θ 为衍射角。值得注意的是，Scherrer 方法给出了微晶尺寸的粗略值，因为峰展宽取决于可能引入不准确性的其他因素。除微晶大小外，峰展宽确实可能还受到由于位错、孪晶内应力、微晶的表面和边界等引起的晶格畸变的影响。微晶尺寸通常与颗粒尺寸不同，因为颗粒通常由几个微晶组成。通过透射电子显微镜（TEM）和小角 X 射线散射（SAXS）可以更准确地确定粒径。后一种技术使用与衍射仪相同类型的 X 射线源，但不同的是，其在非常低的角度范围内测量散射，通常为 0.1°~5°。与 TEM 不同，SAXS 从宏观量的样品中产生有关粒度的信息。根据 Bragg 定律，可以更小的散射角探测更大的结构特征，并获得从几纳米到几百纳米的"纳米"区域极其精确的图像。

与 XRD 不同，SAXS 生成粒度分布而不是平均微晶尺寸。若样品中存在的所有晶相均已知，则可通过 XRD 分析间接确定样品（非晶相）的非晶含量。通过混合规定数量的内标来进行量化。一个好的内标应该是化学惰性的，以免与样品发生反应，结晶度高（理想情况下为100%），几乎没有强烈的衍射峰，呈非常细的粉末形式以避免纹理化（即晶面的优选取向与相对于光束），并且应该具有低（理想情况下为零）化学计量变异性。一些最常见的内标是 Si（NIST SRM 640e）、刚玉（NIST SRM 676a）和云母（NIST SRM 675）。

XRD 技术还用于研究结晶样品暴露面的丰度，通常会影响吸附物与催化剂表面之间的相互作用，进而影响催化活性。特别是半导体的晶面工程在调整和优化光催化剂的物理化学性质和反应性方面发挥着重要作用，如在 TiO_2 中，已发现氧化还原反应分别优先发生在{101}和{001}晶面上。图 8-21（c）显示了在催化剂制备过程中使用不同体积的氢氟酸（HF）获得的锐钛矿 TiO_2 的 XRD 图谱。（004）峰强度的降低和其 FWHM 随掺杂的展宽表明 TiO_2 颗粒沿[001]方向的厚度减小。此外，（200）峰强度的增加及其 FWHM 随掺杂量的变窄证明了 NP 沿[100]方向的边长增加。这两种现象都可以归因于{001}晶面的增强，而随着掺杂量的增加而牺牲了{101}晶面。

原位 XRD 可用于研究在温度高达 2000℃和压力高达 100bar 的受控环境中气体反应过程中晶体结构的变化。实验室和基于同步加速器的 X 射线源均可用于原位 XRD。这些实验旨在诱导催化剂中的相变，以详细研究它们对目标反应动力学的影响。此外，催化剂的热处理可以在原位进行，以找到最佳的退火参数，这些参数会引起晶体结构的改变，有利于目标反应在原位进行。

图 8-22（a）显示了用一氧化碳将氧化铜（CuO）粉末还原为金属铜的原位时间分辨 XRD 实验示例。不同反应时间的 XRD 图谱揭示了 CuO 的衍射峰如何随着反应的进行而消失，让位于典型的中间体 Cu_2O 和目标产物 Cu。对 XRD 数据进行处理以构建三种铜物质的质量分数曲线，表明反应在 35min 的诱导期后开始，Cu_2O 在反应结束时没有完全转化为 Cu [图 8-22（b）]。

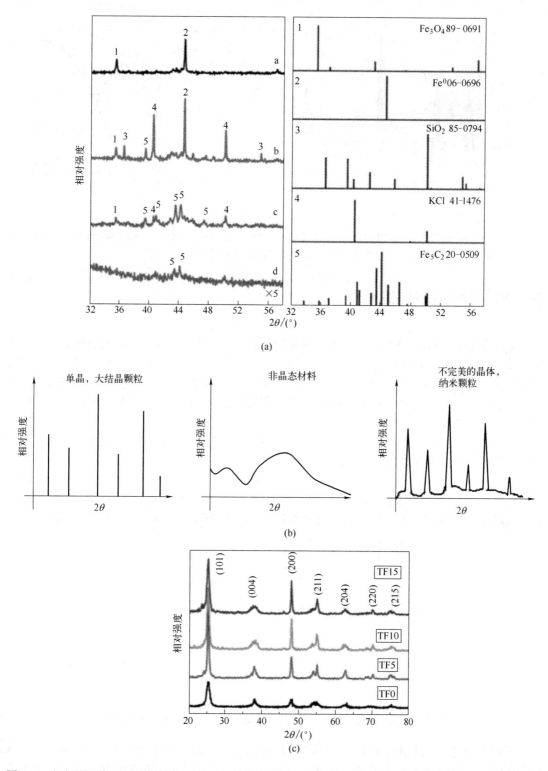

图 8-21 （a）用于从 CO_2 生产直链 α-烯烃的不同催化体系的 XRD；（b）不同结构有序度材料的 XRD 图谱定性表示；（c）不同体积氢氟酸制备的 TiO_2 基催化剂的 XRD 图谱（TF0 为纯 TiO_2，TF5、TF10 和 TF15 则为添加相应的氢氟酸量）

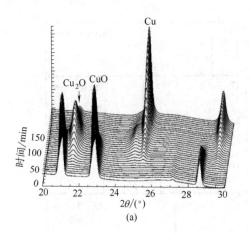
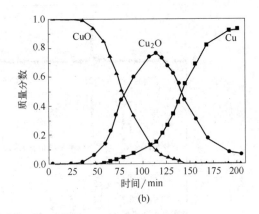

(a)　　　　　　　　　　　　　　　　(b)

图 8-22 （a）CuO 还原为 Cu 的时间分辨 XRD 图谱（224℃、5%CO-95%He 气，流速为 1mL/min）；（b）反应过程中三种铜物质的质量分数分布

五、X 射线光电子能谱

X 射线光电子能谱（XPS）是一种表面敏感技术，广泛用于研究固体表面的组成和电子结构，其采样体积从表面延伸到 5~10nm 的深度，依赖于在超高真空条件下被 X 射线束照射后样品从电子发射产生的光电效应（$<10^{-8}$mbar）。XPS 仪一般由三部分组成：①X 射线管，其中 X 射线束通过轰击镁或铝产生 $K_{\alpha1,2}$ 辐射；②由称为光谱仪的电子速度分析仪组成的电子探测器；③真空抽吸系统。

图 8-23（a）提供了光电效应的示意图。X 射线光子的能量（$h\nu$）和喷射电子的动能（E_k）之间的平衡通过爱因斯坦定律表示：

$$E_k = h\nu - E_b - \phi \tag{8-21}$$

式中，E_b 为电子与原子核对费米能级的结合能；ϕ 为功函数，取决于样品和光谱仪。特定元素可以用 E_b 来识别，它可以很容易地从测量的 E_k 和已知量（即 $h\nu$ 和 ϕ）中计算出来。

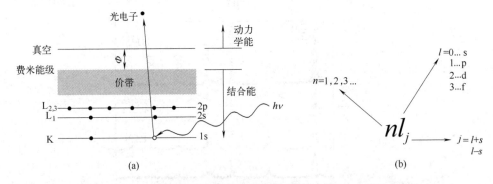

图 8-23 （a）XPS 中涉及的光发射过程示意图；（b）XPS 峰的命名法

根据入射光子的能量，可以激发不同能级的电子。得到的光谱将所有能级显示为光电子强度与相应的发射电子 E_k 的关系图。如图 8-23（b）所示，光谱中不同峰的标记是根据光电子被激发的能级（即主量子数 n）、相应的轨道量子数 l 和自旋动量数 s（即 1/2 或 –1/2）来进行的。电子的总动量数 j 可以计算为：

$$j = l + s \tag{8-22}$$

除了 $s(l=0)$ 之外的所有轨道能级在光谱中产生双峰，具有以不同结合能为特征的两种可能状态。双峰中的峰具有基于每个自旋态简并度的特定面积比（表8-6）。

表8-6　不同亚层的双峰中峰的 j 值和面积比

亚层	j 值	面积比
s	1/2	n/a
p	1/2、3/2	1:2
d	3/2、5/2	2:3
f	5/2、7/2	3:4

XPS 频谱中可能会出现其他信号，例如伴峰（振离和振激）和俄歇峰。伴峰是由光激发电子通过材料的价带（VB）时库仑势的突然变化引起的。例如，源于高于主线的结合能的振荡峰是动能降低的光电子发射的结果。这些光电子是从在前一次光电子喷射后处于比基态高几个电子伏的激发能态的原子发射出来的。这些峰在确定氧化态中起重要作用。俄歇峰起源于外壳电子填充由先前光电子发射产生的核心能级空位时。在这种转变过程中释放的能量可以产生另一个以俄歇命名的电子的喷射。俄歇峰是通过考虑到过程中涉及的所有级别的符号来识别的。例如，峰 KL_2L_3 源自 1s（即 K）轨道中电子的电离，留下一个由 $2p_{1/2}$ 能级（即 L_2）的电子填充的空位，导致发射来自 $2p_{3/2}$ 级的电子（即 L_3）。

在多相催化领域，XPS 用于更好地了解催化表面与其性能之间的关系。它能够量化催化剂表面的元素组成，并识别元素的氧化态及其可能的变化，这表现为结合能的某种变化。该技术还可以提供有关催化剂在暴露于反应环境和热退火时的物理化学变化的有价值信息。催化剂表面特征的完整图像允许进入所研究的催化过程的前体阶段的细节，从而进入潜在的反应机制。

通常的做法是进行调查分析以获得样品中存在的元素的快照，然后以更高分辨率记录窄扫描光谱以准确分析单个元素。图 8-24 显示了使用 CuO/TiO_2 催化剂将 CO_2 电化学还原为乙醇的 XPS 结果。图 8-24（a）中的调查证实了预期元素的存在，即 Ti、Cu 和 O。图 8-24（b）中 Cu 2p 的高分辨率光谱揭示了具有 $Cu\ 2p_{3/2}$ 和 $Cu\ 2p_{1/2}$ 的特征双峰相隔 20 eV 典型的 CuO 距离。此外，结合能较高的两个卫星峰进一步证实了 CuO 的存在。关于 Ti 2p 的光谱［图 8-24（c）］，$Ti\ 2p_{3/2}$ 和 $Ti\ 2p_{1/2}$ 峰的分离度为 5.7eV，表明催化剂中存在 TiO_2。最后，图 8-24（d）中的 O 1s 光谱显示了由两种金属氧化物中的 O^{2-} 产生的 529.7eV 处的主峰。较弱的峰来自催化剂表面上的羟基、C=O 和 C—O 基团。

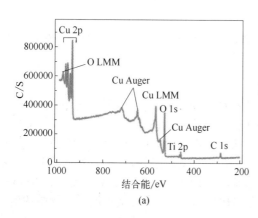

(a)

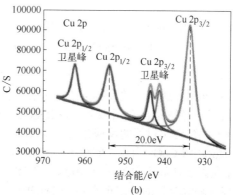

(b)

图 8-24

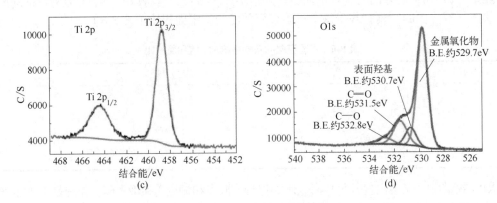

图 8-24　CuO/TiO₂ 催化剂的 XPS 全扫描谱（a）和相应的
高分辨率谱 Cu 2p（b）、(c) Ti 2p、(d) O 1s

XPS 可用于评估薄膜样品中元素组成随深度变化的均匀性。通过在新形成的表面上交替进行离子枪蚀刻和 XPS 测量来进行深度剖析。离子枪在样品表面蚀刻一段时间，然后在记录 XPS 光谱时关闭。图 8-25（a）显示了沉积在聚酯上用于抗菌目的的光催化 TiO₂-Cu 薄膜的深度分布。薄膜中三种元素的原子浓度，即 Ti、O 和 Cu，随着涂层的蚀刻而降低，特别是在达到 50Å 的穿透深度时。另外，C 含量的增加是由于聚酯的信号随蚀刻的进行而增加。

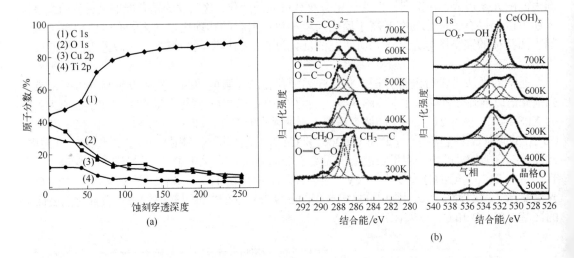

图 8-25　(a) 沉积在聚酯上的 TiO₂-Cu 薄膜的 XPS 深度剖面；(b) 在乙醇蒸气重整条件下（40mTorr 乙醇
1200mTorr H₂O）加热的 Ni-CeO₂（111）催化剂上获得的原位 XPS 结果

传统光谱仪所需的超高真空条件限制了催化材料的原位表征，在这种情况下，仅在反应前后进行测试。然而，最近开发的能够在毫巴（1 巴=10⁵Pa）压力范围内运行的 XPS 仪器能够在更接近大多数催化过程的反应条件下监测催化剂表面。图 8-25（b）显示了在乙醇蒸气重整条件下加热的 Ni-CeO₂（111）催化剂的 C 1s 和 O 1s 光谱。C 1s 光谱揭示了二氧乙烯和乙氧基物质的存在以及在最高温度（即 700K）下碳酸酯基团的形成。另外，二氧化铈的晶格 O 峰和水/乙醇气相混合物的峰出现在 O 1s 光谱中。进一步的峰源于表面羟基和烃氧化物质的信号特征的重叠。

六、X 射线吸收光谱

X 射线吸收光谱（XAS）是一种核心级光谱技术，依靠强烈且可调谐的 X 射线束照射样品并产生特征连续能谱，从而提供有关材料原子局部结构的信息以及关于它的电子状态。调整光子能量通常需要使用同步加速器设备以获得令人满意的信噪比。此处所有波长的 X 射线（白色光束）是由高能电子在存储环周围传播并穿过各种类型的磁体产生的。X 射线束进入单色仪以选择所需的波段，然后通过电离室以测量入射强度。与样品相互作用后，出射光束被发送到最终电离室以测量吸收后的强度。在过去的几十年中，由于全球同步辐射实验室的稳步增长，这项技术的普及度急剧增加。

从 XAS 测量获得的定性吸收光谱如图 8-26（a）所示。通常可以识别三个区域。在第一个中，位于边缘之前，没有明显的吸收，因为入射 X 射线的能量低于元素轨道（例如 s 轨道）中电子的结合能。

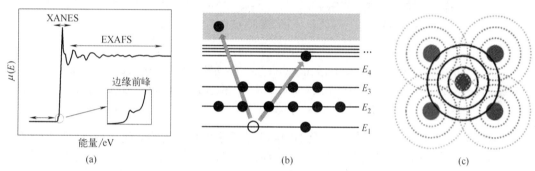

图 8-26　（a）三个不同区域的 XAS 示意图；（b）X 射线光子吸收和电子激发示意图；
（c）吸收原子（中间）与其最近的四个原子之间的干涉图案示意图，
由出射（实线）和反射（虚线）电子波产生

由于低能跃迁，例如过渡金属中从 1s 到 3d 的跃迁，可能会出现前缘特征。第二个区域，称为 X 射线吸收近边缘结构（XANES），其特征是核心电子激发到未占据状态 [图 8-26（b）]，这导致特征边缘跳跃。光谱中相应的尖峰称为"白线"。该区域用于指定催化剂中元素的氧化态，因为边缘位置的能量根据电子密度而变化。X 射线能量的进一步增加会在光谱中产生一个振荡信号，称为扩展 X 射线吸收精细结构（EXAFS）区域，该区域通常从边缘上方 50 eV 延伸。振荡是由射出的光电子和吸收原子周围的电子之间的波干涉产生的 [图 8-26（c）]。该区域揭示了原子局部环境的信息，因此可用于探测催化剂中的键距和配位数。

XAS 的主要优势之一是可研究那些对其他表征技术（如 XRD）无响应的样品（如无定形催化剂）的局部结构信息。它可以表征均相和多相催化剂，并且比需要超高真空条件的传统 XPS 更适合原位研究。此外，与后者不同的是，后者是表面敏感的，XAS 可用于同时进行表面和体积敏感测量。

图 8-27（a）显示了用于费托合成的钴基催化剂的 XANES 分析，证明 XAS 是一种非常强大和灵敏的氧化态测定技术。图 8-27（a）显示了在钴化合物上记录的光谱，即 CoO、Co_3O_4、$CoAl_2O_4$ 和钴箔（Co^0）。氧化物质呈现出源自 1s~3d 吸收跃迁的前缘特征。此外，尖锐的白线是由于在各种 Co-O 环境和氧化态中存在 Co 原子而产生的光谱特征所特有的。通过将一系列废 $Co/Pt/Al_2O_3$ 催化剂样品 [图 8-27（b）] 与参考化合物的 XANES 光谱进行比较，可以观察到这些催化剂在费托合成过程中逐渐减少。事实上，经过 8 天后，XANES 光谱与 Co 箔的光谱非常相似。

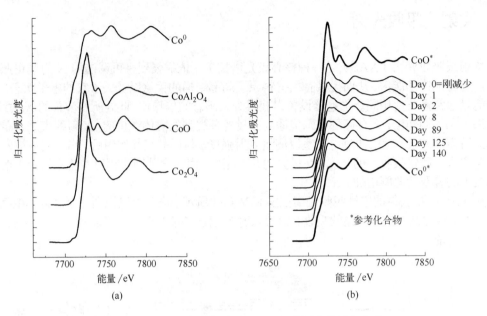

图8-27 （a）不同钴参考化合物的 XANES 光谱；（b） XANES 分析在费托合成（220℃；20bar；H_2+CO 转化率在 50%和 70%间）期间由浆料气泡塔反应器提取的一组用过的 Co/Pt/Al_2O_3 催化剂 [原料气组成约为 50%（体积分数）H_2 和 25%（体积分数）CO，p_{H_2O}/p_{H_2}=1~1.5，p_{H_2O}=4~6bar]

原位 XAS 用于研究反应条件下以及不同温度下退火处理期间的氧化态和局部结构。在这方面，图8-28 显示了在用于水煤气变换反应的 TiO_{2-x} 改性 Ni 纳米催化剂上获得的 XAS 结果。在不同温度（400~600℃范围）进行还原处理的同时监测催化剂的结构。图8-28（a）中的归一化 Ni 的 K 边 XANES 揭示了在 400℃处理的样品中同时存在金属相和 NiO 相，而金属镍在其他三个样品中占主导地位。与 Ni 箔相比，所有样品的吸收边缘都向较低能量的方向移动，这归因于 Ni 原子上的电子富集（称为 $Ni^{\delta-}$）。从光谱的 EXAFS 区域获得傅里叶变换是一种常见的做法。这允许获得具有对应于最近相邻原子的最可能距离的峰值的径向分布函数。催化剂 Ni 的 K 边的傅里叶变换 EXAFS 光谱显示金属 Ni-Ni 距离随着还原温度的升高而逐渐减小，这证明了金属 Ni 和 TiO_{2-x} 间的键合相互作用增强 [图8-28（b）]。

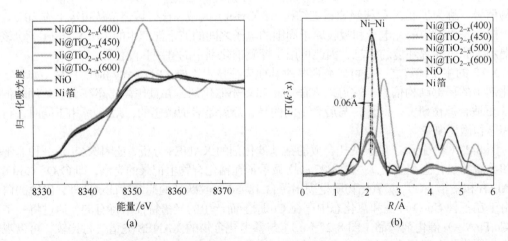

图8-28 （a）在 H_2/N_2（2:3，体积比）流中在不同温度下处理的 TiO_{2-x} 改性 Ni 纳米催化剂在 NiK 边缘的归一化 XANES 光谱；（b）相同样品的 NiK 边缘处的傅里叶变换 EXAFS 光谱

七、电子显微镜

电子显微镜使用电子来生成样品的图像。该技术包括多种方法，这些方法处理由电子束与样品相互作用产生的信号，以提供有关结构、表面形貌和成分的信息。由于与可见光子相比其波长要短得多，因此电子允许在光学仪器方面达到更高的分辨能力。

典型的 SEM 仪器的分辨率约为 10nm，而 TEM 的分辨率可以达到 0.1nm。电子显微镜可以分析各种长度尺度的催化剂结构，从微米到纳米，甚至在成像过程中。对于 SEM，样品室内的典型压力范围为 0.1~10^{-4}Pa，而 TEM 为 10^{-4}~10^{-7}Pa。

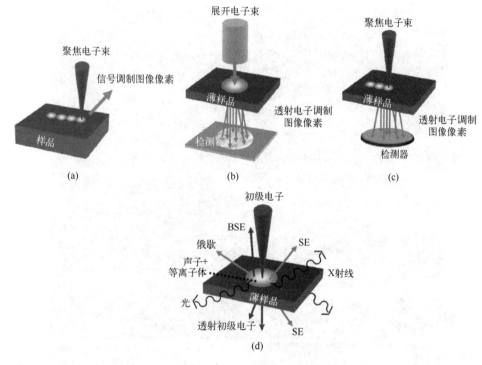

图 8-29 （a）SEM、（b）TEM、（c）STEM 工作原理示意图、（d）薄样品中电子-样品相互作用产生的信号

SEM 和 TEM 的操作方法如图 8-29（a）和（b）所示。两种显微镜都配备了一组透镜，可将电子束聚焦在样品表面上。在 SEM 中，光束通过扫描线圈在样品表面上进行光栅扫描，产生的信号由检测器收集。来自检测器的输出信号与样品上光束的已知位置同步，最后，信号强度被处理以调制图像像素［图 8-29（a）］。扫描电子显微镜可与聚焦离子束（SEM-FIB）在双束系统中结合使用，其中镓离子束被引导到表面上，以受控方式引起局部蚀刻和去除材料，而电子束被用于对标本进行成像。SEM-FIB 技术对于薄膜或膜的分析特别有用，因为它允许通过 FIB 蚀刻进入催化剂的内部区域，由于扫描电子显微镜的固有表面敏感性，单光束 SEM 无法进入这些区域。

在 TEM 中，光束被投射到非常薄的样品的某个区域（理想情况下为 100 nm）。透过样品的电子被透镜聚焦并由平行检测器收集以提供图像［图 8-29（b）］。TEM 也可以在扫描模式下操作（扫描透射电子显微镜，STEM），如图 8-29（c）所示。

初级电子束和样品之间的相互作用会产生一系列信号，这些信号提供了广泛的信息［图 8-29（d）］。SEM 成像利用二次电子（SEs）和背散射电子（BSEs）。由于非弹性散射现象，SEs 源自样品中的原子，并提供详细的表面和形貌信息。BSEs 是在弹性相互作用后反射回来的主光束的电子，对样品的成分很敏感。X 射线也是由原子壳层的电子喷射和随后由更高状态的电子填充空位产生的。X 射线通过能量色散 X 射线光谱（EDS）提供有关样品化学成分的信息。

  SEM 是分析催化剂及其微观和纳米结构特征的常规表征，包括尺寸、颗粒团聚、孔隙率和纵横比。这些特征取决于所使用的合成技术，更具体地说，取决于实验条件，它们对催化性能有重大影响。图 8-30（a）~（d）显示了四种形态的 CeO_2 催化剂的 SEM 显微照片：（a）直径约 20nm，长度为 100~300nm 的棒；（b）尺寸为 30~50nm 的立方体；（c）平均直径约为 300nm 的球体；（d）尺寸为 10~50nm 的随机纳米颗粒。采用水热法制备催化剂并测试了 H_2S 的选择性氧化。

图 8-30 （a）~（d）不同形貌 CeO_2 催化剂的 SEM 显微照片；（e）用于光催化应用的聚合物膜的 SEM 图像；（f）由钴钌合金制成的薄膜样品的 SEM 图像

  在处理催化膜时，SEM 研究可以提供有关孔径、不对称性、溶胀、粗糙度、形状和催化剂在膜上的分散性和稳定性的信息。图 8-30（e）显示了用于去除苯酚的光催化膜的 SEM 图像。三个不同的层在膜中明显突出：①致密的表层是膜性能的活性部分；②由指状结构组成的多孔层；③大空隙层。

SEM 技术也用于评估薄膜结构的厚度、孔隙率和均匀性。图 8-30（f）显示了镍泡沫支撑的钴钌薄膜的横截面图像，该薄膜旨在用于硼氢化钠的水解。催化薄膜呈现出纳米柱状特征和紧凑致密的顶面，显示在同一图的插图中。

TEM 是在纳米和原子尺度上研究催化剂的结构和性质的可选技术，可用于测定：①纳米粒子 NPs 的形状和尺寸分布；②相空间分布、原子排序、晶格参数测量；③局部元素组成和电子结构，通常以 STEM 模式进行，并使用 EDS 或 EELS（电子能量损失光谱）检测器进行分析。EDS 的分辨率仅限于几纳米，并且对较重的元素更敏感。EELS 的空间分辨率为 0.1nm，对轻元素更敏感，并揭示了原子的电子结构信息，例如它们的氧化态。TEM 技术的主要限制之一是某些纳米结构（即薄膜）所需的样品制备费力。样品确实必须足够薄以确保电子透明。此外，TEM 的视野相对较小，存在分析区域可能无法代表整个样品的风险。

图 8-31 显示了氮掺杂碳上负载的氮化铁纳米粒子（Fe_3N）的 TEM 分析，其用于电催化还原氧。Fe_3N 颗粒显示为暗点［图 8-31（a）］，平均尺寸为 23.7nm［图 8-31（b）］。Fe_3N 中（111）平面的特征 d 间距可以在高分辨率下测量［图 8-31（c）］。选择区域电子衍射（SAED）也可以通过 TEM 分析获得。SAED 分析的结果是电子束根据 Bragg 方程［式（8-12）］由晶格弹性散射产生的衍射图案。与 XRD 类似，在多晶催化剂中产生的单晶或环中的衍射点被编入索引并用于识别晶相，但存在显著差异：SAED 代表样品的一小部分，并且它是表面敏感的，因为电子的能量不足以穿过固体，而 X 射线衍射图代表了分析样品的整个质量。SAED 是在晶格平面的倒数空间中获得的衍射图案，因此 SAED 图像中的比例尺具有 1/nm 单位。获得的图案可以通过牢记环半径的倒数应与样品中晶相的晶面间距 d_{hkl} 特征匹配［式（8-13）］来进行索引。支持在氮掺杂碳上的 Fe_3N NPs 的 SAED 图案［图 8-31（d）］可以分配到 Fe_3N 中的（111）平

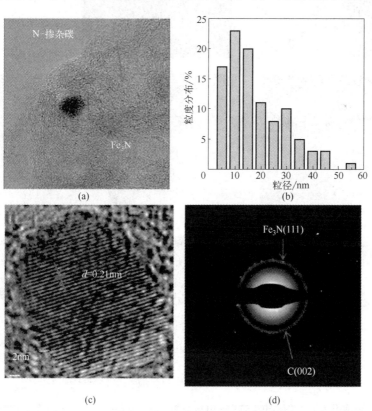

图 8-31 （a）TEM 显微照片；（b）粒度分布；（c）高分辨率 TEM 显微照片（比例尺为 10nm）；（d）负载在氮掺杂碳上的 Fe_3N 纳米粒子的 SAED 图案

面，几乎与碳中的（002）平面重叠。

在过去的几十年中，人们致力于开发仪器解决方案，通过在 SEM/TEM 室中引入液体和气体进行原位研究，而不会对真空系统造成任何威胁。尤其是原位 TEM 分析可以揭示反应过程中多相催化剂的形态、结构和组成演变，从而能够对反应中涉及的活性位点进行成像并更好地了解局部动力学。

图 8-32（a）显示了用于甲烷干重整的纳米多孔 NiCo 催化剂的 STEM-EDS 图像。这种催化剂是通过对含有 Ni、Co 和 Mn 的合金带进行脱合金制备的，所有这些都存在于 EDS 图中。图 8-32（b）~（g）显示了通过控制温度和引入反应气体混合物（即 $CH_4 + CO_2$）获得的相同催化剂的原位 TEM 分析。温度升高可达 600℃［图 8-32（b）］，导致显著的孔隙/韧带粗化。在气体混合物的存在下，韧带中的颗粒变得更细［图 8-32（c）和（d）］。在排出气体混合物时［图 8-32（e）］，更明显的是，在室温下冷却时［图 8-32（f）和（g）］，晶粒往往会相互融合形成更大的团块。作者得出结论，甲烷的干重整反应导致 Ni 和 Co 化学分层，伴随着更细的 Co 和 Ni 晶粒在高温下充当额外的活性位点。

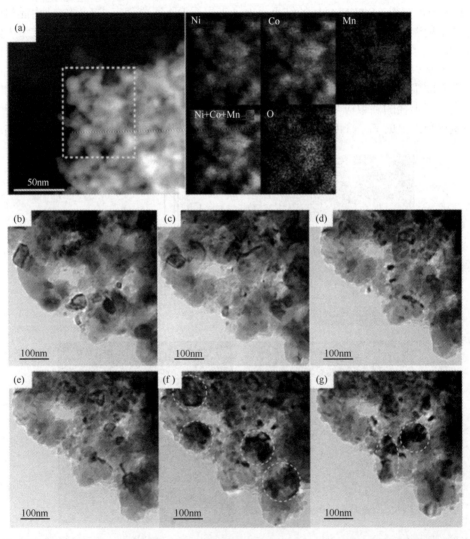

图 8-32 （a）纳米多孔 NiCo 催化剂的 STEM-EDS 分析；（b）~（g）在同一催化剂上拍摄的原位 TEM 图像：（b）达到 600℃；（c），（d）暴露于气体混合物 5min 和 10min 后；（e）气体混合物抽空后；（f），（g）在冷却至室温期间

八、红外和拉曼光谱

振动光谱包括几种技术，其中红外（IR）和拉曼光谱是催化剂表征中最常用的技术。这两种类型的光谱对于分子的指纹识别是互补的。尽管某些振动模式可能在拉曼和红外中都很活跃，但它们依赖于不同的探测机制。图 8-33（a）显示了一个能级图（V 和 E 分别表示振动能级和电子能级），其中包含 IR 和拉曼光谱中涉及的跃迁。IR 吸收通过单光子事件诱导从基态振动状态到激发振动状态的转变。红外光子的能量被转移到分子上，导致其偶极矩发生变化。这种相互作用与特定正常振动模式的振动频率和 IR 辐射频率之间的直接共振有关。振动分为拉伸和弯曲两大类［图 8-33（b）］。前者是由沿键轴的原子间距离的变化引起的，而后者是由两个键之间角度的变化引起的。IR 光谱是反映分子的 IR 辐射的吸光度（或透射率）百分比与辐射波数的关系图。

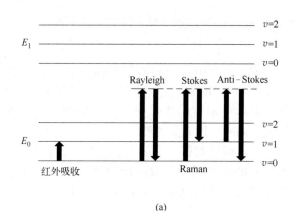

(a)

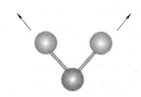

对称拉伸振动(外部原子
都远离或向中心移动)

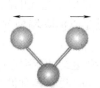

平面对称弯曲振动(剪切)

平面外对称弯曲振动(扭转)

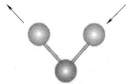

不对称拉伸振动(当一个外部原子
向中心移动时，另一个原子远离中心)

平面的非对称弯曲振动(摇摆)

平面外的非对称弯曲振动(摆动)

(b)

图 8-33

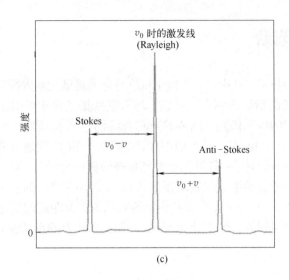

(c)

图 8-33 （a）红外吸收和拉曼散射中的能量跃迁示意图；
（b）振动模式的类型；（c）典型的拉曼光谱

以与红外光谱类似的方式，拉曼中涉及的能量是振动状态之间的转换。然而，虽然红外光谱使用宽带红外源并依赖于分子偶极矩的变化，但拉曼光谱依赖于振动期间极化率的变化，这是由样品上窄带单色辐射的非弹性散射产生的，与导致分子返回其原始状态的主要弹性散射［瑞利（Rayleigh）散射］相反，非弹性散射导致分子在不同的能量状态下弛豫［图 8-33（a）］。因此，拉曼散射是一个双光子过程，正是这两个光子的能量差异决定了振动跃迁的能量。当释放的能量低于吸收的能量时，产生的拉曼色散称为斯托克斯（Stokes），而在相反的情况下称为反斯托克斯［图 8-33（a）和（c）］。拉曼光谱是由拉曼散射辐射产生的峰值相对于瑞利峰位移到更高和更低频率的图。这种位移称为拉曼位移。拉曼光谱涉及使用在可见、近紫外或近红外波长发射单色光的激光器作为激发光源。在传统仪器中，激光发射的光束撞击样品，输出信号被过滤以消除瑞利散射的影响。其余部分由电荷耦合器件收集，最终显示拉曼光谱。

红外光谱的一个重要里程碑是在 20 世纪 40 年代引入了傅里叶变换红外（FTIR）光谱仪，它逐渐取代了色散仪器。FTIR 光谱仪同时收集各种波长的高光谱分辨率数据，提供比色散光谱仪更高的灵敏度和光通量，其中一次测量一个波长，狭缝控制光谱带宽。FTIR 光谱仪利用干涉仪通过生成光学信号来识别样品，该光学信号具有编码到其中的所有 IR 频率（即干涉图）。将信号数字化后，执行傅里叶变换以获得作为波数函数的全谱。

根据所研究的催化剂的性质，可以使用多种设置。图 8-34 总结了最常见的设置。FT-IR 光谱仪可以在透射模式（透射红外光谱，TIR）下运行，其中将一种自持形式的催化剂插入样品池内部，红外光束通过后进行分析。这种设置非常简单，但它需要薄、坚固和自持的材料，这些材料并不总是存在于催化剂中（样品通常是从对 IR 透明的 KBr 和少量催化剂粉末制成的薄片形式）。在漫反射模式（DRIFTS）中，样品粗糙表面反射的红外辐射由抛物面镜收集并进行分析。与 TIR 模式相比，这种操作模式可以实现更高的表面灵敏度，并且特别适用于探测以传输信号微弱为特征的高吸收催化剂。在衰减全反射（ATR）模式下，红外光束被发送到高折射率晶体，所产生的倏逝波被正交投射到与晶体紧密接触的样品中。波被样品吸收和反射，反射波因此到达检测器并且信号被处理以获得 IR 光谱。ATR 模式的一大优势是样品制备简单，因为催化剂可以在其自然状态下进行分析，不需要任何加热、研磨和压成颗粒的过程。

在反射-吸收红外光谱仪（RAIRS）中，具有低入射角的红外光束被反射或抛光样品的表面吸收和反射。金属通常用作支持反射的基材，并且根据基材反射光谱的变化来提供结果。该技术非常适合在固/液或固/气界面探测低表面系统和吸附过程。

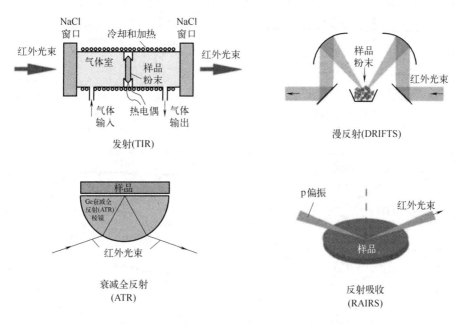

图 8-34 通过红外光谱表征催化材料的不同设置

红外光谱是催化剂表征最强大的光谱技术之一，能够提供大量信息，例如，关于表面羟基化学、催化位点中毒、表面 Lewis 和 Brönsted 酸位点的出现。原位研究可以揭示发生吸附和反应的活性位点、表面吸附物质的性质和几何形状，并通过时间分辨光谱提供描述表面反应的动力学数据。催化剂中分子振动的典型能量位于中红外（400~4000cm^{-1}）区。

一些振动模式可能在拉曼和红外中都有活性，但拉曼通常对同核和非极性键更敏感，而异核官能团振动和极性键更容易被红外光谱检测到。拉曼光谱可以轻松进入 400cm^{-1} 以下的区域，而传统的 FTIR 仪器很难探测到该区域。此外，拉曼光谱可以提供关于催化剂中晶相的信息，并且它对 XRD 无法检测到的非晶相非常敏感。然而，拉曼光谱存在两个主要限制：①激光加热样品，因此可能改变催化剂结构；②源自催化剂中荧光杂质的荧光现象会产生非常强烈的峰，从而淹没拉曼信号。

图 8-35 显示了这两种光谱如何提供互补信息的两个重要示例。图 8-35（a）和（b）为磷酸镍基催化剂（图中分别命名为 NiPO-a、NiPO-b、NiPO-c、NiPO-d）应用于尿素电氧化并采用不同试剂和方法制备的拉曼和 FTIR 光谱。与商业 NiO 相似，所有样品在约 520cm^{-1} 处显示出 Ni$_2$O 拉伸模式的特征峰［图 8-35（a）］。所制备催化剂的 FTIR 光谱在约 456cm^{-1} 和约 588cm^{-1} 处呈现出弱谱带，分别归属于 PO$_4^{3-}$ 的对称弯曲振动和不对称弯曲振动。约 1050cm^{-1} 处的强峰可归因于磷酸盐的反对称伸缩振动。原位拉曼和红外光谱已越来越多地应用于原位条件。

图 8-36 显示了在 H$_2$ 还原条件下对负载在 CeO$_2$ 上的铂催化剂的原位研究。图 8-36（a）中的拉曼分析表明，随着相关峰的强度逐渐减弱 PtO$_x$ 相开始在 150~200℃区间还原。

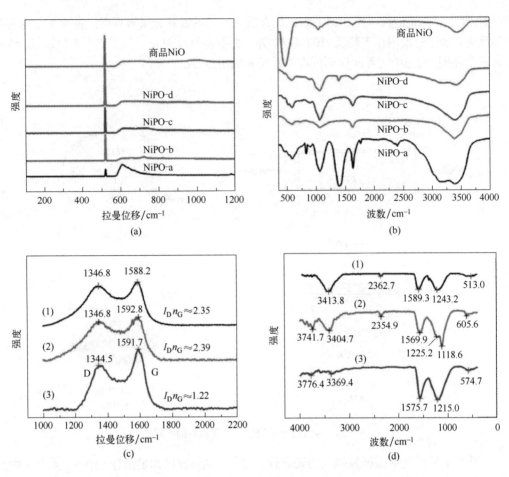

图 8-35　磷酸镍基催化剂的拉曼（a）和 FTIR 光谱（b）; C-PANI（1）、PANI/C-Mela（2）和 Fe-PANI/C-Mela（3）的拉曼（c）和 FTIR 光谱（d）

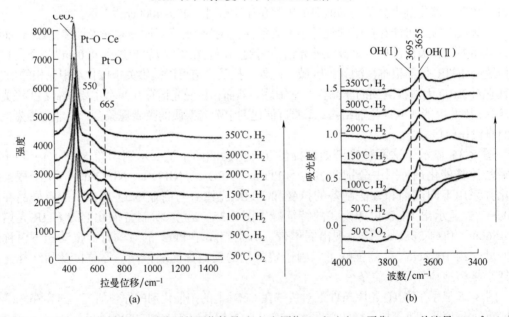

图 8-36　Pt/CeO₂ 催化剂在 H₂/Ar 流下的原位拉曼（a）和原位 IR（b）（Ar 平衡 3%，总流量 30cm³/min）

同一催化剂上的 IR 光谱表明表面羟基化受还原条件的影响［图 8-36（b）］。3695cm⁻¹ 处的 IR 带归属于 I 型羟基，即 OH（I），由 CeO₂ 上孤立的—OH 基团产生，而 3655cm⁻¹ 处的 IR 带归属于 II 型羟基，即 OH（II），源自桥接表面羟基。两种类型的—OH 基团都存在于温度范围 50~200℃。300℃以上，OH（I）带消失，而表面 OH（II）带移动到更小的波数。

九、程序升温法

程序升温（TP）法在表征催化剂的活化和反应性方面非常有用。在 TP 分析过程中，催化剂以恒定速率升温，反应/脱附物质（如氧气和氢气）的浓度被记录下来并绘制为温度的函数。通过改变催化剂组成和合成方法以及催化剂活化的预处理，这些测量可以提供关于表面变化和整体反应性的基本情况。催化剂表征中常用的热分析类型可分为两大类：①程序升温脱附（TPD），涉及表面过程；②程序升温氧化（TPO）和还原（TPR），涉及表面反应和本体反应。

TP 技术已广泛用于工业催化剂的开发，特别是其可重现与工业催化过程中遇到的类似的操作条件（即温度和气体流量）。此外，TP 测量的瞬态特性，其中温度、反应动力学和表面覆盖率都随时间变化，具有提供大多数主要在稳态条件下运行的表征技术无法提供的信息的巨大优势。

图 8-37 显示了用于 TP 分析的典型仪器示意图，可用于 TPD、TPO 和 TPR。在 TP 分析之前将预处理气体（还原/氧化混合物）送入反应器，以去除可能影响分析的不需要的吸附污染物。TPD 中的吸附物（CO、CO₂、NO、NH₃ 等）和反应气体（TPR 中的 H₂ 和 TPO 中的 O₂）包含在氦气、氮气或氩气等载气中，可通过单独的管线输送到反应器。加热反应器的出口通常连接到分析系统（气相色谱仪、质谱仪等），这些系统分析从反应器释放的气体。

在 TPD 表征过程中，由于催化剂表面吸附气体的逐渐耗尽，脱附速率最初随温度呈指数增加，达到最大值后，脱附速率回落至零，表明吸附物完全脱附。获得的谱图取决于催化剂的性质、表面覆盖率和加热速率，如果脱附过程涉及一种以上的机制，或者对于给定的物质，不同的结合位点共存，它可能包含多个峰。从谱图中可以推断出的信息包括：①表面覆盖；②被探测吸附物的同质/异质结合位点的存在；③脱附过程的动力学参数，包括反应级数、活化能和指前因子；④催化剂中酸性/碱性位点的强度。

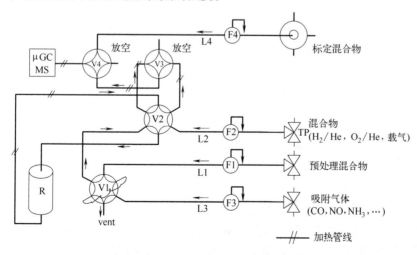

图 8-37　用于 TPD、TPO 和 TPR 测量的典型仪器示意图

L1~L4—管线；F1~F4—质量流量控制器；V1，V2—六通二位阀；V3，V4—四通二位阀；R—反应器

在 TPR/O 中，当温度以恒定的加热速率升高时，样品会消耗还原性/氧化性气体，通常是 H_2/O_2。分析系统对 H_2/O_2 浓度进行监测（图 8-37）。TPR/O 曲线可提供以下信息：①不同催化剂之间还原/氧化温度的差异，可以从峰的不同位置估计；②存在一种或多种可被还原/氧化的物质；③从峰面积提取的总 H_2/O_2 消耗量，可用于计算在表面还原/氧化的那些物质的确切数量。TPR 实验有时与 TPO 实验相结合，以评估还原/再氧化循环的可逆性。

图 8-38 显示了在 5-羟甲基-2-糠醛的有氧氧化中用作 PdNPs 载体的各种 Ca-Mn 氧化物（即 $Ca_xMn_yO_z$）的 TPD、TPR 和 TPO 曲线。TPD 光谱中较低温度的峰值可归因于化学吸附的氧物质（即 O_2^- 和 O_2^{2-}）的脱附，而较高温度的峰值是由表面晶格氧的脱附引起的［图 8-38（a）］。氧化物 $CaMn_2O_4$ 在两个区域中都表现出最低的脱附温度，这表明与其他 $Ca_xMn_yO_z$ 氧化物相比，氧物质和表面晶格氧更容易从表面脱附。同一个样品还揭示了从第一个 TPD 峰面积计算的脱附 O_2 物质的最高相对量，因此具有优异的氧吸附能力。图 8-38（b）中的 TPR 曲线揭示了两组 H_2 消耗峰值，这是由于在不同化学环境下从氧化还原位点去除了氧所致。样品 $CaMn_2O_4$ 显示出最低的还原温度以及最低的初始还原温度，表明氧化还原位点的还原性最高。类似地，与其他样品相比，$CaMn_2O_4$ 呈现出最好的氧化性，这可以通过在较低温度下出现与还原氧化还原位点的氧化过程相关的 TPO 峰来证实［图 8-38(c)］。因此可以得出结论，$CaMn_2O_4$ 在 $Ca_xMn_yO_z$ 氧化物中具有最佳的吸附能力和氧化还原性能。

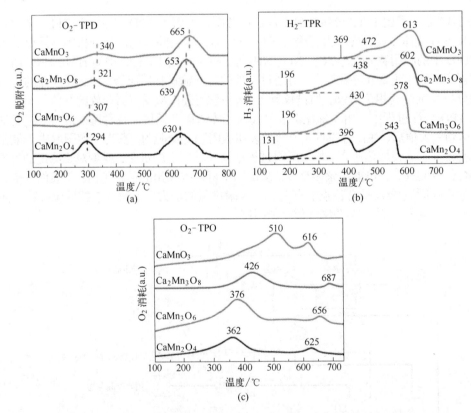

图 8-38　各种 Ca-Mn 氧化物的 TPD（a）、TPR（b）和 TPO（c）曲线

图 8-39 中用于确定 E_a 的 TPD 曲线和相应曲线是在用薄介孔 SiO_2 壳稳定的 Pd NPs 上获得的。催化剂根据其形态标记：菱形十二面体，即 RDs@SiO₂［图 8-39（a）和（c）中的 TPD 数据］和支链 NP，即 BNPs@SiO₂［图 8-39（b）中的 TPD 数据和（d）］。样品 RDs@SiO₂ 仅显示一个峰，与 BNPs@SiO₂ 相比，H_2 脱附的相应活化能更高，BNPs@SiO₂

表现出由较低温度下的第二峰证实的异质结合位点。图 8-39 显示了如何使用 TPD 测量值从不同加热速率下记录的曲线中估计脱附能量的示例。脱附活化能可以从 Kissinger（Redhead）方程获得：

$$\ln\left(\frac{T_{max}^2}{\beta}\right) = \left(-\frac{E_a}{R}\right)\frac{1}{T_{max}} + K \qquad (8-23)$$

式中，β 是加热速率，K/min；T_{max} 是最大峰值温度，K；E_a 是脱附的活化能，J/mol；K 是常数；R 是通用气体常数，8.314J/（mol·K）。活化能可以从曲线 T_{max}^2/β 对 $1/T_{max}$ 的斜率计算。

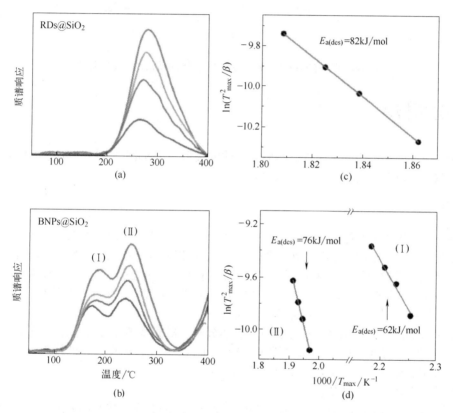

图 8-39 （a）RDS@SiO₂ 和（b）BNPS@SiO₂ 的 TPD 谱；RDS@SiO₂（c）和（d）BNPS@SiO₂ 的 H₂ 脱附能的 T_{max}^2/β 对 $1/T_{max}$ 的关系图

TPD 是评估催化剂中酸性/碱性位点强度的重要工具。图 8-40 显示了用于选择性还原 NO_x 的铜沸石催化剂 Cu/SSZ-13 的 NH₃-TPD 曲线。结果显示了催化剂在 600℃时经历渐进式温和水热老化。TPD 曲线显示存在两个峰，其强度随着老化而在相反方向变化。275℃处的低温峰可归因于吸附在 Cu 离子上的 NH₃ 是 Cu/SSZ-13 中的主要路易斯（Lewis）酸位点。其他路易斯酸位点，如超晶格 Al 位点在此温度下太弱，因此不太容易吸附 NH₃。

425℃处的高温峰归因于沸石 Brönsted 酸位。老化期间该脱附峰强度的降低表明由于 Cu 位点的转变导致的 Brönsted 酸位点的数量减少。实际上，后者以牺牲 Brönsted 质子为代价从 ZCuOH（Cu²⁺与沸石单配位）转化为 Z2Cu（Cu²⁺与沸石双配位）。另外，通过相关峰强度的增加证实，在较低温度下增加的 NH₃ 储存是由于每个 Z2Cu 可以吸附约 2 个 NH₃ 分子而每个 ZCuOH 只能吸附约 1 个 NH₃ 分子。

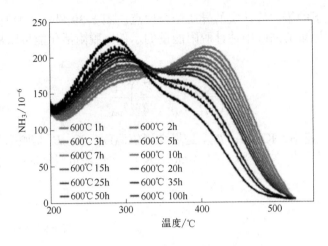

图 8-40　Cu/SSZ-13 在 600℃逐渐老化过程中的 NH$_3$-TPD 曲线

十、热分析技术

热分析研究的是物质的量、物性与温度变化的关系。主要有：差热分析法（DTA）、热重分析法（TG）和差示扫描量热法（DSC）。

1. 差热分析法

差热分析（DTA）是把试样和参比物放在相同的热条件下，记录两者随温度变化所产生的温差（ΔT）。由于采用试样与参比物相比较的方法，所以要求参比物的热性质为已知，而且在加热或冷却过程中比较稳定。两者之间的温差测量采用差示热电偶，其两个工作端分别插入试样和参比物中。在加热或冷却过程中，当试样无变化时，两者温度相等，无温差信号；当试样有变化时，则两者温度不等，有温差信号输出。

由于记录的是温差随温度的变化，故称差热分析。根据差热分析的定义，DTA 曲线的数学表示为：$\Delta T = f（T\ 或\ t）$，其记录曲线如图 8-41 所示。纵坐标为温差，曲线向下表示吸热反应，向上表示放热反应。横坐标为温度 T 或时间 t。

差热曲线定性或定量的依据：

① 峰的位置。通常用起始转变温度（开始偏离基线的温度）或峰温表示。同一物质发生不同的物理或化学变化，其对应的峰温不同。不同物质发生的同一物理或化学变化，其对应的峰温也不同。因此，峰温可作为鉴别物质或其变化的定性依据。

② 峰面积。试验表明，在一定样品量范围内，样品量与峰面积呈线性关系，而后者又与热效应成正比，故峰面积可表征热效应的大小，是计量热效应的定量依据。

③ 峰形状。与试验条件（如加热速率、纸速、灵敏度）有密切的关系。在给定条件下，峰的形状取决于样品的变化过程。因此，从峰的大小、峰宽和峰的对称性等还可以得到有关动力学行为的信息。

2. 热重分析法

在程序温度控制下，使用热天平测量样品物质发生质量变化的技术称为热重分析法（TG）。热天平将物质的质量变化转换为电信号进行检测，同时记录样品质量随温度变化的情况。根据热重分析法的定义，热重曲线的数学表示式为：$W = f（T\ 或\ t）$，其记录曲线如图 8-42 所示。

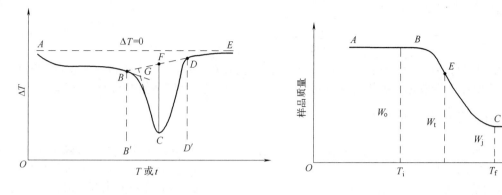

图 8-41 典型的 DTA 曲线　　　　　　　　图 8-42 典型的 TG 曲线

热重曲线定性或定量的依据如下：

① 阶梯位置。由于热重分析法是测量反应过程中的质量变化，所以凡是伴随质量改变的物理或化学变化，在 TG 曲线上都有相对应的阶梯出现，阶梯位置通常用反应温度区间表示。同一物质发生不同的变化时，如蒸发和分解，其阶梯对应的温度区间是不同的。不同物质发生同一变化时，如分解，其阶梯对应的温度区间也是不同的。因此，阶梯的温度区间可作为鉴别质量变化的定性依据。

② 阶梯高度。代表质量变化的多少，由它可以计算中间产物或最终产物的质量以及结晶水分子数、水含量等。故阶梯高度是进行各种质量参数计算的定量依据。

③ 阶梯斜度。其与试验条件有关，但在给定的试验条件下阶梯斜度取决于变化过程。一般阶梯斜度越大，质量变化速率越快；反之则慢。若是涉及化学反应过程，由于阶梯斜度与反应速率有关，由此可得到动力学信息。

3. 差示扫描量热法

国际热分析联合会（International Confederation for Thermal Analysis，ICTA）对差示扫描量热法（DSC）按采用的测量方法分为功率补偿型差示扫描量热法和热流型差示扫描量热法。这里介绍前者，其原理如图 8-43 所示。

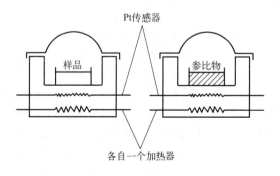

图 8-43 DSC 的原理

其采用零位平衡原理，要求试样与参比物的温度差不论试样吸热或放热都要处于零位平衡状态，即 $\Delta T \to 0$。为此，在试样和参比物下面除设有测温元件以外，还设有加热器，借助加热器的功率补偿作用以随时保持试样和参比物之间的温差为零。连续记录功率差随温度或时间变化的曲线，即为 DSC 曲线。

DSC 曲线的数学表达式为：

$$\frac{\mathrm{d}H}{\mathrm{d}t} = f\ (T\ 或\ t) \tag{8-24}$$

其记录曲线与 DTA 曲线相似，只是纵坐标为热流率 $\mathrm{d}H/\mathrm{d}t$ 或功率差 $\mathrm{d}P/\mathrm{d}t$，横坐标为温度 T 或时间 t。对纵坐标放热和吸热的方向问题未作规定。其定性和定量依据与 DTA 相同。

4. 热分析在催化研究中的应用

① 确定催化剂制备条件，如焙烧温度、还原温度等；
② 确定催化剂组成；
③ 确定活性组分单层分散阈值；
④ 研究活性金属离子的配位状态及其分布；
⑤ 研究活性组分与载体的相互作用；
⑥ 固体催化剂表面酸碱性表征；
⑦ 研究催化剂老化和失活机理；
⑧ 研究沸石催化剂积炭行为；
⑨ 研究吸附与反应机理；
⑩ 多相催化反应动力学研究。

十一、电化学技术

在评估吸附物和催化剂表面之间的各种类型的元素电荷转移过程时，电化学技术被认为在催化剂表征中起主要作用。这些技术可以揭示：①不同反应（氧还原、析氢等）中的电活性；②测定电化学活性表面积（即可用于电荷转移和/或存储的电解质可接近的电极材料的面积）；③目标氧化还原反应的可逆性；④参与氧化还原过程的催化剂的稳定性。

表征是在图 8-44 所示的传统三电极装置中进行的，其中催化剂形成工作电极，其电位或电流由恒电位仪控制。除非催化剂是自持和导电的，否则它通常固定在导电载体上，例如金、铂、玻璃碳、氟掺杂的氧化物涂层玻璃载玻片等。电流在工作电极和对电极之间流动；需要电解质以在两个电极之间提供导电性。对电极不得影响测量，因此，它应由惰性材料（如碳或铂）制成，以免污染溶液。它还应该具有相对较低的极化电阻，以便对电极和电解质之间的电位降不会限制可以施加的极化。

图 8-44　用于电化学表征的三电极设置

（由工作电极 WE、参比电极 RE 和对电极 CE

组成，全部浸入电解质中）

工作电极的电位是相对于参考电极测量的。理想情况下，后者是不可极化的，其高阻抗确保工作电极和参比电极之间流动的电流可以忽略不计。最常用的参比电极是 $Hg/Hg_2Cl_2/Cl_2$（甘汞电极）、$Pt/H_2/H_1$（标准或普通或动态氢电极）、$Ag/AgCl/Cl_2$（银/氯化银电极）。

用于催化剂表征的典型电化学技术是伏安法和电化学阻抗谱（EIS）。在伏安法中，向工作电极施加变化的电势并测量相应的电流。有不同类型的伏安法，例如电位阶跃、线性扫描、方波、循环、阴极/阳极溶出、吸附溶出、交流（AC）、正常/差分脉冲和计时电流法。除 EIS 外，在此讨论了三种伏安法，即线性扫描伏安法（LSV）、循环伏安法（CV）和计时电流法，它们是最流行的催化剂电化学表征技术。

1. 伏安法

在 LSV 中，工作电极的电位随时间线性变化，速率通常在 1~1000mV/s 之间，结果绘制为电流密度（J）与施加电位（V）的关系，所得图称为线性扫描伏安图。在扫描电势范围内被还原/氧化的任何吸附在催化剂上的物质都会显示伏安图中的特征峰。

在计时电流法中，对工作电极施加一个电位阶跃，并绘制测量的电流密度与时间的关系图。电流的变化是由于工作电极表面分析物扩散层的上升或下降。

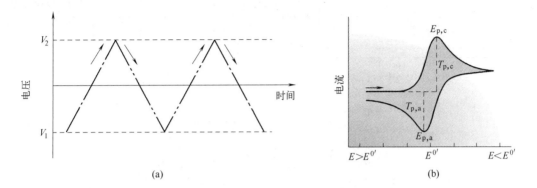

图 8-45　（a）循环伏安法中的循环电位扫描；（b）循环伏安法的电流密度与电位响应

CV 是通过循环工作电极的电位来进行的，在同一个实验中，工作电极可以在两个值之间多次反转［图 8-45（a）］，并测量产生的电流。电势呈线性变化，扫描速率通常在 1~1000mV/s 之间。电流密度与所谓的循环伏安图中的施加电势作图，其中电流峰值来自电解质中物质的氧化/还原［图 8-45（b）］。在正向扫描期间被氧化/还原（取决于初始扫描方向）的相同氧化还原物质在反向扫描期间被还原/氧化，至少在可逆反应的情况下。考虑溶液相物质 A 的可逆氧化还原反应，以产生具有 n 个电子转移的 B：

$$A + ne^- \rightleftharpoons B \qquad (8-25)$$

在热力学可逆反应中，该过程足够快以确保电极表面 A 和 B 之间的平衡，平衡比可由 Nernst 方程确定：

$$E = E^0 + \frac{RT}{nF} + \ln\frac{C_A}{C_B} \qquad (8-26)$$

式中，E^0 为标准电位；R 为通用气体常数，8.314J/（mol·K）；T 为温度，K；F 为法拉第常数，96.5×10^3J/mol；C_A 和 C_B 为电极表面 A 和 B 的浓度。C_A 和 C_B 在 $E=E^0$ 处相等，并且对于理想的可逆氧化还原过程，阴极峰出现在与阳极峰相同的电位处。考虑到所涉及的氧化还原物质的扩散仅限于与电极表面相邻的窄能斯特（Nernst）扩散区域，由此产生的电流可以从用于传质扩散的菲克（Fick）定律获得。可以使用以下等式（T=25℃）：

$$i_p = 2.69 \times 10^5 n^{3/2} A D^{1/2} v^{1/2} C \qquad (8-27)$$

式中，i_p 为峰值电流，A；A 为电极面积，cm²；v 为电位扫描速率，V/s；D 为扩散系数，cm²/s；C 为反应物体积浓度，mol/cm³，（$C_A = C_B = C$）。如果反应不完全可逆，则阴极峰值电流（$i_{p,c}$）与阳极峰值电流（$i_{p,a}$）不同，两个各自的峰值分开，阳极峰值电流（$E_{p,a}$）出现在更正的电位，阴极电位（$E_{p,c}$）相对于 E^0 处于更负的电位［图 8-45（b）］。不可逆性归因于两个主要因素：①缓慢的电子转移动力学不允许将氧化还原物质的表面浓度保持在 Nernst 方程所需的值；②涉及正在研究的氧化还原物质的进一步化学反应。

图 8-46 显示了以三种伏安技术为特征的非均相催化剂的一些案例研究。图 8-46（a）显示了氮（N）和铜（Cu）掺杂的 TiO_2 薄膜半导体的 LSV。在黑暗条件下流过可忽略不计的电流，而在 UV/Vis（UV/可见光）照射下，由于光载流子的产生和空穴引发的水氧化会出现光电流。起始电位，即电流开始增加的电位，在所有催化剂中相似，但光电流密度随着阳极偏压的增加

而显著不同。与其他两个样品相比，样品 N-TiO$_2$ 表现出更高的光电流。

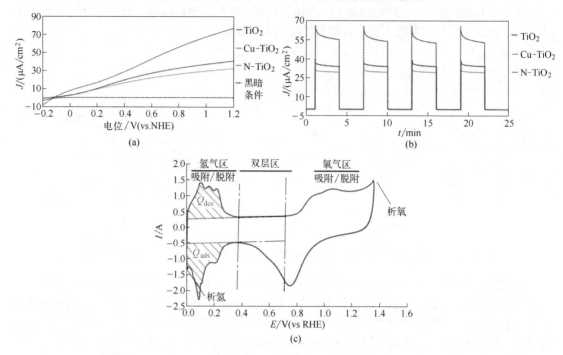

图 8-46   TiO$_2$ 基薄膜在 Na$_2$SO$_4$ 电解质中的线性扫描伏安法（a）和计时电流法（b）；Pt 电极在酸性电解液中
的典型循环伏安法（c）

图 8-46（b）中的计时电流图证实了这一趋势，该图是通过将相对于普通氢电极的 0.9V 恒定电位施加到工作电极并记录对间歇性开/关照明循环的响应而获得的。所有样品都显示出带有相同符号尖峰的阳极静止光电流。N-TiO$_2$ 被确认为具有最高光电流的样品，因此与其他两种半导体相比，由于光生电子-空穴对的分离增强和陷阱态浓度较小，因此具有最佳的光电化学性能。

图 8-46（c）显示了 Pt 催化剂在具有三个特征区域的酸性溶液中的典型循环伏安图。在中间电位下，电流密度很低，并且在阴极和阳极扫描中几乎是恒定的。这是电荷在"双层"中积累的电容区域（第一个区域），导致非法拉第电流（i_{NF}，不归因于电极表面发生的任何氧化还原过程）。该电流与双层电容 C_{dl} 和扫描速率 v 成正比：

$$i_{NF} = C_{dl}v \tag{8-28}$$

第二个区域称为"氧区域"，出现在更多的阳极电位下，其中在电极表面形成单层水合氧化铂。第三个区域，称为"氢区域"，出现在阴极电位下，其特点是在电极上形成吸附氢的单层，因为它的极化更加阴极化：

$$H^+（aq）+e^-+site \rightleftharpoons H_{ads}\text{-}site \tag{8-29}$$

由于析氢反应（HER），会形成气泡并显著增加电流。当扫描方向反转时，氢气会脱附并以 H$^+$ 的形式回到溶液中。

2. 电化学阻抗谱

EIS 是研究在催化剂和电解质之间的界面处发生的电荷和传质的有效方法。在该技术中，以不同频率向工作电极施加低幅度交流电压并测量电流。所得阻抗 Z 可以计算为：

$$Z = V/i \tag{8-30}$$

式中，V 为以特定频率施加的交流电压（$f = \omega / 2\pi$，其中 ω 是角频率）；i 是记录的电流。一般来说，阻抗可表示为：

$$Z = Z_{Re} + jZ_{Im} \qquad (8\text{-}31)$$

式中，Z_{Re} 和 Z_{Im} 为阻抗的实部和虚部，而 $j = \sqrt{-1}$ 为虚数单位。

由于交流电流可在不同的频率下产生，EIS 允许使用不同时间常数的探测过程，在直流测量中无法将其单独的贡献分开，因为其为组合和卷积的。

结果通常以 Nyquist 图的形式报告，表示不同频率下阻抗的虚部与实部的相反部分 [图 8-47（a）]。低频数据出现在图的右侧，而高频数据出现在左侧。阻抗测量值也可以在（Bode）图中报告，其中阻抗幅度和相位角 θ 相对于频率绘制 [图 8-47（b）和（c）]。

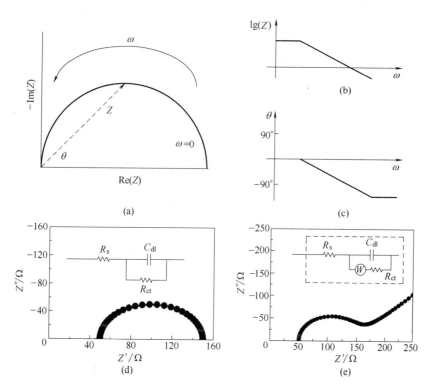

图 8-47　以 Nyquist 图（a）、阻抗幅度（b）和相位（c）的 Bode 图表示 EIS 测量值；没有在电极-电解质界面处占主导地位的反应物传输的电化学反应的 Nyquist 图（d）和等效电路（e）

EIS 数据根据等效电路元件进行分析，包括电阻、电容、电感和 Warburg 元件。图 8-47（d）显示了在电极-电解质界面发生电荷转移的电化学反应的典型 Nyquist 图。描述这种过程的基本等效电路显示在同一图中的插图中。R_s 代表工作电极和参比电极之间电解质的欧姆电阻；R_{ct} 是电极-电解质界面处与电荷转移过程相关的电阻，称为电荷转移电阻；C_{dl} 是双层电容，是由两层极性相反的电荷在电极-电解质界面（一层在电极表面，另一层在电解质中）积累而产生的。EIS 实验中的双层区域通常表现为不完美的电容器，因此纯电容器被所谓的恒相元件取代，这导致 Nyquist 图中的电弧略微变平。

物质向电极表面的扩散会强烈影响氧化还原反应。当扩散效应占主导地位时，通过引入与 R_{ct} 并联的 Warburg 阻抗（W）来修改等效电路，如图 8-47（e）所示。该元素描述了质量传输过程产生的阻力，导致在 Nyquist 图上出现一条斜率为 45° 的直线。

Mott-Schottky 分析可通过 EIS 进行，以获得有关半导体的平带电位（EFB）和掺杂密度的信息。掺杂是将杂质引入本征半导体以调节其电学、光学和结构特性的过程。在催化领域，掺杂通常用于提高热耐久性、增加表面积、促进电子/空穴分离以及将宽带隙半导体的光谱响应扩展到可见区域。

在 Mott-Schottky 实验中，工作电极界面的阻抗在固定频率下作为电压的函数进行测量，以获得空间电荷层的电容（C_{sc}）。当半导体与电解质接触时，界面两侧会建立热力学平衡，从而导致电极的费米能级和溶液中的氧化还原物质平衡。这种平衡通过电子在界面上的转移发生，这导致在界面附近产生空间电荷层。这种电子转移导致在界面处形成电场（即内建电场），如在 n 型半导体的情况下，由半导体中过量的正电荷（电离供体）通过电解质中过量的负电荷来平衡。在空间电荷区，由于这种内建电场，半导体的能带边缘也不断移动，这种现象称为能带弯曲。平带电位 EFB 是为了将带边缘带回其平带位置（即没有电荷积累和空间电荷层）而需要施加的电位。根据 Mott-Schottky 方程，C_{sc} 由以下方程得到：

$$\frac{1}{C_{sc}^2} = \frac{2}{\varepsilon_0 \varepsilon e N}\left(E - E_{FB} - \frac{kT}{e} \right) \qquad (8\text{-}32)$$

式中，N 为掺杂密度（n 型半导体的电子施主浓度或 p 型半导体的空穴受主浓度）；E 为外加电位；T 为温度；k 为 Boltzmann 常数；ε_0 为真空介电常数；ε 为介电常数；e 为电子电荷。在 $1/C_{sc}^2$ 与 E 的关系图中，平带电位 E_{FB} 和掺杂密度 N 可以分别作为与 x 轴的截距和从线性部分的斜率获得。

图 8-47 显示了纯和掺杂 TiO_2 基薄膜的 Mott-Schottky 图，其伏安测量结果如图 8-48（a）和（b）所示。掺杂薄膜表现出 EFB 的阳极位移，表明掺杂引起的能带边缘弯曲减少。此外，从 TiO_2 到 $N\text{-}TiO_2$ 的线性部分的斜率减小证实了施主密度随着掺杂的增加而增加。TiO_2 中 N 的增加通常与由于 Ti^{4+} 还原为 Ti^{3+} 导致的氧空位增加有关，这往往会在 TiO_2 的导带（CB）以下形成施主态。

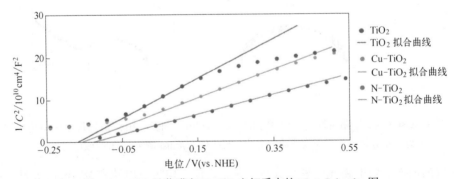

图 8-48 TiO_2 基薄膜在 Na_2SO_4 电解质中的 Mott-Schottky 图

十二、紫外-可见和光致发光光谱

UV-Vis 和光致发光（PL）光谱学均基于 UV-Vis 范围内光与物质的相互作用，两者可认为是互补的，分别依赖于两种不同的现象。UV-Vis 测量样品对光的吸收，而 PL 光谱测量样品发射的特定波长的光，这是固定波长的光吸收的结果。

1. 紫外-可见光谱

当光束与固体接触时会发生许多现象。光束可能被反射、透射、散射或吸收（图 8-49）

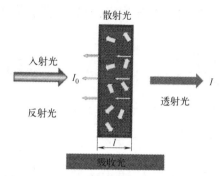

图 8-49 光与样品相互作用产生的不同现象

光在材料中传播的衰减可以通过 Beer-Lambert 定律获得，该定律指出透射强度（I）与入射强度（I_0）之间的比率，定义为透射率：

$$T = \frac{I}{I_0} = e^{-k_\lambda l} \qquad (8-33)$$

式中，k_λ 为光通过的介质的衰减系数特性；l 为光通过样品的路径长度。

溶解在完全透明溶剂中的物质吸收的光量（A）可以从 T 和方程式的自然对数的倒数获得。

式（8-33）可重新排列如下：

$$A = k_\lambda l = \varepsilon c l = -\ln \frac{I}{I_0} \qquad (8-34)$$

式中，ε 和 c 为摩尔消光和溶剂中吸收物质的浓度。

UV-Vis 分析在光谱仪中进行，该光谱仪测量 I 并将其与 I_0 进行比较，波长范围通常为 200~800nm。经典仪器由两个光源（一个用于 UV，一个用于 Vis 范围）、一个样品支架、一个衍射光栅或单色仪以及一个或多个允许从多色光束中选择窄带波长的狭缝组成。积分球经常用于固体样品的分析。在此附件内传送的光束会撞击高反射率的墙壁，经历多次漫反射。辐射因此在多次反射后均匀地分散在球壁上。得到的积分信号与初始辐射水平成正比，可以很容易地被检测器测量。

在催化中，UV-Vis 光谱不仅可以用于催化剂表征，还可以通过获取溶解在反应介质中的目标分子的吸收光谱来监测反应随时间变化的趋势。实际上，分析物吸收的变化源于催化反应期间其浓度的变化［式（8-34）］。

从材料表征的角度来看，UV-Vis 光谱主要应用于研究用于光催化应用的半导体材料的光学性质。该技术能够估计光学带隙（E_g），这是将电子从 VB 激发到半导体 CB 中的状态所需的最小能量，最终触发氧化还原过程。E_g 的测定是预测半导体光化学性质的一个基本步骤，尤其是在将这些应用于依赖太阳能转化为化学能或电能的技术时。带隙可以有直接的和间接的两种类型。在直接带隙半导体中，VB 的顶部和 CB 的底部具有相同的动量值。在这种情况下，样品中的电子与入射光束中的光子的相互作用足以产生电子跃迁，前提是光子具有比 E_g 更高的能量。间接带隙半导体涉及第三种实体，即光子，它是能量和动量守恒所必需的。在这些材料中，VB 的顶部相对于 CB 能量的最小值处于不同的动量值。

Tauc 图通常用于确定半导体中的 E_g。根据该模型，能量相关的吸收系数 α 表示如下：

$$(\alpha h v)^{1/n} = A(h v - E_g) \qquad (8-35)$$

式中，h 为普朗克常数；v 为光子的频率；A 为常数。因子 n 取决于电子跃迁的性质，对于直接允许跃迁为 1/2，对于直接禁止跃迁为 3/2，对于间接允许跃迁为 2，对于间接禁止跃迁为 3。

在薄膜材料中，吸收系数可以通过透射率和反射率测量来确定，如使用以下等式：

$$\alpha = \frac{1}{d} \ln \frac{(1-R)}{T} \qquad (8-36)$$

式中，d 为薄膜厚度，而 T 和 R 分别为测量的透射率和反射率。计算出不同波长的 α 后，可根据式（8-35）构建 Tauc 图和 E_g 获得作为在吸收阈值附近的曲线的线性拟合的 x 轴交点。

在粉末样品中，E_g 通常通过 Kubelka-Munk 方法从漫反射光谱中确定。该模型基于无限厚样本的假设，允许将反射光谱转换为函数 $F(R_\infty)$：

$$F(R_\infty) = \frac{\alpha}{S} = \frac{(1-R_\infty)^2}{2R_\infty} \tag{8-37}$$

式中，α 为吸收系数；S 为散射系数；R_∞ 为无限厚样品的反射率，是从样品反射的光强度与标准反射强度的比值。将 $F(R_\infty)$ 代替 α 引入式（8-35）得出下式：

$$[F(R_\infty)]^{1/n} = A(hv - E_g) \tag{8-38}$$

图 8-50 显示了使用 Kubelka-Munk 模型对 Cu 掺杂的 TiO_2 纳米粒子的光学表征。从图 8-50（a）中的反射光谱可以看出，Cu 掺杂使 TiO_2 的吸收边缘从紫外区移到可见区，即掺杂的 NP 开始在较高/较低波长处吸收/能量与纯二氧化钛相比。Kubelka-Munk 吸收曲线［图 8-50（b）］可以从反射光谱计算，而带隙可以从式（8-38）计算。TiO_2 是间接带隙半导体（$n=2$）。从 Tauc 图中的 x 截距获得的带隙值［图 8-50（c）］证实了吸收边缘的红移和掺杂后 E_g 的变窄。

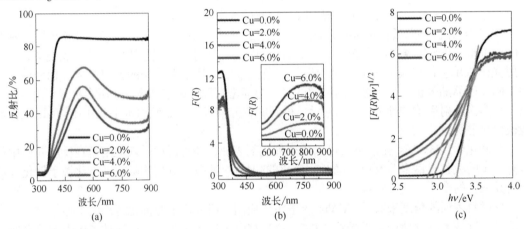

图 8-50　纯二氧化钛和铜掺杂二氧化钛的漫反射光谱（a）、Kubelka-Munk 吸收曲线（b）和带隙测定（c）

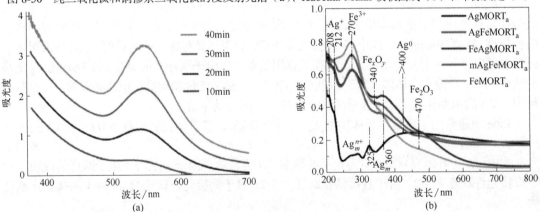

图 8-51　（a）Au NPs 在合成过程中不同时间的吸收光谱；（b）由引入钠丝光沸石中的金属阳离子 Fe 和 Ag 组成的单金属和双金属催化剂的吸收光谱

UV/Vis 光谱也可用于研究可能发生在 Ag、Au 和 Cu 纳米粒子（NPs）中的表面等离子共振（SPR）。SPR 是由于金属纳米粒子的电子与入射光子的相互作用而产生的共振效应的表现。这种相互作用取决于金属纳米粒子的尺寸和形状以及分散介质的性质和组成。共振激发允许金属纳米粒子收集光子的能量以形成高度增强的电磁场，可用于驱动或加速化学转化。SPR 通常会在吸收光谱的可见光区域产生一个宽峰，如图 8-51（a）所示，由 Au 纳米颗粒组成的催化剂。AuNP 的共振效应导致在 500~600 nm 处出现吸收峰，随着合成过程中 NPs 的生长，该吸收峰变得更加突出。

UV/Vis 光谱的另一个应用是识别非均相催化剂中的过渡金属阳离子。图 8-51（b）显示了单金属和双金属催化剂用于 NO 还原的吸附光谱。这种催化剂由过渡金属阳离子 Fe 和 Ag 组成，通过：①引入钠丝光沸石中的单级离子交换（mAgFeMORT$_a$ 样品）；②先引入铁后引入银的双级离子交换（FeAgMORT$_a$）；③先引入银后引入铁的双级离子交换（AgFeMORT$_a$）。还测试了单金属样品（AgMORT$_a$ 和 FeMORT$_a$）。

样品 AgMORT$_a$ 显示以下信号归因于：离子（Ag$^+$）；NPs（Ag^0）导致 370nm 以上的宽吸收带；阳离子簇（Ag$_m^{n+}$，$3 < m < 5$）和金属簇 Ag$_m$（$m \leqslant 8$）。FeMORT$_a$ 表现出四面体或更高配位的孤立 Fe^{3+} 的氧到铁电荷转移的带特征［Fe^{3+}O$_4$ 和 Fe^{3+}O$_{4+x}$（$x=1$，2）］。此外，还有两个贡献突出：丝光沸石通道内 Fe$_x$O$_y$ 型低聚簇中的八面体 Fe 离子和丝光沸石颗粒外表面的 Fe$_2$O$_3$ 颗粒。在双金属样品中，主要吸收带来自 Fe^{3+} 的氧到铁的电荷转移，而来自 Ag$^+$ 的信号强度降低。这证实了双金属样品中 Ag$^+$ 的还原，其中银主要以 Ag^0 的形式存在。

2. 光致发光光谱

PL 是用于表征半导体纳米结构的最广泛传播的实验技术之一。光子被吸附以将半导体中的电子激发到更高的电子激发态。在这种激发之后会发生各种弛豫过程，当光激发的电子返回到较低的能量状态时，会产生光子的发射。

PL 技术可以更好地了解光催化剂的电子结构和光学性质，提供有关可能的缺陷（如氧空位和间隙原子）的有价值信息，这些缺陷对光生载流子的捕获和转移有相当大的影响，进而影响光催化性能。

在半导体材料中，PL 信号来源于光致电荷载流子（e$^-$/h$^+$对）的复合。图 8-52（a）显示了在吸收能量高于 E_g 的光子后，半导体中发生的典型激发/弛豫过程。过程 I 涉及将电子从 VB 激发到不同水平的 CB，在 VB 中留下空穴。不稳定的光激发电子可以返回 VB，与空穴重新结合并释放可以转化为热或光的化学能。光能的发射引起 PL 现象。可以在 CB 中占据不同能级的光激发电子通过非辐射跃迁跳到 CB 底部，然后产生辐射现象，如图 8-52（a）中的过程 II~IV 所示。过程 II 涉及带-带跃迁，其中电子返回到 VB 的顶部，发射能量等于 E_g。其余两个过程首先意味着非辐射步骤，其中电子转移到中间间隙状态，然后这些电子辐射跃迁（过程 III）或进一步非辐射跃迁（过程 IV）到 VB 的顶部。因此仅进程 II 和 III 可以产生 PL。过程 II 直接反映了 e$^-$/h$^+$ 对的分离，一般来说，光谱中相应 PL 峰的强度越高，光载流子的复合程度越高。源自过程 III 的信号更难以解释和分配，因为它们不反映光载流子的分离。然而，它们可以揭示表面状态和缺陷的存在。

图 8-52（b）显示了 Pd 的金属负载对燃料电池中应用的 WO$_3$ 催化剂的 PL 发射的影响。可以观察到三个不同的波段：①460nm 处的峰值可归因于 CB 和 VB 之间的辐射复合；②480nm 和 490nm 处的两个信号是由不稳定的 W^{5+} 态产生的缺陷中的电子俘获引起的；③540nm 处的峰值可以分配给 CB 电子的复合，这些电子降级为深缺陷，形成中间间隙状态，例如氧空位和间隙钨。由 Pd 装饰的样品中较低的发射表明 e$^-$/h$^+$ 对间的复合减少。这可以归因于 Pd 对电子的捕获效应，这确保了光载流子的更高分离效率。

利用脉冲激光和快速探测器的实验技术可用于通过确定材料随时间的发射来探测光生空穴和电子的瞬态动力学。在光催化中，这些技术旨在测量电荷复合寿命（更高质量的催化剂往往具有更长的发射时间）。

PL 是表征过渡金属阳离子和氧化物阴离子配位的有用工具，以便更好地了解催化位点的酸性和碱性特征。PL 在该领域的一个应用例子是碱土氧化物表面碱性位点的研究。在这里，体晶格中氧化物阴离子的配位可以通过最近邻阳离子的数量来定义，对于八面体配位的氧化物，该数量是 6。低配位离子用下标 LC 表示。MgO 等碱土金属氧化物的碱度主要取决于低配位 O_{LC}^{2-}（其中 LC 的 3C、4C 和 5C 分别表示三配位、四配位和五配位的氧化物离子）的表面羟基覆盖度和氧化物离子的分布。PL 对这些离子的配位特别敏感，可以通过研究 O_{LC}^{2-} 与极性分子（如水和乙醇）相互作用后产生的发光物质的性质来评估表面的碱性。

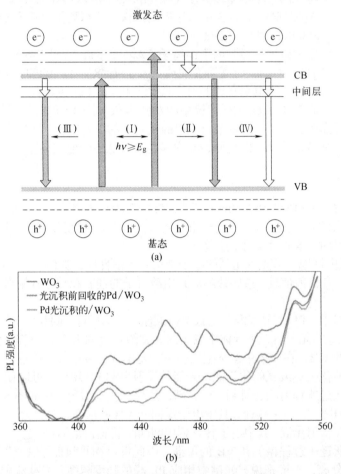

图 8-52 （a）半导体中由能量等于或高于带隙的光子激发的主要光物理过程；
（b）WO₃ 和负载 Pd 的 WO₃ 的 PL 光谱

十三、共振谱

共振谱主要包括核磁共振（NMR）、电子顺磁共振（EPR）和穆斯堡尔（Mössbauer）谱三类。

1. 核磁共振（NMR）

核磁共振（NMR）光谱允许通过测量在磁场作用下核自旋之间的相互作用来探测样品的分子结构。当受到磁场影响时，NMR 活性核（如 ^1H 和 ^{13}C）将吸收同位素特定频率的电磁辐射。共振频率、吸收能量的大小和信号强度与磁场强度成正比。NMR 谱是信号强度与化学位移δ的关系图，化学位移δ是原子核相对于磁场中标准的共振频率。

固态核磁共振（SS-NMR）已成为研究各种非均相催化剂（如沸石、金属氧化物和固体杂多酸）表面的重要工具，这些催化剂在石化工业中发挥着重要作用。与液态 NMR 类似，SS-NMR 通过依赖于特定原子核的磁性行为的变化来探测分子结构，该变化源于与周围电子和原子的相互作用。然而，虽然布朗运动在液态下将各向异性效应平均为零，但大多数相互作用在固态下是各向异性的，即取决于分子相对于基线 NMR 磁场的方向。各向异性相互作用导致较宽的谱线比在液态中获得的窄信号更难分辨。然而，宽谱线的出现，曾经被认为是一种限制，实际上提供了大量关于催化剂化学、结构和动力学的信息。光谱分辨率可以通过魔角旋转（MAS）来提高，该技术涉及样品以高旋转频率（高达 60000r/s）围绕与 NMR 磁场方向成 54.7°倾斜的轴旋转。核磁共振磁场样品的高转速旨在模拟液体中分子的自由翻滚，确保窄谱线和高分辨率。核磁共振原理如图 8-53 所示。

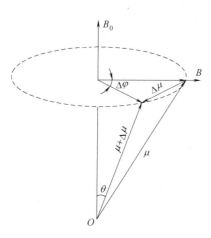

图 8-53　核磁共振原理图

在多相催化中，SS-NMR 可用于深入了解催化剂中的组成元素以及吸附在其表面的物质。NMR 的一个典型应用是催化材料中的位点识别。特定同位素在原子位置的核自旋可以产生与自旋的原子环境相关的典型频率的 NMR 谱线。确定核磁共振频率的相互作用通常发生在核自旋和附近局部轨道（即化学位移）或金属导带（即 Knight 位移）中的电子之间。NMR 频率还取决于核自旋与周围原子位点中存在的其他自旋之间的相互作用。例如，可以使用化学位移和奈特位移来区分沸石中不同的 Si 和 Al 位点。沸石骨架的基本单元是在中心 T 位具有 Si 原子的 TO_4 四面体，简单沸石的 ^{29}Si MAS NMR 光谱呈现出最多五个峰，源自中心硅原子周围的五个可能的 Si 和 Al 原子分布：Si（4Al）、Si（3Al）、Si（2Al）、Si（1Al）和 Si（0Al）。如图 8-54（a）所示，每种类型的 Si（nAl）（n=0，1，2，3，4）都会在明确定义的化学位移范围内产生特征 ^{29}Si MAS NMR 信号。图 8-54（b）显示了三种类型的沸石（即 NaX、NaY 和 HZSM-5）的 ^{29}Si MAS NMR 光谱，其特征在于各种 Si（nAl）单元之间的不同比率。它们的相对浓度以及 Si/Al 比可以通过将光谱解卷积为单独的线并分析相对强度来获得。

SS-NMR 是测定催化剂表面酸度的一种强有力的技术，可以通过三个主要性质来描述：①酸位的类型（Brönsted 位或 Lewis 位）；②对于 Brönsted 位点而言，酸强度取决于表面 OH 基团将吸附分子质子化的能力；③适宜的酸位浓度。^1H MAS NMR 可以检测催化剂表面的 OH 基团，这些基团可以作为质子供体，即 Brönsted 酸位点。与红外光谱等其他技术相比，^1H MAS NMR 的优势在于可以对 OH 基团的浓度进行准确的定量研究，这可以通过测量信号强度来确定。SS-NMR 非常适用于多相催化系统的原位研究。反应过程中可以定量评价催化剂表面活性位点和吸附物质的浓度，包括反应物、产物和中间体，这对于确定反应机理非常有帮助。

图 8-55 显示了吸附在沸石催化剂（HZSM-5）上的乙烯-$^{13}C_2$ 的原位 ^{13}C MAS NMR 测量结果，用于从乙烯合成甲苯。结果证明，反应 0.5s 后 1,3-二甲基环戊烯基碳鎓离子作为中间体生成，在 250（烯丙基阳离子的 C_1 和 C_2 部分）、148（烯丙基阳离子的 C_2 部分）、48（CH_2 碳）和 24（CH_3 碳）处产生各向同性共振峰。这些峰的强度在 2s 后降低，甲苯在 20（甲基）和 129（芳环中的 C）处的特征峰相应增加。仅在 16s 后，催化剂床中就会出现适量的碳鎓离子。

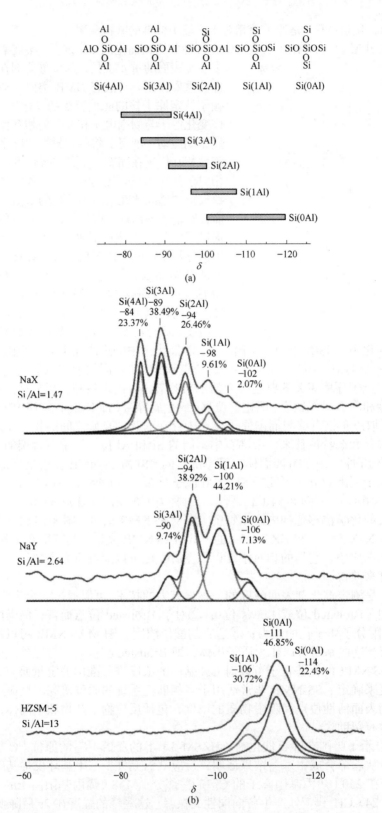

图 8-54 （a）沸石催化剂中 Si（nAl）单元的 ^{29}Si 化学位移；（b）NaX（Si/Al = 1.47）、NaY（Si/Al = 2.64）、HZSM-5（Si/Al = 13）的 ^{29}Si MAS NMR 谱

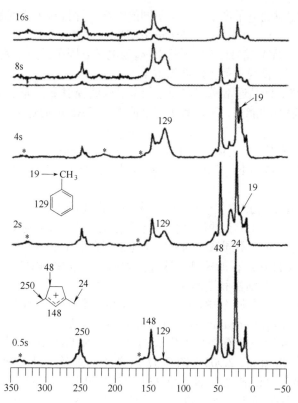

图 8-55　乙烯-$^{13}C_2$ 在 623 K 温度下不同反应时间吸附在 HZSM-5 沸石上的原位 ^{13}C MAS NMR

2. 电子顺磁共振（EPR）

电子顺磁共振（EPR）也称为电子自旋共振，是类似于核磁共振的一种光谱技术，用于探测在强磁场中有未配对电子的材料。然而与 NMR 不同，EPR 依赖于电子自旋的磁激发而不是核自旋。

EPR 通常需要微波频率辐射（GHz），而 NMR 则需要在较低的射频（MHz）下进行。由于其检测原理，EPR 技术只能分析具有不成对电子的顺磁性物质。因此，特别适合于探测自由基、材料中的缺陷和几种过渡金属，从而揭示未成对电子附近的分子结构。

当自由电子暴露于强度为 B_0 的外部磁场时，其角动量（自旋）矢量 $\vec{S}$ 与场的 z 方向平行或反平行排列［图 8-56（a）］。根据 Zeeman 相互作用，自旋向量沿 z 的分量，即 S_z 与 EPR 相

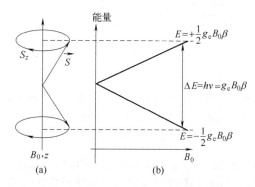

图 8-56　（a）自由电子的自旋向量与外磁场方向的排列；（b）相应的能级

关。这种情况为未配对的电子产生了两个不同的能级，并且每个排列都有其特定的能量 E：

$$E = m_s g_e \beta B_0 \tag{8-39}$$

式中，$m_s = 1/2$（平行）或 $-1/2$（反平行）；g_e 为电子 g 因子，一个表征其磁矩的无量纲量（自由电子 $g_e = 2.0023$）；β 为常数（即玻尔磁子）。

为了达到共振条件，样品通常暴露在固定频率的微波辐射下，同时增加磁场强度，直到能级间的分离等于微波辐射的能量，下态和上态之间的分离 ΔE 可通过下式获得：

$$\Delta E = h\nu = g_e \beta B_0 \tag{8-40}$$

式中，h 为普朗克常数；ν 为微波辐射的频率。由于 g_e 和 β 为常数，因而能级的分裂仅是磁场强度的函数，如图 8-56（b）所示。在真实材料中，原子被其他原子包围，额外的相互作用应包含在式（8-40）中。

在多相催化中，EPR 光谱主要应用于两个领域，即检测顺磁性价态的过渡金属离子和表面形成的自由基离子。顺磁性价态的过渡金属离子被掺入多种氧化物催化剂中。它们在氧化还原反应中发挥重要作用，允许不同形式的氧以及还原剂在催化剂表面的吸附和稳定化。释放或结合氧气的能力是许多催化过程的关键。这种能力通常由催化剂中存在的各种结构缺陷来确保，这些缺陷会显著影响其活性和选择性。

图 8-57（a）提供了该领域 EPR 应用的一个示例，显示了两种 TiO_2 基催化剂在中真空热退火（thermal annealing in medium vacuum，TAMV）前后的 EPR 光谱。催化剂是裸露的 TiO_2 和用氮改性并在还原氧化石墨烯上生长的 TiO_2（N-TiO_2/G）；检测到的顺磁性物质是 Ti^{3+} 和 NO。裸露的 TiO_2 在 $g = 2.003$［图 8-57（a）中的细条］处表现出一个小信号，这归因于 Ti^{3+}/O_2 中心。该信号的强度在 N-TiO_2/G 中增加，表明在 TiO_2 晶格中引入 N 原子后形成了更多缺陷。在这些样品中出现了进一步的信号［图 8-57（a）中的粗条］，可以将其分配给永久捕获在结构中的分子 NO。由于气态 NO 的部分消除，后一种信号的强度在 TAMV 后略有降低，此外，在 $g = 2.003$ 处信号强度的显著增加表明在退火样品中形成了更多的晶格缺陷（即氧空位）。这些缺陷可以促进水的氧化，增加对 O_2 的吸收，进而提高 TiO_2 的光催化活性。

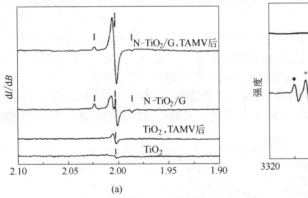

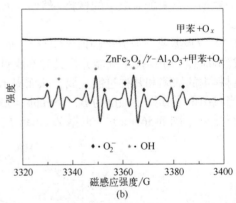

图 8-57 （a）TAMV 前后 TiO_2 和 N-TiO_2/G 的 EPR 谱图；（b）在存在 $ZnFe_2O_4/\gamma$-Al_2O_3 催化剂（下）的情况下检测到的超氧自由基和羟基自由基的 EPR 光谱，如另一个 EPR 光谱（上）所示，在没有催化剂的情况下未检测到相同的自由基

自由基中性物质和自由基离子可以源自催化剂中的固有成分或源自反应物分子的转化。一些例子是自由基阴离子 $O^{\cdot-}$ 和 $O_2^{\cdot-}$ 阴离子，它们是氧化反应中经常出现的中间体，以及 NO 和 $CO^{\cdot-}$ 用于研究催化剂表面的特殊表面位点。短寿命自由基的检测通常通过自旋捕获技术进

行，其中硝酮自旋陷阱与感兴趣的自由基反应形成自旋加合物，这是一种具有足够长半衰期的基于氮氧化物的自由基，使其能够通过 EPR 光谱检测，如 DMPO（5,5-dimethyl-1-pyrroline-N-oxide）是超氧化物（O_2^{-}）和羟基自由基（$OH^{·}$）的有效自旋陷阱。图 8-57（b）显示了通过 EPR 光谱检测自由基的示例，显示了在包含目标基材（甲苯）、DMPO 和催化剂（即负载在氧化铝上的纳米铁氧体 $ZnFe_2O_4/\gamma\text{-}Al_2O_3$）的混合溶液中获得的 EPR 光谱。催化剂的加入意味着 O_2^{-} 和 $OH^{·}$ 自由基的产生，通过这种方法可以很容易地检测到，如催化剂存在下的 EPR 光谱所示。这些自由基确保了比单独的臭氧更高的氧化速率，从而增强了甲苯的催化臭氧化。

3. 穆斯堡尔谱（Mössbauer spectrum）

放射源电子核由激发态跃迁到基态发射γ射线，会发生被同种原子核共振吸收的现象，激发该原子核由基态跃迁到激发态。自由原子的核发射或吸收γ射线时，因为核反冲而不发生共振吸收现象；对于处于固体晶格中的发射或吸收γ射线的原子核，如若反冲能小于晶格中原子间的束缚能，则该原子核发射或吸收γ射线时就不离开其所在晶格中的位置，实际上没有反冲能量损失，实现无反冲的共振吸收，称为穆斯堡尔（Mössbauer）效应。当由放射源发射的γ射线经过一个多普勒速度发生装置调制后，能被作为吸收体的催化剂内相同穆斯堡尔同位素原子共振吸收，即可通过测量透过的或吸收的γ射线强度，对多普勒速度作图，即得到穆斯堡尔谱。

吸收体（催化剂）原子核周围的物理、化学环境（如价态、配位情况）发生变化，穆斯堡尔谱图上即可反映吸收体微观结构的信息，显现出共振吸收峰位移（同质异能移或化学位移）、四极分裂或磁超精细分裂，以及谱线宽度变化和二次多普勒能移等穆斯堡尔参量变动；通常用 δ 表示同质异能移；Δ 表示四极分裂；H 表示磁分裂后的内磁场强度。于是通过测定这些参数值，可以确定催化剂上物种的化学状态。就铁磁材料而言，由磁分裂后磁场强度的数值可判定物种的粒子尺寸、物种归属及化学配位情况。穆斯堡尔谱试验测量多利用能量为 keV 级的γ射线，一般取 25~50mCi（毫居里，$1Ci = 3.7 \times 10^{10}Bq$）$^{57}Co$ 源。采用 α-Fe 箔进行多普勒速度标定，无须超高真空，可在一定温度、压力和反应气氛下原位表征催化剂，这是此项技术的主要优点；但仅限应用于 Fe 等少数元素是其主要缺点。

穆斯堡尔谱在催化研究中的应用如下：
① 联合 TPR 技术考察 Fe/Al_2O_3 催化剂的还原过程；
② 研究活性组分与载体间的相互作用；
③ 确定催化剂的组成。

十四、原位表征技术

催化剂在化工技术上的重要性促使人们在原子水平上了解并测定催化剂活性和催化剂结构之间的关系。传统的催化剂表征，一般是将催化剂在远离实际反应条件下进行的，这样所得到的结果和信息，和催化剂在真实反应条件下表面微结构、电子信息、分子的吸附和扩散行为、反应路径等存在很大的区别。要解决这个问题，只有对在真实反应状态下的催化剂进行即时的表征，才能得到可靠的信息，亦即原位（in-situ）表征技术。

1. 高分辨率透射电子显微镜技术

高分辨率透射电子显微镜（HRTEM）技术可以在高温、反应气流环境中提供原子级别分辨率的成像；并且对在工作状态下具有各种表面和界面的负载纳米晶簇金属催化剂，可为人们提供前所未有的深刻认识，以说明这些裸露的表面本质。通过改变气体环境，还可观测到金属表面活性位、金属载体界面和表面动力学过程的信息。

2. 扫描隧道显微镜技术

扫描隧道显微镜（STM）技术已成为一种多功能的形貌表征技术，可在实际环境中在原子水平上直接对催化剂进行研究和表征，给出催化剂催化活性位和纳米结构的原子级别成像，有助于阐述和理解工作态下的催化剂的行为，为设计新的催化剂和改进高比表面积催化剂性能提供支持。

3. 光致发光光谱技术

光致发光光谱（photoluminescence spectroscopy）技术用于催化剂表面活性位的鉴定（识别），特别是对于光催化剂。鉴于其高敏感性和非破坏性，尤其适用于高分散、低负载量的过渡金属氧化物和分子筛催化剂的表征；用光照强度和寿命的动态变化监测活性位与反应分子的相互关系。

4. 红外光谱技术

衰减全反射（ATR）红外（IR）光谱是一种强大的工具，可用于固体催化剂的研究、液相产品的检测，在反应期间，在有强吸收剂存在情况下，为研究催化剂上的吸附物提供大量的信息。傅里叶变换红外光谱（FTIR）在识别表面瞬态物种的研究上有一定的潜在价值。使用红外-可见光（IR-Vis）、和频发生器（SFG）和偏振调制红外反射吸收光谱（PM-IRAS）可描述超高真空到1bar压力下，在过渡金属表面（钯、铂、铑、金、钌等）上的小分子吸附、共吸附和反应，以阐明多相催化的反应步骤。此技术既用于单晶表面，也用于工作态下负载的纳米粒子催化剂的表征，可弥合表面科学和多相催化之间存在的压力和材料的"鸿沟"。

5. 拉曼光谱技术

光谱技术提供了了解催化剂结构和表面信息的手段，只是大都是表征模型催化剂在真空下的单晶或者经过定义的晶簇。然而，在工作状态下，一来催化剂的表面会受温度和化学环境强烈影响，二来催化剂表面复杂的多晶结构为反应提供了大量的活性，这些在模型催化剂上均无法体现。而拉曼（Raman）光谱是表征工作状态下催化剂的最有效工具之一，可在高温高压下进行，没有气相的干扰，开展时间分辨瞬间温度和压力响应实验，可直接测得动力学数据，并和光谱数据相关联。现代石英光纤技术，使得拉曼光谱在反应器中可方便地测量静态和（或）流动状态下的气体混合物，模拟真实的反应条件，也可用于液相或者超临界条件下的表征。对工作态下的催化剂表征，可定量分析反应过程，关联催化剂的结构与活性、性能关系，包括与动力学数据进行同步关联。拉曼光谱的应用包括真空条件下的催化剂化学吸附，水合、脱水过程的表征；氧化物、分子筛、金属催化剂的表征；催化剂表面氧物种、氧化态、氧化物、氧还原、积炭等的表征。

6. X射线光电子能谱技术

X射线光电子能谱（XPS）技术通常在高真空下表征催化剂的表面；也可通过气相的分析，通过光电子能量的变化，测定并关联催化剂的表面电子结构和活性。如果配合同步加速器，则为测定催化剂深度剖面信息提供了可能。其应用实例有：①铜催化剂上甲醇的氧化；②银催化剂上乙烯环氧化；③Pd上的CO吸附和甲醇分解，以及Ru上CO的氧化。

7. X 射线衍射技术

X 射线衍射（XRD）可提供固体催化剂的物相和粒径信息，包括在工作态下活性物种的组成和结构，从这些信息数据中，可描述催化活性材料的纳米结构信息，如与其他手段相结合可进行更详细的催化剂表征。

8. 动态-原位技术

上述仅对主要常见的原位技术在催化研究领域中的应用作了简要介绍，尽管原位技术在催化剂表征中具有重大意义，但现有的原位测试技术只能提供在稳态条件下催化剂表面中间化合物的信息，不能提供在达到稳态前的变化情况，也不能判别反应速率的速控步骤。因此，将动态技术与原位测试技术结合发展起来的一种新的动态-原位测试技术目前在催化研究领域迅速得到了应用。在此针对动态-原位 FTIR 技术在催化研究中的应用作启发性的介绍。

动态原位 FTIR 测试技术在催化研究中主要有以下应用：可以获取达到稳态之前催化剂表面上生成的中间化合物的特征红外光谱的信息，包括生成的中间化合物的数目、出现的先后和消长情况、特征峰的大小和形成的时间等，由此可判别中间化合物的相对量和相对生成速率的大小；一种"化学捕获"原位红外的测试方法可以直接判明在催化剂表面上存在什么样的中间化合物，该方法是先预测这些中间化合物存在什么特殊的官能团，用脉冲方法输入可以鉴别这些官能团的试剂，根据输入试剂前后这些表面化合物特征峰的消失和新峰的出现，直接鉴别这些中间化合物的结构；可以为表面反应机理提供直接的、可靠的依据；可以研究表面复杂反应网络以及由表面中间化合物生成最终产物过程的动力学参数，并找出其中最慢的速控步骤，方法是先设法标定红外特征峰的面积与表面浓度的关系，然后再根据各个表面中间化合物的浓度与时间的关系以及相应的机理研究，提出可能存在的反应网络；可以研究强制周期操作的机理；也可以研究表面活性中心的价态特征。

以上只列举了一些利用动态-原位技术研究催化反应已取得的一些结果。但这些例子还远未揭示这个技术的研究潜力。例如，利用这项技术还可以研究催化剂在焙烧、还原过程中的物理、化学变化的状况以及相应所需的时间；可以根据表面中间化合物特征光谱峰值出现的速率、大小，快速地评价不同组分的催化剂、助催化剂、载体所起的作用以及在不同状况下的反应活性等；可以通过较少的实验数据，得出各个中间反应的动力学参数以及对催化剂活性的评价。也可能应用这个技术研究催化剂失活的机理。而且，除了采用原位 FTIR 外，还可以使用原位激光拉曼光谱、原位 X 射线衍射、原位穆斯堡尔光谱等，均可以与动态操作相结合，这将会对催化反应的研究产生巨大的推进作用。

习题

1. 如何进行催化剂的活性评价？
2. 影响催化剂寿命的因素有哪些？
3. 表征由负载在氧化铝上的纳米结构催化剂制成的材料，该催化剂由掺杂有铜纳米颗粒（尺寸<2nm）的硫酸化氧化锆制成。组分的质量百分比为 70%氧化铝、29%硫酸化氧化锆、1%铜，哪些表征技术适用？
4. 表征由负载在活性炭上的氧化锰组成的催化剂，该催化剂掺杂有镍纳米粒子（平均尺寸 1.0 nm），各种组分的质量百分比为 65%氧化铝、34%氧化锰、1%镍。请建议评估晶体结构、形态、氧化态、表面积、孔径和其他相关参数的适用表征技术。

5. 选择并讨论最合适的技术来分析催化剂的以下性质：活性中心的类型和数量；载体多孔表面上的金属分布；元素的键合和氧化态；晶体结构和微晶尺寸；外露晶面。

6. 单斜晶 WO_3 薄膜的 XRD 图谱是用单色 Cu-Kα 辐射（λ = 1.54178 Å）的衍射仪获得的。假设形状因子 K 为 0.9，使用 Debye-Scherrer 方程从 2θ = 24.4°处的峰（200）获得的数据估计微晶尺寸。

2θ/（°）	23.868	23.885	23.902	23.919	23.936	23.953	23.97	23.987	24.004	24.021	24.038	24.055	24.072	24.089	24.106	24.123	24.14
强度	1669.1	1660.2	1661.4	1634.9	1614.6	1605.1	1673.2	1730.7	1713.8	1740.6	1779.4	1792.5	1794.8	1862.3	1933.8	2048.4	2059.3
2θ/（°）	24.157	24.174	24.191	24.208	24.225	24.242	24.259	24.276	24.293	24.31	24.327	24.344	24.361	24.378	24.395	24.412	24.429
强度	2237.7	2465.5	2583.7	2783	2951.3	3139.5	3399.5	3761.3	4146.4	4509	4768.6	5030.5	5158	5174.8	4968.7	4587.2	4193.5
2θ/（°）	24.446	24.463	24.48	24.497	24.514	24.531	24.548	24.565	24.582	24.599	24.616	24.633	24.65	24.667	24.684	24.701	
强度	3732.8	3375.7	3015.4	2666.7	2407.4	2104.4	1951.5	1855.9	1707.9	1666.9	1617.1	1533.9	1464.7	1424.5	1451.3	1417.5	

7. TPD 测量是在氧化铝上负载的 Ni-Pd 催化剂上进行的，以确定 H_2 脱附能，下表报告了在增加加热速率 β 时记录的最大峰值温度 T_{max}，使用 Kissinger（Redhead）模型［式（8-23）］估计 H_2 脱附能。

T_{max}/K	493	501	504	509
β/（K/min）	10	12	13	15

8. 对 n 型半导体光催化剂进行 Mott-Schottky 分析，真空介电常数 ε_0 为 8.854×10^{-14} F/cm，Boltzmann 常数 k 为 1.38×10^{-23} J/K，温度 T 为 298K，电子电荷 e 为 1.60×10^{-19} C，材料的介电常数 ε 为 50，使用下表中的数据估计平带电位和供体浓度。

E（Ag/AgCl）/V	−0.7	−0.65	−0.6	−0.55	−0.5	−0.45	−0.4	−0.35	−0.3	−0.25	−0.2	−0.15	−0.1	−0.05	0
C^{-2}/（10^9 cm^4/F^2）	0.03	0.042	0.088	0.186	0.36	0.625	0.834	0.958	1.021	1.089	1.142	1.207	1.259	1.322	1.404

9. 使用 Kubelka-Munk 方法，从以下通过 UV-Vis 漫反射测量获得的数据估计间接带隙半导体的带隙。

波长/nm	460	450	440	430	420	410	400	390	380	370	360	350	340	330	320	310	300	290	280
反射率/%	97.1	96.2	96.2	95.7	94.7	91.0	79.8	61.4	46.1	34.7	24.6	16.1	11.2	7.7	5.8	5.4	5.1	5.0	5.0

10. 如何评估光催化剂的电荷复合程度？解释发射和吸收带出现的波长的含义。

11. 举出一些可通过 EPR 进行研究与催化过程相关的顺磁性物质，EPR 能否应用于（半）定量评估？

12. 什么是动态原位技术？其优点有哪些？并简要介绍动态原位 FTIR 测试技术在催化研究中的应用。

参考文献

［1］ 王幸宜. 催化剂表征［M］. 上海：华东理工大学出版社，2008.

［2］ Giovanni Palmisano，Samar Al Jitan，Corrado Garlisi. Heterogeneous catalysis［M］. Amsterdam：Elsevier，2022.

［3］ 黄仲涛，耿建铭. 工业催化［M］. 4 版. 北京：化学工业出版社，2020.

［4］ Jens Hagen. Industrial catalysis：a practical approach［M］. 3rd Edition. Weinheim：Wiley-VCH，2015.

［5］ Thomas J M，Thomas W J. Principles and practice of heterogeneous catalysis［M］. 2nd Edition. Weinheim：Wiley-VCH，2015.

［6］ 甄开吉，王国甲，毕颖丽，等. 催化作用基础［M］. 3 版. 北京：科学出版社，2005.

［7］ 吴越. 应用催化基础［M］. 北京：化学工业出版社，2008.

［8］ Julian R H Ross. Heterogeneous catalysis：fundamentals and applications［M］. Amsterdam：Elsevier，2012；田野，张立红，赵宜成，等译. 多相催化：基本原理与应用［M］. 北京：化学工业出版社，2016.